杨阳 孙蕊 编著

清华大学出版社
北京

内容简介

本书以数据分析处理为主线，对Excel的各种数据处理和分析方法进行详细讲解。主要内容包括：数据的录入与编辑、数据的规划与表格美化、条件格式的设置与数据验证、公式与函数的应用、数据的排序与汇总、筛选的应用、合并计算、模拟分析、数据透视表、图表的应用、数组公式的应用以及数据分析实战案例等内容。

本书内容翔实，案例实用性强，是办公人士学习Excel的首选图书，同时也可以作为大中院校的Excel教材使用。

图书在版编目（CIP）数据

妙哉！Excel数据分析与处理就该这么学 / 杨阳，孙蕊编著. —北京：清华大学出版社，2015
ISBN 978-7-302-39025-1

Ⅰ. ①妙…　Ⅱ. ①杨…　②孙…　Ⅲ. ①表处理软件　Ⅳ. ①TP391.13

中国版本图书馆CIP数据核字（2015）第017193号

责任编辑：袁金敏
封面设计：刘新新
责任校对：胡伟民
责任印制：何　芊

出版发行：清华大学出版社
网　　址：http://www.tup.com.cn，http://www.wqbook.com
地　　址：北京清华大学学研大厦A座　　邮　　编：100084
社 总 机：010-62770175　　邮　　购：010-62786544
投稿与读者服务：010-62776969，c-service@tup.tsinghua.edu.cn
质 量 反 馈：010-62772015，zhiliang@tup.tsinghua.edu.cn
印 装 者：清华大学印刷厂
经　　销：全国新华书店
开　　本：185mm×260mm　　印　　张：23　　字　　数：580千字
版　　次：2015年3月第1版　　印　　次：2015年3月第1次印刷
印　　数：1～3500
定　　价：49.00元

产品编号：060373-01

写给读者

Excel 是 Microsoft Office 套件中的一款电子表格软件，是迄今最为优秀的电子表格软件之一。Excel 的数据处理与分析是其最基本的功能，同时也是应用最多的功能。Excel 被广泛应用于企业管理、生产管理、人力资源管理、市场营销、数据统计、教育教学等众多领域。灵活高效地对数据进行处理和分析，不仅能够使办公效率得到有效提升，还可以为商家创造出更大的利润。因此，掌握好 Excel 的应用是每位办公人员必不可少的一项技能。当您领略到 Excel 的精髓所在，就会感叹其功能是如此强大！

要想快速掌握好一款软件，首先要有认真的学习态度，其次要选择一本适合自己的好书，最后还要有正确的学习方法。本书针对 Excel 最常用的领域，即数据分析与处理进行了详细的分析和讲解。全书结构清晰合理，语言通俗易懂，案例实用性极强。不论您是有一定基础的读者，还是对 Excel 毫无概念的新手，通过本书的学习，都将会在最短的时间内实现快速掌握 Excel 的目的。当您在阅读完本书之后，您会发现，Excel 就该这么学！

本书面向的对象主要是初、中级读者群体，从零开始，对数据分析与处理的各类知识点进行了细致的讲解。没有花哨冗余的语言，没有华丽炫目的排版，完全凭着精心整理的知识点和案例让您在不知不觉中喜欢上 Excel，并最终成为 Excel 高手。

在写本书之前，笔者对市场上的相关图书进行了调研，并在此基础上认真策划了本书。本书主要有如下特点。

- 内容实用：书中涉及的内容均是基于作者多年的经验，认真规划整理出来的，是 Excel 中最为实用的功能，而对于没有涉及的内容读者也能触类旁通。
- 案例真实：本书列举的案例均考虑到了办公的实际需要，笔者凭借多年的工作经验以及使用心得，精心选择每一个案例，目的就是为读者营造一个真实的办公环境，做到学有所成，学有所用。
- 通俗易懂：无论是案例还是知识点，在讲解的过程中坚持用简单易懂的语言描述，内容由浅入深，配合网站为本书提供的素材文件，让每位读者都可以轻松掌握所述内容。

本书由杨阳、孙蕊编写。杨阳女士为 IT 部落窝网站站长，孙蕊女士长期从事 Excel 培训工作，均有多年的 Excel 使用经验，精通 Excel 的各项功能。另外，曹培培、胡文华、尚峰、蒋燕燕、张悦、李凤云、薛峰、张石磊、唐龙、王雪丽、张旭、伏银恋、张班班和张丽等人也参与了本书部分内容的编写，在此一一表示感谢。

虽然笔者在编写过程中力求完美，精益求精，但仍难免有不足和疏漏之处，恳请广大读者予以指正。如果您在阅读本书的过程中，或者今后的办公中遇到什么问题和困难，欢迎加入本书读者交流群（QQ1 群：200167566 和 QQ2 群：330800646）与笔者取得联系，或者与其他读者相互交流。

目　　录

第1章　数据的录入与编辑

对于电子表格，数据的输入是一个非常实际的问题，如果不懂得针对不同类别的数据需要采用不同的输入方法，则往往耗费了大量的工作时间，也不一定能正确地输入数据。本章将详细介绍各类数据的输入方法。

通过对本章内容的学习，读者将掌握：

- Excel 的基础知识
- 不同类别数据的输入方法
- 序列的输入方法
- 单元格的复制与粘贴
- 数据的查找与替换
- 实用的数据输入技巧

1.1　Excel 基础

“墙高基下，虽得必失”。办什么事情都要打好坚实的基础，没有坚实的基础，会后患无穷。为了能够顺利和流畅地学习本书所介绍的内容，首先要对 Excel 的基础知识有所了解。

本节先来介绍 Excel 中的一些基本概念。

1．工作簿

简单地说，工作簿就是保存的 Excel 文件，也就是说 Excel 文件就是工作簿。工作簿是 Excel 工作区中一个或多个工作表的集合。Excel 2007 之前的版本，工作簿保存在扩展名为.xls 格式的文件中，从 Excel 2007 开始使用.xlsx 作为扩展名，但仍然兼容旧扩展名。

2．工作表

一个工作簿可以有多个不同的工作表，用程序窗口下方的 Sheet1、Sheet2…标签切换，如图 1-1 所示。一个工作簿中最多可建立 255 个工作表。

3．行与列

每一个工作表都是由行和列组成的。行标签以阿拉伯数字编号，从 1 开始，最大行数为 1048576；列的名称采用英文字母，从 A 开始至 XFD 结束，排列的方法是从 A～Z，然后是 AA～AZ，BA～BZ…

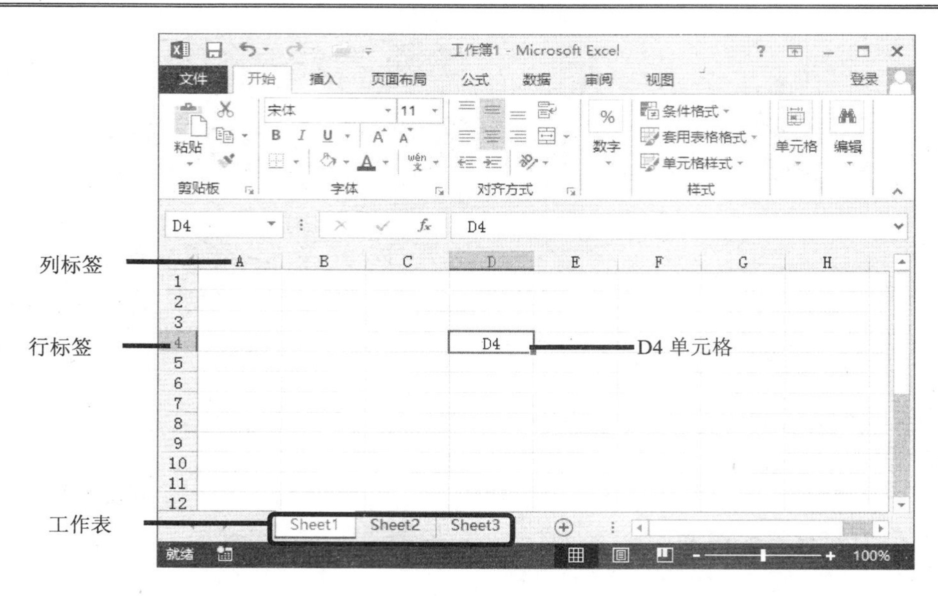

图 1-1　工作表

4. 单元格

单元格是行与列的交叉部分，它是组成表格的最小单位，数据的输入和修改都是在单元格中进行的。单元格按所在的行列位置来命名，例如：地址“D4”指的是“D”列与第 4 行交叉位置上的单元格，如图 1-1 所示。

1.2　不同类型数据的输入

想要在数据输入方法达到事半功倍的效果吗？想要分分钟秒杀掉所有的数据吗？想要享受准确且高效率输入数据后的快感吗？那么，请看下面的内容吧，让我们跟数据来一个面对面的交谈。

1.2.1　普通数据的输入

普通数据是日常工作中经常会用到的，包括文本、数值和时间等，下面将对它们的输入方法分别进行介绍。

1. 文本的输入

文本的输入很简单，只需选中要输入内容的单元格，然后直接输入文本内容即可。默认情况下，输入文本后，靠单元格左侧对齐，如图 1-2 所示。

2. 数值的输入

数值型数据也是直接在单元格中输入即可。默认情况下，数值靠单元格右侧对齐。在输入小数后，还可以通过【开始】选项卡【数字】组中的“增加小数位数”和“减少小数位数”按钮来增加或减少小数位数，如图 1-3 所示。

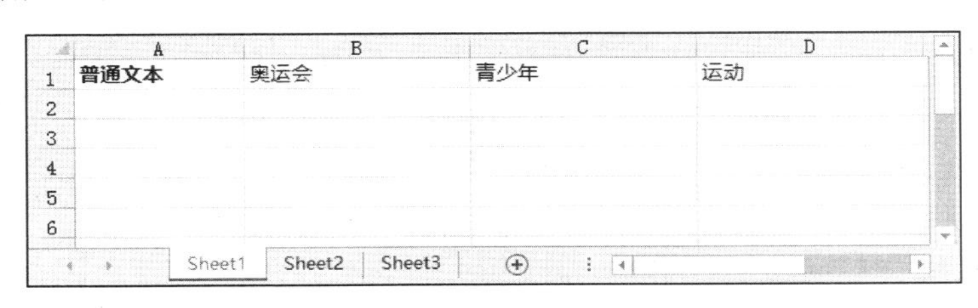

图 1-2 文本的输入

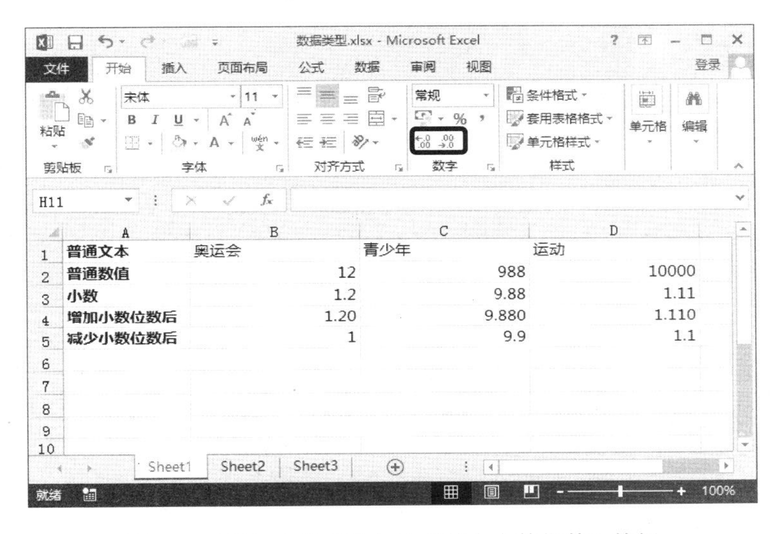

图 1-3 “增加小数位数”和“减少小数位数”按钮

3. 时间的输入

在 Excel 中，日期和时间被视为数字。Excel 能够识别大部分用普通表示方法输入的日期和时间格式，比如可以用斜杠“/”或者“-”来分隔日期中的年、月和日。对于时间，用户可以按 24 小时制输入，也可以按 12 小时制输入，不过它们的输入方法是不一样的。如图 1-4 所示。为时间的不同输入方法。注意，字母时间和“PM”之间有一个空格。如果要在单元格中输入当前的系统时间，使用 Shift+Ctrl+;组合键即可。

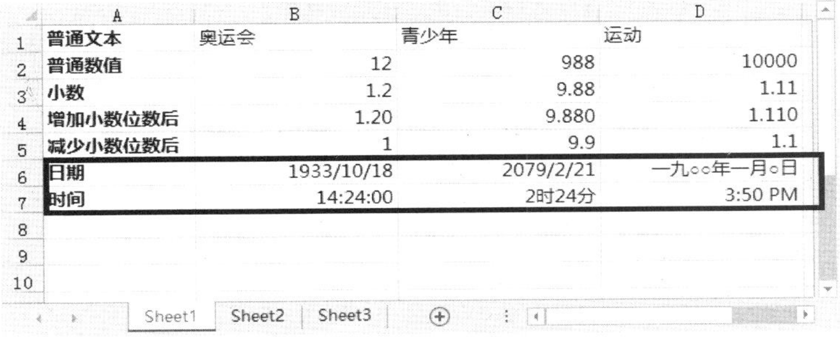

	A	B	C	D
1	普通文本	奥运会	青少年	运动
2	普通数值	12	988	10000
3	小数	1.2	9.88	1.11
4	增加小数位数后	1.20	9.880	1.110
5	减少小数位数后	1	9.9	1.1
6	日期	1933/10/18	2079/2/21	一九○○年一月○日
7	时间	14:24:00	2时24分	3:50 PM
8				
9				
10				

Sheet1 Sheet2 Sheet3

图 1-4 日期和时间的输入

1.2.2 特殊数据的输入

对于一些特殊数据，如分数、文本型数字等的输入，是需要读者特别关注的知识点，下面将一一介绍。

1. 分数的输入

几乎在所有的文档中，分数的格式都是用一道斜杠分隔分子与分母，其格式为“分子/分母”，在 Excel 中也是如此。但是，此格式与上述日期的显示格式相冲突，如果直接输入“1/6”，则 Excel 会显示为“1 月 6 日”。为了避免输入的分数与日期相混淆，对分数的输入可以采用下面的方法。

先输入一个“0”，然后输入一个空格，再输入分数的数值。比如要输入“3/5”，可以输入“0 3/5”；要输入带分数的形式，比如三又二分之一，则可以输入“3 1/2”，如图 1-5 所示。

	A	B	C	D
1	普通文本	奥运会	青少年	运动
2	普通数值	12	988	10000
3	小数	1.2	9.88	1.11
4	增加小数位数后	1.20	9.880	1.110
5	减少小数位数后	1	9.9	1.1
6	日期	1933/10/18	2079/2/21	一九○○年一月○日
7	时间	14:24:00	2时24分	3:50 PM
8	分数	1/2	3/5	4/11
9	带分数	3 1/2	1 1/4	2 3/4
10				

Sheet1 Sheet2 Sheet3

图 1-5 分数的输入

2. 文本型数字的输入

所谓文本型数字，是指以数值的形式显示，但不需要参与数学四则运算的数字，如学号、身份证号等。需要注意的是，当字符串很长的时候，如果不将这些字符定义为文本型，系统会自动以科学计数法来显示。有时，序号和学号之类的数据需要在数字前面加“0”，如“001”、“002”，这种表示法也只能通过文本型数字的方式来输入。

文本型数字的输入方法有以下两种。

方法一：先将光标定位在要输入内容的位置，如果在一个区域范围内都需要进行类似的输入，则可以选择这个范围。然后切换至【开始】选项卡，在【数字】组中将数字格式定义为【文本】，如图 1-6 所示。接下来输入具体内容即可。

方法二：在输入数值前先输入一个单引号（英文输入状态下），然后再输入数值。这样向该单元格输入的数值就会采用文本型数据。

1.2.3 特殊符号的输入

在实际工作中，经常需要输入一些特殊的符号，熟悉它们的输入方法可以给工作带来很大的便利。下面将介绍两种输入特殊符号的方法。

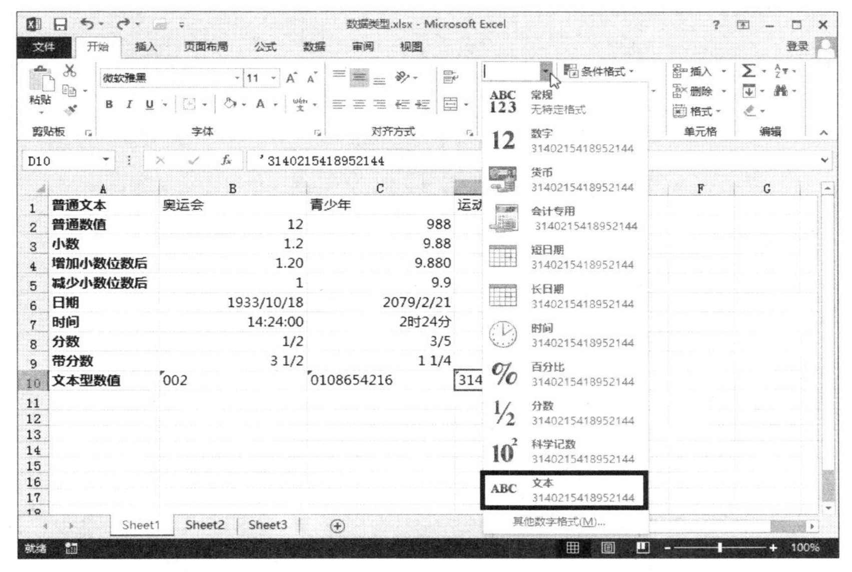

图 1-6　更改数据格式

1．功能区插入法

以输入符号“α”为例，来看一下具体操作过程。

在功能区中切换到【插入】选项卡，单击【符号】组中的【符号】按钮，如图 1-7 所示。

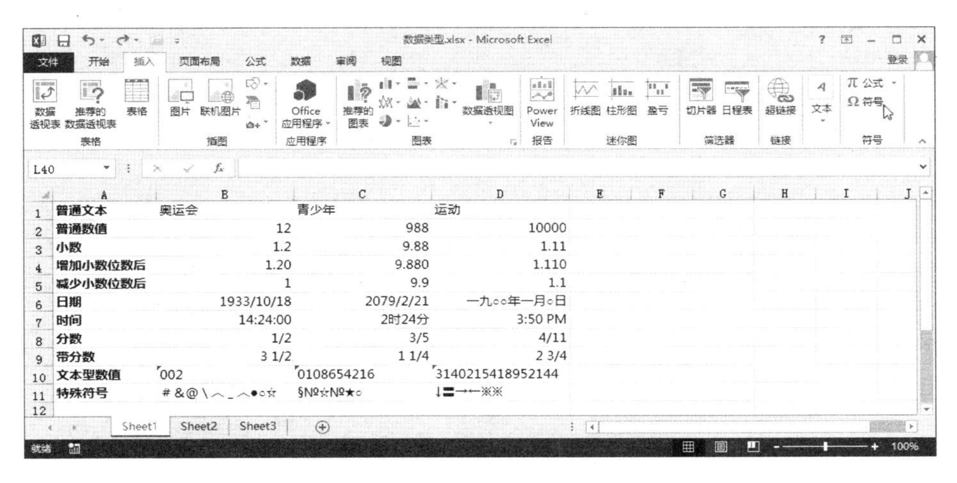

图 1-7　单击功能区中的【符号】按钮

打开【符号】对话框，然后在【字体】下拉列表框中选择【普通文本】选项，单击【子集】右侧的下拉按钮，在展开的下拉列表中，选择【希腊语和科普特语】选项。拖动滚动条查找列表框中的字符，找到符号“α”，双击该符号，即可将其插入到当前单元格中，然后单击“关闭”按钮返回工作表中，如图 1-8 所示。

图 1-8 双击“ α ”符号插入

2．软键盘法输入

现在许多中文输入法都有软键盘输入功能，利用软键盘，可以输入大量的特殊符号。下面以输入“℃”符号为例，介绍软键盘输入特殊符号的方法。

以“搜狗拼音输入法”为例。右击输入法状态栏中的“软键盘”按钮，在展开的快捷菜单中选择【特殊符号】选项，如图 1-9 所示，即可打开与【特殊字符】选项相对应的软键盘。用鼠标单击软键盘上与“℃”相对应的按键“【”，或者直接在键盘上按该按键，即可在单元格中输入相应的符号，如图 1-10 所示。

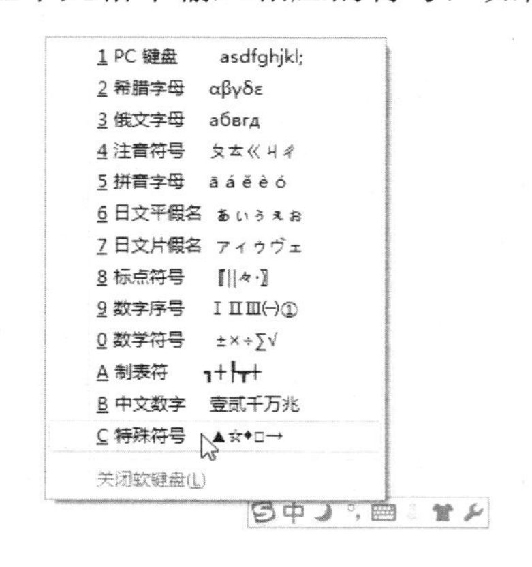

图 1-9 打开软键盘的步骤

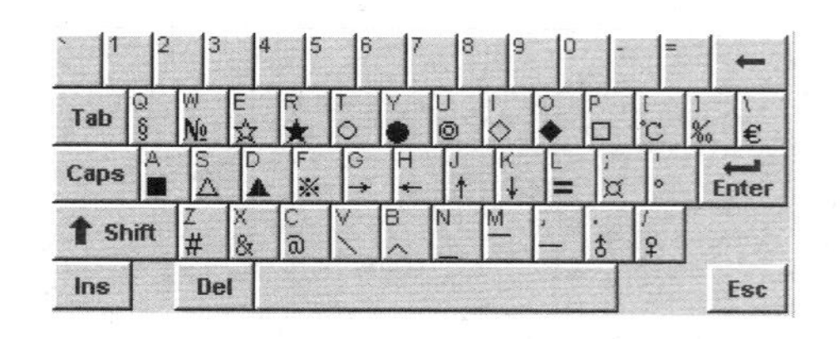

图 1-10 软键盘

1.3 输 入 序 列

在制作一张工作表的时候，难免会遇到一些比较有规律的序列性质内容，比如员工编号、日期以及自定义的一些序列。假如明知道有规律却不知道怎么提高输入效率，是不是挺令人恼火的。不用着急，下面将根据日常遇到的不同类型的序列输入方法一一介绍。

1.3.1　相同序列

对于相同序列的输入，Excel 提供了许多种方法，这里总结以下 6 种方法，都可进行快速输入。下面以在 B2:B17 单元格区域中的每个单元格中输入相同的基本工资“1800”为例，介绍这几种方法。

1. 左键拖动填充柄法

使用左键拖动填充柄输入序列的方法如下。

（1）在 B2 单元格中输入“1800”。

（2）将鼠标指向 B2 单元格右下方的黑色小方块（称为“填充柄”），当指针形状变成黑色十字形状时（如图 1-11 所示），按住鼠标左键并向下拖动填充柄至 B17 单元格，此时就会将 B2 单元格的内容填充到该区域的每一个单元格中，如图 1-12 所示。

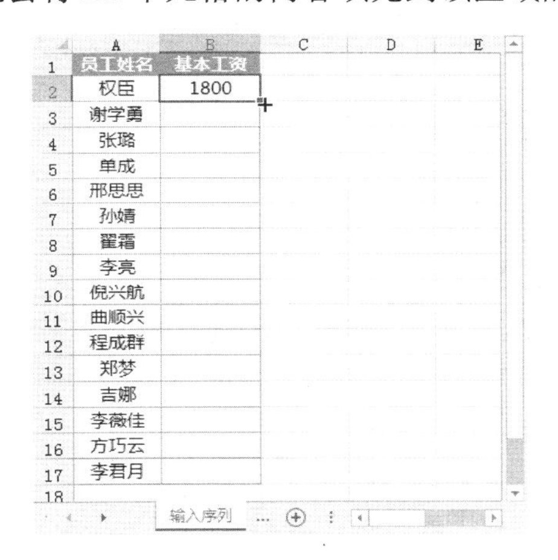

图 1-11　指针形状变成十字形状

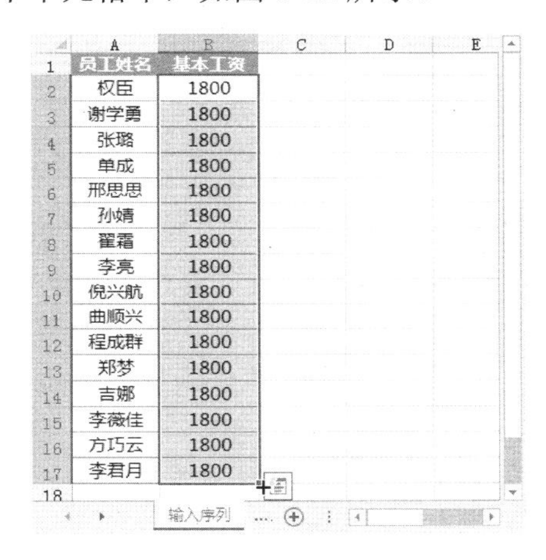

图 1-12　复制单元格

2. 右键拖动填充柄法

使用左键拖动填充柄输入序列的方法如下。

（1）在 B2 单元格中输入“1800”。

（2）将鼠标指向 B2 单元格的填充柄，当鼠标指针变为十字形状时，按住鼠标右键向下拖动填充柄至 B17 单元格，释放右键，在弹出的快捷菜单中选择【复制单元格】选项，如图 1-13 所示。

3. 功能区命令法

通过功能区命令输入序列的方法如下。

（1）在 B2 单元格中输入“1800”。

（2）选中 B2:B17 单元格区域，在功能区上切换至【开始】选项卡，然后单击【编辑】组中的【填充】按钮，单击下拉菜单中的【向下】命令，如图 1-14 所示，即可将数字“1800”填充至所选单元格区域。

图 1-13　单击【复制单元格】选项

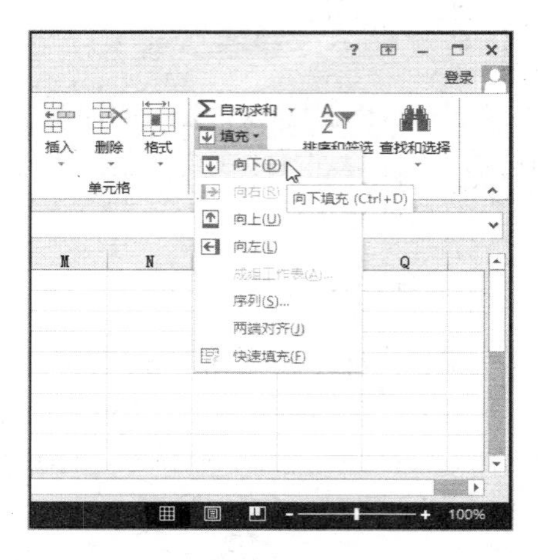

图 1-14　单击“向下”按钮

4. “序列”对话框法

这种方法比较适合等差或等比序列的输入，步骤如下。

（1）在 B2 单元格中输入数字“1800”，选中 B2:B17 单元格区域。

（2）在功能区上切换至【开始】选项卡，单击【编辑】组中的【填充】按钮，单击下拉菜单中的【序列】选项，即可打开【序列】对话框。在该对话框中分别选择【列】和【自动填充】单选按钮，如图 1-15 所示，最后单击【确定】按钮即可完成填充。

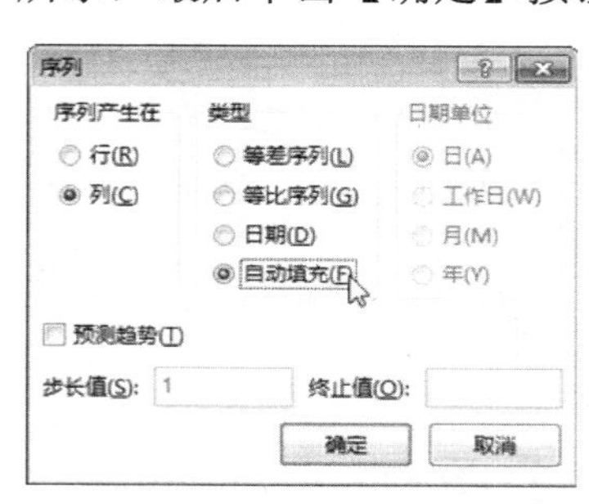

图 1-15　【序列】对话框

在【序列】对话框中，可以选择对各种序列进行填充，如等差序列、等比序列以及日期等，读者朋友可以根据需要选用。

5. 复制粘贴法

选中包含数字“1800”的 B2 单元格，按键盘组合键 Ctrl+C 将 B2 单元格复制到剪贴板上，然后选中 B2:B17 单元格区域按 Ctrl+V 组合键将剪贴板内容粘贴到该区域中。

6. 组合键输入法

选中 B2:B17 单元格区域，输入数字“1800”，然后按组合键 Ctrl+Enter 即可同时在该区域的每一个单元格中输入数字“1800”。

1.3.2 等差序列

如果一个数列从第 2 项起，每一项与它前一项的差等于同一个常数，这个数列就叫做等差数列，也就是 Excel 中的等差序列。序列中前后两个数之间的差称为步长值，如“2，4，6，8，…”，其步长值为 2。

下面使用“左键拖动填充柄法”进行等差序列的输入。

首先输入序列的前两个数值，如输入“2”、“4”，然后选中这两个单元格，将鼠标指向单元格右下方的填充柄处，按住左键向下拖动鼠标至序列最后一个单元格，之后松开鼠标即可，如图 1-16 所示。

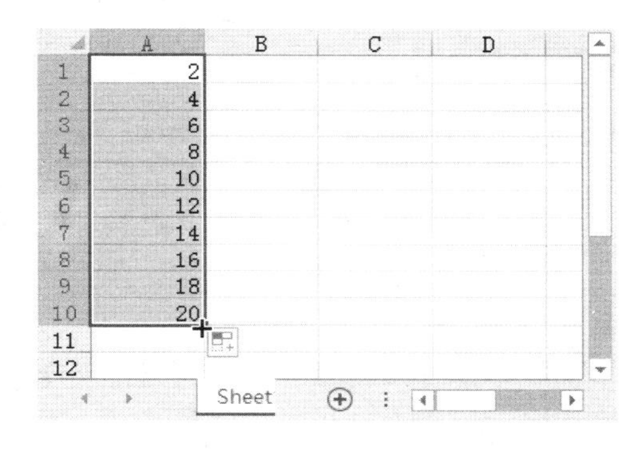

图 1-16　填充等差序列

1.3.3 等比序列

如果一个数列从第 2 项起，每一项与它前一项的比等于同一个常数，这个数列就叫做等比序列。如“1，3，9，27、…”。等比序列的输入与等差序列基本相同，这里使用“右键拖动填充柄法”进行等比序列的输入。

首先输入序列的前两个数值，如“1”、“3”，然后选中这两个单元格，将鼠标指向填充柄，按右键向下拖动填充至序列的最后一个单元格，释放鼠标右键，单击弹出的快捷菜单中的【等比序列】选项即可完成操作，如图 1-17 所示。

1.3.4 日期序列

通常情况下，日期序列虽然用得相对较少，但也会用到。在 Excel 中，可以以天、月、年和工作日等进行有规律地填充，如图 1-18 所示。下面对日期序列的填充方法做一下简单地介绍。

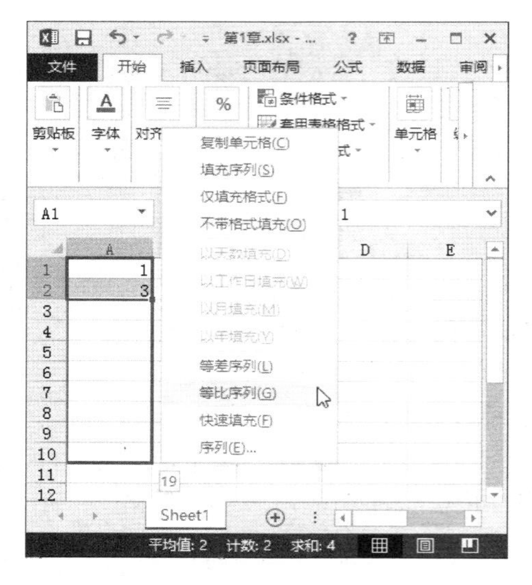

图 1-17　右键快捷菜单

	A	B	C	D
1	以天填充	以月填充	以年填充	以工作日填充
2	2014/3/1	2014/5/1	2008/1/1	2014/3/1
3	2014/3/2	2014/6/1	2009/1/1	2014/3/3
4	2014/3/3	2014/7/1	2010/1/1	2014/3/4
5	2014/3/4	2014/8/1	2011/1/1	2014/3/5
6	2014/3/5	2014/9/1	2012/1/1	2014/3/6
7	2014/3/6	2014/10/1	2013/1/1	2014/3/7
8	2014/3/7	2014/11/1	2014/1/1	2014/3/10
9	2014/3/8	2014/12/1	2015/1/1	2014/3/11
10	2014/3/9	2015/1/1	2016/1/1	2014/3/12

图 1-18　填充各类日期

以天数填充为例，假设要向下填充，有以下几种方法。

方法一：在序列的第 1 个单元格内输入第 1 个日期，如 2014/3/1，然后选择该单元格并按住右下角的填充柄向下拖动，即可以递增 1 天的步长向下填充。

方法二：在序列的第 1 个单元格内输入第 1 个日期，然后右键按住填充柄向下拖动鼠标，松开鼠标后选择【以天数填充】命令，如图 1-19 所示。

方法三：在方法二的基础上，在弹出的菜单中选择【序列】命令，打开【序列】对话框进行相应的设置。在该对话框中可以设置步长值和终止值，如图 1-20 所示。

除此之外，还可以利用【开始】菜单中的【填充】命令进行填充。实际上，日期和数字的填充是类似的，因为 Excel 中日期也是可以被当成数字来处理的，比如“1”为 1900 年 1 月 1 日，“2”为 1900 年 1 月 2 日，以此类推。

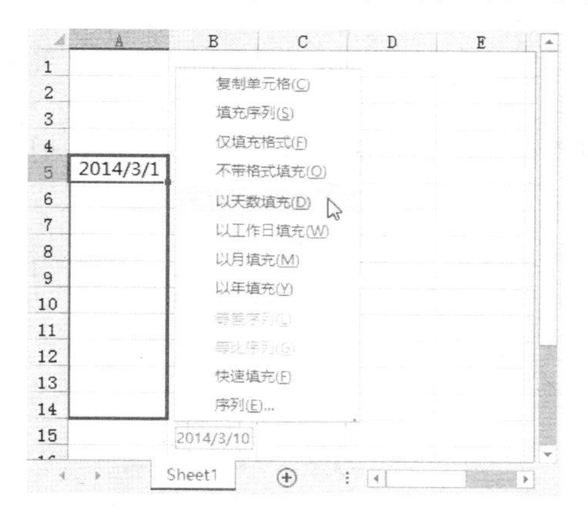

图 1-19　选择【以天数填充】命令

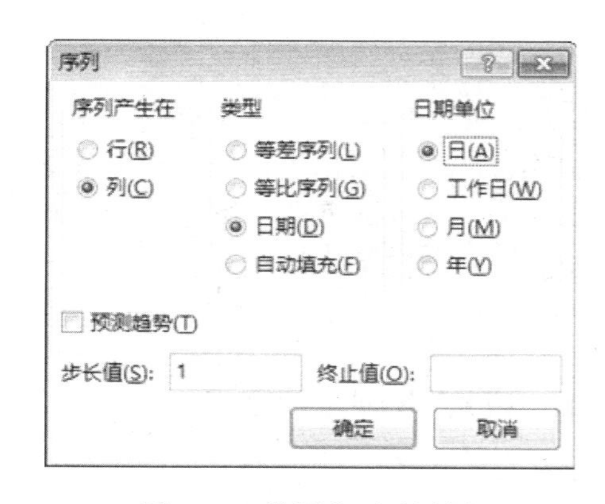

图 1-20　设置序列对话框

读者可以尝试填充序列“2014 年 3 月 3 日，2014 年 3 月 5 日，2014 年 3 月 7 日，……”。

掌握了以天数填充的方法后，那么以工作日、以月和以年填充的方法就自然可以掌握了，这里不再做过多介绍。

1.3.5　混合序列

在实际工作中，经常会遇到要输入类似于“第 1 名，第 2 名，第 3 名，……”或者“101 号，102 号，103 号，……”这种既有文字又有数字的序列，这类序列的输入方法可以参考等差序列的输入方法，读者可自行尝试，这里不再赘述。

1.3.6　自定义序列

Excel 除了可以快速填充一些数字和日期等序列，还可以填充一些内置的自定义序列，如“一月,二月,三月,……”“星期日,星期一,星期二,……”以及用英文表示的月份“JAN, FEB, MAR, …”等。此外，用户也可以自定义一些序列，以方便今后的输入和排序等操作。把常用的序列定义好之后，以后就可以通过填充序列的方式快速完成输入。另外，对于其他一些操作，自定义序列也是很有帮助的，比如在排序时，系统可以根据“第 1 名”，“第 2 名”，“第 3 名”，……的顺序排列，但对于“第一名”，“第二名”，“第三名”，……这样的顺序则无法实现正确排序。如果能将这些顺序定义成序列的话，就可以实现正确排序的目的。有关通过自定义序列排序的方法将会在后面的章节中介绍，这里介绍自定义序列及输入自定义序列的方法。

假如要将“董事长、总经理、总经理助理、副总经理、部门经理、车间主管、班组长、职员”定义成一个序列，可以按照下面的步骤操作。

（1）在功能区执行【文件】→【选项】命令，打开【Excel 选项】对话框，选择【高级】选项卡，然后单击其中的【编辑自定义列表】按钮，如图 1-21 所示。

图 1-21　【Excel 选项】对话框

（2）在打开的【自定义序列】对话框中，单击左侧列表中的【新序列】选项，然后在【输入序列】文本框中输入序列的条目，每输入完一个按 Enter 键换行，完成后单击【添加】按钮，再单击【确定】按钮即可添加自定义序列，如图 1-22 所示。

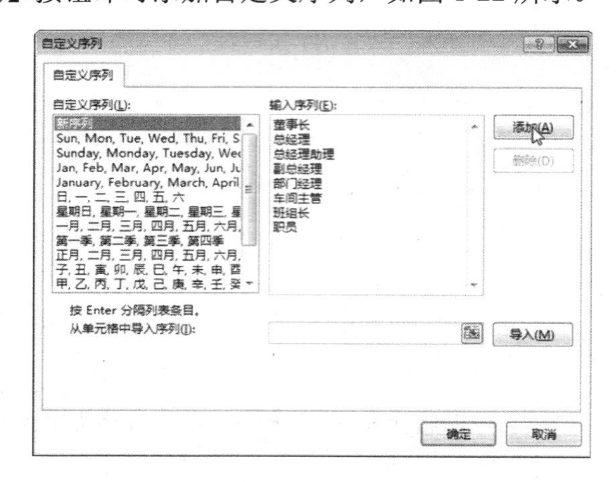

图 1-22　输入并添加序列

除了手动输入序列之外，如果要定义的序列正好是工作表中的某一行或者某一列范围内的值，可以直接使用【自定义序列】对话框中的【导入】按钮将其导入到序列中，而无须再次输入。方法是将光标定位到【从单元格中导入序列】文本框内，然后选择工作表中的行或列的范围，这个区域就会被输入到文本框中，单击【导入】按钮即可导入所选范围内的序列，然后单击【确定】按钮即可。

序列定义完成之后，就可以按照序列的方式进行输入了，如输入“董事长”，然后按住填充柄向下拖动鼠标，会自动填充“总经理”，“总经理助理”，……

1.4　单元格区域的复制与粘贴

众所周知，复制和粘贴是很好用的功能，可是如果所要复制的对象包含公式、格式等，粘贴后的结果是不是和预想的不太一样了呢？如果想要在粘贴的同时进行计算又该如何操作呢？通过本节内容的学习，读者将会对复制和粘贴的功能有进一步的了解。

1.4.1　普通数据的移动与复制

对于普通的数据，如果需要从一个位置移动或者复制到其他位置，只需要按通常的操作，按 Ctrl+C 组合键复制或 Ctrl+X 组合键剪切，然后定位到目标位置，按 Ctrl+V 组合键粘贴即可。当然也可以使用右键快捷菜单选择相应的命令来完成。

1.4.2　公式的复制

在 Excel 中，对于同类数据的计算，可以通过公式的复制来快速完成。图 1-23 所示的销售分析表中，在 H2 单元格中输入公式“=SUM(D2:G2)”，可计算出 D2:G2 范围内的总销量。如果希望把下面单元格的总销量也计算出来，那么每个单元格都像这样输入一遍公式的话显然不是一个好方法。实际上，Excel 的公式复制功能与填充功能一样方便，只要计算好一个单元格的结果之后，按住该单元格的填充柄向其余要计算的单元格区域拖动，再松开鼠标后即可完成公式的复制，如图 1-24 所示。复制后的公式会自动改变单元格的取值范围，如 H6 的公式会变成“=SUM(D6:G6)”。

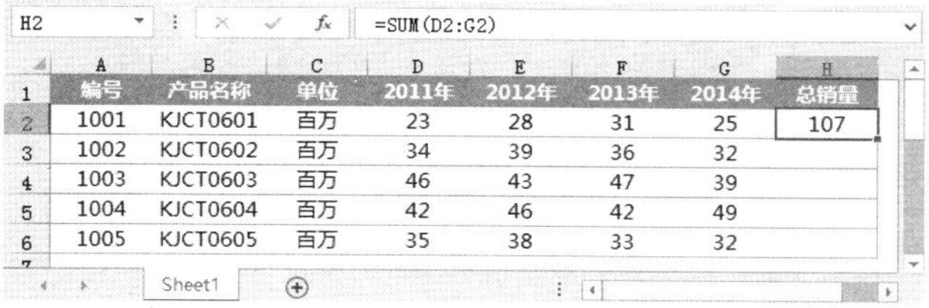

H2　=SUM(D2:G2)

	A	B	C	D	E	F	G	H
1	编号	产品名称	单位	2011年	2012年	2013年	2014年	总销量
2	1001	KJCT0601	百万	23	28	31	25	107
3	1002	KJCT0602	百万	34	39	36	32	
4	1003	KJCT0603	百万	46	43	47	39	
5	1004	KJCT0604	百万	42	46	42	49	
6	1005	KJCT0605	百万	35	38	33	32	

Sheet1

图 1-23　输入公式

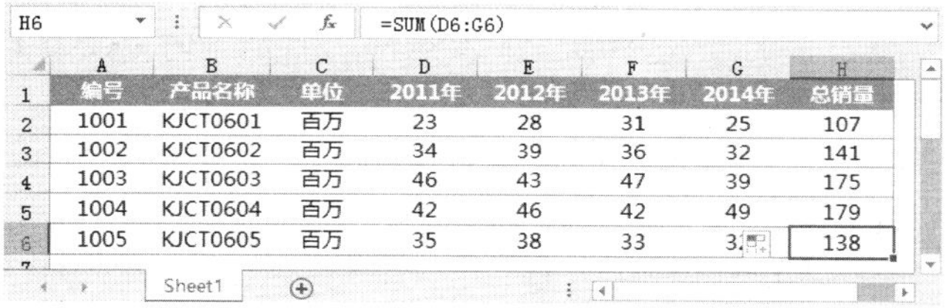

H6　=SUM(D6:G6)

	A	B	C	D	E	F	G	H
1	编号	产品名称	单位	2011年	2012年	2013年	2014年	总销量
2	1001	KJCT0601	百万	23	28	31	25	107
3	1002	KJCT0602	百万	34	39	36	32	141
4	1003	KJCT0603	百万	46	43	47	39	175
5	1004	KJCT0604	百万	42	46	42	49	179
6	1005	KJCT0605	百万	35	38	33	3	138

Sheet1

图 1-24　复制公式

上面的例子中，公式采用的是相对引用的格式，有时可能并不希望其随着单元格改变而发生改变。如图 1-25 中的表格，要想求可用预备金的数额，E4 中的公式应为“=D4–D4*$E$2”，意思是 D4 单元格减去 D4 与 E2 的乘积。其中 E2 单元格的值是不需要改变的，即后面的 D5 单元格同样要减去 D5 与 E2 的乘积，这时就需要对 E2 单元格的值采用绝对引用，而 D4 单元格则采用相对引用。这样公式中的 D4 单元格在复制的过程中发生变化，而“预留百分比”E2 则不会变化。复制该公式的方法是，在计算好 E4 单元格之后，向下拖动即可，如图 1-26 所示。

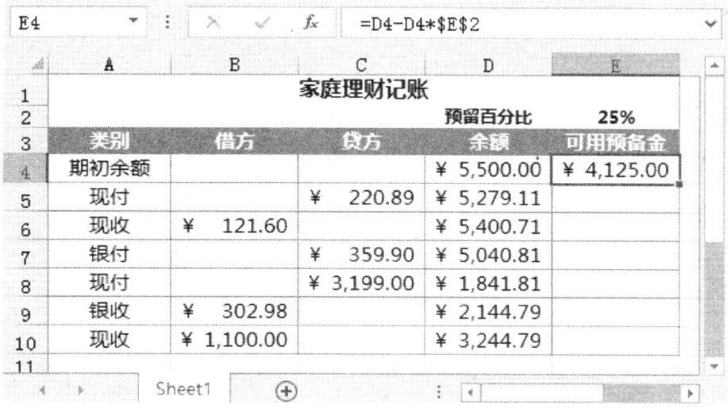

E4　=D4-D4*$E$2

	A	B	C	D	E
1			家庭理财记账		
2				预留百分比	25%
3	类别	借方	贷方	余额	可用预备金
4	期初余额			¥ 5,500.00	¥ 4,125.00
5	现付		¥ 220.89	¥ 5,279.11	
6	现收	¥ 121.60		¥ 5,400.71	
7	银付		¥ 359.90	¥ 5,040.81	
8	现付		¥ 3,199.00	¥ 1,841.81	
9	银收	¥ 302.98		¥ 2,144.79	
10	现收	¥ 1,100.00		¥ 3,244.79	

Sheet1

图 1-25　计算出一个单元格

E10 =D10-D10*$E$2

	A	B	C	D	E
1	家庭理财记账				
2				预留百分比	25%
3	类别	借方	贷方	余额	可用预备金
4	期初余额			¥ 5,500.00	¥ 4,125.00
5	现付		¥ 220.89	¥ 5,279.11	¥ 3,959.33
6	现收	¥ 121.60		¥ 5,400.71	¥ 4,050.53
7	银付		¥ 359.90	¥ 5,040.81	¥ 3,780.61
8	现付		¥ 3,199.00	¥ 1,841.81	¥ 1,381.36
9	银收	¥ 302.98		¥ 2,144.79	¥ 1,608.59
10	现收	¥ 1,100.00		¥ 3,24[illegible]	¥ 2,433.59
11					

Sheet1

图 1-26　复制公式

以上仅介绍了在当前工作表中复制公式的方法，实际上还可以跨工作表、跨工作簿来复制公式，而选择性粘贴则可以帮助用户实现这一目的。

1.4.3　计算结果的复制

公式的复制给大型表格的计算带来了不少福音，但是有时需要将计算结果复制到指定的位置，然后再进行其他操作。

计算结果可以通过按 Ctrl+C 组合键先复制到剪贴板，然后将鼠标定位到目标位置，按 Ctrl+V 组合件粘贴。在粘贴区域的右下角会显示一个“粘贴选项”按钮（剪切后再粘贴不会出现此按钮），单击该按钮将展开下拉菜单，如图 1-27 所示。单击下拉菜单中【粘贴数值】区域中的【值】选项即可将计算结果粘贴到目标位置。

此外，在执行了复制操作后，如果单击【开始】选项卡中【粘贴】按钮的下拉箭头，也会出现相同的下拉菜单供用户选择。

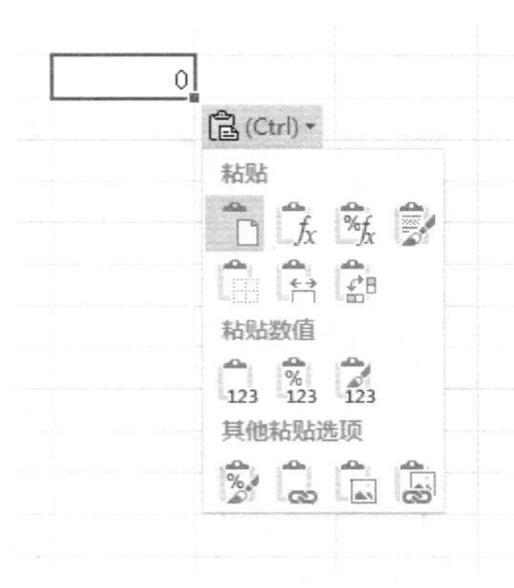

图 1-27　“粘贴选项”按钮的下拉菜单

1.4.4　格式的复制

如果用户只需要将所复制内容的格式进行复制的话，可以通过一个简单的功能工具，即格式刷即可。此工具在复制格式的时候会经常用到，用法如下：

选择需要复制格式的内容（可以将光标置于该内容中间，也可以全选）。然后单击【开始】选项卡【剪贴板】组中的【格式刷】按钮。接下来选中需要应用该格式的全部内容，松开鼠标即可。如果双击【格式刷】按钮则可以连续复制格式。

该操作也可以通过“粘贴选项”按钮下拉菜单中的【格式】选项来进行完成。

除了上述方法外，还可以通过【选择性粘贴】对话框来进行设置，如图 1-28 所示。打开该对话框的方法：单击【开始】选项卡中的【粘贴】下拉按钮，选择下拉菜单中的最后一项【选择性粘贴】命令。需要复制所选内容格式时，只要选择该对话框的【格式】单选项，再单击【确定】按钮即可。

图 1-28　【选择性粘贴】对话框

1.4.5　数据区域的转置粘贴

如果希望将某一工作表的行与列进行互换，可以通过选择性粘贴中的转置选项来实现。

转置的具体操作步骤如下。

复制需要进行行列转置的单元格区域，然后单击要存放转置表区域左上角的单元格，打开【选择性粘贴】对话框，选中【转置】选项，单击【确定】按钮，就可以看到行列转置后的结果。图 1-29 所示的就是表格转置前后的效果。

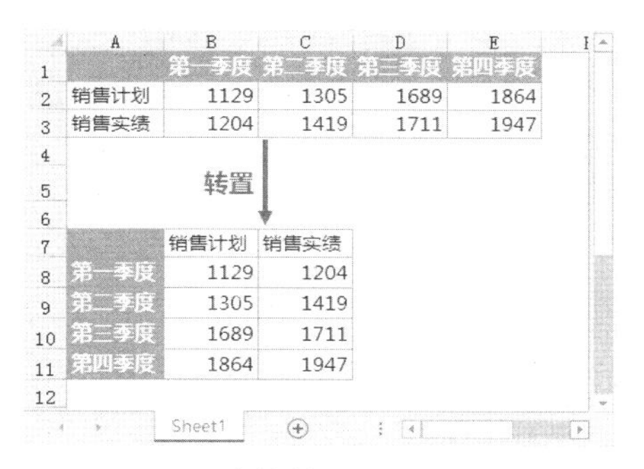

图 1-29　表格转置前后效果对比

1.4.6　与粘贴目标位置的计算

在图 1-28 所示的【选择性粘贴】对话框中，【运算】区域中还包含着其他一些粘贴选项，这些选项的功能经常被人们所遗忘，但是，如果学会应用这些功能，则可以在粘贴的同时完成一次数学运算。

某表格有数据如图 1-30 所示。假如复制 E1 单元格中的“10”，在 A1:C10 单元格区域中粘贴时，单击【选择性粘贴】对话框中【运算】区域中的【乘】选项，会将目标区域中的所有数值与“10”进行乘法计算后，将结果数值直接保存在目标区域中，如图 1-31 所示。

如果用户复制的不是单个单元格数据，而是一个与粘贴目标区域形状相同的数据源区域，则在运用运算功能进行粘贴时，目标区域中的每一个单元格数据都会与相对应的单元格数据分别进行数据运算。

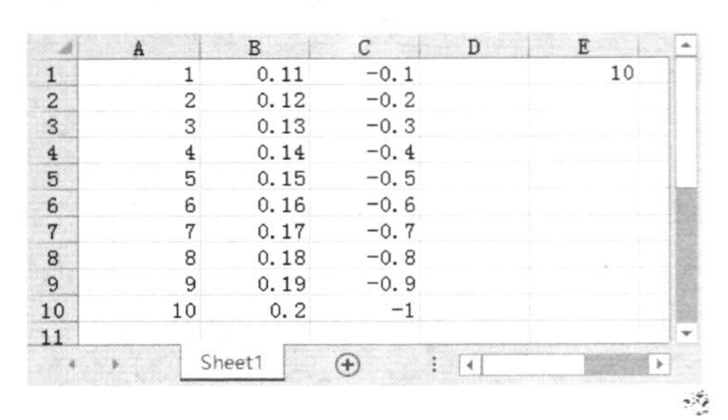

	A	B	C	D	E
1	1	0.11	-0.1		10
2	2	0.12	-0.2		
3	3	0.13	-0.3		
4	4	0.14	-0.4		
5	5	0.15	-0.5		
6	6	0.16	-0.6		
7	7	0.17	-0.7		
8	8	0.18	-0.8		
9	9	0.19	-0.9		
10	10	0.2	-1		
11					

Sheet1

图 1-30　粘贴运算前

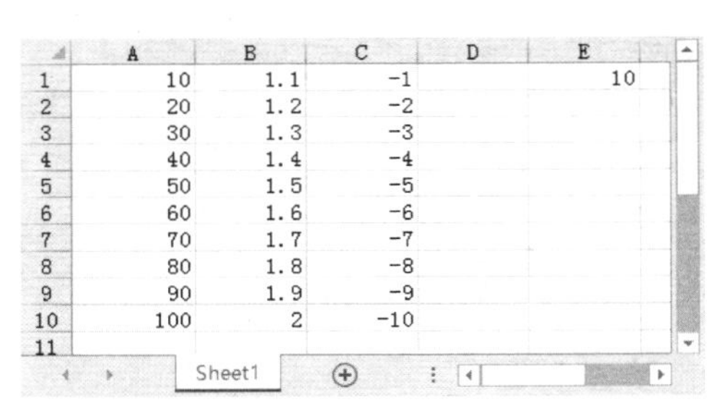

	A	B	C	D	E
1	10	1.1	-1		10
2	20	1.2	-2		
3	30	1.3	-3		
4	40	1.4	-4		
5	50	1.5	-5		
6	60	1.6	-6		
7	70	1.7	-7		
8	80	1.8	-8		
9	90	1.9	-9		
10	100	2	-10		
11					

Sheet1

图 1-31　粘贴运算后

1.5　数据的查找与替换

当面对大量的数据需要处理时，要想快速找到所需的数据记录就要用到 Excel 的查找功能。当需要对一些数据进行更新时，替换功能的使用也是非常关键的。本节就来简要介绍一下 Excel 中的查找与替换功能。

1.5.1　数据的常规查找与替换

在数据整理过程中，对于指定数据的查找和替换是一项非常复杂且常用的功能。比如需要在员工资料表中对一名员工进行查找和特殊标记，或者是将存款明细表中的利率从 2.6 上调至 2.85 等。类似的工作都需要用户根据指定内容进行查找，然后再进行替换等操作。如果单纯通过人工查找和修改，将是一项非常庞大的工程，况且准确率也不能得到保障，而通过 Excel 的查找和替换功能，则将使用户在进行此类操作的时候，既轻松又快捷，并且可以确保准确率，何乐而不为呢？

1. 查找数据

在进行查找操作之前，首先要确定所要查找的目标在什么范围，这样可以提高工作效率。查找可以在单个工作表或整个工作簿范围内进行，只要单击工作表中任意一个单元格即可。值得一提的是，在 Excel 中，【查找】和【替换】是位于同一个对话框中的两个选项卡。接下来了解一下可以通过哪几种方法打开【查找】选项卡。

（1）在【开始】选项卡的【编辑】组中，单击【查找和选择】按钮，选择【查找】命令，如图 1-32 所示。打开【查找和替换】对话框后，单击【查找】标签定位到该选项卡。

（2）按 Ctrl+F 组合键，直接打开【查找和替换】对话框并定位至【查找】选项卡。

使用上面的任何一种方法打开【查找和替换】对话框后，用户可以在【查找】和【替换】选项卡间任意切换。

要查找时，可以在【查找内容】输入框中输入要查找的内容，单击【查找下一个】按钮，即可找到对应的数据，如图 1-33 所示。

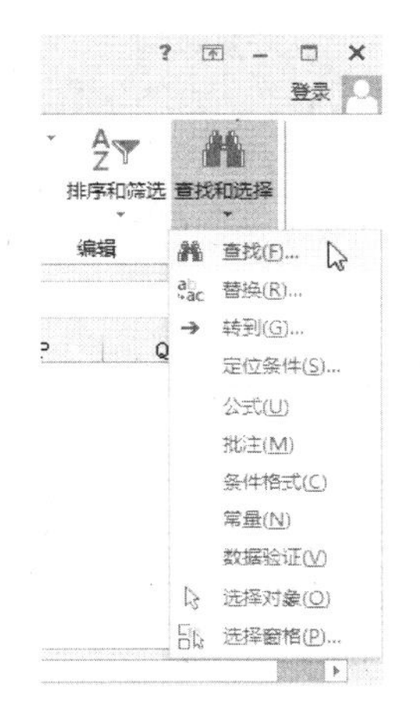

图 1-32　选择【查换】命令

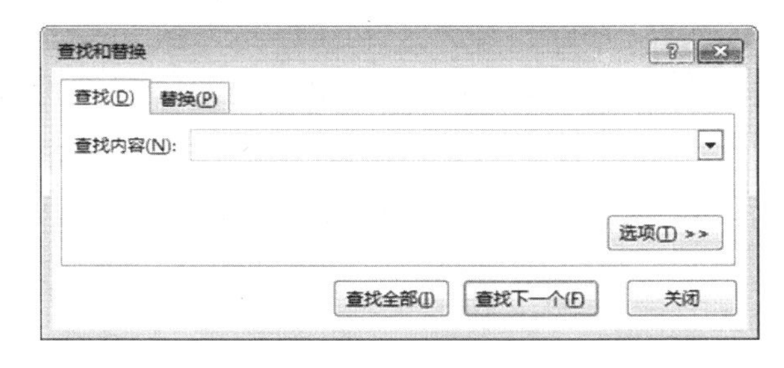

图 1-33　【查找】选项卡

2. 数据的替换

数据的查找可以帮用户迅速定位到所有包含指定内容的单元格，如果需要对这些单元格的内容进行修改，需要使用【查找和替换】对话框中的【替换】选项卡所提供的功能。

与打开【查找】选项卡的步骤相似，可以通过下面的方法打开如图 1-34 所示的【替换】选项卡。

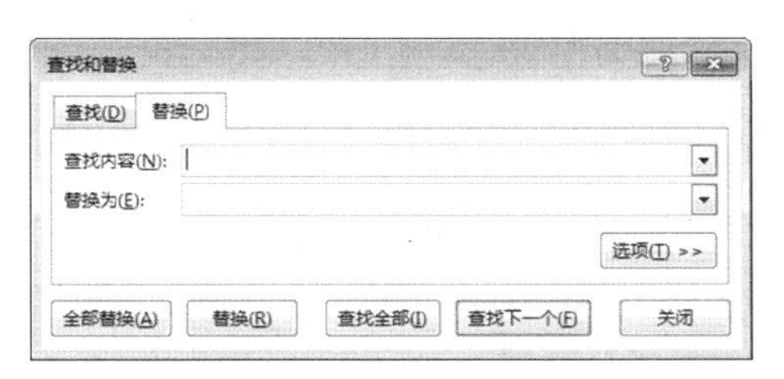

图 1-34　【替换】选项卡

（1）在【开始】选项卡的【编辑】组中，单击【查找和选择】按钮，选择【替换】命令。

（2）在【查找和替换】对话框中切换到【替换】选项卡。

（3）按 Ctrl+H 组合键直接打开【替换】选项卡。

如果需要进行批量替换操作，可以在【查找内容】输入框中输入要查找的内容，在【替换为】输入框中输入所需替换的内容，然后单击【全部替换】按钮，即可将目标区域中所有满足查找条件的数据内容全部替换为【替换为】输入框中的内容。

如果用户对所需要查找的内容不能确定是否均要替换，可以先单击【查找下一个】按钮，定位到第 1 个查找目标，确认是否要单击【替换】按钮进行替换操作。如果不需要替换可再次单击【查找下一个】按钮进行第 2 个查找目标的定位。

【例 1-1】 对指定内容使用批量替换操作

由于公司薪资制度的调整，现在需要将员工工资表中的“补贴”列中的“150”替换为“200”。

替换数据的具体操作步骤如下。

（1）打开本章素材文件“员工工资表.xlsx”，单击 F 列标签选中整列。

（2）按 Ctrl+H 组合键打开【查找和替换】对话框并定位到【替换】选项卡，在【查找内容】输入框中输入“150”，在【替换为】输入框中输入“200”，然后单击【全部替换】按钮即可，如图 1-35 所示。

（3）此时 Excel 会弹出一个提示信息框，显示此次操作进行了几次替换，单击【确定】按钮即可，如图 1-36 所示。

图 1-35 批量替换指定内容

图 1-36 替换后的表格

1.5.2 通过更多选项查找数据

在【查找和替换】对话框中，单击【选项】按钮可以显示更多查找和替换选项，如图

1-37 所示。

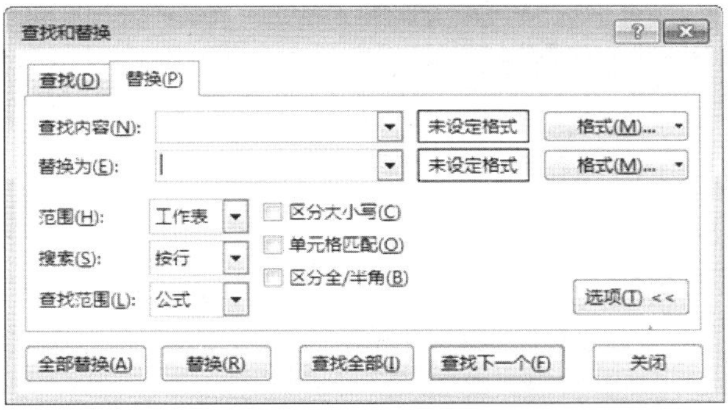

图 1-37　更多查找替换选项

下面对该对话框中的各个选项做一下解释。

- 【范围】：可以选择在工作表中查找，也可以选择在工作簿中查找。
- 【搜索】：可以选择按行搜索，也可以选择按列搜索。
- 【查找范围】：可以选择在公式、值和批注中进行查找。
- 【区分大小写】：选中该复选框后，查找或替换时对英文字母进行大小写的区分。
- 【单元格匹配】：选中该复选框后，查找的内容必须与单元格完全匹配。比如，如果需要将“150”替换为“200”，则选择该复选框项只会将查找到的“150”替换为“200”；不选择该项，则会将含有数字“150”的“1500”替换为“2000”。
- 【区分全/半角】：对字符的全、半角状态进行区分。

除字符之外，还可以对格式进行替换。比如，如果想突出显示某些数据，可以在查找内容和替换内容里输入相同的数据，然后单击【替换为】后的【格式】按钮，设置需要替换的单元格格式。

【例 1-2】　对指定单元格格式进行查找并替换

如果需要将员工资料表中的白底红字的“试用工”单元格修改为黄底黑字的“正式工”。

具体操作步骤如下。

（1）打开本章素材文件“员工资料表.xlsx”，选定“工种”数据所在的列。本例中为 G 列。

（2）按 Ctrl+H 组合键打开【查找和替换】对话框，并定位到【替换】选项卡，在【查找内容】输入框中输入“试用工”，然后单击其右侧【格式】按钮的下拉箭头，在下拉菜单中选择【从单元格选择格式】命令。当光标变成吸管样式后，单击 G3 单元格，即选择现有的单元格格式。

（3）在【替换为】输入框中输入“正式工”，然后单击其右侧的【格式】按钮，在弹出的【单元格格式】对话框中设置黄底黑字的单元格格式，单击【确定】按钮。

（4）单击【全部替换】按钮即可完成替换，如图 1-38 所示。

	A	B	C	D	E	F	G
1	工号	姓名	性别	年龄	入职时间	试用期限	工种
2	001	刘磊晨	男	41	2014/3/26	90天	试用工
3	002	李勇学	男	35	2014/3/11	90天	试用工
4	003	郭伊玲	女	32	2014/3/22	90天	试用工
5	004	张成	男	29	2014/3/3	90天	试用工
6	005	李纯舒	女	31	2014/3/25	90天	试用工
7	006	厉薇菁	女	45	2014/4/30	90天	试用工
8	007	纪淑	女	27	2014/3/28	90天	试用工
9	008	谢亮	男	26	2014/3/12	90天	试用工
10	009	刘兴航	男	44	2014/3/15	90天	试用工
11	010	刘顺兴	男	45	2014/3/19	90天	试用工
12	011	张晨群	男	37	2014/3/26	90天	试用工
13	012	苍美	女	32	2014/4/3	90天	试用工
14	013	袁薇妹	女	34	2014/4/23	90天	试用工
15	014	谭婉姬	女	42	2014/4/12	90天	试用工
16	015	张萍苑	女	46	2014/3/13	90天	试用工
17	016	舒娟月	女	41	2014/4/2	90天	试用工
18	017	强顺富	男	48	2014/4/24	90天	试用工
19	018	黄朋	男	33	2014/3/23	90天	试用工
20	019	强家	男	31	2014/3/3	90天	试用工
21	020	倪全发	男	28	2014/4/9	90天	试用工
22	021	翁真聪	男	29	2014/4/11	90天	试用工
23	022	罗寒茜	女	34	2014/4/29	90天	试用工

员工转正信息

查找和替换

查找(D) 替换(P)

查找内容(N): 试用工 预览 格式(M)...

替换为(E): 正式工 预览 格式(M)...

范围(H): 工作表 区分大小写(C)

搜索(S): 按行 单元格匹配(O)

查找范围(L): 公式 区分全/半角(B) 选项(T) <<

全部替换(A) 替换(R) 查找全部(I) 查找下一个(F) 关闭

图 1-38　根据格式和内容进行替换操作

完成替换后的表格如图 1-39 所示。

	A	B	C	D	E	F	G
1	工号	姓名	性别	年龄	入职时间	试用期限	工种
2	001	刘磊晨	男	41	2014/3/26	90天	试用工
3	002	李勇学	男	35	2014/3/11	90天	正式工
4	003	郭伊玲	女	32	2014/3/22	90天	试用工
5	004	张成	男	29	2014/3/3	90天	正式工
6	005	李纯舒	女	31	2014/3/25	90天	试用工
7	006	厉薇菁	女	45	2014/4/30	90天	试用工
8	007	纪淑	女	27	2014/3/28	90天	试用工
9	008	谢亮	男	26	2014/3/12	90天	正式工
10	009	刘兴航	男	44	2014/3/15	90天	正式工
11	010	刘顺兴	男	45	2014/3/19	90天	试用工
12	011	张晨群	男	37	2014/3/26	90天	试用工
13	012	苍美	女	32	2014/4/3	90天	试用工
14	013	袁薇妹	女	34	2014/4/23	90天	试用工
15	014	谭婉姬	女	42	2014/4/12	90天	试用工
16	015	张萍苑	女	46	2014/3/13	90天	正式工
17	016	舒娟月	女	41	2014/4/2	90天	试用工
18	017	强顺富	男	48	2014/4/24	90天	试用工
19	018	黄朋	男	33	2014/3/23	90天	试用工
20	019	强家	男	31	2014/3/3	90天	正式工
21	020	倪全发	男	28	2014/4/9	90天	试用工
22	021	翁真聪	男	29	2014/4/11	90天	试用工

员工转正信息

图 1-39　完成替换后的表格

1.5.3　通配符在查找数据中的应用

在 Excel 中，不仅可以根据用户输入的确定的字符串内容进行精确查找，还可以根据包含通配符在内的不确定的字符串进行模糊查找。Excel 支持的通配符包括两个：星号“*”和问号“？”。“*”可代替任意数目的字符，可以是单个字符也可以是多个字符；而“？”可代替任意单个字符。

例如，在员工转正信息表中查找以“刘”姓开头的所有人名，方法是：先选中所有员工姓名所在的单元格区域，然后在【查找内容】输入框中输入“刘*”，单击【查找全部】按钮，此时员工转正信息表中所有姓“刘”的员工姓名及其单元格地址将出现在对话框下方列表框中。如果将此列表框中的内容全选，则与之相对应的工作表中所有姓“刘”的员工姓名所在单元格也显示为被选中状态，如图 1-40 所示。

图 1-40　查找“刘”姓员工

如果在【查找内容】输入框中输入“刘？”，单击【查找全部】按钮，则只能找到姓刘且名字只有两个字的员工。由于操作方法类似，这里不再赘述。

提示：如果用户需要查找字符“*”或“？”本身而不是其所代表的通配符，则需要在字符前面加上波形符“~”，例如“~*”。如果需要查找字符“~”，需要以连续两个波形符“~~”来表示。

1.6　数据输入的实用技巧

数据输入是进行 Excel 操作过程中必不可少的一项操作。如果用户能够掌握一些数据输入方面的常用技巧，就可以简化数据输入的步骤，从而提高工作效率。

1.6.1　单元格的换行输入

使用 Excel 进行表格处理时，经常需要在表格的某个单元格中进行文本换行操作，如果使用编辑文本的常规方法按 Enter 键，则插入点会移到下一个单元格中，那么该如何实现文本的自动换行呢？下面为读者介绍两种常用方法。

1．设置单元格自动换行

首先选中需要进行文本换行的单元格，右击打开快捷菜单，单击选择菜单中的【设置单元格格式】命令，打开【设置单元格格式】对话框并切换到【对齐】选项卡，如图 1-41 所示。选中【文本控制】区域的【自动换行】复选框，然后单击【确定】按钮。这样，当文本内容到达单元格边界时就会自动换到下一行，效果如图 1-42 所示。

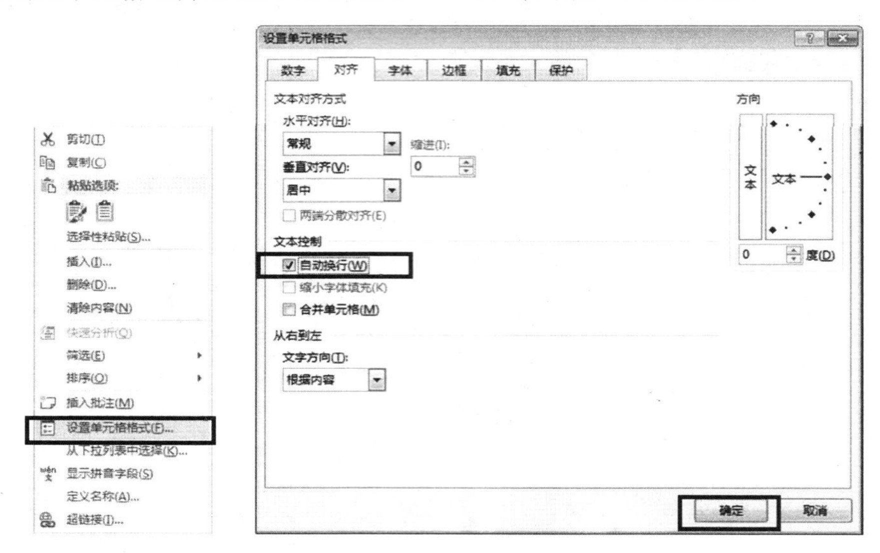

图 1-41　右键快捷菜单和【设置单元格格式】对话框

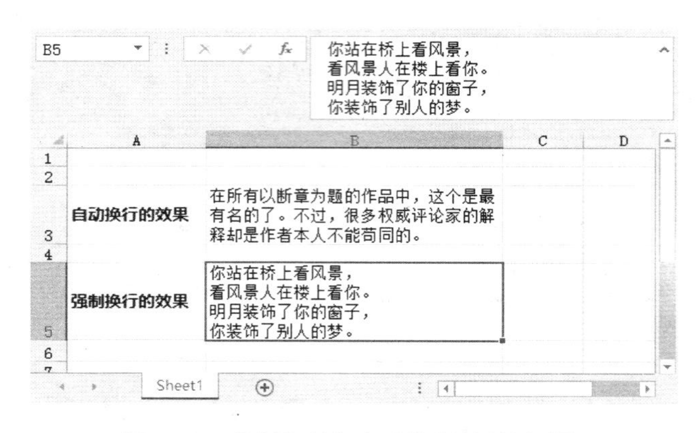

图 1-42　强制换行与自动换行的效果对比

2. 强制换行

使用自动换行功能虽然可将文本显示为多行，但是换行的位置却并不受用户控制，而是根据单元格的列宽来决定的。如果想要控制换行的位置，可以按 Alt+Enter 组合键，将插入点后的文本强制换行，如图 1-42 所示。

1.6.2　在多个单元格内同时输入数据

如果需要在多个单元格内同时输入相同的数据，可以先选定需要输入相同数据的多个单元格，然后输入数据（显示在第 1 个所选择的单元格中），按 Ctrl+Enter 组合键，即可向这些单元格同时输入相同的数据。

1.6.3　上下标的输入方法

在输入有关工程或者数学等方面的数据时，经常会遇到一些带有上、下标的字符和化学分子式，如“x^2”、“10^{3n}”、“H_2O_2”等。用户可以通过设置单元格格式的方法来进行类似数据的输入。

例如：需要在单元格内输入“y^{-3n}”，可先在单元格中输入“y-3n”，然后双击单元格激活单元格的编辑模式，用鼠标拖动选中文本中的“-3n”部分，然后打开【设置单元格格式】对话框，如图 1-43 所示。选中【字体】选项卡中的【上标】复选框，最后单击【确定】按钮。此时，单元格中的数据将显示为“y^{-3n}”的形式（编辑栏仍显示为“y-3n”）。

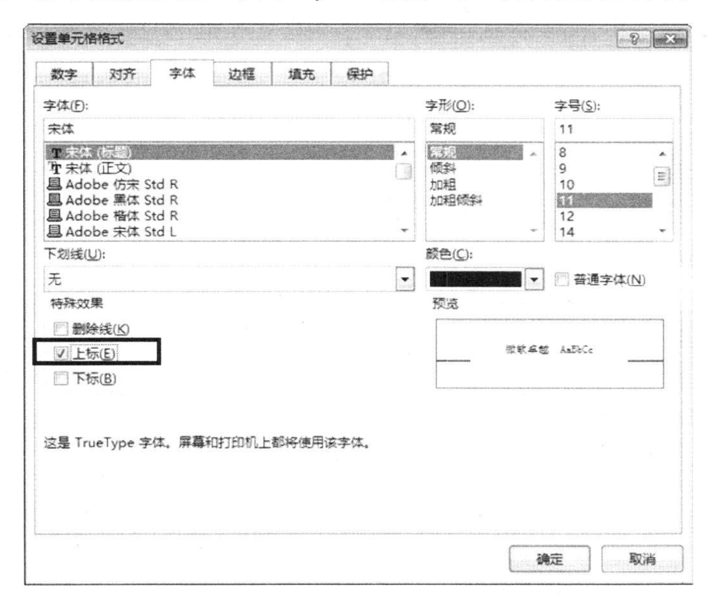

图 1-43　在【设置单元格格式】对话框中设置上标

1.6.4　指定小数位数

在处理数据的过程中，往往需要指定小数位数，Excel 就提供了这样的功能，并可自动补入小数点“.”和占位的“0”，给用户提供了方便，使工作效率得到很大程度的提高。

例如，需要输入的数据要求最大保留 2 位小数，可以这样操作：在功能区上切换至【文件】选项卡，单击【数字】组中的“对话框启动器”按钮，在打开的【设置单元格格式】对话框中，切换至【数字】选项卡，如图 1-44 所示。选择【分类】列表框中的【数值】选项，然后在【示例】区域下方的【小数位数】微调按钮中调整至需要显示的小数位数“2”。最后单击【确定】按钮即可。

用户还可以通过功能区上【开始】选项卡中的【数字】组中的小数位数调节按钮来调节当前输入的小数位数，如图 1-45 所示。以左边的“增加小数位数”按钮为例，每单击一次按钮，小数位数将增加一位。

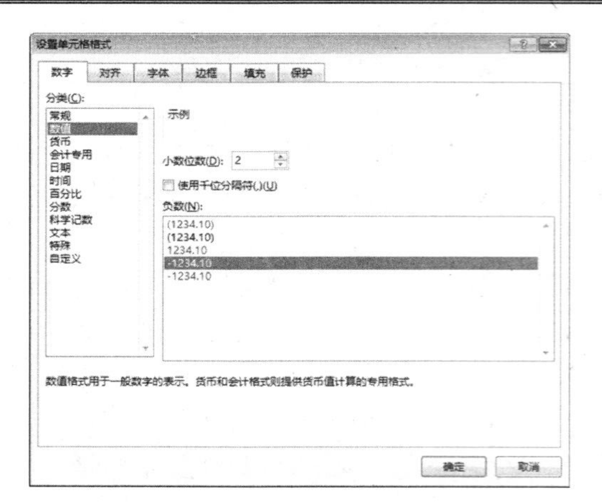

图 1-44 【设置单元格格式】对话框

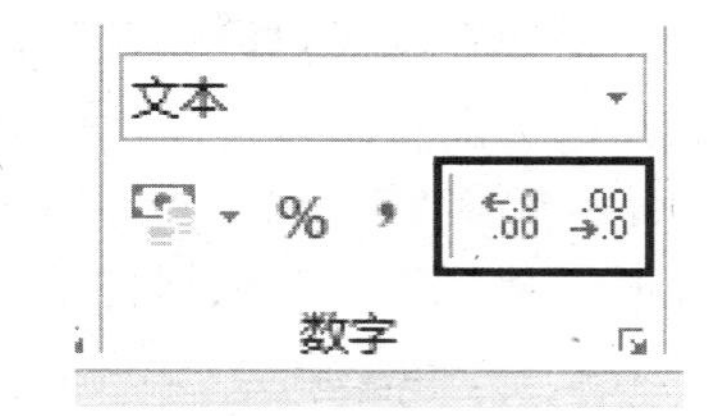

图 1-45 功能区上的小数位数调节按钮

1.6.5 记忆式键入

通常情况下，在用户制作表格的时候，常常需要输入一些重复的文字内容。例如：用户在制作公司员工职位的时候，需要反复输入“销售助理”几个字。当在进行重复输入的时候，每输入到“销”字，单元格中会自动显示“销售助理”文字字样，这时直接按 Enter 键即可输入。这就是 Excel 提供的“记忆式键入”功能。启用该功能可以为用户节省大量的文字录入时间。

默认情况下该功能是开启的，如果尚未开启，则需要用户手动开启。可以通过在功能区上执行【文件】→【选项】→【高级】命令，在如图 1-46 所示的【Excel 选项】对话框的【高级】选项卡中勾选【为单元格值启用记忆式键入】复选框，然后单击【确定】按钮即可完成操作。

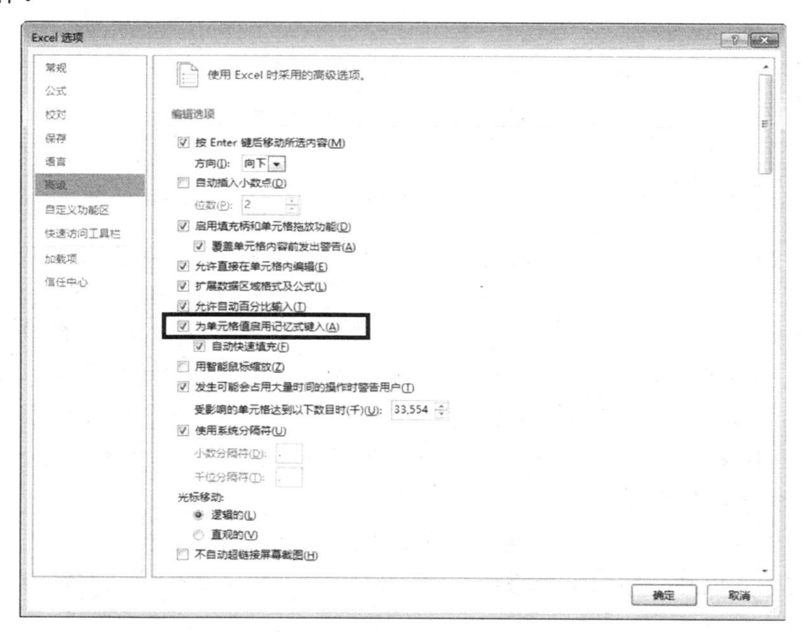

图 1-46 【Excel 选项】对话框中的【高级】选项卡

值得注意的是，当用户输入的第一个文字在已有信息中存在多条记录，则必须增加文字，以锁定需要的文字信息。例如，已经输入过“大相径庭”、“大器晚成”、“大智若愚”等内容，再次输入“大智若愚”的时候，当输入“大”字，由于之前分别有“大相径庭”、“大器晚成”、“大智若愚”三条记录与之对应，所以 Excel 的“记忆式键入”不能提供唯一的建议键入项，而此时就需要多输入一个“智”字，然后系统才能确定并显示需要的“大智若愚”记录，此时按 Enter 键键入即可。

1.6.6　快速输入中文大写数字

在财务工作中，经常需要使用中文大写数字，比如“壹”、“贰”、“叁”……，但是使用输入法来输入是件很繁琐的事。下面介绍在 Excel 中使用【设置单元格格式】对话框来进行中文大写数字的输入设置的方法。

快速输入中文大写数字的设置方法的具体操作步骤如下。

（1）选择要设置的单元格区域（也可以先输入数据后再选定），然后在选择区域上右击，单击弹出的快捷菜单中的【设置单元格格式】选项，如图 1-47 所示。

（2）打开【设置单元格格式】对话框，切换至【数字】选项卡，在【分类】列表框中单击【特殊】选项，然后在右侧【类型】列表框中选择【中文大写数字】选项，如图 1-48 所示。

（3）单击【确定】按钮即可完成设置。

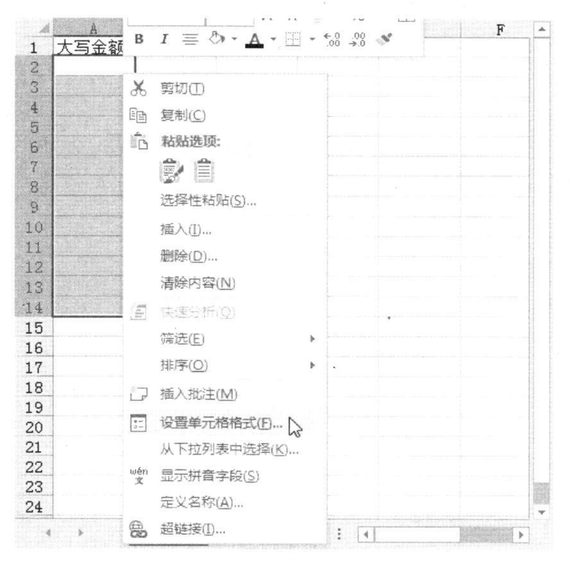

图 1-47　右击后显示的快捷菜单

图 1-48　【设置单元格格式】对话框

之后，凡是在设置后的单元格区域中输入的数字，均会以大写中文的形式显示出来。设置后与未做单元格格式设置的数字显示方式对比如图 1-49 所示。

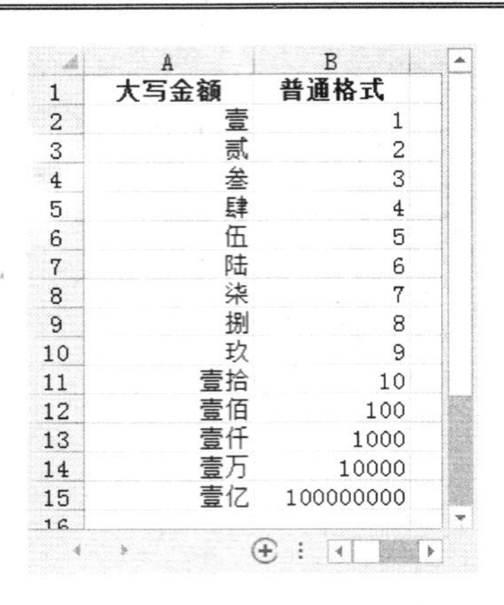

	A	B
1	大写金额	普通格式
2	壹	1
3	贰	2
4	叁	3
5	肆	4
6	伍	5
7	陆	6
8	柒	7
9	捌	8
10	玖	9
11	壹拾	10
12	壹佰	100
13	壹仟	1000
14	壹万	10000
15	壹亿	100000000

图 1-49　设置前后的显示方式

1.6.7　快速输入部分数据相同的无序数据

输入原始数据的工作既是简单的又是枯燥的。尤其是碰上那种每个单元格都有一部分内容相同、一部分不同的情况，如果每个单元格都要从头输入，更是让人烦躁不堪。那么有什么方法可以提高类似数据的输入效率呢？

下面以在员工信息表中需要经常输入的员工编号为例，介绍使用【设置单元格格式】对话框提高输入效率的方法。

以员工编号为例。假设编号由 8 位数组成，前 4 位数相同，均为“2016”，只是后 4 位数不同，如员工编号号为“20160113”“20161826”等。

具体操作步骤如下。

（1）选择员工编号号所在的列，在选中区域上右击，单击弹出的快捷菜单中的【设置单元格格式】菜单项。

（2）打开【设置单元格格式】对话框，切换至【数字】选项卡，在【分类】列表框中单击【自定义】选项，然后在右侧【类型】输入框中输入“20160000”（后面的 4 位数字全部用“0”表示），如图 1-50 所示。

图 1-50　对【自定义】选项进行设置

（3）单击【确定】按钮关闭对话框。

此时在该单元格区域中的任意一个单元格中输入“113”，然后按 Enter 键，可看到该单元格中的数据自动变为“20160113”；再在另一个单元中输入“1826”，按 Enter 键，便显示为“20161826”。这样免去了每次都要输入前面的“2016”的麻烦，节约了时间，减少了工作量。

读者还可以尝试练习一下类似于字母和数字组合的编号输入，如“JXWC-0016”“JXWC-0223”“JXWC-0956”等，这里不再赘述。

第 2 章　规范数据美化表格

很多从事管理等职业的用户经常要面对大量的表单，这些表单的数据组成既复杂又枯燥，甚至一时半会儿难以明白某些数据代表的含义。如果为不同的数据设定不同的“身份”，并且为表格添加一些美化元素，这样就会使表单中的数据显示更加明确且正规。另外，装饰之后的表格也会给人以赏心悦目的感觉。

通过对本章内容的学习，读者将掌握：

- 不同数据类型的特点
- 创建自定义格式的方法
- 设置单元格对齐方式
- 边框与填充效果的设置
- 灵活运用样式

2.1　应用符合场合的数据格式

无论属于哪个国家，哪个民族，每个人都会有一个可以被别人辨识的名字，数据也一样。有些数据用于表示时间，有些用于表示金额，还有些表示单纯的数字。在 Excel 中，数据也被赋予了多种类型不同的格式。

2.1.1　了解不同类型数据的特点

Excel 单元格中可以输入和保存的数据有 4 种基本类型：数值、日期、文本和公式。除此以外，还有逻辑值、错误值等一些特殊的类型。了解它们之间的区别，可以有效提高自己处理数据的能力，而这种能力是解决各种复杂问题的基础。

1．数值

数值是指所代表数量的数字形式。数值有一个共同的特点，就是常常用于各种数据计算，例如各种数学计算、企业的产值和利润额、学生的成绩、员工的工资等。

除了数字以外，有一些带特殊符号的数字也被 Excel 理解为数值，例如百分比（%），千分间隔符（,）以及货币符号（￥）等。

2．日期和时间

在 Excel 中，日期和时间是以一种特殊的数值形式存储的，这种数字形式被称为“序列值”。

在 Windows 系统上所使用的 Excel 版本中，日期系统默认为“1900 年日期系统”，即以 1900 年 1 月 1 日作为序列值的基准日期，当日的序列值对应着数值“1”，在这之后的日期均以距基准日期的天数作为其序列值，例如 1900 年 1 月 13 日所对应的序列值为 13,2013 年 5 月 15 日所对应的序列值为 41409。最后一个日期序列值为 2958465，所对应的日期是 9999 年 12 月 31 日。

由于日期的存储形式为数值，因此它与数值一样具有运算的能力，例如日期可以参与类似于数值之间的加、减、乘、除等运算。

3．文本

说明性、解释性的数据描述称为文本类型。文本是非数值类型的，比如员工信息表中的员工姓名、员工编号、性别以及出生年月等都属于文本类型。除此以外，不代表数量和不需要进行数值计算的数字也可以保存为文本形式，例如电话号码、身份证号码、股票代码等等，所以文本并没有严格意义上的定义。事实上，Excel 将许多不能理解为数值和公式的数据都视为文本。

文本不能参与计算，但可以比较大小。

4．逻辑值

逻辑值是比较特殊的一类参数，它只有“TRUE”和“FALSE”两种类型。

例如在公式“=IF(A3-A2>0,"盈利","亏损")”中，“A3-A2>0”就是一个可以返回“TRUE”或“FALSE”两种结果的参数。当“A3-A2>0”为 TRUE 时，公式返回结果为“盈利”，否则返回“亏损”。

在逻辑值之间或者逻辑值与数值之间进行四则运算，可以把“TRUE”当成“1”，“FALSE”当成“0”，例如“TRUE+FALSE=1”，“FALSE*3=0”。

在公式“=TRUE<3”中，如果把“TRUE”理解为“1”，公式的结果应该是“TRUE”。但实际上结果是“FALSE”，原因是逻辑值就是逻辑值，不是“1”，也不是数值。Excel 中规定，数字<字母<逻辑值，因此“TRUE>3”。

总之，TRUE 不代表就是 1，FALSE 不代表就是 0，它们不是数值，只是逻辑值。只是在做数值计算时可以把它们当成 1 和 0 使用。

5．错误值

经常使用 Excel 的用户可能会发现，当公式不能计算出正确的结果或者公式所引用的单元格被删除，都会使单元格显示出各种各样的错误值信息。这些错误值类型，有些读者可能见过，有些可能没有见过。下面介绍几种常见的错误值类型及其相应的解决办法。

- #####

情况一：当单元格不够宽，无法显示所有的数字、日期或时间时，出现此错误值。此时只要将列宽调到需要的大小即可解决此类错误。

情况二：包含有错误的时间日期与值而导致出现错误值。比如在单元格中输入“=2014/03/01-2014/03/04”，会得到负的日期，不符合日期数值的要求。

如图 2-1（a）所示，A 列由于不够宽，不足以显示完整日期，所以出现错误值。此时双击 A 列与 B 列之间的列标分割线，即可自动调整列宽，正常显示。调整后的结果如图 2-1（b）所示。

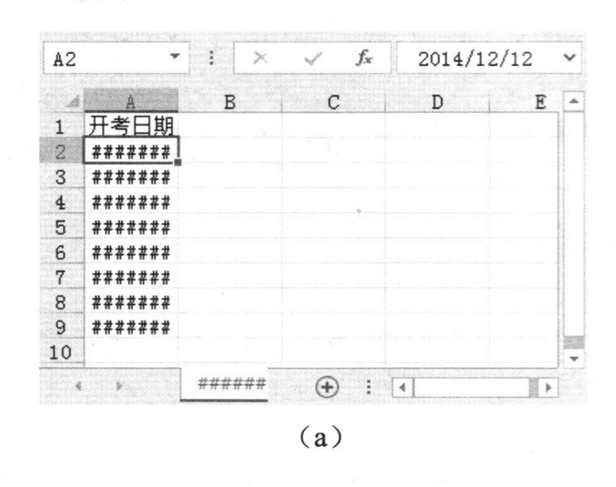

（a）

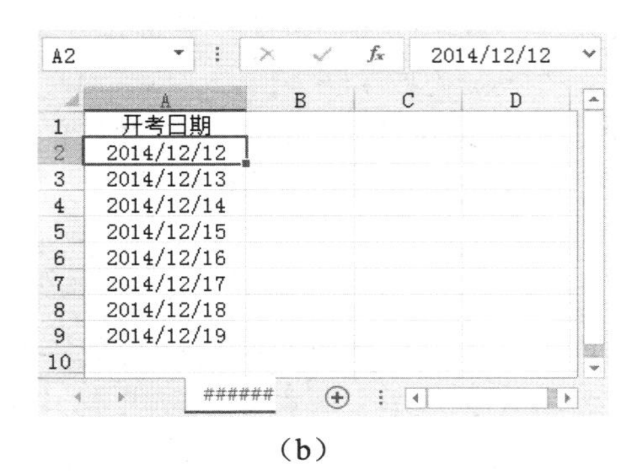

（b）

图 2-1　调整列宽前后错误值的变化

- #DIV/0!

当一个数除以零（0）或不包含任何值时，单元格内将显示此错误。此时可以将零改为非零值或者在用作除数的单元格中输入非零的值，即可解决此问题。

如图 2-2（a）所示，由于“高=体积÷长÷宽”，而此时表示“长”的单元格中的数值为“0”，当在 D2 中输入公式后，出现了错误值。此时将 B2 中的数值改为“10”，即可避免错误的发生，如图 2-2（b）所示。

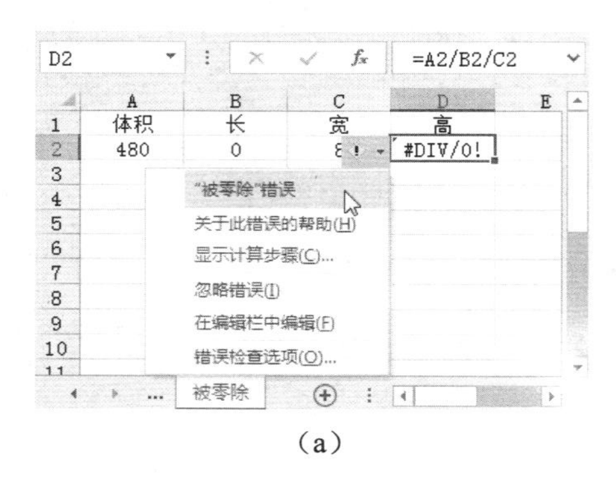

（a）

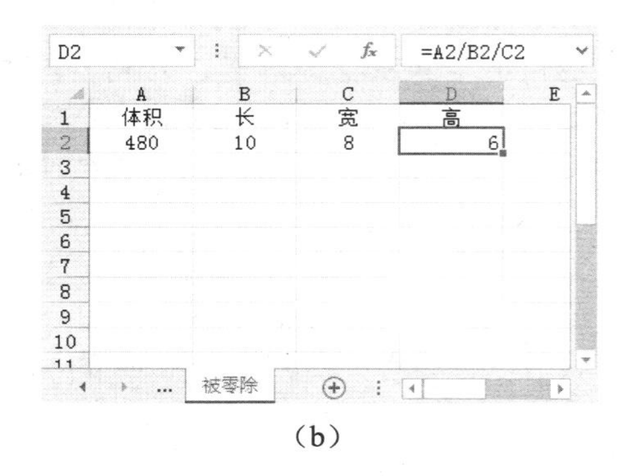

（b）

图 2-2　被零除错误

- #N/A

当函数或公式中没有可用的数值时，将产生错误值“#N/A”。如果工作表中某些单元格暂无数值，可在这些单元格中输入“#N/A”，公式在应用这些单元格的时候，将不进行数值计算，而是返回“#N/A”。

例如，单元格 A1:A5 有数据，选中 A1:A6 单元格，然后引用函数“{=ROW($1:$5)}”，再按组合键 Ctrl+Shift+Enter，这时 A6 单元格就会出现错误值“#N/A”。原因是 A6 单元格没有被公式引用，如图 2-3 所示。

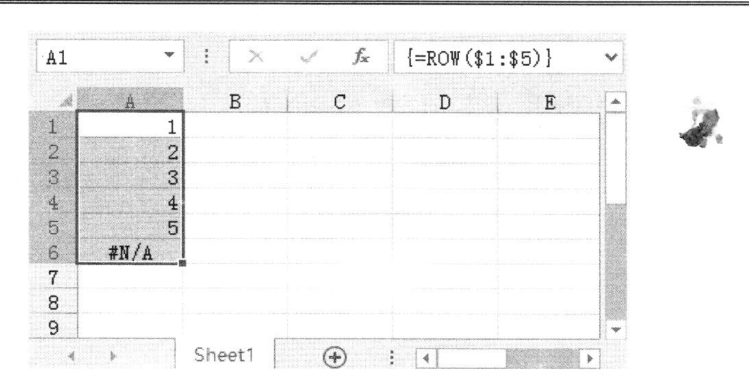

图 2-3 “#N/A”错误

● #NAME?

Excel 无法识别公式中的文本时将显示此错误，比如公式中的字符串没有添加双引号，区域名称或函数名称可能有拼写错误等。此时可根据不同的错误情况进行修改即可。

图 2-4（a）所示为公式使用错误的函数，图 2-4（b）所示为修改正确后，返回正确的结果数值。

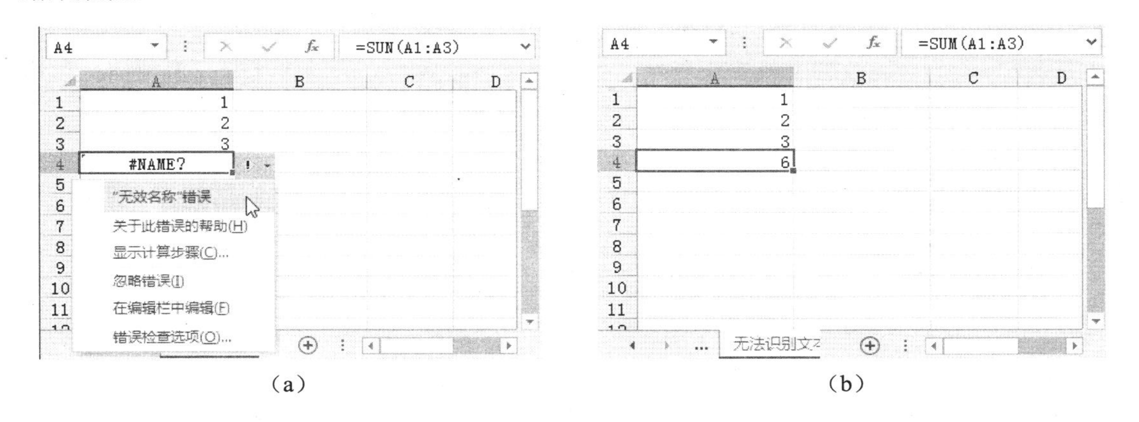

（a）　　（b）

图 2-4　无法识别的文本错误及解决办法

● #NULL!

当指定两个不相交的区域的交集时（交集运算符是分隔公式中引用单元格区域间的空格），而导致的错误值，它其实是一种值的返回结果。

如图 2-5 所示，A1:A2 单元格区域和 C1:C3 单元格区域不相交，因此，输入公式“=SUM(A1:A2 C1:C3)”将返回“#NULL!”错误值。

如果要引用两个不相交的区域，需使用联合运算符（,）。

● #NUM!

当公式或函数中包含无效数值时，Excel 将显示此错误。

此时可以从三个方面检查错误原因：

一是确认数字参数的函数中是否使用了不能接受的参数；

二是为工作表函数是否使用了不同的初始值；

三是结果是否在有效数值范围之间。

如图 2-6 所示，B2 所引用的单元格的数字为负数，不能被开平方，所以出现此错误值。解决办法是将 B2 的值修改为正数即可。

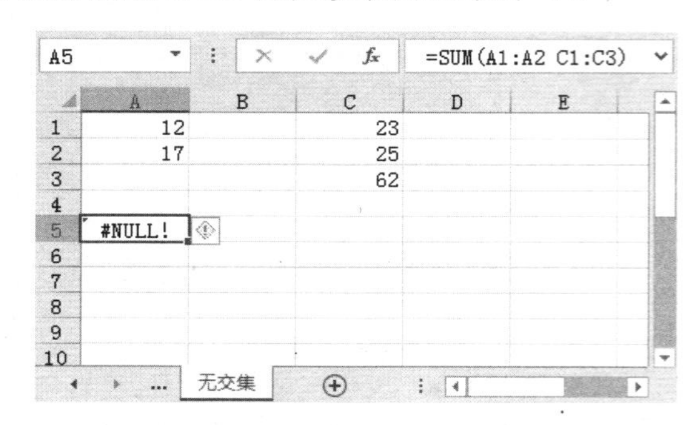

图 2-5　单元格区域不相交

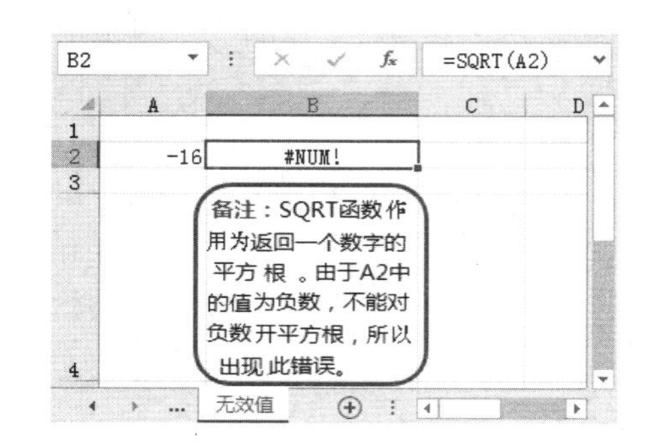

图 2-6　数字问题

● #REF!

当单元格引用无效时，Excel 将显示此错误。例如，删除了其他公式所引用的单元格，或者将已移动的单元格粘贴到其他公式所引用的单元格等。

解决方法是，更改公式或者在删除、粘贴单元格之后，立即单击【撤销】按钮，以恢复工作表中的单元格。

如图 2-7 所示，在 B5 单元格中输入公式“=A4”，引用 A4 单元格中数据。然后将公式向上复制到 B1 单元格中，则 B1 单元格所引用的单元格是无效引用，所以出现错误值。

● #VALUE!

如果公式所包含的单元格有不同的数据类型，则 Excel 将显示此错误。当启用了公式的错误检查功能时，会提示“公式中所用的某个值是错误的数据类型”。通常，通过对公式进行较少更改即可修复此问题。

如图 2-8 所示，同样的公式，引用的参数类型不同，即会出现此错误值。

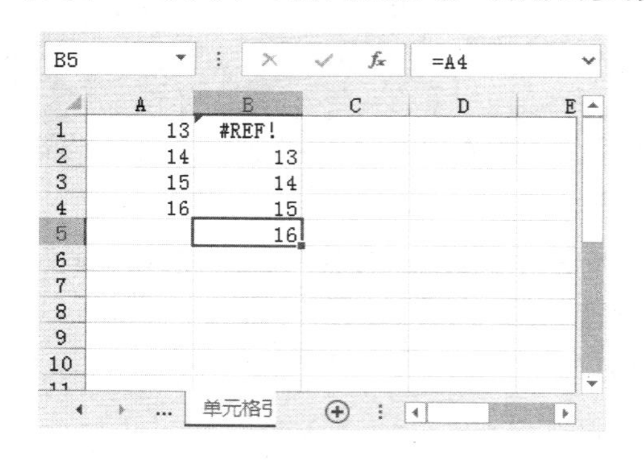

图 2-7　引用无效

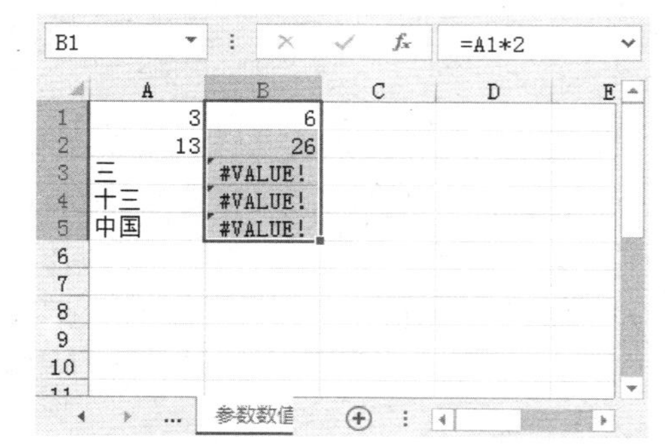

图 2-8　参数数值类型不同

6. 公式

公式的应用使一个电子表格具有计算数据的能力。Excel 可以让用户输入功能强大的公式，这些公式通过使用单元格中的数值（甚至是文本）来计算出所需要的结果。当在单元格中输入公式时，公式的计算结果会出现在单元格中。如果更改公式使用的任一数值，Excel 会重新计算并显示新的结果。

公式通常都是以等号“=”开始的。公式可以是简单的数学表达式，也可以是 Excel 中内置的某些功能强大的函数。

例如：“=1*2+10/2”“=SUM(A1:D3)-AVERAGE(E1:E3)”。

2.1.2　了解不同数据的显示方式

在 Excel 中，输入的数据都会被自动应用某种数据显示格式。有些时候，这些数据所代表的含义并不都是数字，有可能是日期、金额，也有可能是百分比。数据输入之后是没有格式的，想要为这些数据分门别类地标识“身份”，提高数据的可读性，应该为它们设置数字格式。

例如在图 2-9 所示的表格中，C 列是原始数据，D 列是格式化后的数据，通过比较可以看出，通过设置数字格式，能有效提高数据的可辨识度。

	B	C	D
1	格式类型	原始数据	格式化后显示
2	日期	41711	2014年3月13日
3	数值	-123456.789	-123,456.79
4	时间	0.504030201	12:05:48 PM
5	百分比	0.0456	4.56%
6	分数	0.456	26/57
7	货币	87654321	¥87,654,321.00
8	特殊—中文大写数字	123456	壹拾贰万叁仟肆佰伍拾陆
9	特殊—中文小写数字	123456	一十二万三千四百五十六
10	自定义(经纬度)	5.4321	130°22'13.4"
11	自定义(电话号码)	4008288888	400-828-8888
12	自定义(电话号码)	51688888888	(0516)88888888
13	自定义(身高)	185	1米85
14	自定义(身高)	165	165cm
15	自定义(以秒为单位)	0.000167677	14.49"
16	自定义(以万为单位)	333333	33.3万
17	自定义(部门)	三	销售三部
18	自定义(签名栏)	领导签名	领导签名____________
19	自定义(靠右对齐)	右对齐	右对齐

Sheet1　Sheet2

图 2-9　设置不同类型数据的显示格式

从图 2-9 中可以看出，对数据显示格式的设置也可用于对文本型数据的格式化。用户可以通过创建自定义格式为文本型数据提供各式各样的格式化效果，例如图 2-9 中第 17~19 行所显示的内容。

2.1.3　设置数据的显示方式

对数据格式的设置可以通过以下两种方式进行。

1．功能区命令法

在【开始】选项卡的【数字】组中，【数字格式】组合框会显示当前活动单元格的数据格式类型。单击其下拉按钮，可以进行数据格式的转换。不同格式的转换效果如图 2-10 所示。在【数字】组中还为用户预置了 5 个比较常用的数字格式按钮，它们从左到右依次是“会计专用格式”、“百分比样式”、“千位分隔符”、“增加小数位数”和“减少小数位数”，如图 2-11 所示。

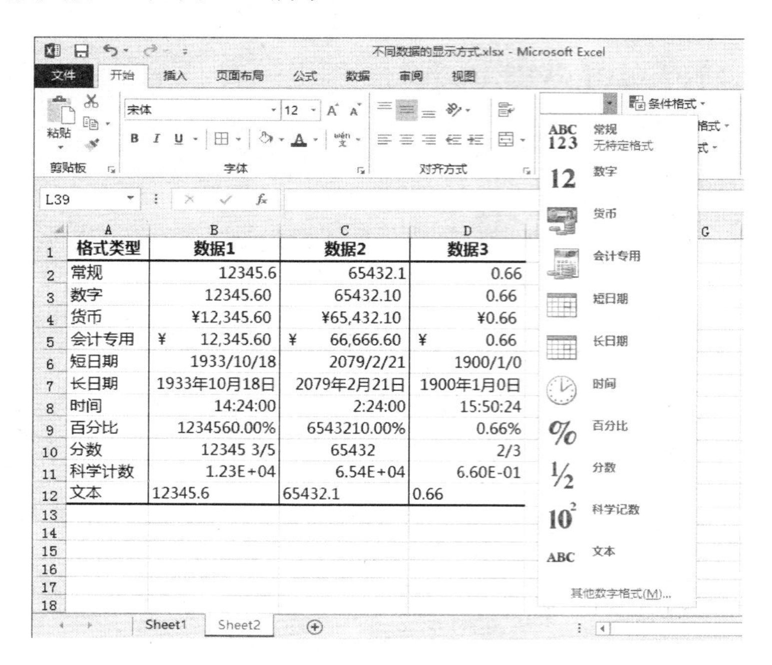

格式类型	数据1	数据2	数据3
常规	12345.6	65432.1	0.66
数字	12345.60	65432.10	0.66
货币	¥12,345.60	¥65,432.10	¥0.66
会计专用	¥ 12,345.60	¥ 66,666.60	¥ 0.66
短日期	1933/10/18	2079/2/21	1900/1/0
长日期	1933年10月18日	2079年2月21日	1900年1月0日
时间	14:24:00	2:24:00	15:50:24
百分比	1234560.00%	6543210.00%	0.66%
分数	12345 3/5	65432	2/3
科学计数	1.23E+04	6.54E+04	6.60E-01
文本	12345.6	65432.1	0.66

图 2-10　12 种数据格式效果

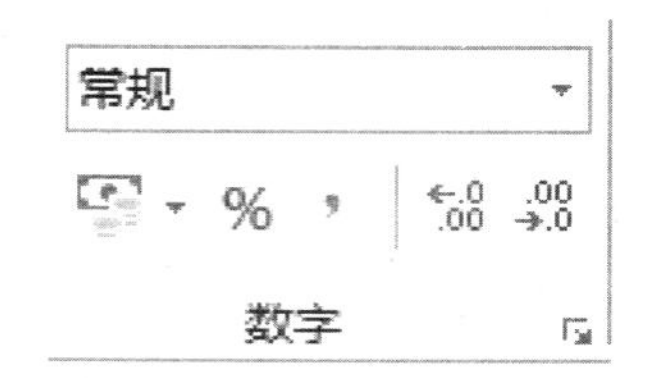

图 2-11　【数字】组中的按钮

2. 对话框法

如果用户需要对表格中的数据进行更多的数据格式设置，还可以通过【设置单元格格式】对话框中的【数字】选项卡来完成。下面介绍打开【设置单元格格式】对话框的几种方法。

在选中包含数据的单元格或单元格区域后，使用以下任意一种方法可打开【设置单元格格式】对话框。

- 在【开始】选项卡的【数字】组中单击“对话框启动器”按钮，即图 2-11 中右下角的小按钮。
- 在【数字】组中的格式下拉列表中单击【其他数字格式】选项，即图 2-10 下拉菜单中的最后一项。
- 按 Ctrl+1 组合键。
- 右击选区，在弹出的快捷菜单中选择【设置单元格格式】选项。

打开【设置单元格格式】对话框后，选择【数字】选项卡，如图 2-12 所示。

在【分类】列表中显示了系统内置的 12 种格式，单击每种格式类型后，对话框的右侧就会显示相应的设置选项，并在【示例】区域中显示出相应的设置效果。

设置单元格格式
数字
对齐
字体
边框
填充
保护
分类(C):
常规
数值
货币
会计专用
日期
时间
百分比
分数
科学记数
文本
特殊
自定义
示例
常规单元格格式不包含任何特定的数字格式。
确定
取消

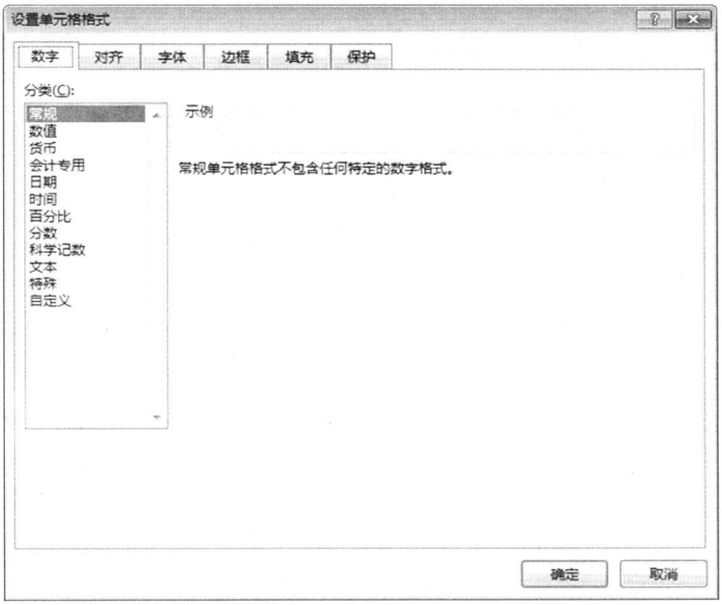

图 2-12　【数字】选项卡

【例 2-1】　通过【设置单元格格式】对话框为数值设置数字格式

如果要将图 2-13 所示表格中的数值设置为如图 2-14 所示的数字格式效果，可参照下面的操作步骤进行。

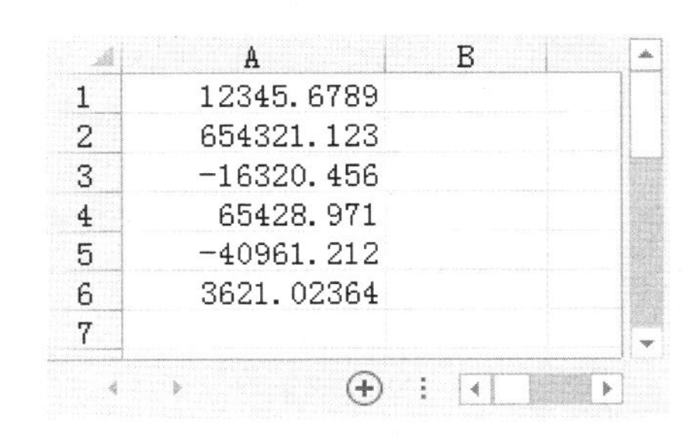

A
B
1
12345.6789
2
654321.123
3
-16320.456
4
65428.971
5
-40961.212
6
3621.02364
7

图 2-13　设置格式前

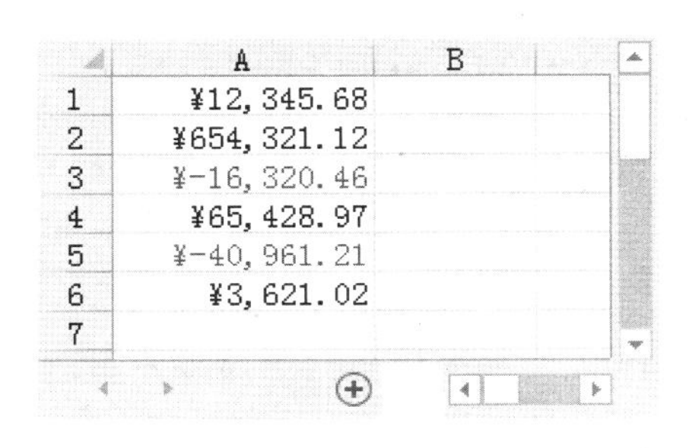

A
B
1
¥12,345.68
2
¥654,321.12
3
¥-16,320.46
4
¥65,428.97
5
¥-40,961.21
6
¥3,621.02
7

图 2-14　设置格式后的效果

（1）选中 A1:A6 单元格区域，按 Ctrl+1 组合键。打开【设置单元格格式】对话框，再单击【数字】选项卡。

（2）在【分类】列表框中选择【货币】选项，然后在对话框右侧的【小数位数】调节框中设置数值为“2”，在【货币符号】下拉列表中选择“￥”符号，最后在【负数】下拉列表中选择最后一项红色字体样式，如图 2-15 所示。

（3）单击【确定】按钮完成设置。

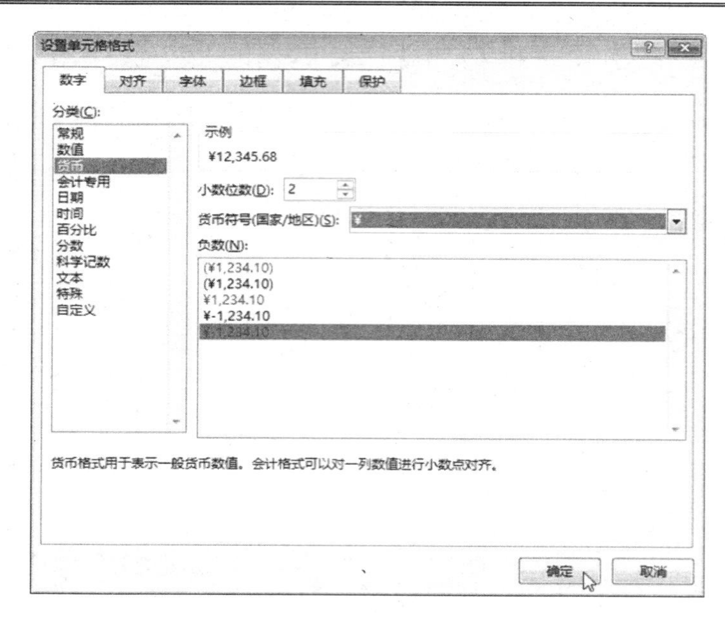

图 2-15　设置单元格数值显示格式

2.2　深入了解自定义格式

许多 Excel 用户可能不了解自定义数字格式几乎能够让他们随心所欲地设置显示的单元格数值，也可能因为害怕面对长长的格式代码而放弃使用这个有用的工具。实际上，自定义数字格式代码并没有想象中那么复杂和困难，只要掌握了它的规则，就很容易读懂和书写格式代码，创建自定义数字格式了。

2.2.1　了解系统内置的自定义格式

在【设置单元格格式】对话框的 12 类数字格式中，“自定义”类型包括了更多种类的数字格式，用户可以根据个人需要创建新的数字格式。

在【设置单元格格式】对话框的【分类】列表框中选中【自定义】选项，对话框右侧会显示现有的数字格式代码，如图 2-16 所示。

事实上，Excel 所有的数字格式，都有着与之相应的数字格式代码，如果要查看其他 11 种类型数字格式所对应的格式类型，可以通过下面的操作进行。

（1）打开【设置单元格格式】对话框，切换至【数字】选项卡，单击【分类】列表中的某一个数字类型选项，例如【货币】，然后在右侧的【负数】列表框中单击第 1 个选项（负数以红色字体加括号显示），如图 2-17 所示。

（2）单击【分类】列表中的【自定义】选项，即可在右侧的【类型】输入框中查看到所选格式对应的格式代码，如图 2-18 所示。

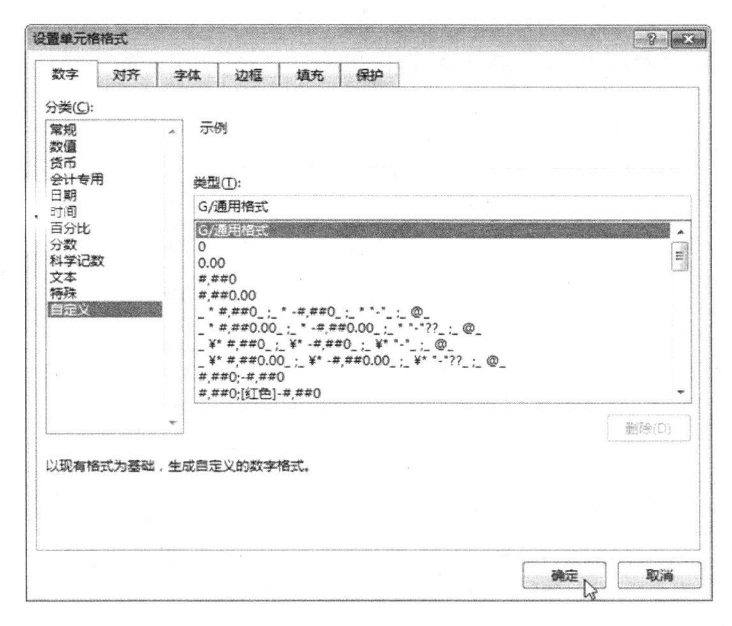

图 2-16　内置的自定义格式代码

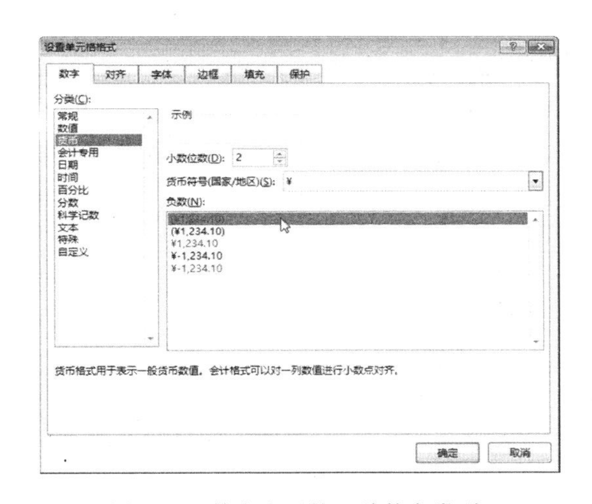

图 2-17　单击内置的一种数字类型

图 2-18　查看数字格式所对应的格式代码

通过上述方法，用户可以了解现有数字格式所对应的格式代码，据此可以在原有代码基础上修改出符合用户个人需要的数字格式代码。

2.2.2　了解格式代码的组成

自定义格式代码可以为 4 种类型的数值指定不同的格式，即正数、负数、零值和文本。

自定义格式代码用分号来分隔不同的区段，每个区段的代码作用于不同类型的数值。完整的格式代码组成结构为：

“大于条件值”格式；“小于条件值”格式；“等于条件值”格式；文本格式

在没有特别指定条件值的时候，默认的条件值为“0”，因此，格式代码的组成结构也可视作：

正数格式；负数格式；零值格式；文本格式

用户可以用“比较运算符+数值”的方式来表示条件值。比较运算符有大于号“>”、小于号“<”、大于等于“>=”、小于等于“<=”、等于号“=”和不等于号“<>”6 种。

用户并不需要每次都严格按照 4 个区段来编写格式代码，只写 1 个或 2 个区段也是可以的。表 2-1 中列出了没有按 4 区段格式写代码时，代码结构的变化。

表 2-1　少于 4 个区段的自定义代码结构含义

区段数	代码结构含义
1	格式代码作用于所有类型的数据
2	第 1 区段作用于正数和零值，第 2 区段作用于负数
3	第 1 区段作用于正数，第 2 区段作用于负数，第 3 区段作用于零值

对于包含条件值的格式代码来说，区段可以少于 4 个，但最少不能少于 2 个。相关的代码结构含义如表 2-2 所示。

表 2-2　少于 4 个区段的包含条件值格式代码结构含义

区段数	代码结构含义
2	第 1 区段作用于满足条件值 1，第 2 区段作用于其他情况
3	第 1 区段作用于满足条件值 1，第 2 区段作用于满足条件值 2，第 3 区段作用于其他情况

除了特定的代码结构以外，完成一个格式代码还需要了解自定义格式所使用的代码字符及其含义。表 2-3 所示为可用于格式代码编写的代码符号及其对应的含义。

表 2-3　代码符号及其含义

代码符号	代码符号及其含义
G/通用格式	以常规的数字显示，相当于【分类】列表中的【常规】选项
#	数字占位符。只显示有意义的零而不显示无意义的零
0	数字占位符。如果单元格的内容大于占位符，则显示实际数字
?	数字占位符。在小数点两边以空格替换无意义的零，以便当按固定宽度时，小数点可对齐
%	百分数显示
@	文本占位符
*	重复下一个字符，直到充满列宽
,	千位分隔符
E	科学记数符号
_	留出与下一个字符宽度相等的空格
"文本"	可显示双引号之间的文本
颜色	用指定的颜色显示字符。用文本表示时，有 8 种颜色可选：红色、黑色、黄色，绿色、白色、蓝色、蓝绿色和洋红。用数值的格式如下： [颜色 N]：是调用调色板中颜色，N 是 0~56 之间的整数
[DBnum1]	显示中文小写数字
[DBnum2]	显示中文大写数字
[DBnum3]	显示全角的阿拉伯数字与小写中文单位的结合

除了表 2-3 中的代码符号之外，在编写与日期时间相关的自定义数字格式时，还有一些包含特殊意义的代码符号，如表 2-4 所示。

表 2-4　与日期时间格式相关的代码符号

日期时间代码符号	代码符号及其含义
YY 或 Y	按两位（00~99）显示年
YYYY	按四位（1900~9999）显示年
MM 或 M	按两位（01~12）或按一位（1~12）显示月
MMM	使用英文缩写显示月份（Jan~Dec）
MMMM	使用英文全拼显示月份（January~December）
MMMMM	使用英文首字母显示月份（J~D）
DD 或 D	以两位（01~31）或一位（1-31）表示天
DDD	用英文缩写显示星期（Sun~Sat）
DDDD	用英文全拼显示星期（Sunday~Saturday）
AAA	日期显示为 n（n 为星期值）
AAAA	日期显示为星期 n（n 为星期值）
HH 或 H	使用两位（00~23）或一位（0~23）显示小时
SS 或 S	使用两位（00~59）或一位（0~59）显示小时
AM/PM 或 A/P	使用英文上、下午显示 12 小时进制时间
上午/下午	使用中文上、下午显示 12 小时进制时间

2.2.3　创建自定义格式

要创建新的自定义数字格式，用户可以通过下面的操作步骤进行。

（1）选择要设置格式的单元格，按 Ctrl+1 组合键，打开【设置单元格格式】对话框，然后单击【数字】选项卡。

（2）在【设置单元格格式】对话框右侧的【类型】输入框中输入新的数字格式的代码，也可选择现有的格式代码，然后在【类型】输入框中进行修改。

（3）在代码输入或编辑完成后，可以在【示例】区域查看此格式代码所对应的数据显示效果，最后单击【确定】按钮确认即可。

通过编写不同数据格式的代码，用户可以创建出丰富的数字格式样式，不仅可以提高数据在工作表中的可辨识度，还可以简化数据输入的复杂程度。下面将介绍一些实用的自定义数字格式案例。

1. 以不同格式显示区段数字

通过自定义数字格式的设置，可以使用户轻松地判断数值的区段、正负等。下面根据不同的数据区段，设置不同的显示格式以及分段条件来达到想要的效果。

【例 2-1】 在学生成绩工作表中设置数字格式。数值大于 90 分的成绩显示为红色，小于 60 分的成绩显示为蓝色，其余的成绩数值则以黑色显示。

此自定义数字格式代码为：

```
[红色][>=90];[蓝色][<60];[黑色]
```

代码说明：格式代码划分为 3 个区段，第一个区段对应“>=90”的情况，“[红色]”表示以红色字体显示。第 2 个区段对应“<60”的情况，以蓝色字体显示。第 3 个区段对应其余数字，这里未输入，表示默认为其余区段，使用黑色字体显示。应用格式后的效果如图 2-19 所示。

原始数据			
姓名	语文	数学	英语
曹平波	61	100	94
戴力	53	91	56
刘娣菊	60	70	61
杭佳	78	56	70
李贞薇	45	46	84
伍亚妍	85	98	63
张晶倩	76	68	74
厉希	77	99	93
孙永鹏	79	55	74
厉翰	83	77	54
张姣燕	51	51	71
张馨巧	68	73	69
容心天	41	61	76
张和建	95	50	61
郦荣晓	87	55	64
厉亚莺	98	83	99
厉利明	68	86	63

显示效果			
姓名	语文	数学	英语
曹平波	61	100	94
戴力	53	91	56
刘娣菊	60	70	61
杭佳	78	56	70
李贞薇	45	46	84
伍亚妍	85	98	63
张晶倩	76	68	74
厉希	77	99	93
孙永鹏	79	55	74
厉翰	83	77	54
张姣燕	51	51	71
张馨巧	68	73	69
容心天	41	61	76
张和建	95	50	61
郦荣晓	87	55	64
厉亚莺	98	83	99
厉利明	68	86	63

格式代码
[红色][>=90];[蓝色][<60];[黑色]

代码说明
大于90分的成绩显示为红色，小于60分的成绩显示为蓝色，其余的成绩则以黑色显示

图 2-19　不同区段的成绩数值显示不同颜色

值得注意的是，当以后需要使用前面所创建的成绩条件自定义数字格式时，会发现【设置单元格格式】对话框的【自定义】分类类型中找不到“[红色][>=90];[蓝色][<60];[黑色]”格式，这是因为 Excel 自动将用户创建的“[红色][>=90];[蓝色][<60];[黑色]”格式修改成“[红色][>=90]G/通用格式;[蓝色][<60]G/通用格式;[黑色]G/通用格式”，此时只需选择此格式即可达到同样的使用效果。

【例 2-2】 设置数字显示格式为：正数带千分号并保留两位小数，负数带千分号且以红色表示，零值不显示，文本加双引号。

此自定义数字格式代码为：

```
#,##0.00;[红色]#,##0.00;;"“"@"”"
```

代码说明：格式代码分为 4 个区段，分别对应于“正数；负数；零；文本”。其中“#,##0.00”表示加千分号并保留两位小数。第 3 个区段为空，表示不显示。第 4 个区段“"“"@"”"”表示在格式为文本的数据两侧加双引号，如图 2-20 所示。

原始数值	显示为	格式代码	代码说明
3029.7	3,029.70	#,##0.00;[红色]#,##0.00;;"“"@"”"	正数显示为带千分号并保留两位小数，负数显示为带千分号且以红色表示，零值不显示，文本显示为加双引号
-1735	1,735.00		
0			
合计	“合计”		

图 2-20　正数、负数、零和文本的不同显示方式

2．以多种方式显示日期和时间

Excel 有许多种日期和时间的显示方式，利用不同的日期和时间的数字格式代码，可以根据个人需要设计出多姿多彩的显示方式。下面以一个简单的例子来说明。

【例 2-3】 以多种方式显示日期和时间

下面举几个常用的日期和时间格式代码的例子。

格式代码：

```
yyyy"年"m"月"d"日"aaaa
```

代码说明：以中文“年月日”以及“星期”来显示日期。

格式代码：

```
[dbnum1]yyyy年m月d日
```

代码说明：以中文小写显示日期。

格式代码：

```
mmmm d,yyyy(dddd)
```

代码说明：以英文方式显示日期以及星期。

格式代码：

```
"It's"dddd
```

代码说明：仅显示英文格式的星期，并加上“It's”前缀。

格式代码：

```
yyyy.m.d
```

代码说明：以“.”间隔显示日期，这也是日常比较常用的格式。

格式代码：

```
h"时"mm"分"ss"秒"
```

代码说明：以中文“时分秒”来显示时间。

格式代码：

```
[DBNum1]上午/下午h"点"mm"分"ss"秒
```

代码说明：以“上午/下午”及“点分秒”的中文方式显示时间。

格式代码：

```
h:mm a/p".m."
```

代码说明：以英文方式显示 12 小时进制时间。

格式代码：

```
mm'ss.00!"
```

以分秒符号显示时间，秒数显示到百分之一秒。这是竞技赛计时常用的显示方法。

以上自定义格式的显示效果如图 2-21 所示。

3. 设置电话号码的显示格式

电话号码是人与人之间沟通时常用的数字信息，可以使用自定义格式代码将固定的号码段前置，如 400 电话、800 电话以及长途区号的固定号码部分，这样可以简化输入。

原始数值	显示为	格式代码	代码说明
2014/5/12	2014年5月12日星期一	yyyy"年"m"月"d"日"aaaa	以中文“年月日”以及“星期”来显示日期
2014/5/12	二○一四年五月十二日	[dbnum1]yyyy年m月d日	以中文小写显示日期
2014/5/12	May 12,2014(Monday)	mmmm d,yyyy(dddd)	以英文方式显示日期以及星期
2014/5/12	It'sMonday	"It's"dddd	仅显示英文格式的星期，并加上“It's”前缀
2014/5/12	2014.5.12	yyyy.m.d	以“.”间隔显示日期
13:45:23	13时45分23秒	h"时"mm"分"ss"秒 “	以中文“时分秒”来显示时间
13:45:23	下午一点四十五分二十三秒	[DBNum1]上午/下午h"点"mm"分"ss"秒	以“上午/下午”及“点分秒”的中文方式显示时间
13:45:23	1:45 p.m.	h:mm a/p".m."	英文方式显示12小时进制时间
13:45:23	45'23.00"	mm'ss.00!"	以分秒符号显示时间，秒数显示到百分之一秒

图 2-21　多种方式显示日期和时间

【例 2-4】 使用自定义格式显示电话号码

下面举几个简单的例子。

格式代码：

```
"+86"###########
```

代码说明：在 11 位手机号码前显示中国区号“+86”。

```
"Tel:"000-000-0000
```

代码说明：对 400、800 等电话号码进行分段显示，并显示文本前缀。

格式代码：

```
0###"-"#### ####
```

代码说明：自动显示 3 位、4 位城市区号，电话号码分段显示。一些特殊的电话号码位数比较少，可以不用号码分段显示。代码中本地号码被固定为 8 位数，城市区号有 3 位数和 4 位数之分，“0###”代码适用于小于等于 4 位区号的不同电话号码。

格式代码：

```
[<100000]#;0###"-"#### ####
```

代码说明：代码“[<100000]#”用以对号码位数进行判断，小于 100000 的号码将不被执行该格式代码，即可以作为特殊服务号码不显示区号。普通电话号码仍采用分段显示的方法。

格式代码：

```
(0###)#### ####"转"####
```

代码说明：将需要转拨的电话号码显示为转拨分机号码。

以上自定义格式代码的显示效果如图 2-22 所示。

原始数值	显示为	格式代码	代码说明
13112345678	+86 13112345678	"+86" ###########	在11位手机号码前显示 中国区号“+86”
4008008888	Tel: 400-800-8888	"Tel: "000-000-0000	对400、800等电话号码进行分段显示，并显示文本前缀
2555667788	025-5566 7788	0###"-"#### ####	自动显示3位、4位城市区号，电话号码分段显示
51687788778	0516-8778 8778	同上	同上
95588	95588	[<100000]#;0###"-"#### ####	特殊服务号码不显示区号，普通电话分段显示
2555667788	025-5566 7788	同上	同上
5.16878E+14	(0516) 8778 8778 转8778	(0###) #### ####" 转"####	显示转拨分机号码

图 2-22　多种方式显示电话号码

4．简化输入操作

利用数字自定义格式还有一个非常好用的功能，就是将输入操作简化。例如可以用比较容易输入的数字代替特定符号的输入，具体操作方法可以参考下面这个例子。

【例 2-5】 简化用户的输入操作

类似于下面的格式代码可以简化输入操作。

格式代码：

```
[=1]"YES";[=0]"NO";;
```

代码说明：由于与“1”和“0”相比，“YES”和“NO”的输入比较不方便，因此可以通过上面的格式代码进行简化输入。当在单元格中输入“1”时，系统将自动转换为“YES”，而输入“0”时，将自动转换为“NO”。以此方法可以简化原有内容的输入，节省时间。

以此类推，用户还可以根据个人需要修改上面的编码，利用简单的数字替代比较复杂内容的输入。

格式代码：

```
"盈余";[红色]"负债";
```

代码说明：当单元格中数字大于“0”时，显示为“盈余”字样，小于“0”时，显示为红色的“负债”字样，等于零则显示为空。

```
"JK-2014"-00000
```

代码说明：对于一些类似于股票编码、员工编号和汽车牌号等具有特定前缀编码、末尾是固定数字位数的号码，使用上面的格式代码可以极大地提高输入效率。

以上自定义格式代码的显示效果如图 2-23 所示。

原始数值	显示为	格式代码	代码说明
0	NO	[=1]"YES";[=0]"NO";;	输入“0”时显示“NO”，输入“1”时显示“YES”，其余显示空
1	YES	同上	同上
13209.84	盈余	"盈余";[红色]"负债";	大于零时显示“盈余”，小于零时显示“负债”并以红色显示，等于零时显示空
-3409.78	负债	同上	同上
26	JK-2014-00026	"JK-2014"-00000	特定前缀的编码，末尾是5位流水号
1029	JK-2014-01029	同上	同上

图 2-23　用自定义格式代码简化输入操作

5．文本内容的附加显示

下面举几个常见的附加文本的例子。

格式代码：

```
;;;@"流水线"
```

代码说明：此格式代码分为 4 个区段，前 3 个区段禁止非文本型数据的显示，第 4 个区段是为文本数据增加的附加信息。

格式代码：

```
;;;"泉山区"@"路"
```

代码说明：格式代码中使用了占位符“@”。格式代码设置完毕后，在单元格中输入的内容将替换掉字符“@”并在该位置显示。

```
;;;@"级初榨"
```

同上

```
;;;* @
```

代码说明：一般情况下文本型的数据在单元格中靠左对齐显示，设置上面的格式之后，可以让输入的文本靠右对齐。

格式代码：

```
;;;@*_
```

代码说明：此格式可以在文本的右侧添加一条下划线“_”，一般用于签名栏。

以上自定义格式代码的显示效果如图 2-24 所示。

原始数值	显示为	格式代码	代码说明
工艺	工艺流水线	;;;@"流水线"	显示流水线名称
装配	装配流水线	同上	同上
人民	泉山区人民路	;;;"泉山区"@"路"	显示指定区路段名称
科技	泉山区科技路	同上	同上
特	特级初榨	;;;@"级初榨"	压榨级别显示
一	一级初榨	同上	同上
右对齐	右对齐	;;;* @	文本内容靠右对齐显示
甲方签字	甲方签字________	;;;@*_	预留填写文字位置

图 2-24　文本内容的附加显示

2.3　不要忽视“对齐”设置

想象一下，如果制作出的表格中的数据全都偏向一边或者参差不齐，能给人专业的感觉么？答案显然是否定的。因此，要想制作出来的表格更加专业化，合理地调整单元格的对齐方式真的是一个既简单又好用的方法。在 Excel 中，单元格中的文本除了可以设置为以垂直或水平方式对齐外，还可以按照一定的角度对齐。本节将对对齐方式的相关内容进行介绍。

2.3.1　水平与垂直对齐方式

通过【设置单元格格式】对话框中的【对齐】选项卡，即可对工作表中的数据进行对齐方式的设置，如图 2-25 所示。

此外，也可以通过功能区【开始】选项卡的【对齐方式】组中的按钮进行设置，如图 2-26 所示。

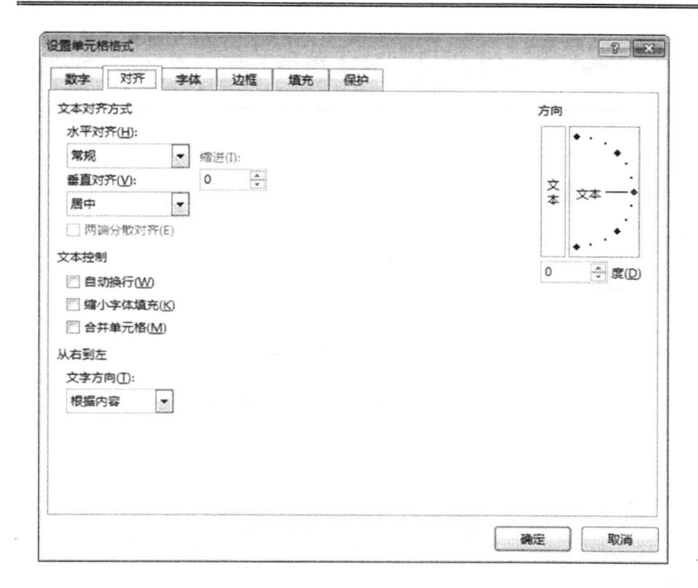

图 2-25 【对齐】选项卡　　　　图 2-26 【对齐方式】组中的各个按钮

除了上述两种方法，Excel 还为用户提供了一种更加快捷的设置方法，就是在“浮动工具栏”中进行设置。当右击选中单元格的时候，该工具栏会出现在快捷菜单的上方，其中包含了常用的单元格格式设置命令，如图 2-27 所示。

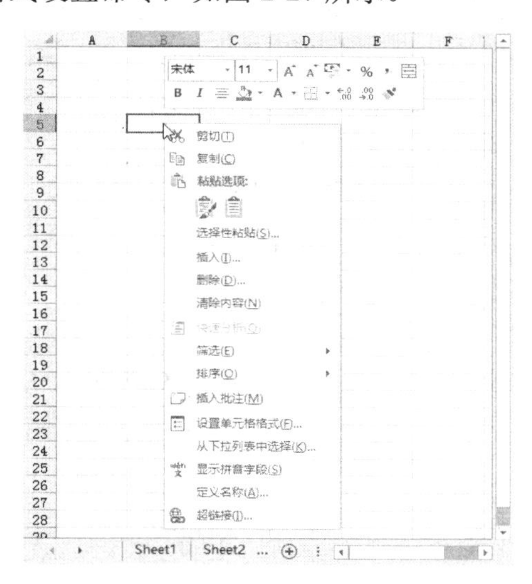

图 2-27　浮动工具栏

了解了设置对齐方式的几种方法，下面介绍 Excel 为用户提供的对齐方式种类及设置方法。

1. 水平对齐

单击图 2-25 所示对话框中的【水平对齐】下拉按钮，即可展开水平对齐方式的下拉列表，其中包含了【常规】、【靠左】、【居中】、【靠右】、【填充】、【两端对齐】、

【跨列居中】以及【分散对齐】8 种对齐方式，另外还可以勾选【两端分散对齐】复选框对【分散对齐】进行辅助设置，如图 2-28、2-29 所示。

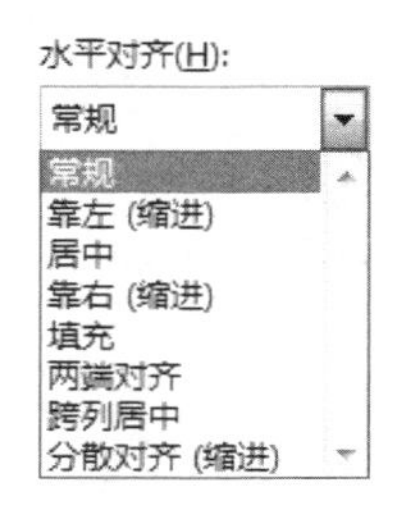

图 2-28　水平对齐方式

图 2-29 【两端分散对齐】复选框

各水平对齐方式及相关选项说明如下。

- 常规：使用 Excel 默认的单元格内容对齐方式，数字型数据靠右对齐、文本型数据靠左对齐、逻辑值和错误值居中显示。
- 靠左（缩进）：单元格内容靠左对齐。
- 居中：单元格内容居中对齐。
- 靠右（缩进）：单元格内容靠右对齐。
- 填充：重复单元格内容直到单元格的宽度被填满。
- 两端对齐：使文本两端对齐。单行的文本以类似“靠左”的方式对齐，如果文本内容过长，超过列宽的部分会自动换行并“靠左”对齐。
- 跨列居中：单元格内容在选定的同一行内连续的多个单元格内居中显示。常用于不需要合并单元格的情况下居中显示。
- 分散对齐：对于中文字符、以空格间隔的英文单词等，可以使用此方式，使其在单元格中平均分布并充满整个单元格宽度。不过，对于连续的数字或字母符号等文本，此方式不产生作用。
- 两端分散对齐：这是一个位于【垂直对齐】选项下方的复选框。当文本水平对齐方向选择为“分散对齐”方式时，此复选框处于可选状态，如图 2-29 所示。勾选此复选框，水平对齐文本的末行文本会在水平方向上两端留空并且平均分布排满整个单元格宽度。

2. 垂直对齐

单击图 2-25 所示对话框的【垂直对齐】下拉按钮，即可展开【垂直对齐方式】的下拉列表，其中包含了【靠上】、【居中】、【靠下】、【两端对齐】以及【分散对齐】5 种对齐方式。与水平对齐一样，也可以利用【两端分散对齐】复选框进行【分散对齐】的辅助设置，如图 2-30 所示。

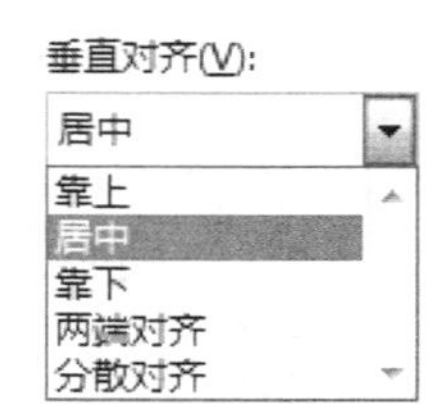

图 2-30　垂直对齐方式

- 靠上：即“顶端对齐”，单元格内的文本向单元格顶端对齐。
- 居中：即“垂直居中”，单元格内的文本垂直居中，是默认对齐方式。

- 靠下：即“底端对齐”，单元格内的文本向单元格底端对齐。
- 两端对齐：单元格的内容在垂直方向上向两端对齐，在垂直距离上平均分布，并且文本过长时会自动换行显示。
- 分散对齐：末行文字会沿垂直方向上平均分布，排满整个单元格高度，并且两端靠近单元格边框。如果文本过长时也会自动换行显示。
- 两端分散对齐：这个复选项的使用与水平对齐中的使用方法类似，用法可参考“水平对齐”相关部分的内容。

2.3.2　掌握几种文本控制方式

在图 2-25 所示对话框中的【设置单元格格式】，可以看到有一个【文本控制】区域，在这里可以对文本进行输出控制，包括【自动换行】、【缩小字体填充】和【合并单元格】3 个复选框，分别说明如下。

- 自动换行：当输入的内容超出单元格的宽度，就会自动换行显示。
- 缩小字体填充：该复选框是为了将输入的文字显示在同一行中而设置的，如果字数较多，就会缩小字号。
- 合并单元格：将所选单元格区域进行合并，并沿用该区域单元格的格式。

注意：【自动换行】与【缩小字体填充】不能同时使用。

各种对齐方式的显示效果如图 2-31 所示。

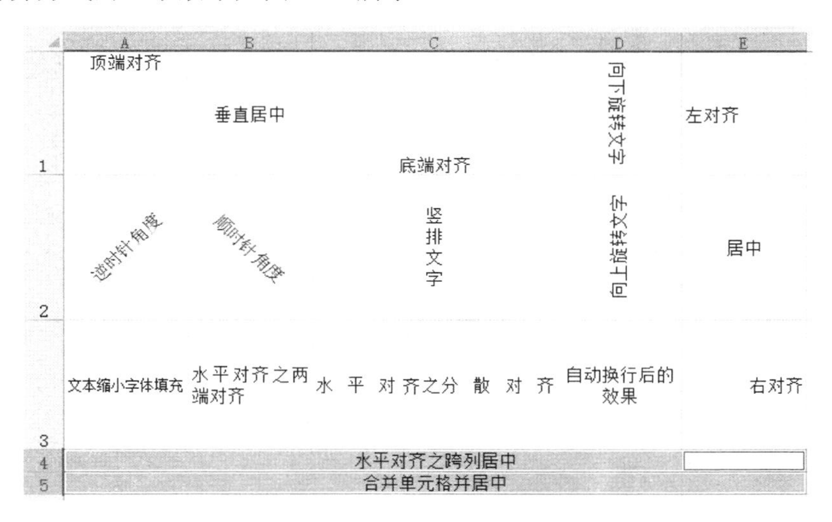

图 2-31　各种对齐方式的显示效果

2.3.3　几种合并单元格的效果对比

合并单元格就是将两个或两个以上的连续单元格区域合并成一个大的单元格。在 Excel

2013 中提供了“合并后居中”、“跨越合并”和“合并单元格”3 种方式。

在功能区上单击【开始】选项卡，单击【对齐方式】组中的【合并后居中】下拉按钮，在展开的【合并后居中】下拉列表中，可以看到上述几种合并单元格的方式，如图 2-32 所示。各方式含义如下。

- 合并后居中：将所选单元格合并，并设置对齐方式为水平和垂直都居中。
- 跨越合并：将所选单元格区域的每一行都进行合并，形成单列多行的单元格区域。
- 合并单元格：合并所选区域，但不进行对齐方式的设置。

各种合并单元格方式的效果如图 2-33 所示。

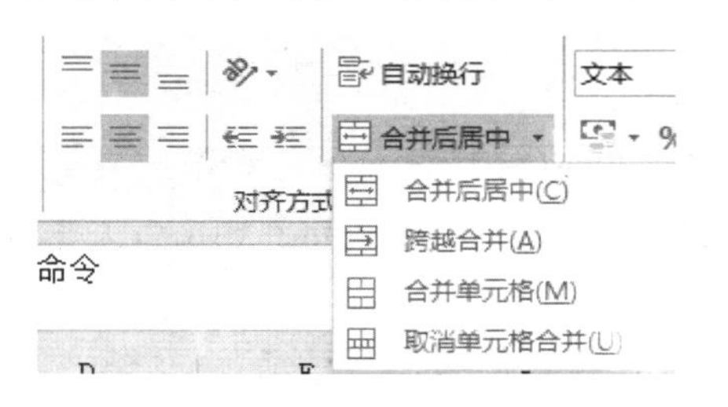

图 2-32　合并单元格方式

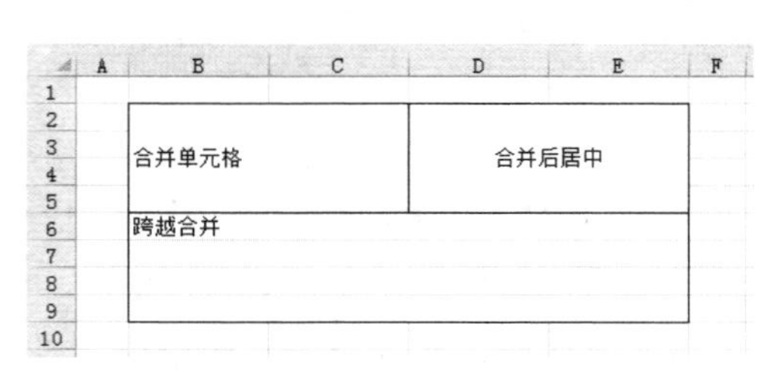

图 2-33　合并单元格的 3 种方式

2.4　边框与填充的设置

设置边框可用于划分表格区域，而填充颜色可以让表格更加鲜亮。为工作表设置边框与填充可以让表格不再一成不变，在数据浏览的同时，享受色彩带给读者的愉悦心情。

2.4.1　设置边框

图 2-34 所示为一张数据表格。如果要为该表格设置边框效果，可以通过功能区【边框】下拉菜单中的各种边框选项来实现。例如，设置表格最常见的边框样式，即所有框线设置为细黑线，表格最外面的边框为粗黑线。

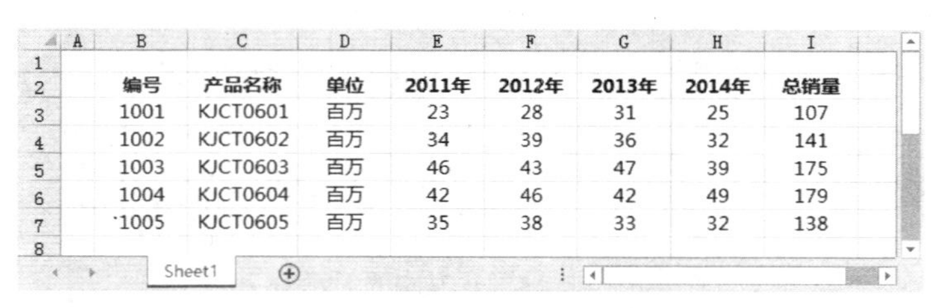

编号	产品名称	单位	2011年	2012年	2013年	2014年	总销量
1001	KJCT0601	百万	23	28	31	25	107
1002	KJCT0602	百万	34	39	36	32	141
1003	KJCT0603	百万	46	43	47	39	175
1004	KJCT0604	百万	42	46	42	49	179
1005	KJCT0605	百万	35	38	33	32	138

图 2-34　无边框线装饰的数据表格

设置边框的步骤如下：

（1）选择表格所有单元格区域，单击【开始】选项卡中的【边框】下拉按钮，选择【所有框线】选项，如图 2-35 所示。

图 2-35　选择【所有框线】

（2）再次单击【边框】下拉按钮，选择【粗闸框线】选项。设置后的表格效果如图 2-36 所示。

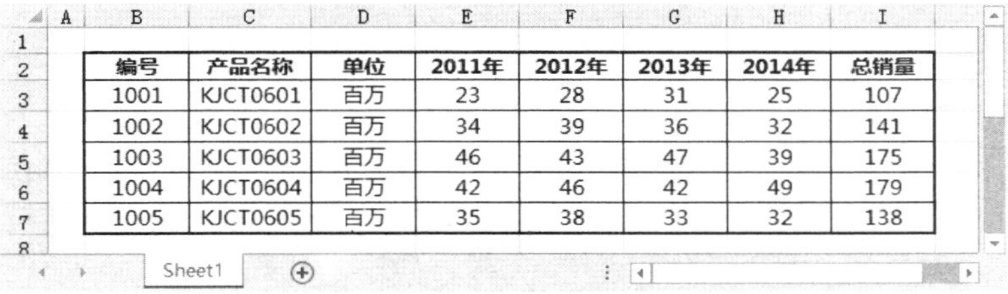

编号	产品名称	单位	2011年	2012年	2013年	2014年	总销量
1001	KJCT0601	百万	23	28	31	25	107
1002	KJCT0602	百万	34	39	36	32	141
1003	KJCT0603	百万	46	43	47	39	175
1004	KJCT0604	百万	42	46	42	49	179
1005	KJCT0605	百万	35	38	33	32	138

图 2-36　设置边框线后的数据表格

这种边框设置的方法比较适合对边框设置要求不高的表格，如果需要将表格的边框设置的更加细致，我们还可以通过【设置单元格格式】对话框来进行。

打开【设置单元格格式】对话框，切换至【边框】选项卡，在【样式】列表框中可以对单元格设置不同的线型，在【颜色】下拉列表框中设置不同颜色的边框，在【边框】区域中可以为单元格添加斜线效果。选择要设置的线型样式、颜色，然后单击相应的按钮，即可添加修改效果至表格。例如，要为图 2-36 所示的表格添加蓝色虚线框线以及蓝色粗闸框线，就可以在【设置单元格格式】对话框中进行如图 2-37 所示的设置。单击【确定】按钮后，添加的框线效果如图 2-38 所示。

如果要取消某一边框，则再次单击该边框对应的按钮即可，若选择【预置】区域中的【无】按钮，可以取消所有边框。

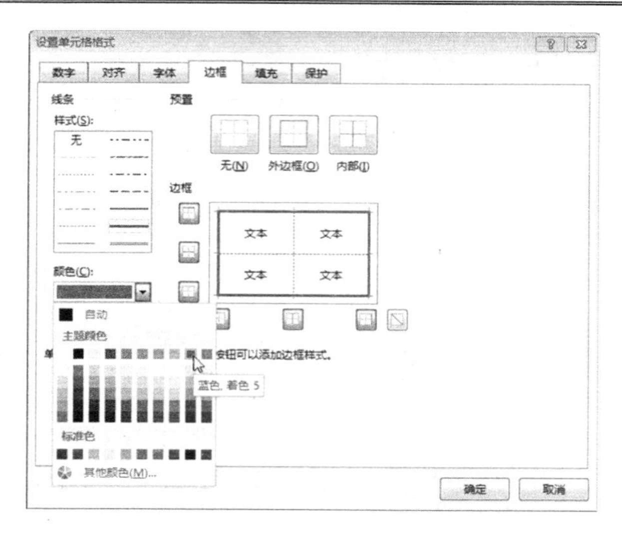

图 2-37　设置彩色边框

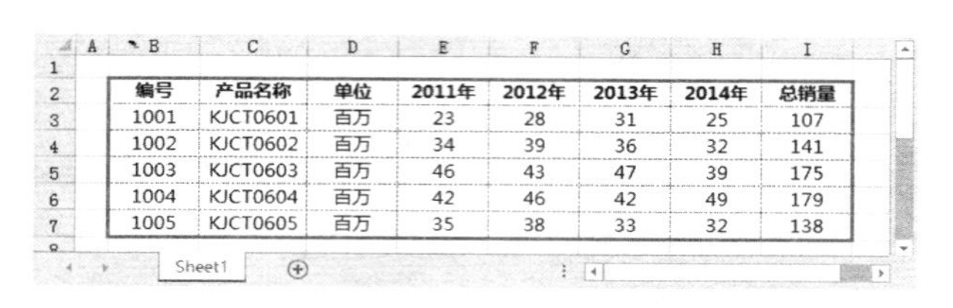

编号	产品名称	单位	2011年	2012年	2013年	2014年	总销量
1001	KJCT0601	百万	23	28	31	25	107
1002	KJCT0602	百万	34	39	36	32	141
1003	KJCT0603	百万	46	43	47	39	175
1004	KJCT0604	百万	42	46	42	49	179
1005	KJCT0605	百万	35	38	33	32	138

图 2-38　彩色边框效果

2.4.2　设置填充

若要为数据表格指定单元格区域的填充颜色，可以在选中需要填充颜色的单元格区域的前提下，直接单击【开始】选项卡中的【填充颜色】下拉菜单，选择需要的颜色按钮来进行设置，如图 2-39 所示。

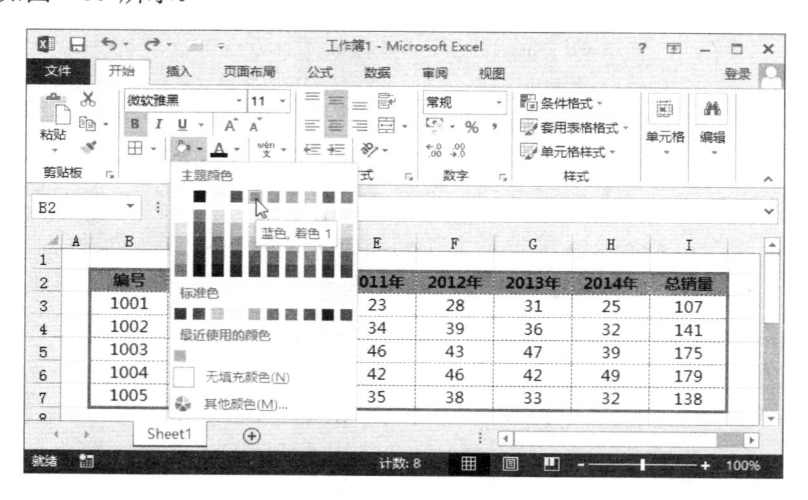

图 2-39　“填充颜色”按钮

也可以通过【设置单元格格式】对话框中的【填充】选项卡进行背景色的填充。

沿用上例中的数据表格，为 B3:B7 单元格设置金色填充，具体操作如下。

（1）选中数据表格第一行的单元格区域，然后打开【设置单元格格式】对话框，在【背景色】区域中选择“金色”，如图 2-40 所示。

（2）单击【确定】按钮后，设置的效果如图 2-41 所示。

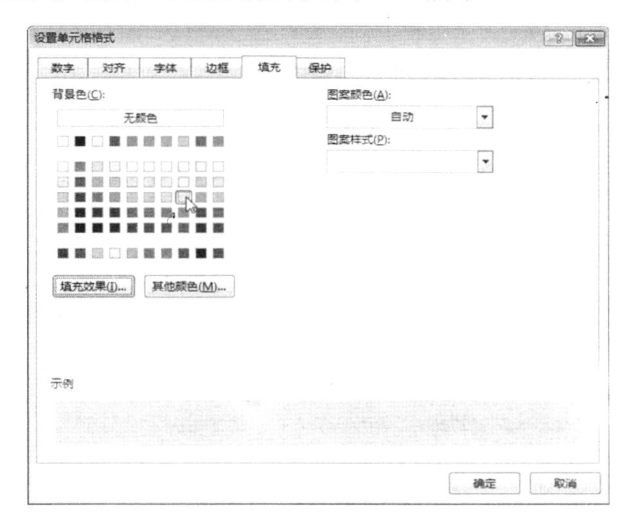

图 2-40 【填充】选项卡

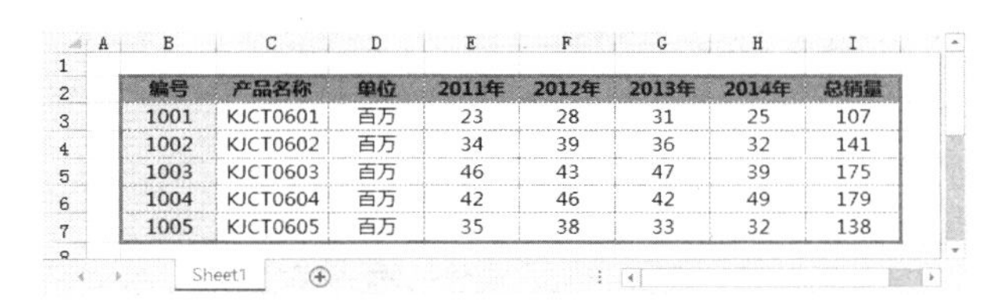

编号	产品名称	单位	2011年	2012年	2013年	2014年	总销量
1001	KJCT0601	百万	23	28	31	25	107
1002	KJCT0602	百万	34	39	36	32	141
1003	KJCT0603	百万	46	43	47	39	175
1004	KJCT0604	百万	42	46	42	49	179
1005	KJCT0605	百万	35	38	33	32	138

图 2-41　通过对话框填充背景色

此外，用户还可以在【图案样式】下拉列表中，为单元格选择图案填充，还可以单击【图案颜色】按钮设置填充图案的颜色。受篇幅的限制，在这里就不再赘述了，读者朋友们可以自行尝试不同的色彩与图案相组合的填充效果。

2.5　灵活运用样式

Excel 2013 不仅有着丰富的单元格和表格样式，而且还可以自定义样式，甚至可以让单元格根据数据的不同而显示不同的样式。利用样式可以快速美化表格，还可以使表格表现力更强、数据显示方式更加多样。

2.5.1　表格样式的应用

与单元格样式一样，Excel 同样内置了很多表格样式以供用户使用。只要选择要套用样式的表格区域，然后选择【样式】组中的【套用表格样式】按钮，展开表格样式列表，选择喜欢的样式即可，如图 2-42 所示。

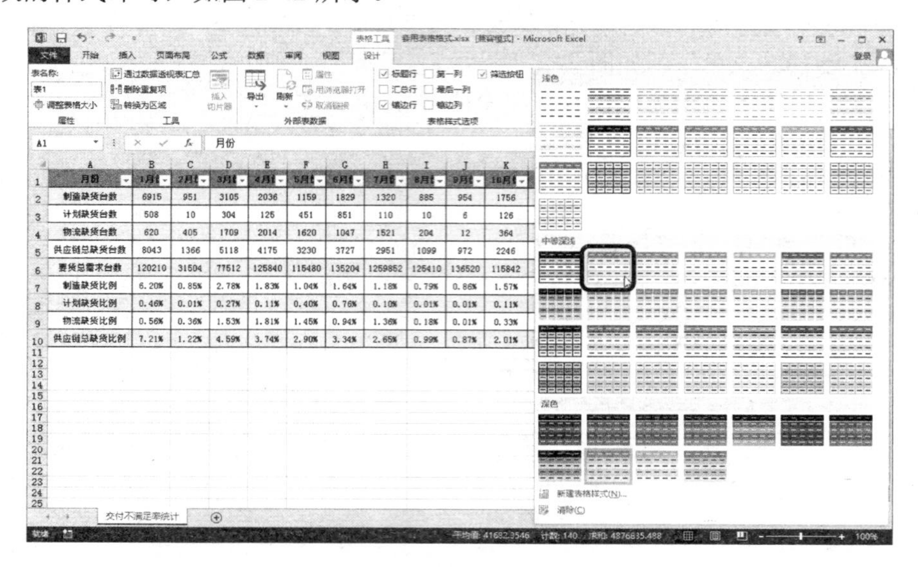

月份	1月	2月	3月	4月	5月	6月	7月	8月	9月	10月
制造缺货台数	6915	951	3105	2036	1159	1829	1320	885	954	1756
计划缺货台数	508	10	304	125	451	851	110	10	6	126
物流缺货台数	620	405	1709	2014	1620	1047	1521	204	12	364
供应链总缺货台数	8043	1366	5118	4175	3230	3727	2951	1099	972	2246
要货总需求台数	120210	31504	77512	125840	115480	135204	1259852	125410	136520	115842
制造缺货比例	6.20%	0.85%	2.78%	1.83%	1.04%	1.64%	1.18%	0.79%	0.86%	1.57%
计划缺货比例	0.46%	0.01%	0.27%	0.11%	0.40%	0.76%	0.10%	0.01%	0.01%	0.11%
物流缺货比例	0.56%	0.36%	1.53%	1.81%	1.45%	0.94%	1.36%	0.18%	0.01%	0.33%
供应链总缺货比例	7.21%	1.22%	4.59%	3.74%	2.90%	3.34%	2.65%	0.99%	0.87%	2.01%

图 2-42　表格样式下拉列表库

将功能区切换至【设计】选项卡，如图 2-43 所示。此时可以看到表格样式的选项，包括【标题行】、【汇总行】、【第一列】、【最后一列】等复选框，默认情况下还为标题行添加了筛选按钮。当然，如果不希望显示某些项，可以取消该复选框的选择。

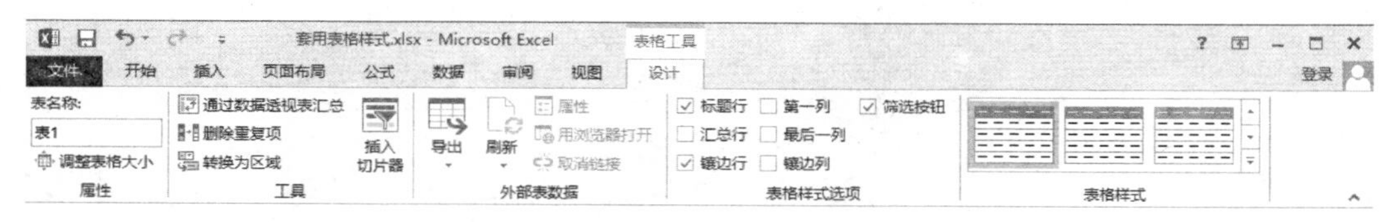

图 2-43　表格样式选项的设置

2.5.2　创建表格样式

如果样式列表中没有用户满意的样式，那么也可以自己定义一个样式，以备以后使用。

【例 2-6】　在工作表中创建自定义表格样式

创建自定义表格样式的具体操作步骤如下。

（1）打开本章素材文件“创建表格样式.xlsx”。在【套用表格样式】列表中选择下方的【新建表格样式】命令，打开【新建表样式】对话框，在【表元素】列表中，可以看到可供用户设置格式的表元素选项，如【整个表】、【第一列条纹】、【标题行】等。在名称后的输入框中输入一个表样式名称，如“表样式 1”（如图 2-44 所示）。

（2）选择【表元素】列表中的【整个表】，单击【格式】按钮，打开【设置单元格格式】对话框。这里先对整个表格设置边框效果，如图 2-45 所示，分别设置外边框和内边框的线型。设置完成后单击【确定】按钮返回。

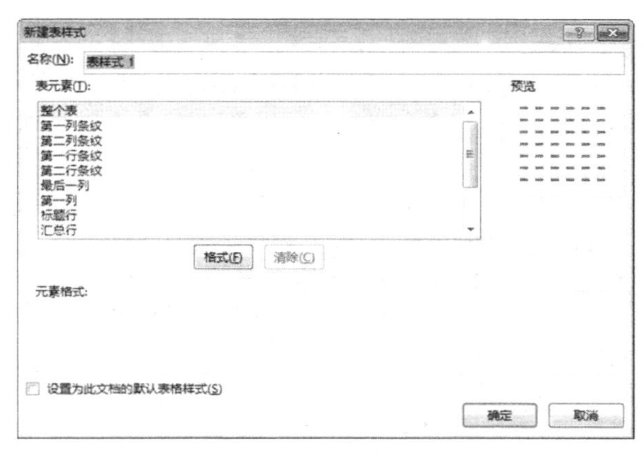

图 2-44　输入样式名称

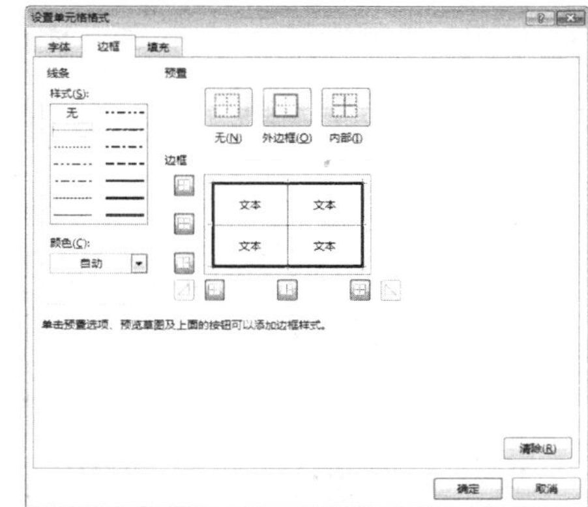

图 2-45　设置表格的边框

（3）选择【第一行条纹】元素，单击【格式】按钮，在打开的【设置单元格格式】对话框中设置其填充色效果，如图 2-46 所示。设置完成后单击【确定】按钮返回。

（4）用同样的方法，设置标题行效果，设置参数如图 2-47 所示。当然，读者也可以尝试设置其他表元素的效果。设置完成后单击【确定】按钮返回到【新建表样式】对话框，再次单击【确定】按钮，完成样式的定义。

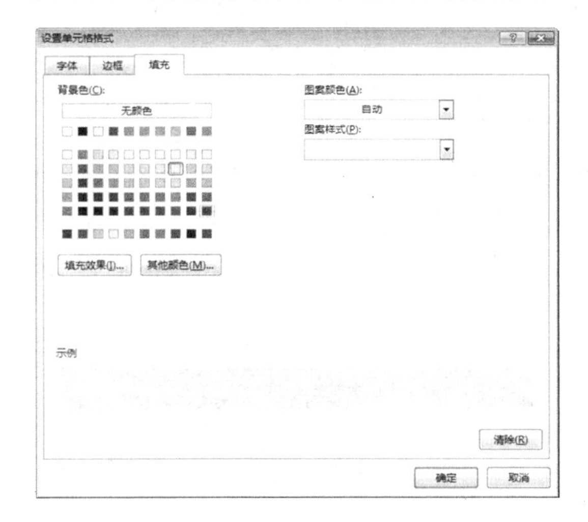

图 2-46　设置第一行条纹效果

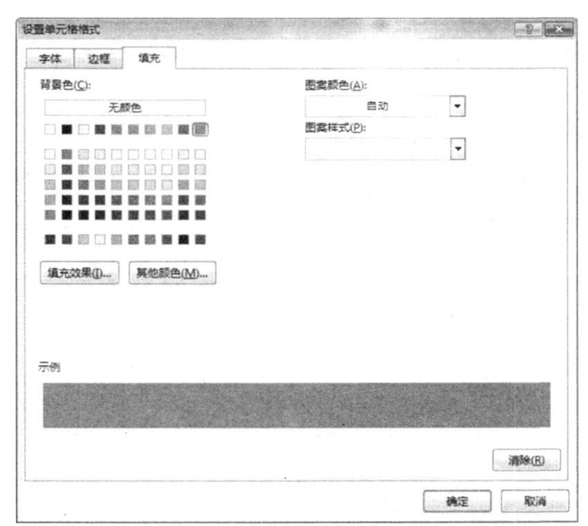

图 2-47　设置标题行效果

（5）再次打开【套用表格样式】列表，就可以看到前面新建立的表格样式，单击以应用到当前表格中即可，如图 2-48 所示。

2.5.3　单元格样式的应用

前面介绍了通过设置边框、底纹等格式来设置单元格格式的方法，下面介绍一种更加快捷的设置单元格格式的方法，即通过单元格样式来设置。通过单元格样式来设置可以快速对应用相同格式的单元格或单元格区域进行格式化，从而省去了不少修改格式的步骤，并且可以让整个表格更加规范。

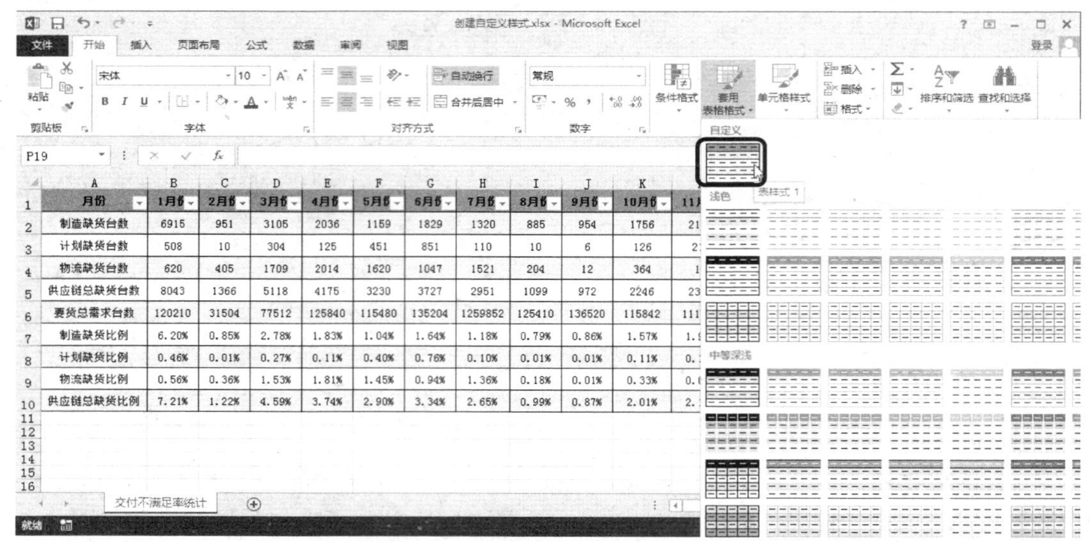

月份	1月份	2月份	3月份	4月份	5月份	6月份	7月份	8月份	9月份	10月份
制造缺货台数	6915	951	3105	2036	1159	1829	1320	885	954	1756
计划缺货台数	508	10	304	125	451	851	110	10	6	126
物流缺货台数	620	405	1709	2014	1620	1047	1521	204	12	364
供应链总缺货台数	8043	1366	5118	4175	3230	3727	2951	1099	972	2246
要货总需求台数	120210	31504	77512	125840	115480	135204	1259852	125410	136520	115842
制造缺货比例	6.20%	0.85%	2.78%	1.83%	1.04%	1.64%	1.18%	0.79%	0.86%	1.57%
计划缺货比例	0.46%	0.01%	0.27%	0.11%	0.40%	0.76%	0.10%	0.01%	0.01%	0.11%
物流缺货比例	0.56%	0.36%	1.53%	1.81%	1.45%	0.94%	1.36%	0.18%	0.01%	0.33%
供应链总缺货比例	7.21%	1.22%	4.59%	3.74%	2.90%	3.34%	2.65%	0.99%	0.87%	2.01%

图 2-48　应用新建表格样式列表

如果想要应用 Excel 中预置的一些典型的样式，可以参考下面的操作步骤。

（1）选择要修改格式的单元格区域，在【开始】选项卡的【样式】组中，单击【单元格格式】按钮，此时将会展开单元格样式下拉列表，如图 2-49 所示。

（2）将鼠标指向列表库中某一款样式，目标单元格就会立即显示应用此样式后的效果。单击所需样式即可确认应用此样式。

用户可以修改某个内置的样式，方法是本单元格样式下拉列表中右击某样式图标，在弹出的快捷菜单中单击【修改】命令。然后在打开的【样式】对话框中，根据需要修改的部位进行【数字】、【对齐】以及【字体】等单元格格式的修改，最后单击【确定】按钮即可，如图 2-50 所示。

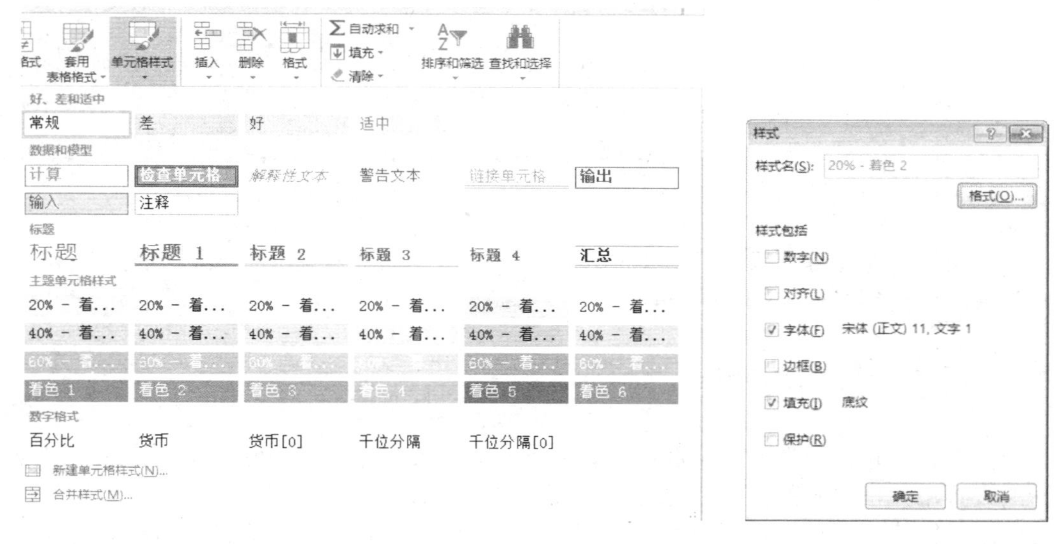

图 2-49　单元格样式下拉列表库　　　　图 2-50　修改样式

2.5.4 自定义样式的创建

如果样式列表中没有用户需要的样式，还可以自定义一个样式，可以通过以下两种方式进行定义。

第一种方法：如果工作表中已经有比较满意的单元格格式，则可以直接将其定义为一个样式。选择已经定义好格式的单元格，然后打开单元格样式列表，选择下方的【新建单元格样式】命令，在打开的【样式】对话框中输入一个样式名称，单击【确定】按钮即可，如图 2-51 所示。如果想更改其中的格式，还可以单击对话框中的【格式】按钮，打开【设置单元格格式】对话框进行相应的修改，如图 2-52 所示。设置完成后单击【确定】按钮。

第二种方法：如果想直接定义一个样式，可打开【样式】对话框，然后单击【格式】按钮，对边框、填充、对齐、字体等项进行设置，完成后单击【确定】按钮即可。

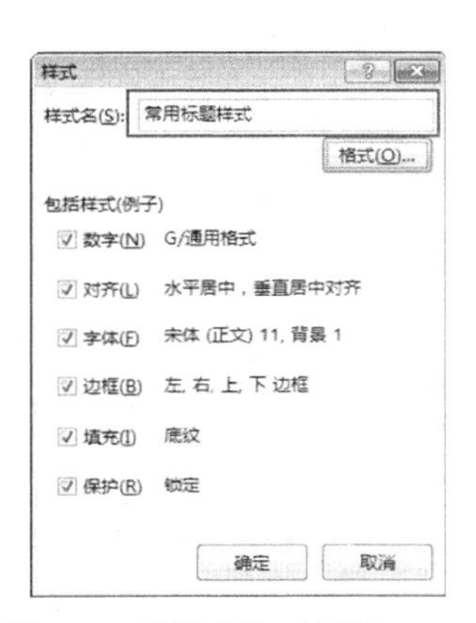

图 2-51 【样式】对话框

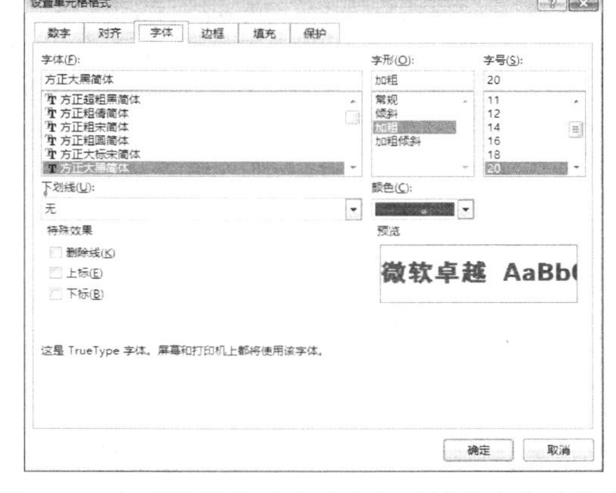

图 2-52 在【设置单元格格式】对话框中修改格式

完成样式的定义后，即可在单元格样式列表中看到定义的样式，如图 2-53 所示。这样就可以在需要的时候将其快速应用到其他单元格中了。

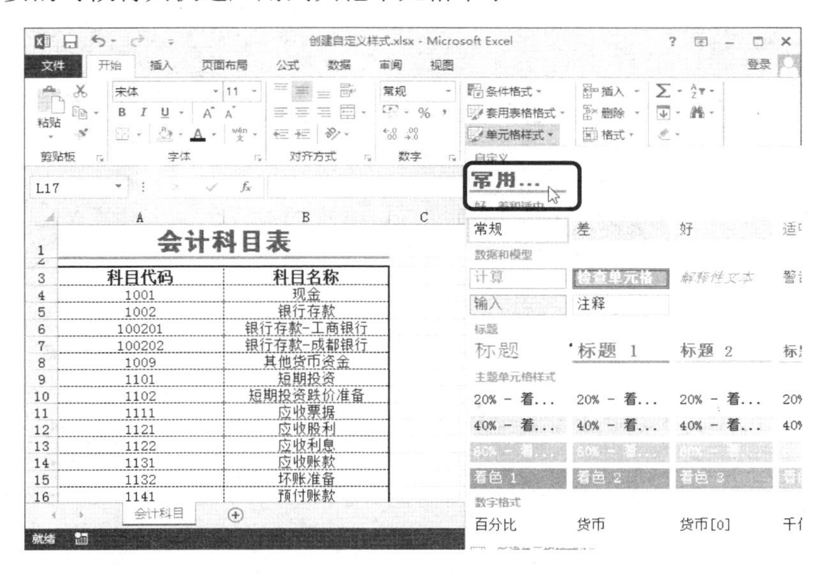

图 2-53 添加的单元格样式

2.5.5 样式的合并

创建的自定义样式只会保存在当前工作簿中，不会影响到其他工作簿的样式。但是有时候需要将当前工作簿中的样式应用到其他工作簿中，就需要使用合并样式的方法来实现。具体操作步骤如下。

（1）打开包含所需样式的工作簿（如上一小节中的“创建自定义样式.xlsx”），激活需要合并样式的工作簿。

（2）在【开始】选项卡的【样式】组中，单击【单元格样式】按钮，打开样式下拉列表库，单击底部的【合并样式】按钮，打开【合并样式】对话框，如图 2-54 所示。

（3）在【合并样式】对话框中，选中包含自定义样式的工作簿名称（本例为创建自定义样式 xlsx），单击【确定】按钮即可。

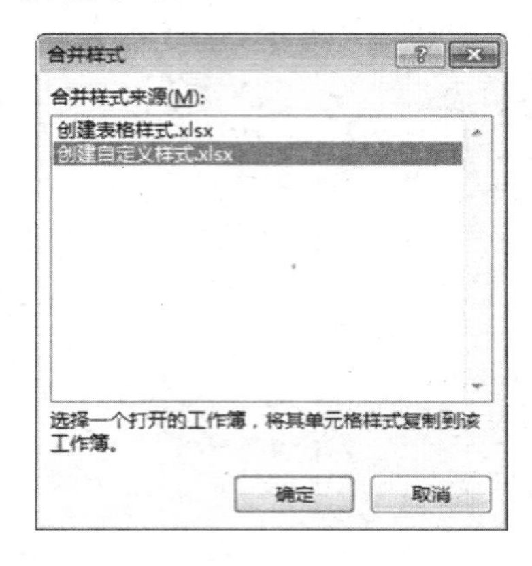

图 2-54 合并样式

2.6 技 巧 放 送

2.6.1 设置数据格式的组合键

通过组合键可以快速地对目标单元格或单元格区域设置数字格式。要知道，如果在繁忙的数据录入工作中，还要为每种数值类型进行格式的设置，肯定会手忙脚乱。表 2-5 列出的一些组合键可以有效提高设置各种数字格式的效果。

详细内容如表 2-5 所示。

表 2-5 设置数字格式的组合键

组 合 键	作 用
Ctrl+Shift+~	设置为常规格式
Ctrl+Shift+!	设置为千位分隔符的显示方式，且不带小数
Ctrl+Shift+@	设置为时间格式，包含小时和分钟显示
Ctrl+Shift+#	设置为短日期格式
Ctrl+Shift+%	设置为百分比格式
Ctrl+Shift+^	设置为科学记数法格式

2.6.2　文本型与数值型数据的相互转换

在日常工作中，时常需要在文本型数据和数值型数据之间相互转换，例如，从网页上复制下来的、由其他软件导出的一些数据粘贴到工作表中，虽然显示的是数字，但数据类型往往是文本型的，因而无法正常计算，这时需要将这些数据转换为数值型数据。下面以一个实例介绍转换这两种数据类型的方法。

【例 2-7】 将文本型数据转换为数值型数据

如果要将图 2-55 所示工作表中 A1:A8 单元格区域中的文本型数据转换为数值型数据，可以通过下面的操作步骤进行。

（1）选中工作表中的一个空白单元格，如 B3 单元格，然后，按快捷键 Ctrl+C。

（2）选中 A1:A8 单元格区域，并在该区域中右击，在弹出的快捷菜单中单击【选择性粘贴】选项，如图 2-56 所示。

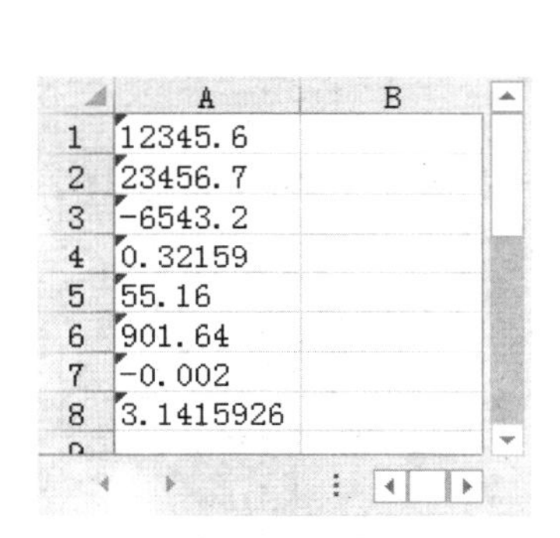

图 2-55　文本型数据

图 2-56 “粘贴选项”按钮的下拉菜单

（3）在弹出的【选择性粘贴】对话框中的【运算】区域选择【加】单选按钮，如图 2-57 所示。最后单击【确定】按钮，即可将文本型数据成功转换为数值型数据，结果如图 2-58 所示。

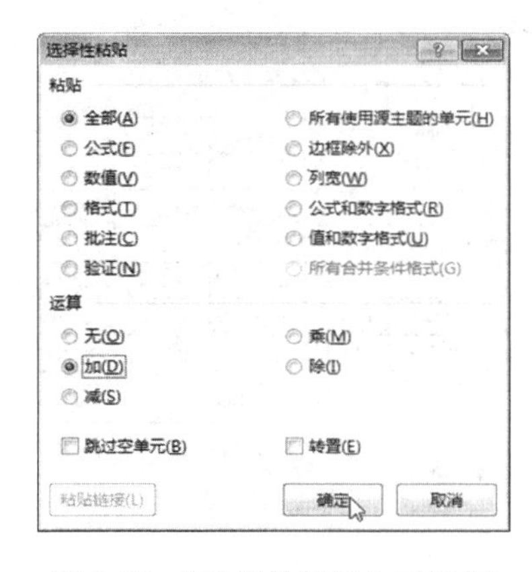

图 2-57 【选择性粘贴】对话框

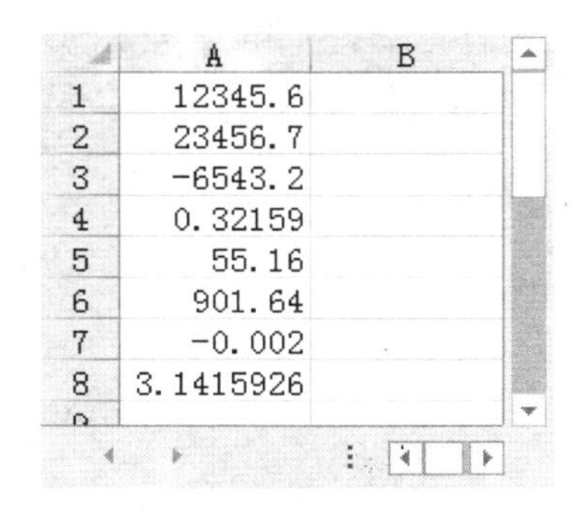

图 2-58　转换后的数值型数据

如果想要将工作表中的数值型数据转换为文本型数字，可选中需要转换的数据所在的单元格区域，然后在功能区中的【开始】选项卡中设置数据格式为【文本】即可。

2.6.3　将套用表格样式转换为普通表格

在使用系统内置的表格样式时，用户有时只需要表格的样式，而不需要其对数据进行处理，比如不需要标题行中的筛选按钮、不需要汇总行等。这时可以使用下面的方法来解决这个问题。

（1）打开已经套用过表格样式的工作表，单击表格中任意一个单元格，如“G3”。

（2）在功能区上切换至【设计】选项卡，单击【工具】组中的【转换为区域】按钮，在弹出的提示用户是否转化普通表格的信息对话框中，单击【是】按钮即可完成转换操作，如图 2-59 所示。转化后的表格效果如图 2-60 所示。

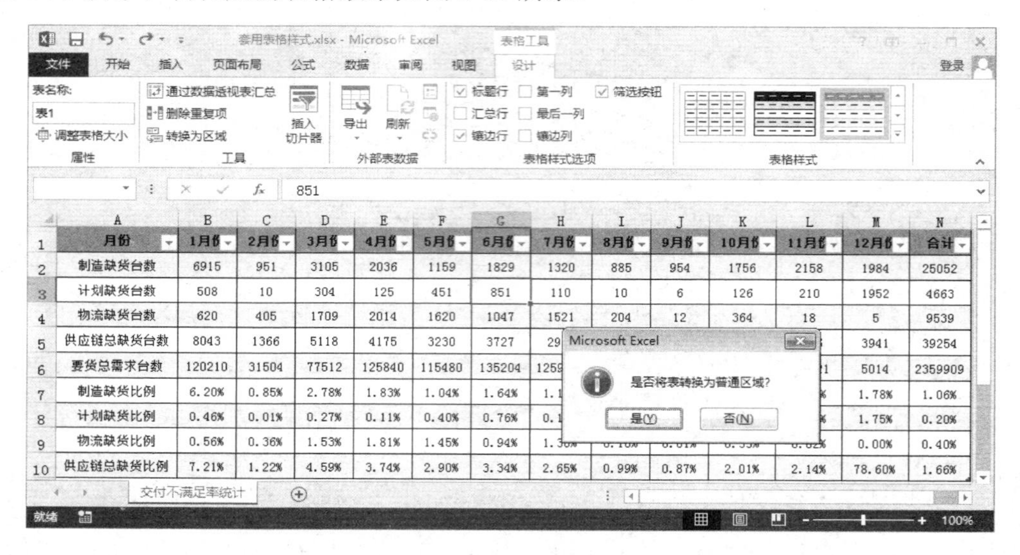

图 2-59　提示是否转换的对话框

	A	B	C	D	E	F	G	H	I	J	K	L	M	N
1	月份	1月份	2月份	3月份	4月份	5月份	6月份	7月份	8月份	9月份	10月份	11月份	12月份	合计
2	制造缺货台数	6915	951	3105	2036	1159	1829	1320	885	954	1756	2158	1984	25052
3	计划缺货台数	508	10	304	125	451	851	110	10	6	126	210	1952	4663
4	物流缺货台数	620	405	1709	2014	1620	1047	1521	204	12	364	18	5	9539
5	供应链总缺货台数	8043	1366	5118	4175	3230	3727	2951	1099	972	2246	2386	3941	39254
6	要货总需求台数	120210	31504	77512	125840	115480	135204	1259852	125410	136520	115842	111521	5014	2359909
7	制造缺货比例	6.20%	0.85%	2.78%	1.83%	1.04%	1.64%	1.18%	0.79%	0.86%	1.57%	1.94%	1.78%	1.06%
8	计划缺货比例	0.46%	0.01%	0.27%	0.11%	0.40%	0.76%	0.10%	0.01%	0.01%	0.11%	0.19%	1.75%	0.20%
9	物流缺货比例	0.56%	0.36%	1.53%	1.81%	1.45%	0.94%	1.36%	0.18%	0.01%	0.33%	0.02%	0.00%	0.40%
10	供应链总缺货比例	7.21%	1.22%	4.59%	3.74%	2.90%	3.34%	2.65%	0.99%	0.87%	2.01%	2.14%	78.60%	1.66%

交付不满足率统计

图 2-60　转化后的表格效果

第 3 章　条件格式与数据验证

工作中，经常需要对符合特定条件的单元格设置不同的格式，以区别于其他单元格，也经常会限制一些单元格数据的类型及输入范围等。通过 Excel 提供的条件格式和数据验证功能，可以很轻松地完成这两项任务，本章将详细介绍这两种功能。

通过对本章内容的学习，读者将掌握：

- 突出显示单元格规则的使用
- 项目选取规则的使用
- 条件格式中各类内置单元格图形的应用
- 管理规则的方法
- 数据验证的使用方法

3.1　基于各类特征设置条件格式

在 Excel 环境下可以轻松实现为表格中的数据按照各自的特征来设定条件格式。Excel 为用户提供了多种基于特征值进行设置的条件格式，如可以按大于、小于、日期、文件、重复值等特征突出显示单元格，也可以按大于或小于前 10 项或 10%、高于或低于平均值等要求显示单元格等。

3.1.1　突出显示单元格规则

在功能区的【开始】选项卡中，单击【样式】组中的【条件格式】下拉按钮，可在展开的下拉菜单中看到【突出显示单元格规则】选项。将鼠标指针指向该选项，其展开的级联菜单中包括了 Excel 内置的 7 种“突出显示单元格规则”选项，如图 3-1 所示。

这 7 种“突出显示单元格规则”的用法说明如下。

- 大于：为大于设定值的单元格设置指定的单元格格式。
- 小于：为小于设定值的单元格设置指定的单元格格式。
- 介于：为介于设定值的单元格设置指定的单元格格式。
- 等于：为等于设定值的单元格设置指定的单元格格式。
- 文本包含：为包含设定文本的单元格设置指定的单元格格式。
- 发生日期：为包含设定发生日期的单元格设置指定的单元格格式。
- 重复值：为重复值或唯一值的单元格设置指定的单元格格式。

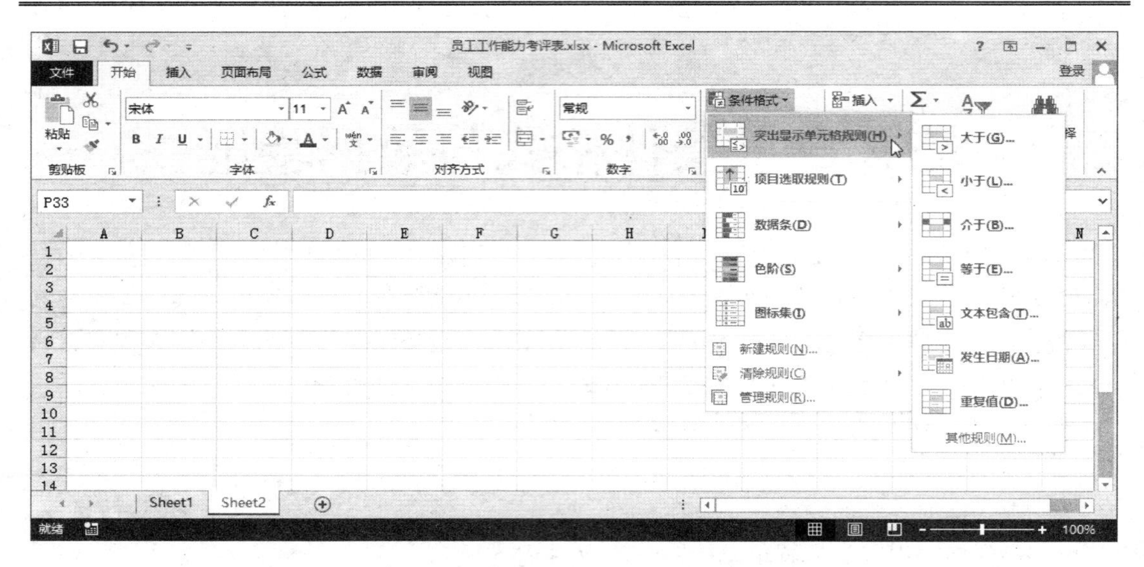

图 3-1 【条件格式】下拉菜单

3.1.2 项目选取规则

除了上一小节介绍的 7 种“突出显示单元格规则”之外，Excel 还内置了 6 种“项目选取规则”。将鼠标指针指向【条件格式】下拉菜单中的【项目选取规则】选项，即可显示出包含这 6 种选项的级联菜单，如图 3-2 所示。

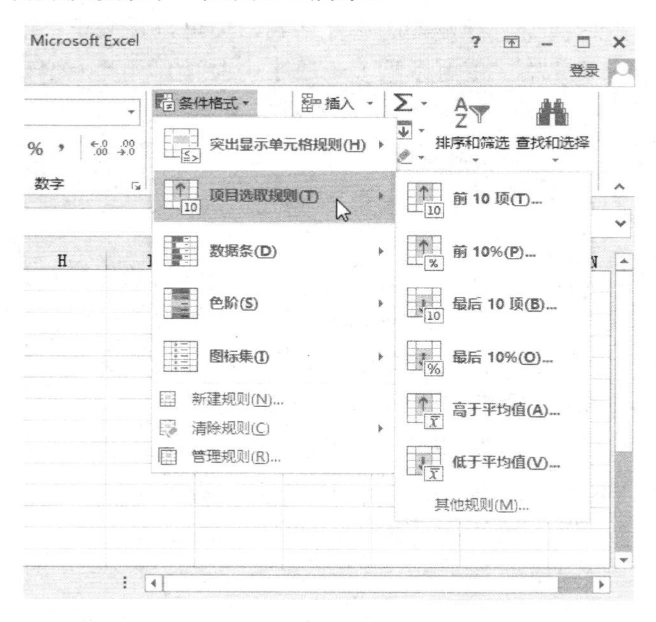

图 3-2 【项目选取规则】选项

有关这 6 种“项目选取规则”的用法说明如下。

- 前 10 项：为值最大的 n 项单元格设置指定格式，其中 n 的值由用户设定。
- 前 10%项：为值最大的 n%项单元格设置指定格式，其中 n 的值由用户设定。
- 最后 10 项：为值最小的 n 项单元格设置指定格式，其中 n 的值由用户设定。
- 最后 10%项：为值最小的 n%项单元格设置指定格式，其中 n 的值由用户设定。
- 高于平均值：为高于平均值的单元格设置指定格式。
- 低于平均值：为低于平均值的单元格设置指定格式。

下面通过一个简单的例子介绍如何使用“突出显示单元格规则”和“项目选取规则”为指定单元格设定不同的条件格式。

【例 3-1】 基于各类特征进行条件格式设置

图 3-3 所示为“员工工作能力考评表”的最终效果图。该表使用“浅红填充色深红色文本”来突出显示低于平均分的各项考核能力分数所在的单元格，并且将总分排名在前 3 位的数值以“红色文本”显示。

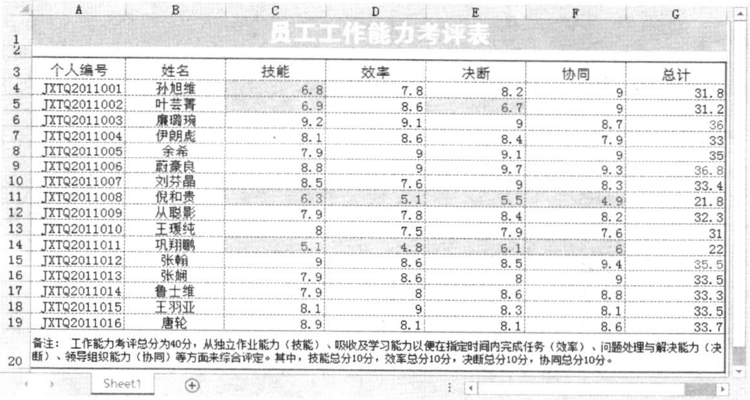

员工工作能力考评表

个人编号	姓名	技能	效率	决断	协同	总计
JXTQ2011001	孙旭维	6.8	7.8	8.2	9	31.8
JXTQ2011002	叶芸菁	6.9	8.6	6.7	9	31.2
JXTQ2011003	廉璐琬	9.2	9.1	9	8.7	36
JXTQ2011004	伊朗彪	8.1	8.6	8.4	7.9	33
JXTQ2011005	余希	7.9	9	9.1	9	35
JXTQ2011006	蔚豪良	8.8	9	9.7	9.3	36.8
JXTQ2011007	刘芬晶	8.5	7.6	9	8.3	33.4
JXTQ2011008	倪和贵	6.3	5.1	5.5	4.9	21.8
JXTQ2011009	从聪影	7.9	7.8	8.4	8.2	32.3
JXTQ2011010	王瑗纯	8	7.5	7.9	7.6	31
JXTQ2011011	巩翔鹏	5.1	4.8	6.1	6	22
JXTQ2011012	张翰	9	8.6	8.5	9.4	35.5
JXTQ2011013	张娴	7.9	8.6	8	9	33.5
JXTQ2011014	鲁士维	7.9	8	8.6	8.8	33.3
JXTQ2011015	王羽亚	8.1	9	8.3	8.1	33.5
JXTQ2011016	唐轮	8.9	8.1	8.1	8.6	33.7

备注：　工作能力考评总分为40分，从独立作业能力（技能）、吸收及学习能力以便在指定时间内完成任务（效率）、问题处理与解决能力（决断）、领导组织能力（协同）等方面来综合评定。其中，技能总分10分，效率总分10分，决断总分10分，协同总分10分。

Sheet1

图 3-3 “员工工作能力考评表”最终效果图

设置条件格式的具体操作步骤如下。

（1）打开本章素材文件“员工工作能力考评表.xlsx”，选择 C4:F19 单元格区域。

（2）在功能区上执行【开始】→【条件格式】→【突出显示单元格规则】命令，在展开的级联菜单中选择【小于】选项，如图 3-4 所示。

（3）在【小于】对话框的数值编辑框中输入指定数值。由于 Excel 默认显示的是选择区域中所有数值的平均值，因此这里不用进行设置。单击【设置为】右侧的下拉列表，可以选择符合条件的单元格格式。这里选择默认的“浅红填充色深红色文本”，此时工作表中符合设定条件的单元格将直接显示应用效果，然后单击【确定】按钮即可应用此效果，如图 3-5 所示。

（4）选择 G4:G19 单元格区域，执行【开始】→【条件格式】→【项目选取规则】命令，在展开的级联菜单中选择【前 10 项】选项，如图 3-6 所示。

（5）在弹出的【前 10 项】对话框左侧的微调框中，将数值调整为“3”，在【设置为】下拉列表选择【红色文本】，单击【确定】按钮即可完成设置，如图 3-7 所示。

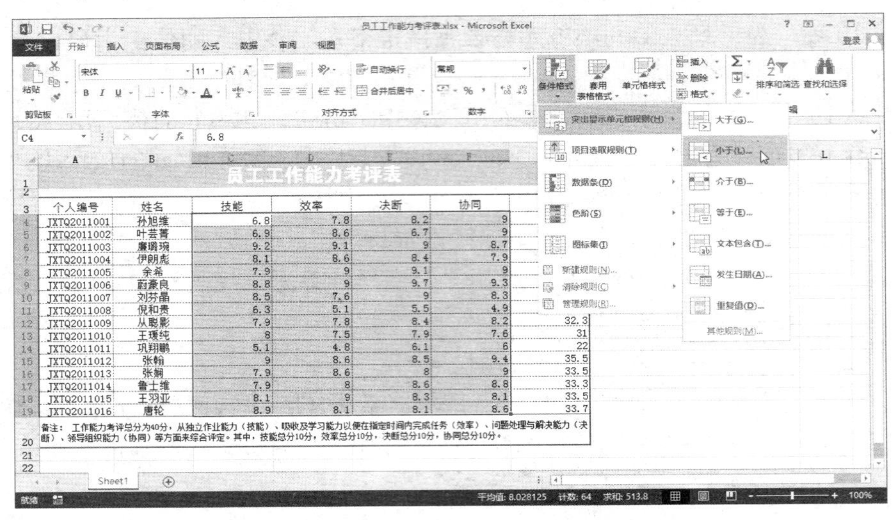

图 3-4　选择【小于】选项

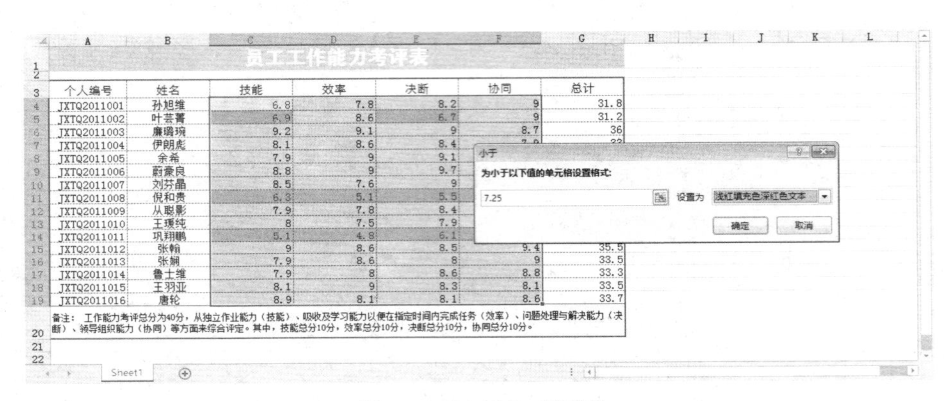

图 3-5　【小于】对话框

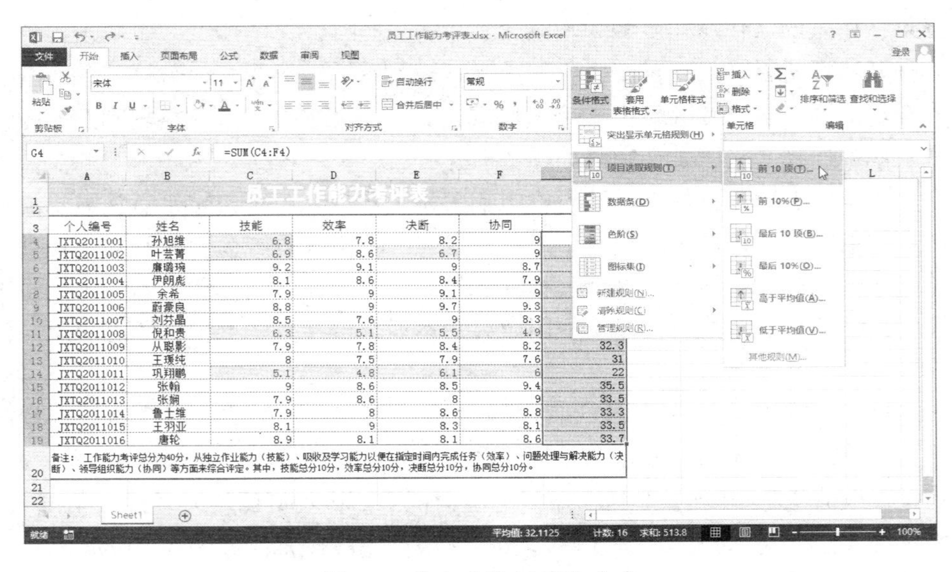

图 3-6　单击【前 10 项】命令

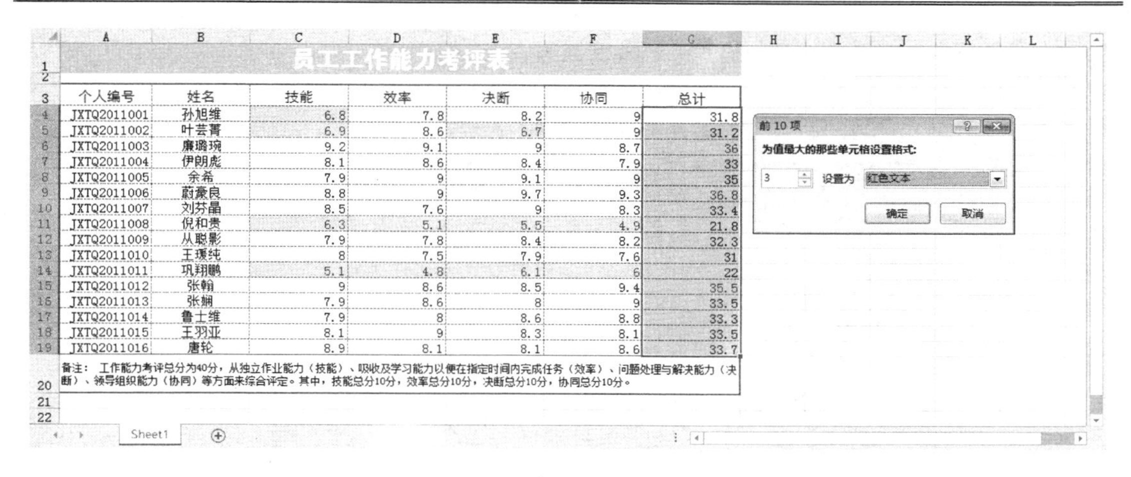

员工工作能力考评表

个人编号	姓名	技能	效率	决断	协同	总计
JXTQ2011001	孙旭维	6.8	7.8	8.2	9	31.8
JXTQ2011002	叶芸菁	6.9	8.6	6.7	9	31.2
JXTQ2011003	廉璐琬	9.2	9.1	9	8.7	36
JXTQ2011004	伊朗彪	8.1	8.6	8.4	7.9	33
JXTQ2011005	余希	7.9	9	9.1	9	35
JXTQ2011006	蔚豪良	8.8	9	9.7	9.3	36.8
JXTQ2011007	刘芬晶	8.5	7.6	9	8.3	33.4
JXTQ2011008	倪和贵	6.3	5.1	5.5	4.9	21.8
JXTQ2011009	从聪影	7.9	7.8	8.4	8.2	32.3
JXTQ2011010	王瑗纯	8	7.5	7.9	7.6	31
JXTQ2011011	巩翔鹏	5.1	4.8	6.1	6	22
JXTQ2011012	张翰	9	8.6	8.5	9.4	35.5
JXTQ2011013	张娴	7.9	8.6	8	9	33.5
JXTQ2011014	鲁士维	7.9	8	8.6	8.8	33.3
JXTQ2011015	王羽亚	8.1	9	8.3	8.1	33.5
JXTQ2011016	唐轮	8.9	8.1	8.1	8.6	33.7

备注：工作能力考评总分为40分，从独立作业能力（技能）、吸收及学习能力以便在指定时间内完成任务（效率）、问题处理与解决能力（决断）、领导组织能力（协同）等方面来综合评定。其中，技能总分10分，效率总分10分，决断总分10分，协同总分10分。

图 3-7 【前 10 项】对话框

3.2　数据条的应用

除了基于特征值进行设置的条件格式，Excel 还提供了“数据条”这种单元格图形类的效果样式。不仅如此还可以使用自定义的方式设置具体的显示效果。

【例 3-2】 使用数据条直观分析数据

图 3-8 所示为使用数据条样式后的产品质量检验报告表效果图。该表将“生产数量”列单元格区域中的数据使用“绿色渐变填充”数据条来显示；将“抽检数量”列数据设置为“黄色实心填充”；将“不合格数”列数据设置为“淡红色实心填充”，并且以单元格中点为起始位置，从右到左显示。

军需品制造有限公司产品质量检验报告表

填表日期： 2014/6/6

产品编号	名称	生产单位	生产数量	抽检数量	不合格数
LC004	户外必备救生线锯	第一生产线	3800	550	19
SJ013	双肩背包	第一生产线	2763	520	36
ZP014	丛林迷彩帐篷	第一生产线	2420	600	29
ZP021	户外战术眼镜	第一生产线	1656	500	14
SS012	伞绳	第一生产线	1858	450	12
SH011	保温10式水壶	第一生产线	2019	520	6
ZS010	战术背心	第二生产线	4710	700	30
ST001	海报特战速干T恤	第二生产线	3719	570	35
SK014	伞兵冲锋裤	第二生产线	4545	520	12
ST033	虎斑迷彩服	第二生产线	4971	580	34
SK018	速干沙滩短裤	第二生产线	2807	480	14
JX014	黑鹰款单鞋	第三生产线	2677	640	33
JX015	6寸01式单军鞋	第三生产线	5099	580	16
JX016	沙漠蜘蛛靴	第三生产线	1539	640	22
JX017	黑鹰轻便型战术运动鞋	第三生产线	2389	600	35
JX018	军工山地运动版跑步鞋	第三生产线	4435	480	34
JX019	特警训练鞋	第三生产线	2830	470	4
JX020	07战斗靴	第三生产线	3144	610	35

质量检验报告表

图 3-8　设置“数据条”后的效果

设置数据条样式的具体操作步骤如下。

（1）打开本章素材文件“产品检测报告.xlsx”，选择 D4:F21 单元格区域，设置对齐方式为“右对齐”（为方便数据条的显示而设置），如图 3-9 所示。

军需品制造有限公司产品质量检验报告表

填表日期： 2014/6/6

产品编号	名 称	生产单位	生产数量	抽检数量	不合格数
LC004	户外必备救生线锯	第一生产线	3800	550	19
SJ013	双肩背包	第一生产线	2763	520	36
ZP014	丛林迷彩帐篷	第一生产线	2420	600	29
ZP021	户外战术眼镜	第一生产线	1656	500	14
SS012	伞绳	第一生产线	1858	450	12
SH011	保温10式水壶	第一生产线	2019	520	6
ZS010	战术背心	第二生产线	4710	700	30
ST001	海报特战速干T恤	第二生产线	3719	570	35
SK014	伞兵冲锋裤	第二生产线	4545	520	12
ST033	虎斑迷彩服	第二生产线	4971	580	34
SK018	速干沙滩短裤	第二生产线	2807	480	14
JX014	黑鹰款单鞋	第三生产线	2677	640	33
JX015	6寸01式单军鞋	第三生产线	5099	580	16
JX016	沙漠蜘蛛靴	第三生产线	1539	640	22
JX017	黑鹰轻便型战术运动鞋	第三生产线	2389	600	35
JX018	军工山地运动版跑步鞋	第三生产线	4435	480	34
JX019	特警训练鞋	第三生产线	2830	470	4
JX020	07战斗靴	第三生产线	3144	610	35

质量检验报告表

图 3-9　设置对齐方式为“右对齐”

（2）选择 D4:D21 单元格区域，在功能区上执行【开始】→【条件格式】→【数据条】命令，在展开的级联菜单中选择【渐变填充】区域中的【绿色数据条】选项，如图 3-10 所示。

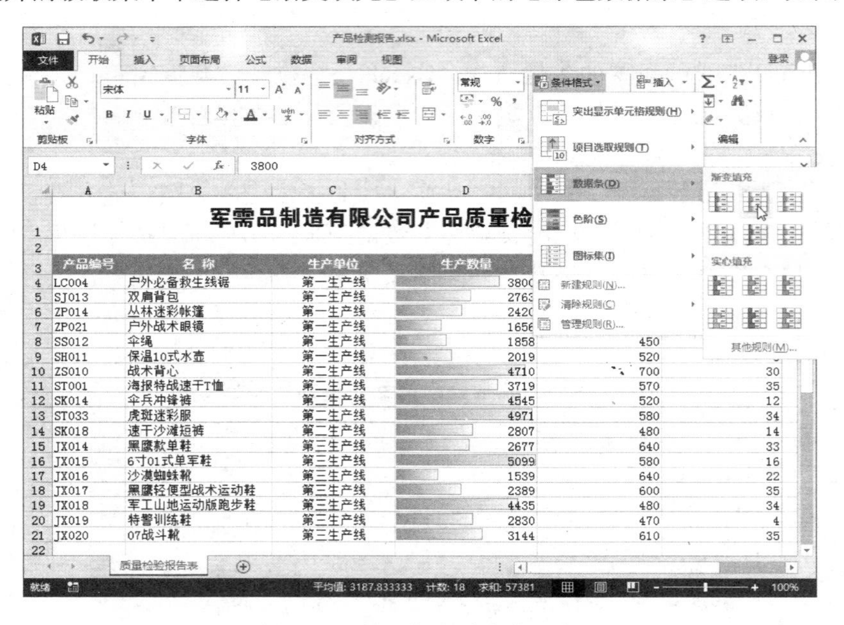

图 3-10　设置渐变填充数据条

（3）按照同样的方法将 E4:E21 单元格区域设置为“黄色实心填充”数据条显示。

（4）选择 F4:F21 单元格区域，在【数据条】的级联菜单中选择【其他规则】选项。

（5）在弹出的【新建格式规则】对话框中，在【条形图外观】区域中将【颜色】设置为自“淡红色”，在右下角的【条形图方向】下拉列表中选择【从右向左】选项，然后单击【负值和坐标轴】按钮，如图 3-11 所示。

（6）在弹出的【负值和坐标轴设置】对话框中，选择【坐标轴设置】区域的【单元格中点值】单选按钮，如图 3-12 所示。

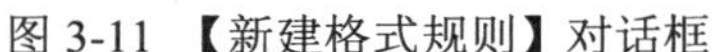
图 3-11　【新建格式规则】对话框

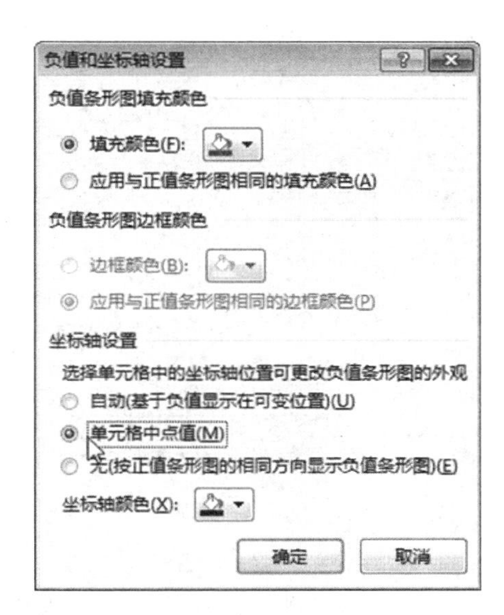

图 3-12　【负值和坐标轴设置】对话框

（7）单击【确定】按钮返回【新建格式规则】对话框，然后再次单击【确定】按钮返回工作簿中，即可完成设置。

3.3 “色阶”的应用

“色阶”可以用丰富的色彩直观地反映数据的大小，形成“热图”。Excel 内置了包括 6 种“三色刻度”和 3 种“双色刻度”在内的 12 种样式。用户可以根据自己的喜好进行选择。下面以具体实例介绍“色阶”的应用方法。

【例 3-3】　使用“色阶”创建热图

图 3-13 所示为使用“色阶”格式后的主要城市空气质量指数效果图。该表将表示控制质量指数数据所在的单元格设置为“色阶”显示，其中数值偏高的单元格显示为红色，偏低的显示为绿色，中间过渡色为黄色。

主要城市最近两周空气质量指数（AQI）

填表日期： 2014.6.6

城市	5/23	5/24	5/25	5/26	5/27	5/28	5/29	5/30	5/31	6/1	6/2	6/3	6/4	6/5
徐州	80	56	119	155	154	134	145	151	136	91	59	104	134	103

图 3-13　使用“色阶”设置后的效果

为单元格应用“色阶”格式的具体操作步骤如下：

（1）打开本章素材文件“主要城市最近两周空气质量指数.xlsx”，选择 B4:O4 单元格区域。

（2）在功能区上执行【开始】→【条件格式】→【色阶】命令，在展开的级联菜单中单击第一行第二个图标，即“三色刻度”中的“红-黄-绿”图标，即可完成设置，如图 3-14 所示。

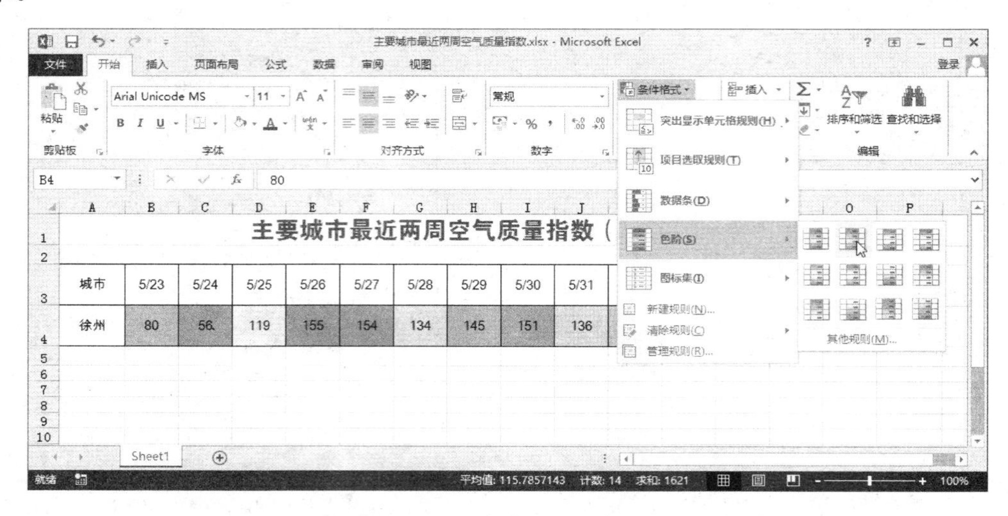

图 3-14　设置“色阶”条件格式样式

3.4 “图标集”的应用

在工作表的数据区域使用“图标集”，可以在包含数据的单元格中显示出不同的图标，用以区分该区域中的数据大小。Excel 中内置了“方向”“形状”“标记”“等级”4 类图标。

【例 3-4】 利用“图标集”区分数据大小

图 3-15 所示是将“员工工作能力考评表”中的各项能力评估分数辅以“图标集”的形式显示出的最终效果。图标集选用的是“3 个星星”样式。

员工工作能力考评表

个人编号	姓名	技能	效率	决断	协同	总计
JXTQ2011001	孙旭维	6.8	7.8	8.2	9	31.8
JXTQ2011002	叶芸菁	6.9	8.6	6.7	9	31.2
JXTQ2011003	廉璐琬	9.2	9.1	9	8.7	36
JXTQ2011004	伊朗彪	8.1	8.6	8.4	7.9	33
JXTQ2011005	余希	7.9	9	9.1	9	35
JXTQ2011006	蔚豪良	8.8	9	9.7	9.3	36.8
JXTQ2011007	刘芬晶	8.5	7.6	9	8.3	33.4
JXTQ2011008	倪和贵	6.3	5.1	5.5	4.9	21.8
JXTQ2011009	从聪影	7.9	7.8	8.4	8.2	32.3
JXTQ2011010	王瑗纯	8	7.5	7.9	7.6	31
JXTQ2011011	巩翔鹏	5.1	4.8	6.1	6	22
JXTQ2011012	张翰	9	8.6	8.5	9.4	35.5
JXTQ2011013	张娴	7.9	8.6	8	9	33.5
JXTQ2011014	鲁士维	7.9	8	8.6	8.8	33.3
JXTQ2011015	王羽亚	8.1	9	8.3	8.1	33.5
JXTQ2011016	唐轮	8.9	8.1	8.1	8.6	33.7

备注： 工作能力考评总分为40分，从独立作业能力（技能）、吸收及学习能力以便在指定时间内完成任务（效率）、问题处理与解决能力（决断）、领导组织能力（协同）等方面来综合评定。其中，技能总分10分，效率总分10分，决断总分10分，协同总分10分。

Sheet1　Sheet2

图 3-15　以“图标集”格式显示能力评估分数

应用“图标集”条件格式的具体操作步骤如下。

（1）打开本章素材文件“员工工作能力考评表.xlsx”，选择 C4:F19 单元格区域。

（2）在功能区上执行【开始】→【条件格式】→【图标集】命令，在展开的级联菜单中选择【等级】区域中的“3 个星星”选项，即可完成设置，如图 3-16 所示。

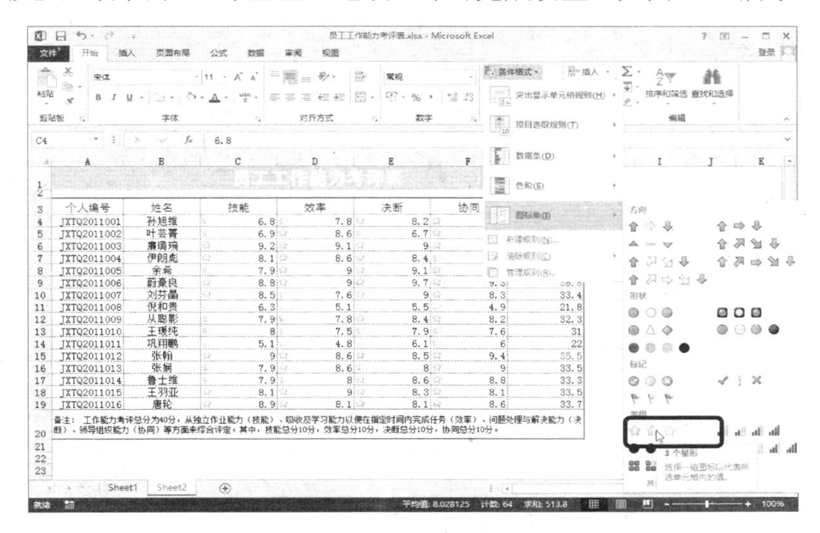

图 3-16　设置“3 个星星”条件格式样式

在这里要说明的是，由于沿用的是已经包含条件格式的工作表，所以在进行设置之前需要将原有的格式清除。有关清除规则的具体方法，可以参考本章 3.6.1 小节中的内容，这里就不做过多解释了。

3.5　自定义条件格式

如果 Excel 中内置的条件格式不能满足用户的需要，用户也可以根据个人喜欢的显示效果或条件格式来自定义规则。

3.5.1　自定义条件格式样式

在【例 3-2】中我们已经讲述过自定义条件格式的部分内容。用户可以从内置条件格式的级联菜单中单击【其他规则】命令，打开【新建格式规则】对话框，也可以直接单击【条件格式】下拉列表中的【新建规则】命令打开该对话框自定义条件格式的样式。

【例 3-5】　以自定义条件格式分析学生成绩表

图 3-17 所示为根据学生成绩进行自定义条件格式设置后的效果，其中 90 分以上的成绩显示“小红旗”标记。

自定义条件格式的具体操作步骤如下。

（1）打开本章素材文件“学生成绩表.xlsx”，选择 C4:E23 单元格区域。

（2）在功能区上执行【开始】→【条件格式】→【新建规则】命令，如图 3-18 所示。

学生成绩表					
学号	姓名	语文	数学	英语	总分
01	金盛亮	100	76	68	244
02	李博彪	43	90	68	201
03	邢胜	44	58	83	185
04	蔚瑾	63	94	50	207
05	李良琛	54	70	57	181
06	伏震生	35	84	50	169
07	严保振	44	40	73	157
08	厉滢琬	41	35	42	118
09	鲁真燕	54	49	38	141
10	刘香煒	92	36	34	162
11	孙义	99	49	94	242
12	孙妹妍	69	100	93	262
13	刘华静	68	48	67	183
14	王素	31	89	38	158
15	唐伊	50	30	49	129
16	张琴飘	51	62	35	148
17	陶泽伯	93	92	51	236
18	车鹏友	50	55	70	175
19	封江榕	89	41	94	224
20	厉伦良	67	74	42	183

图 3-17　学生成绩表

图 3-18　打开“新建格式规则”对话框的菜单命令

（3）在【新建格式规则】对话框的【选择规则类型】列表框中，选择【基于各自值设置所有单元格的格式】选项。

（4）在【格式样式】下拉列表中选择【图标集】。

（5）在【根据以下规则显示各个图标】组合框的【类型】下拉列表中选择【数字】，在【值】编辑框中输入“90”，在【图标】下拉列表中选择“小红旗”。

（6）在【当<90 且】和【当<33】两行的【图标】下拉列表中选择【无单元格图标】。

（7）单击【确定】按钮，如图 3-19 所示，返回工作表中。

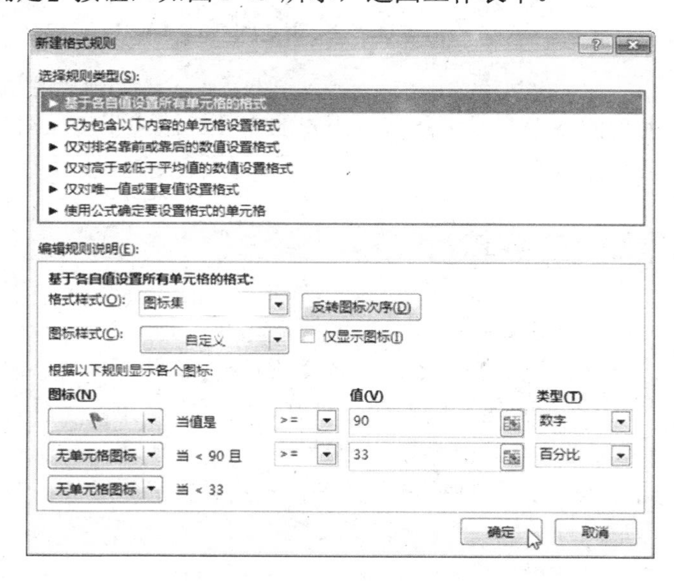

图 3-19　设置“新建格式规则”对话框

3.5.2　使用公式自定义条件格式

除了可以通过系统提供的“条件格式”功能设置条件格式之外，用户还可以利用公式来自定义一些条件格式，下面举例说明。

【例 3-6】 以公式自定义条件格式分析学生成绩

使用公式自定义条件格式将学生成绩表中总分最高的同学标示出来，如图 3-20 所示。

图 3-20　标出总分最高分的同学

应用公式自定义条件格式的具体操作步骤如下。

（1）打开本章素材文件“学生成绩表.xlsx”，选择 A4:F23 单元格区域。

（2）在功能区上执行【开始】→【条件格式】→【新建规则】命令。

（3）在【新建格式规则】对话框的【选择规则类型】列表框中选择【使用公式确定要设置格式的单元格】选项。

（4）在【编辑规则说明】组合框的【为符合此公式的值设置格式】编辑框中输入条件公式：

=SUM($C4:$E4)=MAX($F$3:$F$23)

（5）单击【格式】按钮，如图 3-21 所示。

（6）在【设置单元格格式】对话框的【填充】选项卡中，选择格式的背景色，本例选用“淡红色”，如图 3-22 所示。

（7）依次单击【确定】按钮关闭对话框，返回工作表中，完成设置。

图 3-21　输入条件格式公式

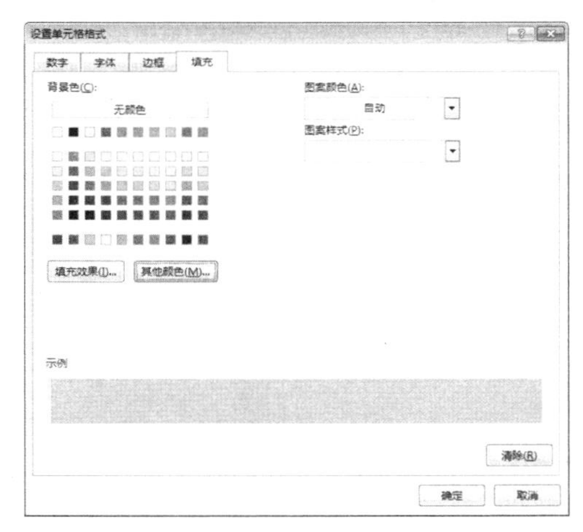

图 3-22　选择条件格式应用背景色

公式解析：

本例使用了 SUM 函数和 MAX 函数作为条件公式。其中 SUM 函数用于对单元格区域的数据、逻辑值或表达式进行求和，而 MAX 函数用于计算参数中的最大值。

有关公式的内容会在第 4 章中进行详细地介绍，这里就不再赘述了。

3.6 管理规则

Excel 允许用户为同一个单元格区域设置多个条件格式规则，也允许用户对单元格区域所设置的条件格式进行删除和重新编辑，这有利于条件格式的管理。

3.6.1 删除规则

如果需要删除单元格区域中的条件格式，可以通过下面的步骤来操作。

（1）选中相关的单元格区域。如果是清除整个工作表中所有单元格的条件格式，则可以任意选择一个单元格。

（2）在【开始】选项卡的【样式】组中，单击【条件格式】下拉按钮。在展开的下拉菜单中，将鼠标指针指向【清除规则】选项，在弹出的级联菜单中，如果选择【清除所选单元格的规则】选项，则清除所选单元格区域的条件格式；如果单击【清除整个工作表的规则】选项，则清除当前工作表中所有单元格的条件格式，如图 3-23 所示。

图 3-23　清除条件格式的选项

除此之外，用户还可以通过【条件格式规则管理器】删除条件格式，具体操作步骤如下。

（1）在功能区上执行【开始】→【条件格式】→【管理规则】命令。

（2）在随后弹出的【条件格式管理规则】对话框中选择要删除的条件格式规则，然后单击【删除规则】按钮，最后单击【确定】按钮退出对话框即可，如图 3-24 所示。

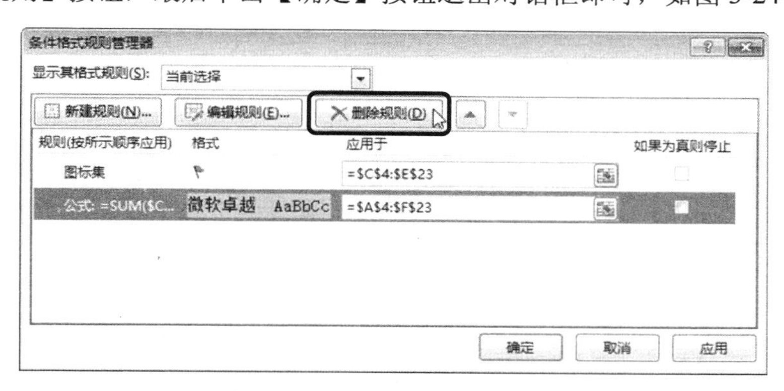

图 3-24　删除规则

3.6.2　编辑规则

如果用户需要对所选单元格区域中的条件格式规则进行重新编辑，可以参考下面的步骤实现。

（1）打开【条件格式规则管理】对话框，选择需要编辑的条件格式规则，然后的单击【编辑规则】按钮。

（2）在【编辑格式规则】对话框中重新进行条件格式的设置即可。

3.7　数 据 验 证

由于 Excel 版本的更新，Excel 2013 早期版本的“数据有效性”改名为“数据验证”。数据验证通常用于限制用户向单元格中输入数据的类型和范围，防止用户输入无效数据，也可以用于定义帮助信息，或是圈释无效数据。

3.7.1　设置数据验证

要想对工作表中某个单元格或单元格区域设置数据验证，可以通过下面的步骤实现。

（1）选中需要设置数据验证的单元格或单元格区域，如此处选择的 A2 单元格。

（2）单击【数据】选项卡【数据工具】组中的【数据验证】按钮，如图 3-25 所示。

（3）在打开的【数据验证】对话框中，根据需要设置不同的验证条件。设置完成后单击【确定】按钮即可。

【数据验证】对话框的【设置】选项卡中内置了 8 种数据验证条件，可以对数据录入进行有效地管理和控制，下面分别介绍这 8 种数据验证条件。

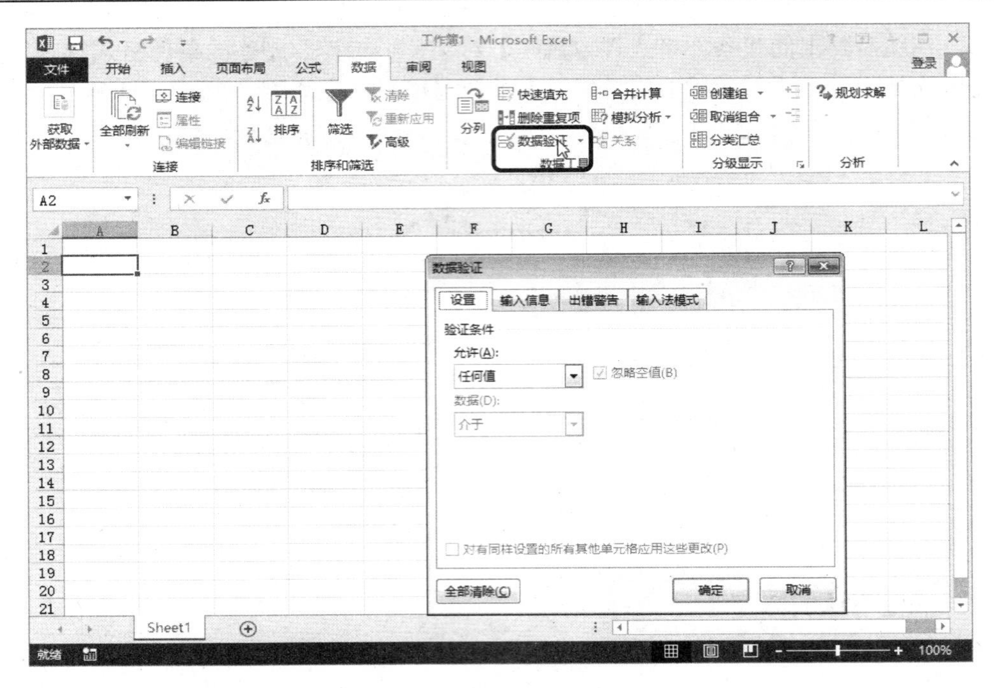

图 3-25　设置数据验证

1. 任何值

【任何值】为打开【数据验证】对话框时的默认选项，即允许在向单元格中输入任意类型的数据。

2. 整数

【整数】选项用于限制只能向单元格中输入整数。

在【数据验证】对话框的【允许】下拉列表中选择【整数】选项，然后在【数据】下拉列表中选择数据允许的范围，如“介于”、“大于”、“小于”等 8 种条件。如果选择【介于】选项，则会在对话框下方出现【最小值】和【最大值】两个编辑框，在这里用户可以设置整数区间的上限和下限值，如单元格区域中只能输入从“20”到“60”之间的整数，如图 3-26 所示。

3. 小数

【小数】选项用于限制只能向单元格中输入小数。

“小数”与“整数”的设置方法类似。如图 3-27 所示为设置向单元格中输入的数值必须小于 0.1 时的参数设置情况。

4. 序列

【序列】选项用于限制只能向单元格中输入某一特定序列中的一项。该序列可以是单元格的引用或公式，也可以是手动输入的序列。

图 3-26　设置“整数”限制条件

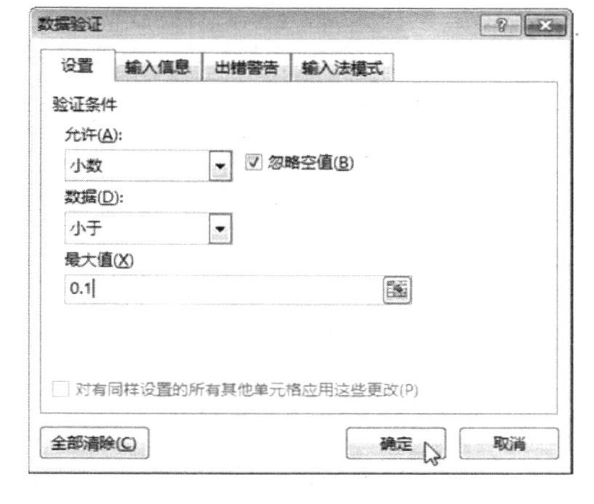

图 3-27　设置“小数”限制条件

在【数据验证】对话框中设置数据验证的条件为【序列】时，对话框的下方会出现更多关于序列条件设置的选项。在【来源】编辑框中，用户可以手动输入序列的内容，并以半角逗号“,”隔开序列的每一项，或者直接在工作表中选择单行或者单列中的数据，如图 3-28 所示。

此外在对话框中还可以选择【提供下拉箭头】复选框，这样一来，当选中设置有该验证条件的单元格时，单元格右侧会显示下拉箭头按钮。单击该按钮，序列内容即会出现在下拉列表中，单击选择其中一个选项即可完成数据的输入，如图 3-29 所示。

图 3-28　设置“序列”限制条件

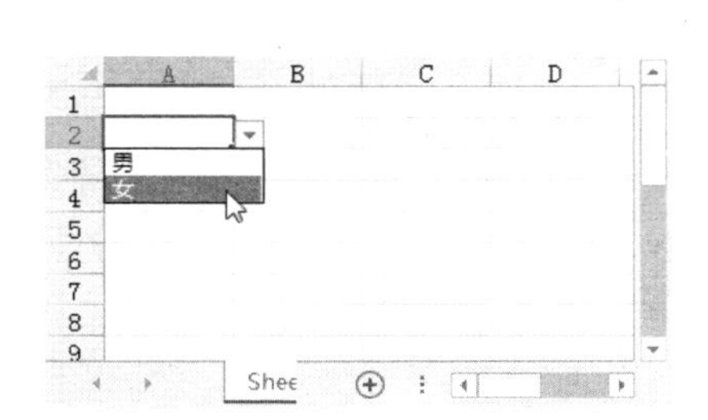

图 3-29　通过下拉按钮输入数据

5. 日期

【日期】选项用于限制只能向单元格中输入日期数据。

由于在 Excel 中，日期是被视为数值的，因此其设置方法与设置“整数”和“小数”数据验证方法类似。

图 3-30 所示的是将日期限制设置为允许输入“2014/3/1”与“2014/5/31”区间之外的日期，即排除“2014/3/1”与“2014/5/31”区间日期时的参数设置情况。

6. 时间

【时间】选项用于限制只能向单元格中输入时间数据。

关于时间的设置可参考“日期”条件的设置方法。图 3-31 所示为设置输入的时间必须是上午 9:00～11:00 之间的数据。

图 3-30　设置“日期”限制条件

图 3-31　设置“时间”限制条件

7. 文本长度

【文本长度】选项用于限制输入数据的字符个数。

例如：要求输入身份证号码的长度为 18 位字符，可按照如图 3-32 所示的设置参数进行设置。

8. 自定义

【自定义】选项用于通过函数与公式来实现较为复杂的条件设置。

例如，要求在 A2 单元格中只能输入最后两个字为“专业”的文本内容，可以在【公式】编辑框中输入“=RIGHT(A2,2)="专业"”对输入内容进行判断，如图 3-33 所示。如果不是以“专业”两个字结尾的内容，会被禁止输入。

图 3-32　设置“文本长度”限制条件

图 3-33　设置“自定义”限制条件

3.7.2　设置输入信息与出错警告

在【数据验证】对话框中，用户可以为单元格区域预先设置输入信息提示或者输入不符合条件内容时弹出的警告信息。具体设置方法可以参考下面的步骤进行。

(1) 选择准备设置提示信息以及错误警告信息的单元格，如 C2 单元格。

(2) 在功能区上执行【数据】→【数据验证】命令。

(3) 在打开的【数据验证】对话框中切换至【设置】选项卡，单击【允许】下拉按钮，在下拉菜单中选择【自定义】选项；在【公式】编辑框中输入“=RIGHT(A2，2)="专业"”，如图 3-33 所示。

(4) 单击【输入信息】选项卡，在【标题】编辑框中输入提示信息的标题，在【输入信息】列表框中输入提示信息的内容，如图 3-34 所示。

(5) 切换至【出错警告】选项卡，在【样式】下拉列表中选择【停止】选项，在【标题】编辑框中输入提示信息的标题，在【错误信息】文本框中输入警告信息，如图 3-35 所示。

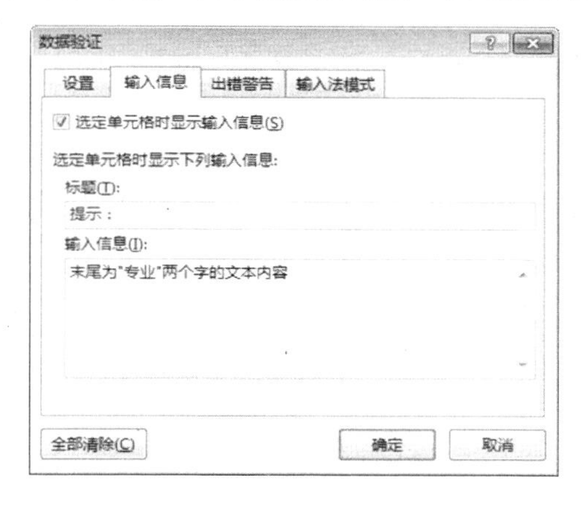

图 3-34　设置“输入信息”

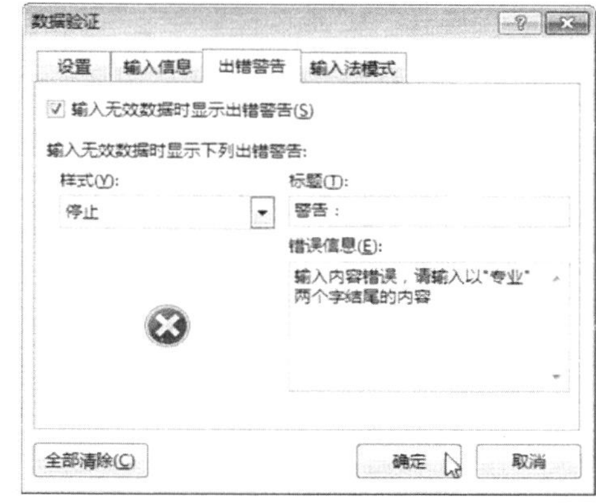

图 3-35　设置“出错警告”

(6) 单击【确定】按钮，返回工作表中，完成设置。

当再次单击 C2 单元格时，单元格下方会出现设置的提示信息。如果输出的内容为禁止内容，则会弹出警告信息，如图 3-36 所示。

姓名	入学年份	专业
刘涛钧	2011	中国历史
尚欢云	2011	
厉玉琰	2013	
李凡彩	2010	
厉锦琴	2011	
程琴佳	2011	
萧德风	2013	
孙哲国	2014	
苏莉	2013	
李竹馥	2010	
潘悦柔	2013	
翟小	2014	
厉涛	2011	
江凝柔	2010	
刘翰震	2011	

图 3-36　显示提示信息以及出错警告信息

3.7.3 删除数据验证

将工作表中的数据验证删除可分为删除单个单元格的数据验证和多个单元格的数据验证两种方法，下面将分别讲解这两种方法。

1. 删除单个单元格的数据验证

如果要删除某一个单元格的数据验证，可以通过下面的方法实现。

（1）选择需要删除数据验证的单元格。

（2）在功能区上执行【数据】→【数据验证】命令，打开【数据验证】对话框。

（3）在对话框的【设置】选项卡中，单击【全部清除】按钮。

（4）单击【确定】按钮即可完成删除该单元格数据验证的操作，如图 3-37 所示。

2. 删除多个单元格区域的数据验证

如果需要删除的是多个单元格区域中的不同设置条件的数据验证，可以按照下面的操作步骤实现。

（1）选择需要删除数据验证的单元格区域，如 A2:A8 单元格区域。

（2）在功能区上执行【数据】→【数据验证】命令，此时会弹出警告对话框，警告“选定区域含有多种类型的数据验证”，如图 3-38 所示。

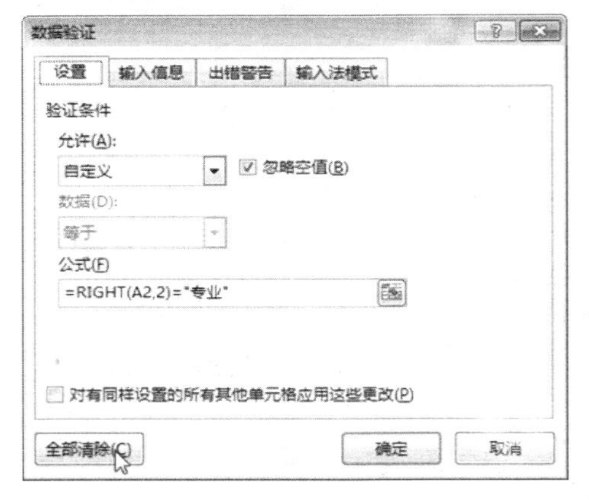

图 3-37 删除单个单元格的数据验证

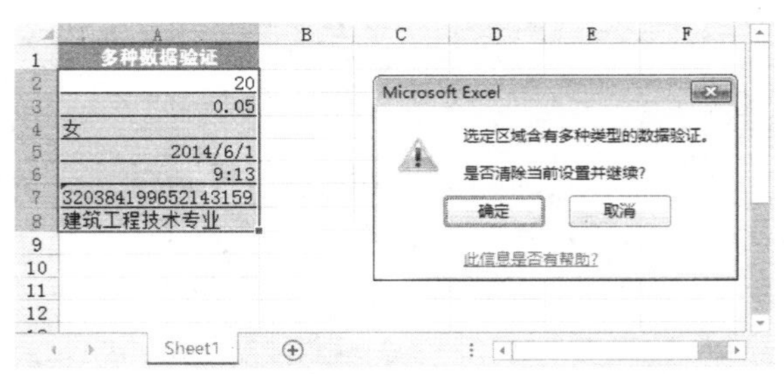

图 3-38 删除多个单元格区域的数据验证

（3）单击【确定】按钮，打开【数据验证】对话框。

（4）此时的【数据验证】对话框中，默认选择的是【设置】选项卡，有效条件为【任何值】。直接单击【确定】按钮，即可清除所选单元格区域中的数据验证，如图 3-39 所示。

3.7.4 数据有效性应用实例

在功能区上单击【数据验证】下拉按钮，可以看到展开的下拉菜单中有一个【圈释无效数据】选项，利用此选项可以进行错误数据的圈释。

1. 圈释无效数据

此功能可将工作表中无效的数据圈出来。巧妙地运用此功能会给工作带来更多的便利。

【例 3-7】 圈出员工考勤打卡记录表中记录迟到和早退数据的单元格

根据公司规定，上班时间为“08:30:00”，大于该时间则为迟到；下班时间为“16:30:00”，小于该时间则为早退。使用圈释无效数据的方法将迟到和早退的时间标记出来，其效果如图 3-40 所示。

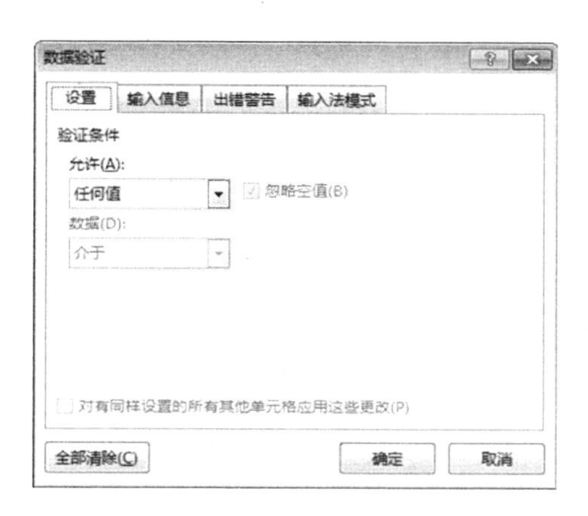

图 3-39　删除多个单元格不同数据验证的设置

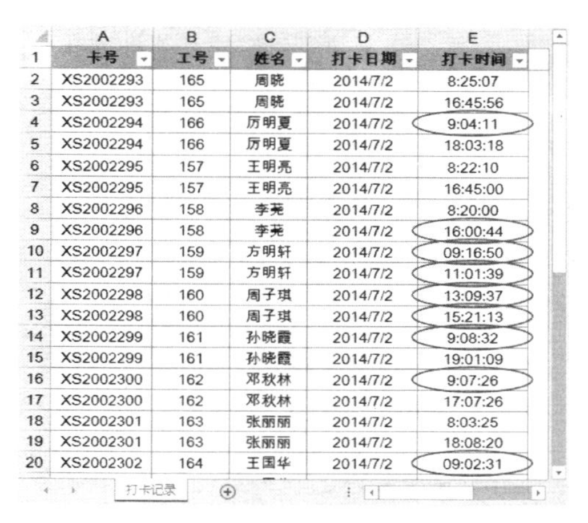

	A	B	C	D	E
1	卡号	工号	姓名	打卡日期	打卡时间
2	XS2002293	165	周晓	2014/7/2	8:25:07
3	XS2002293	165	周晓	2014/7/2	16:45:56
4	XS2002294	166	厉明夏	2014/7/2	9:04:11
5	XS2002294	166	厉明夏	2014/7/2	18:03:18
6	XS2002295	157	王明亮	2014/7/2	8:22:10
7	XS2002295	157	王明亮	2014/7/2	16:45:00
8	XS2002296	158	李莞	2014/7/2	8:20:00
9	XS2002296	158	李莞	2014/7/2	16:00:44
10	XS2002297	159	方明轩	2014/7/2	09:16:50
11	XS2002297	159	方明轩	2014/7/2	11:01:39
12	XS2002298	160	周子琪	2014/7/2	13:09:37
13	XS2002298	160	周子琪	2014/7/2	15:21:13
14	XS2002299	161	孙晓霞	2014/7/2	9:08:32
15	XS2002299	161	孙晓霞	2014/7/2	19:01:09
16	XS2002300	162	邓秋林	2014/7/2	9:07:26
17	XS2002300	162	邓秋林	2014/7/2	17:07:26
18	XS2002301	163	张丽丽	2014/7/2	8:03:25
19	XS2002301	163	张丽丽	2014/7/2	18:08:20
20	XS2002302	164	王国华	2014/7/2	09:02:31

图 3-40　圈出迟到和早退时间

圈释无效数据的步骤如下。

（1）打开本章素材文件“某公司员工 2014/7/2 的考勤打卡记录.xlsx”，选择 E2:E35 单元格区域，采用自定义方式对其设置数据验证，如图 3-41 所示。

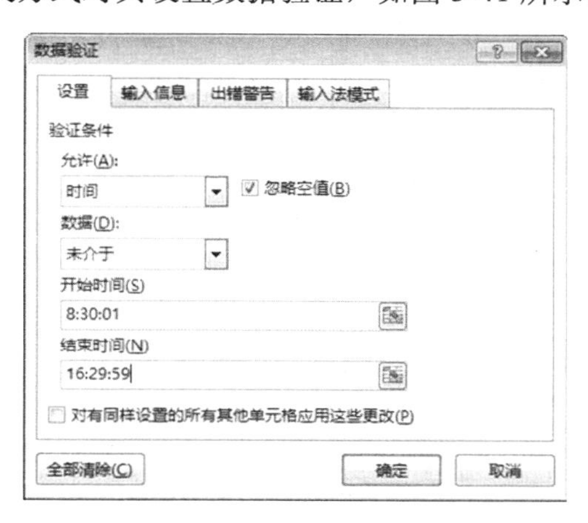

图 3-41　设置数据验证

此时所选单元格区域中，时间介于 8:30:01～16:29:59 之间的时间数据视为无效数据。

（2）在【数据】选项卡的【数据工具】组中，单击【数据验证】下拉按钮，在展开的下拉列表中选择【圈释无效数据】选项。此时不符合条件的数据将立即被圈释出来，效果如图 3-42 所示。

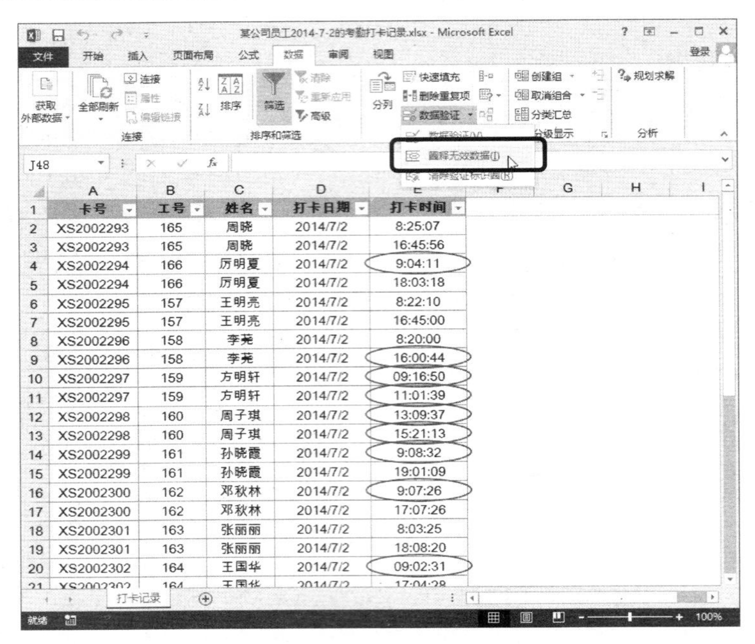

	A	B	C	D	E
1	卡号	工号	姓名	打卡日期	打卡时间
2	XS2002293	165	周晓	2014/7/2	8:25:07
3	XS2002293	165	周晓	2014/7/2	16:45:56
4	XS2002294	166	厉明夏	2014/7/2	9:04:11
5	XS2002294	166	厉明夏	2014/7/2	18:03:18
6	XS2002295	157	王明亮	2014/7/2	8:22:10
7	XS2002295	157	王明亮	2014/7/2	16:45:00
8	XS2002296	158	李莞	2014/7/2	8:20:00
9	XS2002296	158	李莞	2014/7/2	16:00:44
10	XS2002297	159	方明轩	2014/7/2	09:16:50
11	XS2002297	159	方明轩	2014/7/2	11:01:39
12	XS2002298	160	周子琪	2014/7/2	13:09:37
13	XS2002298	160	周子琪	2014/7/2	15:21:13
14	XS2002299	161	孙晓霞	2014/7/2	9:08:32
15	XS2002299	161	孙晓霞	2014/7/2	19:01:09
16	XS2002300	162	邓秋林	2014/7/2	9:07:26
17	XS2002300	162	邓秋林	2014/7/2	17:07:26
18	XS2002301	163	张丽丽	2014/7/2	8:03:25
19	XS2002301	163	张丽丽	2014/7/2	18:08:20
20	XS2002302	164	王国华	2014/7/2	09:02:31

图 3-42　圈释无效数据

2. 限制输入重复数据

重复录入是用户在数据录入时最常发生的错误之一，使用数据验证可以避免此类错误的发生。

【例 3-8】 限制输入重复的身份证号码

图 3-43 所示为某公司生产部部分员工的人员信息表，要求向表中输入员工的身份证号码。为了防止在输入的过程中出现重复输入身份证号码的情况，现在利用数据验证设置输入限制条件。

限制输入重复的身份证号码的具体操作步骤如下。

（1）打开本章素材文件“限制输入重复身份证号码.xlsx”，选择 E2:E11 单元格区域。

（2）在【数据验证】对话框设置如图 3-44 所示的数据验证参数。

	A	B	C	D	E
1	序号	部门	姓名	性别	身份证号
2	1	生产部	周强	男	341320198002154345
3	2	生产部	刘忻	女	320483197906131268
4	3	生产部	何鲁丽	女	410221197401115204
5	4	生产部	叶婷婷	女	321210198006203195
6	5	生产部	吴晓龙	男	
7	6	生产部	艾青	女	
8	7	生产部	周丽丽	女	
9	8	生产部	谢永华	男	
10	9	生产部	周立新	男	
11	10	生产部	王芳	女	

图 3-43　人员信息

图 3-44　设置数据验证

这里使用的数据验证公式如下：

=SUMPRODUCT(N($E$2:$E$11=E2))=1

公式解析：

SUMPRODUCT 函数用于计算输入的身份证号码数据在 E 列“身份证号”列中重复的次数，设置数据验证条件的重复次数为 1，大于 1 次则为重复数据。

公式中的 N 函数用于将逻辑值转换为数值，以便于计算次数。

3. 通过动态下拉列表输入数据

在 3.7.1 中已经介绍了使用数据验证对序列进行下拉列表式输入的方法，这里将通过一个实例进一步介绍制作动态下拉列表的方法。

【例 3-9】 制作设置有动态下拉列表的凭证输入表

图 3-45 展示了一张凭证输入表。要求根据图 3-46 中的“会计科目表”和图 3-47 中的“单位名称表”，在“凭证输入表”中设置“科目代码”以及“单位代码”两个下拉列表，提高输入效率；再使用公式自动显示“科目名称”和“单位名称”，形成动态下拉列表，实现步骤如下。

凭证输入表

日期	凭证号	摘要	代码	科目	单位代码	单位	借方	贷方
2014/6/2	1		1001	现金	KJ11011	梦飞科技有限公司	¥ 118,000.00	
2014/6/2	1		100201	银行存款-工商银行		-		¥3,500,000.00
2014/6/3	2		1101	短期投资	ZT11001	周一广告传媒	¥ 230,000.00	
2014/6/3	2		1141	预付账款	KJ11003	顺达科技有限公司	¥ 113,000.00	
2014/6/5	3			-		-		
2014/6/5	3			-		-		
2014/6/5	3			-		-		
2014/6/6	4			-		-		
2014/6/7	5			-		-		
2014/6/7	5			-		-		
2014/6/7	5			-		-		
2014/6/8	6			-		-		
2014/6/8	6			-		-		
2014/6/9	7			-		-		
2014/6/9	7			-		-		
2014/6/9	7			-		-		

会计科目　单位名称　凭证输入表

图 3-45　凭证输入表

（1）打开本章素材文件“凭证输入表.xlsx”，切换至“会计科目”工作表。

（2）在“会计科目”工作表中新建名称“科目代码”。单击工作表中任意一个单元格，然后在功能区上执行【公式】→【名称管理器】命令。

在【名称管理器】对话框中单击【新建】按钮，如图 3-48 所示。

在【新建名称】对话框的【名称】输入框中输入“科目代码”，在【引用位置】输入框中输入下面的公式：

=OFFSET(会计科目!$A$3,1,,COUNTA(会计科目!$A:$A)-3)

依次单击【确定】按钮返回工作表，如图 3-49 所示。

会计科目表

科目代码	科目名称
1001	现金
1002	银行存款
100201	银行存款-工商银行
100202	银行存款-成都银行
1009	其他货币资金
1101	短期投资
1102	短期投资跌价准备
1111	应收票据
1121	应收股利
1122	应收利息
1131	应收账款
1132	坏账准备
1141	预付账款
1161	应收补贴款
1191	其他应收款
1210	物资采购
1211	原材料
1221	包装物
1231	低值易耗品
1243	库存商品
1251	委托加工物资
1261	委托代销商品
1271	受托代销商品
1281	存货跌价准备
1291	分期收款发出商品

图 3-46　会计科目表

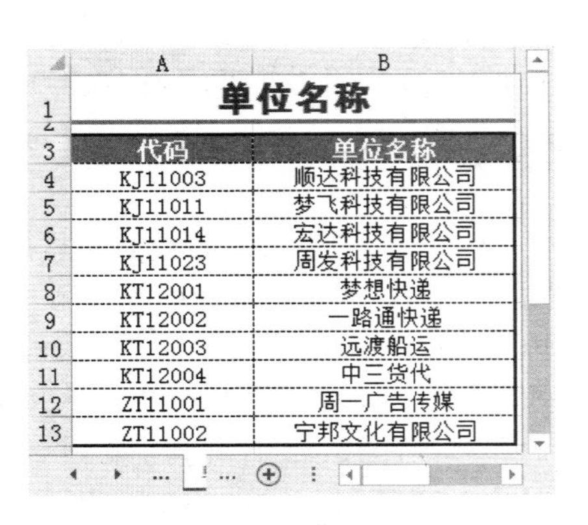

单位名称

代码	单位名称
KJ11003	顺达科技有限公司
KJ11011	梦飞科技有限公司
KJ11014	宏达科技有限公司
KJ11023	周发科技有限公司
KT12001	梦想快递
KT12002	一路通快递
KT12003	远渡船运
KT12004	中三货代
ZT11001	周一广告传媒
ZT11002	宁邦文化有限公司

图 3-47　单位名称表

图 3-48　【名称管理器】对话框

图 3-49　【新建名称】对话框

（3）切换至“凭证输入表”工作表，选择 D4:D19 单元格区域，设置“数据验证”选项，如图 3-50 所示。

图 3-50　设置“数据验证”选项

（4）单击 E4 单元格，在编辑栏中输入下面的公式：

=IF(D4="",,VLOOKUP(D4,会计科目!$A$4:$B$85,2,0))

按 Enter 键确认输入，如图 3-51 所示。

（5）在“凭证输入表”工作表中，单击 D4 单元格的下拉按钮，在下拉列表中选择一个科目代码。此时 E4 单元格中将会显示与该代码相对应的科目名称，即 E4 单元格中的内容会随着 D4 单元格中代码的变化而自动变化，如图 3-52 所示。

MAX　=IF(D4="",,VLOOKUP(D4,会计科目!$A$4:$B$85,2,0))

凭证输入表

日期	凭证号	摘要	代码	科目	单位代码
2014/6/2	1			4:$B$85,2,0))	
2014/6/2	1				
2014/6/3	2				
2014/6/3	2				
2014/6/5	3				

会计科目　单位名称　凭证输入

图 3-51　输入公式

凭证输入表

日期	凭证号	摘要	代码	科目	单位
2014/6/2	1		1001	现金	
2014/6/2	1				
2014/6/3	2				
2014/6/3	2				
2014/6/5	3				
2014/6/5	3				

1001
1002
100201
100202
1009
1101
1102
1111

会计科目　单位名称

图 3-52　添加“科目代码”动态下拉列表

（6）按照相同的方法，设置“单位代码”与“单位名称”的动态显示，即可完成设置。之后，输入表格中的其他数据即可，效果如图 3-53 所示。

凭证输入表

日期	凭证号	摘要	代码	科目	单位代码	单位	借方	贷方
2014/6/2	1		1001	现金	KJ11011	梦飞科技有限公司	¥ 118,000.00	
2014/6/2	1		100201	银行存款-工商银行		-		¥3,500,000.00
2014/6/3	2		1101	短期投资	ZT11001	周一广告传媒	¥ 230,000.00	
2014/6/3	2		1141	预付账款	KJ11003	顺达科技有限公司	¥ 113,000.00	
2014/6/5	3		1210	物资采购		-		
2014/6/5	3			-		-		
2014/6/5	3			-		-		
2014/6/6	4			-		-		
2014/6/7	5			-		-		
2014/6/7	5			-		-		
2014/6/7	5			-		-		
2014/6/8	6			-		-		
2014/6/8	6			-		-		
2014/6/9	7			-		-		
2014/6/9	7			-		-		
2014/6/9	7			-		-		

KJ11003
KJ11011
KJ11014
KJ11023
KT12001
KT12002
KT12003
KT12004

会计科目　单位名称　凭证输入表

图 3-53　添加“单位代码”动态下拉列表

提示：本例中使用“名称管理器”对单元格区域中的数据进行了名称的定义，是为了方便之后对此工作表中数据的直接调用。相关内容本书会在以后章节中进一步介绍，这里就不再赘述了。

下面简单介绍一下本例中使用的函数：

OFFSET 函数的功能是以指定的引用为参照系，通过给定的偏移量得到新的引用。

COUNTA 函数用于统计工作表中 A 列汇总文本的个数。

IF 函数用于逻辑判断，返回不同的结果。

VLOOKUP 函数用于从数组或者引用区域的首列查找指定的值，并返回数组或者引用区域当前行中其他列的值。

第 4 章　公式与函数基础

处理数据是 Excel 最为拿手的本领之一，而函数和公式的应用会让 Excel 在数据处理方面发挥更大的作用。在 Excel 中，用户不仅可以使用所有的数学公式，而且还可以通过函数功能将复杂的数学公式进行简化。随着函数功能的不断完善和增加，Excel 的计算能力得到了更加完美的表现。本章读者就会体验到 Excel 公式与函数的魅力。

通过对本章内容的学习，读者将掌握：

- 公式的应用
- 单元格的引用
- 名称的使用方法
- 各类函数的用法
- 有关函数与公式的实例解析

4.1　了解 Excel 中的运算符

在了解公式之前，读者应该先认识一下公式中必不可少的组成部分——运算符。每个运算符都分别代表着一种运算。下面就来看看都有哪些运算符。

Excel 主要包括 4 种类型的运算符：算术运算符、比较运算符、文本运算符和引用运算符。

- 算术运算符：主要用于加、减、乘、除、百分比以及乘幂等常规的算术运算。
- 比较运算符：用于比较数据的大小，包括对文本或数值的比较，值为“TRUE”或“FALSE”。
- 文本运算符：主要用于将文本字符或字符串进行连接和合并。
- 引用运算符：这是 Excel 特有的运算符，主要用于在工作表中进行单元格的引用。

具体说明如表 4-1 所示。

表 4-1　公式中的运算符

类　别	符　号	说　明	实　例
算数运算符	+	加法	3+3
	-	减法/负数	3-1/-6
	*	乘法	3*3
	/	除法	3/3
	%	百分比	15%
	^	乘幂	3^2

续表

类　　别	符　　号	说　　明	实　　例
比较运算符	=	等于	A1=B1
	<>	不等于	A1<>B1
	>	大于	A1>B1
	<	小于	A1<B1
	>=	大于等于	A1>=B1
	<=	小于等于	A1<=B1
文本运算符	&	连接文本	“Excel” & “2013”
引用运算符	:	引用相邻的多个单元格区域	A1:A4
	,	引用不相邻的多个单元格区域	SUM(B2：B6，D3：D8)
	（空格）	引用选定的多个单元格的交叉区域	B2:D2 C3:C5

众所周知，运算符执行计算的次序会影响公式的返回值。当公式中使用了多个运算符时，Excel 会根据运算符的优先级进行运算，同级运算符按照从左向右的顺序运算。具体优先级顺序如表 4-2 所示。

表 4-2　运算符的优先级

优　先　级	符　　号	说　　明
一	:_（空格）,	冒号、下划线、空格、逗号
二	-	负号
三	%	百分号
四	^	乘幂
五	*和/	乘号、除号
六	+和-	加号、减号
七	&	连接文本
八	=，<>，>，<，>=，<=	比较两个值大小的符号

另外，使用括号“（）”可以改变运算的优先级别，括号的优先级高于其他所有的运算符。如果在公式中使用多个括号进行嵌套，其运算顺序是由最内层括号逐层向外进行的。

例如：公式“=1+2*3”按照优先级顺序进行运算后的结果是“7”。如果在公式中使用括号来改变其运算结果，如“=（1+2）*3”，就会先进行加法运算，然后再进行乘法运算，最后得到的结果为“9”。

4.2　认 识 公 式

这里所谓的公式，就是 Excel 工作表中进行数值计算的等式。公式输入是以“=”开始的。简单的公式有加、减、乘、除等计算，复杂的公式则可能会包含函数以及各种引用等内容。要熟练地使用公式，就要对公式的基本结构有所了解。

4.2.1　公式的组成要素

公式的组成要素有等号“=”、运算符号、常量、单元格引用、函数和名称等。通过下面的几个简单的例子，读者可进一步了解公式的组成。

“=10*8+17*7”是包含常量运算的公式；

“=A2*7+A3*5”是包含单元格引用的公式；

“=金额*数量”是包含名称的公式；

“=SUM(A1:A10)”是包含函数的公式。

4.2.2 公式的输入、编辑与删除

通常情况下，当以“=”开头在单元格内输入字符时，单元格将自动变成公式输入状态，但是如果事先将单元格格式设置为“文本”，则只能以文本的形式输入公式，而不能进行计算。

进入公式输入模式后，当鼠标选中其他单元格或区域时，该选中区域将会作为引用自动输入到公式中。

当公式输入完毕，按 Enter 键即可结束输入状态。如果需要修改输入完毕的公式，可以通过下列方法再次进入公式编辑状态进行修改。

- 双击公式所在单元格。
- 选中单元格，单击列表上方的编辑栏，在编辑栏中进行修改。
- 在选中公式所在单元格的情况下，按 F2 键。

如需删除单元格中所包含的公式，可以在选中该单元格或者区域的前提下，按 Del 键即可清除其中的内容。也可以进入单元格编辑状态后，将光标放置在工作表中某个位置并按 Del 键或 Backspace 键删除光标后面或前面的公式内容部分。当需要删除多个单元格数组公式时，必须选中其所在的全部单元格后，再按 Del 键删除。

4.2.3 公式的复制与填充

当需要输入重复的公式时，可以通过公式的复制来完成。公式的复制与单元格的复制操作是非常相似的，可以通过按 Ctrl+C 键和 Ctrl+V 键来完成。值得注意的是，经过复制后，公式中所引用的单元格会自动改变。也可以根据表格的具体情况使用不同的复制或者填充方法，提高工作效率。这里通过下面的例子来介绍复制公式的具体方法。

【例 4-1】 运用公式计算销售统计表中的电器销售总额

具体操作步骤如下。

（1）打开本章素材文件“物流原因开箱不良分析.xlsx”，如图 4-1 所示。在“D4”单元格中输入下面的公式计算开箱不良率（结果乘以 100 万显示）：

=B4/C4*1000000

（2）按 Enter 键结束公式编辑。

（3）采用以下 5 种方法之一，可以将 D4 单元格中的公式应用到计算方法相同的 D5:D16 单元格区域。

- 拖曳填充柄。单击 D4 单元格，将鼠标指向该单元格右下角，鼠标指针变为黑色“十”字形时，按住左键向下拖拽至 D11 单元格，松开鼠标即可，如图 4-2 所示。

- 双击填充柄。单击 D4 单元格，双击单元格右下角的填充柄，可将该单元格公式自动复制到该列第一个空白单元格的上一行。

D4　=B4/C4*1000000

物流原因开箱不良分析

填表日期：2014/6/11

月份	不良数	发货量	开箱不良（百万分之）
1月	16	135264	118
2月	11	63254	
3月	40	165841	
4月	52	230121	
5月	36	176098	
6月	56	146289	
7月	61	265108	
8月	41	189549	
9月	29	201568	
10月	53	190619	
11月	59	236584	
12月	42	286018	
累计	496	2286313	

图 4-1　输入公式计算开箱不良率

D4　=B4/C4*1000000

物流原因开箱不良分析

填表日期：2014/6/11

月份	不良数	发货量	开箱不良（百万分之）
1月	16	135264	118
2月	11	63254	174
3月	40	165841	241
4月	52	230121	226
5月	36	176098	204
6月	56	146289	383
7月	61	265108	230
8月	41	189549	216
9月	29	201568	144
10月	53	190619	278
11月	59	236584	249
12月	42	286018	147
累计	496	228631	217

图 4-2　拖动填充柄复制公式

- 组合键填充。选择 D4:D16 单元格区域，按 Ctrl+D 键，或单击【开始】选项卡的【填充】下拉按钮并在级联菜单中单击【向下】按钮。当需要向右复制时，可以使用 Ctrl+R 键。
- 选择性粘贴。选择 D4 单元格，按 Ctrl+C 键或单击开始选项卡的【复制】按钮，然后选择 D4:D16 单元格区域，按 Ctrl+V 键进行粘贴。
- 多单元格同时输入。单击 D4 单元格，按住 Shift 键，单击欲复制单元格区域对角的单元格，如 D16 单元格，单击编辑栏中的公式，按 Ctrl+Enter 键，公式将同时输入区域内所有单元格。

提示：最后一种方法可用于不连续单元格区域的公式输入。

4.2.4　使用公式时的常见问题

1. 常见错误值列表

在进行使用公式计算的过程中，常常会出现一些无法显示正确值的情况，有关知识已经在 2.1.1 小节中介绍过了。表 4-3 为常见错误值及其说明。

表 4-3　常见错误值及说明

错 误 值	说　　明
#####	当列宽不足以显示数字、日期和时间，或者单元格的日期时间公式产生了一个负值时出现此错误
#VALUE!	当使用错误的参数或运算对象类型，或者当公式自动更正功能不能更正公式时出现此错误
#DIV/0!	当公式被零除时出现此错误
#NAME?	当 Excel 未识别公式中的文本时，如未加载宏或定义名称出现此错误
#N/A	当在函数或公式中没有可用数值时出现此错误
#REF!	当单元格引用无效时出现此错误
#NUM!	当公式或函数中某个数字有问题时出现此错误
#NULL!	当试图为两个并不相交的区域指定交叉点时出现此错误

2. 检查公式中的错误

Excel 2013 可以自动对单元格中输入的公式或数据进行检查。当公式的结果返回错误值时，单元格左上角会出现一个绿色小三角形的智能标记。选中出错单元格后，该单元格左侧将会出现感叹号形状的“错误指示器”下拉按钮，单击该按钮，在弹出的下拉菜单中选择能够对产生的错误进行处理的选项。

在功能区执行【开始】→【选项】命令，在【Excel】选项对话框【公式】页面的【错误检查】区域中，选择【允许后台错误检查】复选框，并在【错误检查规则】区域选择 9 个规则对应复选框，如图 4-3 所示。

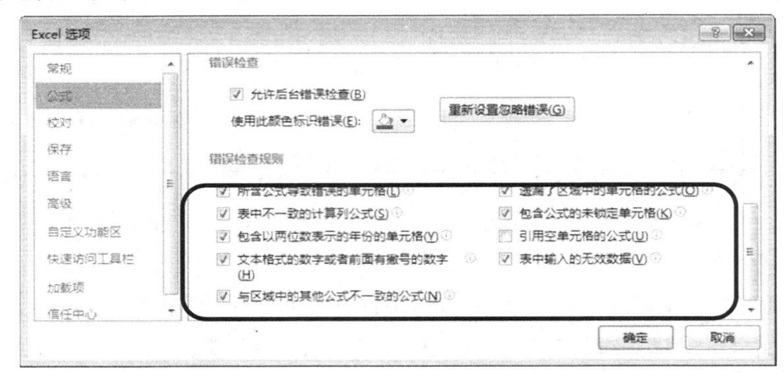

图 4-3　设置错误检查规则

【例 4-2】　使用错误检查工具

如图 4-4 所示，在 C12 单元使用公式对 C3:C11 单元格区域求和，但结果显示为“#VALUE!”，D6 单元格中显示“#DIV/0!”错误值。

使用错误检查工具的具体操作步骤如下。

（1）打开本章素材文件“检查公式中的错误.xlsx”，表格的 C12 和 D6 单元格中出现了错误值。选中 C12 单元格，单击该单元格左侧的“错误指示器”下拉按钮，在展开下拉列表中提示 C12 单元格“值错误”，并且提供了处理此错误的帮助信息、显示计算步骤、忽略错误等选项，如图 4-5 所示。

（2）将 C12 单元格中公式修改为：

=SUM(C3:C11)

按 Enter 键确认输入，该单元格即可返回正确结果。

	A	B	C	D
1	产品销售平均价格统计			
2	产品名称	销售量	销售总额	单价
3	夏普液晶电视	456	2,143,200.00	4,700.00
4	海尔冰箱	15	28,485.00	1,899.00
5	海尔波轮全自动洗衣机	77	115,423.00	1,499.00
6	格力空调		906,194.00	#DIV/0!
7	美的微波炉	294	87,906.00	299.00
8	林内燃气热水器	183	493,917.00	2,699.00
9	帅康燃气灶	114	85,500.00	750.00
10	帅康油烟机	210	231,000.00	1,100.00
11	飞利浦家庭影院	188	376,000.00	2,000.00
12	合计		#VALUE!	

Sheet1

图 4-4　出现错误的工作表

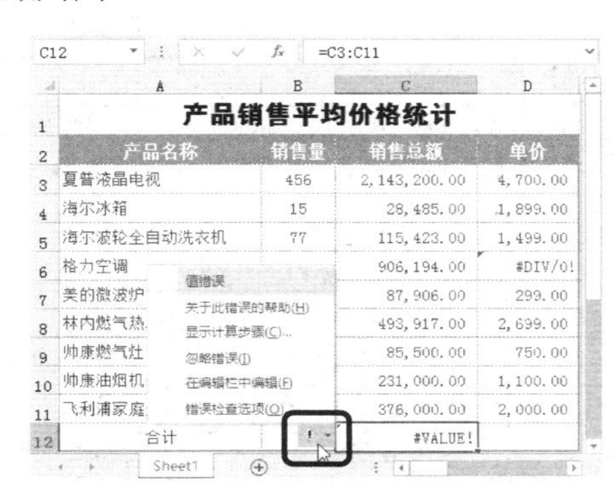

图 4-5　单击“错误指示器”按钮展开下拉菜单

（3）单击 D6 单元格，在功能区上切换到【公式】选项卡，单击【公式审核】组的【错误检查】按钮，弹出【错误检查】对话框。该对话框中提示 D6 单元格出现“被零除”错误，可能存在“公式或函数被零或空单元格除”的原因，并提供了相关错误的帮助。通过单击该对话框的【上一个】或【下一个】按钮可以查看此工作表中的其他错误情况，如图 4-6 所示。

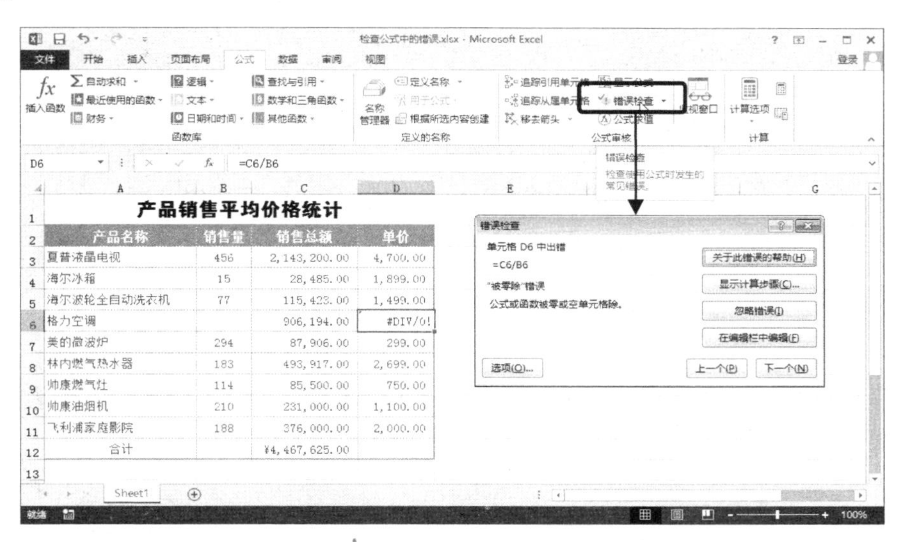

图 4-6 【错误检查】对话框

（4）选中 D6 单元格，单击【公式审核】组中的【错误检查】按钮，在展开的下拉列表中单击【追踪错误】命令。此时会出现蓝色追踪箭头，从错误源头的单元格指向错误产生的单元格，提示错误是由于 B6 空单元格做被除数产生的，如图 4-7 所示。

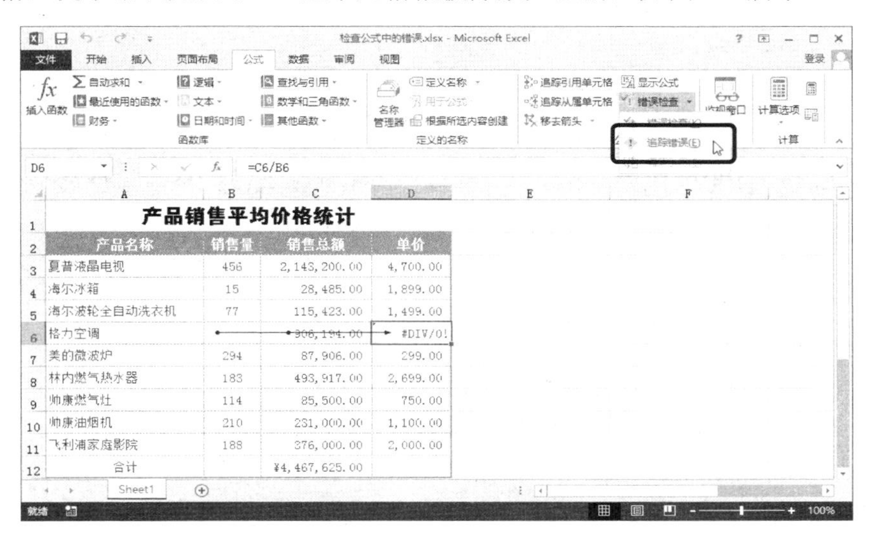

图 4-7 追踪错误来源

（5）在 B6 单元格中输入相应的数值后，D6 单元格将返回正确结果，结果如图 4-8 所示。

产品销售平均价格统计			
产品名称	销售量	销售总额	单价
夏普液晶电视	456	2,143,200.00	4,700.00
海尔冰箱	15	28,485.00	1,899.00
海尔波轮全自动洗衣机	77	115,423.00	1,499.00
格力空调	110	906,194.00	8,238.13
美的微波炉	294	87,906.00	299.00
林内燃气热水器	183	493,917.00	2,699.00
帅康燃气灶	114	85,500.00	750.00
帅康油烟机	210	231,000.00	1,100.00
飞利浦家庭影院	188	376,000.00	2,000.00
合计		¥4,467,625.00	

图 4-8　修改错误值后的表格

提示：想要删除追溯源头的指示箭头，可以通过单击【公式审核】组中的【移除箭头】按钮来实现。

4.3　深入了解单元格引用

经常接触 Excel 的用户会发现，有时候在单元格中会出现类似“=SUM(C1:C16)”这种包含单元格地址的公式，这就说明该单元格返回的结果需要对其他单元格的数据进行调用，也就是所说的单元格引用。

4.3.1　相对与绝对地址的引用

在使用 Excel 的过程中，大多数公式都会使用单元格或单元格区域地址来引用一个或多个单元格。下面就介绍一下单元格的相对引用和绝对引用。

1. 相对引用

单元格的相对引用是指在公式中单元格的地址会相对于公式所在位置而发生改变。默认情况下，在 Excel 2013 中都是使用相对引用的。当复制相对引用的公式时，被粘贴公式中的引用将被更新，并指向于当前公式为执行对应的其他单元格。

例如，B1 单元格中的公式为“=A1”，将该公式复制到 B2 单元格后，该单元格中的公式将变为“=A2”。

2. 绝对引用

单元格的绝对引用是指把公式复制或移动到新位置后，公式中引用的单元格地址保持不变。绝对引用与相对引用的区别在于，绝对引用的单元格列号和行号之前加入了“$”符号。

例如，B1 单元格中的公式为“=$A$1”，将该公式复制到 B2 单元格后，该单元格中的公式仍然为“=$A$1”。

【例 4-3】 使用相对引用和绝对引用制作销量折扣分析表

图 4-9 所示为根据 2013 年和 2014 年每种商品的实际销售量和单价计算出的 2013 年和 2014 年的销售额，并根据公司销售折扣率 3%计算出的每种商品在 2013 年和 2014 年的销售折扣。

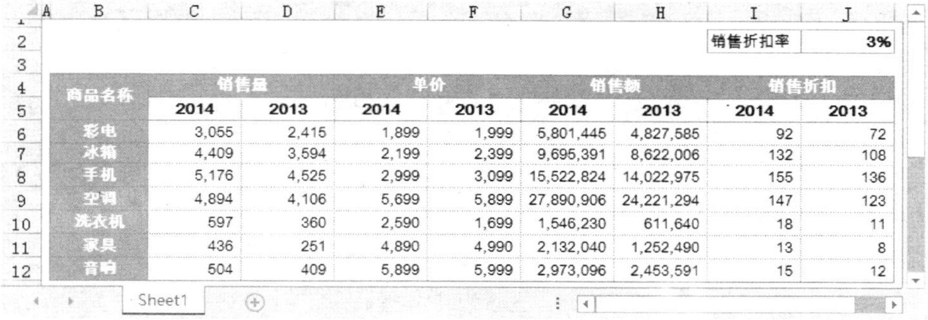

							销售折扣率	3%
商品名称	销售量		单价		销售额		销售折扣	
	2014	2013	2014	2013	2014	2013	2014	2013
彩电	3,055	2,415	1,899	1,999	5,801,445	4,827,585	92	72
冰箱	4,409	3,594	2,199	2,399	9,695,391	8,622,006	132	108
手机	5,176	4,525	2,999	3,099	15,522,824	14,022,975	155	136
空调	4,894	4,106	5,699	5,899	27,890,906	24,221,294	147	123
洗衣机	597	360	2,590	1,699	1,546,230	611,640	18	11
家具	436	251	4,890	4,990	2,132,040	1,252,490	13	8
音响	504	409	5,899	5,999	2,973,096	2,453,591	15	12

Sheet1

图 4-9　2013 年和 2014 年销售折扣分析表

使用相对引用和绝对引用制作销量折扣分析表的具体操作步骤如下。

（1）打开本章素材文件“销售折扣表.xlsx”，单击 G6 单元格，输入下面的公式：

=C6*E6

计算出 2014 年彩电的销售额，按 Enter 键确认输入，如图 4-10 所示。

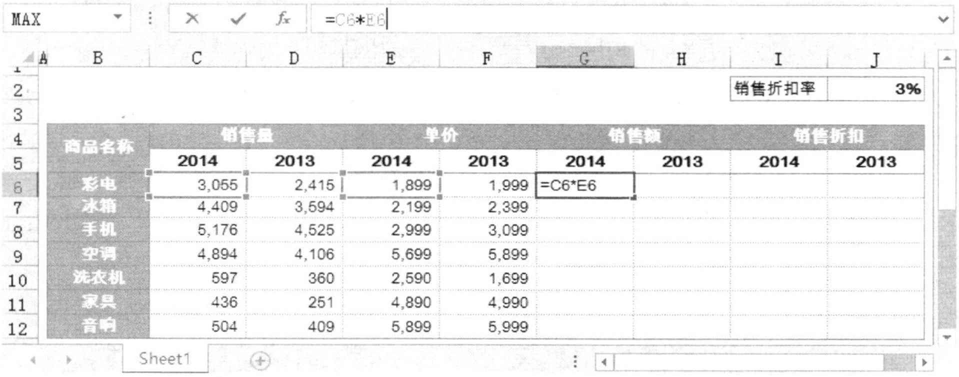

MAX　=C6*E6

							销售折扣率	3%
商品名称	销售量		单价		销售额		销售折扣	
	2014	2013	2014	2013	2014	2013	2014	2013
彩电	3,055	2,415	1,899	1,999	=C6*E6			
冰箱	4,409	3,594	2,199	2,399				
手机	5,176	4,525	2,999	3,099				
空调	4,894	4,106	5,699	5,899				
洗衣机	597	360	2,590	1,699				
家具	436	251	4,890	4,990				
音响	504	409	5,899	5,999				

Sheet1

图 4-10　在 G6 单元格中输入计算公式

（2）双击 G6 单元格右下角的填充柄，将 G6 单元格中的公式复制到 G7:G12 单元格区域中，得到 2014 年所有商品的销售额。

（3）选中 G6:G12 单元格区域，按住鼠标左键拖动该区域最下方单元格的填充柄，向右将公式复制到 H6:K12 单元格区域中，此时 H12 单元格中的公式自动变为：

=D12*F12

得到 2013 年所有商品的销售额，如图 4-11 所示。

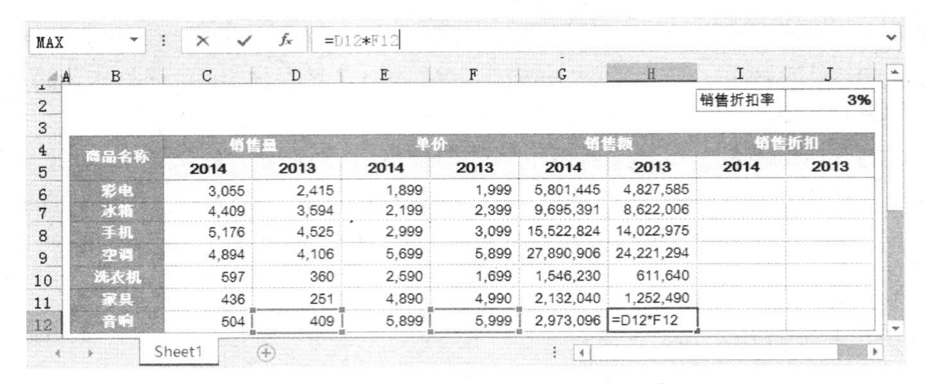

MAX | =D12*F12

	销售折扣率	3%

商品名称	销售量		单价		销售额		销售折扣	
	2014	2013	2014	2013	2014	2013	2014	2013
彩电	3,055	2,415	1,899	1,999	5,801,445	4,827,585		
冰箱	4,409	3,594	2,199	2,399	9,695,391	8,622,006		
手机	5,176	4,525	2,999	3,099	15,522,824	14,022,975		
空调	4,894	4,106	5,699	5,899	27,890,906	24,221,294		
洗衣机	597	360	2,590	1,699	1,546,230	611,640		
家具	436	251	4,890	4,990	2,132,040	1,252,490		
音响	504	409	5,899	5,999	2,973,096	=D12*F12		

图 4-11　复制公式后所引用单元格位置产生相对变化

（4）在 I6 单元格中输入下面的公式：

=C6*$J$2

按 Enter 键确认输入，计算 2014 年彩电的销售折扣，如图 4-12 所示。

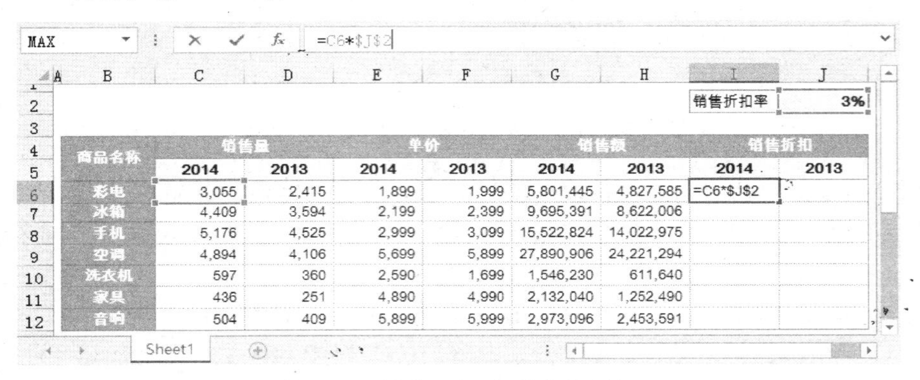

MAX | =C6*$J$2

	销售折扣率	3%

商品名称	销售量		单价		销售额		销售折扣	
	2014	2013	2014	2013	2014	2013	2014	2013
彩电	3,055	2,415	1,899	1,999	5,801,445	4,827,585	=C6*$J$2	
冰箱	4,409	3,594	2,199	2,399	9,695,391	8,622,006		
手机	5,176	4,525	2,999	3,099	15,522,824	14,022,975		
空调	4,894	4,106	5,699	5,899	27,890,906	24,221,294		
洗衣机	597	360	2,590	1,699	1,546,230	611,640		
家具	436	251	4,890	4,990	2,132,040	1,252,490		
音响	504	409	5,899	5,999	2,973,096	2,453,591		

图 4-12　计算 2014 年彩电的折扣

（5）将 I6 单元格中的内容使用同样的方法进行复制，得到 2013 年和 2014 年所有商品的销售折扣，此时 J12 单元格中的公式将自动变化为：

=D12*$J$2

由于所有商品的销售折扣率均是 J2 单元格中的“3%”，因此使用 J2 单元格位置的绝对引用，计算所有商品的销售折扣，结果如图 4-13 所示。

MAX | =D12*$J$2

	销售折扣率	3%

商品名称	销售量		单价		销售额		销售折扣	
	2014	2013	2014	2013	2014	2013	2014	2013
彩电	3,055	2,415	1,899	1,999	5,801,445	4,827,585	92	72
冰箱	4,409	3,594	2,199	2,399	9,695,391	8,622,006	132	108
手机	5,176	4,525	2,999	3,099	15,522,824	14,022,975	155	136
空调	4,894	4,106	5,699	5,899	27,890,906	24,221,294	147	123
洗衣机	597	360	2,590	1,699	1,546,230	611,640	18	11
家具	436	251	4,890	4,990	2,132,040	1,252,490	13	8
音响	504	409	5,899	5,999	2,973,096	2,453,591	15	=D12*$J$2

图 4-13　使用绝对引用计算所有商品的销售折扣

4.3.2　混合地址的引用

单元格的混合地址引用（这里简称为混合引用）是指，单元格中的公式复制或移动到新的位置后，公式中所引用单元格的行或列方向之一的绝对位置保持不变，而另一方向位置发生变化，这种引用方式称为混合引用。混合引用可以进一步分为行绝对列相对引用和行相对列绝对引用。

例如，B1 单元格中的公式为“=$A1”，将该公式复制到 B2 单元格后，B2 单元格的公式将变为“=$A2”。

【例 4-4】 使用混合引用公式计算销售增值税

图 4-14 所示为使用单元格混合引用公式计算的 2013 年和 2014 年所有商品的销售增值税。销售增值税是根据 K3 和 L3 单元格所列的 2014 年和 2013 年的增值税率经过计算得来的。

	2014	2013
销售折扣率 3%		
增值税率:	17%	14%

商品名称	销售量		单价		销售额		销售折扣		增值税	
	2014	2013	2014	2013	2014	2013	2014	2013	2014	2013
彩电	3,055	2,415	1,899	1,999	5,801,445	4,827,585	92	72	986,245.65	675,862
冰箱	4,409	3,594	2,199	2,399	9,695,391	8,622,006	132	108	1,648,216	1,207,081
手机	5,176	4,525	2,999	3,099	15,522,824	14,022,975	155	136	2,638,880	1,963,217
空调	4,894	4,106	5,699	5,899	27,890,906	24,221,294	147	123	4,741,454	3,390,981
洗衣机	597	360	2.590	1,699	1,546,230	611,640	18	11	262,859	85,630
家具	436	251	4,890	4,990	2,132,040	1,252,490	13	8	362,447	175,349
音响	504	409	5,899	5,999	2,973,096	2,453,591	15	12	505,426	343,503

图 4-14　计算销售增值税

使用混合引用公式计算销售增值税的具体操作步骤如下。

（1）打开本章素材文件“计算增值税.xlsx”，单击 K7 单元格，输入下面的公式：

=G7*K$3

计算出 2014 年彩电的增值税，按 Enter 键确认输入，如图 4-15 所示。

MAX　=G7*K$3

	2014	2013
销售折扣率 3%		
增值税率:	17%	14%

商品名称	销售量		单价		销售额		销售折扣		增值税	
	2014	2013	2014	2013	2014	2013	2014	2013	2014	2013
彩电	3,055	2,415	1,899	1,999	5,801,445	4,827,585	92	72	=G7*K$3	
冰箱	4,409	3,594	2,199	2,399	9,695,391	8,622,006	132	108		
手机	5,176	4,525	2,999	3,099	15,522,824	14,022,975	155	136		
空调	4,894	4,106	5,699	5,899	27,890,906	24,221,294	147	123		
洗衣机	597	360	2,590	1,699	1,546,230	611,640	18	11		
家具	436	251	4,890	4,990	2,132,040	1,252,490	13	8		
音响	504	409	5,899	5,999	2,973,096	2,453,591	15	12		

图 4-15　在 K7 单元格中输入 2014 年彩电增值税的计算公式

（2）双击 K7 单元格右下角的填充柄，将 K7 单元格中的公式复制到 K8:K13 单元格区域中，此时 K13 单元格中的公式自动变为：

=G13*K$3

之后，得到 2014 年所有商品的增值税，如图 4-16 所示。

MAX =G13*K$3

销售折扣率	3%

	2014	2013
增值税率:	17%	14%

商品名称	销售量		单价		销售额		销售折扣		增值税	
	2014	2013	2014	2013	2014	2013	2014	2013	2014	2013
彩电	3,055	2,415	1,899	1,999	5,801,445	4,827,585	92	72	986,245.65	
冰箱	4,409	3,594	2,199	2,399	9,695,391	8,622,006	132	108	1,648,216	
手机	5,176	4,525	2,999	3,099	15,522,824	14,022,975	155	136	2,638,880	
空调	4,894	4,106	5,699	5,899	27,890,906	24,221,294	147	123	4,741,454	
洗衣机	597	360	2,590	1,699	1,546,230	611,640	18	11	262,859	
家具	436	251	4,890	4,990	2,132,040	1,252,490	13	8	362,447	
音响	504	409	5,899	5,999	2,973,096	2,453,591	15	12	=G13*K$3	

Sheet1

图 4-16　K13 单元格中的公式

（3）选中 K7:K13 单元格区域，按住左键拖动该区域最下方单元格的填充柄，向右将公式复制到 L7:L13 单元格区域中，此时 L13 单元格中的公式自动变为：

=H13*L$3

之后，得到 2013 年所有商品的增值税，如图 4-17 所示。

MAX =H13*L$3

销售折扣率	3%

	2014	2013
增值税率:	17%	14%

商品名称	销售量		单价		销售额		销售折扣		增值税	
	2014	2013	2014	2013	2014	2013	2014	2013	2014	2013
彩电	3,055	2,415	1,899	1,999	5,801,445	4,827,585	92	72	986,245.65	675,862
冰箱	4,409	3,594	2,199	2,399	9,695,391	8,622,006	132	108	1,648,216	1,207,081
手机	5,176	4,525	2,999	3,099	15,522,824	14,022,975	155	136	2,638,880	1,963,217
空调	4,894	4,106	5,699	5,899	27,890,906	24,221,294	147	123	4,741,454	3,390,981
洗衣机	597	360	2,590	1,699	1,546,230	611,640	18	11	262,859	85,630
家具	436	251	4,890	4,990	2,132,040	1,252,490	13	8	362,447	175,349
音响	504	409	5,899	5,999	2,973,096	2,453,591	15	12	505,426	=H13*L$3

Sheet1

图 4-17　L13 单元格中的公式

本例公式中使用的 G13 和 K$3 是相对引用和混合引用的结合。向下复制时，公式变为“=G14:K$3”、“=G15*K$3”、“=G16*K$3”……，将其向右复制时，公式变为“=H14:L$3”、“=H15*L$3”、“=H16*L$3”……。混合引用“K$3”表示固定行不固定列，即列会随着单元格列位置变化而变化；所引用的行地址前面有一个“$”符号，表示绝对引用，行号不会随着单元格的变化而变化。

4.3.3　多单元格区域的引用

1. 合并区域引用

Excel 中除了可以对单个单元格或多个连续的单元格进行引用，还可以对同一个工作表中不连续的单元格区域进行引用，也就是“合并区域引用”。使用方法是通过联合运算符“,”将不连续的区域引用间隔开，并在两端加上半角括号“()”将其括起来。

【例 4-5】 使用合并区域计算全年级学生的排名

图 4-18 所示是六年级 3 个班全部学生的成绩排名。根据每个班级各学生的成绩使用 RANK 函数进行排名计算，每个班级学生成绩数字均在偶数列，使用合并区域引用计算得出所有班级学生名次。

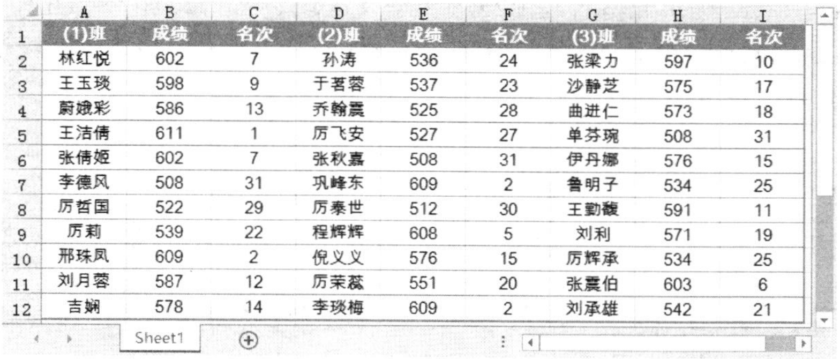

	A	B	C	D	E	F	G	H	I
1	(1)班	成绩	名次	(2)班	成绩	名次	(3)班	成绩	名次
2	林红悦	602	7	孙涛	536	24	张梁力	597	10
3	王玉琰	598	9	于茗蓉	537	23	沙静芝	575	17
4	蔚娥彩	586	13	乔翰震	525	28	曲进仁	573	18
5	王洁倩	611	1	厉飞安	527	27	单芬琬	508	31
6	张倩姬	602	7	张秋嘉	508	31	伊丹娜	576	15
7	李德风	508	31	巩峰东	609	2	鲁明子	534	25
8	厉哲国	522	29	厉泰世	512	30	王勤馥	591	11
9	厉莉	539	22	程辉辉	608	5	刘利	571	19
10	邢珠凤	609	2	倪义义	576	15	厉辉承	534	25
11	刘月蓉	587	12	厉荣蕊	551	20	张震伯	603	6
12	吉娴	578	14	李琰梅	609	2	刘承雄	542	21

Sheet1

图 4-18 全年级学生成绩排名

使用合并区域引用计算排名的具体操作步骤如下。

（1）打开本章素材文件“合并区域计算排名.xlsx”，单击 C2 单元格并输入下面的公式：

=RANK(B2,($B$2:$B$12,$E$2:$E$12,$H$2:$H$12))

计算（1）班第一位学生的成绩排名，如图 4-19 所示。

其中，（$B$2:$B$12,$E$2:$E$12,$H$2:$H$12）为合并区域引用。

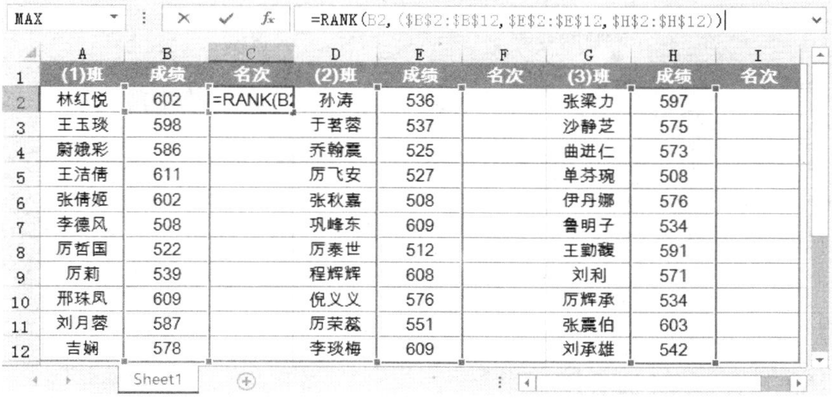

MAX =RANK(B2,($B$2:$B$12,$E$2:$E$12,$H$2:$H$12))

	A	B	C	D	E	F	G	H	I
1	(1)班	成绩	名次	(2)班	成绩	名次	(3)班	成绩	名次
2	林红悦	602	=RANK(B2	孙涛	536		张梁力	597	
3	王玉琰	598		于茗蓉	537		沙静芝	575	
4	蔚娥彩	586		乔翰震	525		曲进仁	573	
5	王洁倩	611		厉飞安	527		单芬琬	508	
6	张倩姬	602		张秋嘉	508		伊丹娜	576	
7	李德风	508		巩峰东	609		鲁明子	534	
8	厉哲国	522		厉泰世	512		王勤馥	591	
9	厉莉	539		程辉辉	608		刘利	571	
10	邢珠凤	609		倪义义	576		厉辉承	534	
11	刘月蓉	587		厉荣蕊	551		张震伯	603	
12	吉娴	578		李琰梅	609		刘承雄	542	

Sheet1

图 4-19 在 C2 单元格中输入计算公式

（2）将公式复制到其他需要此计算的单元格区域中，即可得到所有学生的成绩排名。

2. 交叉引用

在公式中，可以使用交叉运算符（单个空格）得到两个区域的交叉区域。

【例 4-6】 使用交叉引用判断某一单元格是否属于指定区域

如图 4-20 所示，在 C6 单元格和 C7 单元格中分别判断 A3、B3 单元格是否属于 B2:B5 单元格区域，并将判断结果返回逻辑值“TRUE”或“FALSE”。

在 C6 和 C7 单元格中分别输入下面的公式：

=ISREF(A3 B2:C5)

=ISREF(B3 B2:C5)

其中，A3 与 B2:C5 之间使用了交叉运算符（单个空格），用于求得两个区域是否有交叉。由于 A3 只有一个单元格且与 B2:C5 无交叉区域，因此返回“#NULL!”错误，从而 ISREF 函数返回判断“结果 FALSE”；B3 与 B2:C5 有交叉区域，返回“判断结果 TRUE”，如图 4-21 和图 4-22 所示。

	A	B	C
1	A1	B1	C1
2	A2	B2	C2
3	A3	B3	C3
4	A4	B4	C4
5	A5	B5	C5
6	判断A3是否属于B2：C5区域：		FALSE
7	判断B3是否属于B2：C6区域：		TRUE

图 4-20　判断单元格是否属于指定区域

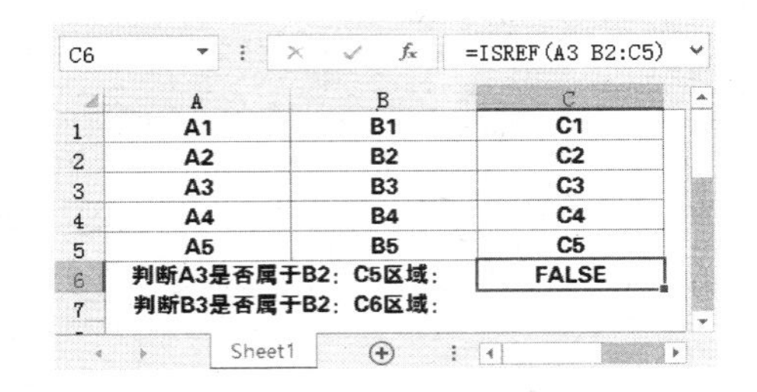

	A	B	C
1	A1	B1	C1
2	A2	B2	C2
3	A3	B3	C3
4	A4	B4	C4
5	A5	B5	C5
6	判断A3是否属于B2：C5区域：		FALSE
7	判断B3是否属于B2：C6区域：		

图 4-21　在 A3 单元格输入判断公式

3. 绝对交集

在公式中，对单元格区域的引用在按照单个单元格进行计算时，依靠公式所在的从属单元格与引用单元格之间的物理位置，返回交叉点值，称为“绝对交集”引用或“隐含交叉”引用。如图 4-23 所示。

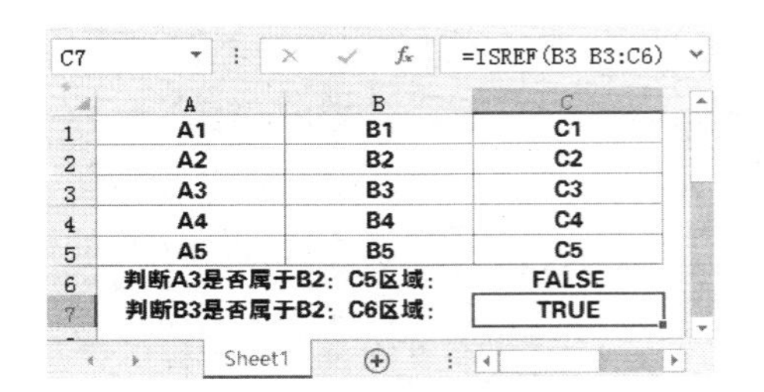

	A	B	C
1	A1	B1	C1
2	A2	B2	C2
3	A3	B3	C3
4	A4	B4	C4
5	A5	B5	C5
6	判断A3是否属于B2：C5区域：		FALSE
7	判断B3是否属于B2：C6区域：		TRUE

图 4-22　公式判断结果

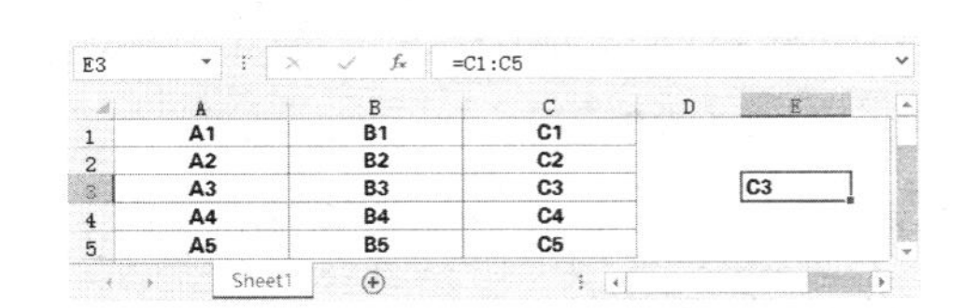

	A	B	C	D	E
1	A1	B1	C1		
2	A2	B2	C2		
3	A3	B3	C3		C3
4	A4	B4	C4		
5	A5	B5	C5		

图 4-23　“绝对交集”引用

4.3.4　其他工作表区域的引用

在 Excel 中，对单元格的引用不受同一个工作表或同一个工作簿的限制，即可以在公式中引用其他工作表的单元格区域。在可编辑状态下，通过鼠标单击相应的工作表标签，选取该工作表中的单元格区域即可完成引用操作。

跨表引用使用独特的表达方式，即“工作表名+半角感叹号（!）+引用区域”；跨工作簿引用的表达方式为“半角中括号（[）+工作簿名称+（]）+工作表名称+!+引用区域”。当所引用的工作表名是由数字开头或者包含空格及以下特殊字符：

$%'~!@#^&()+-=;{}

则公式中被引用工作表的名称将被一对半角单引号括起来。

【例 4-7】 跨表引用其他工作表区域

第 3.7.4 小节的【例 3-9】中使用的素材表格“凭证输入表.xlsx”就使用了跨表引用其他工作表区域的功能，如图 4-24 所示。

G4 =IF(F4="",,VLOOKUP(F4,单位名称!$A$4:$B$13,2,0))

凭证输入表

日期	凭证号	摘要	代码	科目	单位代码	单位	借方	贷方
2014/6/2	1		1001	现金	KJ11011	梦飞科技有限公司	¥ 118,000.00	
2014/6/2	1		100201	银行存款-工商银行		-		¥3,500,000.00
2014/6/3	2		1101	短期投资	ZT11001	周一广告传媒	¥ 230,000.00	
2014/6/3	2		1141	预付账款	KJ11003	顺达科技有限公司	¥ 113,000.00	
2014/6/5	3		100202	银行存款-成都银行		-		
2014/6/5	3		1009	其他货币资金	KJ11014	宏达科技有限公司		¥ 13,000.00
2014/6/5	3		1001	现金	ZT11001	周一广告传媒	¥ 45,000.00	
2014/6/6	4		100201	银行存款-工商银行	KJ11023	周发科技有限公司		¥ 33,000.00
2014/6/7	5		1009	其他货币资金	KT12002	一路通快递	¥ 6,300.00	
2014/6/7	5		1101	短期投资	ZT11001	周一广告传媒	¥ 110,000.00	
2014/6/7	5		1141	预付账款	KT12003	远渡船运	¥ 9,865.00	
2014/6/8	6		1210	物资采购	ZT11001	周一广告传媒	¥ 4,800.00	
2014/6/8	6		2111	应付票据	KT12002	一路通快递	¥ 4,500.00	
2014/6/9	7		2301	长期借款	KJ11011	梦飞科技有限公司		¥ 160,000.00
2014/6/9	7		1001	现金	KJ11014	宏达科技有限公司		¥ 34,000.00
2014/6/9	16		2151	应付工资	ZT11001	周一广告传媒	¥ 11,000.00	

会计科目　单位名称　凭证输入表

图 4-24　使用跨表引用的工作表

在“凭证输入表.xlsx”中包含了三个工作表，分别为“会计科目”、“单位名称”和“凭证输入表”。在“凭证输入表”工作表的 G4 单元格中，使用下面的公式引用了“单位名称”工作表中“A4:B13”单元格区域。

=IF(F4="",,VLOOKUP(F4,单位名称!$A$4:$B$13,2,0))

引用其他工作表单元格区域的方法如下。

在“凭证输入表”的 G4 单元格中输入=IF(F4="",,VLOOKUP(F4,后单击“单位名称”工作表标签。选择 A4:B13 单元格区域，激活编辑栏并输入,2,0))后，按 Enter 键结束编辑。此时编辑栏中的公式将自动在引用区域地址前添加工作表名，变为：

=IF(F4="",,VLOOKUP(F4,单位名称!$A$4:$B$13,2,0))

当然，也可以直接在 G4 单元格中输入该公式。

4.3.5　引用连续多个工作表的相同区域

1. 三维引用

如果想要引用同一个工作簿中多个相邻工作表相同的单元格区域，以便进行汇总时，可以使用三维引用进行计算而不需要逐个对工作表单元格区域进行引用，其表示方式为：

按工作表排序，使用冒号将起始工作表和终止工作表名进行连接，作为跨表引用的工作表名。

【例 4-8】 引用多个连续工作表中相同位置区域的数据汇总

图 4-25 所示的“商品进货明细表”工作簿中包含了“1 月”、“2 月”、“3 月”和“第一季度汇总”四个连续排列的工作表。其中前三个工作表的 F3:F22 单元格区域分别存放着 1～3 月份各类商品的进货总金额。

现需要将这 3 个连续工作表的 F3:F22 单元格区域中的数据汇总到“第一季度汇总”工作表的 B2 单元格中。

引用连续工作表相同区域数据汇总的具体操作步骤如下。

（1）打开本章素材文件“商品进货明细.xlsx”，单击 B2 单元格，输入“=SUM(”，然后单击“1 月”工作表标签，再按住 Shift 键，单击“3 月”工作表标签，此时编辑栏中将显示为：

=SUM('1 月:3 月'!

（2）选择工作表的 F3:F22 单元格区域，最后按 Enter 键确认输入。此时公式将自动变为：

=SUM('1 月:3 月'!F3:F22))

汇总结果如图 4-26 所示。

商品进货单

代码	名称	单位	单价	数量	总金额
10101	膨化食品	袋	¥ 5.60	81	¥ 453.60
10104	肉脯食品	袋	¥ 54.80	59	¥ 3,233.20
10201	饼干	袋	¥ 6.80	55	¥ 374.00
10204	曲奇	袋	¥ 13.90	87	¥ 1,209.30
10301	香口胶	袋	¥ 10.80	55	¥ 594.00
10304	软糖	袋	¥ 8.90	74	¥ 658.60
10401	奶、豆粉	袋	¥ 19.90	80	¥ 1,592.00
10404	夏凉饮品	箱	¥ 56.00	59	¥ 3,304.00
10407	藕粉、羹	袋	¥ 78.00	37	¥ 2,886.00
10501	参茸滋补	袋	¥ 169.00	95	¥ 16,055.00
10504	药酒	瓶	¥ 142.00	62	¥ 8,804.00
20201	碳酸饮料	箱	¥ 57.00	26	¥ 1,482.00
20104	果汁	箱	¥ 48.00	87	¥ 4,176.00
20201	国产白酒	箱	¥ 80.00	27	¥ 2,160.00
20204	功能酒	箱	¥ 119.00	76	¥ 9,044.00
30101	水果罐头	箱	¥ 120.00	47	¥ 5,640.00
30104	水产罐头	箱	¥ 168.00	32	¥ 5,376.00
30201	调味料	袋	¥ 6.80	54	¥ 367.20
30301	农产干货	袋	¥ 16.80	54	¥ 907.20
30401	酱菜	袋	¥ 17.40	100	¥ 1,740.00

1月 2月 3月 第-...

图 4-25 商品进货明细表

图 4-26 汇总多个连续工作表相同区域返回的结果

2. 妙用通配符输入三维引用

当“第一季度汇总”工作表的位置在“2 月”和“3 月”工作表之间时，3 个月的工作表将被间隔为 2 个连续工作表和 1 个单独工作表。如果需要汇总此类不连续的多个工作表，可以在汇总单元格内输入下面的公式：

=SUM('1 月:2 月'!F3:F22,'3 月'!F3:F22)

虽然使用这样的方法也能计算出汇总数据，但是未免有些啰嗦。如果使用通配符“*”来代表公式所在工作表之外的所有其他工作表名称，例如在“第一季度汇总”工作表的 B2 单元格中输入下面的公式：

=SUM('*'!F3:F22)

此时系统将自动根据工作表的位置关系，对除“第一季度汇总”工作表之外的工作表的 F3:F22 单元格区域进行汇总。确认输入后公式将自动转变为：

=SUM('1 月:2 月'!F3:F22,'3 月'!F3:F22)

公式及其汇总结果如图 4-27 和 4-28 所示。

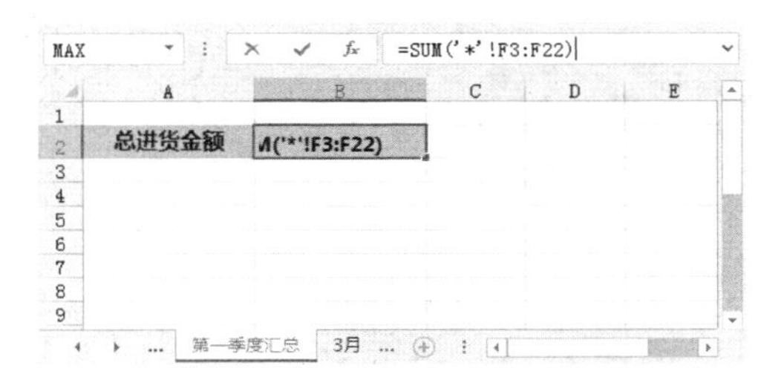

图 4-27　输入带有通配符的公式

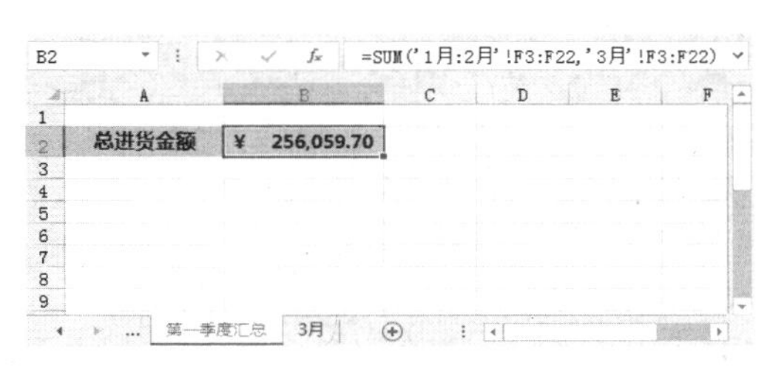

图 4-28　转变后自动生成的公式

3. 三维引用的局限性

三维引用是对多张工作表的相同单元格或单元格区域的引用，主要特征是“跨越两个连续工作表”的“相同单元格区域”。但是，并非所有函数都支持三维引用，事实上，Excel 支持三维引用的函数只有以下这些：

SUM、AVERAGE、AVERAGEA、COUNT、COUNTA、MAX、MAXA、MIN、MINA、PRODUCT、RANK、STDEV、STDEVA、STDEVP、VAR、VARA 等。

4.4　名称的使用

使用名称可使公式更加容易理解和维护。用户可为单元格区域、函数、常量或表格定义名称。一旦采用了在工作簿中使用名称的做法，便可轻松地更新、审核和管理这些名称。

4.4.1　名称的概念

在 Excel 中，名称是一种比较特殊的公式，多数由用户自行定义，也有部分名称可以随创建列表、设置打印区域等操作自动产生。

作为一种特殊的公式，名称也以“=”号开始，可以由常量数据、常量数组、单元格引用、函数与公式等元素组成，每个名称都具有一个唯一的标识，可以方便在其他名称或公式中调用。

与一般公式所不同的是，普通公式存在于单元格中，名称则保存在工作簿中，并在程序运行时存在于 Excel 的内存中，通过其唯一标识进行调用。

4.4.2 名称的定义

定义名称有下面几种方法。

1. 在【新建名称】对话框中定义名称

打开【新建名称】对话框的方法有以下三种：

- 单击【公式】选项卡的【定义名称】按钮。
- 单击【公式】选项卡的【名称管理器】按钮，在【名称管理器】对话框中单击【新建】按钮。
- 按组合键 Ctrl+F3 打开【名称管理器】对话框，单击【新建】按钮。

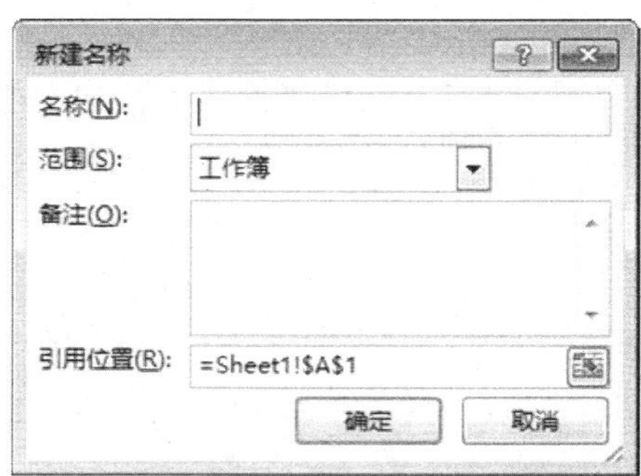

图 4-29 “新建名称”对话框

图 4-29 所示是【新建名称】对话框。在第 3.7.4 小节的【例 3-9】就已经使用过【新建名称】对话框进行过名称的定义，学习时可以用此例作参考。

接下来请读者回顾一下使用【新建名称】对话框进行名称定义的步骤。

（1）在【名称】输入框中输入要用于引用的名称。

（2）在【范围】下拉列表中选择指定名称的适用范围。

（3）可以选择在【备注】文本框中输入一些说明性的文字。

（4）在【引用位置】输入框中，可以执行下列操作之一。

- 输入一个单元格的引用
- 输入“=”等号，然后输入常量值
- 输入“=”等号，然后输入公式

（5）单击【确定】按钮返回工作表，即可完成名称的定义过程。

2. 使用“名称框”快速创建名称

使用“名称框”定义名称的步骤如下。

（1）选择需要命名的单元格、单元格区域或非相邻选定区域，如 A3:A20 单元格区域。

（2）单击编辑栏最左侧的“名称框”，如图 4-30 所示。

（3）输入引用选定内容时所要使用的名称，如“编号”。

（4）按 Enter 键确认输入。

此时定义的名称默认为是工作簿级名称，也就是该名称的使用范围是整个工作簿。如果需要定义当前工作表级名称，可以在“名称框”中输入“员工档案管理编号”，则该名称的使用范围便被限制在当前工作表中。

3. 根据所选内容批量创建名称

如果需要将工作表中的多行多列单元格区域按标题行、列定义名称，可以使用下面的方法。

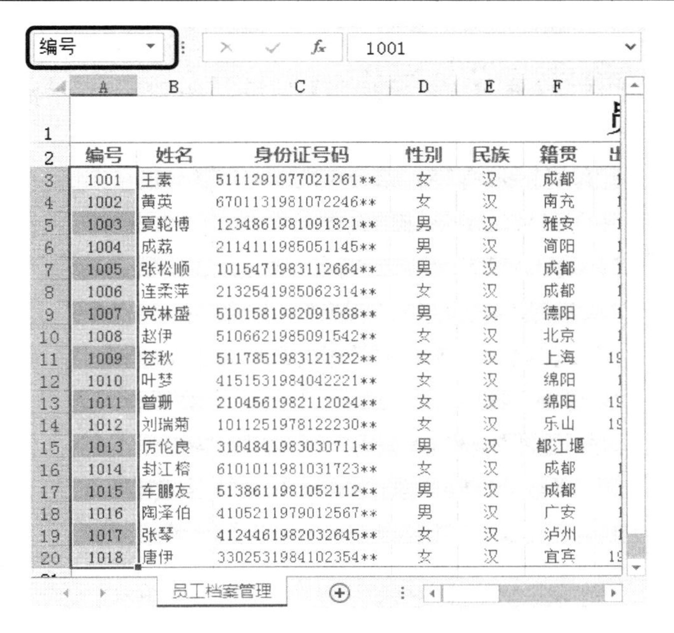

图 4-30　使用“名称框”定义名称

【例 4-9】　批量创建名称

批量创建名称的具体操作步骤如下。

（1）打开本章素材文件“员工档案管理.xlsx”。选择需要命名的单元格区域，包括行或列标签，本例为 A2:K20 单元格区域。

（2）在【公式】选项卡的【定义的名称】组中，单击【根据所选内容创建】按钮，或者按 Ctrl+Shift+F3 键。

（3）在打开的【以选定区域创建名称】对话框中，选中【首行】复选框，并取消其他复选框的选取状态，如图 4-31 所示。

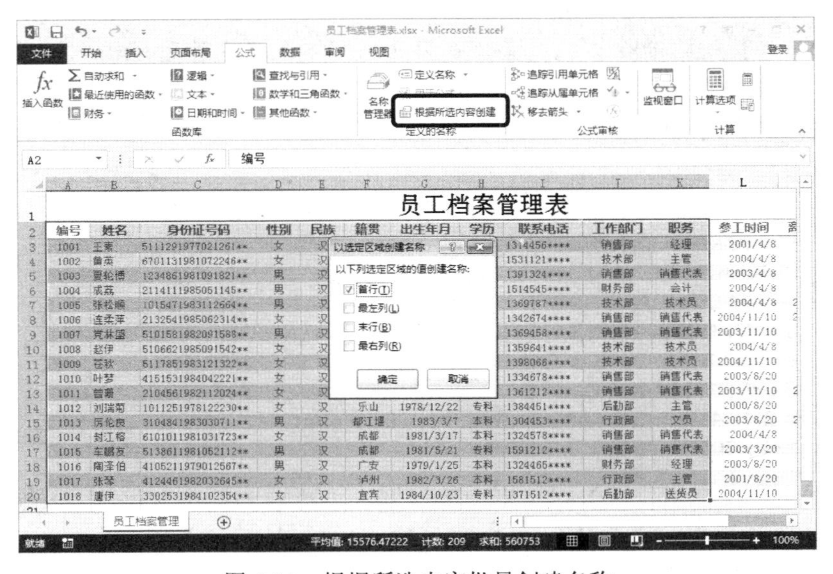

图 4-31　根据所选内容批量创建名称

（4）单击【确定】按钮退出对话框。

（5）单击【公式】选项卡的【名称管理器】按钮，在弹出的对话框中可以看到以“首行”单元格中的内容命名的所有名称，如图 4-32 所示。

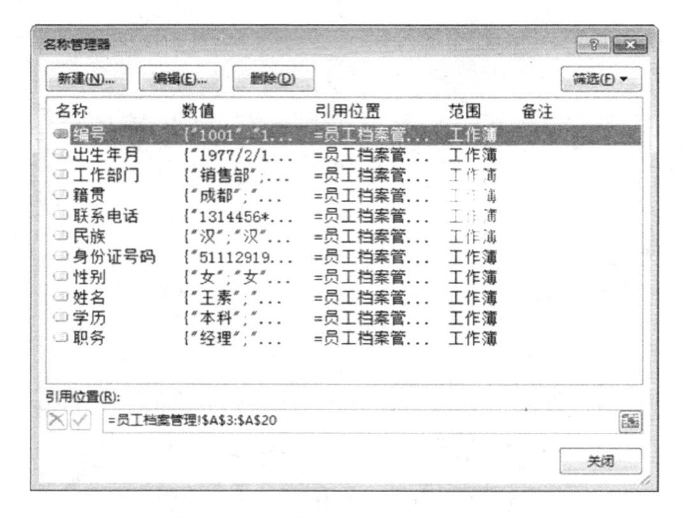

图 4-32 【名称管理器】对话框

提示： 使用此方法创建的名称仅引用包含值的单元格，并且不包括现有行和列标签。

4.4.3 名称的管理

用前面的方法创建的名称都可以通过【名称管理器】对话框查阅。在 Excel 中，使用【名称管理器】除了可以实现名称的查阅，还可以进行修改、筛选、删除等管理操作。

1. 名称的修改与备注信息

【名称管理器】对话框除了通过【公式】选项卡中的【名称管理器】按钮来打开，还可以通过按 Ctrl+F3 键打开。

在【名称管理器】对话框中可以进行下面的操作。以图 4-32 为例。

（1）修改名称

单击【名称管理器】对话框中的名称“编号”后，单击【编辑】按钮。在弹出的【编辑名称】对话框的【名称】输入框中修改为新的名称“工号”。

（2）添加备注信息

单击【备注】文本框，输入备注信息“员工编号”。

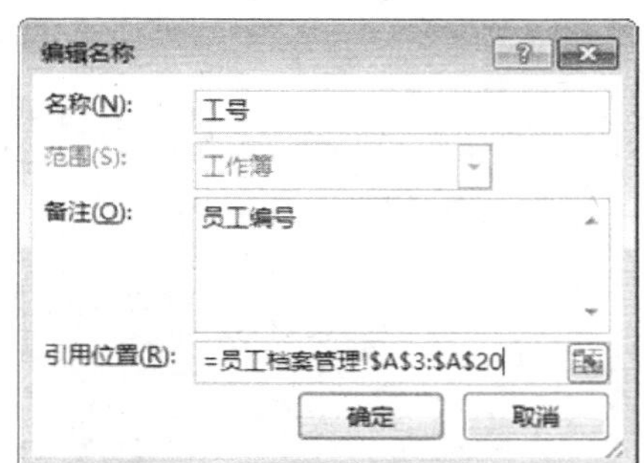

图 4-33 【编辑名称】对话框

（3）修改名称引用位置

使用鼠标选择【引用位置】编辑框中的地址，重新输入新的单元格区域地址，或者直接用鼠标在工作表中选择需要定义名称的单元格区域。之后，选中的单元格区域地址将自动显示在【引用位置】编辑框中，如图 4-33 所示。

2. 筛选和删除错误名称

如果创建的名称出现错误或者无法正常使用，可以通过【名称管理器】对话框进行名称的筛选和删除。

如图 4-34 所示，因为原有名称“编号”、“出生日期”所引用的单元格区域被删除，则名称列表框中显示出“#REF!”错误，需要进行清理。

筛选和删除错误名称的具体操作方法如下。

（1）单击【筛选】按钮，在下拉菜单中选择【有错误的名称】选项，如图 4-34 所示。

（2）在筛选后的【名称管理器】对话框中，按住 Shift 键选择第一个和最后一个名称，单击【删除】按钮，如图 4-35 所示。

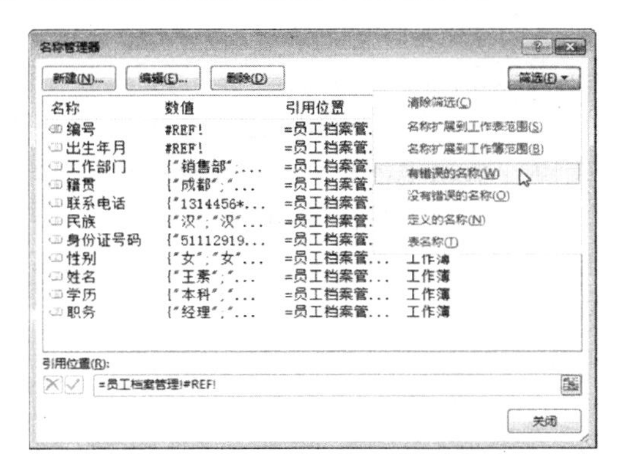

图 4-34　筛选有错误的名称

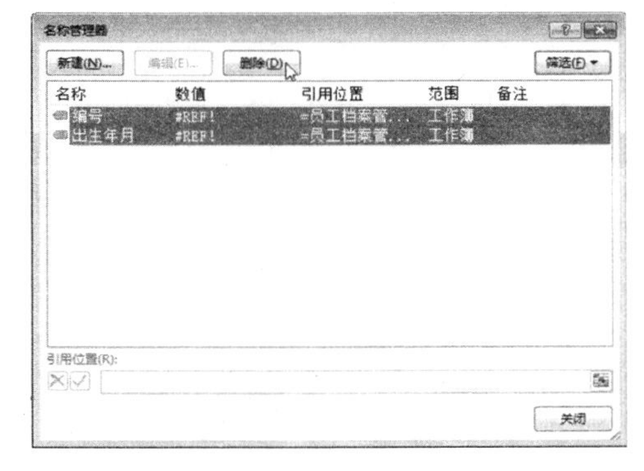

图 4-35　删除有错误的名称

（3）单击【关闭】按钮退出对话框，即可完成筛选和删除操作。

3. 在单元格中查看名称的公式

【名称管理器】对话框的【引用位置】编辑框中显示了该名称的公式。很多时候，由于公式过长，不能在编辑框中完全显示出来，这时要想轻松查看名称所使用的公式，可以通过下面的方法实现。

（1）选择需要将公式显示出来的单元格区域，按 F3 键或者在功能区上执行【公式】→【用于公式】→【粘贴名称】命令，打开【粘贴名称】对话框。

（2）单击【粘贴列表】按钮，列表中所有名称的公式将以一列名称、一列公式的形式粘贴到所选单元格区域中，如图 4-36 所示。

4.4.4　名称在公式中的使用

在公式中调用名称可以减少大量数据的输入，从而节约工作时间。在需要使用定义了名称的单元格数据时，用户可以通过单击【公式】选项卡上的【用于公式】按钮，在展开的下拉列表中选择相应的名称，也可以手动输入该名称。

【例 4-10】 在公式中使用名称制作库存结存表

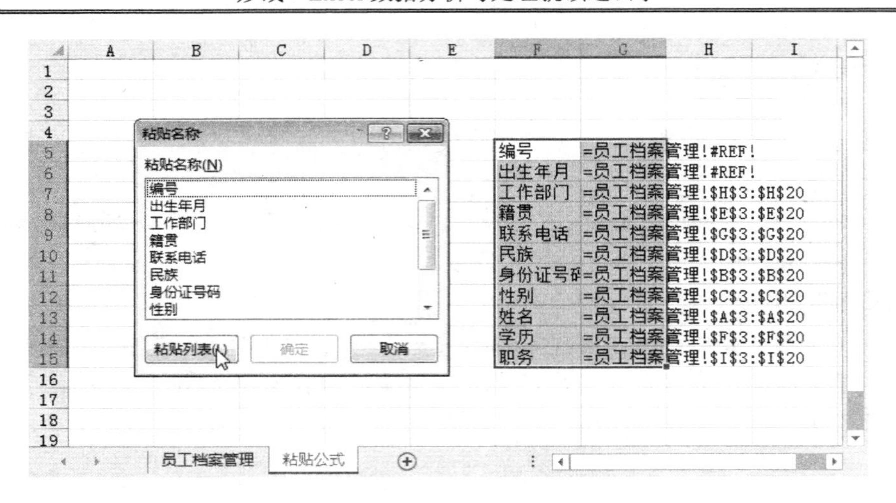

图 4-36 在单元格中粘贴名称列表

图 4-37 所示为小家电库存结存表。该表根据每种小家电的单价与订购数量计算得出金额，根据上月库存减去订购数量得出结存数量，并在公式中使用名称进行计算。

小家电库存结存表

名称	型号	订购数量	单价	金额	上月库存	结存数量
三角电饭煲	CFXB40-A	9	¥ 70.00	¥ 630.00	176	167
电压力锅	CYJ503	17	¥ 252.00	¥ 4,284.00	92	75
三洋微波炉	EM-L520P	9	¥ 934.00	¥ 8,406.00	149	140
	EM-F2118EB	12	¥ 791.00	¥ 9,492.00	187	175
	EM-K2515EB	1	¥ 485.00	¥ 485.00	86	85
	ME-K2215MS	3	¥ 295.00	¥ 885.00	101	98
三洋饭煲	ZFB-01	14	¥ 269.00	¥ 3,766.00	161	147
三洋烧烤盘	ZWG-SKP	17	¥ 136.00	¥ 2,312.00	111	94
三洋保鲜盒套装	ZWG-WBXH1	13	¥ 58.00	¥ 754.00	54	41
爱妻开水壶	AQ-13A	14	¥ 59.00	¥ 826.00	176	162
	AQ-18A	16	¥ 71.00	¥ 1,136.00	97	81
	AQ-20A	2	¥ 83.00	¥ 166.00	133	131
爱妻电饭锅	700W直身	14	¥ 66.00	¥ 924.00	157	143
	900W直身	3	¥ 76.00	¥ 228.00	66	63
	5L电子西施	7	¥ 89.00	¥ 623.00	170	163
爱妻电压力锅	5L机械	9	¥ 168.00	¥ 1,512.00	65	56
	6L机械	18	¥ 178.00	¥ 3,204.00	32	14
	6L电脑大礼包	8	¥ 278.00	¥ 2,224.00	184	176
爱妻电饼铛	AQ-A3	1	¥ 139.00	¥ 139.00	146	145
	AQ-B1	7	¥ 139.00	¥ 973.00	171	164
爱妻高压锅	26喜上喜	2	¥ 89.00	¥ 178.00	74	72
	24随手烧	11	¥ 89.00	¥ 979.00	183	172
爱妻炒锅	30铸铁	6	¥ 34.00	¥ 204.00	45	39
	32铸铁	14	¥ 37.00	¥ 518.00	44	30
三角电饭锅	900W	6	¥ 47.00	¥ 282.00	44	38
	5L煲	17	¥ 60.00	¥ 1,020.00	149	132
双喜电饼铛	32CM	2	¥ 60.00	¥ 120.00	187	185
	38CM	17	¥ 85.00	¥ 1,445.00	145	128

1月库存　2月库存

图 4-37 小家电库存结存表

在公式中使用名称的具体操作步骤如下。

（1）打开本章素材文件“小家电库存结存表.xlsx”，单击“2 月库存”工作表标签，在 E4 单元格中输入下面的公式：

=C4*D4

确认输入后，将公式向下复制直至表格中该列最后一个单元格中，计算每种产品的订购金额，如图 4-38 所示。此公式中并未使用名称。

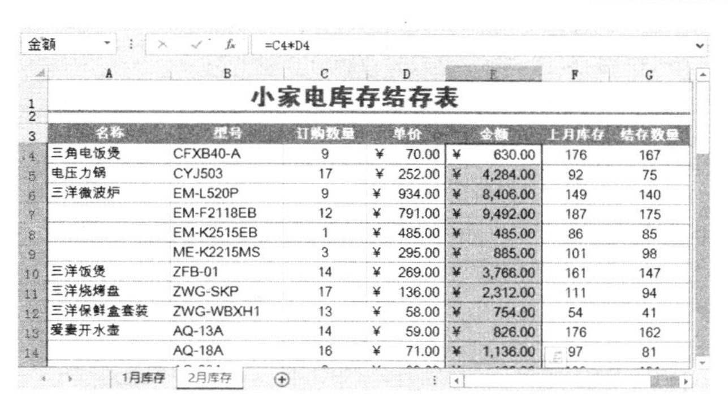

名称	型号	订购数量	单价	金额	上月库存	结存数量
三角电饭煲	CFXB40-A	9	¥ 70.00	¥ 630.00	176	167
电压力锅	CYJ503	17	¥ 252.00	¥ 4,284.00	92	75
三洋微波炉	EM-L520P	9	¥ 934.00	¥ 8,406.00	149	140
	EM-F2118EB	12	¥ 791.00	¥ 9,492.00	187	175
	EM-K2515EB	1	¥ 485.00	¥ 485.00	86	85
	ME-K2215MS	3	¥ 295.00	¥ 885.00	101	98
三洋饭煲	ZFB-01	14	¥ 269.00	¥ 3,766.00	161	147
三洋烧烤盘	ZWG-SKP	17	¥ 136.00	¥ 2,312.00	111	94
三洋保鲜盒套装	ZWG-WBXH1	13	¥ 58.00	¥ 754.00	54	41
爱妻开水壶	AQ-13A	14	¥ 59.00	¥ 826.00	176	162
	AQ-18A	16	¥ 71.00	¥ 1,136.00	97	81

图 4-38　公式中直接引用单元格计算订购金额

（2）单击“1 月库存”工作表标签，选择 G3:G37 单元格区域，单击【公式】选项卡上的【根据所选内容创建】按钮。在打开的【以选定区域创建名称】对话框中选择【首行】复选框，单击【确定】按钮即可创建名称，如图 4-39 所示。

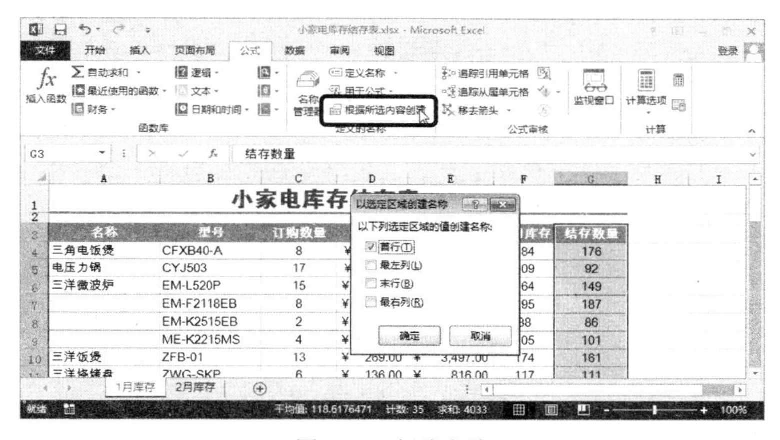

图 4-39　创建名称

（3）在公式中跨工作表使用名称。切换到“2 月库存”工作表中，单击 F4 单元格并输入等号“=”。

单击“1 月库存”工作表标签，单击【公式】选项卡上的【用于公式】按钮，在展开的下拉列表中选择“结存数量”名称，按 Enter 键确认，如图 4-40 所示。

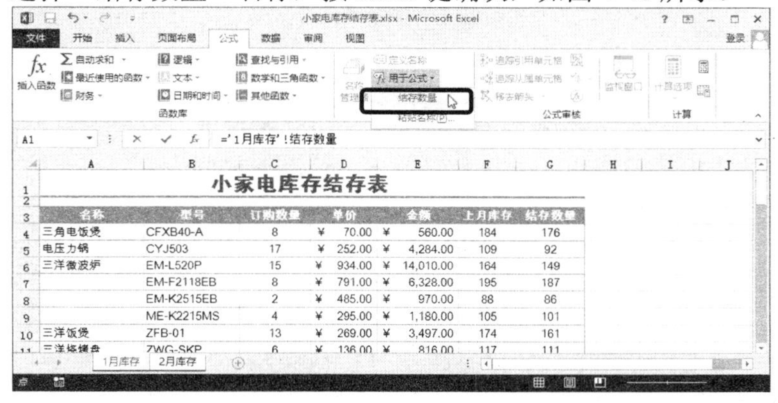

图 4-40　在公式中使用名称

此时公式将自动变为“=小家电库存结存表.xlsx!结存数量”。双击 F4 单元格右下角的填充柄，将公式复制到 F5:F37 单元格中，引用上月的结存数量，如图 4-41 所示。

F4 =小家电库存结存表.xlsx!结存数量

小家电库存结存表

名称	型号	订购数量	单价	金额	上月库存	结存数量
三角电饭煲	CFXB40-A	9	¥ 70.00	¥ 630.00	176	
电压力锅	CYJ503	17	¥ 252.00	¥ 4,284.00	92	
三洋微波炉	EM-L520P	9	¥ 934.00	¥ 8,406.00	149	
	EM-F2118EB	12	¥ 791.00	¥ 9,492.00	187	
	EM-K2515EB	1	¥ 485.00	¥ 485.00	86	
	ME-K2215MS	3	¥ 295.00	¥ 885.00	101	
三洋饭煲	ZFB-01	14	¥ 269.00	¥ 3,766.00	161	

1月库存 2月库存

图 4-41　复制公式

（4）在公式中使用名称计算 2 月结存数量。选择“2 月库存”工作表中的 C3:C37 单元格区域，按住 Ctrl 键选择 F3:F37 单元格区域，根据所选内容创建名称。

在 G4 单元格中输入下面的公式：

=上月库存−订购数量

按 Enter 键确认输入，将公式向下复制到表格中该列最后一个单元格中。本例最终结果如图 4-42 所示。

G4 =上月库存−订购数量

小家电库存结存表

名称	型号	订购数量	单价	金额	上月库存	结存数量
三角电饭煲	CFXB40-A	9	¥ 70.00	¥ 630.00	176	167
电压力锅	CYJ503	17	¥ 252.00	¥ 4,284.00	92	75
三洋微波炉	EM-L520P	9	¥ 934.00	¥ 8,406.00	149	140
	EM-F2118EB	12	¥ 791.00	¥ 9,492.00	187	175
	EM-K2515EB	1	¥ 485.00	¥ 485.00	86	85
	ME-K2215MS	3	¥ 295.00	¥ 885.00	101	98
三洋饭煲	ZFB-01	14	¥ 269.00	¥ 3,766.00	161	147
三洋烧烤盘	ZWG-SKP	17	¥ 136.00	¥ 2,312.00	111	94
三洋保鲜盒套装	ZWG-WBXH1	13	¥ 58.00	¥ 754.00	54	41

1月库存 2月库存

图 4-42　计算 2 月结存数量

4.5　Excel 函数基础

使用公式可以帮助用户处理数据，如果在公式中应用特定函数，那么用户就可以直接在工作表中实现某种特定的功能。相信在前面知识的学习中读者对函数已经有了初步的接触。比如：使用 SUM 函数在单元格区域中求和、使用 DAY 函数计算日期和时间以及使用 INDEX 函数引用单元格数据等。这些只是 Excel 各种函数功能应用的冰山一角，想要在日后熟练地使用函数进行数据的分析处理，学习函数的基本知识是非常重要的。

4.5.1　函数的结构

Excel 函数是预先定义，执行计算、数据分析等任务的特殊公式。以常用的求和函数 SUM 为例，其语法是：

SUM(number1,number2,...)

其中“SUM”称为函数名称，一个函数只有唯一的一个名称，它决定了函数的功能和用途。函数名称后紧跟左括号，接着是用逗号间隔的称为参数的内容，最后用一个右括号表示函数结束。

函数的参数可以由数值和文本等元素组成，可以使用常量、数组、单元格引用或其他函数。用函数作为参数时，称为嵌套函数。

参数是函数中最复杂的组成部分，它规定了函数的运算对象、顺序或结构等，使用户可以对某个单元格或区域进行处理。如分析存款利息、判断员工评测能力的级别、计算三角函数等。

4.5.2　插入函数的几种方法

1. 手动插入

对于一些简单的函数，若用户熟悉其语法和参数，可以直接在单元格中输入。下面以计算学生总成绩为例介绍手动插入函数的方法。

【例 4-11】　手动输入函数公式计算产品第一季度总销量

图 4-43 所示为产品销量统计表，根据产品 1 月、2 月、3 月的销量，使用 SUM 函数计算出第一季度销量的总和。

	A	B	C	D	E	F
1	产品销量统计表					
2	产品名称	产品型号	一月份	二月份	三月份	第一季度总计
3	三角电饭煲	CFXB40-A	102	94	230	426
4	电压力锅	CYJ503	356	458	350	1,164
5	三洋微波炉	EM-L520P	56	297	104	457
6		EM-F2118EB	259	263	366	888
7		EM-K2515EB	180	502	158	840
8		ME-K2215MS	278	292	230	800
9	三洋饭煲	ZFB-01	356	265	104	725
10	三洋烧烤盘	ZWG-SKP	142	297	359	798
11	三洋保鲜盒套装	ZWG-WBXH1	308	193	288	789
12	爱妻开水壶	AQ-13A	415	473	480	1,368
13		AQ-18A	191	378	407	976
14		AQ-20A	377	480	291	1,148
15	爱妻电饭锅	700W直身	287	511	218	1,016
16		900W直身	473	342	459	1,274
17		5L电子西施	452	275	481	1,208
18	爱妻电压力锅	5L机械	262	312	432	1,006
19		6L机械	182	453	199	834
20		6L电脑大礼包	86	154	250	490
21	爱妻电饼铛	AQ-A3	474	337	404	1,215

销售业绩

图 4-43　第一季度销售量统计表

手动输入函数公式计算产品总销量的具体操作步骤如下。

（1）打开本章素材文件“插入函数的方法.xlsx”，在 F2 单元格中输入下面的公式：

=SUM(C3:E3)

按 Enter 键确认输入，如图 4-44 所示。

（2）将鼠标指向该单元格右下角的填充柄处，当指针变成黑色十字光标的时候，双击鼠标左键，将公式复制到统计表该单元格所在列的其他单元格中，如图 4-45 所示。

MAX =SUM(C3:E3)

	A	B	C	D	E	F
1	产品销量统计表					
2	产品名称	产品型号	一月份	二月份	三月份	第一季度总计
3	三角电饭煲	CFXB40-A	102	94	230	=SUM(C3:E3)
4	电压力锅	CYJ503	356	458	350	
5	三洋微波炉	EM-L520P	56	297	104	
6		EM-F2118EB	259	263	366	
7		EM-K2515EB	180	502	158	
8		ME-K2215MS	278	292	230	
9	三洋饭煲	ZFB-01	356	265	104	
10	三洋烧烤盘	ZWG-SKP	142	297	359	
11	三洋保鲜盒套装	ZWG-WBXH1	308	193	288	
12	爱妻开水壶	AQ-13A	415	473	480	
13		AQ-18A	191	378	407	
14		AQ-20A	377	480	291	
15	爱妻电饭锅	700W直身	287	511	218	
16		900W直身	473	342	459	
17		5L电子西施	452	275	481	

销售业绩

图 4-44　在单元格中输入公式

F3 =SUM(C3:E3)

	A	B	C	D	E	F
1	产品销量统计表					
2	产品名称	产品型号	一月份	二月份	三月份	第一季度总计
3	三角电饭煲	CFXB40-A	102	94	230	426
4	电压力锅	CYJ503	356	458	350	1,164
5	三洋微波炉	EM-L520P	56	297	104	457
6		EM-F2118EB	259	263	366	888
7		EM-K2515EB	180	502	158	840
8		ME-K2215MS	278	292	230	800
9	三洋饭煲	ZFB-01	356	265	104	725
10	三洋烧烤盘	ZWG-SKP	142	297	359	798
11	三洋保鲜盒套装	ZWG-WBXH1	308	193	288	789
12	爱妻开水壶	AQ-13A	415	473	480	1,368
13		AQ-18A	191	378	407	976
14		AQ-20A	377	480	291	1,148
15	爱妻电饭锅	700W直身	287	511	218	1,016
16		900W直身	473	342	459	1,274
17		5L电子西施	452	275	481	1,208

销售业绩

图 4-45　双击填充柄复制公式

2. 使用函数向导插入函数

对于一些比较复杂的函数，用户往往不清楚该如何正确输入函数表达式，此时可以通过函数向导来完成函数的插入。使用函数向导插入函数可以避免在输入过程中发生错误。

【例 4-12】使用函数向导插入函数

使用函数向导插入函数的方法计算每月平均销量。

使用函数向导插入函数计算日平均销量的具体操作步骤如下。

（1）单击销量统计表中的 B37 单元格，单击编辑栏左侧的“插入函数”按钮，如图 4-46 所示。

（2）打开【插入函数】对话框，在【选择类别】下拉列表中选择需要使用函数的类别，这里选择【常用函数】选项；在【选择函数】列表中选择需要使用的函数。选择完成后单击【确定】按钮，如图 4-47 所示。

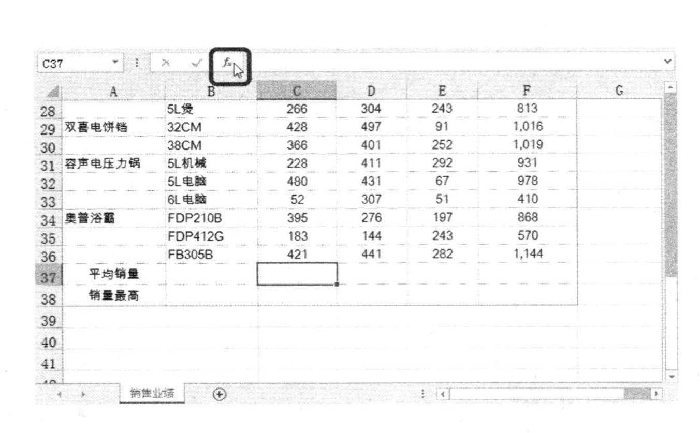

C37

	A	B	C	D	E	F
28		5L煲	266	304	243	813
29	双喜电饼铛	32CM	428	497	91	1,016
30		38CM	366	401	252	1,019
31	容声电压力锅	5L机械	228	411	292	931
32		5L电脑	480	431	67	978
33		6L电脑	52	307	51	410
34	奥普浴霸	FDP210B	395	276	197	868
35		FDP412G	183	144	243	570
36		FB305B	421	441	282	1,144
37	平均销量					
38	销量最高					

销售业绩

图 4-46　单击“插入函数”按钮

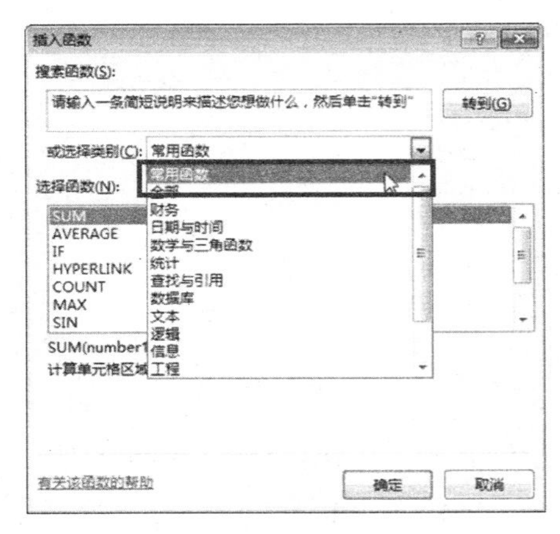

图 4-47　在对话框中选择需要的函数

（3）打开【函数参数】对话框，在【函数参数】对话框的【Number1】编辑框中将显示系统自动输入的单元格区域地址，如 C3:C36。这正是本例所需要输入的单元格区域地址，因此不需要任何改动。如果编辑框中显示的单元格区域地址不是用户所需，还可以直接在编辑框中输入参数值或者选取单元格区域，如图 4-48 所示。

（4）设置完毕后，单击【确定】按钮关闭【插入函数】对话框，单元格中将直接显示出计算结果，并将公式向右复制到 D37:E37 单元格区域中，如图 4-49 所示。

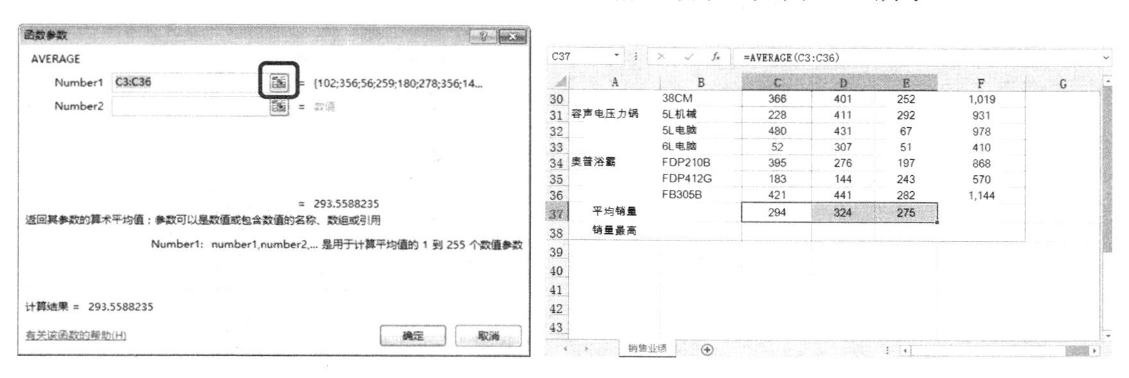

图 4-48　【函数参数】对话框　　　　图 4-49　单元格显示计算结果

3. 使用函数栏插入函数

在单元格中输入“=”后，编辑栏左侧的名称框会变成函数栏，单击函数栏的下拉按钮可展开下拉列表，其中列出了常用的函数，用户可以直接选择使用。

【例 4-12】　使用函数栏插入函数

使用函数栏插入函数计算每月最高销量具体操作步骤如下。

（1）在销量统计表中的 C38 单元格中输入“=”，然后单击函数栏的下拉按钮，在展开的下拉列表中选择函数“MAX”，如图 4-50 所示。

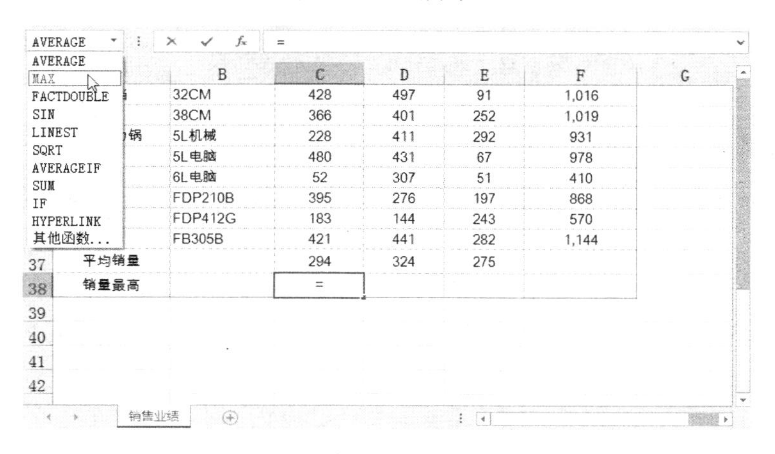

图 4-50　选择函数

（2）在【函数参数】对话框的参数编辑框中输入参数范围，如“C3:C36”。一般情况下使用默认值即可，如图 4-51 所示。完成参数设置后单击【确定】按钮关闭对话框，单元格中将显示出计算结果，并将公式向右复制到 D38:E38 单元格中，如图 4-52 所示。

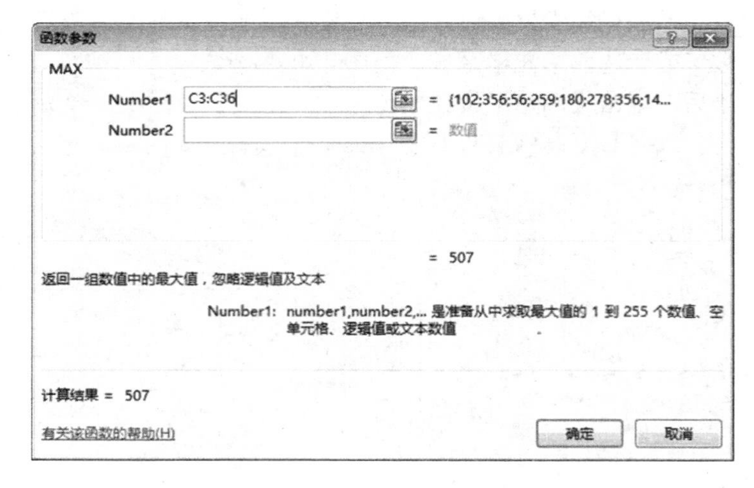

图 4-51　设置函数参数

C38　=MAX(C3:C36)

	A	B	C	D	E	F	G
30		38CM	366	401	252	1,019	
31	容声电压力锅	5L机械	228	411	292	931	
32		5L电脑	480	431	67	978	
33		6L电脑	52	307	51	410	
34	奥普浴霸	FDP210B	395	276	197	868	
35		FDP412G	183	144	243	570	
36		FB305B	421	441	282	1,144	
37	平均销量		294	324	275		
38	销量最高		507	511	487		
39							
40							
41							
42							
43							

销售业绩

图 4-52　单元格中显示出计算结果

4. 使用函数库插入函数

Excel 2013 功能区中设置了按照不同领域分类的函数库，单击选择指定的函数库就可以展开，如图 4-53 所示。例如，用户需要插入“FV”函数，可以在选中需要插入函数的单元格之后，在功能区的【公式】选项卡中，单击选择【财务】按钮，在下拉列表中选择“FV”函数，即可完成函数的插入。

5. 自动计算

在 Excel 2013 的功能区中提供了一些对数据进行求和、求平均值以及求最大值和最小值的自动计算功能选项。用户无需输入相应的参数即可直接进行计算，得到需要的结果。

【例 4-13】 使用 Excel 自动计算功能计算第一季度各种产品的平均销量。

图 4-53　显示财务类型的所有函数

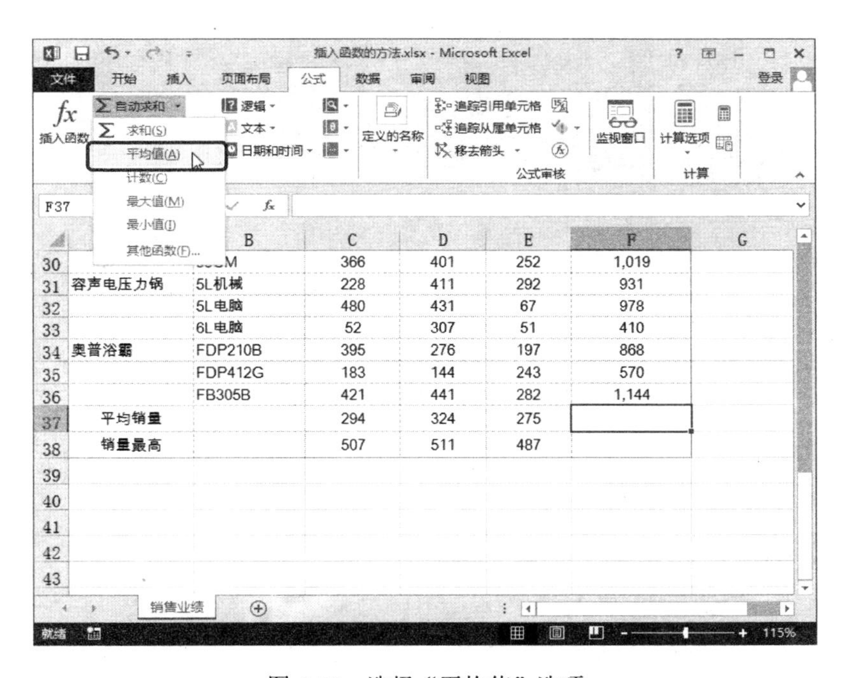

图 4-54　选择“平均值”选项

使用自动计算功能计算产品平均销量的操作步骤如下。

（1）单击销量统计表中的 F37 单元格，在【公式】选项卡的【函数库】组中，单击【自动求和】右边的下拉按钮，在展开的下拉列表中选择【平均值】选项，如图 4-54 所示。

（2）在 F37 单元格中将自动填充功能用于求平均值的函数，函数默认对单元格上方的数值进行计算。也可以在编辑栏中根据需要修改函数参数。对于本例这里只需要使用默认值即可。设置完成后按 Enter 键，单元格中即会显示出计算结果，如图 4-55 所示。

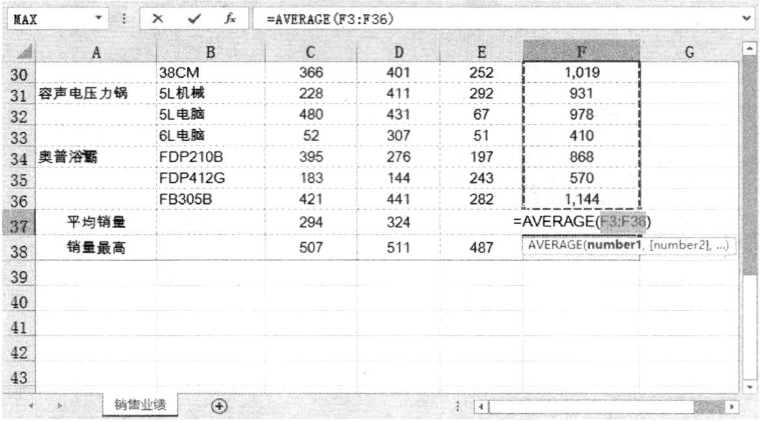

MAX | =AVERAGE(F3:F36)

	A	B	C	D	E	F	G
30		38CM	366	401	252	1,019	
31	容声电压力锅	5L机械	228	411	292	931	
32		5L电脑	480	431	67	978	
33		6L电脑	52	307	51	410	
34	奥普浴霸	FDP210B	395	276	197	868	
35		FDP412G	183	144	243	570	
36		FB305B	421	441	282	1,144	
37	平均销量		294	324	=AVERAGE(F3:F36)		
38	销量最高		507	511	487	AVERAGE(number1, [number2], ...)	
39							
40							
41							
42							
43							

销售业绩

图 4-55　修改函数参数

第 5 章　函数与公式的实例应用

函数的世界是很奇妙的，它可以将复杂繁琐的工作表变得简洁而有规则，可以在工作表的特定区域提取用户需要的信息，还可以帮助用户进行诸如三角函数等复杂的数学计算等。因此，掌握的函数种类越多，给用户的工作带来的便利也会越多。Excel 2013 中内置了 200 多个内置函数，按照其特定的功能，可以分为文本函数、逻辑函数、数学与三角函数、日期和时间函数等类别。本章将根据每种函数的类别分别列举实例来讲解各种函数的功能。

5.1　文本函数应用举例

所谓文本函数，就是可以在公式中处理文字串的函数。例如员工姓名、部门名称、单位名称等。还有一些数据需要以文本形式存储，例如身份证号码、手机号、银行卡号等。这些都属于文本类数据。

在 Excel 2013 中可以运用文本函数进行合并空单元格与空文本、比较文本值的大小、转换大小写和全半角字符以及提取各种字符信息等工作。常用的文本函数有 LEFT 函数、REPLACE 函数、TEXT 函数、RIGHT 函数、LEN 函数和 MID 函数等。下面将用几个实例讲解这几种函数的具体应用方法。

5.1.1　根据员工的联系电话号码自动提取区号

如果需要将员工电话号码中的区号部分单独提取出来并显示在新的单元格位置，可以通过下面的方法来实现。

（1）打开本章素材文件“提取区号.xlsx”。选中 C2 单元格，在编辑栏中输入下面的公式，提取到员工“王素”的区号为“0510”，如图 5-1 所示。

=LEFT(B2,4)

（2）单击 C2 单元格右下角的填充柄，向下填充公式，即可提取到其他员工的区号，如图 5-2 所示。

公式解析：

本例使用 LEFT 函数提取电话号码的前 4 个字符，即电话号码的区号部分。

- LEFT 函数用于提取字符串中第一个字符或前几个字符。它有两个参数，第一个参数是包含要提取的字符的文本字符串；第二个参数是提取的长度，即字符数。第二个参数是可选参数，如果忽略该参数则当作 1 处理。例如：

=LEFT("中华人民共和国", 4)——结果等于“中华人民”

=LEFT("中华人民共和国")——结果等于“中”

C2 =LEFT(B2,4)

	A	B	C
1	姓名	电话号码	区号
2	王素	0510-7112006	0510
3	戈春萍	0512-2350185	
4	童浩	0517-7150250	
5	姜融蓉	0519-3205805	
6	厉强思	0512-6500249	
7	刘龙龙	0511-5231052	
8	瞿腾伟	0516-2626031	
9	任中	0511-6975052	
10	谭佳佳	0516-3303020	
11	谭薇	0519-2350120	
12	唐伊	0523-4501026	
13	纪信林	0511-1506103	
14	曾琼珊	0591-4544562	
15	邢亚	0701-6505602	
16	张福	0530-6522190	

图 5-1　输入公式

	A	B	C
1	姓名	电话号码	区号
2	王素	0510-7112006	0510
3	戈春萍	0512-2350185	0512
4	童浩	0517-7150250	0517
5	姜融蓉	0519-3205805	0519
6	厉强思	0512-6500249	0512
7	刘龙龙	0511-5231052	0511
8	瞿腾伟	0516-2626031	0516
9	任中	0511-6975052	0511
10	谭佳佳	0516-3303020	0516
11	谭薇	0519-2350120	0519
12	唐伊	0523-4501026	0523
13	纪信林	0511-1506103	0511
14	曾琼珊	0591-4544562	0591
15	邢亚	0701-6505602	0701
16	张福	0530-6522190	0530

图 5-2　复制公式到其他单元格

5.1.2　将 7 位数电话号码升位至 8 位

由于原有的 7 位数电话号码用户量达到极限，现需要将所有 7 位数号码升位至 8 位数。如图 5-1 中的电话号码均为 7 位数，将其升至 8 位的具体操作步骤如下。

（1）单击 D2 单元格，然后输入下面的公式并按 Enter 键确认输入，如图 5-3 所示。

=TEXT(REPLACE(B2,6,0,8),"000-00000000")

（2）复制公式到其他单元格，即可得到其他号码升位后的新号码，如图 5-4 所示。

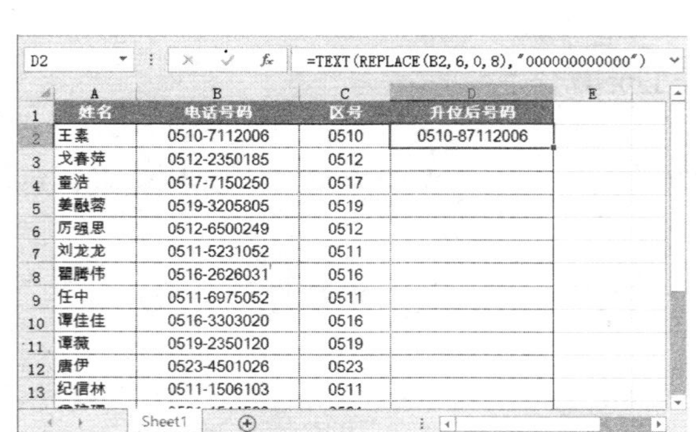

D2 =TEXT(REPLACE(B2,6,0,8),"000000000000")

	A	B	C	D
1	姓名	电话号码	区号	升位后号码
2	王素	0510-7112006	0510	0510-87112006
3	戈春萍	0512-2350185	0512	
4	童浩	0517-7150250	0517	
5	姜融蓉	0519-3205805	0519	
6	厉强思	0512-6500249	0512	
7	刘龙龙	0511-5231052	0511	
8	瞿腾伟	0516-2626031	0516	
9	任中	0511-6975052	0511	
10	谭佳佳	0516-3303020	0516	
11	谭薇	0519-2350120	0519	
12	唐伊	0523-4501026	0523	
13	纪信林	0511-1506103	0511	

图 5-3　输入公式

	A	B	C	D
1	姓名	电话号码	区号	升位后号码
2	王素	0510-7112006	0510	0510-87112006
3	戈春萍	0512-2350185	0512	0512-82350185
4	童浩	0517-7150250	0517	0517-87150250
5	姜融蓉	0519-3205805	0519	0519-83205805
6	厉强思	0512-6500249	0512	0512-86500249
7	刘龙龙	0511-5231052	0511	0511-85231052
8	瞿腾伟	0516-2626031	0516	0516-82626031
9	任中	0511-6975052	0511	0511-86975052
10	谭佳佳	0516-3303020	0516	0516-83303020
11	谭薇	0519-2350120	0519	0519-82350120
12	唐伊	0523-4501026	0523	0523-84501026
13	纪信林	0511-1506103	0511	0511-81506103
14	曾琼珊	0591-4544562	0591	0591-84544562
15	邢亚	0701-6505602	0701	0701-86505602
16	张福	0530-6522190	0530	0530-86522190

图 5-4　复制公式到其他单元格

公式解析：

本例中使用 REPLACE 函数在单元格 B2 的电话号码中使用数字 8 在第 6 位进行替换，但是第三个参数为 0，就相当于直接在第 6 位数字前插入数字 8，即将 7 位数号码升位到 8 位。

- REPLACE 函数用于使用其他文本字符串替换从指定位置开始，并指定长度的字符串。它包括以下 4 个参数：要在其中替换字符的文本、开始替换的起始位置、替换掉的字符个数和用于替换的文本。

- TEXT 函数用于将数字转换为按指定格式显示的文本。它包括需要设置格式的数字和要为数值设置格式的格式代码两个参数。其中第二参数必须用双引号括起来。

5.1.3　根据身份证号码提取员工基本信息

在进行人事资源管理时，经常要用到员工的个人信息，包括性别、出生日期等，而身份证号码就包含了这类信息。那么，怎样从现有的员工身份证号码中提取到需要的员工个人信息呢？可以参考下面的操作方法来实现。

（1）打开本章素材文件“提取员工基本信息.xlsx”，选择 C2 单元格，在编辑栏中输入下面的公式提取第一个身份证号码中的性别信息，如图 5-5 所示。

=IF(MOD(RIGHT(LEFT(B2,17)),2),"男","女")

（2）拖动鼠标复制公式到其他单元格，提取到的性别信息将显示在 C 列中。

（3）在 D2 单元格中输入下面的公式并复制到该列其他单元格，如图 5-6 所示，提取到的出生日期信息均显示在表格中。

=IF(LEN(B2)=15,19,"")&TEXT(MID(B2,7,6+(LEN(B2)=18)*2),"#年 00 月 00 日")

C2　=IF(MOD(RIGHT(LEFT(B2,17)),2),"男","女")

姓名	身份证号码	性别	出生日期
王素	120219541130352	女	
戈春萍	320197198112206242		
童浩	340288198801213217		
姜融蓉	550285193712215128		
厉强思	350150199308302366		
刘龙龙	320259199010290214		
瞿腾伟	440152198504134215		
任中	520198199903029218		
谭佳佳	110197199205150325		
谭薇	370262195405219246		
唐伊	130329194206104244		
纪信林	230254198111214111		
曾琼珊	710341197212063327		
邢亚	530128195212132982		
张福	220123199502241617		

图 5-5　输入公式

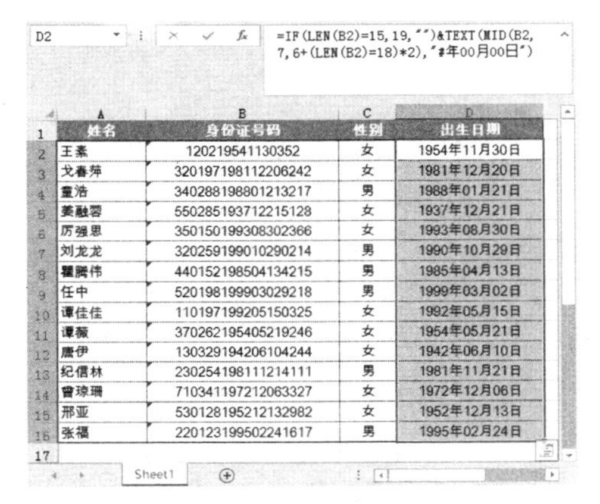
D2　=IF(LEN(B2)=15,19,"")&TEXT(MID(B2,7,6+(LEN(B2)=18)*2),"#年00月00日")

姓名	身份证号码	性别	出生日期
王素	120219541130352	女	1954年11月30日
戈春萍	320197198112206242	女	1981年12月20日
童浩	340288198801213217	男	1988年01月21日
姜融蓉	550285193712215128	女	1937年12月21日
厉强思	350150199308302366	女	1993年08月30日
刘龙龙	320259199010290214	男	1990年10月29日
瞿腾伟	440152198504134215	男	1985年04月13日
任中	520198199903029218	男	1999年03月02日
谭佳佳	110197199205150325	女	1992年05月15日
谭薇	370262195405219246	女	1954年05月21日
唐伊	130329194206104244	女	1942年06月10日
纪信林	230254198111214111	男	1981年11月21日
曾琼珊	710341197212063327	女	1972年12月06日
邢亚	530128195212132982	女	1952年12月13日
张福	220123199502241617	男	1995年02月24日

图 5-6　在身份证中提取性别和出生日期

公式解析：

本例中，第一个公式先使用 LEFT 函数提取身份证号码中前 17 位数字，然后使用 RIGHT 函数提取 17 位数字中的最后一位数字，比如“童浩”的身份证号码中的第 17 位数字“1”。再使用以 MOD 函数对 2 求余的方法来判断奇偶性。最后使用 IF 函数根据奇偶性返回不同的结果。

- RIGHT 函数用于从字符串中从右向左提取指定位数的字符串。它有两个参数，第一个参数表示包含待提取字符的字符串；第二个参数表示提取长度，是一个可选参数，如果忽略该参数则当作 1 处理。该函数的计算结果总是文本，例如：

=RIGHT(789)——结果等于“9”

=RIGHT(789)>10——结果等于“TRUE”，因为文本大于任何数值

- LEN 函数的功能是返回文本字符串中的字符数。字符不区分半角和全角。LEN 函数只有一个可选参数，参数可以是文本、单元格、数组或者表达式。当参数是错误值时，其计算结果仍为错误值。例如：

=LEN(456)——结果等于“3”

=LEN(123*100)——结果等于“5”

=LEN(#DIV/0!)——结果等于错误值

=LEN("#DIV/0!")——结果等于“7”，“#DIV/0!”在本公式中是字符串，不是错误值

- MID 函数可以提取文本字符串中从指定位置开始的特定数目的字符，该数目由用户指定。它有三个参数，第一个参数是包含要提取字符的文本字符串；第二个参数是文本中要提取的第一个字符的位置；第三个参数表示提取出来的新字符串的长度。例如：

=MID("ABCDE",2,2)——结果等于“BC”

=MID("ABCDE",2,9)——结果等于“BCDE”，第三个参数超过可提取的字符时忽略超过的部分数值。

另外，IF 函数属于逻辑函数（参考 5.2 节内容），MOD 函数属于数学与三角函数（参考 5.3 节内容），本节暂不介绍。

小知识：中国居民身份证号码是一种特殊的数据。现在通行的身份证号码有 15/18 位之分。早期签发的身份证号码是 15 位的，现在签发的身份证由于年份数字的扩展（由两位变为四位）和末尾加了效验码，就成了 18 位。

两种身份证号码的含义如下：

（1）15 位的身份证号码：1～6 位为地区代码，7～8 位为出生年份(2 位)，9～10 位为出生月份，11～12 位为出生日期，第 13～15 位为顺序号，并能够判断性别，奇数为男，偶数为女。

（2） 18 位的身份证号码：1～6 位为地区代码，7～10 位为出生年份(4 位)，11～12 位为出生月份，13～14 位为出生日期，第 15～17 位为顺序号，并能够判断性别，奇数为男，偶数为女。18 位为效验位。

5.1.4 转换金融格式的大写中文日期和金额

图 5-7 所示 B 列和 D 列分别是正常输入后所显示的日期和金额，而 C 列和 E 列是转换后的金融格式的大写中文日期和金额。

日期	金融格式的大写中文日期	金额	中文大写金额
1999/1/31	壹玖玖玖年零壹月叁拾壹日	¥ -6.50	负陆元伍角
2001/7/11	贰零零壹年零柒月壹拾壹日	¥ 20.06	贰拾元陆分
2003/12/20	贰零零叁年壹拾贰月贰拾日	¥ 100.00	壹佰元整
2006/5/30	贰零零陆年零伍月叁拾日	¥ 4,903.17	肆仟玖佰零叁元壹角柒分
2008/11/7	贰零零捌年壹拾壹月零柒日	¥ 60,612.00	陆万零陆佰壹拾贰元整
2011/4/18	贰零壹壹年零肆月壹拾捌日	¥ 1,234,567.89	壹佰贰拾叁万肆仟伍佰陆拾柒元捌角玖分
2013/9/26	贰零壹叁年零玖月贰拾陆日	¥ -333,300.30	负叁拾叁万叁仟叁佰元叁角

图 5-7 金融格式的大写中文日期和金额

转换金融格式大写中文的具体操作步骤如下。

（1）在 C3 单元格中输入下面的公式：

=TEXT(B3,"[dbnum2]yyyy 年 mm 月 dd 日")

将公式向下复制到 C9 单元格中，如图 5-8 所示。

（2）在 E3 单元格中输入下面的公式：

=IF(MOD(D3,1)=0,TEXT(INT(D3),"[dbnum2]G/通用格式元整;负[dbnum2]G/通用格式元整;零元整;"),IF(D3>0,,"负")&TEXT(INT(ABS(D3)),"[dbnum2]G/通用格式元;;")&SUBSTITUTE(SUBSTITUTE(TEXT(RIGHT(FIXED(D3),2),"[dbnum2]0 角 0 分;;"),"零角",IF(ABS(D3)<>0,,"零")),"零分",""))

将公式向下复制到 E9 单元格中，如图 5-9 所示。

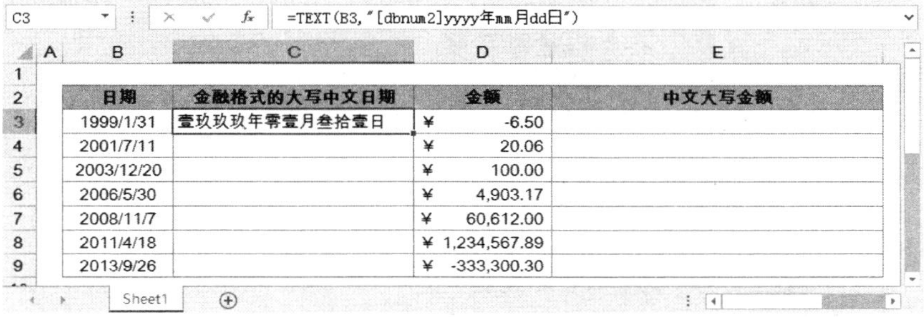

C3　=TEXT(B3,"[dbnum2]yyyy年mm月dd日")

日期	金融格式的大写中文日期	金额	中文大写金额
1999/1/31	壹玖玖玖年零壹月叁拾壹日	¥ -6.50	
2001/7/11		¥ 20.06	
2003/12/20		¥ 100.00	
2006/5/30		¥ 4,903.17	
2008/11/7		¥ 60,612.00	
2011/4/18		¥ 1,234,567.89	
2013/9/26		¥ -333,300.30	

图 5-8　以大写中文日期显示

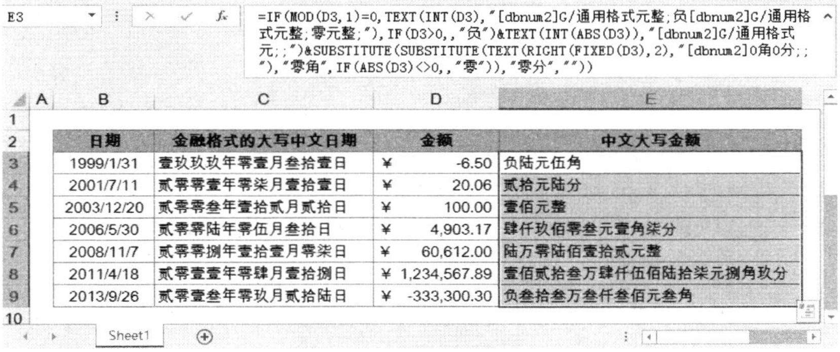

E3　=IF(MOD(D3,1)=0,TEXT(INT(D3),"[dbnum2]G/通用格式元整;负[dbnum2]G/通用格式元整;零元整;"),IF(D3>0,,"负")&TEXT(INT(ABS(D3)),"[dbnum2]G/通用格式元;;")&SUBSTITUTE(SUBSTITUTE(TEXT(RIGHT(FIXED(D3),2),"[dbnum2]0角0分;;"),"零角",IF(ABS(D3)<>0,,"零")),"零分",""))

日期	金融格式的大写中文日期	金额	中文大写金额
1999/1/31	壹玖玖玖年零壹月叁拾壹日	¥ -6.50	负陆元伍角
2001/7/11	贰零零壹年零柒月壹拾壹日	¥ 20.06	贰拾元陆分
2003/12/20	贰零零叁年壹拾贰月贰拾日	¥ 100.00	壹佰元整
2006/5/30	贰零零陆年零伍月叁拾日	¥ 4,903.17	肆仟玖佰零叁元壹角柒分
2008/11/7	贰零零捌年壹拾壹月零柒日	¥ 60,612.00	陆万零陆佰壹拾贰元整
2011/4/18	贰零壹壹年零肆月壹拾捌日	¥ 1,234,567.89	壹佰贰拾叁万肆仟伍佰陆拾柒元捌角玖分
2013/9/26	贰零壹叁年零玖月贰拾陆日	¥ -333,300.30	负叁拾叁万叁仟叁佰元叁角

图 5-9　以中文大写金额显示

公式解析：

在 C3 单元格中使用的 TEXT 函数将 B3 单元格的日期转换为大写中文日期，数字格式代码中的“[dbnum2]”表示大写中文数字。另外，为了避免出现“零壹月”或者“零伍日”等错误的文字表述，表示月和日的“m”、“d”使用单个字符。

如需转换为中文小写，可将公式中的“[dbnum2]”改为“[dbnum1]”。

在 E3 单元格中使用的公式是将数值分成三步来转换。如果是整数，则直接转换成大写形式，并添加“元整”字样；对带有小数的数据先格式化整数部分，再格式化小数部分，并将不符合习惯用法的字样（如“零角”、“零分”等）替换掉；最后将两端计算结果组合起来即可。

MOD 函数、INT 函数和 ABS 函数均属于数学与三角函数，其中 MOD 函数用于计算除法中的余数；INT 函数用于对单元格区域中的每个单元格截尾取整；而 ABS 函数用于将任意数值转换成绝对值。数学与三角函数的具体用法可参考第 5.3 节内容，本节暂不介绍。

- SUBSTITUTE 函数的功能是将指定的字符串替换成为新的字符串。它有四个参数。第一个参数为需要替换其中字符的文本，或对含有文本的单元格的引用；第二个参数是待替换的原字符串；第三个参数是替换后的新字符串；第四个参数表示替换第几次出现的字符串。

5.1.5 将金额按级位分列显示

如图 5-10 所示，在发票中需要将金额数字分列填写到各个数字级位上。

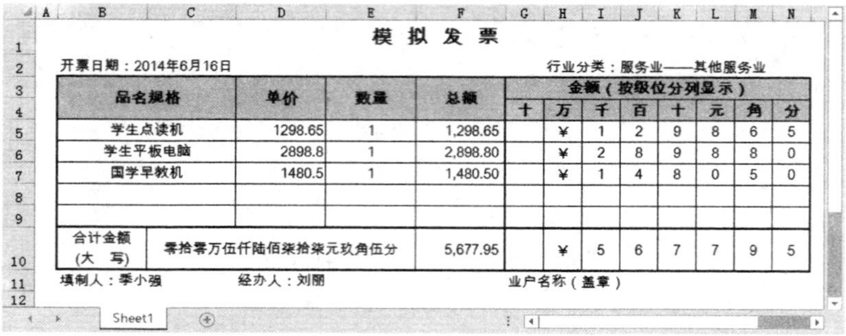

模 拟 发 票

开票日期：2014年6月16日　　行业分类：服务业——其他服务业

品名规格	单价	数量	总额	金额（按级位分列显示）							
				十	万	千	百	十	元	角	分
学生点读机	1298.65	1	1,298.65		¥	1	2	9	8	6	5
学生平板电脑	2898.8	1	2,898.80		¥	2	8	9	8	8	0
国学早教机	1480.5	1	1,480.50		¥	1	4	8	0	5	0
合计金额（大　写）	零拾零万伍仟陆佰柒拾柒元玖角伍分		5,677.95		¥	5	6	7	7	9	5

填制人：季小强　　经办人：刘丽　　业户名称（盖章）

图 5-10　模拟发票效果

按级位分别显示金额的具体操作步骤如下。

选中 G5:N10 单元格区域，在编辑栏中输入下面的公式，然后按 Ctrl+Enter 键结束编辑，即可实现金额的分列显示效果，如图 5-11 所示。

=LEFT(RIGHT(TEXT($F5*100," ￥000;;"),COLUMNS(G:$N)))

G5　=LEFT(RIGHT(TEXT($F5*100," ￥000;;"),COLUMNS(G:$N)))

模 拟 发 票

开票日期：2014年6月16日　　行业分类：服务业——其他服务业

品名规格	单价	数量	总额	金额（按级位分列显示）							
				十	万	千	百	十	元	角	分
学生点读机	1298.65	1	1,298.65		¥	1	2	9	8	6	5
学生平板电脑	2898.8	1	2,898.80		¥	2	8	9	8	8	0
国学早教机	1480.5	1	1,480.50		¥	1	4	8	0	5	0
合计金额（大　写）	零拾零万伍仟陆佰柒拾柒元玖角伍分		5,677.95		¥	5	6	7	7	9	5

填制人：季小强　　经办人：刘丽　　业户名称（盖章）

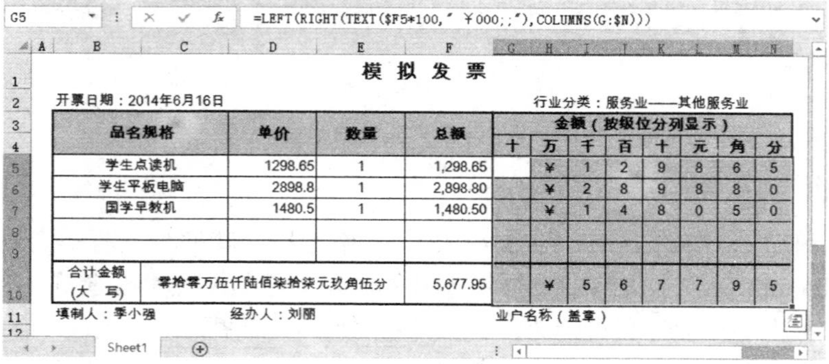

图 5-11　输入公式

公式解析：

首先将 F5 单元格的金额放大 100 倍得到正整数，然后使用 COLUMNS 函数计算从当前列到"分"所在的列数，与 RIGHT 函数、LEFT 函数配合、取得各级位的数字。COLUMNS 函数不属于文本函数，其具体使用方法请参考 5.5 节中的内容，这里暂不介绍。

5.2　逻辑函数应用举例

逻辑函数可以对单个或多个表达式的逻辑关系进行判断，并返回一个逻辑值。逻辑值用"TRUE"和"FALSE"表示指定条件是否成立。常用的逻辑函数包括以下几种：TRUE 函数、FALSE 函数、AND 函数、OR 函数、NOT 函数和 IF 函数等。逻辑值或逻辑式的应用非常广泛，本节将通过几个简单的实例介绍逻辑函数的使用方法。

5.2.1　判断两列数据是否相同

使用逻辑函数最简单的用途莫过于判断两组数据的一致性。下面的例子将使用"="判断两列单元格区域中所包含的数据是否相同，结果相同者返回"TRUE"不同则返回"FALSE"。

判断数据是否相同的具体操作步骤如下。

（1）打开本章素材文件"判断两列数据是否相同.xlsx"，单击 C2 单元格，输入下面的公式：

=A2=B2

（2）将公式复制到表格中 C 列的其他单元格，如图 5-12 所示。

公式解析：

TRUE 和 FALSE 函数既是函数也是一个值。作为函数时不需要任何参数。逻辑值"TRUE"和"FALSE"在参与乘法和加法运算时分别当作"1"和"0"处理，但是"TRUE"并不等于"1"，而"FALSE"也并不等于"0"。当其出现在数组中会被直接忽视。

5.2.2　判断学生期末成绩是否需要补考

如果学生三门课中只要有一门不及格就需要进行补考，根据期末成绩表判断学生是否需要补考。

判断是否需要补考的具体操作步骤如下。

（1）打开本章素材文件"判断学生成绩是否需要补考.xlsx"，选中 E3 单元格，输入下面的公式：

=IF(AND(B3>=60,C3>=60,D3>=60),"通过","补考")

（2）使用鼠标复制公式到其他单元格中。完成复制后，各个单元格将显示公式计算的结果，如图 5-13 所示。

公式解析：

本例使用 AND 函数判断学生所有成绩是否全部及格，如有一门不及格则返回 FALSE。IF 函数用来返回指定的判断结果。

数据1	数据2	是否相同
1	1	TRUE
2	-2	FALSE
11	12	FALSE
上	上	TRUE
上	下	FALSE
after	After	TRUE
AFTER	AFTER	TRUE
11001110	11001001	FALSE
Excel2013	Excel 2013	FALSE
%	¥	FALSE
-1.01	-1.01	TRUE
红色	红色	TRUE
黑色	黑色	TRUE

图 5-12　判断数据是否相同

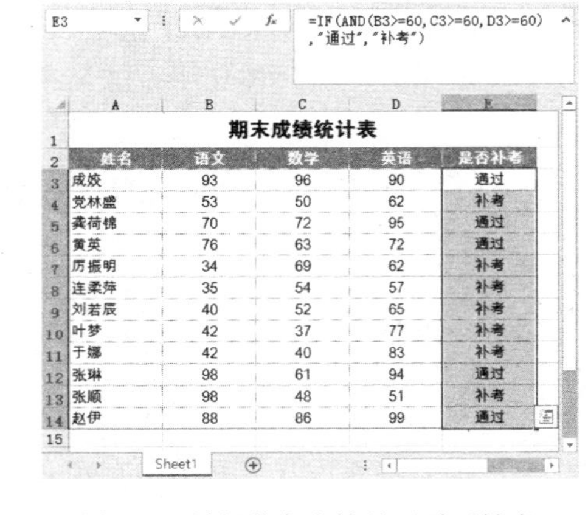

期末成绩统计表

姓名	语文	数学	英语	是否补考
成姣	93	96	90	通过
党林盛	53	50	62	补考
龚荷锦	70	72	95	通过
黄英	76	63	72	通过
厉振明	34	69	62	补考
连柔萍	35	54	57	补考
刘若辰	40	52	65	补考
叶梦	42	37	77	补考
于娜	42	40	83	补考
张琳	98	61	94	通过
张顺	98	48	51	补考
赵伊	88	86	99	通过

图 5-13 判断学生成绩是否需要补考

- IF 函数会判断指定的条件是“TRUE”还是“FALSE”，从而返回不同的结果。IF 函数有三个参数，第一个参数用于判断结果，当第一个参数结果是“TRUE”时，公式返回第二个参数的值，否则返回第三个参数的值，如果省略第三个参数，默认当作“0”处理。例如：

=IF(100>50,"大于","不大于")——第一个参数成立，返回第二个参数“大于”

=IF(50>100,"大于","不大于")——第一个参数不成立，返回第三个参数“不大于”

=IF(50>100,"大于")——第一个参数不成立，返回“FALSE”

- AND 函数有 1 到 255 个参数，第 2～254 个参数属于可选参数，当所有参数的逻辑值为“TRUE”时，返回“TRUE”，但是只要有一个参数的逻辑值是“FALSE”，即返回“FALSE”。

如果 AND 函数的参数是数值，那么函数将“0”值当做“FALSE”处理，将非“0”值当做“TRUE”处理。例如：

=AND(12,1,0.2)——结果等于“TRUE”，因为参数不存在“FALSE”和“0”

=AND(12,1,0.2,0)——结果等于“FALSE”，因为函数将“0”值当做“FALSE”处理

5.2.3　判断参赛选手是否能通过

比赛规定，必须所有裁判评判给出“YES”才能进入下一级别比赛，只要有一个裁判裁定为“NO”，则参赛选手被淘汰。

判断参赛选手能否通过的具体操作步骤如下。

（1）打开本章素材文件“判断比赛结果是否能通过.xlsx”，在单元格 F2 中输入下面的公式：

=NOT(OR(A2:D2="NO"))

（2）按 Shift+Ctrl+Enter 键后，将公式复制到表格 F 列的其他单元格中，得到比赛判定结果，如图 5-14 所示。

公式解析：

本例使用 OR 函数判断在所选区域中是否有满足指定条件的单元格，只要有一个就会

返回“FALSE”，然后使用 NOT 函数求其相反结果。

F2　　{=NOT(OR(A2:D2="NO"))}

	A	B	C	D	E	F
1	选手	裁判A	裁判B	裁判C	裁判D	是否通过
2	李建	YES	YES	NO	YES	FALSE
3	刘东和	YES	NO	YES	YES	FALSE
4	吴艳	YES	YES	YES	YES	TRUE
5	李莉丽	YES	YES	YES	YES	TRUE
6	厉明旭	YES	YES	YES	YES	TRUE
7	李丽娜	YES	YES	NO	NO	FALSE
8	张云洁	NO	YES	YES	YES	FALSE
9	张彩云	YES	YES	YES	YES	TRUE
10	宋慧琬	YES	NO	YES	YES	FALSE
11	古月月	NO	NO	NO	NO	FALSE
12	刘晓晓	YES	YES	YES	YES	TRUE
13	刘伯岩	YES	YES	YES	YES	TRUE
14	孔泰胜	NO	NO	NO	YES	FALSE

Sheet1

图 5-14　判断是否通过比赛

- NOT 函数用于对参数值求反。参数通常是“TRUE”和“FALSE”。当参数为“FALSE”时，其返回“TRUE”，而当参数为“TRUE”时，则返回“FALSE”。
- OR 函数用于判断多个条件中是否有任意一个条件成立，只要有一个参数为“TRUE”，则返回逻辑值“TRUE”，如果所有参数都为“FALSE”，OR 函数才返回“FALSE”。

5.2.4　分别统计公司收入与支出

有时，由于录入人员录入数据时偷懒，并未把收入与支出分开录入，并且数据不规范。如果现在需要将收入和支出分别统计，是不是要逐一将这些数据重新整理和修改呢？假如那样做真的会非常费时费力，而且错误率较高。现在教大家使用逻辑函数进行判断后再分别将支出和收入的金额统计出来的方法。

分别判断并统计收入与支出的具体操作步骤如下。

（1）打开本章素材文件“公司收入支出表.xlsx”，在 E4 单元格中输入下面的公式：

=SUM(IF(C4:C23>0,C4:C23))

计算出收入总金额，如图 5-15 所示。

（2）然后在 F4 单元格中输入公式：

=SUM(IF(SUBSTITUTE(IF(C4:C23<>"",C4:C23,0),"负","-")*1<0,SUBSTITUTE(C4:C23,"负","-")*1))

计算支出总金额，如图 5-16 所示。

公式解析：

本例第一个公式中的 IF 函数省略了第 3 个参数，默认当做“0”处理，即将负数按“0”值计算；而 SUM 函数求和时可以忽略文本，所以最后参与求和的值只包含正数。

第二个公式在汇总时既要排除空白单元格，又要排除正数，还要将带有文本“负”的单元格转换为负数，再进行求和，所以使用了两个 IF 函数分别排除空白单元格和正数，然后再用 SUBSTITUTE 函数将文本转换成负数，最后用 SUM 函数汇总求和。

E4 {=SUM(IF(C4:C23>0,C4:C23))}

公司收入支出表

编制单位：

日期	摘要	收支
2014年1月24日	工资	¥ -2,800.00
2014年1月31日	过年红包	
2014年2月4日	货款	负4739
2014年2月23日	工资	¥ -2,800.00
2014年3月6日	货款	负1101
2014年3月25日	工资	¥ -2,800.00
2014年3月31日	收账	¥ 23,180.16
2014年4月5日	货款	负2321
2014年4月24日	工资	¥ -3,000.00
2014年5月5日	货款	负2687
2014年5月24日	工资	¥ -3,000.00
2014年6月4日	货款	负2433
2014年6月23日	工资	¥ -3,000.00
2014年6月30日	收账	¥ 36,814.50
2014年7月1日	降温费	
2014年7月4日	货款	负1660
2014年7月23日	工资	¥ -3,000.00
2014年8月3日	货款	负632
2014年8月22日	工资	¥ -3,000.00
2014年9月2日	货款	负831

收支小计	
收入	支出
¥ 59,994.66	

图 5-15　统计收入

F4 {=SUM(IF(SUBSTITUTE(IF(C4:C23<>"",C4:C23,0),"负","-")*1<

公司收入支出表

编制单位：

日期	摘要	收支
2014年1月24日	工资	¥ -2,800.00
2014年1月31日	过年红包	
2014年2月4日	货款	负4739
2014年2月23日	工资	¥ -2,800.00
2014年3月6日	货款	负1101
2014年3月25日	工资	¥ -2,800.00
2014年3月31日	收账	¥ 23,180.16
2014年4月5日	货款	负2321
2014年4月24日	工资	¥ -3,000.00
2014年5月5日	货款	负2687
2014年5月24日	工资	¥ -3,000.00
2014年6月4日	货款	负2433
2014年6月23日	工资	¥ -3,000.00
2014年6月30日	收账	¥ 36,814.50
2014年7月1日	降温费	
2014年7月4日	货款	负1660
2014年7月23日	工资	¥ -3,000.00
2014年8月3日	货款	负632
2014年8月22日	工资	¥ -3,000.00
2014年9月2日	货款	负831

收支小计	
收入	支出
¥ 59,994.66	¥ -39,804.00

图 5-16　统计支出

5.2.5　对采购产品进行归类

图 5-17 所示是某公司采购部每月采购的详细数据。其中 D 列中的“产品分类”是使用 IF 函数根据产品的名称判断其所属类别，从而进行产品归类的。

产品名称	采购日期	采购数量	产品分类
文件袋	2014年7月2日	119	办公用品
A4打印纸	2014年7月2日	65	办公用品
黑色油墨	2014年7月2日	78	办公用品
鼠标	2014年7月2日	12	电脑设备
内存条	2014年7月2日	50	电脑设备
键盘	2014年7月2日	20	电脑设备
文件袋	2014年8月14日	104	办公用品
A4打印纸	2014年8月14日	42	办公用品
黑色油墨	2014年8月14日	110	办公用品
鼠标	2014年8月14日	10	电脑设备
内存条	2014年8月14日	24	电脑设备
键盘	2014年8月14日	11	电脑设备
文件袋	2014年9月22日	52	办公用品
A4打印纸	2014年9月22日	48	办公用品
黑色油墨	2014年9月22日	64	办公用品
鼠标	2014年9月22日	32	电脑设备
内存条	2014年9月22日	10	电脑设备
文件袋	2014年10月8日	121	办公用品
A4打印纸	2014年10月8日	60	办公用品
黑色油墨	2014年10月8日	164	办公用品

图 5-17　将产品归类

判断依据：文件袋、A4 打印纸和黑色油墨属于办公用品，其余产品属于电脑设备。

判断产品类别并进行归类的具体操作步骤如下。

（1）选中 D2 单元格，在公式编辑栏中输入下面的公式：

=IF(OR(A2="文件袋",A2="A4 打印纸",A2="黑色油墨"),"办公用品","电脑设备")

按 Enter 键确认输入，即可将 2014 年 7 月 2 日采购的“文件袋”进行分类，如图 5-18 所示。

（2）双击 D2 单元格的填充柄将公式向下复制到 D3:D21 单元格中。

D2　=IF(OR(A2="文件袋",A2="A4打印纸",A2="黑色油墨"),"办公用品","电脑设备")

	A	B	C	D
1	产品名称	采购日期	采购数量	产品分类
2	文件袋	2014年7月2日	119	办公用品
3	A4打印纸	2014年7月2日	65	
4	黑色油墨	2014年7月2日	78	
5	鼠标	2014年7月2日	12	
6	内存条	2014年7月2日	50	
7	键盘	2014年7月2日	20	
8	文件袋	2014年8月14日	104	
9	A4打印纸	2014年8月14日	42	
10	黑色油墨	2014年8月14日	110	
11	鼠标	2014年8月14日	10	
12	内存条	2014年8月14日	24	
13	键盘	2014年8月14日	11	

图 5-18　输入判断公式

公式解析：

使用 OR 函数判断单元格中的内容是否是括号中的任意一个产品名称，如果有一个条件成立，则 IF 函数中返回“办公用品”，否则返回“电脑设备”。

5.3　数学与三角函数应用举例

在日常工作中遇到的求和、求积、绝对值、商和余数等问题，都可以运用数学与三角函数进行处理。Excel 提供了几乎所有的数学与三角函数，可以帮助用户方便快捷地运算各类数学公式。常用的数学与三角函数有：SUM、SORT、SUMIF 和 PRODUCT 等。本节就来通过几个实例介绍一下数学函数的用法。

5.3.1　根据已知等边三角形周长计算面积

在已知等边三角形周长的情况下，利用 SORT 函数直接计算出面积。如图 5-19 所示，在 B2 单元格中输入下面的公式：

=SQRT(B1/2*POWER(B1/2-B1/3,3))

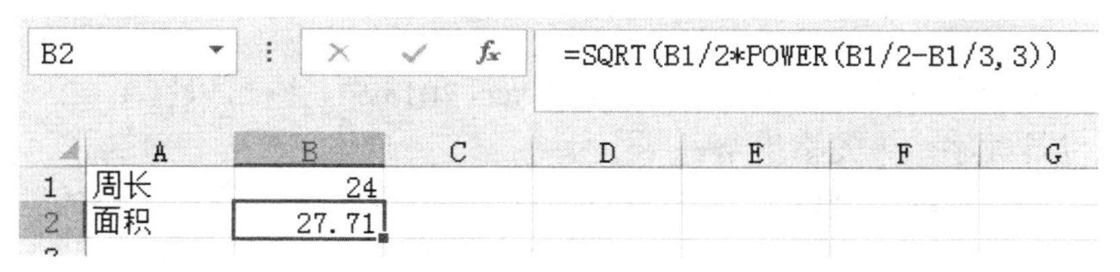
B2　=SQRT(B1/2*POWER(B1/2-B1/3,3))

	A	B
1	周长	24
2	面积	27.71

图 5-19　根据等边三角形的周长计算面积

公式解析：

- SQRT 函数用于计算非负实数的平方根，如果参数为负值，则返回错误值。例如：

=SQRT(16)——结果等于“4”

=SQRT(-2)——结果等于错误值“#NUM!”

- POWER 函数用于计算底数的乘幂，底数可以是大于、小于、等于“0”的任意实数，指数也可以是大于、小于、等于“0”的任意实数。例如：

=POWER(0.26,13)

=POWER(0,1.5)

- MOD 函数用于计算除法运算中的余数。余数即被除数整除后余下部分的数值。MOD 函数包含三个参数，分别为被除数、除数和余数。MOD 函数中的参数必须是数值，或者可以被转换成值的数字，而且第二个参数（除数）不能为“0”值。例如：

=MOD(48,7)——结果为“6”

=MOD(11,2)——结果为“1”

5.3.2 计算工人日产值

已知工人每天的工作时间、每小时模数、每模产量和产品单价，计算工人的日产值。

计算日产值的具体操作步骤如下。

（1）打开本章素材文件“计算工人日产值.xlsx”，在 F2 单元格中输入公式

=PRODUCT(C2:F2)

（2）完成公式输入后，拖动填充柄，向下复制公式到该项其他单元格中，如图 5-20 所示。

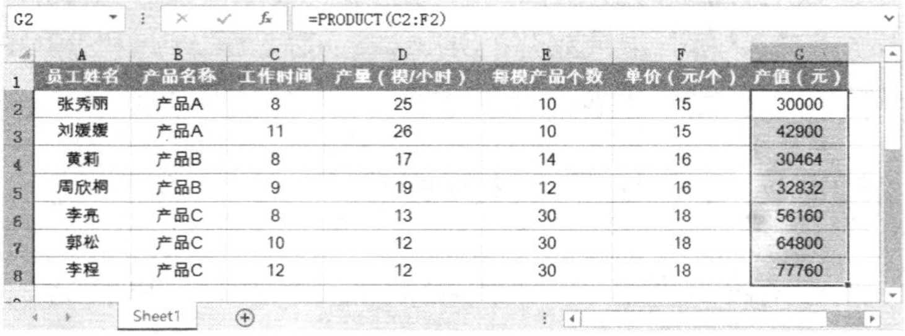

G2 =PRODUCT(C2:F2)

	A	B	C	D	E	F	G
1	员工姓名	产品名称	工作时间	产量（模/小时）	每模产品个数	单价（元/个）	产值（元）
2	张秀丽	产品A	8	25	10	15	30000
3	刘媛媛	产品A	11	26	10	15	42900
4	黄莉	产品B	8	17	14	16	30464
5	周欣桐	产品B	9	19	12	16	32832
6	李亮	产品C	8	13	30	18	56160
7	郭松	产品C	10	12	30	18	64800
8	李程	产品C	12	12	30	18	77760

Sheet1

图 5-20 复制公式到该项其他单元格中

公式解析：

- PRODUCT 函数返回参数的乘积，在 Excel 2013 中，它可以有 1～255 个参数。参数可以是数字、单元格引用。

对于文本型数字参数，函数将之当作数字计算，如果输入时在单元格的数字前添加了单引号转换成文本，那么函数将忽略对该单元格的引用。例如 A1 的值是“'2”，那么以下公式只计算参数“3”。

=PRODUCT(3,A1)——结果等于“3”

5.3.3　对指定员工销售业绩进行汇总

一位员工拥有多种产品的销售业绩，如果需要对该员工的销售业绩进行汇总，可参考下面的方法实现。

（1）打开本章素材文件“对指定员工销售业绩进行汇总.xlsx”，在单元格 F2 中输入公式：

=SUMIF(B2:B11,"=赵丽丽",C2:C11)

（2）完成公式输入后，计算结果将如图 5-21 所示。

F2　=SUMIF(B2:B11,"=赵丽丽",C2:C11)

	A	B	C	D	E	F
1	产品类别	销售人员	销售金额		销售业绩	
2	女针织	赵丽丽	¥ 4,678.00		赵丽丽	¥ 44,254.00
3	女毛织	李岩	¥ 5,386.00			
4	女梭织	周晓	¥ 17,203.00			
5	女连衣裙	赵丽丽	¥ 25,375.00			
6	女短裤/裙	赵丽丽	¥ 9,389.00			
7	女牛仔	周晓	¥ 26,513.00			
8	女T恤	李岩	¥ 7,525.00			
9	男羽绒	周晓	¥ 22,897.00			
10	男休闲	李岩	¥ 8,790.00			
11	男牛仔	赵丽丽	¥ 4,812.00			

Sheet1

图 5-21　计算指定员工销售业绩

公式解析：

- SUMIF 函数用于条件求和，它包含以下三个参数：求和的条件区域、限制条件和实际求和的区域。第三个参数为可选参数。例如，假设在含有数字的 C 列中，需要对大于“100”的数字求和，可输入如下公式。

=SUMIF(C1:C25, ">100")

5.3.4　求员工平均销售额（舍入取整）

根据 5.3.3 小节中的例子销售额统计表，计算员工的平均销售金额，结果以整数显示。求员工平均销售额的具体操作步骤如下。

沿用 5.3.3 小节例子中的素材文件，在 C12 单元格中输入下面的公式：

=INT(AVERAGE(C2:C11))

按 Enter 键确认输入后，即可以整数返回员工产品平均销售金额，如图 5-22 所示。

公式解析：

- INT 函数用于将指定数值向下取整为最接近的整数。它只有一个参数，即要进行计算的数值或单元格的引用。

5.3.5　与上周相对比分析本周销售额的升跌情况

在如图 5-23 所示的本周销售额分析表中，根据本周与上周的销售额，判断本周销售额的上升或下滑情况，并以具体数值来体现。

C12 =INT(AVERAGE(C2:C11))

产品类别	销售人员	销售金额
女针织	赵丽丽	¥ 4,678.00
女毛织	李岩	¥ 5,386.00
女梭织	周晓	¥ 17,203.00
女连衣裙	赵丽丽	¥ 25,375.00
女短裤/裙	赵丽丽	¥ 9,389.00
女牛仔	周晓	¥ 26,513.00
女T恤	李岩	¥ 7,525.00
男羽绒	周晓	¥ 22,897.00
男休闲	李岩	¥ 8,790.00
男牛仔	赵丽丽	¥ 4,812.00
平均销售额		¥ 13,256.00

图 5-22　求平均销售额

销售分析				
本周目标(元)		9331	实际完成销售额(元)	
天气温度（℃）	星期	上周销售	本周销售	对比升跌
29-34	一	2009	1388	下滑621
28-33	二	586	1076	上升490
30-35	三	603	1568	上升965
28-33	四	356	1070	上升714
30-37	五	1015	774	下滑241
30-37	六	1597	1150	下滑447
30-37	日	1697	1000	下滑697
合计		7863	8026	上升163

图 5-23　销售分析表

判断销售额升跌情况的具体操作步骤如下。

（1）打开本章素材文件“销售分析表.xlsx”，在 E2 单元格中输入下面的公式：

=IF(C5>D5,"下滑","上升")&ABS(C5-D5)

按 Enter 键确认输入。此时单元格返回“星期一”上周和本周产品销售额的比较值为“下滑 621”，如图 5-24 所示。

E5 =IF(C5>D5,"下滑","上升")&ABS(C5-D5)

销售分析				
本周目标(元)		9331	实际完成销售额(元)	
天气温度（℃）	星期	上周销售	本周销售	对比升跌
29-34	一	2009	1388	下滑621
28-33	二	586	1076	
30-35	三	603	1568	
28-33	四	356	1070	
30-37	五	1015	774	
30-37	六	1597	1150	
30-37	日	1697	1000	
合计		7863	8026	

图 5-24　输入公式

（2）双击 E2 单元格的填充柄将公式向下复制到 E12 单元格中。

公式解析：

本例中首先使用 IF 函数判断本周与上周销量的上升或下跌情况，并返回相对应的文本内容，然后使用“&”连接符将 ABS 函数返回的两周销售之差的绝对值，便得出用户想要的结果。

- ABS 函数用于将任意数值转换成绝对值。“0”和正数转换后结果不变，负数经过 ABS 函数转换后取其相反数，也就是去掉所有数值的正负号。

ABS 函数只有一个参数，可以是数值、单元格的引用、表达式或数组。该参数必须是数值或可以转换成数值的引用。

5.4　日期和时间函数应用举例

日期和时间函数也是日常工作中使用频率较高的函数。当需要对日期型数据进行处理或日期与其他类型数据间进行转换时，就会用到此类函数。例如可以通过 TODAY 函数获取当前的系统日期，方法是在单元格内输入函数的公式“TODAY()”。按 Enter 键确认输入之后可以看到返回的当前日期，如图 5-25 所示。

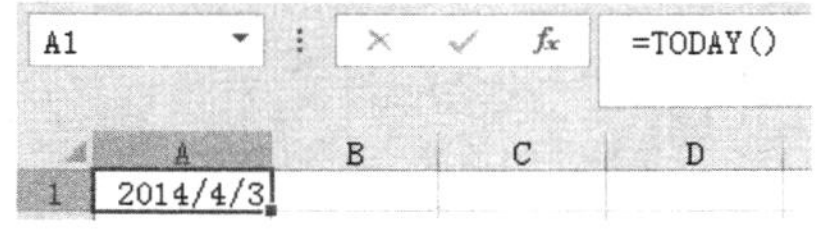

图 5-25　获取当前系统日期

常用的日期和时间函数还有 DATE、TIMEVALUE、MONTH 等。下面通过几个实例介绍日期和时间函数的使用方法。

5.4.1　计算员工退休日期

根据员工的出生日期，可将每位员工的退休日期计算出来。另外，根据性别的不同，退休的年龄也不相同，男员工和女员工的退休年龄分别为 60 岁和 50 岁。

计算员工退休日期的具体操作步骤如下。

（1）打开本章素材文件“计算员工退休日期.xlsx”。单击 E2 单元格，在编辑栏中输入公式：

=DATE(LEFT(D2,4)+IF(C2="男",60,50),MID(D2,5,2),RIGHT(D2,2)+1)

（2）复制公式到该列其他单元格中，如图 5-26 所示。

公式解析：

本例使用 IF 函数判断员工性别，如果性别为“男”则返回“60”；LEFT 函数用于提取出生日期中的年份；MID 函数提取出生日期中的月；RIGHT 函数提取出生日期中的日；最后使用 DATE 函数生成日期序列号。

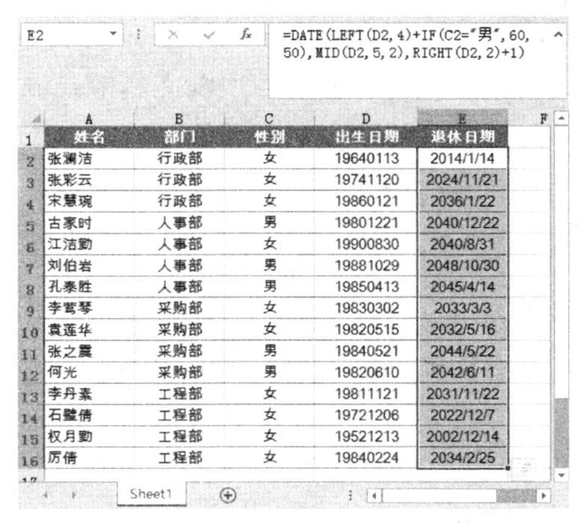

姓名	部门	性别	出生日期	退休日期
张澜洁	行政部	女	19640113	2014/1/14
张彩云	行政部	女	19741120	2024/11/21
宋慧琬	行政部	女	19860121	2036/1/22
古家时	人事部	男	19801221	2040/12/22
江洁勤	人事部	女	19900830	2040/8/31
刘伯岩	人事部	男	19881029	2048/10/30
孔泰胜	人事部	男	19850413	2045/4/14
李莺琴	采购部	女	19830302	2033/3/3
袁莲华	采购部	女	19820515	2032/5/16
张之震	采购部	男	19840521	2044/5/22
何光	采购部	男	19820610	2042/6/11
李丹素	工程部	女	19811121	2031/11/22
石璧倩	工程部	女	19721206	2022/12/7
权月勤	工程部	女	19521213	2002/12/14
厉倩	工程部	女	19840224	2034/2/25

图 5-26　计算员工退休日期

- TODAY 函数用于提取当前系统日期，不包含时间。日期受控于 Windows 控制面板中的“日期和时间属性”设置。
- DATE 函数可以将代表年、月、日的数字转换成日期序列号。如果输入公式前单元格格式是常规，那么公式可以将单元格数字格式定义为日期格式。该函数包括年、月、日三个函数。参数可以是数字、文本型数字以及表达式，如果是文本则返回错误值。例如：

=DATE(2014,3,24)——结果等于“2014/3/24”

5.4.2 统计员工的缺勤次数

在月底结算员工薪资的时候，需要计算出员工当月的缺勤次数，根据打卡的时间可以参照下面的方法统计员工的缺勤次数。

（1）打开本章素材文件“统计员工的缺勤次数.xlsx”，在 G2 单元格中输入公式

=SUM(E2>TIMEVALUE("8:30:59"),F2<TIMEVALUE("17:30:00"))

（2）将公式复制到其他单元格中，表格中将显示出计算结果，如图 5-27 所示。

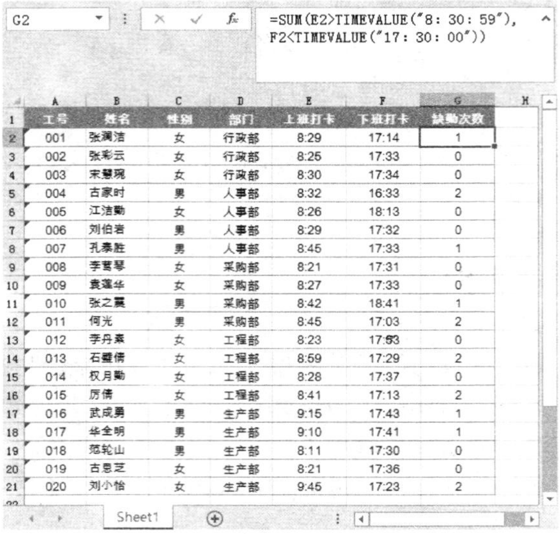

G2 =SUM(E2>TIMEVALUE("8: 30: 59"), F2<TIMEVALUE("17: 30: 00"))

工号	姓名	性别	部门	上班打卡	下班打卡	缺勤次数
001	张澜洁	女	行政部	8:29	17:14	1
002	张彩云	女	行政部	8:25	17:33	0
003	宋慧琬	女	行政部	8:30	17:34	0
004	古家时	男	人事部	8:32	16:33	2
005	江洁勤	女	人事部	8:26	18:13	0
006	刘伯岩	男	人事部	8:29	17:32	0
007	孔泰胜	男	人事部	8:45	17:33	1
008	李茑琴	女	采购部	8:21	17:31	0
009	袁莲华	女	采购部	8:27	17:33	0
010	张之翼	男	采购部	8:42	18:41	1
011	何光	男	采购部	8:45	17:03	2
012	李丹素	女	工程部	8:23	17:53	0
013	石霾倩	女	工程部	8:59	17:29	2
014	权月勤	女	工程部	8:28	17:37	0
015	厉倩	女	工程部	8:41	17:13	2
016	武成勇	男	生产部	9:15	17:43	1
017	华全明	男	生产部	9:10	17:41	1
018	范轮山	男	生产部	8:11	17:30	0
019	古思芝	女	生产部	8:21	17:36	0
020	刘小怡	女	生产部	9:45	17:23	2

Sheet1

图 5-27 统计员工缺勤次数

公式解析：

本例使用 TIMEVALUE 函数将员工上班和下班的打卡时间转换为时间序列号，再将员工应该的上下班时间与之进行比较，判断该员工是否迟到或早退。最后使用 SUM 函数求出缺勤次数。

TIMEVALUE 函数用于将文本格式的时间转换为时间序列号。参数必须以文本格式输入，时间必须要加双引号，否则返回错误值。

5.4.3 计算 6 月份指定两种产品的出货量

仓库出货登记表中记录了各种库存货品的出库数量与出库时间，现在需要将其中两款产品（“男牛仔”和“女牛仔”）在 6 月份时的出库总数计算出来，可参照下面的操作步骤实现。

（1）打开本章素材文件“计算指定产品的出货量.xlsx”，在 M3 单元格中输入公式：

=SUM(IF(MONTH(A3:A22)=6,IF((B2:J2="男牛仔")+(B2:J2="女牛仔"),B3:J22)))

（2）按 CTRL+Shift+Enter 组合键后，将公式复制到其他单元格中，得到男牛仔和女牛仔两种产品在 6 月份的总出货量，如图 5-28 所示。

M3 {=SUM(IF(MONTH(A3:A22)=6,IF((B2:J2="男牛仔")+(B2:J2="女牛仔"),B3:J22)))}

仓库出货登记

出货日期	男T恤	男休闲	男牛仔	女针织	女梭织	女连衣裙	女短裤/裙	女牛仔	女T恤
2014年4月21日	230	329	390	496	672	598	429	555	512
2014年4月29日	346	307	214	568	545	500	455	543	422
2014年5月3日	246	256	325	572	676	451	536	687	664
2014年5月7日	144	251	408	511	366	638	543	488	581
2014年5月11日	282	261	223	428	591	406	657	602	578
2014年5月19日	139	227	482	402	565	608	545	500	513
2014年5月23日	139	326	427	441	344	507	571	621	410
2014年5月31日	278	236	437	422	440	462	671	652	615
2014年6月4日	147	349	425	559	308	407	630	662	671
2014年6月8日	247	212	340	615	621	420	619	455	682
2014年6月12日	131	299	477	657	456	479	509	522	583
2014年6月20日	246	332	329	573	416	421	665	489	548
2014年6月24日	379	358	151	437	475	656	426	494	603
2014年6月28日	372	255	146	408	693	535	516	646	542
2014年7月2日	286	232	478	618	476	684	558	631	689
2014年7月14日	193	295	300	529	344	673	644	567	656
2014年7月18日	369	308	253	413	658	584	437	599	401
2014年7月22日	372	370	241	606	517	631	676	412	597
2014年7月30日	130	228	389	450	645	505	590	492	516
2014年8月3日	137	363	211	639	356	482	413	529	676

出货量	男牛仔、女牛仔
6月份	5136

图 5-28　计算 6 月份指定两种产品的出货量

公式解析：

本例中使用第一个 IF 函数排除 6 月份以外的数据，第二个 IF 函数排除指定两种产品外的其他产品出货量。然后使用 SUM 函数进行最后的汇总。

MONTH 函数用于返回表示日期中的月份（包含月份的日期），并且只有一个参数。若使用文本作为参数，可能无法得到需要的计算结果。

5.4.4　计算日工作时间

公司规定每天 8 点上班，下午 6 点下班，午休 2 小时，共计工作 8 小时左右，现在需要根据打卡时间统计每个员工扣除休息时间后的上班时间，精确到分钟，单位转换为小时。

计算日工作时间的具体操作步骤如下。

（1）打开本章素材文件“计算工作时间.xlsx”，在 H2 单元格中输入下面的公式：

=HOUR(F2)+MINUTE(F2)/60-HOUR(E2)-MINUTE(E2)/60-G2

（2）将公式向下复制到 H16 单元格中，如图 5-29 所示。

H2 =HOUR(F2)+MINUTE(F2)/60-HOUR(E2)-MINUTE(E2)/60-G2

工号	姓名	性别	部门	上班打卡	下班打卡	午休时间	工作时间
001	张澜洁	女	行政部	7:29	18:14	2	8.75
002	张彩云	女	行政部	7:55	19:33	2	9.63
003	宋慧琬	女	行政部	7:30	18:34	2	9.07
004	古家时	男	人事部	7:32	17:33	2	8.02
005	江洁勤	女	人事部	9:26	19:13	2	7.78
006	刘伯岩	男	人事部	7:29	18:32	2	9.05
007	孔泰胜	男	人事部	7:45	18:33	2	8.80
008	李莺琴	女	采购部	8:21	18:31	2	8.17
009	袁莲华	女	采购部	8:27	18:33	2	8.10
010	张之震	男	采购部	7:42	19:41	2	9.98
011	何光	男	采购部	7:45	18:03	2	8.30
012	李丹素	女	工程部	8:23	18:53	2	8.50
013	石璧倩	女	工程部	7:59	18:29	2	8.50
014	权月勤	女	工程部	7:27	18:37	2	9.17
015	厉倩	女	工程部	7:41	18:13	2	8.53

图 5-29　计算工作时间，精确到分钟

公式解析：

本例公式使用 HOUR 函数计算工作的小时数，用 MINUTE 函数计算分钟数，再将分钟除以 60 转换成小时数。将两者相加再扣除休息时间，即可得到工作时间，单位为小时。

- HOUR 函数可以返回时间值的小时数。即一个介于 0～23 之间的整数。它只有一个参数，该参数表示时间值，可以是时间序列号，也可以是文本型时间。
- MINUTE 函数可以返回时间值的分钟部分，为一个介于 0～59 之间的整数。它有一个参数，且必须是时间或者带有日期和时间的序列值。

5.4.5 计算产品入库天数

一般情况下，在产品入库一段时间后，需要对库存进行整理，计算各种产品的入库天数。

（1）打开素材文件“计算产品入库天数.xlsx”，选中 D2 单元格，在公式编辑栏中输入公式：

=DATEDIF(C2,TODAY(),"D")

按 Enter 键即可根据产品入库日期得到产品入库天数。

（2）将公式向下复制到 D16 单元格中，如图 5-30 所示。

D2 =DATEDIF(C2,TODAY(),"D")

	A	B	C	D
1	产品名称	产品代码	入库日期	入库天数
2	膨化食品	10102	2014/5/2	46
3	肉脯食品	10105	2014/6/6	11
4	饼干	10202	2014/3/7	102
5	曲奇		2014/4/15	63
6	香口胶	10302	2014/3/21	88
7	软糖	10305	2014/6/15	2
8	奶、豆粉	10402	2014/4/1	77
9	夏凉饮品	10405	2014/4/6	72
10	藕粉、羹		2014/4/14	64
11	参茸滋补	10502	2014/6/6	11
12	药酒	10505	2014/4/24	54
13	碳酸饮料	20102	2014/4/29	49
14	果汁	20105	2014/6/12	5
15	国产白酒	20202	2014/5/9	39
16	功能酒	20205	2014/5/14	34

Sheet1

图 5-30 计算产品入库天数

公式解析：

本例公式利用 DATEDIF 函数计算当前日期和指定单元格中日期的相差天数。

- DATEDIF 函数用于计算两个日期之间的年数、月数和天数。它包含了 3 个参数，第一个参数表示起始日期，第二个参数表示终止日期，最后一个参数表示要返回两个日期的参数代码。

5.5 查找与引用函数应用举例

使用查找和引用函数能够对数据表中的数据按照不同的条件进行查询，并引用查询到的结果进行计算，大大提高了工作效率。常用的查找与引用函数有 ROW、INDEX、LOOKUP、MATCH 等。下面通过几个实例来了解这类函数的使用方法。

5.5.1 提取员工姓名

在员工资料表中，若要将员工的姓名提取出来，可以按照下面的步骤进行操作。

（1）打开本章素材文件“提取员工姓名.xlsx”，在单元格 D2 中输入下面的公式以提取员工姓名。

=INDEX(B:B,ROW()*3-3)&""

（2）复制公式到其他单元格中，提取到每个员工的姓名，如图 5-31 所示。

公式解析：

本例使用ROW函数产生以公式所在行的行号开始的自然数序列，即 2，然后乘以 3 再减去 3 即得到 3，6，9，12，…这种递增步长为 3 的自然数序列。然后用 INDEX 函数返回该序列所对应的行的引用。

- ROW 函数可以用于指定单元格的行号。它有一个可选参数，用来表示所要引用的单元格或单元格区域，结果返回引用区域的行号。如果忽略参数则表示引用公式所在单元格的行号。
- INDEX 函数用于返回数组或区域中的值或值的引用。函数 INDEX 有数组和引用两种形式。当它是数组形式时，有三个参数，第一个参数为内存数组或常量数组；第二、第三个参数分别表示返回值数组中的行号、列号。当它是引用形式时，有四个参数，第一个参数是引用区域（一个或多个区域）；第二、第三个参数分别表示返回值在引用区域中的行号、列号；第四个参数用于指定区域个数，表示从第几个区域中引用数据。例如：

=INDEX((A:A,E:E),3,1,1)——返回第一个区域中的 A3 的引用

=INDEX((A:A,E:E),3,1,2)——返回第二个区域中的 E3 的引用

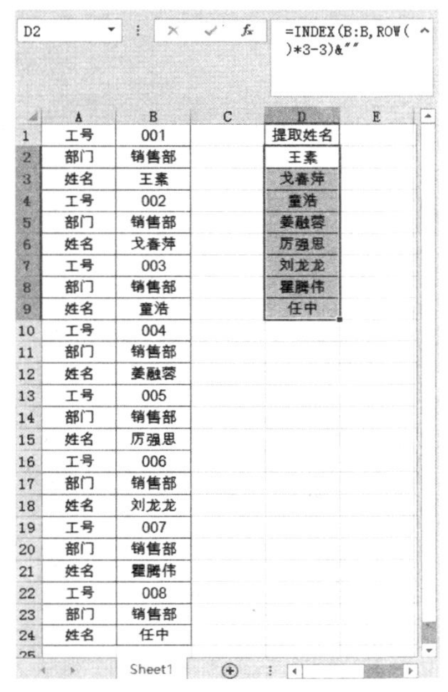

	A	B	C	D	E
1	工号	001		提取姓名	
2	部门	销售部		王素	
3	姓名	王素		戈春萍	
4	工号	002		童浩	
5	部门	销售部		姜融蓉	
6	姓名	戈春萍		厉强思	
7	工号	003		刘龙龙	
8	部门	销售部		瞿腾伟	
9	姓名	童浩		任中	
10	工号	004			
11	部门	销售部			
12	姓名	姜融蓉			
13	工号	005			
14	部门	销售部			
15	姓名	厉强思			
16	工号	006			
17	部门	销售部			
18	姓名	刘龙龙			
19	工号	007			
20	部门	销售部			
21	姓名	瞿腾伟			
22	工号	008			
23	部门	销售部			
24	姓名	任中			

图 5-31　提取员工姓名

5.5.2　根据员工各项产品的销售业绩评定等级

按照第一季度各个产品的平均销售量，评定员工的销售能力等级。评定规则如下：平均销售量在 400 以下为“不合格”，400～600 为“合格”，600～800 为“良”，800 以上为“优”。

根据规则评定员工等级的具体操作步骤如下。

（1）打开本章素材文件“评定销售业绩等级.xlsx”，在 H4 单元格输入下面的公式。

=LOOKUP(AVERAGE(B4:G4),{0,400,600,800},{"不合格","合格","良","优"})

（2）将公式复制到其他单元格，得出评定结果，如图 5-32 所示。

公式解析：

本例首先使用 AVERAGE 函数（参考 5.6 节中内容）计算员工 6 种产品的平均销量，然后构建两个常量数组，第一个数组中的数字为评定的临界值，第二个数组表示相对应的评定结果。最后使用 LOOKUP 函数在第一个常量数组中查找平均销量并返回相应的评定结果。

- LOOKUP 函数用于在工作表中的某一个区域或数组中查找指定的值，然后返回另一个区域或数组中相对应的值。

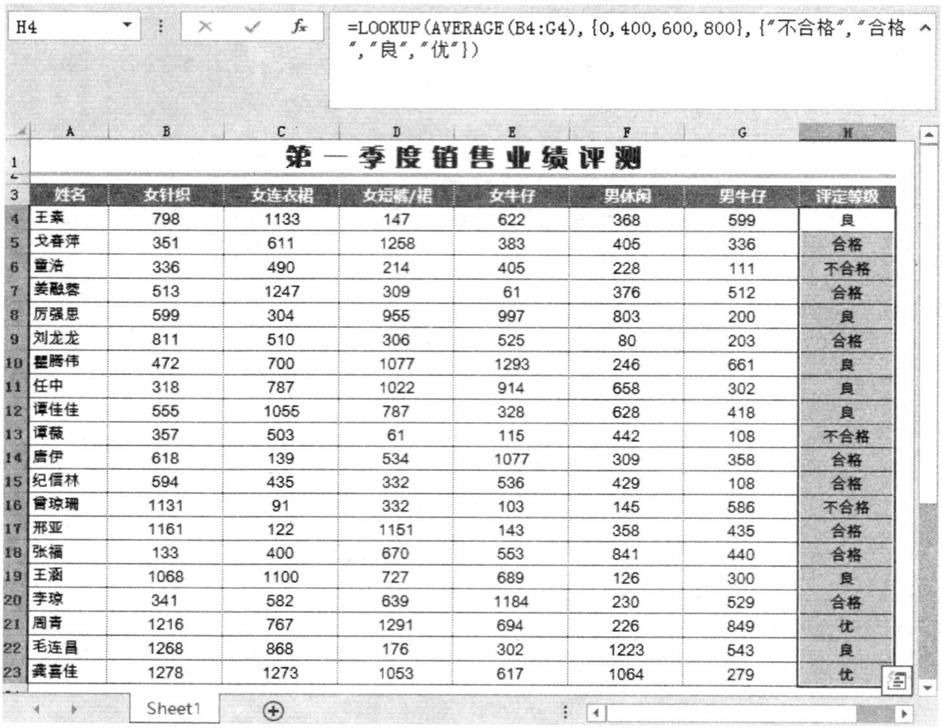

H4 =LOOKUP(AVERAGE(B4:G4),{0,400,600,800},{"不合格","合格","良","优"})

第一季度销售业绩评测

姓名	女针织	女连衣裙	女短裤/裙	女牛仔	男休闲	男牛仔	评定等级
王素	798	1133	147	622	368	599	良
戈春萍	351	611	1258	383	405	336	合格
童浩	336	490	214	405	228	111	不合格
姜融蓉	513	1247	309	61	376	512	合格
厉强思	599	304	955	997	803	200	良
刘龙龙	811	510	306	525	80	203	合格
瞿腾伟	472	700	1077	1293	246	661	良
任中	318	787	1022	914	658	302	良
谭佳佳	555	1055	787	328	628	418	良
谭薇	357	503	61	115	442	108	不合格
唐伊	618	139	534	1077	309	358	合格
纪信林	594	435	332	536	429	108	合格
曾琼珊	1131	91	332	103	145	586	不合格
邢亚	1161	122	1151	143	358	435	合格
张福	133	400	670	553	841	440	合格
王涵	1068	1100	727	689	126	300	良
李琼	341	582	639	1184	230	529	合格
周青	1216	767	1291	694	226	849	优
毛连昌	1268	868	176	302	1223	543	良
龚喜佳	1278	1273	1053	617	1064	279	优

Sheet1

图 5-32　评定员工销售能力等级

LOOKUP 函数有两种形式，一种是数组形式，包含两个参数；另一种是向量形式，包含三个参数。如果是数组形式，那么该函数总是在第一行或者列的区域进行查找，然后返回最后一行或者列所对应的值。

5.5.3　查询公司员工的销售情况

根据公司员工的销售情况表，通过公式查询员工每种产品的销售情况，判断其是否完成公司所下达的销售任务，并根据公司的提成制度计算出员工应得的提成金额。该公司制定的提成制度如下。

在完成公司下达的销售任务的前提下，销售额大于 3500，按照 10%提成；3000～3500 之间，按照 9%提成；2500～3000 之间，按照 8%提成；1600～2500 之间，按照 7%提成。

查询员工销售情况的具体操作方法如下。

（1）打开本章素材文件“查询公司员工的销售情况.xlsx”，在 B15 单元格中输入公式：

=INDEX(B2:G10,MATCH(B13,A2:A10,0),MATCH(B14,B1:G1,0))

（2）此时，在 B13 和 B14 单元格中输入销售员姓名和商品名称作为查询条件，B15 单元格中将显示查询结果，如图 5-33 所示。

（3）在 B16 单元格中输入下面的公式，用于判断员工是否完成任务，如图 5-34 所示。

=IF(VLOOKUP(B13,A1:G11,MATCH(B14,A1:G1,),0)>=VLOOKUP(A11,A1:G11,MATCH(B14,A1:G1,),0),"完成","未完成")

B15　=INDEX(B2:G10,MATCH(B13,A2:A10,0),MATCH(B14,B1:G1,0))

	A	B	C	D	E	F	G
1	销售员	女针织	女连衣裙	女短裤/裙	女牛仔	男休闲	男牛仔
2	王素	2350	3434	2573	3963	3822	2017
3	戈春萍	2922	2928	222	382	3122	3529
4	童浩	2023	581	3434	265	2530	709
5	姜融蓉	2689	3385	2132	3303	699	674
6	厉强思	3228	1744	844	579	2373	518
7	刘龙龙	1493	3990	3916	301	2379	3679
8	瞿腾伟	3486	3611	3179	3858	3390	3171
9	任中	1889	943	2292	1116	2046	2168
10	谭佳佳	2772	3551	2771	3374	1928	1757
11	任务底限	1600	1600	1600	1600	1600	1600
12							
13	销售员	王素					
14	商品名称	女针织					
15	完成销售额	2350					
16	是否完成任务						
17	提成						
18							

Sheet1

图 5-33　显示指定员工的销售额

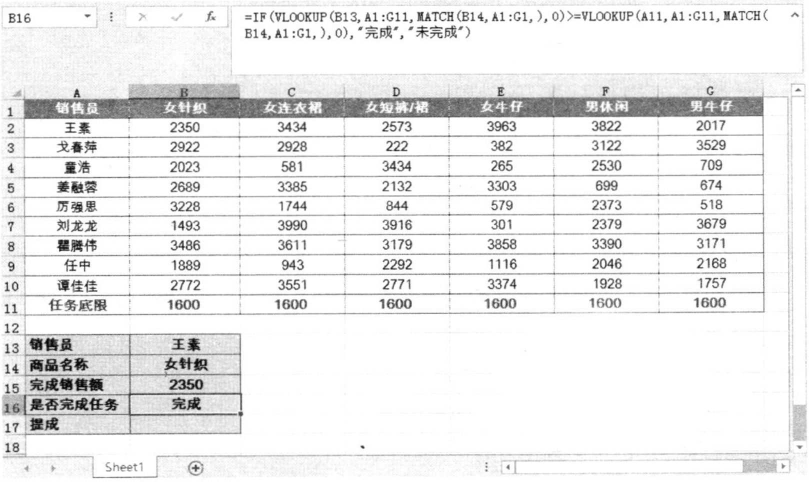

B16　=IF(VLOOKUP(B13,A1:G11,MATCH(B14,A1:G1,),0)>=VLOOKUP(A11,A1:G11,MATCH(B14,A1:G1,),0),"完成","未完成")

	A	B	C	D	E	F	G
1	销售员	女针织	女连衣裙	女短裤/裙	女牛仔	男休闲	男牛仔
2	王素	2350	3434	2573	3963	3822	2017
3	戈春萍	2922	2928	222	382	3122	3529
4	童浩	2023	581	3434	265	2530	709
5	姜融蓉	2689	3385	2132	3303	699	674
6	厉强思	3228	1744	844	579	2373	518
7	刘龙龙	1493	3990	3916	301	2379	3679
8	瞿腾伟	3486	3611	3179	3858	3390	3171
9	任中	1889	943	2292	1116	2046	2168
10	谭佳佳	2772	3551	2771	3374	1928	1757
11	任务底限	1600	1600	1600	1600	1600	1600
12							
13	销售员	王素					
14	商品名称	女针织					
15	完成销售额	2350					
16	是否完成任务	完成					
17	提成						
18							

Sheet1

图 5-34　判断该员工是否完成任务指标

（4）在 B17 单元格中输入下面的公式，用来计算提成的金额，如图 5-35 所示。

=IF(B16="未完成",0,IF(B15<1600,B15*0.06,IF(B15<2500,B15*0.07,IF(B15<3000,B15*0.08,IF(B15<3500,B15*0.09,B15*0.1)))))

公式解析：

本例中使用 MATCH 函数来获取商品名称所在的位置。

- MATCH 函数用于返回在指定方式下与指定数值匹配的数组元素的相应位置。所谓指定方式是指精确匹配和大致匹配。它包括三个参数，第一个参数为需要在区域或者数组中查找的数值；第二个参数表示一个区域或者数组，MATCH 函数在此区域或数组中查找第一个参数的值，返回第一个参数在第二个参数中出现的位置；第三个参数是可选参数，当忽略参数或者参数是“TRUE”以及“1”和“-1”时，其匹配方式为模糊匹配，如果第三个参数是“FALSE”或者“0”，则其匹配方式为精确匹配。

B17 =IF(B16="未完成",0,IF(B15<1600,B15*0.06,IF(B15<2500,B15*0.07,IF(B15<3000,B15*0.08,IF(B15<3500,B15*0.09,B15*0.1)))))

	A	B	C	D	E	F	G
1	销售员	女针织	女连衣裙	女短裤/裙	女牛仔	男休闲	男牛仔
2	王素	2350	3434	2573	3963	3822	2017
3	戈春萍	2922	2928	222	382	3122	3529
4	童浩	2023	581	3434	265	2530	709
5	姜融蓉	2689	3385	2132	3303	699	674
6	厉强思	3228	1744	844	579	2373	518
7	刘龙龙	1493	3990	3916	301	2379	3679
8	瞿腾伟	3486	3611	3179	3858	3390	3171
9	任中	1889	943	2292	1116	2046	2168
10	谭佳佳	2772	3551	2771	3374	1928	1757
11	任务底限	1600	1600	1600	1600	1600	1600
12							
13	销售员	王素					
14	商品名称	女针织					
15	完成销售额	2350					
16	是否完成任务	完成					
17	提成	164.5					
18							

Sheet1

图 5-35 显示提成金额

MATCH 函数智能查找目标数据在单个区域或者单个数组中的排位，而且该区域或者数组必须是单列或者单行。例如以下公式无法正确查找到目标值的排位。

=MATCH("A",{"C","F","R","Y"},0)——第二个参数使用了二维数组

- VLOOKUP 函数用于从数组或者引用区域的首列查找指定的值，并返回数组或与指定值同行的该区域中其他列的值，它包括四个参数，第一个参数为待查找的目标值，第二个参数为查找的目标区域或数组，第三个参数为在区域或数组中要返回的值所在列号，第四个参数为可选参数，表示查找类型。

VLOOKUP 函数只能用于横向查找。

5.5.4 制作动态销售数据表

要求根据所有分店的销售量统计表，制作动态销售量查询表。

具体操作步骤如下。

（1）打开本章素材文件“动态分店销售量查询表.xlsx”，在 I1 单元格中输入一个动态变量，如“2”。

（2）选中 I2 单元格并输入下面的公式：

=OFFSET(A1,0,$I$1)

按 Enter 键确认输入，即可根据动态变量（偏移量）返回对应的标识项“二店销售量”。

（3）将 I2 单元格的公式向下复制到 I6 单元格中，即可返回各产品在二店的销售量情况，如图 5-36 所示。

此时，修改 I1 单元格中的动态变量，如“4”，即可返回各产品在四店的销售量情况，如图 5-37 所示。

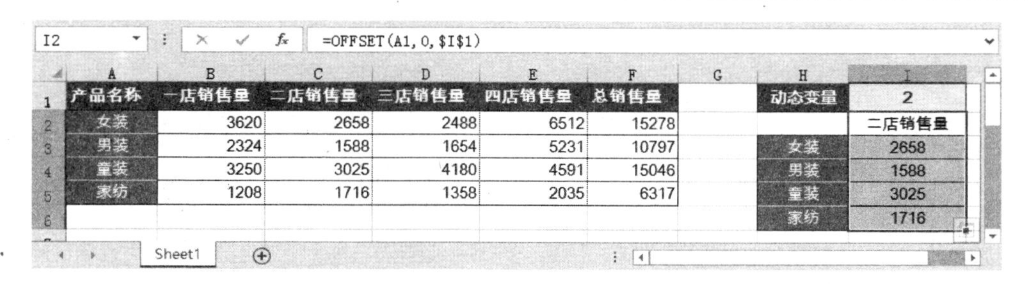

I2　=OFFSET(A1,0,$I$1)

	A	B	C	D	E	F	G	H	I
1	产品名称	一店销售量	二店销售量	三店销售量	四店销售量	总销售量		动态变量	2
2	女装	3620	2658	2488	6512	15278			二店销售量
3	男装	2324	1588	1654	5231	10797		女装	2658
4	童装	3250	3025	4180	4591	15046		男装	1588
5	家纺	1208	1716	1358	2035	6317		童装	3025
6								家纺	1716

Sheet1

图 5-36　动态查询各分店销售量

	A	B	C	D	E	F	G	H	I
1	产品名称	一店销售量	二店销售量	三店销售量	四店销售量	总销售量		动态变量	4
2	女装	3620	2658	2488	6512	15278			四店销售量
3	男装	2324	1588	1654	5231	10797		女装	6512
4	童装	3250	3025	4180	4591	15046		男装	5231
5	家纺	1208	1716	1358	2035	6317		童装	4591
6								家纺	2035

Sheet1

图 5-37　查询“四店”各产品的销售量

公式解析：

本例公式使用 OFFSET 函数将引用区域偏移并在新的单元格区域中显示。

- OFFSET 函数以指定的引用为参照系，通过给定的偏移量得到新的引用。返回的引用可以为一个单元格或单元格区域，并可以指定返回的行数或列数。它有五个参数，第一个参数表示偏移量参照系的引用区域；第二个参数表示相对于偏移量参照系左上角的单元格，向上（下）偏移的行数；第三个参数表示相对于偏移量参照系左上角的单元格，向左（右）偏移的列数；第四个参数和第五个参数是可选参数，分别表示新区域的高度和宽度；如果忽略第四个参数或第五个参数则表示“1”，而仅仅用逗号表示第二、第三个参数，则默认值为“0”。

5.5.5　将原始统计数据进行行列转置

延用上一小节的产品销售统计表，要求使用函数对原始的统计数据进行行列转置。

具体操作步骤如下。

（1）选中 B7:E7 单元格区域，在编辑栏中输入下面的公式：

=TRANSPOSE(A2:A5)

按 Ctrl+Shift+Enter 键，将原行标识项转置为列标识项，如图 5-38 所示。

（2）选中 A8:A12 单元格区域，在编辑栏中输入下面的公式：

=TRANSPOSE(B1:F1)

按 Ctrl+Shift+Enter 键，即可将原列标识项转置为行标识项，如图 5-39 所示。

（3）选中 B8:E12 单元格区域，在编辑栏中输入下面的公式：

=TRANSPOSE(B2:F5)

按 Ctrl+Shift+Enter 键，即可将各分店的销售数据转置显示，如图 5-40 所示。

B7　{=TRANSPOSE(A2:A5)}

产品名称	一店销售量	二店销售量	三店销售量	四店销售量	总销售量
女装	3620	2658	2488	6512	15278
男装	2324	1588	1654	5231	10797
童装	3250	3025	4180	4591	15046
家纺	1208	1716	1358	2035	6317

转置后	女装	男装	童装	家纺

图 5-38　将列标识项转置为行标识项

A8　{=TRANSPOSE(B1:F1)}

产品名称	一店销售量	二店销售量	三店销售量	四店销售量	总销售量
女装	3620	2658	2488	6512	15278
男装	2324	1588	1654	5231	10797
童装	3250	3025	4180	4591	15046
家纺	1208	1716	1358	2035	6317

转置后	女装	男装	童装	家纺
一店销售量				
二店销售量				
三店销售量				
四店销售量				
总销售量				

图 5-39　将行标识项转置为列标识项

B8　{=TRANSPOSE(B2:F5)}

产品名称	一店销售量	二店销售量	三店销售量	四店销售量	总销售量
女装	3620	2658	2488	6512	15278
男装	2324	1588	1654	5231	10797
童装	3250	3025	4180	4591	15046
家纺	1208	1716	1358	2035	6317

转置后	女装	男装	童装	家纺
一店销售量	3620	2324	3250	1208
二店销售量	2658	1588	3025	1716
三店销售量	2488	1654	4180	1358
四店销售量	6512	5231	4591	2035
总销售量	15278	10797	15046	6317

图 5-40　将各店销售数据转置显示

公式解析：

- TRANSPOSE 函数用于返回转置单元格区域，即将一行单元格区域转置成一列单元格区域函数。它有一个必选参数，即区域引用或者数组。

TRANSPOSE 函数的转置结果是一个数组，必须选择对应大小的单元格区域再输入公式，且要按 Ctrl+Shift+Enter 键，结果才可以显示出来。

5.6　统计函数应用举例

在企业管理过程中，往往需要对数据信息进行求和、计数或者求平均值，对于此类数据的处理要用到统计函数。常用的统计函数有 AVERAGE 函数、COUNT 函数、MAX 函数和 FREQUENCY 函数等。

5.6.1　求学生成绩的平均值和最大值

在学生期末成绩表中，根据学生的各科期末考试成绩，分别统计学生每科考试的平均分和最高分。

统计平均分和最高分的具体操作步骤如下。

（1）打开本章素材文件“求学生成绩平均分和最高分.xlsx”，在 B15 单元格中输入下面的公式：

=AVERAGE(B3:B14)

确认输入并将公式复制到 C15:E15 单元格区域中，如图 5-41 所示。

（2）在 B16 单元格中输入下面的公式并复制到 C16:E16 单元格区域中，如图 5-42 所示。

=MAX(B3:B14)

B15　=AVERAGE(B3:B14)

	A	B	C	D	E
1	期末成绩统计表				
2	姓名	语文	数学	英语	总分
3	成姣	93	96	90	279
4	党林盛	53	50	62	165
5	龚荷锦	70	72	95	237
6	黄英	76	63	72	211
7	厉振明	34	69	62	165
8	连柔萍	35	54	57	146
9	刘若辰	40	52	65	157
10	叶梦	42	37	77	156
11	于娜	42	40	83	165
12	张琳	98	61	94	253
13	张顺	98	48	51	197
14	赵伊	88	86	99	273
15	平均分	64	61	76	200
16	最高分				

Sheet1

图 5-41　计算学生平均分

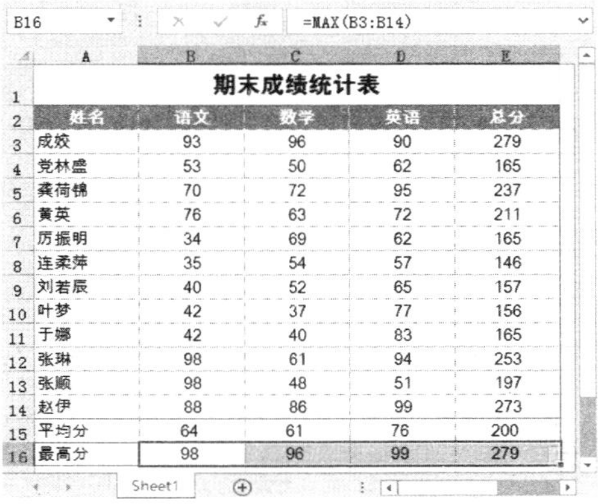

B16　=MAX(B3:B14)

	A	B	C	D	E
1	期末成绩统计表				
2	姓名	语文	数学	英语	总分
3	成姣	93	96	90	279
4	党林盛	53	50	62	165
5	龚荷锦	70	72	95	237
6	黄英	76	63	72	211
7	厉振明	34	69	62	165
8	连柔萍	35	54	57	146
9	刘若辰	40	52	65	157
10	叶梦	42	37	77	156
11	于娜	42	40	83	165
12	张琳	98	61	94	253
13	张顺	98	48	51	197
14	赵伊	88	86	99	273
15	平均分	64	61	76	200
16	最高分	98	96	99	279

Sheet1

图 5-42　计算学生成绩最高分

公式解析：

- AVERAGE 函数返回参数的算术平均值。参数可以是数值、逻辑值、文本、单元格引用以及数组。但是计算时将忽略文本和区域中的逻辑值、文本型数字。例如：

=AVERAGE(10,TRUE,FALSE,“30”)——结果等于“10.25”，“TRUE”当作“1”，“FALSE”当作“0”

=AVERAGE(10,A1,A2,A3)——当 A1 是“TRUE”，A2 是“FALSE”，A3 是“‘30”时，公式结果等于“10”

- MAX 函数用于返回数组中的最大值。MAX 函数会将直接输入到参数中的逻辑值和文本型数字进行计算，如果参数中没有文本，那么公式返回“0”。

5.6.2　求学生成绩不同分数段的人数

根据学生成绩表，按照评定规则，低于 60 分为“不及格”、60～70 分为“及格”、70～80 分为“中”、80～90 分为“良”、90 级以上为“优”。现在需要将整个班级中各个分数段的人数统计出来。可参考下面的操作方法。

（1）打开本章素材文件“求学生成绩不同分数段人数.xlsx”，选中 H3:H7 单元格区域，并在编辑栏中输入下面的公式：

=FREQUENCY($B$3:$B$14,$G$3:$G$7-0.01)

（2）按 Ctrl+Shift+Enter 键确认数组公式输入，得出语文成绩各个分数段的人数，如图 5-43 所示。

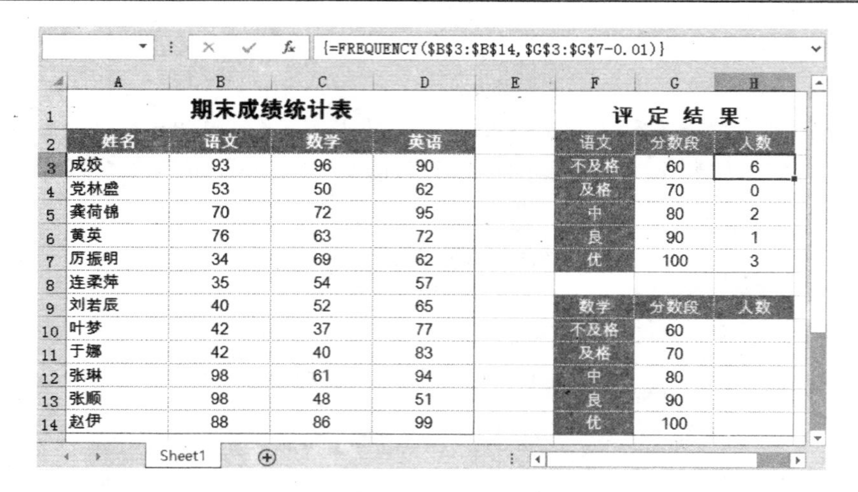
{=FREQUENCY($B$3:$B$14,$G$3:$G$7-0.01)}

期末成绩统计表

姓名	语文	数学	英语
成姣	93	96	90
党林盛	53	50	62
龚荷锦	70	72	95
黄英	76	63	72
厉振明	34	69	62
连柔萍	35	54	57
刘若辰	40	52	65
叶梦	42	37	77
于娜	42	40	83
张琳	98	61	94
张顺	98	48	51
赵伊	88	86	99

评 定 结 果

语文	分数段	人数
不及格	60	6
及格	70	0
中	80	2
良	90	1
优	100	3

数学	分数段	人数
不及格	60	
及格	70	
中	80	
良	90	
优	100	

图 5-43　输入数组公式

（3）使用同样的方法计算数学和英语各分数段人数，输入下列数组公式：

=FREQUENCY($C$3:$C$14,$G$3:$G$7-0.01)

=FREQUENCY($D$3:$D$14,$G$3:$G$7-0.01)

计算结果如图 5-44 所示。

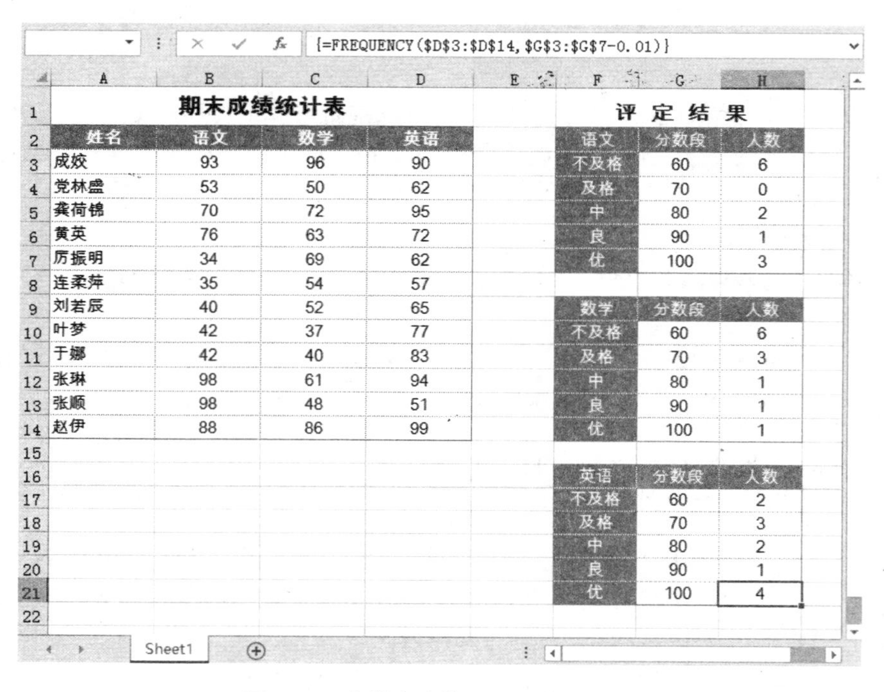
{=FREQUENCY($D$3:$D$14,$G$3:$G$7-0.01)}

期末成绩统计表

姓名	语文	数学	英语
成姣	93	96	90
党林盛	53	50	62
龚荷锦	70	72	95
黄英	76	63	72
厉振明	34	69	62
连柔萍	35	54	57
刘若辰	40	52	65
叶梦	42	37	77
于娜	42	40	83
张琳	98	61	94
张顺	98	48	51
赵伊	88	86	99

评 定 结 果

语文	分数段	人数
不及格	60	6
及格	70	0
中	80	2
良	90	1
优	100	3

数学	分数段	人数
不及格	60	6
及格	70	3
中	80	1
良	90	1
优	100	1

英语	分数段	人数
不及格	60	2
及格	70	3
中	80	2
良	90	1
优	100	4

图 5-44　求学生成绩不同分数段人数

公式解析：

本例利用 G3:G7 区域的分数段对 B3:B14 区域中的成绩计算频率分布。其中 G3:G7 区域中必须是数值。

FREQUENCY 函数用于计算一组数据的频率分布。它包括两个参数，第一个参数为待计算频率的一组数组或一组数值的引用，第二个参数为用于间隔第一个参数中的一组数组或一组数值的引用。

5.6.3 计算月末缺勤员工的人数

在缺勤记录表中，计算出月末的缺勤员工人数。

打开本章素材文件“计算月末缺勤员工的人数.xlsx”。在 E2 单元格中输入下面公式，计算结果如图 5-45 所示。

=COUNT(C2:C21)

工号	姓名	缺勤状况		缺勤人数
001	张澜洁	1		10
002	张彩云			
003	宋慧琬			
004	古家时	2		
005	江洁勤			
006	刘伯岩			
007	孔泰胜	1		
008	李莺琴			
009	袁莲华			
010	张之震	1		
011	何光	2		
012	李丹素			
013	石璧倩	2		
014	权月勤			
015	厉倩	2		
016	武成勇	1		
017	华全明	1		
018	范轮山			
019	古思芝			
020	刘小怡	2		

图 5-45　月末缺勤员工人数

公式解析：

COUNT 函数用于统计参数列表中非空单元格的个数。它仅统计数据表中的数据个数，而不进行计算。本例中使用 COUNT 函数统计缺勤员工的人数。

5.6.4 提取产品最后报价和最高报价

根据市场的供求变化，同一产品在不同时间段的单价定价有所不同。现需要根据同产品的客户保健，以及同一产品在不同时间的报价，提取产品 B 的最后一次报价以及最高单价。

提取最后和最高报价的具体操作步骤如下。

（1）打开本章素材文件“产品报价查询.xlsx”，在 F2 单元格中输入下面的公式：

=INDEX(C:C,MAX((A2:A15="B")*ROW(2:15)))

按 Ctrl+Shift+Enter 键确认输入，计算结果如图 5-46 所示。

（2）在 F3 单元格中输入下面的公式：

=MAX((A2:A15="B")*C2:C15)

按 Ctrl+Shift+Enter 键确认输入，计算结果如图 5-47 所示。

F2   {=INDEX(C:C,MAX((A2:A15="B")*ROW(2:15)))}

产品	报价时间	单价		产品报价查询	
A	6月13日	92		产品B最后一次报价	88
B	6月14日	92		产品B最高报价	
C	6月22日	127			
D	6月23日	122			
B	6月24日	83			
D	7月4日	102			
A	7月5日	91			
B	7月6日	100			
D	7月11日	102			
C	7月20日	112			
A	7月20日	124			
D	7月20日	117			
B	7月23日	88			
C	7月23日	84			

图 5-46　计算产品 B 最后一次报价

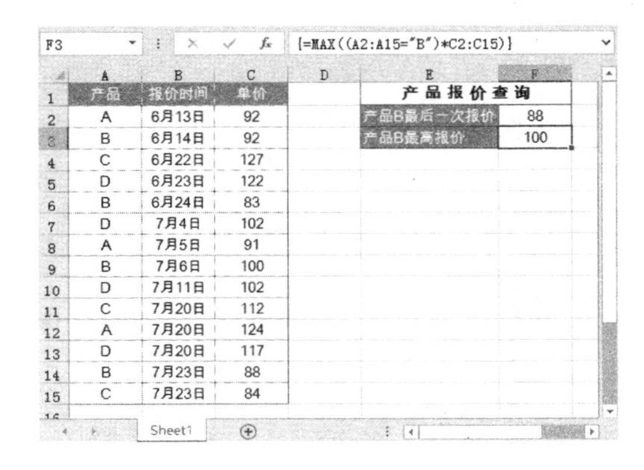

F3   {=MAX((A2:A15="B")*C2:C15)}

产品	报价时间	单价		产品报价查询	
A	6月13日	92		产品B最后一次报价	88
B	6月14日	92		产品B最高报价	100
C	6月22日	127			
D	6月23日	122			
B	6月24日	83			
D	7月4日	102			
A	7月5日	91			
B	7月6日	100			
D	7月11日	102			
C	7月20日	112			
A	7月20日	124			
D	7月20日	117			
B	7月23日	88			
C	7月23日	84			

图 5-47　计算产品 B 最高报价

公式解析：

本例中 MAX 函数中列出了两个常量数组，第一个为产品名称，第二个为每个产品相对应的单价。先利用待计算的产品名称与第一个数组进行比较产生新的数组，新的数组由 TRUE 和 FALSE 组成，然后利用新的数组乘以对应的单价数组，数组中与 TRUE 相乘将转换成对应的单价，而与 FALSE 相乘则被转换成 0，最后利用 MAX 函数在新的数组中返回单价最大值。

5.6.5　统计公司所有部门职员有研究生学历的人数

为了更好地组建企业管理规划制度，需要将公司内部职员中拥有研究生学历的人数统计此表。

统计有研究生学历人数的具体操作步骤如下。

（1）打开本章素材文件“统计公司内部研究生人数.xlsx”，在单元格 F2 中输入下面的公式：

=COUNTIF(C2:C28,"*研究生")

（2）按 Enter 键确认，公式将返回拥有研究生学历的人数，如图 5-48 所示。

E2   =COUNTIF(C2:C28,"*研究生")

姓名	部门	学历		研究生学历人数
王素	财务部	硕士研究生		10
戈春萍	采购部	一类本科		
童浩	企管部	二类本科		
姜融蓉	采购部	一类专科		
厉强思	企管部	一类专科		
刘龙龙	企划部	博士研究生		
瞿腾伟	销售部	博士研究生		
任中	业务部	一类本科		
谭佳佳	财务部	硕士研究生		
谭薇	企管部	二类本科		
唐伊	财务部	二类专科		
纪信林	企管部	博士研究生		
曾琼珊	财务部	一类专科		
邢亚	业务部	一类专科		
张福	采购部	一类本科		
孙琼	财务部	一类专科		
厉康风	企管部	博士研究生		
孙发顺	财务部	博士研究生		
王著佳	业务部	硕士研究生		
刘承	业务部	二类本科		
柳浩毅	业务部	二类本科		

图 5-48　统计研究生人数

公式解析：

本例利用 COUNTIF 函数统计以“研究生”三个字结尾的数据的个数，从而实现对该学历人数的统计工作。

COUNTIF 函数用于计算单元格区域中满足给定条件的单元格的个数。它有两个参数，第一个参数表示待统计的单元格区域，必须是单元格的引用；第二个参数表示统计条件，支持通配符，如“*”、“？”，也可以是数字、表达式、单元格引用或文本。

5.7　财务函数应用举例

财务管理是 Excel 应用中一个非常重要的领域。Excel 提供的财务函数可以满足绝大多数工作的需求，如确定贷款的支付额、投资的未来值或净现值，以及债券或息票的价值等。使用此类函数可以将原本非常复杂的计算过程变得简单，为财务管理分析提供了难以想象的便利。常用的财务函数有 DDB、FV、IPMT 等。下面通过几个简单的例子来介绍财务函数的相关使用方法。

5.7.1　计算资产每一年的折旧值

某企业花费 680000 元购买一台生产设备，使用年限为 10 年，10 年后估计折旧值为 35000 元。现在需要求得这台设备在 10 年中每年的折旧值（双倍余额递减法）。

计算每一年折旧值的具体操作步骤如下。

（1）打开本章素材文件“计算资产每一年的折旧值.xlsx”，在 E1 单元格中输入公式：

=DDB($B$1,$B$2,$B$3,ROW())

（2）复制公式到其他单元格中。显示公式的计算结果如图 5-49 所示。

公式解析：

本例使用 DDB 函数根据资产原值、残值及折旧期限计算出资产在购买使用后每一年的折旧值。

DDB 函数用于使用双倍余额递减法或其他指定方法计算资产在给定时间内的折旧值。该函数有五个参数，第一个参数为资产原值；第二个参数为资产残值；第三个参数是折旧的期限；第四个参数为需要计算折旧值的时间段；第五个参数表示余额的递减率，当被忽略时，当作“2”处理。

5.7.2　计算不定期现金流的内部收益率

某公司从 2013 年 10 月 11 日启动了一个投资项目，投资总金额为 250 万元，预计在未来的 5 个不定期的回报金额分别为 35 万元（2014 年 5 月 31 日）、50 万元（2014 年 11 月 12 日）、68 万元（2015 年 3 月 31 日）、90 万元（2015 年 9 月 22 日）和 135 万元（2016 年 3 月 15 日），估计年贴现率为 21%，现在需求出该项目投资的内部收益率。

计算不定期现金流的内部收益率的具体操作步骤如下。

（1）打开本章素材文件“计算不定期现金流的内部收益率.xlsx”，选中 C9 单元格并输入下面的公式：

=XIRR(C2:C7,B2:B7,C1)

即可得出修正内部收益率，如图 5-50 所示。

E1 =DDB($B$1,$B$2,$B$3,ROW())

	A	B	C	D	E
1	固定资产原值	680000		第1年的折旧值	¥136,000.00
2	资产残值	35000		第2年的折旧值	¥108,800.00
3	使用年限	10		第3年的折旧值	¥87,040.00
4				第4年的折旧值	¥69,632.00
5				第5年的折旧值	¥55,705.60
6				第6年的折旧值	¥44,564.48
7				第7年的折旧值	¥35,651.58
8				第8年的折旧值	¥28,521.27
9				第9年的折旧值	¥22,817.01
10				第10年的折旧值	¥18,253.61

财务函数

图 5-49　公式计算结果显示

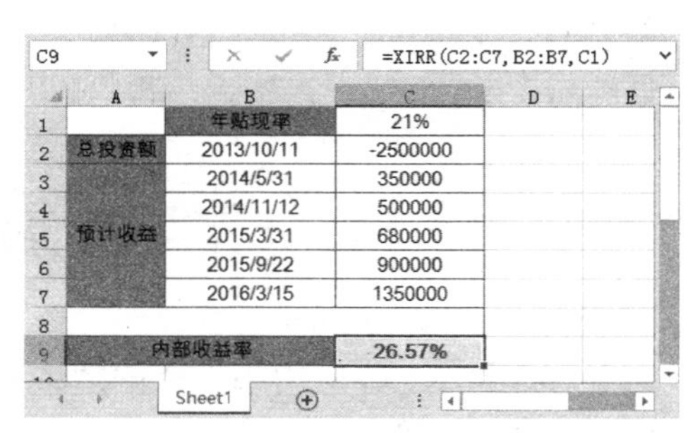

C9 =XIRR(C2:C7,B2:B7,C1)

	A	B	C
1		年贴现率	21%
2	总投资额	2013/10/11	-2500000
3	预计收益	2014/5/31	350000
4		2014/11/12	500000
5		2015/3/31	680000
6		2015/9/22	900000
7		2016/3/15	1350000
8			
9	内部收益率		26.57%

Sheet1

图 5-50　计算不定期现金流的内部收益率

公式解析：

XIRR 函数用于返回一组不定期现金流的内部收益率。它包含了三个参数，第一个参数表示与第二个参数中的支付时间相对应的一系列现金流；第二个参数表示与现金流支付相对应的支付日期表；第三个参数表示对函数 XIRR 计算结果的估计值。

5.7.3　计算存款加利息数

运用 FV 函数根据利率、存款与时间计算存款加利息数，操作方法如下。

（1）打开本章素材文件“计算存款加利息数.xlsx”，在 E2 单元格中输入公式：

=FV(B2,D2,-C2,0)

（2）将公式复制到其他单元格即可完成存款加利息的计算，如图 5-51 所示。

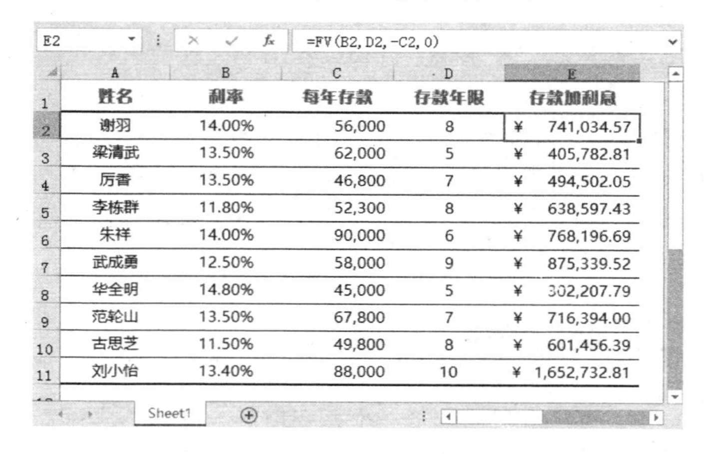

E2 =FV(B2,D2,-C2,0)

	A	B	C	D	E
1	姓名	利率	每年存款	存款年限	存款加利息
2	谢羽	14.00%	56,000	8	¥ 741,034.57
3	梁清武	13.50%	62,000	5	¥ 405,782.81
4	厉香	13.50%	46,800	7	¥ 494,502.05
5	李栋群	11.80%	52,300	8	¥ 638,597.43
6	朱祥	14.00%	90,000	6	¥ 768,196.69
7	武成勇	12.50%	58,000	9	¥ 875,339.52
8	华全明	14.80%	45,000	5	¥ 302,207.79
9	范轮山	13.50%	67,800	7	¥ 716,394.00
10	古思芝	11.50%	49,800	8	¥ 601,456.39
11	刘小怡	13.40%	88,000	10	¥ 1,652,732.81

Sheet1

图 5-51　计算存款加利息

公式解析：

本例使用 FV 函数根据存款的利息、每年存入数量和存款系数计算最终存款加利息数量。

FV 函数用于计算固定利率及等额分期付款方式前提下计算投资的未来值。该函数有五个参数，第一个参数为利息的百分比；第二个参数为总投资期；第三个参数为每期所应支付的金额，用负数表示；第四个参数为现值；第五个参数是可选参数，有两个参考值“0”和“1”。“0”对应期末，“1”对应期初。如果忽略的话，默认为“0”值。

5.7.4　计算企业员工 10 年后住房公积金金额

张某所在企业为员工提供住房公积金福利待遇，每月从工资中扣除 450 元作为住房公积金，然后按年利率 20%返还给员工。现在需要求出 10 年后员工住房公积金金额。

计算 10 年后公积金金额的具体操作步骤如下。

（1）打开本章素材文件“计算住房公积金金额.xlsx”，在 B5 单元格中输入公式：

=FV(B1/12,B2,B3)

（2）即可得到计算结果，如图 5-52 所示。

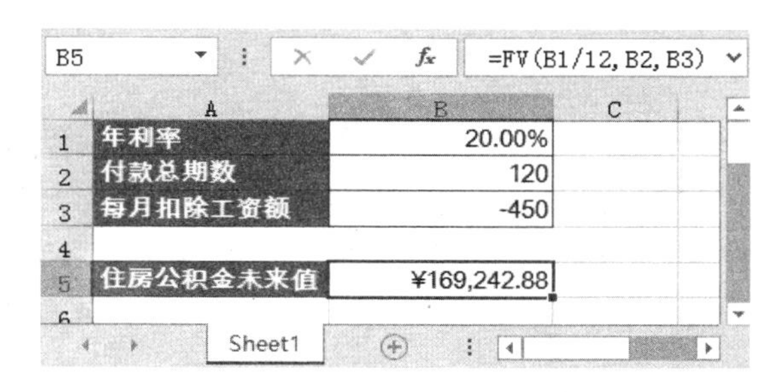

	A	B	C
1	年利率	20.00%	
2	付款总期数	120	
3	每月扣除工资额	-450	
4			
5	住房公积金未来值	¥169,242.88	

图 5-52　计算住房公积金金额

公式解析：

本例公式中，FV 函数的第一个参数为月利率（通过年利率除以 12 得到）；第二个参数为付款总期数；第三个参数为每月扣除的工资额，用负数表示。得到住房公积金的未来值计算结果。

5.7.5　计算每年的贷款利息偿还金额

张某准备购置一套住房，向银行贷款 45 万元，年利率为 7.65%，贷款年限为 15 年，求张某每年的利息偿还金额。

计算每年的利息偿还金额的具体操作步骤如下。

（1）打开本章素材文件“计算贷款的利息偿还金额.xlsx”，在 E2 单元格中输入公式：

=IPMT($B$1,ROW()-1,$B$2,$B$3)

即可得到第一年的贷款利息偿还金额“34020.00”元。

（2）将 E2 单元格中的公式向下复制到 E3:E16 单元格区域中，即可得到其他年份的贷款利息偿还金额，如图 5-53 所示。

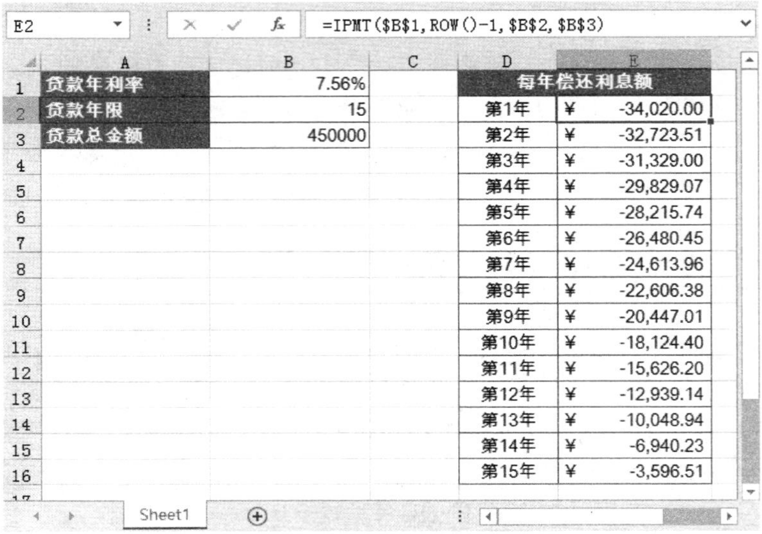

E2 =IPMT($B$1,ROW()-1,$B$2,$B$3)

	A	B	C	D	E
1	贷款年利率	7.56%		每年偿还利息额	
2	贷款年限	15		第1年	¥ -34,020.00
3	贷款总金额	450000		第2年	¥ -32,723.51
4				第3年	¥ -31,329.00
5				第4年	¥ -29,829.07
6				第5年	¥ -28,215.74
7				第6年	¥ -26,480.45
8				第7年	¥ -24,613.96
9				第8年	¥ -22,606.38
10				第9年	¥ -20,447.01
11				第10年	¥ -18,124.40
12				第11年	¥ -15,626.20
13				第12年	¥ -12,939.14
14				第13年	¥ -10,048.94
15				第14年	¥ -6,940.23
16				第15年	¥ -3,596.51

Sheet1

图 5-53 计算贷款的利息偿还金额

公式解析：

IPMT 函数用于基于固定利率及等额分期付款的方式，返回投资或贷款在某一给定期限内的利息偿还额。它包含了 6 个参数，分别表示各期的利率、用于计算期利息数额的期数、总投资期、本金、未来值和用于指定各期的付款时间是在期末还是在期初（“0”为期末，“1”为期初）。

第 6 章　完美的排序与汇总

本章将学习数据排序和汇总的相关内容。在输入表格时，数据往往是杂乱无章的，要将这些杂乱无章的数据整理成有条理、结构清晰的数据表，排序和汇总无疑是较好的选择方式。Excel 有着强大的数据排序与汇总功能，可以帮助用户实现各种各样的整理效果。

通过对本章内容的学习，读者将掌握：

- 单个字段的排序
- 多个字段的排序
- 自定义序列的排序
- 按笔划排序
- 按单元格属性排序
- 分类汇总的创建与删除

6.1　排序也有很多技巧

想要让“不听话”的数据自动按照某种特定的顺序排列么？想要将杂乱无章的数据表格变得规整么？想要让自己的表格显得更加专业么？Excel 排序功能将把这一切问题轻松搞定。

6.1.1　了解 Excel 排序的原则

排序是根据一定的规则将数据重新排列的过程。因此，了解 Excel 的排序原则是非常重要的。

1. Excel的默认顺序

在学习排序方法之前，有必要先了解一下排序的规则。以升序为例，在按升序排序时，排序的依据如表 6-1 所示。在按降序排序时，则使用相反的次序。

表 6-1　Excel的默认顺序

<table>
<tr><th>方法名</th><th>排 序 方 法</th></tr>
<tr><td>数字</td><td>数字按从最小的负数到最大的正数进行排序</td></tr>
<tr><td>日期</td><td>日期按从最早的日期到最晚的日期进行排序</td></tr>
<tr><td>文本</td><td>字母、数字、文本按从左到右的顺序逐字符进行排序。
文本以及包含存储为文本的数字文本按以下次序排序：
0 1 2 3 4 5 6 7 8 9（空格）! " # $ % & ( ) * , . / : ; ? @ [\ ] ^ _ ` { | } ~ + < = > A B C D E F</td></tr>
</table>

续表

方法名	排 序 方 法
文本	G H I J K L M N O P Q R S T U V W X Y Z 撇号 (') 和连字符 (-) 会被忽略。但例外情况是：如果两个文本字符串除了连字符不同外其余都相同，则带连字符的文本排在后面。 注：如果用户已通过【排序选项】对话框将默认的排序次序更改为区分大小写，则字母字符的排序次序为：a A b B c C d D e E f F g G h H i I j J k K l L m M n N o O p P q Q r R s S t T u U v V w W x X y Y z Z
逻辑	在逻辑值中，“FALSE”排在“TRUE”之前
错误	所有错误值（如“#NUM!”和“#REF!”）的优先级相同
空白单元格	无论是按升序还是降序排序，空白单元格总是放在最后（空白单元格不等于包含空格字符的单元格）

2. 排序原则

当对数据排序时，Excel 2013 会遵循以下的原则。

（1）如果对某一列排序，那么在该列上有完全相同项的行将保持它们的原始次序。

（2）隐藏行不会被移动，除非它们是分级显示的一部分。

（3）如果按一列以上进行排序，主要列中有完全相同项的行会根据用户指定的第二列进行排序。第二列有完全相同项的行会根据用户指定的第三列进行排序，以此类推。

6.1.2 单个字段的排序

所谓单个字段的排序，就是根据单个关键字进行排序。这种排序非常简单，在 Excel 中很容易实现。

【例 6-1】 单个字段的排序

在如图 6-1 所示的产品入库表中，按“产品大类”字母顺序升序排序。

	A	B	C	D	E	F	G
1	产品大类	产品种类	产品代码	入库时间	单位	数量	金额
2	罐头	水产罐头	30104	2014年6月23日	箱	170	¥ 110,500.00
3	酒类	国产白酒	20201	2014年6月5日	箱	320	¥ 96,000.00
4	糖果	软糖	10304	2014年6月22日	袋	350	¥ 170,800.00
5	休闲食品	肉脯食品	10104	2014年6月2日	箱	41	¥ 14,350.00
6	酒类	啤酒	20203	2014年6月11日	箱	100	¥ 104,500.00
7	饼干糕点	派类	10202	2014年6月5日	袋	200	¥ 130,000.00
8	休闲食品	膨化食品	10101	2014年6月1日	箱	60	¥ 27,000.00
9	土产干货	农产干货	30301	2014年6月5日	袋	60	¥ 37,800.00
10	冲调食品	功能糖	10405	2014年6月11日	袋	200	¥ 130,000.00
11	罐头	畜产罐头	30103	2014年6月22日	箱	400	¥ 296,800.00
12	饼干糕点	糕点	10203	2014年6月11日	箱	350	¥ 170,800.00
13	营养保健品	参茸滋补	10501	2014年6月11日	箱	300	¥ 189,000.00
14	冲调食品	奶、豆粉	10401	2014年6月2日	袋	70	¥ 21,000.00
15	糖果	果冻	10305	2014年7月4日	箱	160	¥ 104,000.00
16	冲调食品	茶叶	10403	2014年6月5日	袋	270	¥ 121,500.00
17	酱菜	腐乳	30402	2014年6月23日	箱	180	¥ 87,840.00
18	酱菜	酱菜	30401	2014年6月22日	箱	150	¥ 94,500.00
19	饮料	果汁	20104	2014年6月22日	箱	300	¥ 313,500.00
20	糖果	香口胶	10301	2014年6月1日	箱	500	¥ 150,000.00
21	休闲食品	干果炒货	10102	2014年6月1日	袋	106	¥ 47,700.00
22	冲调食品	固体咖啡	10406	2014年6月22日	箱	460	¥ 341,320.00
23	酒类	其他	20206	2014年6月22日	箱	30	¥ 31,350.00
24	冲调食品	夏凉饮品	10404	2014年6月11日	箱	180	¥ 81,000.00
25	营养保健品	减肥食品	10503	2014年6月23日	箱	220	¥ 229,900.00
26	糖果	巧克力	10302	2014年6月1日	箱	105	¥ 77,910.00
27	饮料	饮用水	20102	2014年6月1日	箱	480	¥ 312,000.00
28	冲调食品	藕粉、羹	10407	2014年6月23日	箱	60	¥ 29,280.00

单个字段排序　多个字段排序

图 6-1　未经排序的数据列表

按单个字段排序的具体操作步骤如下。

（1）打开本章素材文件“按字段排序.xlsx”，单击 A 列中任意一个单元格，如 A8 单元格。

（2）在【数据】选项卡中单击“升序”按钮，这样就可以按照“产品大类”为关键字，对表格进行升序排序，排序效果如图 6-2 所示。

产品大类	产品种类		库时间	单位	数量	金额
饼干糕点	派类	10202	2014年6月5日	袋	200	¥ 130,000.00
饼干糕点	糕点	10203	2014年6月11日	箱	350	¥ 170,800.00
饼干糕点	饼干	10201	2014年6月5日	箱	100	¥ 74,200.00
饼干糕点	曲奇	10204	2014年6月11日	箱	300	¥ 195,000.00
冲调食品	功能糖	10405	2014年6月11日	袋	200	¥ 130,000.00
冲调食品	奶、豆粉	10401	2014年6月2日	袋	70	¥ 21,000.00
冲调食品	茶叶	10403	2014年6月5日	袋	270	¥ 121,500.00
冲调食品	固体咖啡	10406	2014年6月22日	箱	460	¥ 341,320.00
冲调食品	夏凉饮品	10404	2014年6月11日	箱	180	¥ 81,000.00
冲调食品	藕粉、羹	10407	2014年6月23日	箱	60	¥ 29,280.00
冲调食品	麦片/餐糊	10402	2014年6月2日	箱	200	¥ 148,400.00
罐头	水产罐头	30104	2014年6月23日	箱	170	¥ 110,500.00
罐头	畜产罐头	30103	2014年6月22日	箱	400	¥ 296,800.00
罐头	沙拉酱	30106	2014年7月3日	箱	150	¥ 111,300.00
罐头	果酱	30105	2014年6月23日	箱	290	¥ 141,520.00
罐头	水果罐头	30101	2014年6月5日	箱	260	¥ 78,000.00
罐头	农产罐头	30102	2014年6月22日	箱	250	¥ 162,500.00
酱菜	腐乳	30402	2014年6月23日	箱	180	¥ 87,840.00
酱菜	酱菜	30401	2014年6月22日	箱	150	¥ 94,500.00
酒类	国产白酒	20201	2014年6月5日	箱	320	¥ 96,000.00
酒类	啤酒	20203	2014年6月11日	箱	100	¥ 104,500.00
酒类	其他	20206	2014年6月22日	箱	30	¥ 31,350.00
酒类	葡萄色酒	20202	2014年6月11日	箱	320	¥ 144,000.00
酒类	进口酒	20205	2014年6月12日	箱	50	¥ 52,250.00
酒类	功能酒	20204	2014年6月11日	箱	260	¥ 271,700.00
糖果	软糖	10304	2014年6月22日	袋	350	¥ 170,800.00
糖果	果冻	10305	2014年7月4日	箱	160	¥ 104,000.00

图 6-2　按“产品大类”字母顺序升序排序后的列表

6.1.3　多个字段的排序

对单个字段的排序是远远不能满足用户对排序的要求的，下面介绍对多个字段进行升序排序的方法。

【例 6-2】 多个字段的排序

沿用上例中的表格进行讲解。将表格中的数据，根据“产品大类”、“产品种类”、“产品代码”和“入库时间”多个字段同时按照升序顺序进行排列。

以多个字段排序的具体操作步骤如下。

（1）打开需要排序的数据表，单击表格区域中任意一个单元格，如 F9 单元格，在【数据】选项卡中单击【排序】按钮（图 6-2 所示的“升序”按钮右侧的按钮）。

（2）在弹出的【排序】对话框中，选择【主要关键字】为“产品大类”，然后单击【添加条件】按钮，如图 6-3 所示。

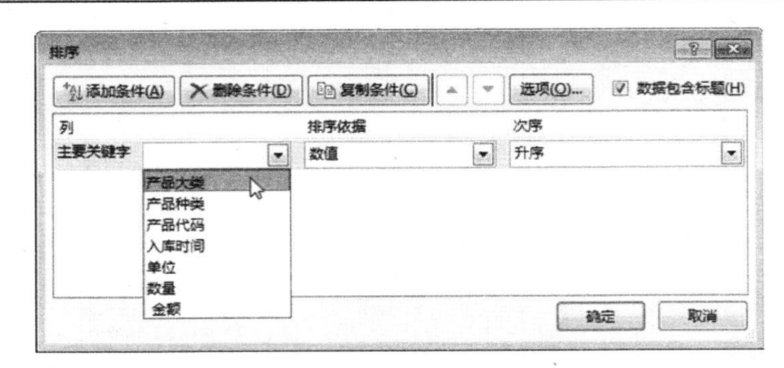

图 6-3　设置【主要关键字】

（3）继续在【排序】对话框中设置新的条件，将【次要关键字】依次设置为“产品种类”、“产品代码”和“入库日期”，如图 6-4 所示。

图 6-4　同时添加多个关键字

（4）单击【确定】按钮，关闭【排序】对话框即可。排序效果如图 6-5 所示。

	A	B	C	D	E	F	G
1	产品大类	产品种类	产品代码	入库时间	单位	数量	金额
2	饼干糕点	饼干	10201	2014年6月5日	箱	100	¥ 74,200.00
3	饼干糕点	糕点	10203	2014年6月11日	箱	350	¥ 170,800.00
4	饼干糕点	派类	10202	2014年6月5日	袋	200	¥ 130,000.00
5	饼干糕点	曲奇	10204	2014年6月11日	箱	300	¥ 195,000.00
6	冲调食品	茶叶	10403	2014年6月5日	袋	270	¥ 121,500.00
7	冲调食品	功能糖	10405	2014年6月11日	袋	200	¥ 130,000.00
8	冲调食品	固体咖啡	10406	2014年6月22日	箱	460	¥ 341,320.00
9	冲调食品	麦片/餐糊	10402	2014年6月2日	箱	200	¥ 148,400.00
10	冲调食品	奶、豆粉	10401	2014年6月2日	袋	70	¥ 21,000.00
11	冲调食品	藕粉、羹	10407	2014年6月23日	箱	60	¥ 29,280.00
12	冲调食品	夏凉饮品	10404	2014年6月11日	箱	180	¥ 81,000.00
13	罐头	畜产罐头	30103	2014年6月22日	箱	400	¥ 296,800.00
14	罐头	果酱	30105	2014年6月23日	箱	290	¥ 141,520.00
15	罐头	农产罐头	30102	2014年6月22日	箱	250	¥ 162,500.00
16	罐头	沙拉酱	30106	2014年7月3日	箱	150	¥ 111,300.00
17	罐头	水产罐头	30104	2014年6月23日	箱	170	¥ 110,500.00
18	罐头	水果罐头	30101	2014年6月5日	箱	260	¥ 78,000.00
19	酱菜	腐乳	30402	2014年6月23日	箱	180	¥ 87,840.00
20	酱菜	酱菜	30401	2014年6月22日	箱	150	¥ 94,500.00
21	酒类	功能酒	20204	2014年6月11日	箱	260	¥ 271,700.00
22	酒类	国产白酒	20201	2014年6月5日	箱	320	¥ 96,000.00
23	酒类	进口酒	20205	2014年6月12日	箱	50	¥ 52,250.00
24	酒类	啤酒	20203	2014年6月11日	箱	100	¥ 104,500.00
25	酒类	葡萄色酒	20202	2014年6月11日	箱	320	¥ 144,000.00
26	酒类	其他	20206	2014年6月22日	箱	30	¥ 31,350.00
27	糖果	果冻	10305	2014年7月4日	箱	160	¥ 104,000.00
28	糖果	巧克力	10302	2014年6月1日	箱	105	¥ 77,910.00

单个字段排序　多个字段排序

图 6-5　按照多个字段排序后的效果

6.1.4　根据自定义序列排序

在进行数据排序时，若已有的排序规则不能满足用户的需求，还可以使用 Excel 2013 提供的自定义序列规则进行排序。

【例 6-3】　根据自定义序列排序

将如图 6-6 所示表格中的员工数据，按照职务大小从高到低的自定义序列进行排序。

	A	B	C	D	E
1	人员编号	姓名	职务	基础工资	绩效工资
2	1100271	华蓉洁	客服	1200	350
3	1100071	张峰	客服	1200	350
4	1100225	舒勤	销售助理	2000	450
5	1100126	张辉	客服	1200	350
6	1100216	刘小义	销售代表	2600	550
7	1100162	王莎莎	销售代表	2600	550
8	1100138	伍艳梦	销售内勤	1600	400
9	1100228	房宇	客服	1200	350
10	1100105	刘娟	经理助理	3000	750
11	1100252	刘进仁	客服	1200	350
12	1100253	张霞	客服	1200	350
13	1100051	蒋娣萍	销售内勤	1600	400
14	1100279	龙明	销售助理	2000	450
15	1100279	厉琼桂	客服	1200	350
16	1100149	齐利	部门经理	8000	1200
17	1100284	王志	销售内勤	1600	400
18	1100198	周强	客服	1200	350
19	1100099	刘倩倩	销售代表	2600	550

员工工资表　职务 ...

图 6-6　未经排序的表格数据

首先根据“职务大小”工作表中的数据创建一个自定义序列。

创建自定义序列的具体操作步骤如下。

（1）打开本章素材文件“按自定义序列排序.xlsx”，切换至“职务大小”工作表中，选中 A2:A7 单元格区域，如图 6-7 所示。

（2）依次按 Alt、T 和 O 键，打开【Excel 选项】对话框，单击【高级】类别右侧的【编辑自定义列表】按钮，如图 6-8 所示。

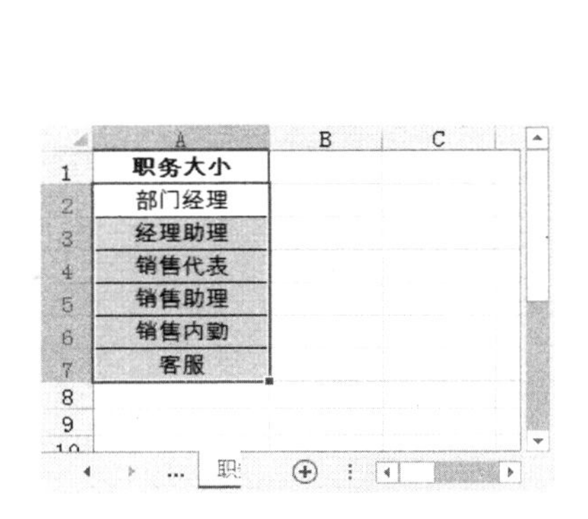

图 6-7　选中职务所在单元格区域

图 6-8　【Excel 选项】对话框

（3）在弹出的【自定义序列】对话框中，选中的单元格区域 A2:A7 将自动填入【从单元格中导入序列】文本框中，单击【导入】按钮，所选单元格区域中的数据将自动填入【输入序列】文本框中，如图 6-9 所示。

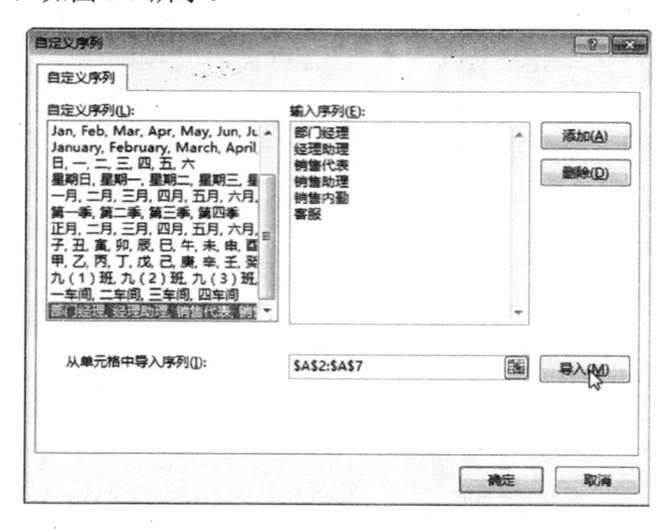

图 6-9 【自定义序列】对话框

（4）单击【确定】按钮关闭【自定义序列】对话框，再次单击【确定】按钮关闭【Excel 选项】对话框，完成自定义序列的创建操作。

然后根据下面的方法按照职务大小进行排序。

（1）切换到“员工工资表”工作表中，单击数据区域中任意一个单元格，如 A4 单元格。

（2）在【数据】选项卡中单击【排序】按钮，弹出【排序】对话框。

（3）在对话框中设置【主要关键字】为“职务”；【排序依据】为“数值”；【次序】为“自定义序列”，如图 6-10 所示。

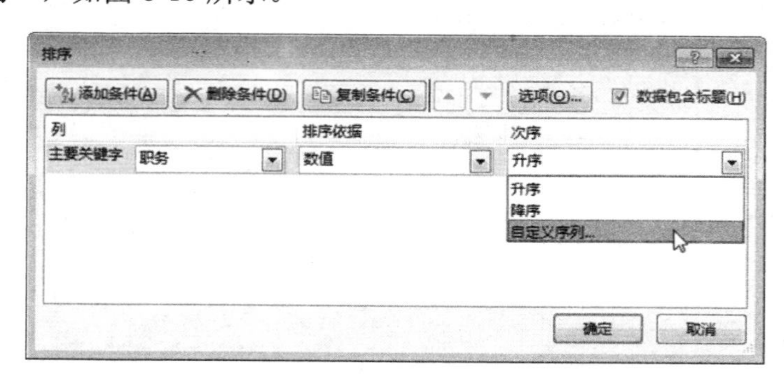

图 6-10 选择“自定义序列”选项

（4）此时会弹出【自定义序列】对话框，在【自定义序列】对话框中选择新建的序列，单击【确定】按钮，如图 6-11 所示。

（5）在【排序】对话框中单击【确定】按钮即可完成操作，排序效果如图 6-12 所示。

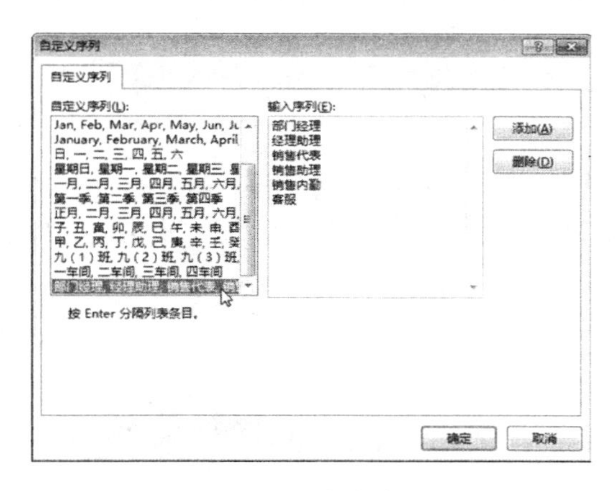

图 6-11　选择新序列

	A	B	C	D	E
1	人员编号	姓名	职务	基础工资	绩效工资
2	1100149	齐利	部门经理	8000	1200
3	1100105	刘娟	经理助理	3000	750
4	1100216	刘小义	销售代表	2600	550
5	1100162	王莎莎	销售代表	2600	550
6	1100099	刘倩倩	销售代表	2600	550
7	1100225	舒勤	销售助理	2000	450
8	1100279	龙明	销售助理	2000	450
9	1100138	伍艳梦	销售内勤	1600	400
10	1100051	蒋娣萍	销售内勤	1600	400
11	1100284	王志	销售内勤	1600	400
12	1100271	华蓉洁	客服	1200	350
13	1100071	张峰	客服	1200	350
14	1100126	张辉	客服	1200	350
15	1100228	房宇	客服	1200	350
16	1100252	刘进仁	客服	1200	350
17	1100253	张霞	客服	1200	350
18	1100279	厉琼桂	客服	1200	350
19	1100198	周强	客服	1200	350

员工工资表　职务 …

图 6-12　设置自定义序列排序后效果

6.1.5　按笔划进行排序

中国人有个习惯，喜欢将姓名或物品名称按照笔划来排序。比如学生成绩表、产品入库表、员工信息表等。以按照姓名笔划排序为例，这种排序规则大致是：按代表“姓氏”的字的笔划数多少排列，同笔划的按起笔顺序排列（横、竖、撇、捺、折），笔划数和笔形都相同的按字形结构排列（先左右，后上下，再整体字），如果姓氏相同则按照姓名中第二个字排序，以此类推。

在工作中，如果经常需要按照中文字的笔划来为数据进行排序，Excel 2013 有一个很贴心的小帮手，它为用户提供了按笔划数进行数据排序的功能。

【例 6-4】 按笔划排序

以图 6-13 所示的员工基础信息表为例，现需要按照员工姓名的笔划顺序进行从低到高排序。

	A	B	C	D	E	F	G	H
1	姓名	编号	性别	学历	部门	职务	联系电话	Email地址
2	王坚群	XS001	男	本科	销售部	门市经理	24785625	wang@hotmail.com
3	田荣爱	XS002	女	本科	销售部	经理助理	24592468	zhang@hotmail.com
4	厉中	XS003	男	本科	销售部	营业员	26859756	lu@hotmial.com
5	刘东和	XS004	男	专科	销售部	营业员	26895326	lixiao@hotmial.com
6	吴纯瑞	XS005	男	专科	销售部	营业员	26849752	du@hotmial.com
7	李霞丽	XS006	女	专科	销售部	营业员	23654789	zhc@hotmial.com
8	厉河	XS007	男	专科	销售部	营业员	26584965	liyu@hotmail.com
9	厉舒	XS008	女	专科	销售部	营业员	26598785	zhaoyue@hotmail.com
10	张澜洁	QH001	女	研究生	企划部	经理	24598738	liuwei@hotmail.com
11	张彩云	QH002	女	本科	企划部	处长	26587958	tang@hotmail.com
12	宋慧琬	QH003	女	本科	企划部	职员	25478965	zhangtian@hotmai.com
13	古家时	QH004	男	本科	企划部	职员	24698756	lili@hotmail.com
14	江洁勤	QH005	女	本科	企划部	职员	26985496	ma@hotmail.com
15	刘伯岩	XZ001	男	本科	行政部	经理	25986746	chang@hotmail.com
16	孔泰胜	XZ002	男	本科	行政部	处长	26359875	jin@hotmail.com
17	李莺琴	XZ003	女	本科	行政部	职员	23698754	xiao@hotmail.com
18	袁莲华	XZ004	女	本科	行政部	职员	26579856	lifang@hotmai.com
19	张之晨	XZ005	男	本科	行政部	职员	26897862	duyue@hotmial.com
20	何光	GL001	男	本科	管理部	经理	25986746	yun@hotmail.com
21	李丹素	GL002	女	本科	管理部	处长	26359875	taiyang@hotmail.com
22	石璧倩	GL003	女	本科	管理部	职员	23698754	dali@hotmail.com
23	权月勤	GL004	女	本科	管理部	职员	26579856	uyoi12@hotmail.com
24	厉倩	GL005	女	本科	管理部	职员	26897862	liaoli@hotmail.com

Sheet1

图 6-13　未经排序的数据表

按笔划进行排序的具体操作步骤如下。

（1）打开本章素材文件“按笔划排序.xlsx”，单击数据区域中任意一个单元格，如 A8 单元格。

（2）单击【数据】选项卡的【排序】按钮，打开【排序】对话框。

（3）在【排序】对话框中，选择【主要关键字】为“姓名”，排序方式为“升序”，如图 6-14 所示。

（4）单击【排序】对话框中【选项】按钮。在弹出的【排序选项】对话框中，单击【方法】区域中的【笔划排序】单选按钮，如图 6-15 所示。

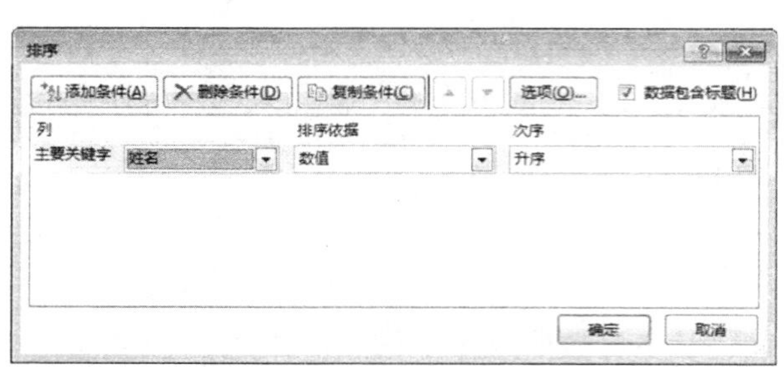

图 6-14　设置【主要关键字】选项

图 6-15　【排序选项】对话框

（5）单击【确定】按钮关闭【排序选项】对话框，再单击【确定】按钮关闭【排序】对话框。排序后的效果如图 6-16 所示。

	A	B	C	D	E	F	G	H
1	姓名	编号	性别	学历	部门	职务	联系电话	Email地址
2	王坚群	XS001	男	本科	销售部	门市经理	24785625	wang@hotmail.com
3	孔泰胜	XZ002	男	本科	行政部	处长	26359875	jin@hotmail.com
4	古家时	QH004	男	本科	企划部	职员	24698756	lili@hotmail.com
5	历中	XS003	男	本科	销售部	营业员	26859756	lu@hotmial.com
6	历河	XS007	男	专科	销售部	营业员	26584965	liyu@hotmail.com
7	历倩	GL005	女	本科	管理部	职员	26897862	liaoli@hotmail.com
8	历舒	XS008	女	专科	销售部	营业员	26598785	zhaoyue@hotmail.com
9	石璧倩	GL003	女	本科	管理部	职员	23698754	dali@hotmail.com
10	田荣爱	XS002	女	本科	销售部	经理助理	24592468	zhang@hotmail.com
11	权月勤	GL004	女	本科	管理部	职员	26579856	uyoi12@hotmail.com
12	刘东和	XS004	男	专科	销售部	营业员	26895326	lixiao@hotmial.com
13	刘伯岩	XZ001	男	本科	行政部	经理	25986746	chang@hotmail.com
14	江洁勤	QH005	女	本科	企划部	职员	26985496	ma@hotmail.com
15	李丹素	GL002	女	本科	管理部	处长	26359875	taiyang@hotmail.com
16	李莺琴	XZ003	女	本科	行政部	职员	23698754	xiao@hotmail.com
17	李霞丽	XS006	女	专科	销售部	营业员	23654789	zhc@hotmial.com
18	吴纯瑞	XS005	男	专科	销售部	营业员	26849752	du@hotmial.com
19	何光	GL001	男	本科	管理部	经理	25986746	yun@hotmail.com
20	宋慧琬	QH003	女	本科	企划部	职员	25478965	zhangtian@hotmai.com
21	张之震	XZ005	男	本科	行政部	职员	26897862	duyue@hotmial.com
22	张彩云	QH002	女	本科	企划部	处长	26587958	tang@hotmail.com
23	张澜洁	QH001	女	研究生	企划部	经理	24598738	liuwei@hotmail.com
24	袁莲华	XZ004	女	本科	行政部	职员	26579856	lifang@hotmai.com

图 6-16　设置按笔划排序后的效果

6.1.6　按颜色进行排序

如果前面的排序方法都无法满足需要，那么还可以把单元格定义成不同的颜色。Excel 可以根据单元格的颜色对单元格进行排序。

1. 按单元格颜色排序

【例 6-5】 将红色单元格置顶显示

在如图 6-17 所示的表格中，部分单元格被设置成了红色，现在需要将红色单元格排列到表格的最上端。

	A	B	C	D	E	F
1	产品编号	产品名称	数量	售价	金额	收银员
2	151166154	王朝半干白葡萄酒	1	¥ 225.00	¥ 225.00	S001
3	87306	昂立多邦胶囊	1	¥ 128.00	¥ 128.00	S001
4	4701133	潘祥记玫瑰花饼	4	¥ 26.00	¥ 104.00	S001
5	6886296	奥土基3分微辣味咖喱	2	¥ 13.50	¥ 27.00	S001
6	7227566	龙源矿泉水	1	¥ 1.80	¥ 1.80	S001
7	1577991	梅饴馆蜂蜜老梅干	2	¥ 12.50	¥ 25.00	S001
8	5493022	风筝牌低筋小麦粉	1	¥ 21.90	¥ 21.90	S001
9	4168334	社稷尚品有机大米	1	¥ 128.00	¥ 128.00	S001
10	1374407	好佳佳蛋糕干	2	¥ 4.50	¥ 9.00	S001
11	221105374	世好啤酒	1	¥ 58.80	¥ 58.80	S001
12	1321781	清净园辣椒酱	1	¥ 24.80	¥ 24.80	S001
13	51082	健安喜葡萄籽精华胶囊	1	¥ 99.00	¥ 99.00	S001
14	3209558	百草味炭烧腰果	1	¥ 19.90	¥ 19.90	S001
15	4701133	潘祥记玫瑰花饼	1	¥ 26.00	¥ 26.00	S001
16	1690367	小辣椒果汁牛肉	3	¥ 27.60	¥ 82.80	S001
17	310858857	爱士堡小麦啤酒	10	¥ 33.90	¥ 339.00	S001
18	5493022	风筝牌低筋小麦粉	1	¥ 21.90	¥ 21.90	S001
19	858243	白兰氏纤梅饮	2	¥ 108.00	¥ 216.00	S001
20	3209558	百草味炭烧腰果	1	¥ 19.90	¥ 19.90	S001
21	4701133	潘祥记玫瑰花饼	4	¥ 26.00	¥ 104.00	S001
22	4701133	潘祥记玫瑰花饼	1	¥ 26.00	¥ 26.00	S001
23	221105374	世好啤酒	2	¥ 58.80	¥ 117.60	S001
24	2250816	顶味长龙须面	4	¥ 2.10	¥ 8.40	S001
25	1577991	梅饴馆蜂蜜老梅干	2	¥ 12.50	¥ 25.00	S002
26	7227566	龙源矿泉水	1	¥ 1.80	¥ 1.80	S002

按单元格颜色排序　按单元格多种颜色 ...

图 6-17　部分单元格被设置为红色的数据表

将红色单元格置顶的具体操作步骤如下。

（1）打开本章素材文件“按颜色排序.xlsx”，单击表格中任意一个红色单元格，如 F2 单元格。

（2）单击鼠标右键，在弹出的快捷菜单中依次选择【排序】→【按所选单元格颜色放在最前面】命令，如图 6-18 所示。

图 6-18　右键快捷菜单的选项

（3）随即所有的红色单元格排列到表格最前面，如图 6-19 所示。

	A	B	C	D	E	F
1	产品编号	产品名称	数量	售价	金额	收银员
2	151166154	王朝半干白葡萄酒	1	¥ 225.00	¥ 225.00	S001
3	221105374	世好啤酒	1	¥ 58.80	¥ 58.80	S001
4	310858857	爱士堡小麦啤酒	10	¥ 33.90	¥ 339.00	S001
5	221105374	世好啤酒	2	¥ 58.80	¥ 117.60	S001
6	151166154	王朝半干白葡萄酒	1	¥ 225.00	¥ 225.00	S002
7	87306	昂立多邦胶囊	1	¥ 128.00	¥ 128.00	S001
8	4701133	潘祥记玫瑰花饼	4	¥ 26.00	¥ 104.00	S001
9	6886296	奥土基3分微辣味咖喱	2	¥ 13.50	¥ 27.00	S001
10	7227566	龙源矿泉水	1	¥ 1.80	¥ 1.80	S001
11	1577991	梅饴馆蜂蜜老梅干	2	¥ 12.50	¥ 25.00	S001
12	5493022	风筝牌低筋小麦粉	1	¥ 21.90	¥ 21.90	S001
13	4168334	社稷尚品有机大米	1	¥ 128.00	¥ 128.00	S001
14	1374407	好佳佳蛋糕干	2	¥ 4.50	¥ 9.00	S001
15	1321781	清净园辣椒酱	1	¥ 24.80	¥ 24.80	S001
16	51082	健安喜葡萄籽精华胶囊	1	¥ 99.00	¥ 99.00	S001
17	3209558	百草味炭烧腰果	1	¥ 19.90	¥ 19.90	S001
18	4701133	潘祥记玫瑰花饼	1	¥ 26.00	¥ 26.00	S001
19	1690367	小辣椒果汁牛肉	3	¥ 27.60	¥ 82.80	S001
20	5493022	风筝牌低筋小麦粉	1	¥ 21.90	¥ 21.90	S001
21	858243	白兰氏纤梅饮	2	¥ 108.00	¥ 216.00	S001
22	3209558	百草味炭烧腰果	1	¥ 19.90	¥ 19.90	S001

按单元格颜色排序　按单元格多种颜色排 ...

图 6-19　所有红色单元格排列在最上端效果

2. 根据多种颜色对单元格排序

【例 6-6】 按单元格颜色（红色、黄色、绿色的顺序）进行排序

如图 6-20 所示表格设置了多种单元格颜色，现在需要按照红色、黄色、绿色的顺序将这些特定的单元格进行排序。

	A	B	C	D	E	F
1	产品编号	产品名称	数量	售价	金额	收银员
2	151166154	王朝半干白葡萄酒	1	¥ 225.00	¥ 225.00	S001
3	87306	昂立多邦胶囊	1	¥ 128.00	¥ 128.00	S001
4	4701133	潘祥记玫瑰花饼	4	¥ 26.00	¥ 104.00	S001
5	6886296	奥土基3分微辣味咖喱	2	¥ 13.50	¥ 27.00	S001
6	7227566	龙源矿泉水	1	¥ 1.80	¥ 1.80	S001
7	1577991	梅饴馆蜂蜜老梅干	2	¥ 12.50	¥ 25.00	S001
8	5493022	风筝牌低筋小麦粉	1	¥ 21.90	¥ 21.90	S001
9	4168334	社稷尚品有机大米	1	¥ 128.00	¥ 128.00	S001
10	1374407	好佳佳蛋糕干	2	¥ 4.50	¥ 9.00	S001
11	221105374	世好啤酒	1	¥ 58.80	¥ 58.80	S001
12	1321781	清净园辣椒酱	1	¥ 24.80	¥ 24.80	S001
13	51082	健安喜葡萄籽精华胶囊	1	¥ 99.00	¥ 99.00	S001
14	3209558	百草味炭烧腰果	1	¥ 19.90	¥ 19.90	S001
15	4701133	潘祥记玫瑰花饼	1	¥ 26.00	¥ 26.00	S001
16	1690367	小辣椒果汁牛肉	3	¥ 27.60	¥ 82.80	S001
17	310858857	爱士堡小麦啤酒	10	¥ 33.90	¥ 339.00	S001
18	5493022	风筝牌低筋小麦粉	1	¥ 21.90	¥ 21.90	S001
19	858243	白兰氏纤梅饮	2	¥ 108.00	¥ 216.00	S001
20	3209558	百草味炭烧腰果	1	¥ 19.90	¥ 19.90	S001
21	4701133	潘祥记玫瑰花饼	4	¥ 26.00	¥ 104.00	S001
22	4701133	潘祥记玫瑰花饼	1	¥ 26.00	¥ 26.00	S001
23	221105374	世好啤酒	2	¥ 58.80	¥ 117.60	S001
24	2250816	顶味长龙须面	4	¥ 2.10	¥ 8.40	S001
25	1577991	梅饴馆蜂蜜老梅干	2	¥ 12.50	¥ 25.00	S002
26	7227566	龙源矿泉水	1	¥ 1.80	¥ 1.80	S002
27	4904603	毛客黑木耳	2	¥ 25.00	¥ 50.00	S002
28	515082	健安喜葡萄籽精华胶囊	2	¥ 99.00	¥ 198.00	S002
29	1374407	好佳佳蛋糕干	2	¥ 4.50	¥ 9.00	S002
30	6886296	奥土基3分微辣味咖喱	1	¥ 13.50	¥ 13.50	S002
31	151166154	王朝半干白葡萄酒	1	¥ 225.00	¥ 225.00	S002
32	2250816	顶味长龙须面	2	¥ 2.10	¥ 4.20	S002
33	1690367	小辣椒果汁牛肉	6	¥ 27.60	¥ 165.60	S002
34	775063	自然源泉黄金鞑靼野生苦荞茶	1	¥ 9.90	¥ 9.90	S002

... 按单元格多种颜色排序

图 6-20　包含 3 种不同颜色单元格的数据表

按单元格颜色排序的具体操作步骤如下。

（1）切换至“按单元格多种颜色排序”工作表中，选中数据表中任意一个单元格，如 C8。在【数据】选项卡中单击【排序】按钮。

（2）在弹出的【排序】对话框中，设置【主要关键字】为“产品名称”，【排序依据】为“单元格颜色”，【次序】为“红色”在顶端，如图 6-21 所示。

（3）单击【复制条件】按钮，设置【次序】为“黄色”，再次单击【复制条件】按钮并设置【次序】为“绿色”，如图 6-22 和 6-23 所示。

（4）单击【确定】按钮关闭对话框。排序效果如图 6-24 所示。

图 6-21　设置红色在顶端

图 6-22　复制条件并设置修改为黄色

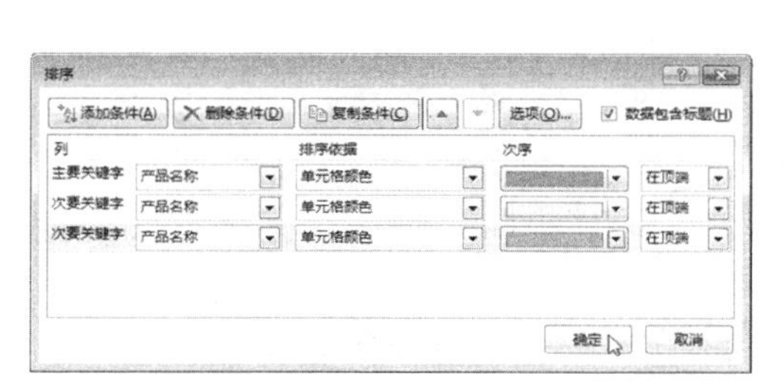

图 6-23　3 种不同颜色设置完成

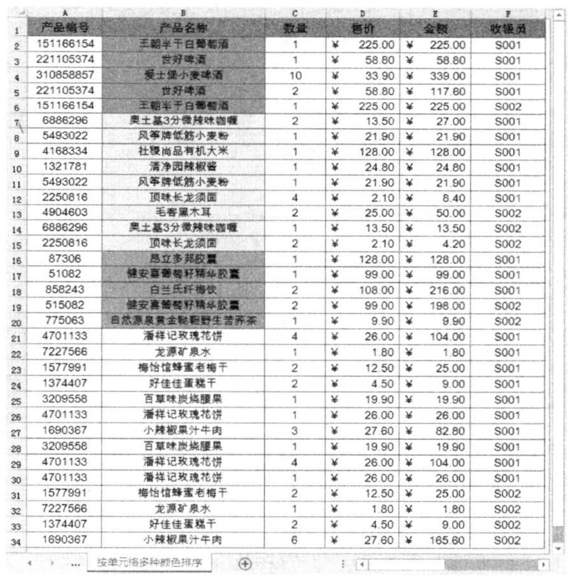

产品编号	产品名称	数量	售价	金额	收银员
151166154	王朝半干白葡萄酒	1	¥ 225.00	¥ 225.00	S001
221105374	世好啤酒	1	¥ 58.80	¥ 58.80	S001
310858857	爱士堡小麦啤酒	10	¥ 33.90	¥ 339.00	S001
221105374	世好啤酒	2	¥ 58.80	¥ 117.60	S001
151166154	王朝半干白葡萄酒	1	¥ 225.00	¥ 225.00	S002
6886296	奥土基3分微辣味咖喱	2	¥ 13.50	¥ 27.00	S001
5493022	风筝牌低筋小麦粉	1	¥ 21.90	¥ 21.90	S001
4168334	社稷尚品有机大米	1	¥ 128.00	¥ 128.00	S001
1321781	清净园辣椒酱	1	¥ 24.80	¥ 24.80	S001
5493022	风筝牌低筋小麦粉	1	¥ 21.90	¥ 21.90	S001
2250816	顶味长龙须面	4	¥ 2.10	¥ 8.40	S001
4904603	毛客黑木耳	2	¥ 25.00	¥ 50.00	S002
6886296	奥土基3分微辣味咖喱	1	¥ 13.50	¥ 13.50	S002
2250816	顶味长龙须面	2	¥ 2.10	¥ 4.20	S002
87306	昂立多邦胶囊	1	¥ 128.00	¥ 128.00	S001
51082	健安喜葡萄籽精华胶囊	1	¥ 99.00	¥ 99.00	S001
858243	白兰氏纤梅饮	2	¥ 108.00	¥ 216.00	S001
515082	健安喜葡萄籽精华胶囊	2	¥ 99.00	¥ 198.00	S002
775063	自然源泉黄金鞑靼野生苦荞茶	1	¥ 9.90	¥ 9.90	S002
4701133	潘祥记玫瑰花饼	4	¥ 26.00	¥ 104.00	S001
7227566	龙源矿泉水	1	¥ 1.80	¥ 1.80	S001
1577991	梅怡馆蜂蜜老梅干	2	¥ 12.50	¥ 25.00	S001
1374407	好佳佳蛋糕干	2	¥ 4.50	¥ 9.00	S001
3209558	百草味炭烧腰果	1	¥ 19.90	¥ 19.90	S001
4701133	潘祥记玫瑰花饼	1	¥ 26.00	¥ 26.00	S001
1690367	小辣椒果汁牛肉	3	¥ 27.60	¥ 82.80	S001
3209558	百草味炭烧腰果	1	¥ 19.90	¥ 19.90	S001
4701133	潘祥记玫瑰花饼	4	¥ 26.00	¥ 104.00	S001
4701133	潘祥记玫瑰花饼	1	¥ 26.00	¥ 26.00	S001
1577991	梅怡馆蜂蜜老梅干	2	¥ 12.50	¥ 25.00	S002
7227566	龙源矿泉水	1	¥ 1.80	¥ 1.80	S002
1374407	好佳佳蛋糕干	2	¥ 4.50	¥ 9.00	S002
1690367	小辣椒果汁牛肉	6	¥ 27.60	¥ 165.60	S002

按单元格多种颜色排序

图 6-24　按多种颜色排序后的效果

6.1.7　按字体颜色和单元格图标排序

除了按照单元格颜色排序以外，Excel 还可以根据字体颜色或者包含单元格图标的单元格进行排序设置，方法与按颜色进行排序类似。

如图 6-25 和 6-26 所示是将表格按照字体颜色进行排序的设置以及排序后的效果。

	A	B	C	D	E
1	姓名	语文	数学	英语	总分
2	成姣	93	96	90	279
3	党林盛	53	50	62	165
4	龚荷锦				237
5	黄英				211
6	厉振明				165
7	连柔萍			57	146
8	刘若辰			65	157
9	叶梦			77	156
10	于娜			83	165
11	张琳			94	253
12	张顺			51	197
13	赵伊			99	273
14	瞿小			36	199
15	厉涛			62	175
16	江凝柔			65	192
17	刘翰震			43	176
18	万飞安			78	207
19	华蓉洁				
20	张峰东				
21	舒泰世				
22	张辉辉				
23	刘义义				
24	王融莎				

图 6-25　设置红色字体前置

	A	B	C	D	E
1	姓名	语文	数学	英语	总分
2	连柔萍	35	54	57	146
3	于娜	42	40	83	165
4	赵伊	88	86	99	273
5	厉涛	51	62	62	175
6	华蓉洁	52	82	93	227
7	成姣	93	96	90	279
8	党林盛	53	50	62	165
9	龚荷锦	70	72	95	237
10	黄英	76	63	72	211
11	厉振明	34	69	62	165
12	刘若辰	40	52	65	157
13	叶梦	42	37	77	156
14	张琳	98	61	94	253
15	张顺	98	48	51	197
16	瞿小	79	84	36	199
17	江凝柔	70	57	65	192
18	刘翰震	96	37	43	176
19	万飞安	73	56	78	207
20	张峰东	63	86	93	242
21	舒泰世	56	99	65	220
22	张辉辉	42	48	48	138
23	刘义义	41	78	86	205
24	王融莎	55	44	87	186

图 6-26　红色字体前置后的效果

如图 6-27 和 6-28 所示是将表格按照单元格图标进行排序的设置以及排序后的效果。具体操作步骤可参考 6.1.6 小节中内容，这里不再赘述了。

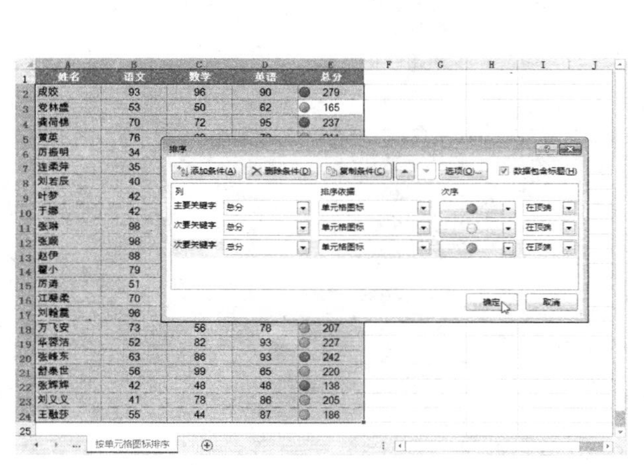

图 6-27　设置图标集排序条件

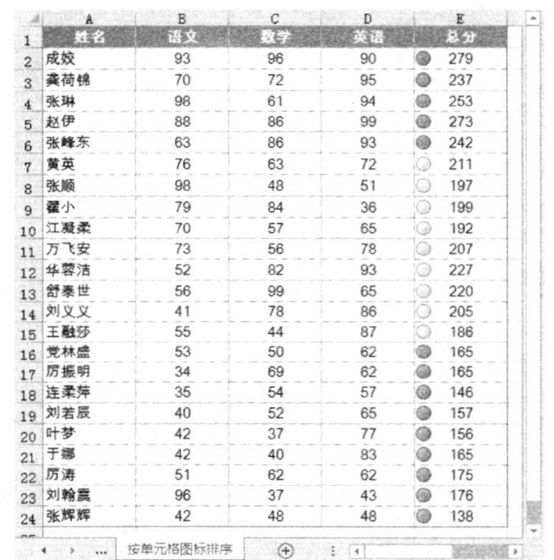

	A	B	C	D	E
1	姓名	语文	数学	英语	总分
2	成姣	93	96	90	279
3	龚荷锦	70	72	95	237
4	张琳	98	61	94	253
5	赵伊	88	86	99	273
6	张峰东	63	86	93	242
7	黄英	76	63	72	211
8	张顺	98	48	51	197
9	瞿小	79	84	36	199
10	江凝柔	70	57	65	192
11	万飞安	73	56	78	207
12	华蓉洁	52	82	93	227
13	舒泰世	56	99	65	220
14	刘义义	41	78	86	205
15	王融莎	55	44	87	186
16	党林盛	53	50	62	165
17	厉振明	34	69	62	165
18	连柔萍	35	54	57	146
19	刘若辰	40	52	65	157
20	叶梦	42	37	77	156
21	于娜	42	40	83	165
22	厉涛	51	62	62	175
23	刘翰震	96	37	43	176
24	张辉辉	42	48	48	138

图 6-28　排序后的效果

6.2　简单易用的分类汇总

在 Excel 中制作的表格往往包含了各种各样的数据。要对这些数据进行统计，可以使用分类汇总这个简单易用的功能。它可以快速地以某一个字段为分类项，对数据列表中其他字段的数据进行各种统计，如求和、计数、平均值等。

6.2.1　创建分类汇总

1. 分类汇总前的整理工作

要想进行分类汇总，需要确保表格中数据具有下列格式。

（1）数据区域的第一行为标题行。

（2）数据区域中没有空行和空列，数据区域四周是空行和空列。

（3）按类别进行排序。

如图 6-29 所示是每月配件分类汇总账。由于表格中的数据比较混乱，因此，对其数据进行排序是进行分类汇总之前的必要工作。

	A	B	C	D	E	F	G	H	I	J	K	L	M	N	O	P
1	类型	设备名称	日期	配件编号	配件名称	型号	单位	数量	配件类型	仓库名称	单价	金额	入账	明细账	小类编号	月汇总
2	出库	生产设备	2014/4/3	005-36	锂基脂	二硫化钼	桶	60	化工	S01	48	2880	T	F	0601	T
3	出库	生产设备	2014/4/4	000-18	自贡钉	1寸	个	3	小五金	S01	5.5	16.5	T	F	0101	T
4	出库	主要设备	2014/4/5	004-122	轴流风机	220W	台	1	电器	S01	460	460	T	F	0401	T
5	入库	劳保	2014/4/5	003-17	眼镜	中号	副	1	劳动保护	S02	2.14	2.14	T	F	0301	T
6	出库	主要设备	2014/4/5	002-177	制动轮	Φ300	台	1	备件	S01	475	475	T	F	0501	T
7	出库	主要设备	2014/4/6	002-179	制动器	YWZ8-400-121	台	1	备件	S01	4520	4520	T	F	0501	T
8	出库	杂品	2014/4/6	007-31	大拖布	DTB	把	10	杂品	S02	13	130	T	F	0801	T
9	入库	主要设备	2014/4/6	002-178	制动器	YWZ9-300/80	台	1	备件	S01	3612	3612	T	F	0501	T
10	入库	主要设备	2014/4/6	002-180	制动器	YWZ8-500/201	台	1	备件	S01	5300	5300	T	F	0501	T
11	出库	工具	2014/4/6	006-09	钻头	4	个	2	工具	S02	1.8	3.6	T	F	0701	T
12	出库	工具	2014/4/7	006-10	钻头	5.2	个	4	工具	S02	2.6	10.4	T	F	0701	T
13	出库	劳保	2014/4/7	003-11	肥皂	小号	块	10	劳动保护	S02	2.14	21.4	T	F	0301	T
14	出库	劳保	2014/4/7	003-71	帆布手套	大号	双	10	劳动保护	S02	3.1	31	T	F	0301	T
15	出库	劳保	2014/4/7	003-6	帆布胶手套	大号	双	5	劳动保护	S02	3.52	17.6	T	F	0301	T
16	出库	劳保	2014/4/7	003-13	洗衣粉	小袋	袋	10	劳动保护	S02	2.05	20.5	T	F	0301	T
17	出库	劳保	2014/4/7	003-11	肥皂	小号	块	15	劳动保护	S02	2.14	32.1	T	F	0301	T
18	入库	主要设备	2014/4/12	004-122	轴流风机	220W	台	1	电器	S01	460	460	T	F	0401	T
19	出库	劳保	2014/4/7	003-10	线手套	大号	双	6	劳动保护	S02	1.32	7.92	T	F	0301	T
20	出库	生产设备	2014/4/8	005-36	锂基脂	二硫化钼	桶	23	化工	S01	48	1104	T	F	0601	T
21	出库	生产设备	2014/4/10	000-18	自贡钉	1寸	个	2	小五金	S01	5.5	11	T	F	0101	T
22	出库	主要设备	2014/4/11	004-122	轴流风机	220W	台	1	电器	S01	460	460	T	F	0401	T
23	入库	劳保	2014/4/11	003-17	眼镜	中号	副	1	劳动保护	S02	2.14	2.14	T	F	0301	T
24	出库	主要设备	2014/4/11	002-177	制动轮	Φ300	台	1	备件	S01	475	475	T	F	0501	T
25	出库	主要设备	2014/4/9	002-179	制动器	YWZ8-400-121	台	1	备件	S01	4520	4520	T	F	0501	T
26	出库	杂品	2014/4/9	007-31	大拖布	DTB	把	10	杂品	S02	13	130	T	F	0801	T
27	出库	主要设备	2014/4/9	002-178	制动器	YWZ9-300/80	台	1	备件	S01	3612	3612	T	F	0501	T
28	入库	主要设备	2014/4/9	002-180	制动器	YWZ8-500/201	台	1	备件	S01	5300	5300	T	F	0501	T
29	出库	工具	2014/4/9	006-09	钻头	4	个	3	工具	S02	1.8	5.4	T	F	0701	T
30	出库	工具	2014/4/8	006-10	钻头	5.2	个	6	工具	S02	2.6	15.6	T	F	0701	T
31	出库	劳保	2014/4/7	003-11	肥皂	小号	块	15	劳动保护	S02	2.14	32.1	T	F	0301	T

Sheet1

图 6-29　分类汇总前的数据表

数据排序的具体操作步骤如下。

（1）打开本章素材文件“创建分类汇总.xlsx”，单击表格数据区域中任意一个单元格，如 D6 单元格。然后单击【数据】选项卡中的【排序】按钮。

（2）在弹出的【排序】对话框中添加排序条件，进行如图 6-30 所示的设置。

图 6-30　添加排序条件

（3）单击【确定】按钮关闭对话框，即可将配件按照“类型”、“设备名称”和“日期”三个字段进行排序，结果如图 6-31 所示。

类型	设备名称	日期	配件编号	配件名称	型号	单位	数量	配件类型	仓库名称	单价	金额	入账	明细账	小类编号	月汇总
出库	工具	2014/4/6	006-09	钻头	4	个	2	工具	S02	1.8	3.6	T	F	0701	T
出库	工具	2014/4/7	006-10	钻头	5.2	个	4	工具	S02	2.6	10.4	T	F	0701	T
出库	工具	2014/4/8	006-10	钻头	5.2	个	6	工具	S02	2.6	15.6	T	F	0701	T
出库	工具	2014/4/9	006-09	钻头	4	个	3	工具	S02	1.8	5.4	T	F	0701	T
出库	劳保	2014/4/7	003-11	肥皂	小号	块	10	劳动保护	S02	2.14	21.4	T	F	0301	T
出库	劳保	2014/4/7	003-71	帆布手套	大号	双	10	劳动保护	S02	3.1	31	T	F	0301	T
出库	劳保	2014/4/7	003-6	帆布胶手套	大号	双	5	劳动保护	S02	3.52	17.6	T	F	0301	T
出库	劳保	2014/4/7	003-13	洗衣粉	小袋	袋	10	劳动保护	S02	2.05	20.5	T	F	0301	T
出库	劳保	2014/4/7	003-11	肥皂	小号	块	15	劳动保护	S02	2.14	32.1	T	F	0301	T
出库	劳保	2014/4/7	003-10	线手套	大号	双	6	劳动保护	S02	1.32	7.92	T	F	0301	T
出库	劳保	2014/4/7	003-11	肥皂	小号	块	15	劳动保护	S02	2.14	32.1	T	F	0301	T
出库	劳保	2014/4/7	003-6	帆布胶手套	大号	双	10	劳动保护	S02	3.52	35.2	T	F	0301	T
出库	劳保	2014/4/7	003-11	肥皂	小号	块	15	劳动保护	S02	2.14	32.1	T	F	0301	T
出库	劳保	2014/4/7	003-10	线手套	大号	双	15	劳动保护	S02	1.32	19.8	T	F	0301	T
出库	劳保	2014/4/8	003-71	帆布手套	大号	双	15	劳动保护	S02	3.1	46.5	T	F	0301	T
出库	劳保	2014/4/8	003-13	洗衣粉	小袋	袋	5	劳动保护	S02	2.05	10.25	T	F	0301	T
出库	生产设备	2014/4/3	005-36	锂基脂	二硫化钼	桶	60	化工	S01	48	2880	T	F	0601	T
出库	生产设备	2014/4/4	000-18	自贡钉	1寸	个	3	小五金	S01	5.5	16.5	T	F	0101	T
出库	生产设备	2014/4/8	005-36	锂基脂	二硫化钼	桶	23	化工	S01	48	1104	T	F	0601	T
出库	生产设备	2014/4/10	000-18	自贡钉	1寸	个	2	小五金	S01	5.5	11	T	F	0101	T
出库	杂品	2014/4/6	007-31	大拖布	DTB	把	10	杂品	S02	13	130	T	F	0801	T
出库	杂品	2014/4/9	007-31	大拖布	DTB	把	10	杂品	S02	13	130	T	F	0801	T
出库	杂品	2014/4/12	007-31	大拖布	DTB	把	5	杂品	S02	13	65	T	F	0801	T
出库	主要设备	2014/4/5	004-122	轴流风机	220W	台	1	电器	S01	460	460	T	F	0401	T
出库	主要设备	2014/4/5	002-177	制动轮	Φ300	台	1	备件	S01	475	475	T	F	0501	T

图 6-31　排序后的效果

2. 创建分类汇总

在对数据进行分类排序后，就可以开始进行汇总了。Excel 2013 可自动计算列表中的分类汇总和总计值。当插入自动分类汇总时，Excel 将分级显示列表，以便为每个分类汇总显示和隐藏明细数据行。

【例 6-7】 创建分类汇总

沿用上例中配件分类汇总表，分别求出出库和入库的总金额，即可按类型进行汇总。

进行分类汇总的具体操作步骤如下。

（1）打开进行排序后的数据表，单击表格数据区域中的任意一个单元格，如 D6 单元格。

（2）单击【数据】选项卡的【分级显示】组中的【分类汇总】按钮，如图 6-32 所示。

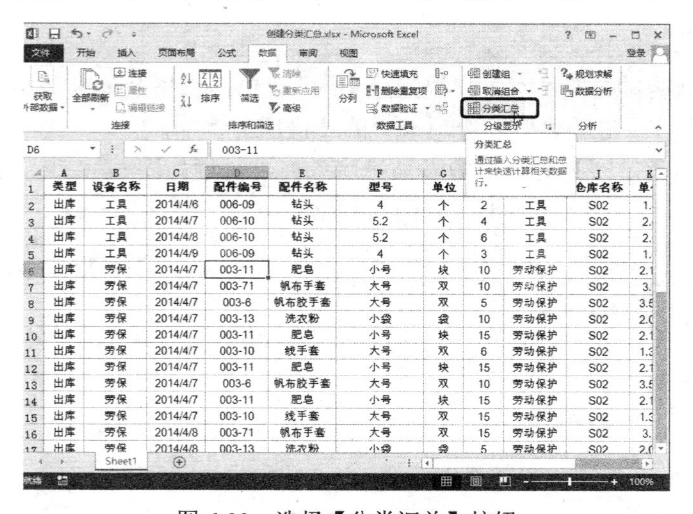

图 6-32　选择【分类汇总】按钮

（3）在弹出的【分类汇总】对话框中，从【分类字段】下拉列表中选择“类型”，从【汇总方式】下拉列表中选择“求和”，从【选定汇总项】区域选择【金额】复选框，如图 6-33 所示。

（4）单击【确定】按钮后，Excel 便自动计算列表中的分类汇总和总计，结果如图 6-34 所示。

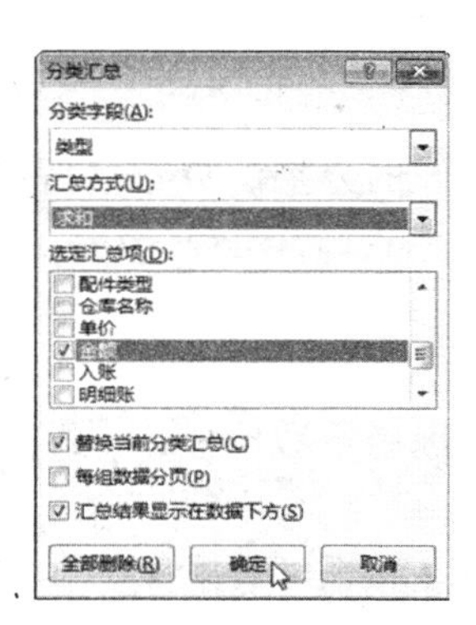

图 6-33 【分类汇总】对话框

图 6-34　分类汇总后的结果

6.2.2　创建嵌套分类汇总

如果用户需要对分类汇总之后的数据表进行多个字段的分类汇总，可以让表格成为分类汇总的嵌套。嵌套分类汇总是一种多级的分类汇总。

【例 6-8】 创建嵌套分类汇总

利用嵌套分类汇总的方法，在显示每个出库和入库总金额的前提下，再按照“设备名称”将金额分别进行汇总显示。

创建嵌套分类汇总的具体操作步骤如下。

（1）打开已插入分类汇总的工作表，然后打开【分类汇总】对话框。

（2）在对话框中设置【分类字段】为“设备名称”，【汇总方式】为“求和”，【选定汇总项】为“金额”，取消【替换当前分类汇总】复选框的选取，如图 6-35 所示。

（3）单击【确定】按钮关闭对话框，分类汇总的效果如图 6-36 所示。

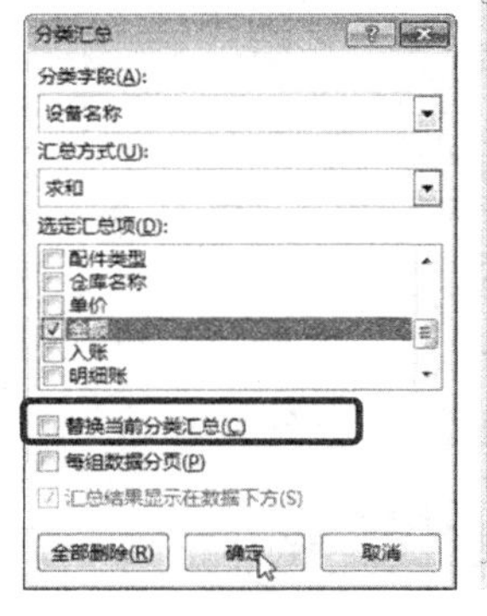

图 6-35　设置分类汇总

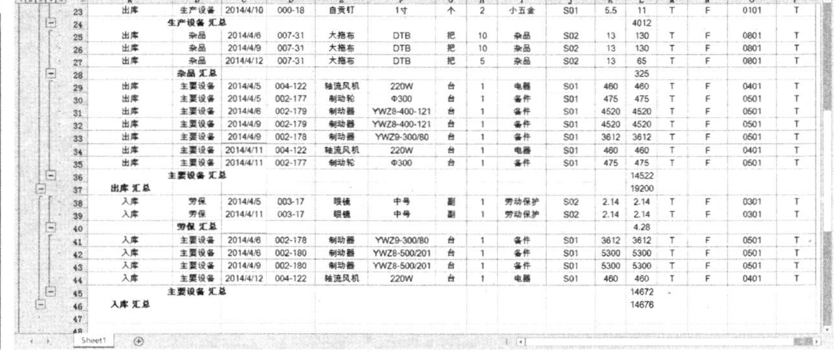

图 6-36　同时使用“求和”和“平均值”两种分类汇总方式

6.2.3 隐藏与显示汇总明细

创建分类汇总之后，用户可以通过显示和隐藏明细数据按钮，或者工作表左侧窗格中的【+】、【–】以及代表分类级别的数字【1】、【2】、【3】等按钮来显示或隐藏数据明细。

【例 6-9】 显示已经创建分类汇总特定级别的汇总数据

根据已经创建的分类汇总数据表（如图 6-36 所示），将指定字段的分类汇总数据按照需要显示出来。

显示特定级别汇总数据的具体方法如下。

（1）查看指定级别的汇总数据

打开已经创建分类汇总的数据表。单击工作表窗口左上角的分级显示数据按钮，即可对多级数据汇总进行分级显示，以便于快速查看数据信息。

如果需要查看分类汇总表中前 4 级的数据，则可以单击数字【4】按钮，效果如图 6-37 所示。

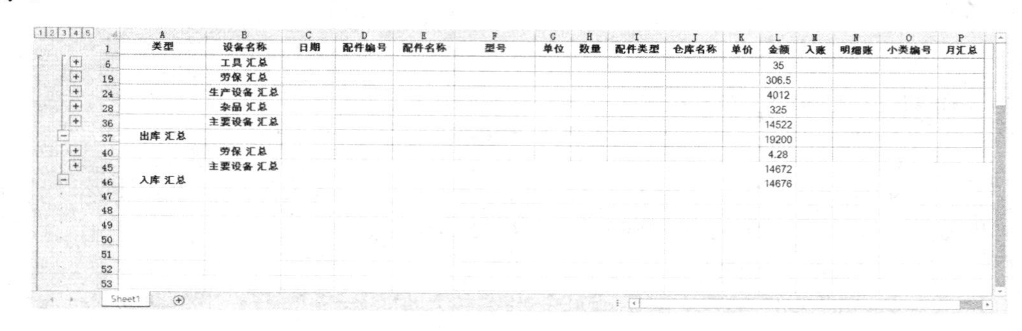

	A	B	C	D	E	F	G	H	I	J	K	L	M	N	O	P
1	类型	设备名称	日期	配件编号	配件名称	型号	单位	数量	配件类型	仓库名称	单价	金额	入账	明细账	小类编号	月汇总
6		工具 汇总										35				
19		劳保 汇总										306.5				
24		生产设备 汇总										4012				
28		杂品 汇总										325				
36		主要设备 汇总										14522				
37	出库 汇总											19200				
40		劳保 汇总										4.28				
45		主要设备 汇总										14672				
46	入库 汇总											14676				
47																
48																
49																
50																
51																
52																
53																

图 6-37 查看前三级分类汇总数据

（2）显示指定分类数据

如果需要显示分类汇总表中指定的明细数据，可以单击工作表中该数据区域对应的【+】按钮。本例中单击左侧【+】按钮显示“入库”类别中“劳保”和“主要设备”的明细数据，如图 6-38 所示。

	A	B	C	D	E	F	G	H	I	J	K	L	M	N	O	P
1	类型	设备名称	日期	配件编号	配件名称	型号	单位	数量	配件类型	仓库名称	单价	金额	入账	明细账	小类编号	月汇总
6		工具 汇总										35				
19		劳保 汇总										306.5				
24		生产设备 汇总										4012				
28		杂品 汇总										325				
36		主要设备 汇总										14522				
37	出库 汇总											19200				
38	入库	劳保	2014/4/5	003-17	眼镜	中号	副	1	劳动保护	S02	2.14	2.14	T	F	0301	T
39	入库	劳保	2014/4/11	003-17	眼镜	中号	副	1	劳动保护	S02	2.14	2.14	T	F	0301	T
40		劳保 汇总										4.28				
41	入库	主要设备	2014/4/6	002-178	制动器	YWZ9-300/80	台	1	备件	S01	3612	3612	T	F	0501	T
42	入库	主要设备	2014/4/6	002-180	制动器	YWZ8-500/201	台	1	备件	S01	5300	5300	T	F	0501	T
43	入库	主要设备	2014/4/9	002-180	制动器	YWZ8-500/201	台	1	备件	S01	5300	5300	T	F	0501	T
44	入库	主要设备	2014/4/12	004-122	轴流风机	220W	台	1	电器	S01	460	460	T	F	0401	T
45		主要设备 汇总										14672				
46	入库 汇总											14676				
47																
48																
49																
50																

图 6-38 单击【+】按钮展开相应的明细数据

（3）隐藏不需要显示的汇总数据

单击需要隐藏的明细数据左侧的【–】按钮，即可将该数据区域的数据内容隐藏。图 6-39 所示的是将“入库”类型中“劳保”分类汇总数据隐藏显示的效果。

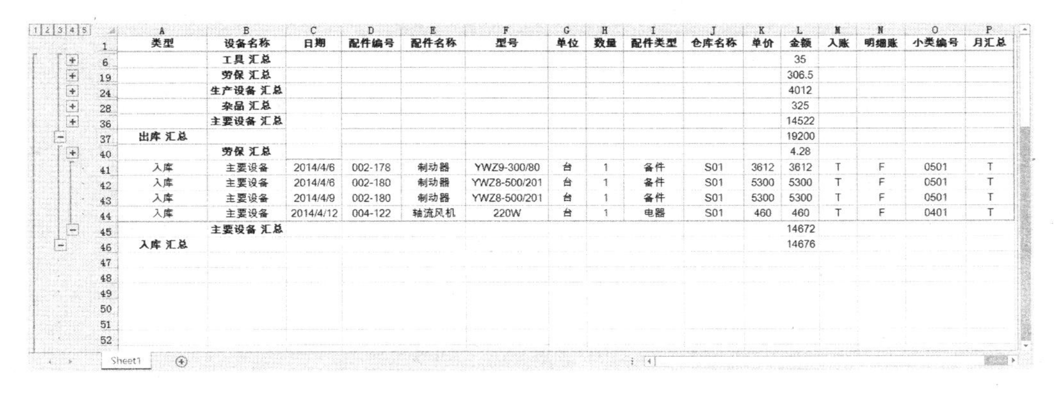

	A	B	C	D	E	F	G	H	I	J	K	L	M	N	O	P
1	类型	设备名称	日期	配件编号	配件名称	型号	单位	数量	配件类型	仓库名称	单价	金额	入账	明细账	小类编号	月汇总
6		工具 汇总										35				
19		劳保 汇总										306.5				
24		生产设备 汇总										4012				
28		杂品 汇总										325				
36		主要设备 汇总										14522				
37	出库 汇总											19200				
40		劳保 汇总										4.28				
41	入库	主要设备	2014/4/6	002-178	制动器	YWZ9-300/80	台	1	备件	S01	3612	3612	T	F	0501	T
42	入库	主要设备	2014/4/6	002-180	制动器	YWZ8-500/201	台	1	备件	S01	5300	5300	T	F	0501	T
43	入库	主要设备	2014/4/9	002-180	制动器	YWZ8-500/201	台	1	备件	S01	5300	5300	T	F	0501	T
44	入库	主要设备	2014/4/12	004-122	轴流风机	220W	台	1	电器	S01	460	460	T	F	0401	T
45		主要设备 汇总										14672				
46	入库 汇总											14676				

图 6-39　隐藏“劳保”分类的汇总数据

6.2.4　删除分类汇总

当不需分类汇总的时候，可以删除已分类汇总的数据。删除分类汇总时，Excel 2013 还将删除与分类汇总一起插入列表中的大纲和任何分页符。

删除分类汇总的步骤如下。

（1）单击列表中包含分类汇总的单元格，如 A6 单元格。

（2）单击【数据】选项卡的【分级显示】组中的【分类汇总】按钮。

（3）在打开的【分类汇总】对话框中，单击【全部删除】按钮，如图 6-40 所示。

如果将工作簿设置为自动计算公式，则在编辑明细数据时，【分类汇总】命令将自动重新计算分类汇总和总计值。

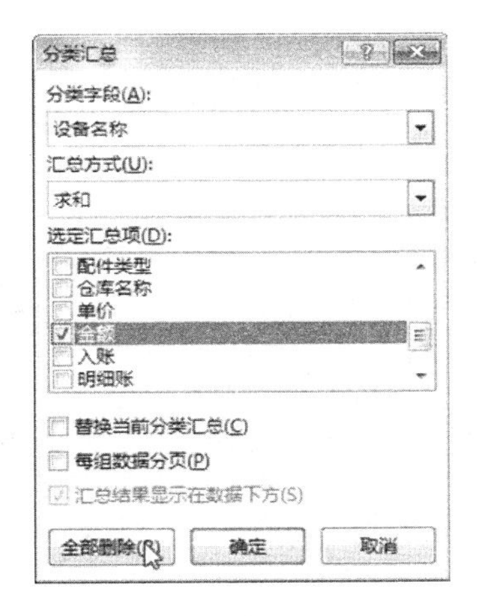

图 6-40　单击【全部删除】按钮

6.3　技 巧 放 送

1. 排序时注意含公式的单元格

当对数据列表进行排序时，对于含有公式的单元格用户需要特别注意。

在排序之后，数据列表对同一行的其他单元格的引用可能是正确的，但对不同行的单元格的引用将变为错误。

同样，对列排序后，数据列表对同一列的其他单元格的引用可能是正确的，但对不同列的单元格的引用却是错误的。

图 6-41 和 6-42 所示是对含有公式的数据列表进行排序前后的结果。它展示了对于含有公式的数据列表进行排序后会产生的错误。

C6 =C5-B5

	A	B	C	D	E	F	G
1		1月	2月	3月	4月	5月	6月
2	销售额	¥ 74,188.00	¥ 78,832.00	¥ 104,523.00	¥ 119,603.00	¥ 114,862.00	¥ 124,066.00
3	成本	¥ 54,542.00	¥ 62,336.00	¥ 64,490.00	¥ 72,673.00	¥ 56,123.00	¥ 52,461.00
4	其他费用	¥ 8,855.00	¥ 7,719.00	¥ 3,731.00	¥ 4,562.00	¥ 8,332.00	¥ 8,511.00
5	净利润	¥ 10,791.00	¥ 8,777.00	¥ 36,302.00	¥ 42,368.00	¥ 50,407.00	¥ 63,094.00
6	利润差额		¥ -2,014.00	¥ 27,525.00	¥ 6,066.00	¥ 8,039.00	¥ 12,687.00

排序前 排序后

图 6-41　排序前包含公式的数据列表

F6 =F5-E5

	A	B	C	D	E	F	G
1		6月	5月	4月	3月	2月	1月
2	销售额	¥ 124,066.00	¥ 114,862.00	¥ 119,603.00	¥ 104,523.00	¥ 78,832.00	¥ 74,188.00
3	成本	¥ 52,461.00	¥ 56,123.00	¥ 72,673.00	¥ 64,490.00	¥ 62,336.00	¥ 54,542.00
4	其他费用	¥ 8,511.00	¥ 8,332.00	¥ 4,562.00	¥ 3,731.00	¥ 7,719.00	¥ 8,855.00
5	净利润	¥ 63,094.00	¥ 50,407.00	¥ 42,368.00	¥ 36,302.00	¥ 8,777.00	¥ 10,791.00
6	利润差额	#VALUE!	¥ -12,687.00	¥ -8,039.00	¥ -6,066.00	¥ -27,525.00	

排序前 排序后

图 6-42　排序后的数据列表

在两张图中可以看出，2 月的“利润差额”单元格中使用的公式在排序前为“=C5–B5”，而经过按行排序后，其单元格的公式变为“=F5–E5”，当然计算结果也会是错误的。

因此，在对含有公式的数据列表进行排序时，需要遵守如下规则。

（1）数据列表单元格的公式中引用了数据列表外的单元格数据，应使用绝对引用。

（2）对行进行排序操作时，避免使用引用其他行的单元格的公式。

（3）对列进行排序操作时，避免使用引用其他列的单元格的公式。

2. 对数据列表中的某部分进行排序

对数据列表进行排序时，用户还可以只针对指定的某一特定部分的单元格区域进行排序操作。例如对如图 6-43 所示的数据列表中的 A6:E15 单元格区域按照“人员编号”排序。

对某部分数据进行排序的具体操作步骤如下。

（1）选中表格中需要进行排序的单元格区域，如 A6:E15 单元格，在【数据】选项卡中单击【排序】按钮。

（2）在弹出的【排序】对话框中，取消【数据包含标题】复选框的选择。

（3）设置【主要关键字】为“列 A”，单击【确定】按钮关闭对话框。部分数据排序后的效果如图 6-44 所示。

	A	B	C	D	E
1	人员编号	姓名	职务	基础工资	绩效工资
2	1100271	华蓉洁	客服	1200	350
3	1100071	张峰	客服	1200	350
4	1100225	舒勤	销售助理	2000	450
5	1100126	张辉	客服	1200	350
6	1100216	刘小义	销售代表	2600	550
7	1100162	王莎莎	销售代表	2600	550
8	1100138	伍艳梦	销售内勤	1600	400
9	1100228	房宇	客服	1200	350
10	1100105	刘娟	经理助理	3000	750
11	1100252	刘进仁	客服	1200	350
12	1100253	张霞	客服	1200	350
13	1100051	蒋娣萍	销售内勤	1600	400
14	1100279	龙明	销售助理	2000	450
15	1100279	厉琼桂	客服	1200	350
16	1100149	齐利	部门经理	8000	1200
17	1100284	王志	销售内勤	1600	400
18	1100198	周强	客服	1200	350
19	1100099	刘倩倩	销售代表	2600	550

员工工资表　职务 ...

图 6-43　将要进行排序部分的数据

	A	B	C	D	E
1	人员编号	姓名	职务	基础工资	绩效工资
2	1100271	华蓉洁	客服	1200	350
3	1100071	张峰	客服	1200	350
4	1100225	舒勤	销售助理	2000	450
5	1100126	张辉	客服	1200	350
6	1100051	蒋娣萍	销售内勤	1600	400
7	1100105	刘娟	经理助理	3000	750
8	1100138	伍艳梦	销售内勤	1600	400
9	1100162	王莎莎	销售代表	2600	550
10	1100216	刘小义	销售代表	2600	550
11	1100228	房宇	客服	1200	350
12	1100252	刘进仁	客服	1200	350
13	1100253	张霞	客服	1200	350
14	1100279	龙明	销售助理	2000	450
15	1100279	厉琼桂	客服	1200	350
16	1100149	齐利	部门经理	8000	1200
17	1100284	王志	销售内勤	1600	400
18	1100198	周强	客服	1200	350
19	1100099	刘倩倩	销售代表	2600	550

员工工资表　职务 ...

图 6-44　排序后的效果

3. 如何按行排序

在 Excel 中，排序条件一般是按列进行排序的，用户也可以将其改为按行排序。

设置按行排序的具体操作步骤如下。

（1）打开本章素材文件“按行排序.xlsx”，如图 6-45 所示。选中 B1:G24 单元格区域，在【数据】选项卡中单击【排序】按钮。

（2）在弹出的【排序】对话框中，单击【选项】按钮。

（3）单击【排序选项】对话框中的【按行排序】单选按钮，如图 6-46 所示。

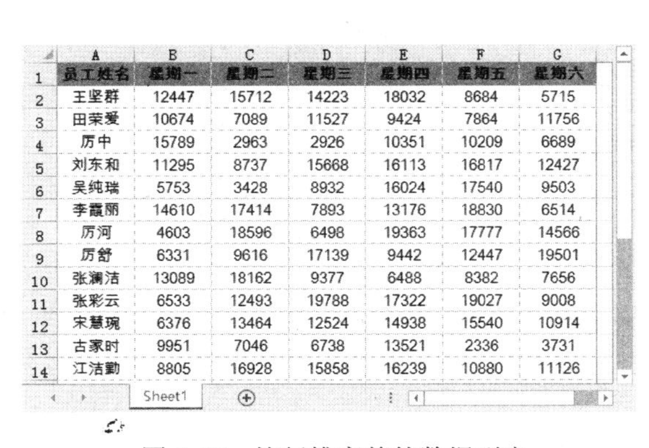

	A	B	C	D	E	F	G
1	员工姓名	星期一	星期二	星期三	星期四	星期五	星期六
2	王坚群	12447	15712	14223	18032	8684	5715
3	田荣爱	10674	7089	11527	9424	7864	11756
4	历中	15789	2963	2926	10351	10209	6689
5	刘东和	11295	8737	15668	16113	16817	12427
6	吴纯瑞	5753	3428	8932	16024	17540	9503
7	李霞丽	14610	17414	7893	13176	18830	6514
8	厉河	4603	18596	6498	19363	17777	14566
9	厉舒	6331	9616	17139	9442	12447	19501
10	张澜洁	13089	18162	9377	6488	8382	7656
11	张彩云	6533	12493	19788	17322	19027	9008
12	宋慧瑰	6376	13464	12524	14938	15540	10914
13	古家时	9951	7046	6738	13521	2336	3731
14	江洁勤	8805	16928	15858	16239	10880	11126

Sheet1

图 6-45　按行排序前的数据列表

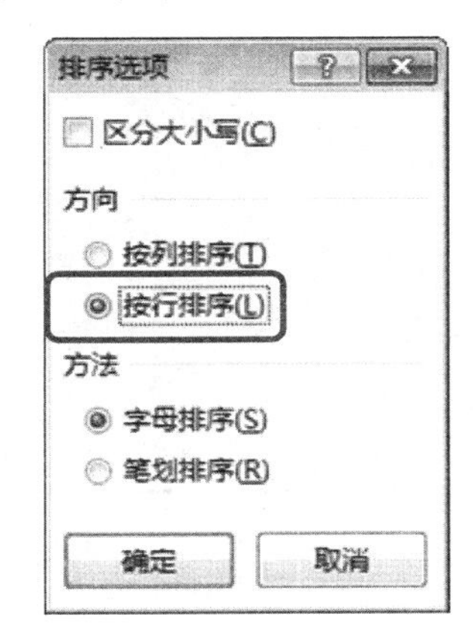

图 6-46　单击【按行排序】单选按钮

（4）单击【确定】按钮关闭【排序选项】对话框，返回【排序】对话框，将【主要关键字】设置为“行 1”，【排序依据】设置为“数值”，【次序】设置为“自定义序列”，并在【自定义序列】对话框中选择“星期六，星期五，星期四，星期三……”序列，如图 6-47 所示。

（5）单击【确定】按钮关闭【排序】对话框，返回工作表中。排序后的效果如图 6-48 所示。

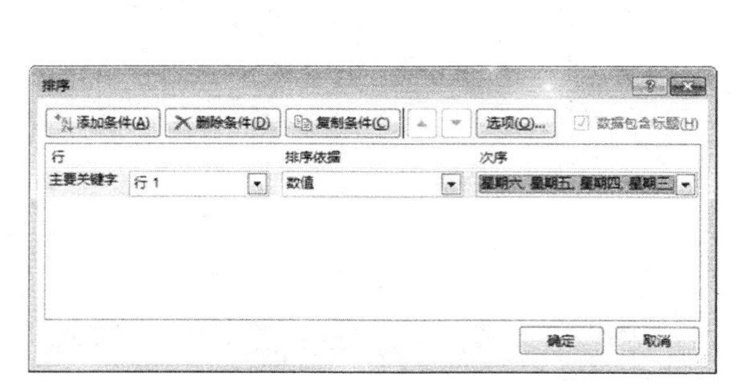

图 6-47　设置自定义排序序列

	A	B	C	D	E	F	G
1	员工姓名	星期六	星期五	星期四	星期三	星期二	星期一
2	王坚群	5715	8684	18032	14223	15712	12447
3	田荣爱	11756	7864	9424	11527	7089	10674
4	厉中	6689	10209	10351	2926	2963	15789
5	刘东和	12427	16817	16113	15668	8737	11295
6	吴纯瑞	9503	17540	16024	8932	3428	5753
7	李霞丽	6514	18830	13176	7893	17414	14610
8	厉河	14566	17777	19363	6498	18596	4603
9	厉舒	19501	12447	9442	17139	9616	6331
10	张漪洁	7656	8382	6488	9377	18162	13089
11	张彩云	9008	19027	17322	19788	12493	6533
12	宋慧琬	10914	15540	14938	12524	13464	6376
13	古冢时	3731	2336	13521	6738	7046	9951
14	江洁勤	11126	10880	16239	15858	16928	8805

图 6-48　按行排序后效果

4. 汇总时使用自动分页符

如果用户想将分类汇总后的数据列表按汇总项打印出来，使用【分类汇总】对话框中的【每组数据分页】选项，会使这一过程变得非常容易。当选择了【每组数据分页】复选框后，Excel 可以将每组数据单独地打印在一页上，执行分页预览后的效果如图 6-49 所示。

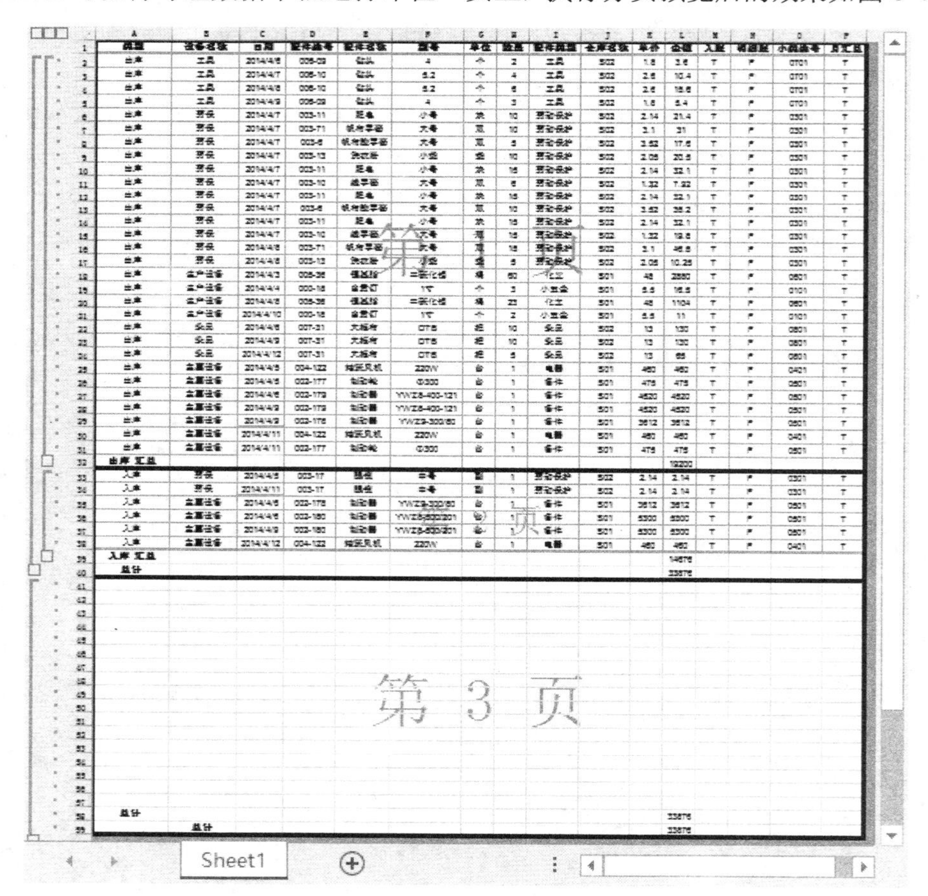

图 6-49　分页预览效果

第 7 章　快速筛选符合条件的数据

当需要从一个包含庞大数据信息量的工作表中，将符合指定的特定条件的数据行显示出来，而将不符合条件的行隐藏起来，就需要用到 Excel 的筛选功能。使用 Excel 的自动筛选功能，能够十分方便快捷地筛选出符合指定条件的数据，从而使数据的筛选工作变得很轻松。

通过对本章内容的学习，读者将掌握：

- 文本数据内容的筛选
- 数字条件的筛选
- 日期特征的筛选
- 单元格格式的筛选
- 高级筛选方法

7.1　自 动 筛 选

在管理数据列表的时候，根据某种条件筛选出匹配的数据是一项常见的需求，Excel 的筛选功能完全可以满足用户对筛选的需求。

想要在工作表中进行筛选，可以使用下面的方法进入筛选状态。

【例 7-1】　在工作表中启动筛选状态，并将指定的数据筛选出来

如图 7-1 所示为一张员工基础信息表，其中包含了员工的编号、姓名、职务以及工资等，现在需要将数据表中职务为“客服”的行筛选出来。

（1）将光标放在表格中任一位置，单击“数据”菜单项中的“筛选”按钮，表格即进入“筛选”状态，如图 7-2 所示。

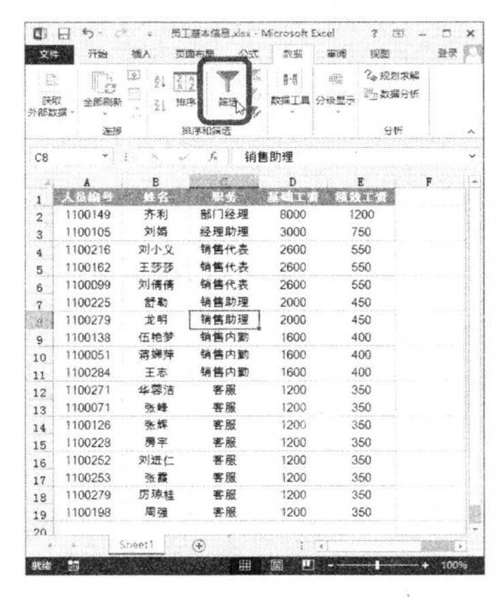

图 7-1　单击【筛选】按钮

图 7-2　进入筛选状态

（2）进入筛选状态后，单击每个字段的标题单元格中的下拉按钮，都将弹出下拉菜单，展示有关【排序】和【筛选】的详细选项。如单击“职务”单元格中的下拉按钮，将弹出如图 7-3 所示的下拉菜单。

注意：不同的数据类型所展开的下拉菜单中的选项也有所不同。

（3）单击选择下拉菜单的【客服】复选框，然后单击【确定】按钮，完成筛选操作，筛选结果如图 7-4 所示。可以看到此时被筛选字段的下拉按钮形状将发生改变，同时数据列表中的行号颜色也会改变。

图 7-3 包含排序和筛选选项的下拉菜单

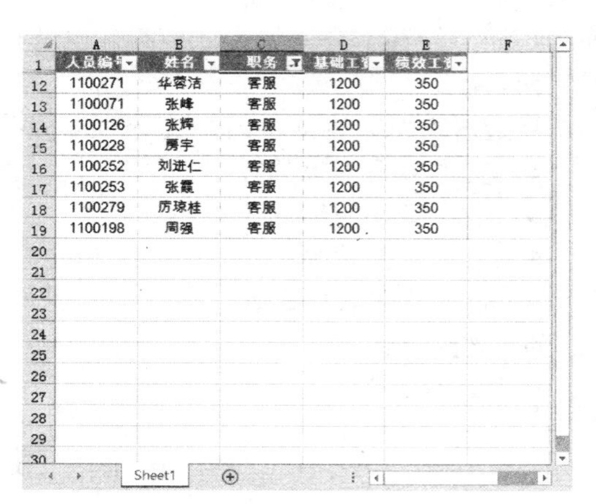

	人员编号	姓名	职务	基础工资	绩效工资
12	1100271	华蓉洁	客服	1200	350
13	1100071	张峰	客服	1200	350
14	1100126	张辉	客服	1200	350
15	1100228	房宇	客服	1200	350
16	1100252	刘进仁	客服	1200	350
17	1100253	张震	客服	1200	350
18	1100279	厉琼桂	客服	1200	350
19	1100198	周强	客服	1200	350

图 7-4 筛选“客服”后的结果

7.1.1 根据文本内容筛选

对于文本型的数据字段，其筛选下拉菜单中会显示【文本筛选】的更多选项。无论选择其中哪一个选项都将打开【自定义自动筛选方式】对话框，通过选择逻辑条件和输入条件值，可以完成自定义的筛选条件。

【例 7-2】 筛选包含“本科”字段的所有数据

在图 7-5 所示的数据表中，需要筛选出学历等于“本科”的所有数据。

按文本内容筛选的具体操作步骤如下。

（1）打开本章素材文件“根据文本特征筛选.xlsx”，单击数据区域中任意一个单元格，单击【数据】选项卡中的【筛选】按钮启动筛选模式，如图 7-5 所示。

（2）单击“学历”单元格中的下拉按钮，展开下拉菜单并将鼠标指向【文本筛选】选项。

（3）在展开的级联菜单中单击【等于】选项，如图 7-6 所示。

（4）此时将弹出【自定义自动筛选方式】对话框，在【显示行】区域中设置【学历】筛选条件为“等于”和“本科”，如图 7-7 所示。

（5）单击【确定】按钮关闭对话框。此时数据列表包含“本科”的所有数据将被筛选出来，如图 7-8 所示。

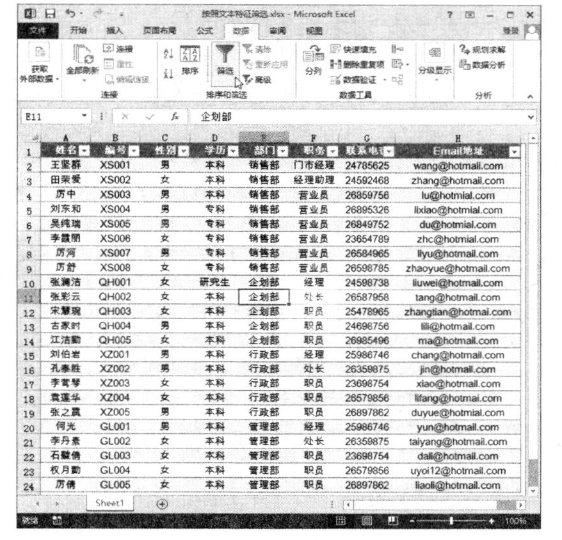

	姓名	编号	性别	学历	部门	职务	联系电话	Email地址
2	王坚群	XS001	男	本科	销售部	门市经理	24785625	wang@hotmail.com
3	田荣爱	XS002	女	本科	销售部	经理助理	24592468	zhang@hotmail.com
4	厉中	XS003	男	本科	销售部	营业员	26859756	lu@hotmial.com
5	刘东和	XS004	男	专科	销售部	营业员	26895326	lixiao@hotmial.com
6	吴纯瑞	XS005	男	专科	销售部	营业员	26849752	du@hotmial.com
7	李晨丽	XS006	女	专科	销售部	营业员	23654789	zhc@hotmial.com
8	厉河	XS007	男	专科	销售部	营业员	26584965	llyu@hotmail.com
9	厉舒	XS008	女	专科	销售部	营业员	26598785	zhaoyue@hotmail.com
10	张满洁	QH001	女	研究生	企划部	经理	24598738	liuwei@hotmail.com
11	张彩云	QH002	女	本科	企划部	处长	26587958	tang@hotmail.com
12	宋慧琨	QH003	女	本科	企划部	职员	25478965	zhangtian@hotmai.com
13	古家时	QH004	男	本科	企划部	职员	24698756	lili@hotmail.com
14	江浩勤	QH005	女	本科	企划部	职员	26985496	ma@hotmail.com
15	刘伯岩	XZ001	男	本科	行政部	经理	25986746	chang@hotmail.com
16	孔泰胜	XZ002	男	本科	行政部	处长	26359875	jin@hotmall.com
17	李莺琴	XZ003	女	本科	行政部	职员	23698754	xiao@hotmail.com
18	袁運华	XZ004	女	本科	行政部	职员	26579856	lifang@hotmai.com
19	张之晨	XZ005	男	本科	行政部	职员	26897862	duyue@hotmial.com
20	何光	GL001	男	本科	管理部	经理	25986746	yun@hotmail.com
21	李丹素	GL002	女	本科	管理部	处长	26359875	taiyang@hotmail.com
22	石鳌倩	GL003	女	本科	管理部	职员	23698754	dali@hotmail.com
23	权月勤	GL004	女	本科	管理部	职员	26579856	uyoi12@hotmail.com
24	厉倩	GL005	女	本科	管理部	职员	26897862	liaoli@hotmail.com

图 7-5　启动筛选模式

图 7-6　展开筛选下拉列表

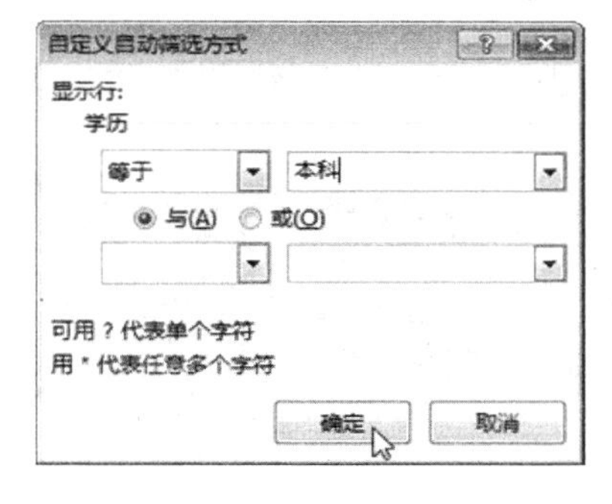

图 7-7 【自定义自动筛选方式】对话框

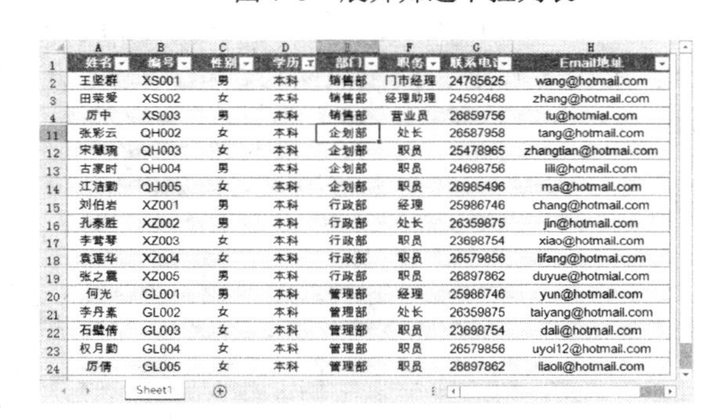

	姓名	编号	性别	学历	部门	职务	联系电话	Email地址
2	王坚群	XS001	男	本科	销售部	门市经理	24785625	wang@hotmail.com
3	田荣爱	XS002	女	本科	销售部	经理助理	24592468	zhang@hotmail.com
4	厉中	XS003	男	本科	销售部	营业员	26859756	lu@hotmial.com
11	张彩云	QH002	女	本科	企划部	处长	26587958	tang@hotmail.com
12	宋慧琨	QH003	女	本科	企划部	职员	25478965	zhangtian@hotmai.com
13	古家时	QH004	男	本科	企划部	职员	24698756	lili@hotmail.com
14	江浩勤	QH005	女	本科	企划部	职员	26985496	ma@hotmail.com
15	刘伯岩	XZ001	男	本科	行政部	经理	25986746	chang@hotmail.com
16	孔泰胜	XZ002	男	本科	行政部	处长	26359875	jin@hotmail.com
17	李莺琴	XZ003	女	本科	行政部	职员	23698754	xiao@hotmail.com
18	袁運华	XZ004	女	本科	行政部	职员	26579856	lifang@hotmai.com
19	张之晨	XZ005	男	本科	行政部	职员	26897862	duyue@hotmial.com
20	何光	GL001	男	本科	管理部	经理	25986746	yun@hotmail.com
21	李丹素	GL002	女	本科	管理部	处长	26359875	taiyang@hotmail.com
22	石鳌倩	GL003	女	本科	管理部	职员	23698754	dali@hotmail.com
23	权月勤	GL004	女	本科	管理部	职员	26579856	uyoi12@hotmail.com
24	厉倩	GL005	女	本科	管理部	职员	26897862	liaoli@hotmail.com

图 7-8　筛选结果

7.1.2　根据数字条件筛选

对于数值型数据字段，其筛选下拉菜单会显示【数字筛选】的更多选项。无论选择其中哪一个选项都将开启【自定义自动筛选方式】对话框，通过选择逻辑条件和输入条件值，可以完成自定义的筛选条件。

【例 7-3】 筛选出数值型数据中最多前 10 项的所有数据

在如图 7-9 所示的数据表中，需要筛选出销售量最多的前 10 项的所有数据。

筛选数值最高的前 10 项数据的具体操作步骤如下。

（1）打开本章素材文件“根据数据特征筛选.xlsx”，单击数据区域中任意一个单元格，单击【数据】选项卡的【筛选】按钮启动筛选模式。

（2）单击“销售数量”单元格的下拉按钮，展开下拉菜单并将鼠标指向【数字筛选】选项。

（3）在展开的级联菜单中单击【前 10 项】选项，如图 7-9 所示。

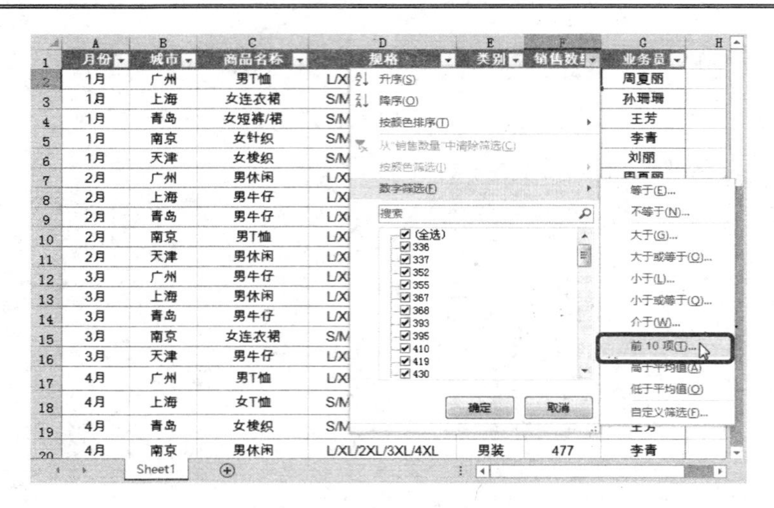

图 7-9　数值型数据字段相关的筛选选项

（4）此时将弹出【自动筛选前 10 个】对话框。在【显示】区域中，此时的默认值为“最大”、“10”和“项”，与需求相符，如图 7-10 所示。

（5）单击【确定】按钮关闭对话框。此时销售数量最多的前 10 项的所有数据将被筛选出来，如图 7-11 所示。

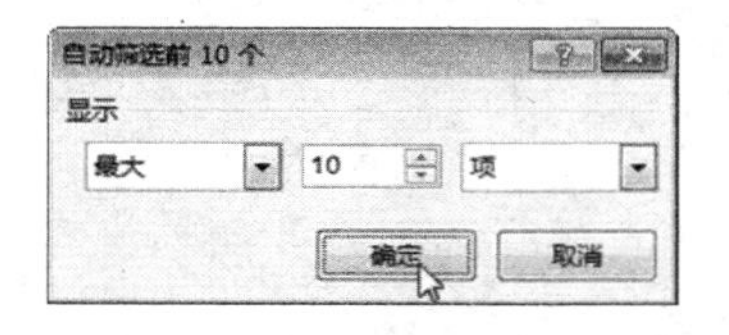

图 7-10　【自动筛选前 10 个】对话框

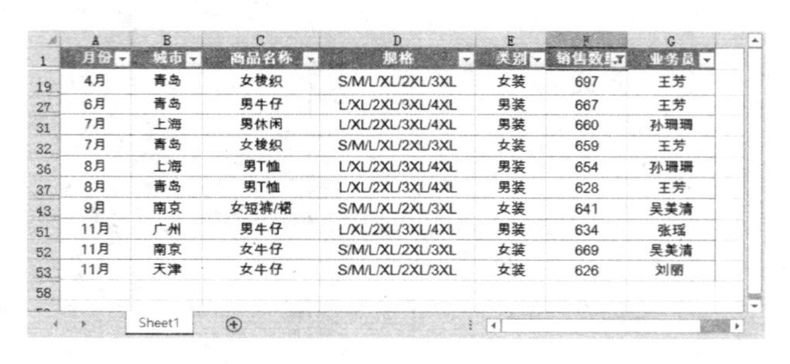

	月份	城市	商品名称	规格	类别	销售数量	业务员
19	4月	青岛	女梭织	S/M/L/XL/2XL/3XL	女装	697	王芳
27	6月	青岛	男牛仔	L/XL/2XL/3XL/4XL	男装	667	王芳
31	7月	上海	男休闲	L/XL/2XL/3XL/4XL	男装	660	孙珊珊
32	7月	青岛	女梭织	S/M/L/XL/2XL/3XL	女装	659	王芳
36	8月	上海	男T恤	L/XL/2XL/3XL/4XL	男装	654	孙珊珊
37	8月	青岛	男T恤	L/XL/2XL/3XL/4XL	男装	628	王芳
43	9月	南京	女短裤/裙	S/M/L/XL/2XL/3XL	女装	641	吴美清
51	11月	广州	男牛仔	L/XL/2XL/3XL/4XL	男装	634	张瑶
52	11月	南京	女牛仔	S/M/L/XL/2XL/3XL	女装	669	吴美清
53	11月	天津	女牛仔	S/M/L/XL/2XL/3XL	女装	626	刘丽

图 7-11　筛选前 10 项的结果

除此之外，用户还可以将销售数量在 400～500 之间的所有数据，参照如图 7-12 所示的设置进行设置，将得到如图 7-13 所示的筛选结果。

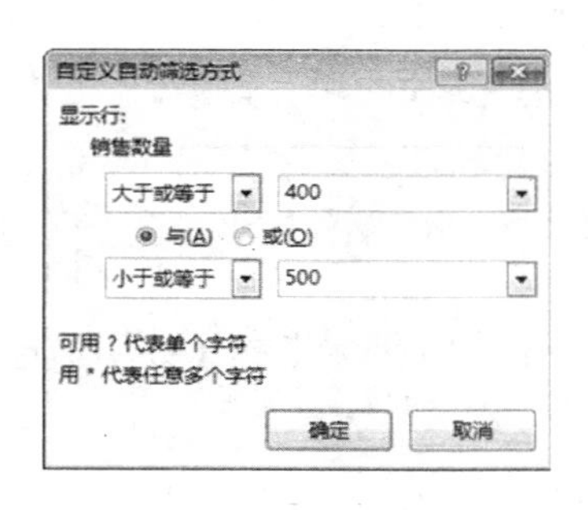

图 7-12　设置筛选条件

	月份	城市	商品名称	规格	类别	销售数量	业务员
4	1月	青岛	女短裤/裙	S/M/L/XL/2XL/3XL	女装	462	王芳
5	1月	南京	女针织	S/M/L/XL/2XL/3XL	女装	456	李青
6	1月	天津	女梭织	S/M/L/XL/2XL/3XL	女装	467	刘丽
10	2月	南京	男T恤	L/XL/2XL/3XL/4XL	男装	433	李青
12	3月	广州	男牛仔	L/XL/2XL/3XL/4XL	男装	410	周夏丽
13	3月	上海	男休闲	L/XL/2XL/3XL/4XL	男装	483	孙珊珊
20	4月	南京	男休闲	L/XL/2XL/3XL/4XL	男装	477	李青
23	5月	上海	男T恤	L/XL/2XL/3XL/4XL	男装	471	孙珊珊
25	5月	南京	男休闲	L/XL/2XL/3XL/4XL	男装	470	吴美清
26	6月	上海	男T恤	L/XL/2XL/3XL/4XL	男装	419	孙珊珊
30	6月	广州	女连衣裙	S/M/L/XL/2XL/3XL	女装	489	张瑶
34	7月	天津	女短裤/裙	S/M/L/XL/2XL/3XL	女装	430	刘丽
38	8月	南京	男休闲	L/XL/2XL/3XL/4XL	男装	441	吴美清
39	8月	天津	男牛仔	L/XL/2XL/3XL/4XL	男装	457	刘丽
40	8月	广州	女针织	S/M/L/XL/2XL/3XL	女装	459	张瑶
41	9月	上海	女梭织	S/M/L/XL/2XL/3XL	女装	436	孙珊珊
46	10月	上海	男T恤	L/XL/2XL/3XL/4XL	男装	419	孙珊珊
49	10月	天津	男牛仔	L/XL/2XL/3XL/4XL	男装	442	刘丽

图 7-13　筛选介于 400～500 之间的所有数据

7.1.3　根据日期特征筛选

对于日期型数据字段，下拉菜单会显示【日期筛选】的更多选项，而其中的选项与文本型和数值型筛选选项相比，更加细化并更有特色。

【例 7-4】 筛选出日期型数据中指定条件的所有数据

在如图 7-14 所示的数据表中，需要筛选出日期在“2014/4/10”之后的所有数据。

筛选日期型数据的具体操作步骤如下。

（1）打开本章素材文件“根据日期特征筛选.xlsx”，单击数据区域中任意一个单元格，单击【数据】选项卡中的【筛选】按钮启动筛选模式。

（2）单击“日期”单元格的下拉按钮，展开下拉菜单并将鼠标指向【日期筛选】选项。

（3）在展开的级联菜单中单击【之后】选项，如图 7-14 所示。

（4）此时将弹出【自定义自动筛选方式】对话框。在【显示行】区域中设置日期筛选条件为“在以下日期之后”和“2014/4/10”，如图 7-15 所示。

图 7-14　日期型数据筛选下拉菜单

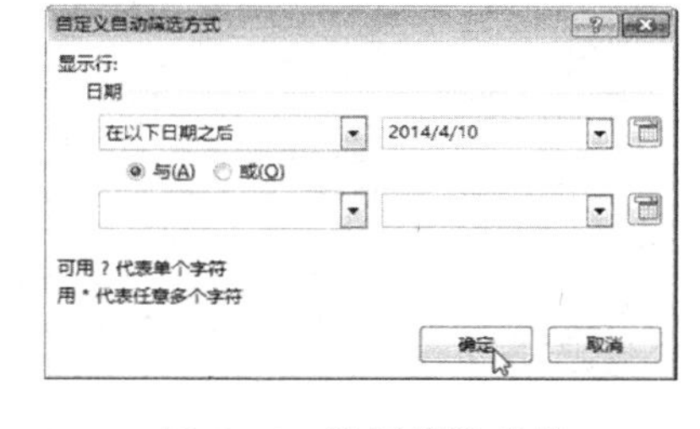

图 7-15　设置筛选条件

（5）单击【确定】按钮关闭对话框。此时数据列表中日期在 2014/4/10 之后的所有数据将被筛选出来，如图 7-16 所示。

	A	B	C	D	E	F	G	H	I	J	K	L
1	类别	设备名称	日期	配件编号	配件名称	型号	单位	数量	配件类别	仓库名称	单价	金额
18	入库	主要设备	2014/4/12	004-122	轴流风机	220W	台	1	电器	S01	460	460
22	出库	主要设备	2014/4/11	004-122	轴流风机	220W	台	1	电器	S01	460	460
23	入库	劳保	2014/4/11	003-17	眼镜	中号	副	1	劳动保护	S02	2.14	2.14
24	出库	主要设备	2014/4/11	002-177	制动轮	Φ300	台	1	备件	S01	475	475
36	出库	杂品	2014/4/12	007-31	大拖布	DTB	把	5	杂品	S02	13	65

图 7-16　筛选日期在“2014/4/10”之后的所有数据

从上例中可以看到按日期特征筛选的选项特点如下。

- 日期分组列表中没有直接显示具体的日期，而是以年、月、日分组后的分层形式显示。
- 提供了大量的预置筛选条件，甚至可以将数据列表中的日期与当前系统日期相比较并作为筛选条件。
- 【期间所有日期】菜单下面的命令只按时间段进行筛选，而不考虑年。例如，【第 4 季度】表示数据列表中任何年度的第 4 季度，如图 7-17 所示。这在按跨年的时间段筛选日期时比较实用。
- 除了以上选项之外，仍然提供了【自定义筛选】选项。

另外，对日期的分组状态是可以手动取消的，具体操作方法参照下面的步骤进行。

（1）单击【文件】选项卡，切换到【文件】窗口，单击左侧列表中的【选项】命令，打开【Excel 选项】对话框。

（2）单击【高级】类别，然后在【此工作簿的显示选项】下面，取消选择【使用“自动筛选”菜单分组日期】复选框，如图 7-18 所示，单击【确定】按钮即可。

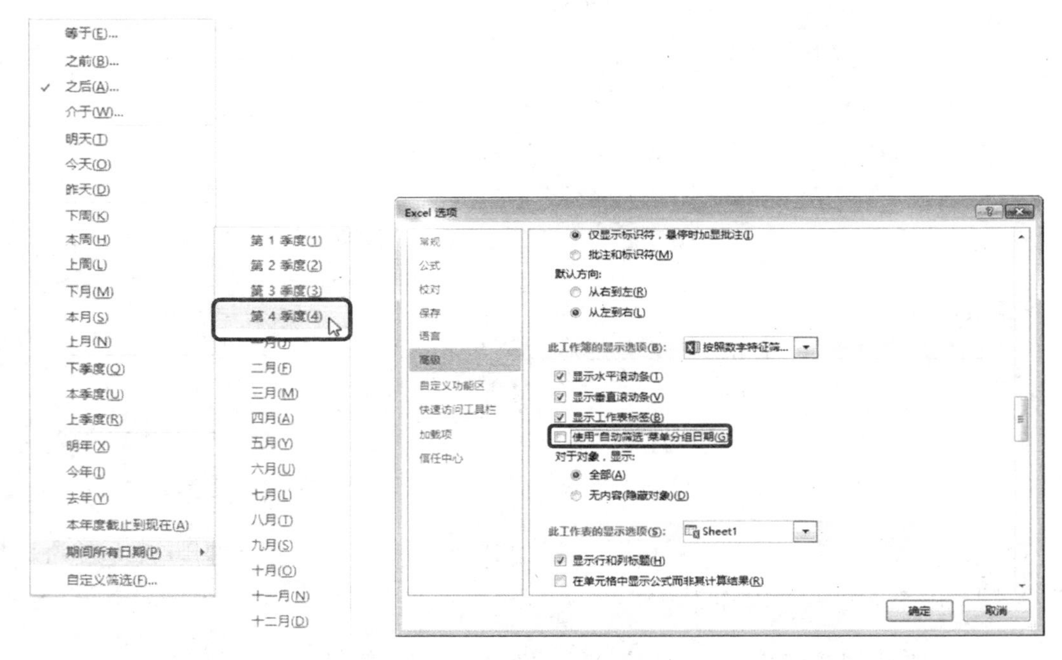

图 7-17 【第 4 季度】选项　　图 7-18 取消“自动筛选”菜单分组日期

7.1.4 根据字体颜色、单元格颜色或图标筛选

在数据列表中，使用字体颜色、单元格颜色或图标来表示各种类型的数据是用户比较喜欢的做法，Excel 针对此类数据也提供了相应的筛选功能，可以设置特殊条件格式作为筛选条件。

【例 7-5】 筛选出指定条件格式的所有数据

在如图 7-19 所示的数据表中，需要筛选出用红色圆形标记的所有数据。

按图标集筛选数据的具体操作步骤如下。

（1）打开本章素材文件“按单元格图标筛选.xlsx”，单击数据区域中任意一个单元格，单击【数据】选项卡中的【筛选】按钮启动筛选模式。

（2）单击“总分”单元格的下拉按钮，展开下拉菜单并将鼠标指向【按颜色筛选】选项。

（3）在展开的级联菜单中单击“红色圆形”图标选项，如图 7-19 所示。

（4）此时数据列表中被红色圆形图标所标识的所有数据将被筛选出来，如图 7-20 所示。

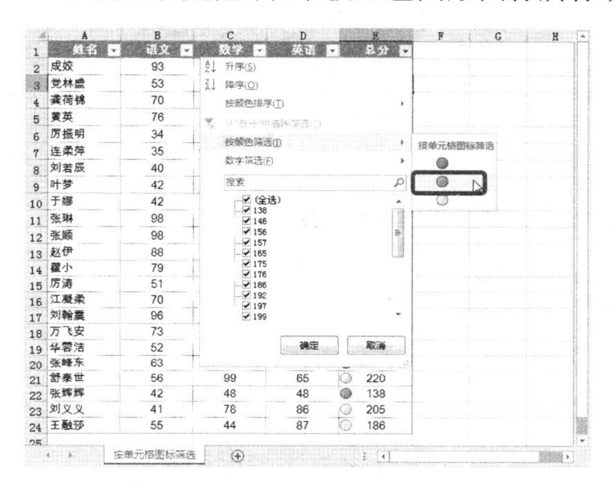

图 7-19　按颜色筛选下拉菜单

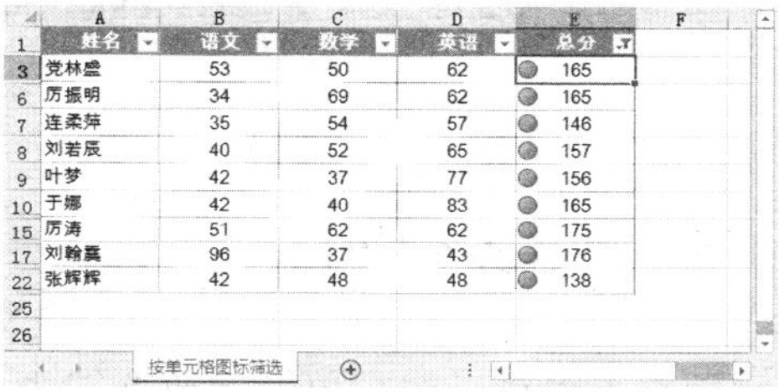

图 7-20　筛选结果

如果用户需要取消筛选状态，可以参考下面的方法实现。

- 如果需要取消对指定列的筛选，可以单击该列的下拉列表框并选择【全选】，如图 7-21 所示。
- 如果需要取消数据列表中所有的筛选，可以单击【数据】选项卡中的【清除】按钮，如图 7-22 所示。

图 7-21　取消对指定列的筛选

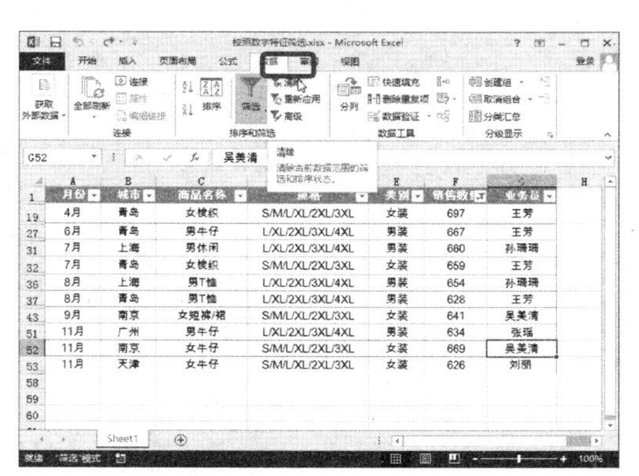

图 7-22　清除筛选内容

- 如果需要取消的是所有的“筛选”下拉箭头，可以再次单击【数据】选项卡中的【筛选】按钮，取消筛选模式即可，如图 7-23 所示。

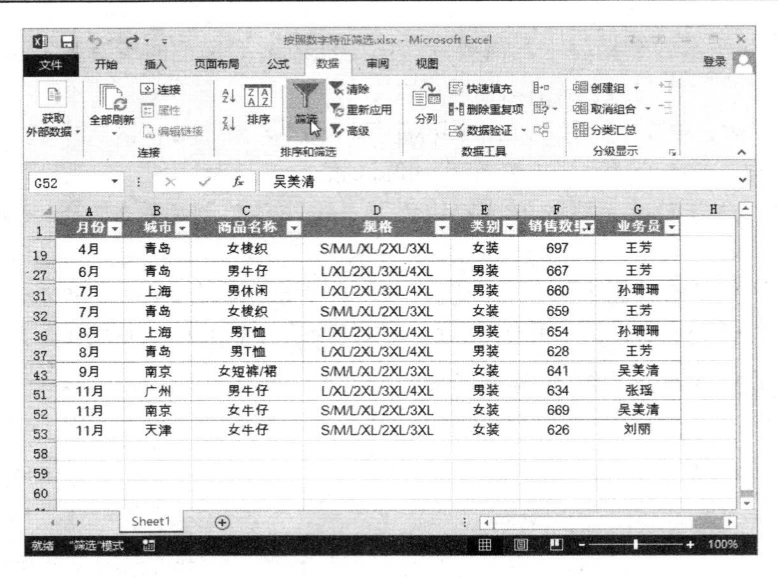

图 7-23　取消筛选模式

7.1.5　筛选多列数据

用户不仅可以执行单列的数据筛选，还可以对数据列表中多列同时指定筛选条件。

在对多列数据同时进行筛选时，筛选条件之间是“与”的关系。

例如，需要筛选出性别等于“男”，职位是“经理助理”的所有数据，可以参照图 7-24 所示的设置进行。

筛选后的结果，将如图 7-25 所示。

图 7-24　设置两列值的筛选条件

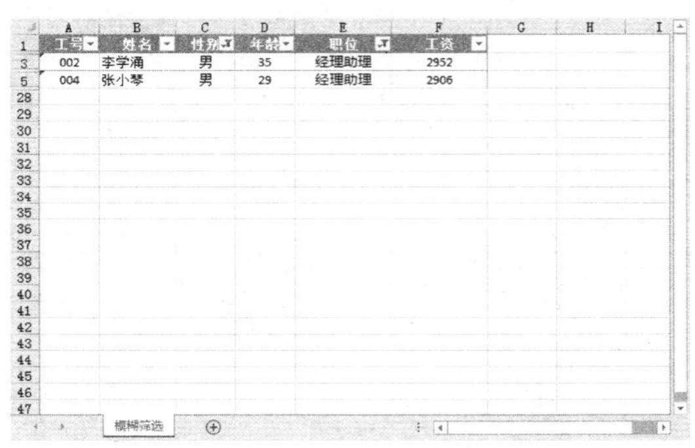

图 7-25　对数据列表进行两列值的筛选

7.2　高 级 筛 选

Excel 高级筛选功能是自动筛选功能的升级，在拥有自动筛选的所有功能的前提下，还可以进行更多更复杂的筛选设置。它可以将筛选出来的数据结果输出到指定的单元格区域，可以指定计算筛选条件，还可以筛选出不重复的记录项目。

7.2.1　了解筛选条件的相互关系

在使用高级筛选功能的时候，需要在一个工作表区域内单独指定筛选条件，并与数据列表的数据分开来。因为在执行筛选的过程中，所有的行都将被隐藏起来，所以需要将筛选条件放在数据列表的上面或下面，以免筛选条件被隐藏。

在使用高级筛选功能进行筛选时，可以充分利用筛选条件的相互关系，进行重组设定。

在进行高级筛选时，最重要的是要注意条件的输入位置。一个【高级筛选】的条件区域至少是两行。第一行为列标题，第二行是由筛选条件值构成的，如果是“关系与”关系，则所列的条件值要输入在同一行。例如需要筛选的条件是“男”，并且年龄为“50”岁，则需要将“男”和“50”输入在同一行中；如果是“关系或”关系，则将所列的条件值输入在不同行。例如，将“男”和“50”输入在不同行中，所筛选出来的数据则是表示性别为“男”或者年龄在“50”岁的所有人。

值得注意的是，如果是等于关系，则可以直接输入条件值，不需要加符号；如果有指定的大于或小于等关系，则需要输入半角状态英文格式下的相对应的符号。

7.2.2　高级筛选实例

【例 7-6】 在数据列表中运用“关系与”条件筛选数据

以图 7-26 所示的数据列表为例。运用【高级筛选】功能将“部门”为“业务部”且“实发工资”在“8000”以上的数据筛选出来，并将筛选结果复制到数据列表的下方单元格 A33 所在的区域中。

	A	B	C	D	E	F	G	H	I	J	K	L	M	N
1	工号	姓名	部门	基本工资	岗位工资	补贴	奖金	代扣保险	应发工资	应纳所得税额	个人税率	速算扣除数	应纳税额	实发工资
2	001	厉涛	采购部	8651	300	300	166	484	8933	5433	20%	555	531.60	8401.40
3	002	刘翰震	采购部	11775	300	300	233	524	12084	8584	20%	555	1161.80	10922.20
4	003	万飞安	采购部	3188	300	300	281	529	3540	40	0%	0	0.01	3539.99
5	004	华蓉洁	采购部	3166	300	300	291	575	3482	-18	0%	0	0.00	3482.00
6	005	张峰东	采购部	11391	300	300	382	448	11925	8425	20%	555	1130.00	10795.00
7	006	厉薇菁	采购部	8126	300	300	566	573	8719	5219	20%	555	488.80	8230.20
8	007	刘进仁	采购部	4002	300	300	569	422	4749	1249	0%	0	0.37	4748.63
9	008	张凤霞	业务部	5126	300	300	508	513	5721	2221	10%	105	117.10	5603.90
10	009	蒋娣萍	业务部	10480	300	300	461	483	11058	7558	20%	555	956.60	10101.40
11	010	龙明子	业务部	4582	300	300	440	599	5023	1523	10%	105	47.30	4975.70
12	011	余小	业务部	7214	300	300	493	392	7915	4415	10%	105	336.50	7578.50
13	012	刘炎	业务部	10768	300	300	329	429	11268	7768	20%	555	998.60	10269.40
14	013	王强达	业务部	9272	300	300	476	518	9830	6330	20%	555	711.00	9119.00
15	014	马茗菲	业务部	8370	300	300	574	619	8925	5425	20%	555	530.00	8395.00
16	015	张卿惠	业务部	11840	300	300	493	461	12472	8972	20%	555	1239.40	11232.60
17	016	厉豪子	业务部	4948	300	300	546	470	5624	2124	10%	105	107.40	5516.60
18	017	张婷璐	财务部	7132	300	300	456	588	7600	4100	10%	105	305.00	7295.00
19	018	阮云	财务部	8319	300	300	376	639	8656	5156	20%	555	476.20	8179.80
20	019	张坚彪	财务部	5754	300	300	249	504	6099	2599	10%	105	154.90	5944.10
21	020	厉慧芝	财务部	10108	300	300	550	396	10862	7362	20%	555	917.40	9944.60
22	021	王星河	财务部	4541	300	300	134	403	4872	1372	0%	0	0.41	4871.59
23	022	杨伊	财务部	4904	300	300	209	411	5302	1802	10%	105	75.20	5226.80
24	023	齐怡珊	市场部	10419	300	300	525	486	11058	7558	20%	555	956.60	10101.40
25	024	厉淑莉	市场部	8379	300	300	368	453	8894	5394	20%	555	523.80	8370.20
26	025	李娜	市场部	3538	300	300	177	451	3864	364	0%	0	0.11	3863.89
27	026	张珠	市场部	9174	300	300	159	622	9311	5811	20%	555	607.20	8703.80

个人所得税　员工工资表

图 7-26　需要进行高级筛选的数据列表

用高级筛选功能筛选数据的具体操作步骤如下。

（1）打开本章素材文件“员工工资表.xlsx”，在原表格上方插入 3 个空行，用来放置筛选条件，如图 7-27 所示。

工号	姓名	部门	基本工资	岗位工资	补贴	奖金	代扣保险	应发工资	应纳所得税额	个人税率	速算扣除数	应纳税额	实发工资
			8651	300	300	166	484	8933	5433	20%	555	531.60	8401.40
			11775	300	300	233	524	12084	8584	20%	555	1161.80	10922.20
			3188	300	300	281	529	3540	40	0%	0	0.01	3539.99
			3166	300	300	291	575	3482	-18	0%	0	0.00	3482.00
			11391	300	300	382	448	11925	8425	20%	555	1130.00	10795.00
			8126	300	300	566	573	8719	5219	20%	555	488.80	8230.20
			4002	300	300	569	422	4749	1249	0%	0	0.37	4748.63
			5126	300	300	508	513	5721	2221	10%	105	117.10	5603.90
			10480	300	300	461	483	11058	7558	20%	555	956.60	10101.40
			4582	300	300	440	599	5023	1523	10%	105	47.30	4975.70
			7214	300	300	493	392	7915	4415	10%	105	336.50	7578.50
			10768	300	300	329	429	11268	7768	20%	555	998.60	10269.40
			9272	300	300	476	518	9830	6330	20%	555	711.00	9119.00
014	马茗菲	业务部	8370	300	300	574	619	8925	5425	20%	555	530.00	8395.00

图 7-27　在原数据表上方插入 3 个空白行

（2）插入新行之后，在 A1 单元格中输入“部门”，在 B1 单元格中输入“实发工资”；在第二行输入指定的筛选条件，在 A2 单元格中输入“业务部”，在 B2 单元格中输入“>8000”，如图 7-28 所示。

部门	实发工资
业务部	>8000

工号	姓名	部门	基本工资	岗位工资	补贴	奖金	代扣保险	应发工资	应纳所得税额	个人税率	速算扣除数	应纳税额	实发工资
001	厉涛	采购部	8651	300	300	166	484	8933	5433	20%	555	531.60	8401.40
002	刘翰震	采购部	11775	300	300	233	524	12084	8584	20%	555	1161.80	10922.20
003	万飞安	采购部	3188	300	300	281	529	3540	40	0%	0	0.01	3539.99
004	华蓉洁	采购部	3166	300	300	291	575	3482	-18	0%	0	0.00	3482.00
005	张峰东	采购部	11391	300	300	382	448	11925	8425	20%	555	1130.00	10795.00
006	厉薇菁	采购部	8126	300	300	566	573	8719	5219	20%	555	488.80	8230.20
007	刘进仁	采购部	4002	300	300	569	422	4749	1249	0%	0	0.37	4748.63
008	张凤霞	业务部	5126	300	300	508	513	5721	2221	10%	105	117.10	5603.90
009	蒋娣萍	业务部	10480	300	300	461	483	11058	7558	20%	555	956.60	10101.40
010	龙明子	业务部	4582	300	300	440	599	5023	1523	10%	105	47.30	4975.70
011	余小	业务部	7214	300	300	493	392	7915	4415	10%	105	336.50	7578.50

图 7-28　设置“高级筛选”条件

注意：这两个并列关系，在输入条件时，是在同一行中输入。

（3）单击数据列表中任意一个单元格，如 C8 单元格，单击【数据】选项卡中的【高级】按钮，如图 7-29 所示。

（4）在弹出的【高级筛选】对话框的【条件区域】编辑框中，输入“$A$1:$B$2”，单击【确定】按钮，如图 7-30 所示。

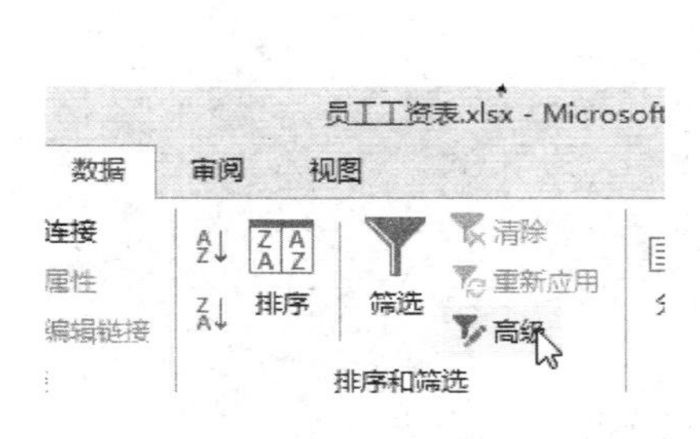

图 7-29　单击【高级】按钮

图 7-30　【高级筛选】对话框

之后即可得到按照目标条件进行筛选的结果，如图 7-31 所示。

部门	实发工资
业务部	>8000

工号	姓名	部门	基本工资	岗位工资	补贴	奖金	代扣保险	应发工资	应纳所得税额	个人税率	速算扣除数	应纳税额	实发工资
009	蒋娣萍	业务部	10480	300	300	461	483	11058	7558	20%	555	956.60	10101.40
012	刘炎	业务部	10768	300	300	329	429	11268	7768	20%	555	998.60	10269.40
013	王强达	业务部	9272	300	300	476	518	9830	6330	20%	555	711.00	9119.00
014	马茗菲	业务部	8370	300	300	574	619	8925	5425	20%	555	530.00	8395.00
015	张卿惠	业务部	11840	300	300	493	461	12472	8972	20%	555	1239.40	11232.60

图 7-31　按“关系与”条件筛选出来的数据

还可以选择将筛选出来的数据结果显示在指定的单元格区域内，具体操作步骤如下。

（1）在【高级筛选】对话框中，选择【方式】下的【将筛选结果复制到其他位置】选项。

（2）在【复制到】编辑框中输入“$A$33”，单击【确定】按钮，筛选结果被复制到 A33 单元格为起点的位置上，如图 7-32 所示。

部门	实发工资
业务部	>8000

工号	姓名	部门	基本工资	岗位工资	补贴	奖金	代扣保险	应发工资	应纳所得税额	个人税率	速算扣除数	应纳税额	实发工资
018	阮云	财务部	8319	300	300	376	639				555	476.20	8179.80
019	张坚彪	财务部	5754	300	300	249	504				105	154.90	5944.10
020	厉慧芝	财务部	10108	300	300	550	396				555	917.40	9944.60
021	王星河	财务部	4541	300	300	134	403				0	0.41	4871.59
022	杨伊	财务部	4904	300	300	209	411				105	75.20	5226.80
023	齐怡珊	市场部	10419	300	300	525	486				555	956.60	10101.40
024	厉淑莉	市场部	8379	300	300	368	453				555	523.80	8370.20
025	李娜	市场部	3538	300	300	177	451				0	0.11	3863.89
026	张珠	市场部	9174	300	300	159	622				555	607.20	8703.80

工号	姓名	部门	基本工资	岗位工资	补贴	奖金	代扣保险	应发工资	应纳所得税额	个人税率	速算扣除数	应纳税额	实发工资
009	蒋娣萍	业务部	10480	300	300	461	483	11058	7558	20%	555	956.60	10101.40
012	刘炎	业务部	10768	300	300	329	429	11268	7768	20%	555	998.60	10269.40
013	王强达	业务部	9272	300	300	476	518	9830	6330	20%	555	711.00	9119.00
014	马茗菲	业务部	8370	300	300	574	619	8925	5425	20%	555	530.00	8395.00
015	张卿惠	业务部	11840	300	300	493	461	12472	8972	20%	555	1239.40	11232.60

图 7-32　将高级筛选结果复制到其他位置

【例 7-7】 在数据列表中运用“关系或”条件筛选数据

以如图 7-33 所示的数据列表为例，运用【高级筛选】功能将“城市”为“杭州”或者“销售金额”在“100000”以上的数据筛选出来。

运用“关系式”条件筛选数据的具体操作步骤如下。

（1）打开本章素材文件“第一季度销售业绩分析表.xlsx”， 在原表格上方插入 3 个空行，并输入筛选条件，如图 7-34 所示。

注意：两个“或者”关系，输入条件时应该在不同的行。

（2）单击数据区域中任意一个单元格，如 F11 单元格，单击【数据】选项卡中的【高级】按钮，打开【高级筛选】对话框。

第一季度产品促销活动销售统计

月份	城市	销售人员	部门	产品名称	产品类别	数量	单价	销售金额
1	北京	张芹	销售（一）部	牛仔裤	服装	194	¥ 169	¥ 32,786
1	南京	方芳	销售（二）部	牛仔裤	服装	195	¥ 98	¥ 19,110
1	杭州	周青青	销售（二）部	运动套装	服装	87	¥ 1,598	¥ 139,026
1	合肥	张菲怡	销售（三）部	牛仔裤	服装	159	¥ 169	¥ 26,871
1	上海	华静	销售（一）部	抱枕套	床上用品	141	¥ 68	¥ 9,588
1	杭州	王忠林	销售（二）部	床笠(1500*2000)	床上用品	106	¥ 119	¥ 12,614
1	合肥	邹凯	销售（三）部	床笠(1800*2000)	床上用品	116	¥ 149	¥ 17,284
1	郑州	安蓁	销售（三）部	床笠(2300*2000)	床上用品	50	¥ 129	¥ 6,450
1	上海	孙小娆	销售（一）部	被套(1500*2000)	床上用品	195	¥ 119	¥ 23,205
1	北京	孟艾琴	销售（一）部	被套(2300*2000)	床上用品	74	¥ 149	¥ 11,026
1	杭州	李静茹	销售（二）部	被套(1800*2000)	床上用品	103	¥ 129	¥ 13,287
1	合肥	石丽丽	销售（三）部	记忆海绵枕	床上用品	115	¥ 220	¥ 25,300
1	上海	吴庆彤	销售（一）部	棉麻长袖衫	服装	140	¥ 226	¥ 31,640
1	南京	唐秀贤	销售（二）部	棉麻长裤	服装	66	¥ 178	¥ 11,748
1	杭州	宁妮	销售（二）部	雪纺T恤	服装	111	¥ 98	¥ 10,878
1	郑州	李宁聪	销售（三）部	真空罩衫	服装	83	¥ 106	¥ 8,798
2	北京	张芹	销售（一）部	牛仔裤	服装	176	¥ 129	¥ 22,704
2	南京	方芳	销售（二）部	牛仔裤	服装	55	¥ 98	¥ 5,390
2	杭州	周青青	销售（二）部	运动套装	服装	116	¥ 1,598	¥ 185,368
2	合肥	张菲怡	销售（三）部	牛仔裤	服装	196	¥ 1,598	¥ 313,208
2	上海	华静	销售（一）部	抱枕套	床上用品	68	¥ 68	¥ 4,624
2	杭州	王忠林	销售（二）部	床笠(1500*2000)	床上用品	182	¥ 119	¥ 21,658
2	合肥	邹凯	销售（三）部	床笠(1800*2000)	床上用品	111	¥ 149	¥ 16,539
2	郑州	安蓁	销售（三）部	床笠(2300*2000)	床上用品	163	¥ 129	¥ 21,027
2	上海	孙小娆	销售（一）部	被套(1500*2000)	床上用品	117	¥ 139	¥ 16,263
2	北京	孟艾琴	销售（一）部	被套(2300*2000)	床上用品	168	¥ 179	¥ 30,072

数据列表

图 7-33　需要进行高级筛选的数据列表

城市	销售金额
杭州	
	>100000

第一季度产品促销活动销售统计

月份	城市	销售人员	部门	产品名称	产品类别	数量	单价	销售金额
1	北京	张芹	销售（一）部	牛仔裤	服装	194	¥ 169	¥ 32,786
1	南京	方芳	销售（二）部	牛仔裤	服装	195	¥ 98	¥ 19,110
1	杭州	周青青	销售（二）部	运动套装	服装	87	¥ 1,598	¥ 139,026
1	合肥	张菲怡	销售（三）部	牛仔裤	服装	159	¥ 169	¥ 26,871
1	上海	华静	销售（一）部	抱枕套	床上用品	141	¥ 68	¥ 9,588
1	杭州	王忠林	销售（二）部	床笠(1500*2000)	床上用品	106	¥ 119	¥ 12,614
1	合肥	邹凯	销售（三）部	床笠(1800*2000)	床上用品	116	¥ 149	¥ 17,284
1	郑州	安蓁	销售（三）部	床笠(2300*2000)	床上用品	50	¥ 129	¥ 6,450
1	上海	孙小娆	销售（一）部	被套(1500*2000)	床上用品	195	¥ 119	¥ 23,205
1	北京	孟艾琴	销售（一）部	被套(2300*2000)	床上用品	74	¥ 149	¥ 11,026
1	杭州	李静茹	销售（二）部	被套(1800*2000)	床上用品	103	¥ 129	¥ 13,287
1	合肥	石丽丽	销售（三）部	记忆海绵枕	床上用品	115	¥ 220	¥ 25,300
1	上海	吴庆彤	销售（一）部	棉麻长袖衫	服装	140	¥ 226	¥ 31,640
1	南京	唐秀贤	销售（二）部	棉麻长裤	服装	66	¥ 178	¥ 11,748
1	杭州	宁妮	销售（二）部	雪纺T恤	服装	111	¥ 98	¥ 10,878

数据列表

图 7-34　输入筛选条件

（3）设置【条件区域】为“$A$1:$B$3”，也可以通过编辑框右侧折叠按钮选择筛选条件所在的单元格区域，如图 7-35 所示。

（4）单击【确定】按钮完成高级筛选设置，结果如图 7-36 所示。

【例 7-8】 在数据列表中同时运用“关系与”和“关系或”条件筛选数据

以如图 7-37 所示的数据列表为例，运用【高级筛选】功能将“部门”为“销售（一）部”，“六月份”销售额大于“50000”，并且“排名”小于“5”的记录，或者“部门”为“销售（三）部”，“六月份”销售额小于“20000”的记录，或者“排名”大于“35”的所有记录筛选出来。

图 7-35 设置筛选条件

城市	销售金额
杭州	
	>100000

第一季度产品促销活动销售统计

月份	城市	销售人员	部门	产品名称	产品类别	数量	单价	销售金额
1	杭州	周青青	销售（二）部	运动套装	服装	87	¥ 1,598	¥ 139,026
1	杭州	王忠林	销售（二）部	床笠(1500*2000)	床上用品	106	¥ 119	¥ 12,614
1	杭州	李静茹	销售（二）部	被套(1800*2000)	床上用品	103	¥ 129	¥ 13,287
1	杭州	宁妮	销售（二）部	雪纺T恤	服装	111	¥ 98	¥ 10,878
2	杭州	周青青	销售（二）部	运动套装	服装	116	¥ 1,598	¥ 185,368
2	合肥	张菲怡	销售（三）部	牛仔裤	服装	196	¥ 1,598	¥ 313,208
2	杭州	王忠林	销售（二）部	床笠(1500*2000)	床上用品	182	¥ 119	¥ 21,658
2	杭州	李静茹	销售（二）部	被套(1800*2000)	床上用品	195	¥ 159	¥ 31,005
2	杭州	宁妮	销售（二）部	雪纺T恤	服装	144	¥ 98	¥ 14,112
3	北京	张芹	销售（一）部	牛仔裤	服装	63	¥ 2,489	¥ 156,807
3	杭州	周青青	销售（二）部	运动套装	服装	172	¥ 1,598	¥ 274,856
3	杭州	王忠林	销售（二）部	床笠(1500*2000)	床上用品	91	¥ 119	¥ 10,829
3	杭州	李静茹	销售（二）部	被套(1800*2000)	床上用品	149	¥ 159	¥ 23,691
3	杭州	宁妮	销售（二）部	雪纺T恤	服装	111	¥ 98	¥ 10,878

图 7-36 高级筛选后的结果

老顾客服饰公司14年上半年销售业绩统计表

编号	姓名	部门	一月份	二月份	三月份	四月份	五月份	六月份	总销售额	排名	百分比排名
A001	权磊晨	销售(一)部	67,813	46,197	68,369	73,571	45,823	62,120	363,893	2	97%
A002	谢勇学	销售(一)部	79,907	77,121	31,701	53,755	48,662	30,985	322,131	10	79%
A003	张伊璐	销售(一)部	55,996	44,032	57,937	35,098	34,333	79,046	306,442	17	62%
A004	单成	销售(一)部	26,434	41,472	63,611	45,726	26,391	15,151	218,785	42	4%
A005	邢纯思	销售(一)部	23,682	69,483	74,419	76,133	74,806	47,607	366,130	1	100%
A006	孙霞静	销售(一)部	79,196	27,190	43,526	61,256	77,721	54,445	343,334	6	88%
A007	瞿爽	销售(一)部	49,451	60,364	38,062	71,521	76,071	16,994	312,463	15	67%
A008	李亮	销售(一)部	56,143	55,337	15,457	31,036	25,231	17,970	201,174	43	2%
A009	倪兴航	销售(一)部	74,900	61,694	46,156	26,371	52,180	42,689	303,990	20	55%
A010	曲顺兴	销售(一)部	39,250	55,278	27,926	76,017	40,241	60,886	299,598	23	48%
A011	程晨群	销售(一)部	64,900	57,923	41,889	32,090	44,760	43,929	285,491	31	30%
A012	郑梦	销售(一)部	42,884	73,940	35,194	17,110	62,807	21,497	253,432	36	18%
A013	吉霞娜	销售(一)部	49,258	51,045	42,838	68,849	76,161	37,771	325,922	9	81%
A014	厉薇佳	销售(一)部	46,207	68,394	79,896	32,683	15,213	72,930	315,323	13	72%
A015	冠乔苑	销售(一)部	60,548	22,142	33,275	70,101	77,344	72,709	336,119	7	86%
B016	厉皓月	销售(二)部	23,202	48,311	24,819	23,050	16,757	45,249	181,388	44	0%
B017	刘顺富	销售(二)部	24,606	67,403	54,471	47,886	73,539	20,852	288,757	27	39%
B018	张朋	销售(二)部	28,636	49,651	37,477	51,049	20,819	60,027	247,659	38	13%
B019	刘豪	销售(二)部	68,061	62,676	51,927	47,822	24,909	31,750	287,145	28	37%
B020	刘全发	销售(二)部	25,685	76,656	56,103	45,551	60,664	26,177	290,736	26	41%
B021	李芝黛	销售(二)部	74,737	34,156	48,703	55,889	49,493	39,844	302,822	22	51%
B022	柳红森	销售(二)部	38,507	26,167	72,256	33,362	60,058	73,490	303,840	21	53%
B023	牛红芸	销售(二)部	52,306	46,561	52,087	71,351	68,548	19,003	307,856	16	65%

图 7-37 需要进行高级筛选的数据列表

同时运用“关系与”和“关系或”条件筛选数据的具体操作步骤如下。

（1）打开本章素材文件“销售业绩统计表.xlsx”，在表格上方插入 5 个空白行，并设置筛选条件，如图 7-38 所示。

（2）单击数据区域中任意一个单元格，如 F13 单元格，单击【数据】选项卡的【高级】按钮，打开【高级筛选】对话框。

（3）设置【条件区域】为“$A$1:$C$4”，如图 7-39 所示。

部门	六月份	排名
销售(一)部	>50000	<5
销售(三)部	<20000	
		>35

老顾客服饰公司14年上半年销售业绩统计表

编号	姓名	部门	一月份	二月份	三月份	四月份	五月份	六月份	总销售额	排名	百分比排名
A001	权磊晨	销售(一)部	67,813	46,197	68,369	73,571	45,823	62,120	363,893	2	97%
A002	谢勇学	销售(一)部	79,907	77,121	31,701	53,755	48,662	30,985	322,131	10	79%
A003	张伊璐	销售(一)部	55,996	44,032	57,937	35,098	34,333	79,046	306,442	17	62%
A004	单成	销售(一)部	26,434	41,472	63,611	45,726	26,391	15,151	218,785	42	4%
A005	邢纯思	销售(一)部	23,682	69,483	74,419	76,133	74,806	47,607	366,130	1	100%
A006	孙霞静	销售(一)部	79,196	27,190	43,526	61,256	77,721	54,445	343,334	6	88%
A007	瞿爽	销售(一)部	49,451	60,364	38,062	71,521	76,071	16,994	312,463	15	67%
A008	李亮	销售(一)部	56,143	55,337	15,457	31,036	25,231	17,970	201,174	43	2%
A009	倪兴航	销售(一)部	74,900	61,694	46,156	26,371	52,180	42,689	303,990	20	55%
A010	曲顺兴	销售(一)部	39,250	55,278	27,926	76,017	40,241	60,886	299,598	23	48%
A011	程晨群	销售(一)部	64,900	57,923	41,889	32,090	44,760	43,929	285,491	31	30%
A012	郑梦	销售(一)部	42,884	73,940	35,194	17,110	62,807	21,497	253,432	36	18%

图 7-38 输入数据筛选条件

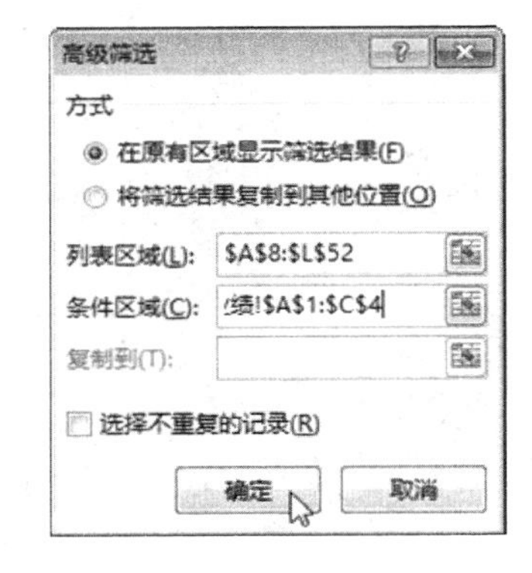

图 7-39 设置“条件区域”

（4）单击【确定】按钮完成高级筛选，结果如图7-40所示。

部门	六月份	排名
销售(一)部	>50000	<5
销售(三)部	<20000	
		>35

老顾客服饰公司14年上半年销售业绩统计表

编号	姓名	部门	一月份	二月份	三月份	四月份	五月份	六月份	总销售额	排名	百分比排名
A001	权蕃昊	销售(一)部	67,813	46,197	68,369	73,571	45,823	62,120	363,893	2	97%
A004	单成	销售(一)部	26,434	41,472	63,611	45,726	26,391	15,151	218,785	42	4%
A008	李亮	销售(一)部	56,143	55,337	15,457	31,036	25,231	17,970	201,174	43	2%
A012	郑梦	销售(一)部	42,884	73,940	35,194	17,110	62,807	21,497	253,432	36	18%
B016	厉筠月	销售(二)部	23,202	48,311	24,819	23,050	16,757	45,249	181,388	44	0%
B018	张朋	销售(二)部	28,636	49,651	37,477	51,049	20,819	60,027	247,659	38	13%
B025	沈滢璧	销售(二)部	50,933	16,836	73,405	22,020	41,429	44,258	248,881	37	16%
B028	万倩琳	销售(二)部	18,974	34,142	29,546	38,477	59,011	65,284	245,434	39	11%
C031	尚欢云	销售(三)部	21,142	72,787	58,735	15,146	20,919	31,008	219,737	41	6%
C032	厉玉瑛	销售(三)部	46,254	27,274	26,805	44,770	69,502	21,767	236,372	40	9%

销售业绩

图7-40　经过高级筛选后的结果显示

7.3　技巧放送

1. 使用通配符进行模糊筛选

筛选数据的过程中，有的时候并不希望明确指定某项内容，而是希望筛选包含某个或某几个字符的一类内容，例如，筛选“赵”姓的员工数据，产品编号开头为“JBS”的一系列产品等等。此时可以借助通配符来辅助筛选。

在进行模糊筛选时，必须借助【自定义自动筛选方式】对话框使用通配符。在该对话框中可以使用“?”和“*”符号来进行模糊筛选，其中“？”代表一个字符，“*”可以代表0到任意多个连续字符。

如图7-41所示，在对话框中输入“刘？”，单击【确定】按钮，会将数据列表中姓刘，且名为单字的员工姓名数据筛选出来，如图7-42所示。

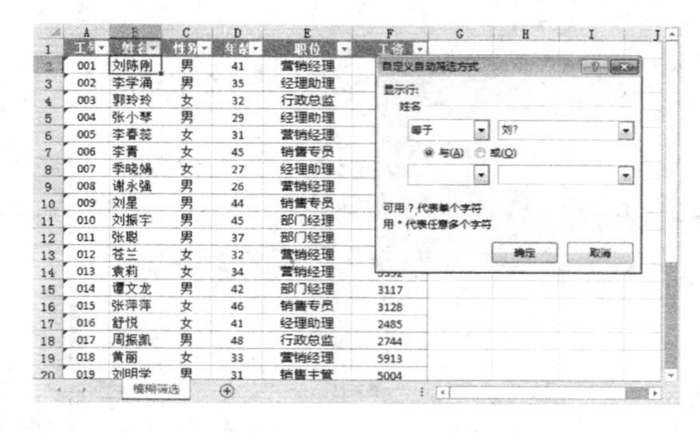

图7-41　使用“?”符号模糊筛选

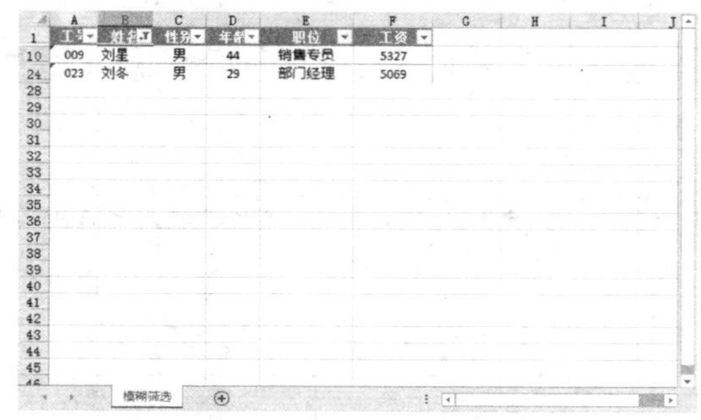

图7-42　模糊筛选结果

如图7-43所示，在对话中输入“刘*”，单击【确定】按钮，则会将数据列表中所有姓刘的员工数据筛选出来，如图 7-44 所示。

图 7-43　使用“*”符号模糊筛选

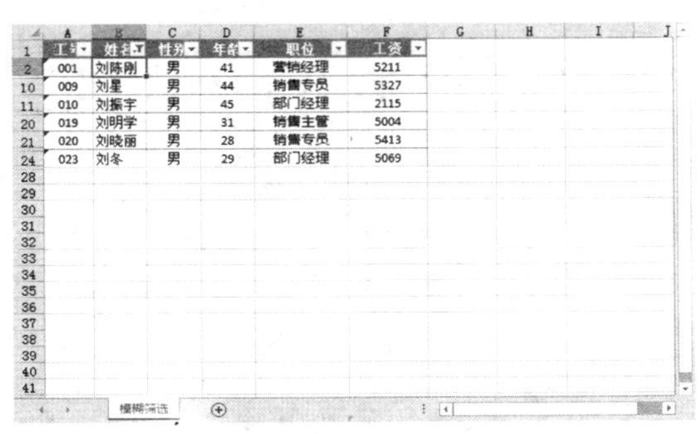

图 7-44　模糊筛选结果

2. 筛选不重复值

如果筛选的记录中有重复的值，而在筛选结果中只需要显示其中一个，则可以在【高级筛选】对话框中选择【选择不重复的记录】复选框。这样遇到重复记录，筛选结果将只会显示一次。

3. 对数据列表的局部启用自动筛选

如果不希望对整个表格进行筛选，则可以仅选择需要筛选的数据区域，然后执行筛选命令，如图 7-45 所示，即只针对上半年的数据进行了筛选操作。

产品线	全年累计	1月份	2月份	3月份	4月份	5月份	6月份	7月份	8月份	9月份	10月份	11月份	12月份
油烟机	403,537	45,904	19,753	34,471	34,242	38,115	19,620	52,540	5,103	14,360	55,548	39,361	44,520
灶具	328,439	14,780	24,836	13,615	31,321	48,681	8,734	58,050	16,501	7,681	6,018	48,862	49,360
消毒柜	377,069	51,818	7,042	37,769	36,432	44,783	49,807	25,409	23,874	7,510	11,043	24,896	56,686
热水器	445,587	38,473	25,488	43,615	27,381	10,150	53,872	50,485	48,008	53,730	39,967	9,120	45,298
微波炉	266,607	56,266	5,397	14,083	4,542	45,603	6,573	15,658	43,501	33,506	17,787	13,030	10,661
烤箱	347,753	22,028	37,698	31,755	44,152	30,334	37,454	39,606	28,947	8,967	31,044	25,766	10,002
压力锅	445,088	56,908	55,668	58,425	31,174	9,492	54,313	39,250	12,945	46,770	32,984	40,415	6,744
电饭煲	330,557	8,922	36,982	21,590	13,951	41,970	20,274	53,045	20,929	42,326	48,982	16,798	4,788
蒸箱	370,975	12,609	34,827	40,996	33,079	10,665	17,606	39,742	32,777	8,068	51,027	42,848	46,731
电饼铛	330,052	38,508	6,129	9,340	41,903	36,276	21,267	17,981	37,691	25,812	26,588	58,493	10,064
蒸锅	317,783	42,523	3,448	3,563	8,520	30,709	27,276	31,802	10,043	56,892	42,560	56,213	4,234
合计	3,963,447	388,739	257,268	309,222	306,697	346,778	316,796	423,568	280,319	305,622	363,548	375,802	289,088

图 7-45 对局部数据启用自动筛选

4. 在筛选结果中只显示部分字段数据

在图 7-46 所示的数据表中，如果希望筛选出销售一部和销售二部中排名在前 10 名之内的员工，要求只显示姓名、销售部门和排名三个字段，那么该如何操作呢？下面就来看具体的实现步骤。

（1）打开本章素材文件“显示部分字段的筛选数据.xlsx”，将 N2:O4 单元格区域作为设置条件区域设置条件，如图 7-47 所示。

（2）从数据表中复制要显示的字段名称，至要显示筛选数据的位置进行粘贴，如图 7-48 所示。

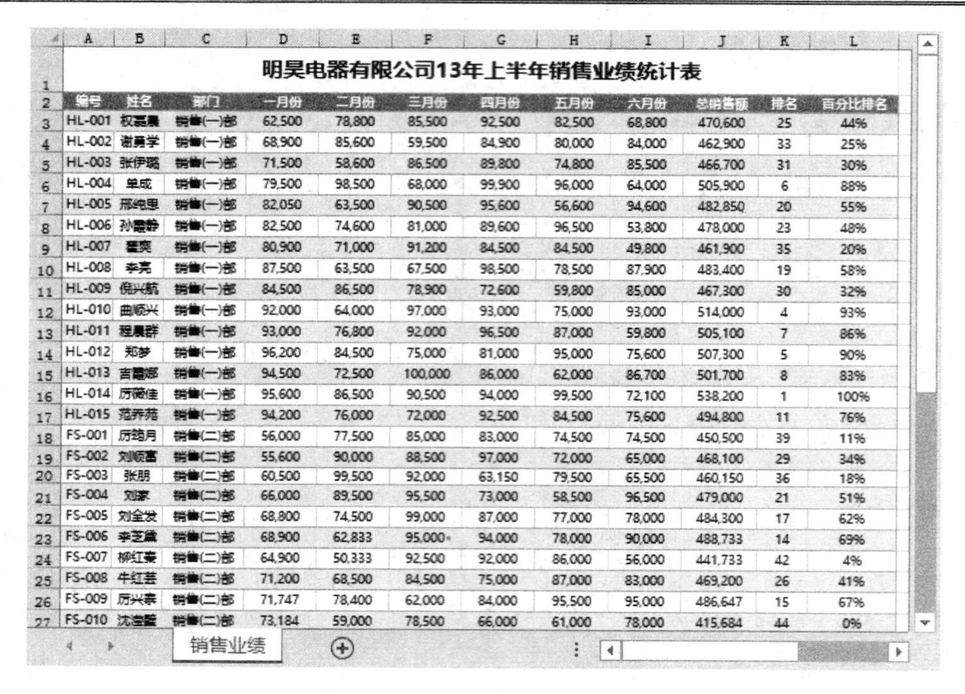

明昊电器有限公司13年上半年销售业绩统计表											
编号	姓名	部门	一月份	二月份	三月份	四月份	五月份	六月份	总销售额	排名	百分比排名
HL-001	权嘉晨	销售(一)部	62,500	78,800	85,500	92,500	82,500	68,800	470,600	25	44%
HL-002	谢勇学	销售(一)部	68,900	85,600	59,500	84,900	80,000	84,000	462,900	33	25%
HL-003	张伊璐	销售(一)部	71,500	58,600	86,500	89,800	74,800	85,500	466,700	31	30%
HL-004	单成	销售(一)部	79,500	98,500	68,000	99,900	96,000	64,000	505,900	6	88%
HL-005	邢纯思	销售(一)部	82,050	63,500	90,500	95,600	56,600	94,600	482,850	20	55%
HL-006	孙馨静	销售(一)部	82,500	74,600	81,000	89,600	96,500	53,800	478,000	23	48%
HL-007	霍爽	销售(一)部	80,900	71,000	91,200	84,500	84,500	49,800	461,900	35	20%
HL-008	李亮	销售(一)部	87,500	63,500	67,500	98,500	78,500	87,900	483,400	19	58%
HL-009	倪兴航	销售(一)部	84,500	86,500	78,900	72,600	59,800	85,000	467,300	30	32%
HL-010	曲顺兴	销售(一)部	92,000	64,000	97,000	93,000	75,000	93,000	514,000	4	93%
HL-011	程晨群	销售(一)部	93,000	76,800	92,000	96,500	87,000	59,800	505,100	7	86%
HL-012	郑梦	销售(一)部	96,200	84,500	75,000	81,000	95,000	75,600	507,300	5	90%
HL-013	吉霞娜	销售(一)部	94,500	72,500	100,000	86,000	62,000	86,700	501,700	8	83%
HL-014	厉薇佳	销售(一)部	95,600	86,500	90,500	94,000	99,500	72,100	538,200	1	100%
HL-015	范乔苑	销售(一)部	94,200	76,000	72,000	92,500	84,500	75,600	494,800	11	76%
FS-001	厉皓月	销售(二)部	56,000	77,500	85,000	83,000	74,500	74,500	450,500	39	11%
FS-002	刘顺嘉	销售(二)部	55,600	90,000	88,500	97,000	72,000	65,000	468,100	29	34%
FS-003	张朋	销售(二)部	60,500	99,500	92,000	63,150	79,500	65,500	460,150	36	18%
FS-004	刘家	销售(二)部	66,000	89,500	95,500	73,000	58,500	96,500	479,000	21	51%
FS-005	刘全发	销售(二)部	68,800	74,500	99,000	87,000	77,000	78,000	484,300	17	62%
FS-006	李芝燕	销售(二)部	68,900	62,833	95,000	94,000	78,000	90,000	488,733	14	69%
FS-007	柳红素	销售(二)部	64,900	50,333	92,500	92,000	86,000	56,000	441,733	42	4%
FS-008	牛红芸	销售(二)部	71,200	68,500	84,500	75,000	87,000	83,000	469,200	26	41%
FS-009	厉兴泰	销售(二)部	71,747	78,400	62,000	84,000	95,500	95,000	486,647	15	67%
FS-010	沈澄鑑	销售(二)部	73,184	59,000	78,500	66,000	61,000	78,000	415,684	44	0%

图 7-46　销售业绩统计表

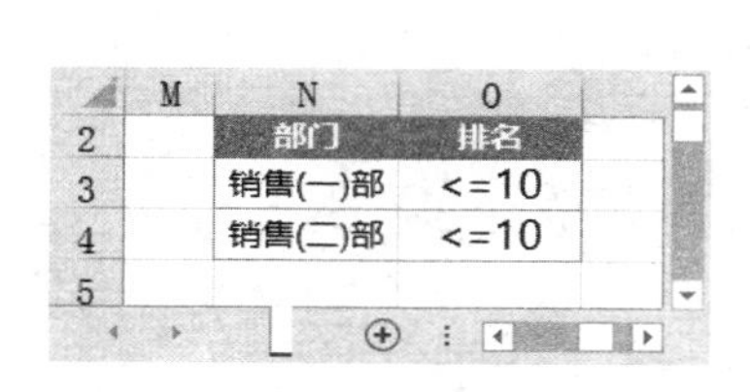

部门	排名
销售(一)部	<=10
销售(二)部	<=10

图 7-47　设置条件区域

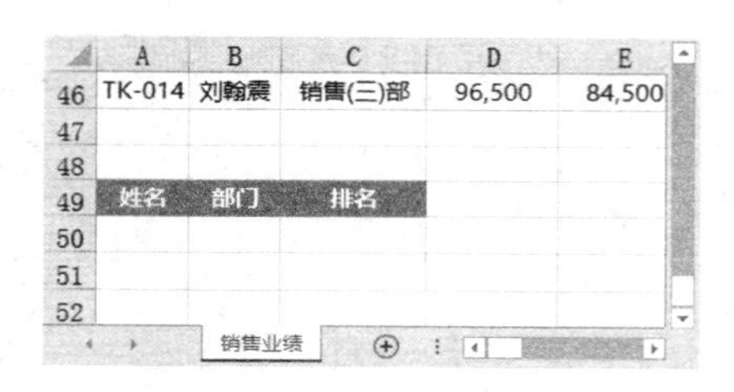

	A	B	C	D	E
46	TK-014	刘翰震	销售(三)部	96,500	84,500
47					
48					
49	姓名	部门	排名		

图 7-48　复制要显示的字段

（3）将光标定位至数据表中任意一个单元格，单击【排序和筛选】组中的【高级】按钮，打开【高级筛选】对话框，依次设置列表区域、条件区域和复制到的位置。如图 7-49 所示。要注意的是，这里的存放位置，不可以选择一个单元格，而是应该选择整个字段的区域，即图中的“$A$49:$C$49”。

（4）单击【确定】按钮，即可生成如图 7-50 所示的筛选结果。

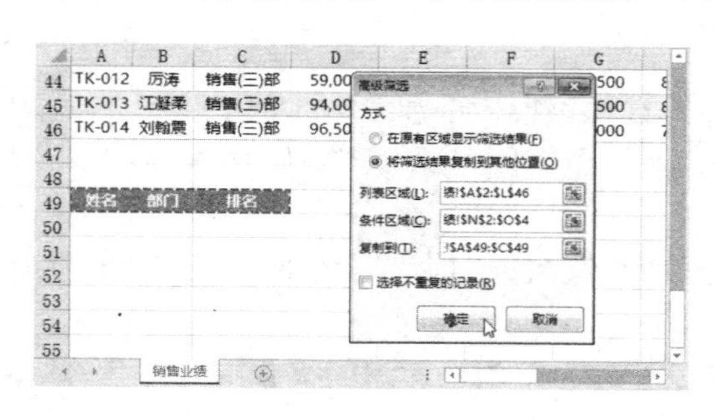

图 7-49　设置【高级筛选】对话框

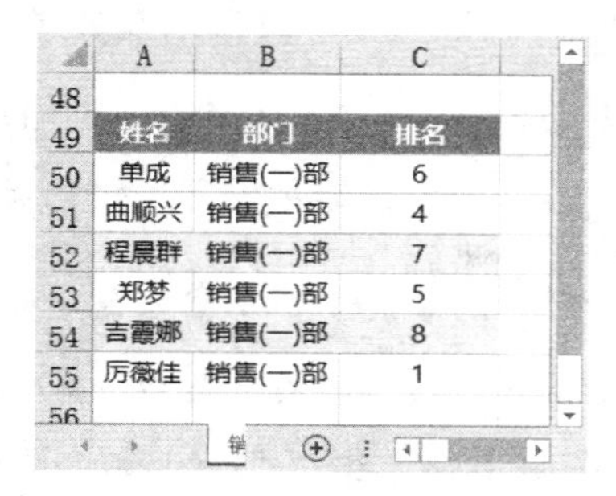

姓名	部门	排名
单成	销售(一)部	6
曲顺兴	销售(一)部	4
程晨群	销售(一)部	7
郑梦	销售(一)部	5
吉霞娜	销售(一)部	8
厉薇佳	销售(一)部	1

图 7-50　筛选结果

5. 复制筛选结果

有时用户需要对筛选后的结果进行复制，当复制筛选结果数据的时候，只有可见的行被复制。

图 7-51 所示的是筛选结果及其复制后的效果。

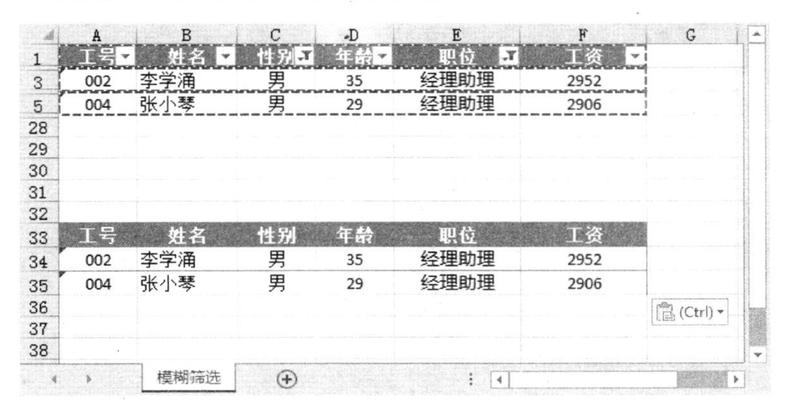

图 7-51　仅包含显示部分的结果数据

（1）选中筛选结果数据所在的单元格区域，如 A1:F5 单元格区域。

（2）按 Ctrl+C 键进行复制。

（3）按 Ctrl+V 键粘贴到其他位置，如 A33:F35 单元格区域。粘贴后的数据不会包含未显示的数据。

6. 快速删除不符合条件的记录

复制筛选结果的时候，只有可见行被复制。同样，如果删除筛选结果，也只有可见的行被删除，隐藏的行不受影响。

【例 7-9】 快速删除不符合条件的记录

图 7-52 所示是商品的入库记录，其中包含了 6 月份和 7 月份所有商品的入库明细。现在只需要对 6 月份的商品入库记录进行显示，利用自动筛选功能快速将 7 月份的记录筛选出来并删除。

快捷删除不符合条件记录的具体操作步骤如下。

（1）打开本章素材文件“删除不符合条件的记录.xlsx”，单击数据列表中任意一个单元格，如 C16 单元格。

（2）单击【数据】选项卡中的【筛选】按钮，将表格转变为筛选状态。单击“入库时间”单元格的下拉按钮，在展开的下拉菜单中，取消“全选”状态，选择【七月】复选框，如图 7-53 所示。

（3）单击【确定】按钮，数据列表中“七月份”的数据记录将被筛选出来。此时按住鼠标左键在行号上拖动，选中“七月份”的数据记录所在行。

（4）右击选中的行号，并单击弹出的快捷菜单中的【删除行】命令，即可将筛选结果删除，如图 7-54 所示。

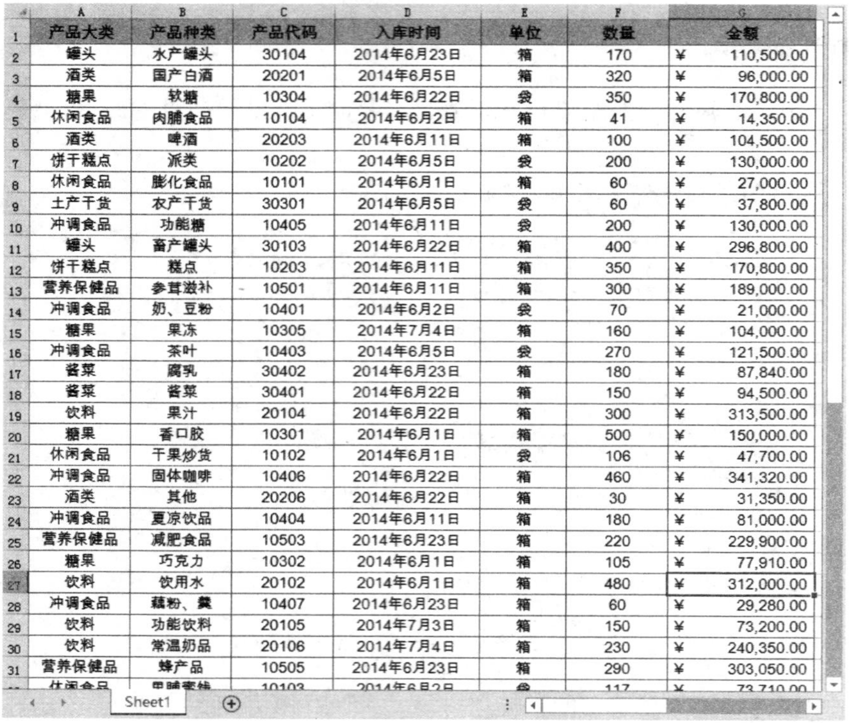

	A	B	C	D	E	F	G
1	产品大类	产品种类	产品代码	入库时间	单位	数量	金额
2	罐头	水产罐头	30104	2014年6月23日	箱	170	¥ 110,500.00
3	酒类	国产白酒	20201	2014年6月5日	箱	320	¥ 96,000.00
4	糖果	软糖	10304	2014年6月22日	袋	350	¥ 170,800.00
5	休闲食品	肉脯食品	10104	2014年6月2日	箱	41	¥ 14,350.00
6	酒类	啤酒	20203	2014年6月11日	箱	100	¥ 104,500.00
7	饼干糕点	派类	10202	2014年6月5日	袋	200	¥ 130,000.00
8	休闲食品	膨化食品	10101	2014年6月1日	箱	60	¥ 27,000.00
9	土产干货	农产干货	30301	2014年6月5日	袋	60	¥ 37,800.00
10	冲调食品	功能糖	10405	2014年6月11日	袋	200	¥ 130,000.00
11	罐头	畜产罐头	30103	2014年6月22日	箱	400	¥ 296,800.00
12	饼干糕点	糕点	10203	2014年6月11日	箱	350	¥ 170,800.00
13	营养保健品	参茸滋补	10501	2014年6月11日	箱	300	¥ 189,000.00
14	冲调食品	奶、豆粉	10401	2014年6月2日	袋	70	¥ 21,000.00
15	糖果	果冻	10305	2014年7月4日	箱	160	¥ 104,000.00
16	冲调食品	茶叶	10403	2014年6月5日	袋	270	¥ 121,500.00
17	酱菜	腐乳	30402	2014年6月23日	箱	180	¥ 87,840.00
18	酱菜	酱菜	30401	2014年6月22日	箱	150	¥ 94,500.00
19	饮料	果汁	20104	2014年6月22日	箱	300	¥ 313,500.00
20	糖果	香口胶	10301	2014年6月1日	箱	500	¥ 150,000.00
21	休闲食品	干果炒货	10102	2014年6月1日	袋	106	¥ 47,700.00
22	冲调食品	固体咖啡	10406	2014年6月22日	箱	460	¥ 341,320.00
23	酒类	其他	20206	2014年6月22日	箱	30	¥ 31,350.00
24	冲调食品	夏凉饮品	10404	2014年6月11日	箱	180	¥ 81,000.00
25	营养保健品	减肥食品	10503	2014年6月23日	箱	220	¥ 229,900.00
26	糖果	巧克力	10302	2014年6月1日	箱	105	¥ 77,910.00
27	饮料	饮用水	20102	2014年6月1日	箱	480	¥ 312,000.00
28	冲调食品	藕粉、羹	10407	2014年6月23日	箱	60	¥ 29,280.00
29	饮料	功能饮料	20105	2014年7月3日	箱	150	¥ 73,200.00
30	饮料	常温奶品	20106	2014年7月4日	箱	230	¥ 240,350.00
31	营养保健品	蜂产品	10505	2014年6月23日	箱	290	¥ 303,050.00

Sheet1

图 7-52　商品入库明细表

	A	B	C	D	E	F	G
1	产品大类	产品种类	产品代码	入库时间	单位	数量	金额
2	罐头	水产			箱	170	¥ 110,500.00
3	酒类	国产			箱	320	¥ 96,000.00
4	糖果	软			袋	350	¥ 170,800.00
5	休闲食品	肉脯			箱	41	¥ 14,350.00
6	酒类	啤			箱	100	¥ 104,500.00
7	饼干糕点	派			袋	200	¥ 130,000.00
8	休闲食品	膨化			箱	60	¥ 27,000.00
9	土产干货	农产			袋	60	¥ 37,800.00
10	冲调食品	功能			袋	200	¥ 130,000.00
11	罐头	畜产			箱	400	¥ 296,800.00
12	饼干糕点	糕			箱	350	¥ 170,800.00
13	营养保健品	参茸			箱	300	¥ 189,000.00
14	冲调食品	奶、			袋	70	¥ 21,000.00
15	糖果	果			箱	160	¥ 104,000.00
16	冲调食品	茶			袋	270	¥ 121,500.00
17	酱菜	腐			箱	180	¥ 87,840.00
18	酱菜	酱			箱	150	¥ 94,500.00
19	饮料	果			箱	300	¥ 313,500.00
20	糖果	香口			箱	500	¥ 150,000.00
21	休闲食品	干果			袋	106	¥ 47,700.00
22	冲调食品	固体咖啡	10406	2014年6月22日	箱	460	¥ 341,320.00
23	酒类	其他	20206	2014年6月22日	箱	30	¥ 31,350.00
24	冲调食品	夏凉饮品	10404	2014年6月11日	箱	180	¥ 81,000.00
25	营养保健品	减肥食品	10503	2014年6月23日	箱	220	¥ 229,900.00
26	糖果	巧克力	10302	2014年6月1日	箱	105	¥ 77,910.00
27	饮料	饮用水	20102	2014年6月1日	箱	480	¥ 312,000.00
28	冲调食品	藕粉、羹	10407	2014年6月23日	箱	60	¥ 29,280.00
29	饮料	功能饮料	20105	2014年7月3日	箱	150	¥ 73,200.00
30	饮料	常温奶品	20106	2014年7月4日	箱	230	¥ 240,350.00
31	营养保健品	蜂产品	10505	2014年6月23日	箱	290	¥ 303,050.00

升序(S)
降序(O)
按颜色排序(T)
从"入库时间"中清除筛选(C)
按颜色筛选(I)
日期筛选(F)
搜索 (全部)
(全选)
2014
六月
七月
确定　取消

Sheet1

图 7-53　选择筛选的字段

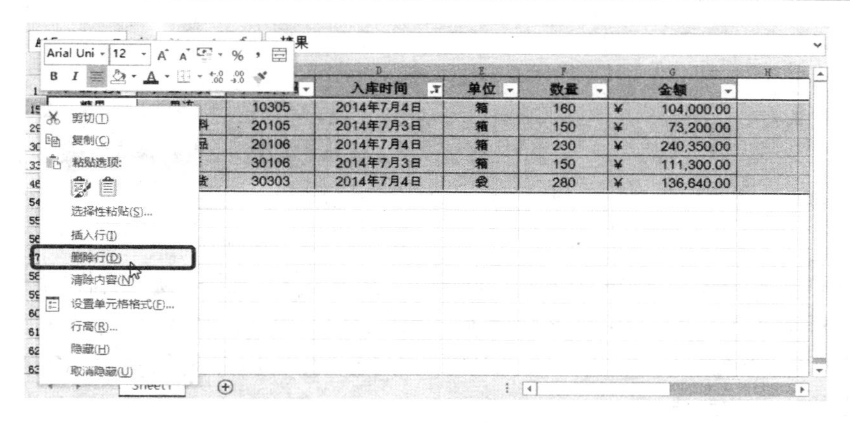

图 7-54 删除筛选数据所在行

（5）单击【数据】选项卡中的【筛选】按钮，即可取消筛选状态。此时数据列表中将只包含“六月份”所有商品的入库记录，如图 7-55 所示。

产品大类	产品种类	产品代码	入库时间	单位	数量	金额
罐头	水产罐头	30104	2014年6月23日	箱	170	¥ 110,500.00
酒类	国产白酒	20201	2014年6月5日	箱	320	¥ 96,000.00
糖果	软糖	10304	2014年6月22日	袋	350	¥ 170,800.00
休闲食品	肉脯食品	10104	2014年6月2日	箱	41	¥ 14,350.00
酒类	啤酒	20203	2014年6月11日	箱	100	¥ 104,500.00
饼干糕点	派类	10202	2014年6月5日	袋	200	¥ 130,000.00
休闲食品	膨化食品	10101	2014年6月1日	箱	60	¥ 27,000.00
土产干货	农产干货	30301	2014年6月5日	袋	60	¥ 37,800.00
冲调食品	功能糖	10405	2014年6月11日	袋	200	¥ 130,000.00
罐头	畜产罐头	30103	2014年6月22日	箱	400	¥ 296,800.00
饼干糕点	糕点	10203	2014年6月11日	箱	350	¥ 170,800.00
营养保健品	参茸滋补	10501	2014年6月11日	箱	300	¥ 189,000.00
冲调食品	奶、豆粉	10401	2014年6月2日	袋	70	¥ 21,000.00
冲调食品	茶叶	10403	2014年6月5日	袋	270	¥ 121,500.00
酱菜	腐乳	30402	2014年6月23日	箱	180	¥ 87,840.00
酱菜	酱菜	30401	2014年6月22日	箱	150	¥ 94,500.00
饮料	果汁	20104	2014年6月22日	箱	300	¥ 313,500.00
糖果	香口胶	10301	2014年6月1日	箱	500	¥ 150,000.00
休闲食品	干果炒货	10102	2014年6月1日	袋	106	¥ 47,700.00
冲调食品	固体咖啡	10406	2014年6月22日	箱	460	¥ 341,320.00
酒类	其他	20206	2014年6月22日	箱	30	¥ 31,350.00
冲调食品	夏凉饮品	10404	2014年6月11日	箱	180	¥ 81,000.00
营养保健品	减肥食品	10503	2014年6月23日	箱	220	¥ 229,900.00
糖果	巧克力	10302	2014年6月1日	箱	105	¥ 77,910.00
饮料	饮用水	20102	2014年6月1日	箱	480	¥ 312,000.00
冲调食品	藕粉、羹	10407	2014年6月23日	箱	60	¥ 29,280.00
营养保健品	蜂产品	10505	2014年6月23日	箱	290	¥ 303,050.00
休闲食品	果脯蜜饯	10103	2014年6月2日	袋	117	¥ 73,710.00
罐头	果酱	30105	2014年6月23日	箱	290	¥ 141,520.00

图 7-55 删除不符合条件的数据后的数据列表

第8章 不得不说的合并计算

在工作中常常需要为多个工作表中的同系列数据进行汇总计算，这样的工作往往令人困扰。不过对于掌握 Excel 中“合并计算”功能的用户来说，这种问题根本不是个事儿。对于一个企业管理者来说，学会“合并计算”功能，会更加方便有效地对整个生产运营进程做进一步的规划和管理。

通过对本章内容的学习，读者将掌握：

- 使用合并计算实现分类汇总
- 不同条件下合并计算的使用
- 按类别合并与按位置合并的区别
- 多表筛选不重复值的方法
- 合并计算的自动更新
- 合并计算的数据核对功能

8.1 合并运算的基本用法

Excel 的“合并计算”功能可以汇总或者合并多个数据源区域中的数据。合并计算的数据源区域可以是同一工作表中的不同表格，也可以是同一工作簿中的不同工作表，还可以是不同工作簿中的表格。

8.1.1 按位置合并

运用合并计算功能可以对多个结构相同的数据表中的数据进行分类汇总。

【例 8-1】 汇总多张销售报表

如图 8-1 所示，“上海分部第 1 季度销售统计”和“南京分部第 1 季度销售统计”是两张结构相同、数据项也相同的销售报表。现在需要将这两张销售报表进行汇总，结果填入合并计算表中。

汇总销售报表的具体操作步骤如下。

（1）打开本章素材文件“利用合并计算实现数据汇总.xlsx”，单击作为存放合并计算结果数据的起始位置单元格，即 A13 单元格。

（2）单击【数据】选项卡中【数据工具】组中的【合并计算】按钮，打开【合并计算】对话框。

（3）在【引用位置】编辑框中输入或者选择“上海分部第 1 季度销售统计”数据区域（即 A2:D9 单元格区域），然后单击【添加】按钮将该区域地址添加到【所有引用位置】

列表框内，如图 8-2 所示。

上海分部第1季度销售统计

商品名称	1月	2月	3月
新飞冰箱	30074	48586	19725
格力空调	45531	33638	49697
水仙洗衣机	31511	15877	27305
格兰仕微波炉	42920	43318	13997
飞利浦液晶	11012	11363	49278
容声冰箱	21269	29702	11366
长虹液晶	8444	17075	7101

南京分部第1季度销售统计

商品名称	1月	2月	3月
新飞冰箱	30391	70654	10325
格力空调	62626	72406	35203
水仙洗衣机	79004	41869	46547
格兰仕微波炉	31705	32071	56459
飞利浦液晶	38680	72874	35236
容声冰箱	76670	56524	63661
长虹液晶	25820	75284	12384

合并计算

字段相同　字段不同

图 8-1　数据源表

（4）再将“南京分部第 1 季度销售统计”数据区域的单元格地址添加到【合并计算】的【所有引用位置】列表框内，如图 8-3 所示。

图 8-2　添加第一张表的数据地址

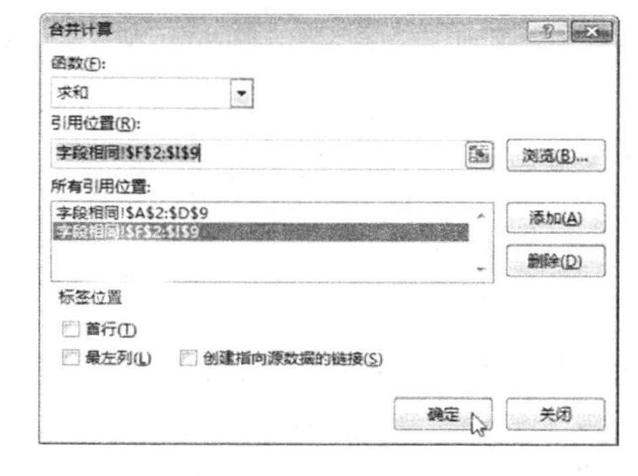

图 8-3　添加第二张表的数据地址

（5）单击【确定】按钮关闭对话框，返回工作表中。此时可以看到合并计算结果数据已经被显示在合并计算区域中，如图 8-4 所示。然后再进行字段名称的录入即可完成整个合并计算表。

上海分部第1季度销售统计

商品名称	1月	2月	3月
新飞冰箱	30074	48586	19725
格力空调	45531	33638	49697
水仙洗衣机	31511	15877	27305
格兰仕微波炉	42920	43318	13997
飞利浦液晶	11012	11363	49278
容声冰箱	21269	29702	11366
长虹液晶	8444	17075	7101

南京分部第1季度销售统计

商品名称	1月	2月	3月
新飞冰箱	30391	70654	10325
格力空调	62626	72406	35203
水仙洗衣机	79004	41869	46547
格兰仕微波炉	31705	32071	56459
飞利浦液晶	38680	72874	35236
容声冰箱	76670	56524	63661
长虹液晶	25820	75284	12384

合并计算

	60465	119240	30050
	108157	106044	84900
	110515	57746	73852
	74625	75389	70456
	49692	84237	84514
	97939	86226	75027
	34264	92359	19485

字段相同　字段不同

图 8-4　合并计算结果

8.1.2 按类别合并

上一小节讲的是对结构相同、数据项也相同的两张数据表进行数据汇总。如果数据表的结构不同，数据项也不相同，是不是也可以利用同样的方法进行汇总呢？下面来做一个简单的实验。

如图 8-5 所示是上海和广州分部第 1 季度销售统计表，可以看出两张数据表的结构不相同，数据项也不相同。现在试着使用上述方法对它们进行数据汇总。

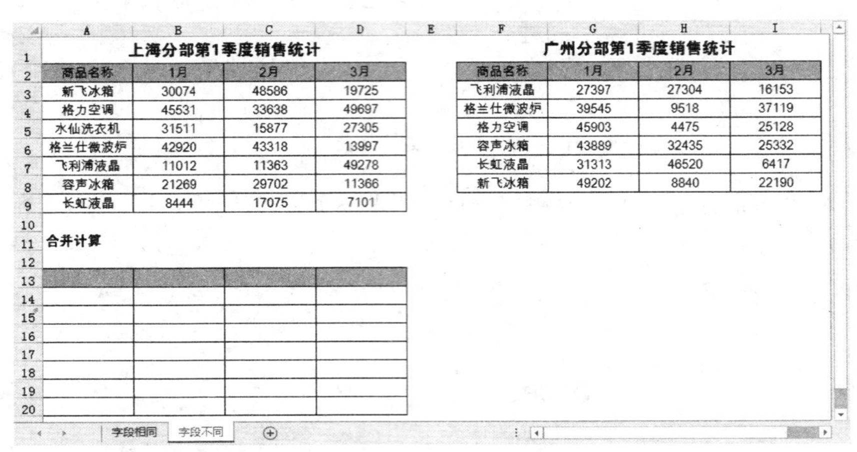

上海分部第1季度销售统计

商品名称	1月	2月	3月
新飞冰箱	30074	48586	19725
格力空调	45531	33638	49697
水仙洗衣机	31511	15877	27305
格兰仕微波炉	42920	43318	13997
飞利浦液晶	11012	11363	49278
容声冰箱	21269	29702	11366
长虹液晶	8444	17075	7101

广州分部第1季度销售统计

商品名称	1月	2月	3月
飞利浦液晶	27397	27304	16153
格兰仕微波炉	39545	9518	37119
格力空调	45903	4475	25128
容声冰箱	43889	32435	25332
长虹液晶	31313	46520	6417
新飞冰箱	49202	8840	22190

合并计算

图 8-5　最后合并计算结果

按位置尝试合并结构不同数据表的具体操作步骤如下。

（1）切换到“字段不同”工作表中可以看到两张原始数据表，单击 A13 单元格，并执行【数据】→【合并计算】命令，打开【合并计算】对话框，做如图 8-3 所示的设置。

（2）单击【确定】按钮，生成最终结果如图 8-6 所示。

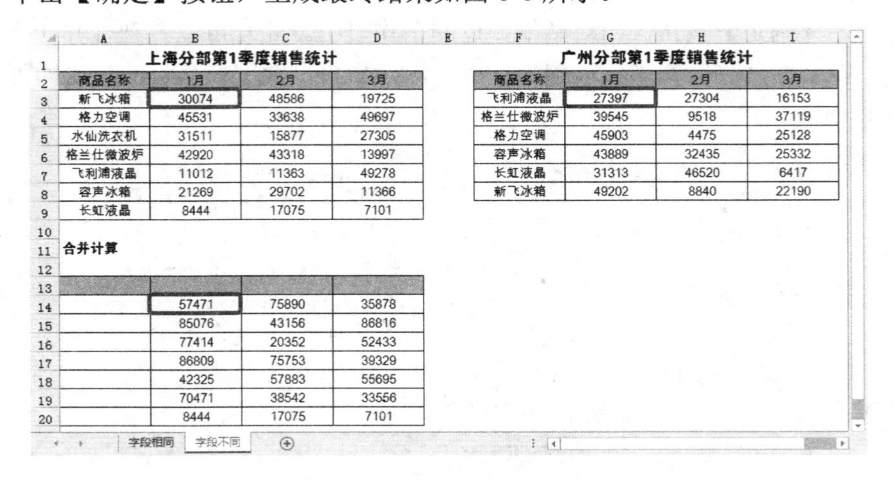

上海分部第1季度销售统计

商品名称	1月	2月	3月
新飞冰箱	30074	48586	19725
格力空调	45531	33638	49697
水仙洗衣机	31511	15877	27305
格兰仕微波炉	42920	43318	13997
飞利浦液晶	11012	11363	49278
容声冰箱	21269	29702	11366
长虹液晶	8444	17075	7101

广州分部第1季度销售统计

商品名称	1月	2月	3月
飞利浦液晶	27397	27304	16153
格兰仕微波炉	39545	9518	37119
格力空调	45903	4475	25128
容声冰箱	43889	32435	25332
长虹液晶	31313	46520	6417
新飞冰箱	49202	8840	22190

合并计算

	57471	75890	35878
	85076	43156	86816
	77414	20352	52433
	86809	75753	39329
	42325	57883	55695
	70471	38542	33556
	8444	17075	7101

图 8-6　计算结果 1

从图 8-6 所示的“计算结果 1”可以看出，B14 的数据是由 B3 与 G3 相加得到的，由于这两个单元格对应的商品是不一样的，因此结果是错误的。那么怎样才能得到正确的汇总数据呢？

如果要得到正确的数据，只需在进行【合并计算】对话框设置的时候，选择【首行】和【最左列】复选框即可。再利用上面的例子做一次实验。

（1）单击 A13 单元格，打开【合并计算】对话框，进行如图 8-7 所示的设置。确保选择【最左列】和【首行】复选框。

（2）单击【确定】按钮，可以得到如图 8-8 所示的计算结果。

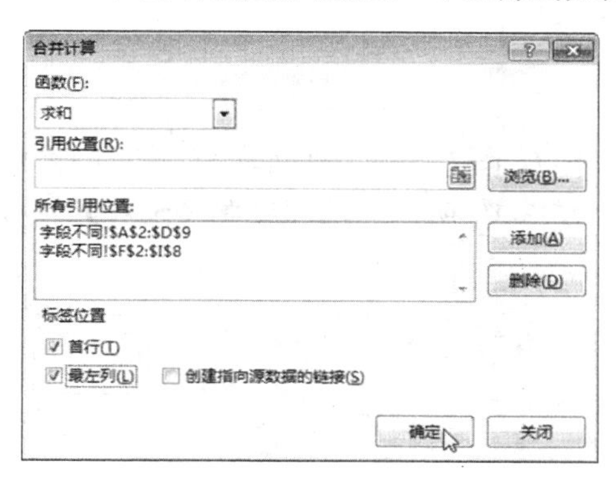

图 8-7　选择【首行】和【最左列】复选框

合并计算

	1月	2月	3月
新飞冰箱	79276	57426	41915
格力空调	91434	38113	74825
水仙洗衣机	31511	15877	27305
格兰仕微波炉	82465	52836	51116
飞利浦液晶	38409	38667	65431
容声冰箱	65158	62137	36698
长虹液晶	39757	63595	13518

图 8-8　计算结果 2

由“计算结果 2”可以看出，第二次计算是正确的。这是什么缘由呢？这就涉及按类型合并与按位置合并的区别。

合并计算汇总数据或者合并多个数据源区域中的数据，可以通过按类别进行合并计算，也可以按照位置进行合并计算。两者有着截然不同的汇总效果。

如果两张数据表中的字段结构完全相同，可以按位置进行合并计算，但是如果两张数据表中的结构相同但字段不同，或者结构字段均不相同，就不可以使用按位置合并计算功能。

使用按位置合并方式时，Excel 不会分辨多个数据源表的行列标题内容是否相同，而只是将数据源表格相同位置上的数据进行简单的合并计算。因此这种合并计算只能用于数据源表结构和行列标题字段完全相同的情况下的数据合并。如果数据源表格结构不同，则会产生错误的计算结果。

解决此问题的方法是在设置【合并计算】对话框的时候，选择【首行】和【最左列】两个复选框，如此一来，Excel 便会按照类别进行分类汇总，于是得到正确的汇总结果表。

8.1.3　不同字段名的合并计算

合并计算可以按类别进行合并。如果引用区域的列方向包含了多个字段且字段不尽相同时，可以利用合并计算功能将引用区域中的全部类别汇总到同一张工作表中并显示明细数据。

【例 8-2】　创建销售汇总明细表

图 8-9 所示是某电器公司的三种产品在 6 月份的销售情况统计，现在需要将三张表格

中的数据汇总到一张新的工作表中。

	A	B	C	D	E	F	G	H
1	6月份电视销量			6月份空调销量			6月份热水器销量	
2	地区	电视		地区	空调		地区	热水器
3	华东	37869		华东	70917		华东	65031
4	华南	23497		华南	10584		华南	84117
5	华西	22862		华西	81117		华西	44502
6	华北	73977		华北	44338		华北	64445
7								

图 8-9　三种电器的销售量

合并计算不同字段名数据的具体操作步骤如下。

（1）打开本章素材文件“不同字段名的合并计算.xlsx”，将光标定位在一个空白单元格位置，如 A8。打开【合并计算】对话框，按如图 8-10 所示的选项设置【函数】下拉列表、【引用位置】编辑框和【标签位置】选项。

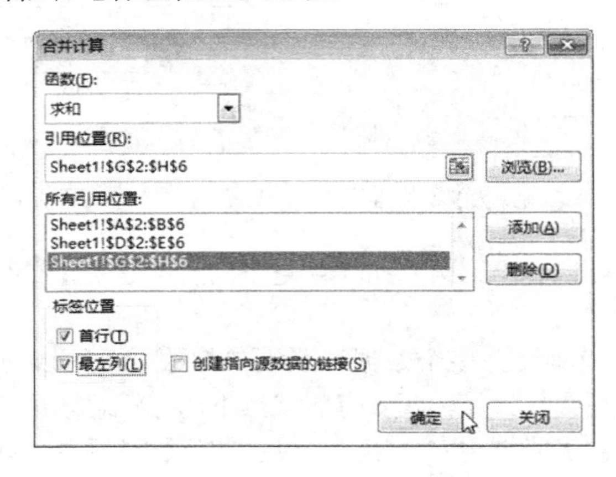

图 8-10　设置合并计算选项

（2）单击【确定】按钮后，得到如图 8-11 所示的计算结果。可以看到该结果是将三个字段并列放在了一起，这样也就起到了合并表格的作用。

	A	B	C	D	E	F	G	H
1	6月份电视销量			6月份空调销量			6月份热水器销量	
2	地区	电视		地区	空调		地区	热水器
3	华东	37869		华东	70917		华东	65031
4	华南	23497		华南	10584		华南	84117
5	华西	22862		华西	81117		华西	44502
6	华北	73977		华北	44338		华北	64445
7								
8		电视	空调	热水器				
9	华东	37869	70917	65031				
10	华南	23497	10584	84117				
11	华西	22862	81117	44502				
12	华北	73977	44338	64445				
13								
14								
15								

图 8-11　合并表格

注意：在合并计算时，数据列表中的单价也将被合并计算，可以在合并计算之后将其删除。

8.1.4　合并计算多个工作表区域

合并计算可以根据列标题中不同字段进行合并。如果引用区域的行和列方向均包含了多个字段且字段不尽相同，并且数据表位置也不同的工作表时，可以利用合并计算功能将引用区域中的全部类别汇总到同一张工作表中，并显示明细数据。

【例 8-3】 创建多个地区销售汇总明细表

图 8-12 所示的是 2014 年 10 月份公司各类产品在北京、广州、上海和南京 4 个城市的销售额数据，分别位于 4 个不同的工作表中。现在需要将 4 张表格中的数据汇总到一张新的工作表中。

2014年10月份销售情况表

产品种类	（北京）销售额
A产品	¥ 30,000.00
E产品	¥ 21,000.00
H产品	¥ 34,000.00

2014年10月份销售情况表

产品种类	（广州）销售额
B产品	¥ 26,000.00
C产品	¥ 74,000.00
E产品	¥ 47,000.00

2014年10月份销售情况表

产品种类	（上海）销售额
I产品	¥ 23,000.00
A产品	¥ 78,000.00
H产品	¥ 28,000.00
F产品	¥ 14,000.00

2014年10月份销售情况表

产品种类	（南京）销售额
D产品	¥ 53,000.00
E产品	¥ 40,000.00
F产品	¥ 47,900.00

图 8-12　位于 4 张工作表中的销售情况表

合并计算多个工作表区域的具体操作步骤如下。

（1）打开本章素材文件“合并计算多个区域.xlsx”，切换到“汇总”工作表中。单击 A2 单元格作为结果表的起始单元格，并在功能区上执行【数据】→【合并计算】命令。

（2）打开【合并计算】对话框，在【所有引用位置】列表框中分别添加“北京”、“广州”、“上海”和“南京”4 个工作表中的数据区域，并在【标签位置】区域选择【首行】、【最左列】复选框，如图 8-13 所示。

图 8-13　设置【合并计算】对话框

（3）单击【确定】按钮关闭对话框，得到 2014 年 10 月份销量汇总表，如图 8-14 所示。

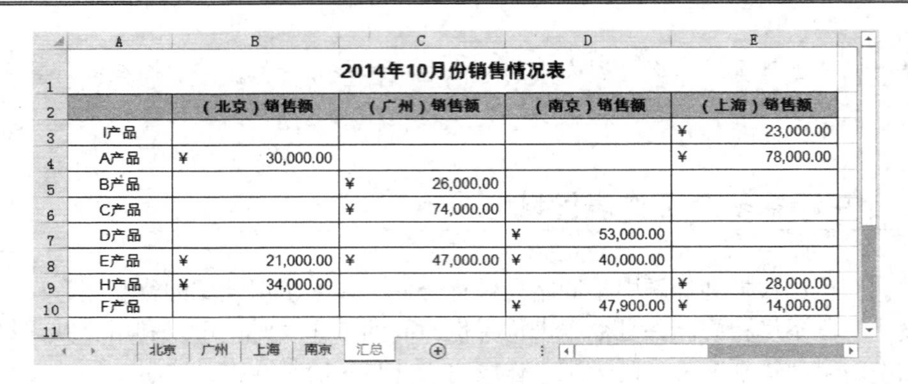

	（北京）销售额	（广州）销售额	（南京）销售额	（上海）销售额
2014年10月份销售情况表				
I产品				¥ 23,000.00
A产品	¥ 30,000.00			¥ 78,000.00
B产品		¥ 26,000.00		
C产品		¥ 74,000.00		
D产品			¥ 53,000.00	
E产品	¥ 21,000.00	¥ 47,000.00	¥ 40,000.00	
H产品	¥ 34,000.00			¥ 28,000.00
F产品			¥ 47,900.00	¥ 14,000.00

北京 | 广州 | 上海 | 南京 | 汇总

图 8-14　合并计算结果表

8.2　合并计算的应用实例

日常工作中经常会用到合并计算功能，本书将针对比较常用的数据列表进一步地讲解合并计算的实际应用方法。

8.2.1　合并不同地区销售业绩

在统计不同地区销售业绩的时候，使用合并计算可以将工作变得更加轻松。下面将使用合并计算的知识，将如图 8-15 所示的不同地区销售业绩进行汇总。

【例 8-4】 将不同地区的销售业绩进行合并计算

如图 8-15 所示的是包含不同地区销售业绩的源数据表，现在需要将“北京”、“上海”和“南京”三个地区的销售业绩合并计算，汇总到“汇总”工作表中。

商品名称	网络销售		卖场销售	
	预算	实际	预算	实际
九阳豆浆机	141,716.00	120,983.00	127,592.00	136,145.00
九阳榨汁机	115,522.00	77,810.00	155,276.00	100,772.00
美的豆浆机	102,344.00	90,792.00	72,289.00	144,992.00
美的搅拌机	75,069.00	150,743.00	76,025.00	121,169.00
苏泊尔豆浆机	109,005.00	118,394.00	128,846.00	93,829.00
苏泊尔榨汁机	72,084.00	57,633.00	145,513.00	77,074.00
美的微波炉	60,507.00	139,772.00	88,209.00	63,511.00
三洋微波炉	147,601.00	137,987.00	79,225.00	159,382.00
格美调温炒锅	145,015.00	88,131.00	77,576.00	80,299.00
长城电饭锅	114,505.00	130,875.00	126,019.00	66,482.00
九阳电压力锅	111,953.00	152,062.00	94,321.00	153,159.00
美的电饭煲	83,326.00	147,441.00	99,436.00	72,383.00
美的电压力锅	159,922.00	114,229.00	110,029.00	105,400.00
美的不锈钢双层蒸锅	144,679.00	71,376.00	90,635.00	63,426.00
美的智能电饭锅	117,114.00	70,160.00	74,808.00	84,854.00
合计	1,700,362.00	1,668,388.00	1,545,799.00	1,522,877.00

北京 | 上海 | 南京 | 汇总

图 8-15　源数据列表

汇总不同地区销售业绩的具体操作步骤如下。

（1）打开本章素材文件“合并不同地区销售业绩.xlsx”，选择“北京”工作表中 A1:E2

单元格区域，按 Ctrl+C 键复制，然后切换到“汇总”工作表中，单击 A1 单元格并按 Ctrl+V 键，将表头粘贴到结果表中，如图 8-16 所示。

（2）单击 A3 单元格作为合并计算结果表的起始位置，单击【数据】选项卡的【合并计算】按钮，打开【合并计算】对话框。

（3）单击【引用位置】编辑框，切换到“北京”工作表中，选择 A3:E18 单元格区域，单击【合并计算】对话框中的【添加】按钮，将单元格区域地址添加到【所有引用位置】列表框中，然后使用同样的方法添加“上海”和“南京”两个工作表中的数据区域。接下来选择【最左列】复选框，如图 8-17 所示。

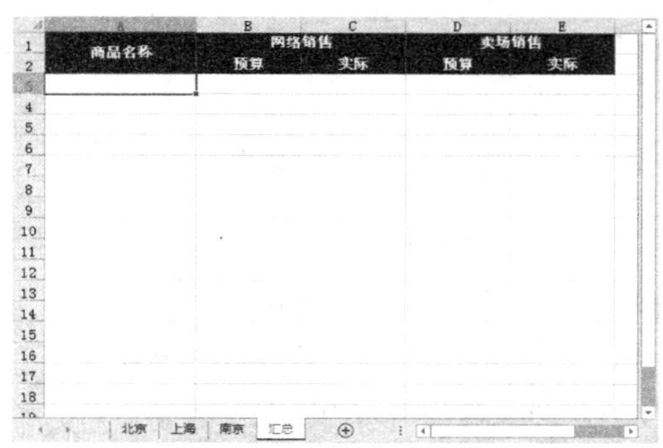
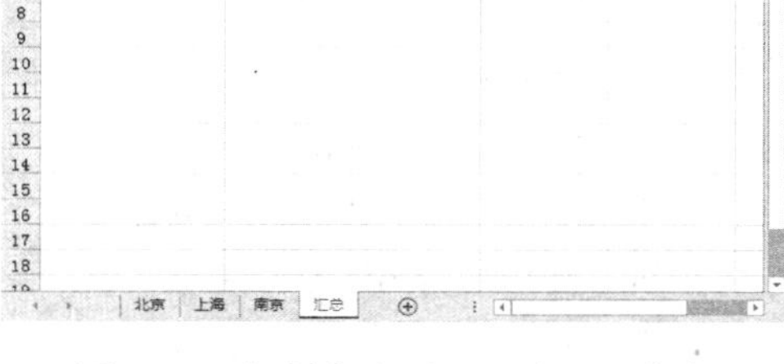

图 8-16　复制表头到“汇总”工作表

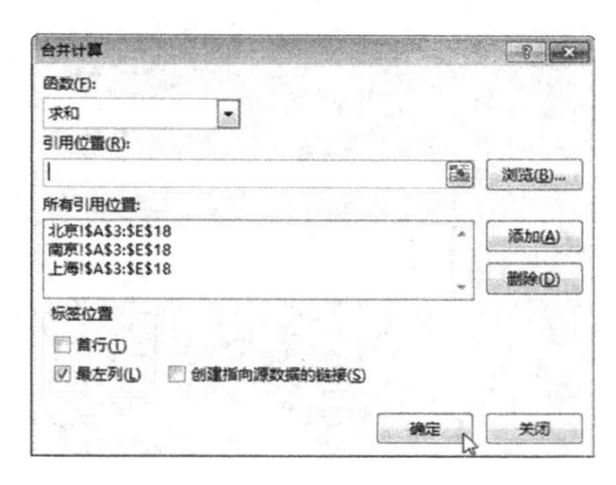

图 8-17　“合并计算”对话框

（4）单击【确定】按钮，得到结果数据表。适当地对表格格式进行调整，结果如图 8-18 所示。

商品名称	网络销售		卖场销售	
	预算	实际	预算	实际
九阳豆浆机	334,452.00	354,067.00	393,220.00	331,681.00
九阳榨汁机	309,543.00	308,096.00	368,195.00	313,012.00
美的豆浆机	361,576.00	302,787.00	203,200.00	422,168.00
美的搅拌机	369,814.00	393,869.00	307,008.00	276,401.00
苏泊尔豆浆机	375,414.00	337,809.00	340,883.00	242,568.00
苏泊尔榨汁机	293,396.00	266,133.00	428,731.00	270,456.00
美的微波炉	351,358.00	366,575.00	303,955.00	272,382.00
三洋微波炉	416,842.00	298,142.00	277,839.00	397,651.00
格美调温炒锅	298,849.00	207,568.00	294,227.00	312,227.00
长城电饭锅	320,075.00	361,480.00	371,232.00	367,257.00
九阳电压力锅	345,593.00	344,026.00	260,242.00	347,911.00
美的电饭煲	287,487.00	350,266.00	263,189.00	283,097.00
美的电压力锅	362,697.00	333,570.00	306,897.00	300,737.00
美的不锈钢双层蒸锅	331,658.00	258,986.00	337,690.00	280,929.00
美的智能电饭锅	266,205.00	200,386.00	376,020.00	300,112.00
合计	5,024,959.00	4,683,760.00	4,832,528.00	4,718,589.00

图 8-18　汇总结果表

8.2.2　多表筛选不重复值

当多个表格中有很多重复值，而需要将这些表格中的值进行筛选，要求重复的值只显示一次，即显示出来的值均不重复，那么该如何实现呢，下面我们通过一个例子进行讲解。

【例 8-5】　筛选多个表格中的不重复值

如图 8-19 所示，工作表“1”、“2”、“3”、“4”的 A 列中各有一些商品编码数值，现在需要在“汇总”工作表中将这 4 张工作表中不重复的编号全部列示出来。

由于合并计算的【求和】功能不能对不包含任何数值的数据区域进行合并计算，因此需要在工作表中输入任意一个数值。

多表筛选不重复值的具体操作步骤如下。

（1）打开本章素材文件“多表筛选不重复编号.xlsx”，在工作表“1”的 B2 单元格中输入任意一个数值，如“0”，如图 8-20 所示。

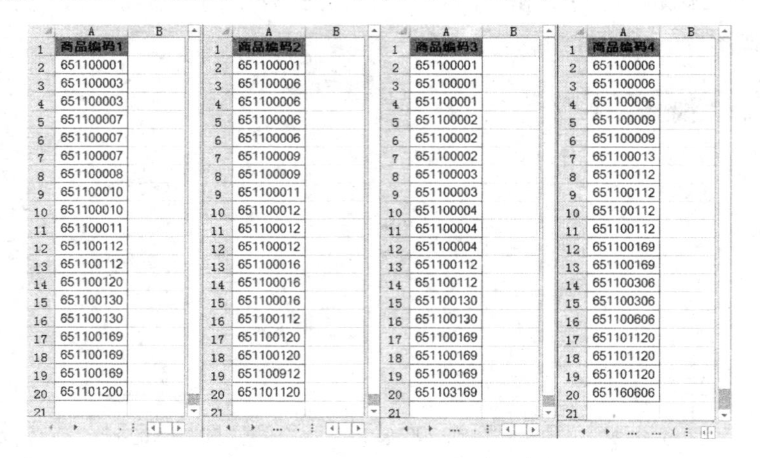

图 8-19　多个包含重复数据项的数据表

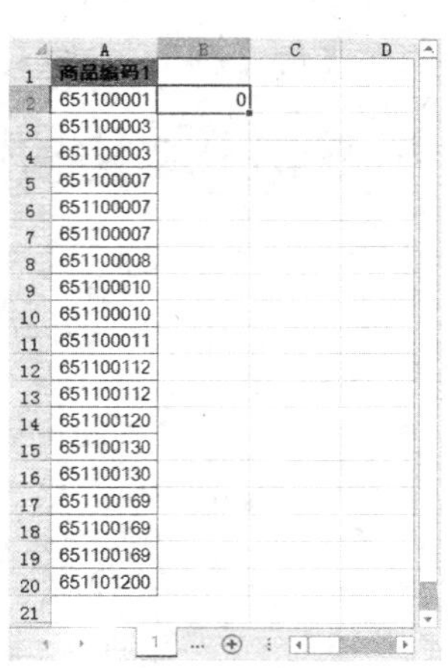

图 8-20　在工作表“1”中输入数值

（2）切换到“汇总”工作表中，并单击 A2 单元格作为结果表的起始单元格。在功能区上执行【数据】→【合并计算】命令，打开【合并计算】对话框。

（3）将 4 张工作表中的 A2:B20 单元格区域地址添加到【所有引用位置】列表框中，并在【标签位置】区域中选择【最左列】复选框，如图 8-21 所示。

（4）单击【确定】按钮，得到合并计算的最终结果，如图 8-22 所示。

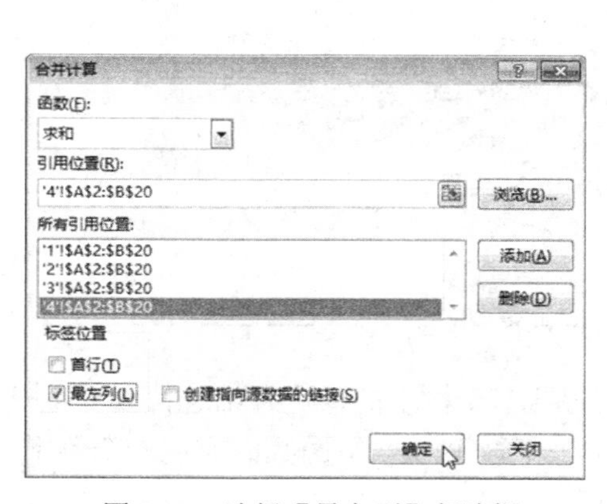

图 8-21　选择【最左列】复选框

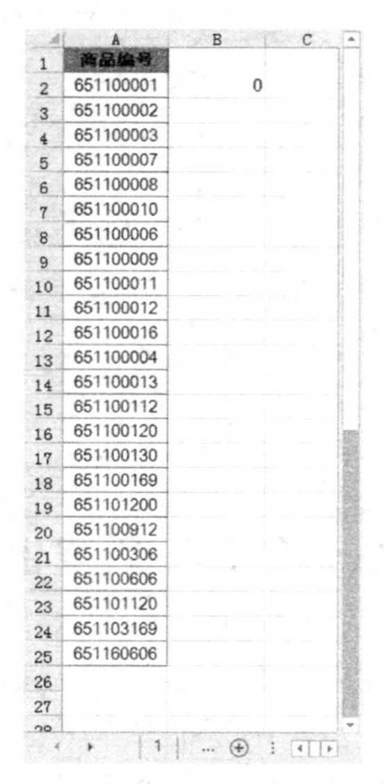

图 8-22　多表筛选不重复值

8.2.3　使用合并计算求平均值

通过合并计算，还可以计算多个表格中相同字段的平均值，下面举例说明。

【例 8-6】 利用合并计算求平均值

图 8-23 所示是某公司在第一季度每个月中的各种产品的销售量，现在需要根据这三个月的销售量，求得月平均销售量。

	A	B	C	D	E	F	G	H
1	1月份销量			2月份销量			3月份销量	
2	康佳液晶电视	59		康佳液晶电视	150		康佳液晶电视	146
3	海信液晶电视	229		海信液晶电视	115		海信液晶电视	106
4	LG液晶电视	121		LG液晶电视	204		LG液晶电视	109
5	海尔冰箱	106		海尔冰箱	171		海尔冰箱	113
6	海信冰箱	132		海信冰箱	134		海信冰箱	300
7	美菱冰箱	67		美菱冰箱	265		美菱冰箱	200
8								
9	合并计算							
10	月平均销量							
11								
12								
13								
14								
15								
16								

Sheet1

图 8-23　求平均销量

使用合并计算求平均值的具体操作步骤如下。

（1）打开本章素材文件“利用合并计算求平均值.xlsx”。单击 A11 单元格，然后通过【数据】→【合并计算】命令打开【合并计算】对话框，并进行如图 8-24 所示的设置（注意在【函数】下拉列表中选择【平均值】选项）。

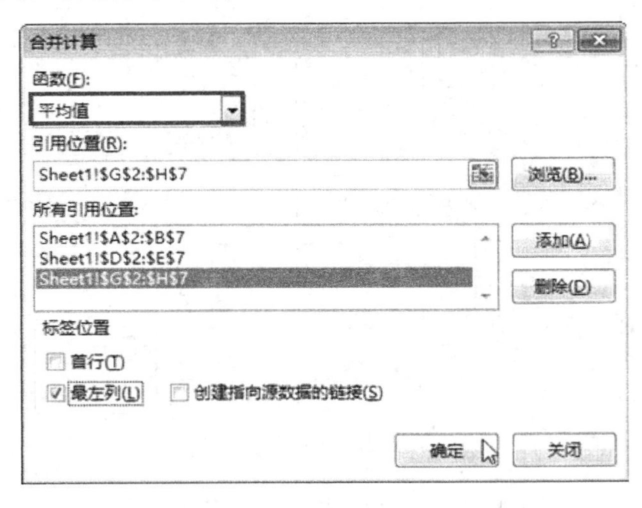

图 8-24　选择【平均值】选项

（2）单击【确定】按钮关闭对话框，得到月平均销量，如图 8-25 所示。

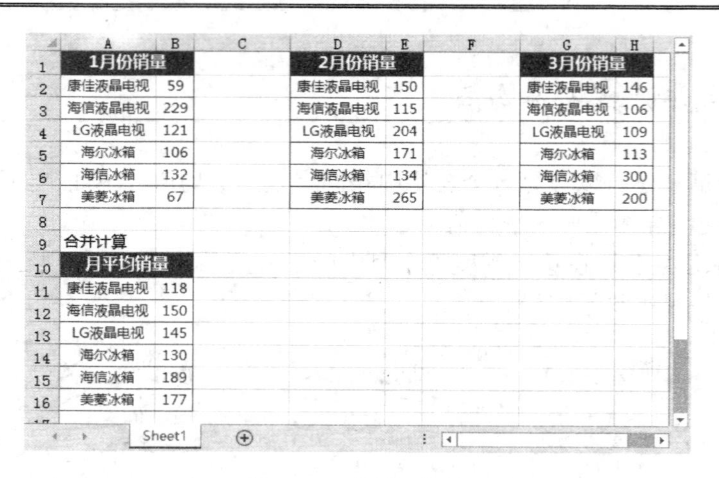

1月份销量		2月份销量		3月份销量	
康佳液晶电视	59	康佳液晶电视	150	康佳液晶电视	146
海信液晶电视	229	海信液晶电视	115	海信液晶电视	106
LG液晶电视	121	LG液晶电视	204	LG液晶电视	109
海尔冰箱	106	海尔冰箱	171	海尔冰箱	113
海信冰箱	132	海信冰箱	134	海信冰箱	300
美菱冰箱	67	美菱冰箱	265	美菱冰箱	200

合并计算

月平均销量	
康佳液晶电视	118
海信液晶电视	150
LG液晶电视	145
海尔冰箱	130
海信冰箱	189
美菱冰箱	177

Sheet1

图 8-25　求得平均值

8.3　技 巧 放 送

1. 让合并计算自动更新

合并计算不但可以生成以数据形式组成的结果表，还可以生成以公式形式组成的结果表。这样，当它的源数据发生改变时，结果数据也将进行重新计算并显示结果。

【例 8-7】 将多个数据表合并计算并设置自动更新

如图 8-26 所示为不同销售人员在 1 月、2 月和 3 月中电脑设备的销售数量，现在需要将所有员工在 3 个月中的销售量进行合并计算，并要求汇总结果表可以自动更新。

1月份

员工姓名	笔记本	鼠标	键盘	摄像头	U盘	光盘
安妍颖	34	75	20	41	32	9
刘宜妍	7	85	28	58	41	47
刘荔秀	8	45	47	-	30	19
华思贞	47	63	84	46	61	76
古枝	-	43	43	90	39	3
张坚彪	31	83	48	50	87	88
刘良彪	5	13	19	25	58	23
慕菊舒	28	29	53	48	24	72
张芬娴	-	27	91	-	94	35
张美姬	68	49	35	94	30	52
华婉芳	51	95	16	24	45	95
罗惠珠	68	78	60	37	20	15
刘筠艳	29	89	38	44	85	16
江行	92	14	68	68	6	72
厉慧芝	68	28	83	14	98	16
王星河	28	62	-	58	42	58
杨伊	3	88	80	17	86	57
齐怡珊	99	88	6	65	44	40
厉淑莉	11	94	37	41	16	57
瞿宏辰	36	39	7	90	5	97
张珠	97	43	65	56	63	29
余士河	8	40	-	45	15	71
苍荔欣	29	8	47	63	97	21

2月份

员工姓名	笔记本	鼠标	键盘	摄像头	U盘	光盘
安妍颖	11	19	19	67	64	37
刘宜妍	64	6	98	93	21	39
刘荔秀	57	96	77	93	40	84
华思贞	46	2	34	13	32	45
古枝	39	35	60	3	80	43
张坚彪	25	13	3	31	95	20
刘良彪	-	81	97	-	-	92
慕菊舒	7	69	4	91	36	76
张芬娴	65	99	40	90	94	49
张美姬	10	53	30	39	31	18
华婉芳	9	97	32	26	95	23
罗惠珠	56	52	26	15	34	18
刘筠艳	80	2	19	36	86	80
江行	52	66	36	2	7	50
厉慧芝	66	31	-	77	38	12
王星河	18	-	48	55	25	91
杨伊	97	99	53	37	-	30
齐怡珊	82	77	84	17	76	85
厉淑莉	5	69	12	24	39	44
瞿宏辰	21	57	65	24	83	56
张珠	-	6	80	29	-	99
余士河	16	16	53	95	49	17
苍荔欣	90	42	36	8	42	1

3月份

员工姓名	笔记本	鼠标	键盘	摄像头	U盘	光盘
安妍颖	26	99	68	93	21	25
刘宜妍	4	31	58	19	93	6
刘荔秀	-	65	-	47	67	55
华思贞	48	2	77	24	54	19
古枝	5	72	16	11	14	30
张坚彪	97	90	13	23	52	76
刘良彪	46	9	59	79	-	78
慕菊舒	44	1	36	71	79	-
张芬娴	-	27	18	49	37	12
张美姬	54	17	24	70	47	58
华婉芳	6	26	61	33	82	73
罗惠珠	18	70	-	67	58	25
刘筠艳	39	13	50	92	73	61
江行	6	89	66	44	14	39
厉慧芝	38	48	-	66	72	47
王星河	11	51	90	82	-	94
杨伊	14	29	25	43	76	11
齐怡珊	61	85	84	26	76	13
厉淑莉	-	79	1	35	62	78
瞿宏辰	23	66	22	52	50	80
张珠	74	34	8	84	42	56
余士河	19	50	14	-	9	30
苍荔欣	73	78	76	89	86	30

图 8-26　源数据表

合并计算并自动依源数据变动而更新结果的具体操作步骤如下。

（1）打开本章素材文件“合并计算自动更新.xlsx”。切换至“第一季度汇总”工作表中，单击 A1 单元格。在功能区上依次单击【数据】→【合并计算】命令。

（2）打开【合并计算】对话框，将工作表“1 月份”、“2 月份”和“3 月份”的数据源区域地址添加到【所有引用位置】列表框中，选择【首行】、【最左列】和【创建指向源数据的链接】复选框，如图 8-27 所示。

（3）单击【确定】按钮，创建出可以自动更新的结果数据表。

（4）为结果表 A1 单元格添加列标题“员工姓名”，并将列宽稍作调整，删除 B 列（用户可根据需要选择是否删除 B 列）。

如图 8-28 所示为此时看到的结果表。在工作表的左侧显示了分级显示按钮。单击相对应的【+】或【–】按钮，可以将数据进行展开和折叠显示。

图 8-27　设置【合并计算】对话框

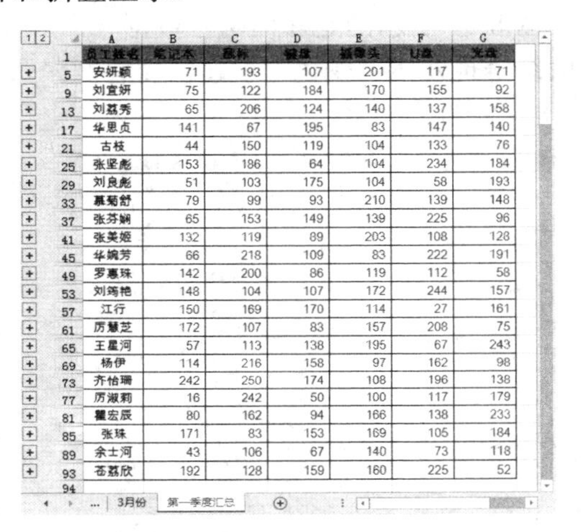

员工姓名	笔记本	鼠标	键盘	摄像头	U盘	光盘
安妍颖	71	193	107	201	117	71
刘宜妍	75	122	184	170	155	92
刘磊秀	65	206	124	140	137	158
华思贞	141	67	195	83	147	140
古枝	44	150	119	104	133	76
张坚彪	153	186	64	104	234	184
刘良彪	51	103	175	104	58	193
慕菊舒	79	99	93	210	139	148
张芬娴	65	153	149	139	225	96
张美姬	132	119	89	203	108	128
华婉芳	66	218	109	83	222	191
罗惠珠	142	200	86	119	112	58
刘筠艳	148	104	107	172	244	157
江行	150	169	170	114	27	161
厉慧芝	172	107	83	157	208	75
王星河	57	113	138	195	67	243
杨伊	114	216	158	97	162	98
齐怡珊	242	250	174	108	196	138
厉淑莉	16	242	50	100	117	179
鬘宏辰	80	162	94	166	138	233
张珠	171	83	153	169	105	184
余士河	43	106	67	140	73	118
苍嘉欣	192	128	159	160	225	52

图 8-28　可以自动更新的结果表

如果将“1 月份”工作表中第一位员工的销售量修改为“134”，结果表也将自动重新计算并显示新的计算结果，在“第一季度汇总”工作表的 B5 单元格中将显示为“171”。

这是因为生成的结果表中，所有表示数值的单元格都包含了 Excel 自动生成的公式。如图 8-29 和图 8-30 所示，B2 单元格中包含的公式为“='1 月份'!$B$2”（表示绝对引用工作表“1 月份”中 B2 单元格的值），B5 单元格中所包含的公式为“SUM(B2:B4)”。

图 8-29　汇总单元格中的公式　　　　图 8-30　引用源数据表中数据的公式

因此，如果源数据表中的数值发生变化，结果表中也将自动计算重新生成结果数据表。

注意：只有当工作表位于其他工作簿中时，才能选中【创建指向源数据的连接】复选框。一旦选中此复选框，则不能对合并计算结果表中的那些单元格和区域进行更改。

2. 通过合并计算核对数据

利用合并计算的按类别合并功能，用户还可以将繁琐的数据核对工作变得轻松。

【例 8-8】 利用合并计算核对数据

图 8-31 所示的是新旧两张数据表，在新的数据表中添加了几个新的员工，并且某些员工的编号也发生了变化，现在需要将两张数据表中有差异的数据查找出来。

	A	B	C	D	E	F
1	原数据			新数据		
2	员工姓名	员工编号（旧）		员工姓名	员工编号（新）	
3	刘雅	2310032		杭峰	2310005	
4	张启杰	2310002		吕欣	2310007	
5	武鹏	2310025		刘丹倩	2310003	
6	张娟	2310004		石新伟	2310015	
7	周艳荣	2310005		唐乐乐	2310016	
8	吕欣	2310053		叶童	2310028	
9	刘丹倩	2310003		宋官云	2310013	
10	刘丽	2310038		华廷芳	2310012	
11	宋官云	2310013		武鹏	2310025	
12	华廷芳	2310012		刘雅	2310020	
13	程亮	2310001		张启杰	2310002	
14	孟思思	2310018		程亮	2310001	
15	杭峰	2310033		辛金	2310008	
16	李艳	2310010		刘丽	2310017	
17	叶童	2310028		钱多多	2310014	
18	石新伟	2310049		周艳荣	2310009	
19	唐乐乐	2310043		李小宝	2310006	
20	李小宝	2310006		张娟	2310004	
21				刘伯善	2310011	
22				李艳	2310010	
23				伊盛亮	2310029	
24				孟思思	2310018	
25						

Sheet1

图 8-31　新旧数据表

利用合并计算核对数据的具体操作步骤如下。

（1）打开本章素材文件“数据核对.xlsx”，选择 G2 单元格作为核对数据表的起始单元格，单击【数据】选项卡中的【合并计算】按钮，打开【合并计算】对话框。

（2）在【合并计算】对话框中的【所有引用位置】列表框中，分别添加原数据表中的 A2:B20 单元格区域和新数据表汇总的 D2:E24 单元格区域，在【标签位置】区域中选择【首行】和【最左列】复选框，如图 8-32 所示。

（3）单击【确定】按钮关闭对话框，生成初步的核对结果表，如图 8-33 所示。

（4）为了明确显示两列数据中的不同之处，可以在 J3 单元格中输入下面的公式：

=N(H3<>I3)

向下复制公式至 J24 单元格中，如图 8-34 所示。

（5）单击结果数据表中的任意一个单元格，如 I7 单元格，设置自动筛选。

（6）单击 J2 单元格的下拉按钮，在展开的下拉菜单中只选择【1】复选框，如图 8-35 所示。

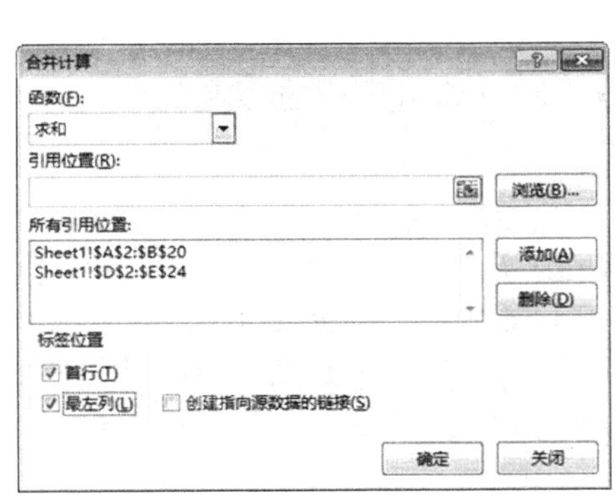

图 8-32 选择【首行】和【最左列】复选框

核对结果

员工姓名	员工编号（旧）	员工编号（新）
刘雅	2310032	2310020
张启杰	2310002	2310002
武鹏	2310025	2310025
张娟	2310004	2310004
钱多多		2310014
周艳荣	2310005	2310009
吕欣	2310053	2310007
刘丹倩	2310003	2310003
辛金		2310008
刘丽	2310038	2310017
宋百云	2310013	2310013
毕廷芳	2310012	2310012
程亮	2310001	2310001
伊盛亮		2310029
孟思思	2310018	2310018
杭峰	2310033	2310005
刘伯善		2310011
李艳	2310010	2310010
叶董	2310028	2310028
石新伟	2310049	2310015
唐乐乐	2310043	2310016
李小宝	2310006	2310006

图 8-33 初步核对结果表

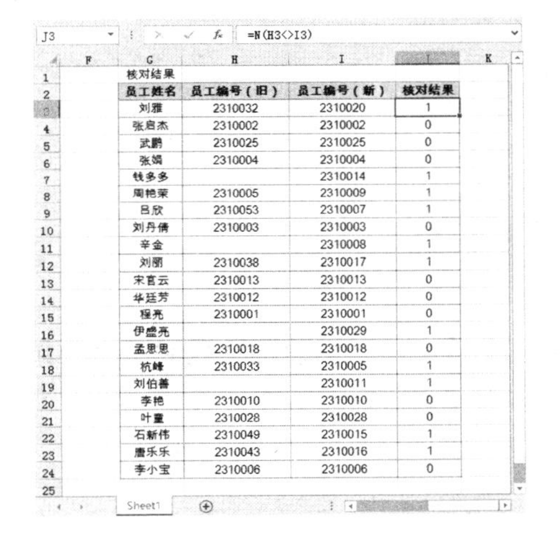

=N(H3<>I3)

核对结果

员工姓名	员工编号（旧）	员工编号（新）	核对结果
刘雅	2310032	2310020	1
张启杰	2310002	2310002	0
武鹏	2310025	2310025	0
张娟	2310004	2310004	0
钱多多		2310014	1
周艳荣	2310005	2310009	1
吕欣	2310053	2310007	1
刘丹倩	2310003	2310003	0
辛金		2310008	1
刘丽	2310038	2310017	1
宋百云	2310013	2310013	0
毕廷芳	2310012	2310012	0
程亮	2310001	2310001	0
伊盛亮		2310029	1
孟思思	2310018	2310018	0
杭峰	2310033	2310005	1
刘伯善		2310011	1
李艳	2310010	2310010	0
叶董	2310028	2310028	0
石新伟	2310049	2310015	1
唐乐乐	2310043	2310016	1
李小宝	2310006	2310006	0

图 8-34 输入公式以明确显示核对结果

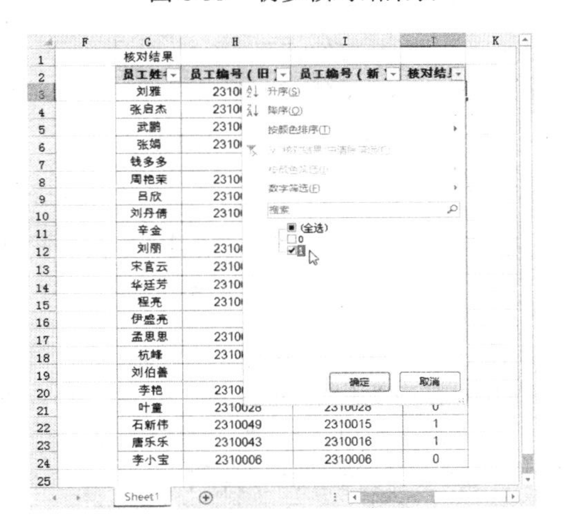

图 8-35 筛选差异数据

（7）单击【确定】按钮，即可筛选出新旧数据的差异结果，如图 8-36 所示。

核对结果

员工姓名	员工编号（旧）	员工编号（新）	核对结果
刘雅	2310032	2310020	1
钱多多		2310014	1
周艳荣	2310005	2310009	1
吕欣	2310053	2310007	1
辛金		2310008	1
刘丽	2310038	2310017	1
伊盛亮		2310029	1
杭峰	2310033	2310005	1
刘伯善		2310011	1
石新伟	2310049	2310015	1
唐乐乐	2310043	2310016	1

图 8-36 最终筛选结果

注意：需要核对差异的两张数据表的第二字段标题名必须不同，如果相同则需要事先修改为不同的字段标题，否则将不能进行数据核对。

第 9 章　模拟分析帮您省钱

模拟分析是管理经济学中一项不可或缺的重要分析工具。模拟分析又叫假设性分析，它是基于现有的计算模型，在影响最终结果的诸多因素中进行测算与分析，以寻求最佳的方案，EXCEL 提供了多项功能来支持模拟分析工作，可以在极大程度上满足用户的各种需求，本章将对 Excel 的模拟分析功能做详细地介绍。

通过对本章内容的学习，读者将掌握：

- 模拟运算表的使用
- 方案管理器的使用
- 单变量求解的运用
- 规划求解的使用
- 分析工具库的加载与使用

9.1　使用模拟运算表

模拟运算表是工作表中的一个区域，可以显示公式中某些数值的变化对计算结果的影响。模拟运算表为同时求解某一运算中所有可能的变化值的组合提供了捷径。

9.1.1　单变量模拟运算表

下面通过一个实例讲解利用模拟运算表进行单变量预测的方法。

【例 9-1】 借助模拟运算表分析还贷期限的变化对每月还款额的影响

假设某人向银行贷款，年利率为 6.55%，贷款总额为 40 万，需要了解贷款期限为 5 年、10 年、15 年、20 年、30 年的时候，每月所需还款的金额分别是多少。

如图 9-1 所示的按揭还贷分析表，其每月还款的数学模型为：

每月还款金额＝贷款本金×月利率×(1+月利率)^{还款月数}/[(1+月利率)^{还款月数}−1]

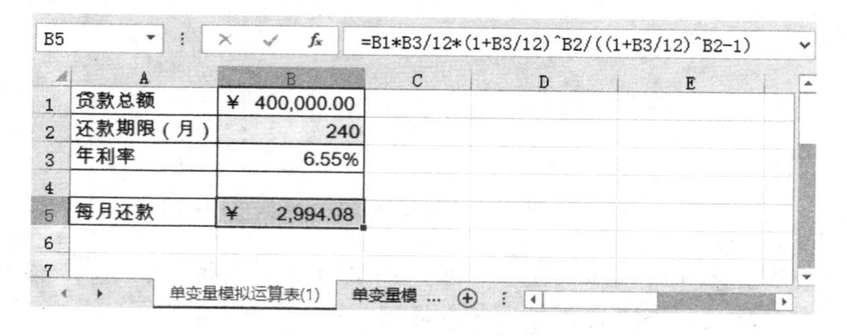

图 9-1　每月还款额分析表

借助模拟运算表分析还贷期限变化对每月还款额的影响的具体操作步骤如下。

（1）打开素材文件“模拟运算.xlsx”，在 D3:D7 单元格区域中输入各种还款期限（以“月”为单位），然后在 E1 单元格中输入公式“=B5”。

（2）选中 D1:E6 单元格区域，单击【数据】选项卡中的【模拟分析】按钮，在其下拉列表中选择【模拟运算表】命令，如图 9-2 所示。

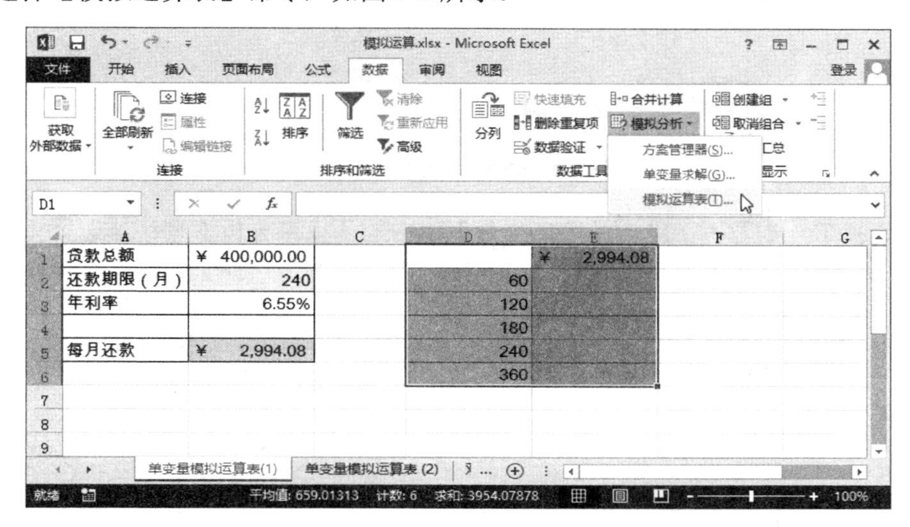

图 9-2　选择【模拟运算表】选项

（3）在弹出的【模拟运算表】对话框中，输入引用列的单元格为“$B$2”，如图 9-3 所示。

（4）单击【确定】按钮，完成模拟运算，如图 9-4 所示。

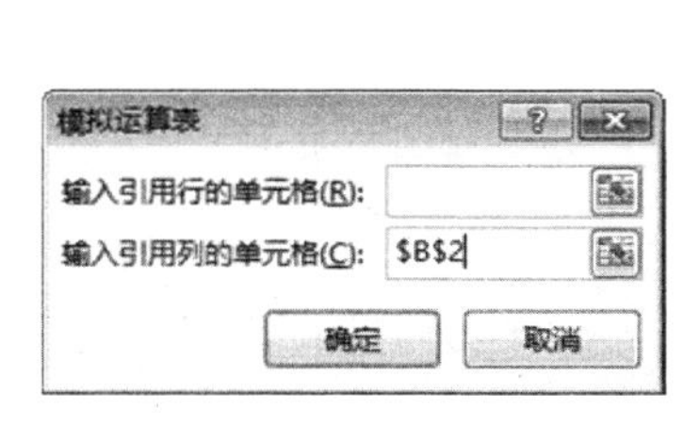

图 9-3　设置引用列的单元格

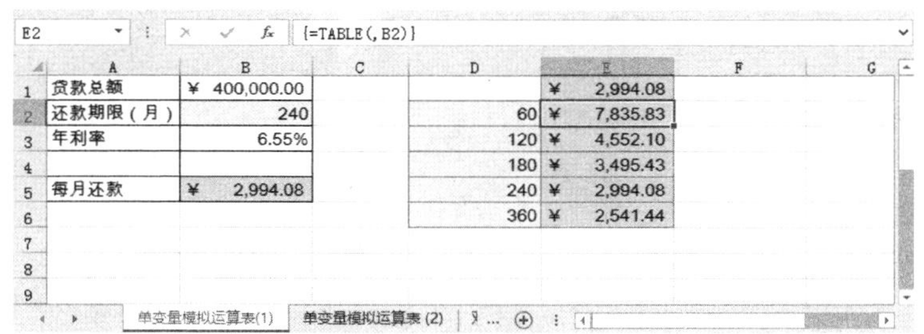

图 9-4　运用模拟运算对每月还款额进行分析

在创建的试算表格中，单击 E2:E6 区域中任意一个单元格，其在编辑栏中均显示单元格内容为“{=TABLE(,B2)}”。在此表格中，E2:E6 单元格区域中的结果是不可以被修改的，而原有的数字和公式引用都是可以被修改的，如本例中的 D2:D5 和 E5。

【例 9-2】 分析在贷款总额变化的情况下对每月还款额的影响

使用【例 9-1】中原始表，现在希望了解贷款总额不同的情况下，还款期限为 20 年时每月需要还款金额分别为多少。

计算贷款总额变化时每月还贷额的具体操作步骤如下。

（1）建立如图 9-5 所示的计算模型。其中 E1:I1 区域输入不同的贷款额度，在 D2 单元格输入“=B5”。

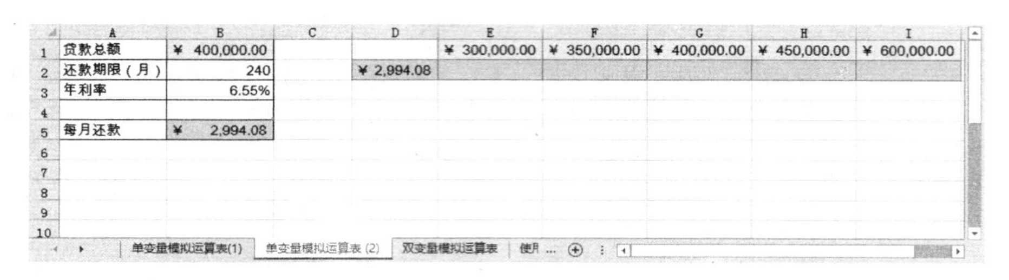

图 9-5　设置不同的贷款额度

（2）选择 D1:I2 范围，单击【数据工具】组中的【模拟分析】按钮，选择【模拟运算表】。在【模拟运算表】对话框中，输入引用行的单元格为“$B$1”，如图 9-6 所示。

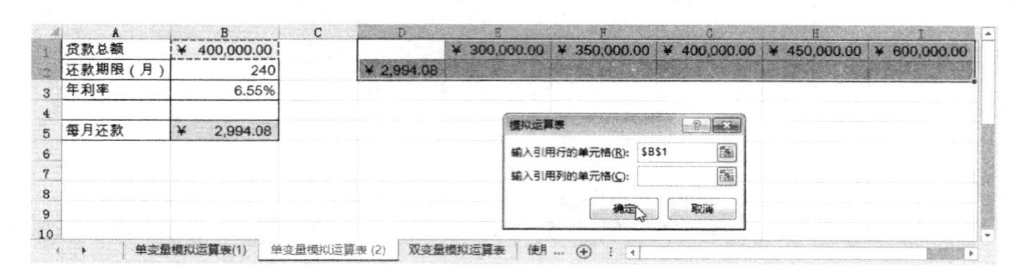

图 9-6　设置引用行的单元格

（3）单击【确定】按钮，完成模拟运算分析，如图 9-7 所示。

图 9-7　模拟运算结果

9.1.2　双变量模拟运算表

【例 9-3】 分析有两个变量的情况下对每月还款的影响

对于上面的分析，都是基于一个变量的情况下进行的。还是接着使用【例 9-1】的原始表格，如果用户想模拟分析一下在利率相同的情况下，不同的贷款金额在贷款期限不同的情况下，每月还款额的变化情况，这就需要利用两个变量进行模拟运算了。

以双变量模拟运算计算每月还款额的变化情况具体操作步骤如下。

（1）在 D1 单元格输入“=B5”，然后分别在 E1:I1 输入不同的贷款金额，在 D2:D7 输入“60”、“120”、“180”等 6 个数值作为不同的月份，如图 9-8 所示。

	A	B	C	D	E	F	G	H	I
1	贷款总额	¥ 400,000.00		¥ 2,994.08	¥ 300,000.00	¥ 350,000.00	¥ 400,000.00	¥ 450,000.00	¥ 600,000.00
2	还款期限（月）	240		60					
3	年利率	6.55%		120					
4				180					
5	每月还款	¥ 2,994.08		240					
6				300					
7				360					
8									

图 9-8　设置变量

（2）选中 D1:I7 区域，打开【模拟运算表】对话框，设置引用行的单元格为“$B$1”，引用列的单元格为“$B$2”，如图 9-9 所示。

（3）单击【确定】按钮，完成数据的模拟运算，结果如图 9-10 所示。

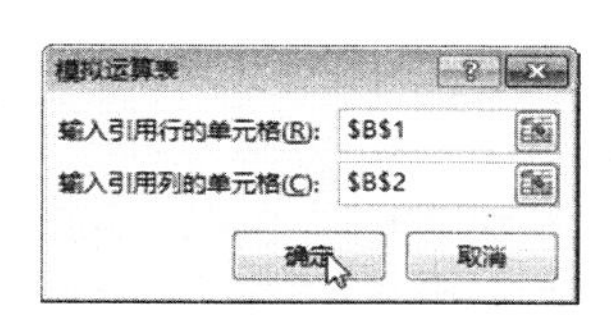

图 9-9　设置引用的单元格

	A	B	C	D	E	F	G	H	I
1	贷款总额	¥ 400,000.00		¥ 2,994.08	¥ 300,000.00	¥ 350,000.00	¥ 400,000.00	¥ 450,000.00	¥ 600,000.00
2	还款期限（月）	240		60	¥ 5,876.87	¥ 6,856.35	¥ 7,835.83	¥ 8,815.31	¥ 11,753.75
3	年利率	6.55%		120	¥ 3,414.08	¥ 3,983.09	¥ 4,552.10	¥ 5,121.11	¥ 6,828.15
4				180	¥ 2,621.58	¥ 3,058.50	¥ 3,495.43	¥ 3,932.36	¥ 5,243.15
5	每月还款	¥ 2,994.08		240	¥ 2,245.56	¥ 2,619.82	¥ 2,994.08	¥ 3,368.34	¥ 4,491.12
6				300	¥ 2,035.00	¥ 2,374.17	¥ 2,713.34	¥ 3,052.51	¥ 4,070.01
7				360	¥ 1,906.08	¥ 2,223.76	¥ 2,541.44	¥ 2,859.12	¥ 3,812.16
8									

图 9-10　运算结果

接下来再看一个例子，利用模拟运算表，求解不同情况下的方程式。

【例 9-4】 使用双变量模拟运算对方程式求解

假设有方程式为“$z=5x^2-3y$”，想求出 x 和 y 分别取值 1～5 的情况下 z 的值。可以按照以下方法进行方程式求解。

（1）输入如图 9-11 所示的数据，其中，B3 单元格为公式“=5*B1^2–3*B2”。

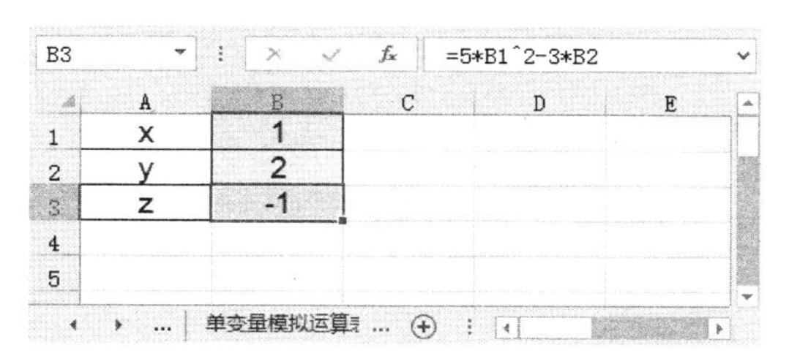

图 9-11　输入数据表

（2）在 A5 单元格输入“=B3”，分别在 A6:A10，B5:F5 输入表示 x 和 y 的值，选中 A5:F10，打开【模拟运算表】对话框，分别设置引用行的单元格为“$B$1”，引用列的单元格为“$B$2”，如图 9-12 所示。

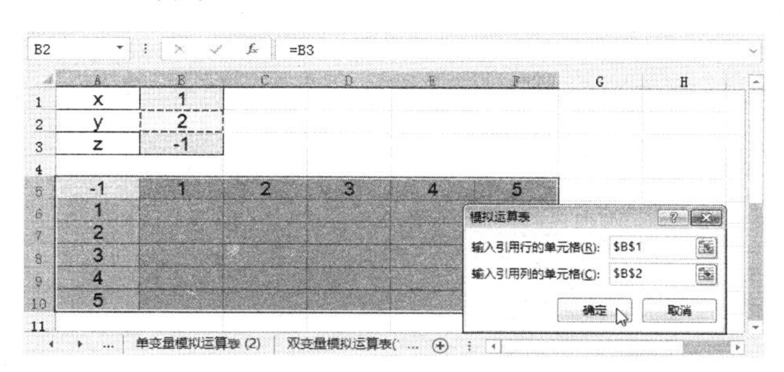

图 9-12　设置引用的单元格

（3）单击【确定】按钮，即可得到运算结果，如图 9-13 所示。

	A	B	C	D	E	F	G
1	x	1					
2	y	2					
3	z	-1					
4							
5	-1	1	2	3	4	5	
6	1	2	17	42	77	122	
7	2	-1	14	39	74	119	
8	3	-4	11	36	71	116	
9	4	-7	8	33	68	113	
10	5	-10	5	30	65	110	

单变量模拟运算表 (2) | 双变量模拟 ...

图 9-13 模拟运算结果

9.1.3 使用公式进行模拟运算

除了使用模拟运算表进行模拟运算之外，在进行数据的模拟运算时，用户还可以运用公式完成试算表格，下面使用公式来分析还贷期限的变化对每月还款额的影响。

【例 9-5】 借助公式来试算分析还贷期限的变化对每月还款额的影响

使用公式进行模拟运算的具体操作步骤如下。

（1）打开本章素材文件“模拟运算.xlsx”，在 D1:E1 单元格中输入列标题，然后在 D2:D6 单元格区域中输入各种还款期限（以“月”为单位）。

（2）在 E2 单元格中输入下面的公式，计算当前还款期限下的每月还款额。

=B$1*B$3/12*(1+B$3/12)^D2/((1+B$3/12)^D2-1)

（3）将此公式复制到 E3:E6 单元格区域中，如图 9-14 所示。

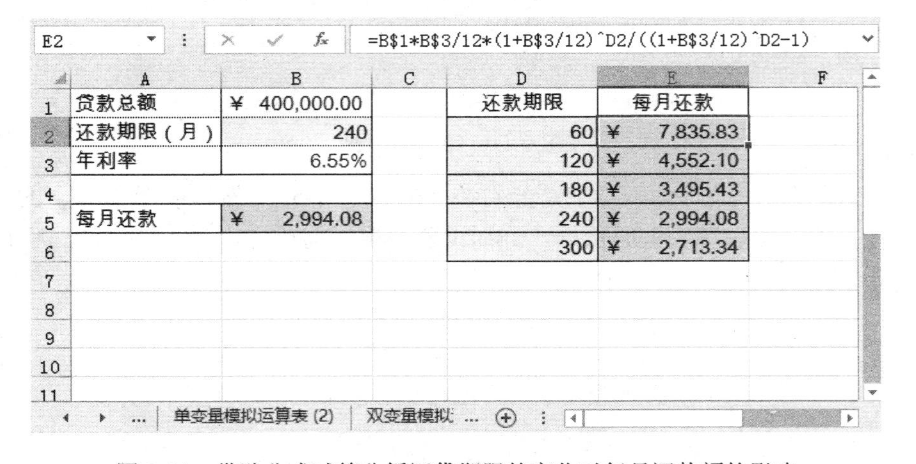

E2 =B$1*B$3/12*(1+B$3/12)^D2/((1+B$3/12)^D2-1)

	A	B	C	D	E	F
1	贷款总额	¥ 400,000.00		还款期限	每月还款	
2	还款期限（月）	240		60	¥ 7,835.83	
3	年利率	6.55%		120	¥ 4,552.10	
4				180	¥ 3,495.43	
5	每月还款	¥ 2,994.08		240	¥ 2,994.08	
6				300	¥ 2,713.34	

单变量模拟运算表 (2) | 双变量模拟 ...

图 9-14 借助公式试算分析还贷期限的变化对每月还款额的影响

通过新创建的试算表格可以看到在不同的还贷期限下的每月还款额，根据自己的实际情况选择相应的还贷期限即可。

9.2 使 用 方 案

通过模拟运算表可以分析计算模型中一到两个关键因素的变化对结果的影响。如果要同时考虑更多的因素来进行分析时，模拟运算表往往就会显示出一定的局限性。另外，很多时候，决策者在进行分析时只需要对比一些特定的组合，而不需要将所有的可能性全部列出。在这种情况下，使用 Excel 的方案功能更加适合此类问题的处理。

9.2.1 创建方案

Excel 方案管理器提供了层次性的数据管理方案与计算功能。每个方案在变量与公式计算定义的基础上，能够通过定义一系列可变单元格和对应各变量（单元格）的取值，构成一个方案。在方案管理器中可以同时管理多个方案，从而达到对多变量、多数据系列以及多方案的计算和管理。

下面仍然沿用上一节中的每月还款分析表来进行方案的定义。

【例 9-6】 使用方案分析每月还款金额的不同组合

沿用 9.1 节中的试算表格，在表格中影响最终结果的关键因素是贷款金额、还款期限和银行的利率。根据这几种因素不同的变化可以创建出不同的值的组合。假如现在有三个方案，分别是贷款 35 万元，分 15 年还清；贷款 45 万元，分 20 年还清；贷款 60 万元，分 30 年还清。银行利率根据还款期限的不同，三个方案利率分别为 6.50%、6.55%以及 6.62%。下面根据以上已知条件创建三种方案。

创建方案的具体操作步骤如下。

（1）打开本章素材文件“模拟运算.xlsx”，切换到“创建方案”工作表中，在 B1:B3 单元格中输入第一种方案相对应的数据。选择 A1:B5 单元格区域，单击【公式】选项卡中的【根据所选内容创建】按钮，在弹出的【以选定区域创建名称】对话框中选择【最左列】复选框，然后单击【确定】按钮。这样就为该区域中的所有内容均定义了名称，如图 9-15 所示。

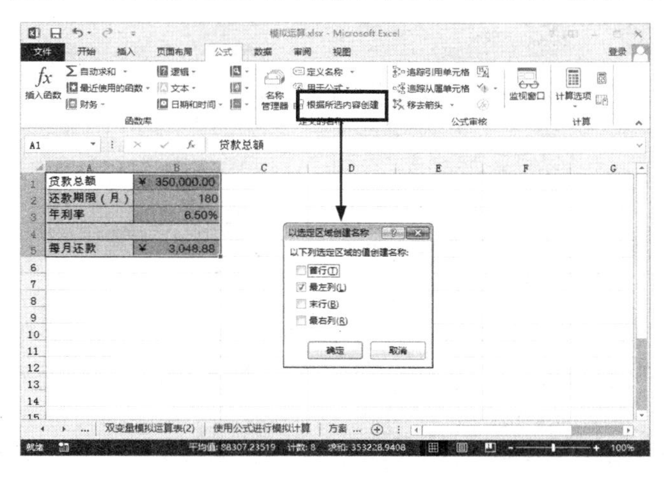

图 9-15　为表格中因素和结果所在单元格定义名称

（2）执行【数据】→【模拟分析】→【方案管理器】命令，弹出【方案管理器】对话框，如图 9-16 所示。

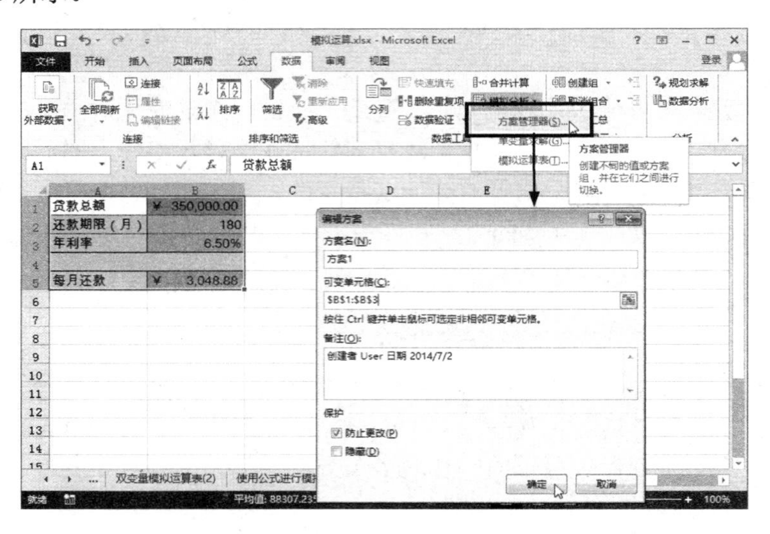

图 9-16　打开“方案管理器”

（3）单击对话框中的【添加】按钮，打开【添加方案】对话框，在【方案名】输入框中输入自定义方案名称，如“方案 1”，在【可变单元格】编辑框中输入关键因素所在单元格地址“B1:B3”，如图 9-17 所示。

（4）单击【确定】按钮后，打开【方案变量值】对话框。此时对话框中的三个输入框中已自动显示工作表中与第一种方案相对应的数据，如图 9-18 所示。

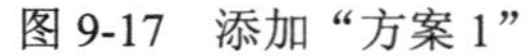
图 9-17　添加“方案 1”

图 9-18　添加“方案 1”的变量数据

（5）单击【添加】按钮，打开【添加方案】对话框，输入方案名称“方案 2”，单击【确定】按钮。在打开的【方案变量值】对话框，在三个输入框中分别输入“450000”、“240”和“0.0655”，单击【添加】按钮。使用同样的方法将“方案 3”的数据添加进去，然后单击【确定】按钮返回【方案管理器】对话框。最后单击【关闭】按钮即可关闭对话框返回工作表。

9.2.2　显示方案

创建方案之后，工作表中的数据并不会发生变化。如果想要查看方案中的分析结果，可以通过下面的方法进行。

在功能区上执行【数据】→【模拟分析】→【方案管理器】命令，打开【方案管理器】对话框，单击选中列表中的一个方案，如“方案 3”，然后单击【显示】按钮，或者直接双击该方案。此时工作表中将自动更新数据，转换为在“方案 3”中所设置的变量值情况下计算得出的结果，如图 9-19 所示。

图 9-19　显示方案

9.2.3　修改方案

要对某一方案进行重新编辑，可以在选择该方案之后，直接单击【编辑】按钮，打开【编辑方案】对话框，其项目设置与【添加方案】完全相同，用户可以在此修改方案的每一项设置，如图 9-20 和图 9-21 所示。

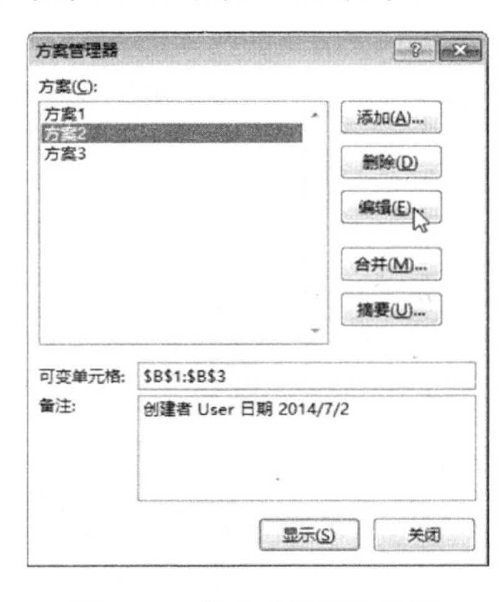

图 9-20　单击【编辑】按钮

图 9-21　【编辑方案】对话框

9.2.4 删除方案

删除不需要的方案的方法很简单，可以先打开【方案管理器】对话框，选中需要删除的方案，然后单击【删除】按钮即可。

9.2.5 合并方案

如果使用计算模型的人很多，并在同一个工作簿或者不同工作簿中创建了许多不一样的方案，想要将诸多方案集中到一张工作表中，可以通过合并方案的方法实现。

【例 9-7】 将多个工作簿的方案合并到同一张工作簿中

将“方案管理 2.xlsx”中的三个方案“方案 A”、“方案 B”和“方案 C”集中合并到“方案管理 1.xlsx”中。

合并方案的具体操作步骤如下。

（1）打开本章素材文件“方案管理 1.xlsx”和“方案管理 2.xlsx”两个工作簿。激活“方案管理 1.xlsx”工作簿。

（2）在功能区上执行【数据】→【模拟分析】→【方案管理器】命令，弹出【方案管理】对话框，然后单击【合并】按钮打开【合并方案】对话框。

（3）在【工作簿】下拉列表中选择要合并的工作簿名称“方案管理 2.xlsx”，然后在【工作表】列表框中选择所要合并的方案所在的工作表，本例中为“方案 2”。此时对话框下方将会显示此工作表中所包含的方案数量，如图 9-22 所示。

（4）单击【确定】按钮返回到【方案管理器】对话框中，可以看到此时的方案列表中已经列出了合并后的方案，如图 9-23 所示。

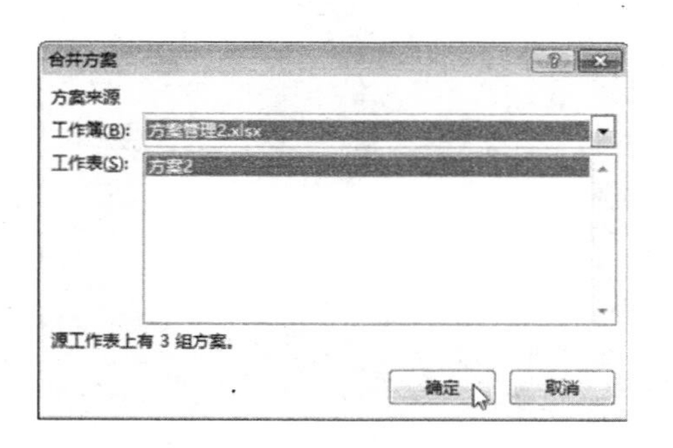

图 9-22 选择包含方案的工作表

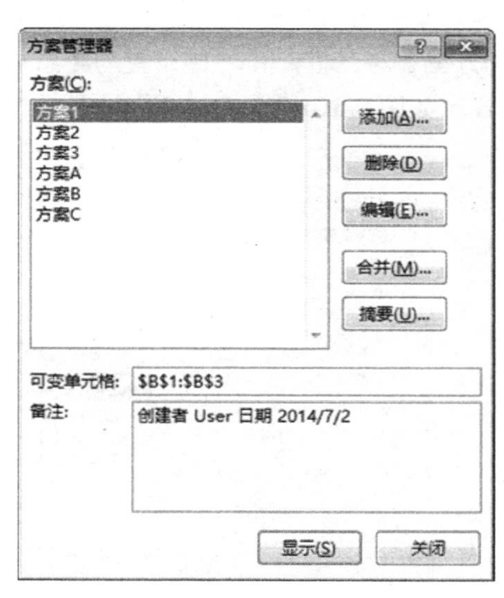

图 9-23 合并方案后的方案列表

9.2.6　生成方案报告

如果想要对比分析所有方案生成的结果，用显示方案功能每次只显示一种方案的方式，往往是不能满足用户的需求。Excel 提供了生成方案报告的功能，利用此功能可以很方便地对数据进行对比分析。

在【方案管理器】对话框中单击【摘要】按钮，将显示【方案摘要】对话框，如图 9-24 所示。

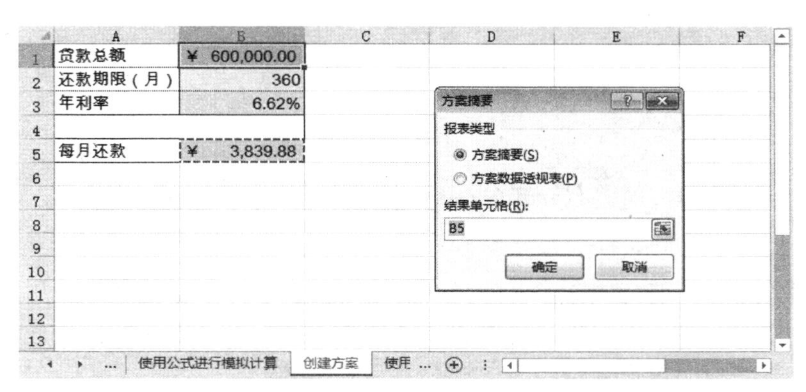

图 9-24 【方案摘要】对话框

从对话框中可以看到，Excel 一共提供了两种类型的摘要报告。其中，【方案摘要】将以大纲的形式展示报告，而【方案数据透视表】则以数据透视表的形式展示报告。

【结果单元格】是指以该单元格的数据为最终分析的指标。在通常情况下，Excel 会推荐一个目标，用户可以根据需要更改这个结果单元格。设置完成后单击【确定】按钮，系统就会在一个新的工作表中生成相应的报告。图 9-25 和图 9-26 分别为方案摘要报告和方案数据透视表报告。

注意：生成方案报告时会形成一张新的独立的数据表。当方案数据表或方案发生变化时，此报告的内容不会自动更新。因此，当方案发生变化时，需要重新创建方案摘要报告。

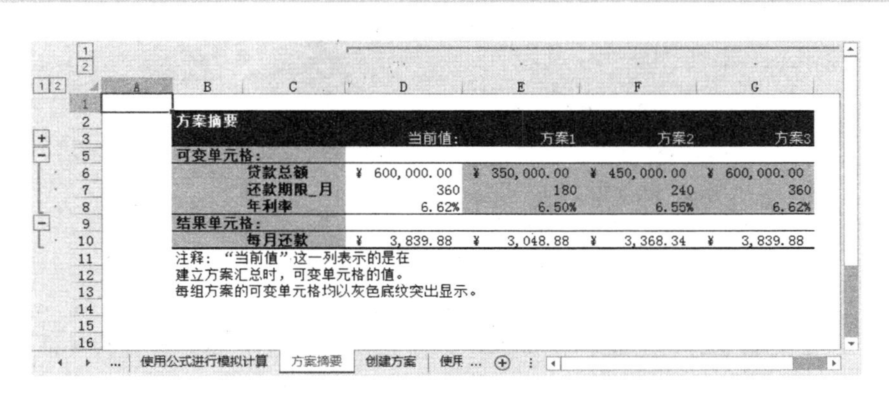

方案摘要		当前值:	方案1	方案2	方案3
可变单元格:					
	贷款总额	¥ 600,000.00	¥ 350,000.00	¥ 450,000.00	¥ 600,000.00
	还款期限_月	360	180	240	360
	年利率	6.62%	6.50%	6.55%	6.62%
结果单元格:					
	每月还款	¥ 3,839.88	¥ 3,048.88	¥ 3,368.34	¥ 3,839.88

注释：“当前值”这一列表示的是在建立方案汇总时，可变单元格的值。每组方案的可变单元格均以灰色底纹突出显示。

图 9-25　方案摘要报告

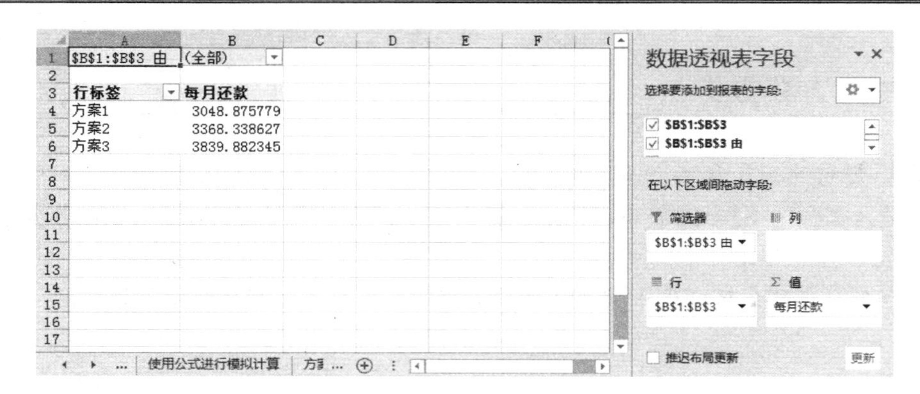

图 9-26　方案数据透视表报告

9.3　使用单变量求解逆向模拟分析

在实际进行模拟分析的工作中，经常会遇到与前两节内容相反的问题，比如希望知道当其他条件不变时，还款期限修改为多少才能使每月还款额控制在指定的金额内。这就要用到单变量求解的逆向模拟分析。

9.3.1　求解方程式

单变量求解，是在待求解问题数学模型（公式）已经被确定的前提下，根据对模型所描述目标的确定要求，利用数学模型倒推条件（自变量）指标的逆向分析过程。

简单地说，就是已经有一个确定的计算公式，想要求出当结果是某一数值时，另一变量的值是多少。举个简单的例子，假设有公式“y=3x+4”，希望求出当结果值 y 是 100 时，x 的值会是多少，就可以利用单变量求解的方法来求出满足 y=100 时 x 的值。单变量求解的方法如下。

（1）建立如图 9-27 所示的计算模型，其中 B2 的公式为“=3*B1+4”。

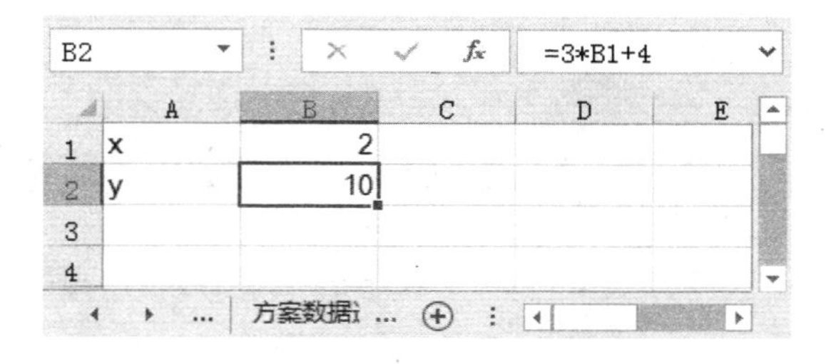

图 9-27　建立计算模型

（2）选择【模拟分析】→【单变量求解】命令，打开【单变量求解】对话框。在该对话框中，分别设置目标单元格、目标值以及可变单元格，各参数如图 9-28 所示。单击【确定】按钮后，系统会进行计算，得出求解状态，如图 9-29 所示。

图 9-28　设置求解选项

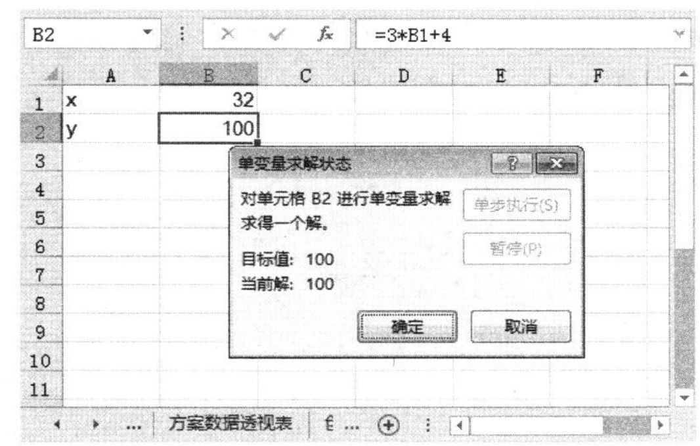

图 9-29　完成求解

还可以利用同样的方法求解类似于“$12=3x^3+2x^2-x$”这样的非线性方程的根。读者可以自己尝试一下，这里就不再赘述了。

9.3.2　在表格中进行单变量求解

用户还可以使用单变量求解的方式根据每月还款额的数目确定贷款期限。

【例 9-8】 根据每月还款额计算贷款期限

求出每月还款额为 4500 元时，比较合适的贷款期限是多少。

使用 9.2.2 小节中的每月还款分析表，如图 9-30 所示。现在需计算当每月还款额为 4500 元时，所需的贷款期限是多少。

根据每月还款额计算贷款期限的具体操作步骤如下。

（1）执行【单变量求解】命令，打开【单变量求解】对话框，设置目标单元格为 B5，目标值设置为“45000”，可变单元格选择 B2，如图 9-31 所示。

	A	B
1	贷款总额	¥ 400,000.00
2	还款期限（月）	240
3	年利率	6.55%
4		
5	每月还款	¥ 2,994.08
6		

图 9-30　每月还款额分析表

	A	B
1	贷款总额	¥ 400,000.00
2	还款期限（月）	240
3	年利率	6.55%
4		
5	每月还款	¥ 2,994.08

单变量求解
目标单元格(E): $B$5
目标值(V): 4500
可变单元格(C): $B$2
确定　取消

图 9-31　设置单变量求解选项

（2）单击【确定】按钮，完成求解，如图 9-32 所示。

从求解结果可以看出，当每月还款额为 4500 元时，所需要还款的期限为 121.97 个月，可以取整为 10 年。也就是说当我们向银行贷款 400000 万，如果每个月还款额为 4500 元时，可以选择 10 年为还款期限。

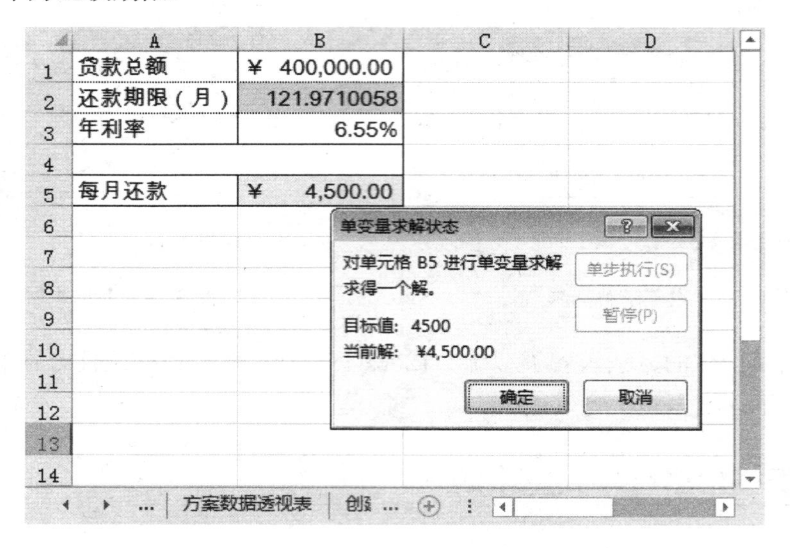

图 9-32　完成求解

9.4　规 划 求 解

在企业生产管理的过程中，经常会遇到一些规划问题，比如在产品的生产规划、生产的组织安排等。最优配置解决的就是在生产的组织安排，产品的运输调度，原料的恰当搭配等过程中合理地利用有限的人、财、物，得到最佳经济效果的问题。

这些问题通常要涉及众多的关联因素，需要运用运筹学中的线性规划、非线性规划和动态规划等方法来求解；但是所用的求解算法大多繁琐复杂，一般人员难以胜任，即使是专业人员也往往因计算量庞大而却步；而利用 Excel 的规划求解工具，则可以方便快捷地帮助用户求得各种规划问题的最佳解。

9.4.1　加载规划求解工具

在默认情况下，Excel 没有加载规划求解工具，因此，需要手工加载该工具才能使用。加载规划求解工具的方法如下。

（1）选择【文件】→【选项】命令，打开【Excel 选项】对话框。

（2）单击【加载项】命令，在【管理】右侧的下拉列表中选择【Excel 加载项】，单击【转到】按钮，如图 9-33 所示。

（3）在弹出的【加载宏】对话框中选择【规划求解加载项】复选框，如图 9-34 所示。单击【确定】按钮后，【数据】菜单中就会出现【规划求解】命令。

图 9-33 【Excel 选项】对话框

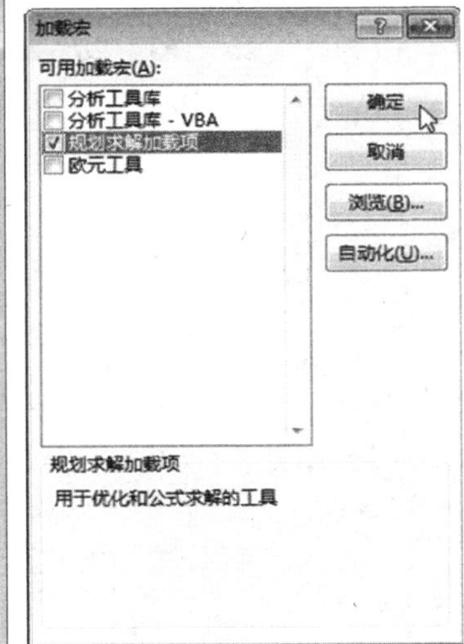

图 9-34 加载规划求解加载项

9.4.2 使用规划求解工具

下面通过一个常用的例子来了解规划求解工具的应用过程。

【例 9-9】 某家具厂生产计划优化问题

某家具厂生产 4 种家居产品，分别是梳妆台、电视柜、电脑桌和书柜，由于这四种家具具有不同的大小、形状、重量和风格，所以它们需要的主要原料（木材和玻璃）、制作时间、最大销售量与利润均不相同。该厂每天可提供的木材、玻璃和工人劳动时间分别为 600 单位、1000 单位与 400 小时，详细数据资料如下：

生产一张梳妆台需耗时 2 小时，使用木材为 4 件，使用玻璃为 6 件，所产生的单位利润为 120 元；

生产一张电视柜需耗时 1 小时，使用木材为 2 件，使用玻璃为 2 件，所产生的单位利润为 40 元；

生产一张电脑桌需耗时 3 小时，使用木材为 1 件，使用玻璃为 1 件，所产生的单位利润为 80 元；

生产一张书柜需耗时 2 小时，使用木材为 2 件，使用玻璃为 2 件，所产生的单位利润为 60 元。

现在需要知道应该如何安排这四种家具的日产量，使得该厂的日利润最大化。

设这四种家居的日产量分别为决策变量 a、b、c、d，目标要求是日利润最大化，约束条件为三种资源的供应限制和产品销售量的限制。

因此，可以列出下面的线性规划模型：

$\text{Max}Z=120a+40b+80c+60d$

$$
\text{s.t.}\begin{cases}
4a+2b+c+2d \leqslant 600 \\
6a+3b+c+2d \leqslant 1000 \\
2a+b+3c+2d \leqslant 400 \\
a \leqslant 100 \\
b \leqslant 200 \\
c \leqslant 60 \\
d \leqslant 100 \\
a,b,c,d \geqslant 0
\end{cases}
$$

其中 a,b,c,d 分别为四种家具的日产量。

使用规划求解工具优化生产计划的具体操作步骤如下。

（1）新建一个工作簿文件，创建表格，将有关的数据输入到工作表中，建立模型，如图 9-35 所示。因为尚未求解，这里的生产数量均暂定为 1。单击 B7 单元格并输入下面的公式，将公式向右复制到 C7:E7 单元格中。

=SUMPRODUCT(B2:B5,$F$2:$F$5)

B7 =SUMPRODUCT(B2:B5,$F$2:$F$5)

	A	B	C	D	E	F	G
1	家具类型	劳动时间(小时/件)	木材(单位/件)	玻璃(单位/件)	单位利润(元/件)	生产数量(件)	最大销售量(件)
2	梳妆台	2	4	6	120	1	100
3	电视柜	1	2	2	40	1	200
4	电脑桌	3	1	1	80	1	60
5	书柜	2	2	2	60	1	100
6	可提供量	400	600	1000			
7	合计	8	9	11	300	4	460
8							

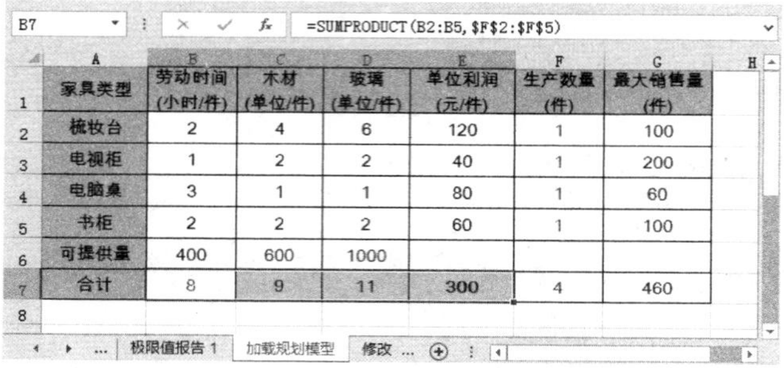

极限值报告 1 | 加载规划模型 | 修改 ...

图 9-35　数据模型

（2）选择【数据】菜单中的【规划求解】命令，打开【规划求解参数】对话框，设置目标单元格为 E7，并选择【最大值】单选按钮，可变单元格为 F2:F5，如图 9-36 所示。

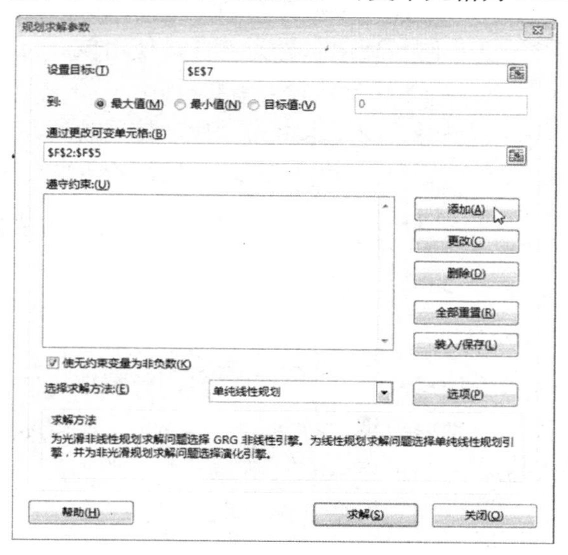

图 9-36　设置求解参数

（3）接下来添加约束条件。单击【添加】按钮，打开【添加约束】对话框，在单元格引用中选择 F2 单元格，运算符号选择<=，约束值输入 G2 单元格中数值，如图 9-37 所示。然后再单击【添加】按钮，依次添加其他条件，F2<=G2、F3<=G3、F4<=G4、F5<=G5、B7<=B6、C7<=C6、D7<=D6、F2:F5>=0。

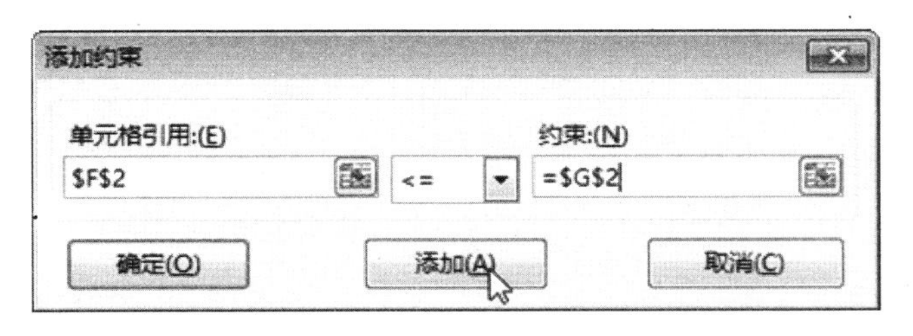

图 9-37　添加约束

（4）单击【确定】按钮，返回【规划求解参数】对话框，可以看到条件已经被添加到【遵守约束】下拉列表框中，如图 9-38 所示。

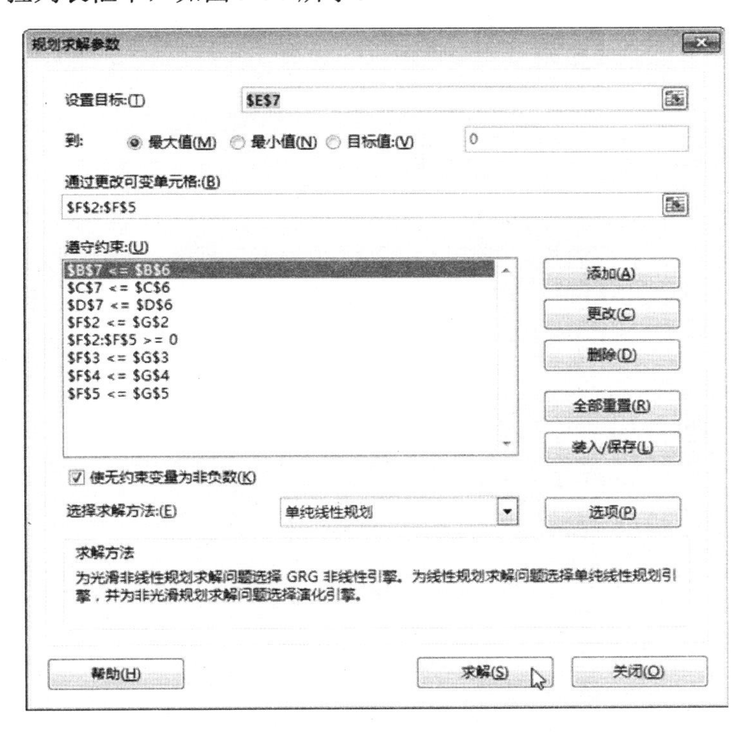

图 9-38　添加的约束条件

（5）单击【求解】按钮，打开【规划求解结果】对话框。这里可以选择是否生成报告，以及是否保留规划求解的解。本例选择全部三个报告，如图 9-39 所示。

（6）单击【确定】按钮，即可得到求解结果，如图 9-40 所示。可以看到此时 E7 单元格中利润数值变为 18400，为各种条件限制下的最大利润值。同时，也会看到生成的各类报告，从这些报告中可以看到最佳方案与原方案的差异，具体内容参见下一小节内容。

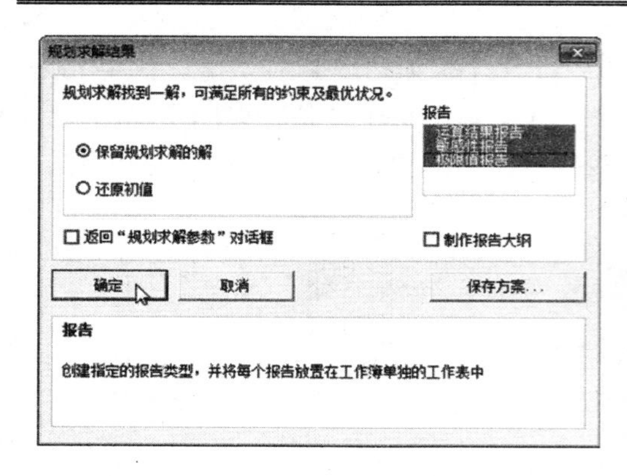

图 9-39 【规划求解结果】对话框

家具类型	劳动时间(小时/件)	木材(单位/件)	玻璃(单位/件)	单位利润(元/件)	生产数量(件)	最大销售量(件)
梳妆台	2	4	6	120	100	100
电视柜	1	2	2	40	80	200
电脑桌	3	1	1	80	40	60
书柜	2	2	2	60	0	100
可提供量	400	600	1000			
合计	400	600	800	18400	220	460

图 9-40 求解结果

9.4.3 分析求解结果

由图 9-39 所示的【规划求解结果】对话框可以生成各种报告，进一步分析规划求解的结果，并可根据需要修改或重新设置规划求解的参数。当规划求解失败时，可以适当调整规划求解选项。

1. 显示分析报告

单击【规划求解参数】对话框中的【求解】按钮，打开【规划求解结果】对话框。在该对话框右侧的【报告】列表框中显示了可以生成的报告列表，包括“运算结果报告”、“敏感性报告”和“极限值报告”，用户可以选择一种或多种报告，单击【确定】按钮后生成相应的报告。图 9-41～图 9-43 分别展示了【例 9-9】生成的这三种报告。

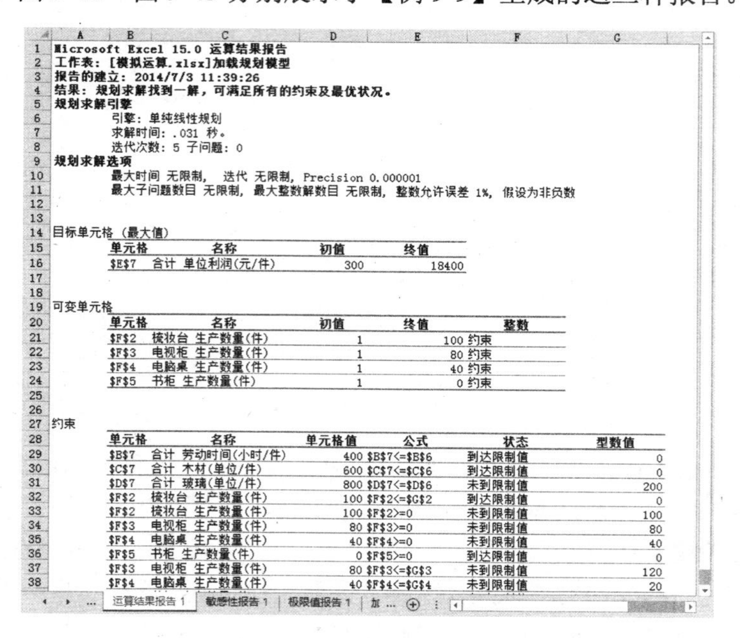

Microsoft Excel 15.0 运算结果报告
工作表：[模拟运算.xlsx]加载规划模型
报告的建立：2014/7/3 11:39:26
结果：规划求解找到一解，可满足所有的约束及最优状况。
规划求解引擎
引擎：单纯线性规划
求解时间：.031 秒。
迭代次数：5 子问题：0
规划求解选项
最大时间 无限制，迭代 无限制，Precision 0.000001
最大子问题数目 无限制，最大整数解数目 无限制，整数允许误差 1%，假设为非负数

目标单元格（最大值）

单元格	名称	初值	终值
$E$7	合计 单位利润(元/件)	300	18400

可变单元格

单元格	名称	初值	终值	整数
$F$2	梳妆台 生产数量(件)	1	100	约束
$F$3	电视柜 生产数量(件)	1	80	约束
$F$4	电脑桌 生产数量(件)	1	40	约束
$F$5	书柜 生产数量(件)	1	0	约束

约束

单元格	名称	单元格值	公式	状态	型数值
$B$7	合计 劳动时间(小时/件)	400	$B$7<=$B$6	到达限制值	0
$C$7	合计 木材(单位/件)	600	$C$7<=$C$6	到达限制值	0
$D$7	合计 玻璃(单位/件)	800	$D$7<=$D$6	未到限制值	200
$F$2	梳妆台 生产数量(件)	100	$F$2<=$G$2	到达限制值	0
$F$2	梳妆台 生产数量(件)	100	$F$2>=0	未到限制值	100
$F$3	电视柜 生产数量(件)	80	$F$3>=0	未到限制值	80
$F$4	电脑桌 生产数量(件)	40	$F$4>=0	未到限制值	40
$F$5	书柜 生产数量(件)	0	$F$5>=0	到达限制值	0
$F$3	电视柜 生产数量(件)	80	$F$3<=$G$3	未到限制值	120
$F$4	电脑桌 生产数量(件)	40	$F$4<=$G$4	未到限制值	20

图 9-41 运算结果报告

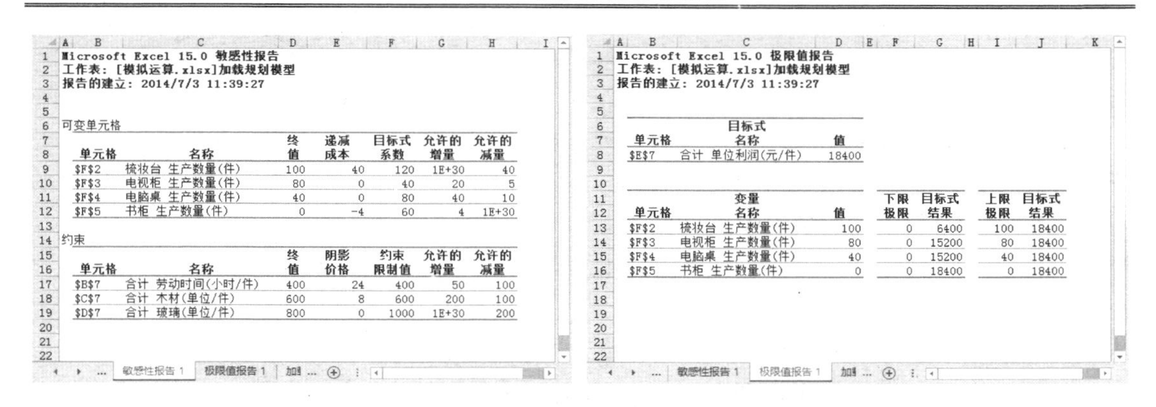

Microsoft Excel 15.0 敏感性报告
工作表：[模拟运算.xlsx]加载规划模型
报告的建立：2014/7/3 11:39:27

可变单元格

单元格	名称	终值	递减成本	目标式系数	允许的增量	允许的减量
$F$2	梳妆台 生产数量(件)	100	40	120	1E+30	40
$F$3	电视柜 生产数量(件)	80	0	40	20	5
$F$4	电脑桌 生产数量(件)	40	0	80	40	10
$F$5	书柜 生产数量(件)	0	-4	60	4	1E+30

约束

单元格	名称	终值	阴影价格	约束限制值	允许的增量	允许的减量
$B$7	合计 劳动时间(小时/件)	400	24	400	50	100
$C$7	合计 木材(单位/件)	600	8	600	200	100
$D$7	合计 玻璃(单位/件)	800	0	1000	1E+30	200

敏感性报告 1　极限值报告 1　加载 ...

图 9-42　敏感性报告

Microsoft Excel 15.0 极限值报告
工作表：[模拟运算.xlsx]加载规划模型
报告的建立：2014/7/3 11:39:27

单元格	目标式名称	值
$E$7	合计 单位利润(元/件)	18400

单元格	变量名称	值	下限极限	目标式结果	上限极限	目标式结果
$F$2	梳妆台 生产数量(件)	100	0	6400	100	18400
$F$3	电视柜 生产数量(件)	80	0	15200	80	18400
$F$4	电脑桌 生产数量(件)	40	0	15200	40	18400
$F$5	书柜 生产数量(件)	0	0	18400	0	18400

敏感性报告 1　极限值报告 1　加载 ...

图 9-43　极限值报告

从图 9-41 所示的运算结果报告可以看出，劳动时间和木材已经达到限制值，而玻璃未达到限制值，这就告诉决策者，如果增加劳动时间上限和木材的供应，还有可能规划出获利更大的生产计划，而增加玻璃则对获利不会再产生影响。

从敏感性报告（如图 9-42 所示）关于可变单元格的分析结果可以看出最优生产计划的适应范围：当前梳妆台的单位获利是 120 元，如果增加或减少的量分别不超过 1E+30 和 40 时可以不用改变生产计划；同样，对于电视柜，如果增加或者减少的量分别不超过 20 和 5 时不用改变生产计划等。

从各项报告中可以看到最佳的生产规划与原规划数值的差异，也可以从中了解规划求解的细节数据，包括单元格的约束条件、运用的公式和极限值等。

2. 修改规划求解参数

当规划模型有所改变的时候，用户可以方便地修改有关参数后，再对其重新进行计算。

如从上面的结果可以看出，如果扩大企业的生产能力，则有可能进一步降低生产费用。假设经过采取有关的措施，企业每天的木材供应量由原来的 600 增加到了 700。此时用户只需要将 C6 单元格区域的内容改为 700，然后再次单击【数据】→【规划求解】命令项，在【规划求解参数】对话框中单击【求解】按钮，即可得到规划模型修改后的结果，如图 9-44 所示。

家具类型	劳动时间(小时/件)	木材(单位/件)	玻璃(单位/件)	单位利润(元/件)	生产数量(件)	最大销售量(件)
梳妆台	2	4	6	120	100	100
电视柜	1	2	2	40	140	200
电脑桌	3	1	1	80	20	60
书柜	2	2	2	60	0	100
可提供量	400	700	1000			
合计	400	700	900	19200	260	460

极限值报告 1　加载规划模型　修改 ...

图 9-44　修改求解参数后的规划求解结果

3. 修改规划求解选项

如果规划模型设置的约束条件矛盾，或是在限制条件下无解，则系统将会给出规划求解失败的信息。规划求解失败有可能是当前设置的最大求解时间太短，最大求解次数太少或者是精度过高等原因造成的，对此，用户可以采用修改规划求解选项的方法来解决。

修改规划求解选项的具体操作步骤如下。

（1）单击【数据】→【规划求解】命令项，打开【规划求解参数】对话框，然后单击【选项】按钮，即可打开【选项】对话框，如图9-45所示。

（2）用户可以根据需要设置最长运算时间、迭代次数、精度等选项，然后单击【确定】按钮，回到【规划求解参数】对话框重新进行求解。

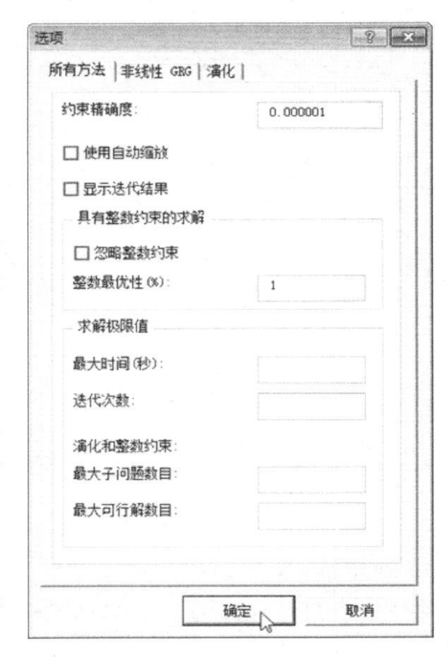

图9-45 “规划求解选项”对话框

有关对话框中各个选项的含义说明如表9-1所示。

表9-1 规划求解选项的含义说明

选　　项	含　　义
约束精确度	用来指定约束单元格值的计算精度。用小于1的正数表示，该数字越接近1则精度越低，一般情况下默认为“0.000001”
使用自动缩放	选择此复选框，当单元格的数值量级差别很大时，算法可自动按比例缩放数值。默认为选择此复选框
显示迭代结果	选择此复选框，每进行一次迭代后都将暂停求解，并显示当前计算结果。默认为不选择此复选框
忽略整数约束	选择此复选框，忽略对决策变量的整数约束，即允许非整数解。默认为不选择此复选框
整数最优性	用于指定整数最优性的百分比公差。必须是介于0～100之间的十进制数字。默认值为“1”
最大时间	用于指定求解一个问题所需花费的最大时间，以秒为单位
迭代次数	用来指定求解一个问题终止时的迭代次数。修改迭代次数可能会影响求解问题的精度和时间
最大子问题数目	用来指定分支定界算法求解问题过程中考察的子问题的最大数目
最大可行解数目	用来指定分支定界算法求解问题过程中考察的可行解的最大数目

9.5 加载与使用分析工具库

“分析工具库”实际上是一个外部宏（程序）模块，它专门为用户提供一些高级统计函数和实用的数据分析工具。利用数据分析工具库可以构造反映数据分布的直方图；可以从数据集合中随机抽样，获得样本的统计测度；可以进行时间数列分析和回归分析；可以对数据进行傅立叶变换和其他变换等。

9.5.1　加载分析工具库

默认情况下，分析工具库没有被加载，因此要想使用分析工具库，首先要将其加载到用户使用的 Excel 中，加载方法与规划求解工具一样，也是打开【加载宏】对话框，然后在对话框中选择【分析工具库】复选框，如图 9-46 所示。单击【确定】后，就可以在【数据】选项卡中看到【数据分析】选项，如图 9-47 所示。单击【数据分析】选项，可以打开如图 9-48 所示的【数据分析】对话框。

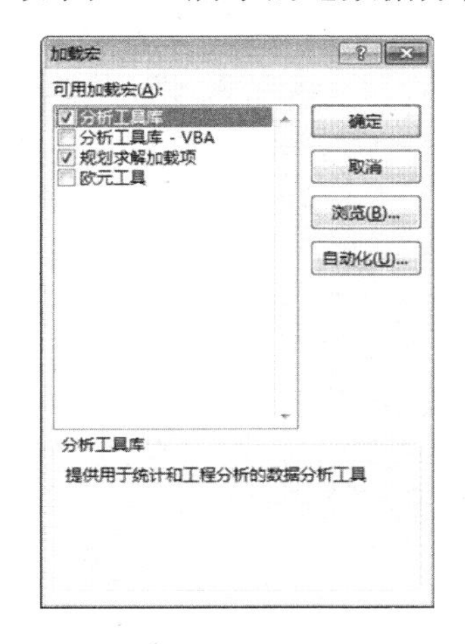

图 9-46　加载分析工具库

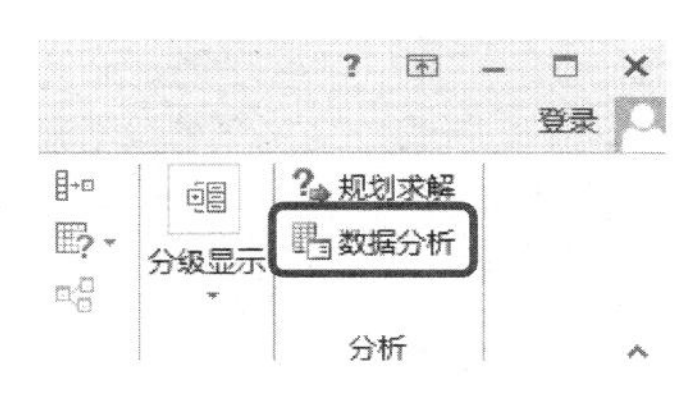

图 9-47　加载后的菜单命令

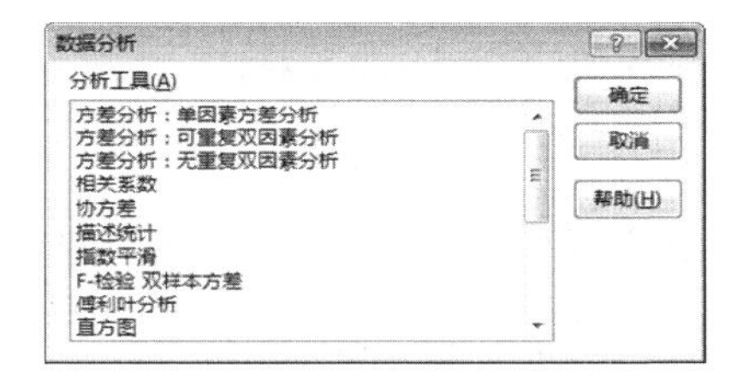

图 9-48　【数据分析】对话框

9.5.2　分析工具简介

在【数据分析】对话框中的【分析工具】列表框中，系统提供了十几种分析工具，下面就来对这些工具逐一进行介绍。

1. 方差分析工具

“方差分析”是一种统计检验，用以判断两个或者更多的样本是否来自同样均值的总体。方差分析工具库中提供了下列三种类型的方差分析工具。具体使用哪一种工具则根据因素的个数以及待检验样本总体中所含样本的个数而定。

- 单因素方差分析：单向方差分析，每组数据只有一个样本。
- 可重复双因素分析：双向方差分析，每组数据有多个样本。
- 无重复双因素分析：双向方差分析，每组数据有一个样本。

如图 9-49 所示为【单因素方差分析】对话框，【输入区域】编辑框中输入待分析数据区域的单元格引用，该引用必须由两个或两个以上按列或行组织的相邻数据区域组成。【α(A)】输入框中输入计算 F 统计临界值的置信度。方差分析的结果包括每个样本的平均数和方差、F 值和 F 的临界值等。

2. 相关系数工具

相关系数工具可用于判断两组数据集（可以使用不同的度量单位）之间的关系。比如，如果一个数据集合中的较大值同第二个数据集合中的较大值相对应，则两组数据集合存在正的相关系数；或者一个数据集合中的较小值用第二个数据集合中的较大值相对应，则存在负的相关系数；还可能是两个变量的值互不相关（相关系数近似于零）。指定输入区域可以包括任意数目的由行或者列组成的变量。输出结果由一个相关系数矩阵组成，该矩阵显示了每个变量对应于其对应变量的相关系数。如图9-50所示为【相关系数】对话框。

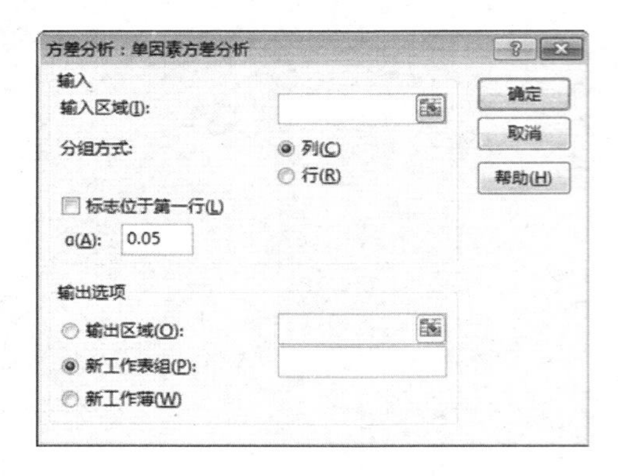

图9-49 【单因素方差分析】对话框

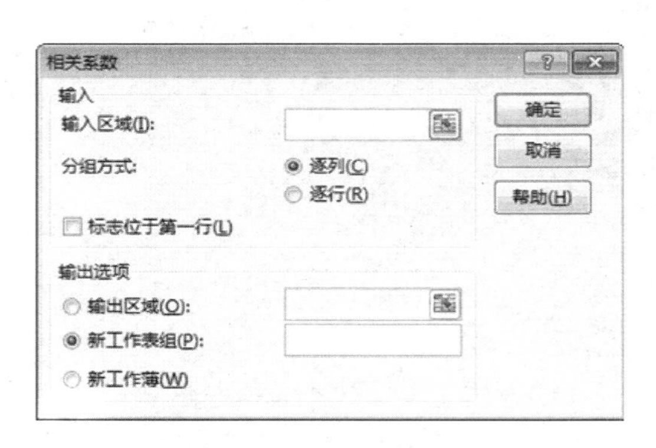

图9-50 【相应系数】对话框

3. 协方差工具

“协方差”工具生成一个与相关系数工具所生成的相类似的矩阵。与相关系数一样，协方差是测量两个变量之间的偏差程序。特别是协方差是它们中每对数据点的偏差乘积的平均数。

可以使用协方差工具来确定两个区域中数据的变化是否相关，即，一个集合的较大数据是否与另一个集合的较大数据相对应，或者一个集合的较小数据与另一个集合的较小数据是否相对应，以及判断两个集合中的数据是否相关。此功能与相关系数类似。

4. 描述统计工具

“描述统计”工具主要生成对输入区域中数据的单变量分析，提供有关数据趋中性和易变性的信息，其对话框如图9-51所示。“第K大值”选项和“第K小值”选项显示对应于指定的排位的数值，选择相应的复选框可以设置指定的第 K 个最值在最终分析表中显示出来。

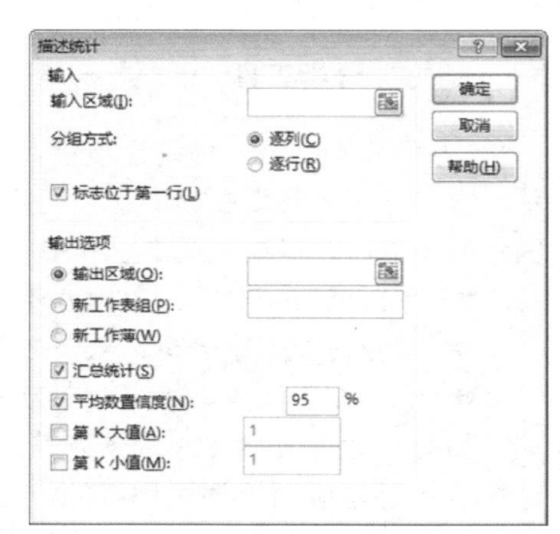

图9-51 【描述统计】对话框

如果需要系统在输出表中生成下述统计结果，可以选择相应的复选框。这些统计结果有：平均值、标准误差（相对于平均值）、中值、众数、标准偏差、方差、峰值、偏斜度、极差（全距）、最大值、最小值、总和、总个数、Largest（#）、Smallest（#）和置信度。

5. 指数平滑工具

“指数平滑”分析工具基于前期预测值导出相应的新预测值，并修正前期预测值的误差。此工具使用了平滑常数 a，其大小决定了本次预测对前期预测误差的修正程度。可以指定从“0”到“1”的阻尼系数（也称平滑系数），它决定先前数据点和先前预测数据点的相对权数。也可以计算标准误差并画出图表。指数平滑程序产生使用指定阻尼系数的公式，因此，如果数据发生变化，Excel 将更新公式。

6. F-检验双样本方差检验工具

“F-检验双样本方差”分析工具通过双样本 F-检验，对两个样本总体的方差进行比较。比如，可以在依次短跑比赛中对每两支队伍的时间样本使用 F-检验工具。该工具提供空值假设的检验结果，其假设内容为：两个样本例子相同方差的分布，而不是方差在基础分布中不相等。

此检验的输出内容是：两个样本中每个样本的平均值和方差、F 值、F 的临界值和 F 的有效值。

7. 傅利叶分析工具

此工具对数据区域执行快速“傅利叶转换”。使用傅利叶分析工具，可以解决线性系统问题，并能通过快速傅利叶转换（FFT）进行数据变换来分析周期性的数据。此程序接受并且产生复杂数值，这些值表现为文本字符串，而不是数值。此工具也支持逆变换，即通过对变化后的数据进行逆变换返回初始数据。

8. 直方图工具

“直方图”分析工具可计算数据单元格区域和数据接收区间的单个和累积频率。此工具可用于统计数据集中某个数值出现的次数。

在【直方图】对话框可以指定结果直方图按照在每个接收区域中出现的频率排序。如果选择了【柏拉图】选项，接收区域必须包含数值而不能包含公式。如果公式出现在接收区域，Excel 就无法正确地排序，工作表将显示错误的数值。直方图工具不能使用公式，因此如果改变了任何输入数据，都需要重新执行程序，更新结果。

例如，可以使用直方图工具对一个拥有 20 名学生的班级的统计学考试成绩进行分析并统计各个分数段的成绩分布情况。直方图可以给出每个分数段的边界，以及在最低边界和当前边界之间分数出现的次数。出现频率最多的分数即为数据集中的众数，如图 9-52 所示。

9. 移动平均工具

“移动平均”分析工具可以基于特定的过去某段时期中变量的平均值，对未来值进行预测。移动平均值提供了由所有历史数据的简单的平均值所代表的趋势信息。使用此工具可以预测销售量、库存或其他趋势。

	A	B	C	D	E	F	G	H	I	J
1										
2	学号	计算机基础		区间点	区间点	频率	累积 %	区间点	频率	累积 %
3	53001	66		59.5	59.5	0	0.00%	99.5	7	35.00%
4	53002	99		69.5	69.5	4	20.00%	79.5	6	65.00%
5	53003	78		79.5	79.5	6	50.00%	69.5	4	85.00%
6	53004	78		89.5	89.5	3	65.00%	89.5	3	100.00%
7	53005	89		99.5	99.5	7	100.00%	59.5	0	100.00%
8	53006	93			其他	0	100.00%	其他	0	100.00%
9	53007	70								
10	53008	68								
11	53009	79								
12	53010	89								
13	53011	90								
14	53012	61								
15	53013	77								
16	53014	96								
17	53015	86								
18	53016	71								
19	53017	68								
20	53018	91								
21	53019	95								
22	53020	99								

直方图

图 9-52　直方图

如图 9-53 所示为【移动平均】对话框，可以指定需要 Excel 为每个平均值所使用的数值的数量。如果选中【标准误差】复选框，Excel 计算标准误差并在移动平均数公式旁边放置这些计算的公式。标准误差值表示确切值和计算所得移动平均数间的可变程度。当关闭这一对话框时，Excel 创建引用所指定的输入区域的公式。

10. 随机数发生器工具

尽管 Excel 中包含有内置的函数来计算随机数，但“随机数发生器”工具要灵活得多，这是因为可以指定随机数的分布类型。如图 9-54 所示为【随机数发生器】对话框。该对话框中【参数】栏的变化取决于选择的分布类型。

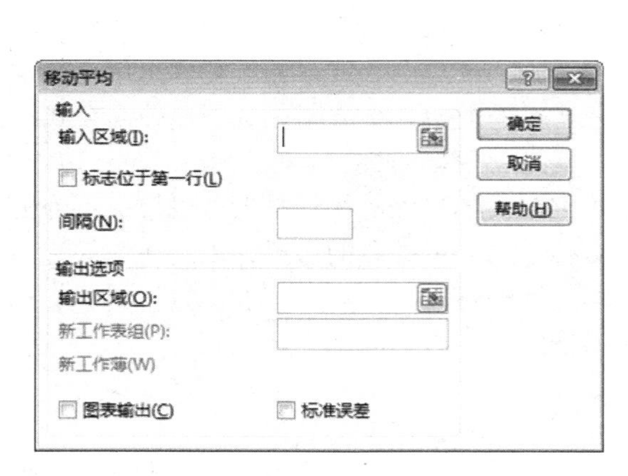

图 9-53　【移动平均】对话框

图 9-54　【随机数发生器】对话框

【变量个数】是指输出表中数值列的数量，【随机数个数】是指数值行的数量。例如，要将 50 个随机数安排成 5 行 10 列，那么就需要在相应的文本框中各自指定“5”和“10”。【随机数基数】输入框可以指定一个 Excel 在随机数发生运算法则中所使用的开始值。通常，要使该输入框保持空白。如果想要产生同样的随机数序列，那么可以指定基数处于“1”到“32767”之间（只能是整数值）。可以使用【随机数发生器】对话框中的【分布】下拉菜单来建立如下的分布类型。

- 均匀：每个随机数有同样被选择的可能。指定上限和下限。
- 正态：随机数符合正态分布，指定平均数和正态分布标准偏差。
- 柏努利：随机变量的值为“0”或者“1”，由指定的成功概率来决定。
- 二项式：假定指定成功的概率，此分布返回的随机数是基于经过多次试验的柏努利分布。
- 泊松：以值 λ 来表征，λ 等于平均值的倒数。此数值以发生在一个时间间隔内的离散事件为特点，在这里单一事件发生的概率同时间间隔的长短是成比例的。在泊松分布中，参数等同于平均数，也等同于方差。
- 模式：此选项不产生随机数，而是逐步地重复指定的一连串数字。
- 离散：此选项可指定所选择特定值的概率，要求一个两列的输入区域，第一列存储数值，第二列存储所选择的每个数值的概率。第二列中概率的和必须是百分之百。

11. 排位与百分比排位工具

“排位与百分比排位”分析工具可以产生一个数据表，其中包含数据集中各个数值的顺序排位和百分比排位。该工具用来分析数据集中各数值间的相对位置关系。该工具使用 RANK 函数和 PERCENTRANK 函数。RANK 函数不考虑重复值。如果希望考虑重复值，可在使用 RANK 函数的同时，使用帮助文件中所建议的 RANK 函数的修正因素。该工具对话框如图 9-55 所示。

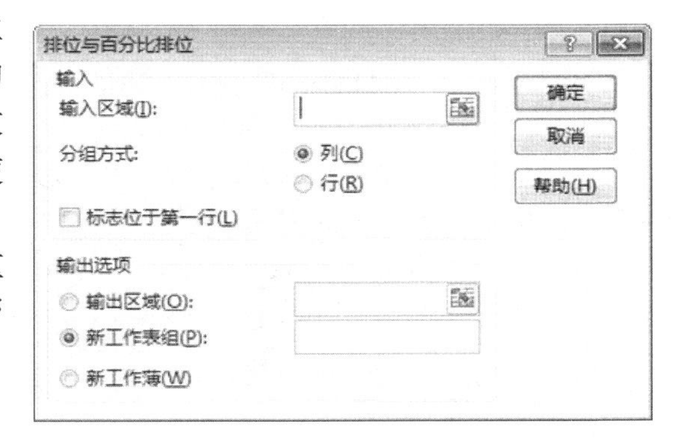

图 9-55 【排位与百分比排位】对话框

12. 回归工具

在因果关系分析法中最常用的方法之一便是回归分析法。“回归”工具可用来分析单个因变量是如何受一个或几个自变量影响的。可以使用回归来分析趋势，预测未来，建立预测模型，并且通常情况下它也用来搞清楚一系列表面上无关的数据。

回归分析能够决定一个区域中的数据（因变量）随着一个或者更多其他区域数据（自变量）中的函数值变化的程度。通过使用 Excel 计算的数值，这种关系得以用数学方式表达。可以使用这些计算创建数据的数学模型，并通过使用一个或者更多自变量的不同数值预测自变量。此工具可以执行简单和多重线性回归，并自动计算和标准化余项。【回归】对话框提供了许多选项，如图 9-56 所示。

其中：

- Y 值输入区域：包含因变量数据区域的引用。
- X 值输入区域：一个或多个包含自变量数据区域的引用。
- 置信度：回归的置信度水平。
- 常数为零：如果选中该复选框，将使得回归有一个为零的常量（意味着回归曲线通过原点，当 X 值为零，所预测的 Y 值也为零）。
- 残差：该区域中的复选框用于指定在输出中是否包含余项。余项是预测值与观察值间的差值。
- 正态概率图：选择此复选框将为正态概率图生成一个图表。

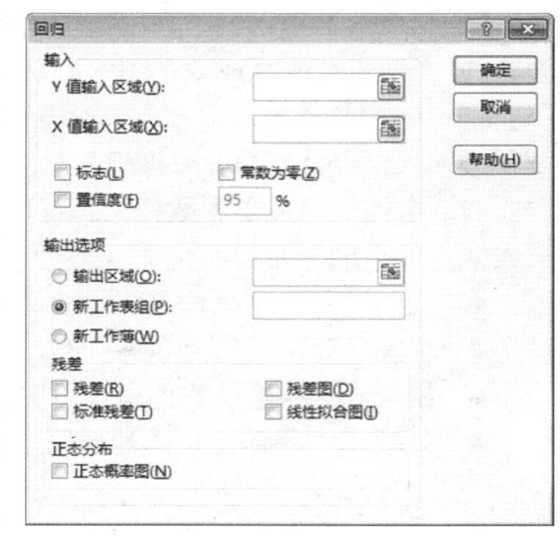

图 9-56 【回归】对话框

13. 抽样工具

“抽样”工具从输入值区域产生一个随机样本。“抽样”工具通过建立大型数据库的子集来使用大型数据库。

“抽样方法”栏中有两个选项：周期与随机。如果选择周期样本，Excel 将从输入区域中每隔 n 个数值选择一个样本，n 等于指定的周期。对于随机样本，只需指定需要 Excel 选择样品的大小，每个变量被选中的概率都是一样的。

14. t-检验工具

“t-检验”用于判断两个小样本间是否在统计上存在重要的差异。分析工具库可以执行下列 3 种 t-检验类型。

- 平均值的成对二样本分析：对于成对样本，每个主题都有两种观测报告（如检验前和检验后），样本必须是同样大小。
- 双样本等方差假设：对于独立而非成对样本，Excel 假设两个样本方差相等。
- 双样本异方差假设：对于独立而非成对样本，Excel 假设两个样本的方差不相等。

15. z-检验（双样本平均值）工具

“t-检验”用于小样本，而“z-检验”用于更大的样本或总数。必须了解两种输入区域的差异。

“z-检验（双样本平均值）”分析工具可对具有已知方差的平均值进行双样本 z-检验。此工具用于检验两个总体平均值之间存在差异的空值假设，而不是单方或双方的其他假设。z-检验工具还可用于当两个总体平均值之间的差异具有特定的非零值的空值假设情况。

9.5.3 分析工具使用实例

1. 使用描述统计分析成绩表

有时，用户需要计算一组数据的常用统计量，如平均值、标准偏差、样本方差、峰值等。尽管 Excel 提供了计算这些功能的函数，但更方便快捷的方法是利用 Excel 提供的描述统计工具，下面利用该工具来分析一个成绩表。

【例 9-10】 计算考试成绩的多项统计量

图 9-57 是某班级 3 门课程的考试成绩，现需要根据这些成绩计算出平均值、方差、标准差等统计量，进行初步的分析。

学号	高等数学	大学英语	Java程序设计
53001	91	70	79
53002	75	92	78
53003	64	62	43
53004	57	78	44
53005	74	57	99
53006	53	63	73
53007	71	88	46
53008	71	78	85
53009	100	54	97
53010	89	87	42
53011	72	92	55
53012	75	58	67
53013	70	53	89
53014	96	74	41
53015	73	54	49
53016	85	90	56
53017	72	66	82
53018	62	87	77
53019	59	56	52
53020	42	59	75

图 9-57　待分析的成绩表

使用描述统计分析成绩的具体操作步骤如下。

（1）打开本章素材文件“描述统计.xlsx”。单击【数据】菜单中的【数据分析】命令，打开【数据分析】对话框，选择【描述统计】工具，单击【确定】按钮，如图 9-58 所示。

（2）在打开的【描述统计】对话框中设置描述统计的各个选项，如图 9-59 所示。其中：

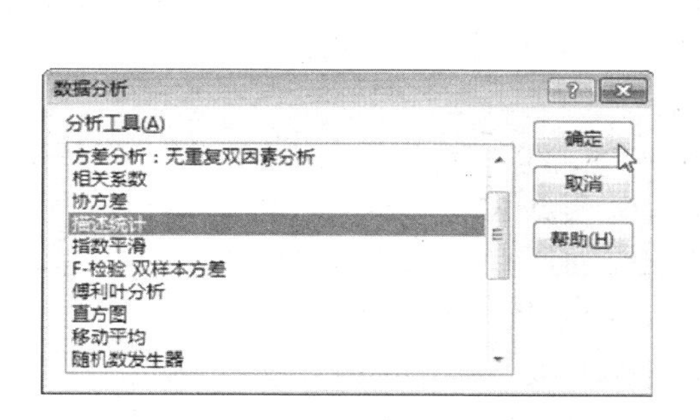

图 9-58　选择【描述统计】

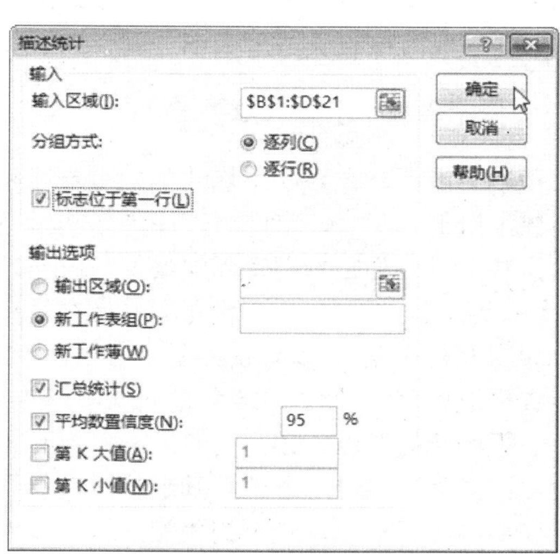

图 9-59　设置描述统计对话框

【输入区域】即要分析的数据所在的单元格区域，这里选择的是 B1:D21 单元格；

【分组方式】通常 Excel 会根据指定的区域自动选择，这里采用默认的方式；

选中【标志位于第一行】复选框，因为所选区域包含标志行；

【输出选项】选择输出到【新工作表组】单选按钮；

选中【汇总统计】复选框，以显示描述统计结果；

选中【平均数置信度】复选框，可以输出包含均值的置信度，在其后的文本框中输入 95，表示要计算在显著性水平为 5%时的均值置信度；

【第 K 大值】和【第 K 小值】，可以分别指定要输出数据中的第几个最大值或最小值，本例中不做选择。

（3）设置完成后，单击【确定】按钮，Excel 会生成一个新的工作表，用于存放分析数据，如图 9-60 所示。

	A	B	C	D	E	F
1	高等数学		大学英语		Java程序设计	
2						
3	平均	72.55	平均	70.9	平均	61.45
4	标准误差	3.252913674	标准误差	3.227268684	标准误差	3.173471451
5	中位数	72	中位数	68	中位数	63
6	众数	75	众数	92	众数	73
7	标准差	14.5474722	标准差	14.43278432	标准差	14.19219578
8	方差	211.6289474	方差	208.3052632	方差	201.4184211
9	峰度	0.026168152	峰度	-1.598859825	峰度	-1.574070036
10	偏度	0.042114102	偏度	0.259042883	偏度	-0.10971841
11	区域	58	区域	39	区域	41
12	最小值	42	最小值	53	最小值	41
13	最大值	100	最大值	92	最大值	82
14	求和	1451	求和	1418	求和	1229
15	观测数	20	观测数	20	观测数	20
16	置信度(95.0%)	6.808426566	置信度(95.0%)	6.754750985	置信度(95.0%)	6.642152084
17						

Sheet2　Sheet1

图 9-60　描述统计结果

从分析结果可以看出，高等数学和大学英语成绩分布比较正常，分别为“72.55”和“70.9”，中值分别是“72”和“68”，而 Java 程序设计的成绩平均值偏低，中值和众数分别为“63”和“73”，说明该班级大部分学生 Java 程序设计课程的成绩不是很理想，可能是因为试卷难度较大或者大部分同学的 Java 程序设计成绩较差。

2. 使用指数平滑预测销售额

指数平滑法是在移动平均法基础上发展起来的一种时间序列分析预测法，它是通过计算指数平滑值，配合一定的时间序列预测模型，对现象的未来进行预测。其原理是任意一期的指数平滑值都是本期实际观察值与前一期指数平滑值的加权平均。

【例 9-11】 使用指数平滑工具预测公司销售额

如图 9-61 所示，以某软件公司为例，给出 1995～2014 年的历史销售资料，将数据代入指数平滑模型，预测 2015 年的销售额，作为销售预算编制的基础。

根据经验判断法，该公司 1995～2014 年销售额时间序列波动很大，长期趋势变化幅度较大，呈现明显且迅速的上升趋势，宜选择较大的 α 值，如“0.6”。

使用指数平滑工具预测销售额的具体操作步骤如下。

（1）打开本章素材文件“指数平滑.xlsx”，单击【数据】菜单中的【数据分析】命令，打开【数据分析】对话框，选择【指数平滑】选项，单击【确定】按钮，如图 9-62 所示。

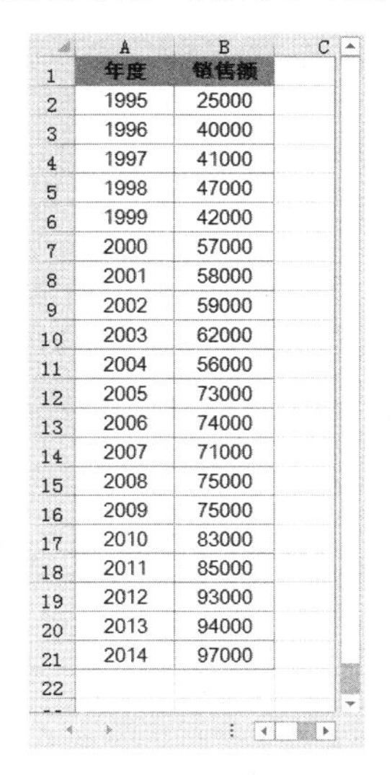

年度	销售额
1995	25000
1996	40000
1997	41000
1998	47000
1999	42000
2000	57000
2001	58000
2002	59000
2003	62000
2004	56000
2005	73000
2006	74000
2007	71000
2008	75000
2009	75000
2010	83000
2011	85000
2012	93000
2013	94000
2014	97000

图 9-61　需要进行指数平滑预测的数据

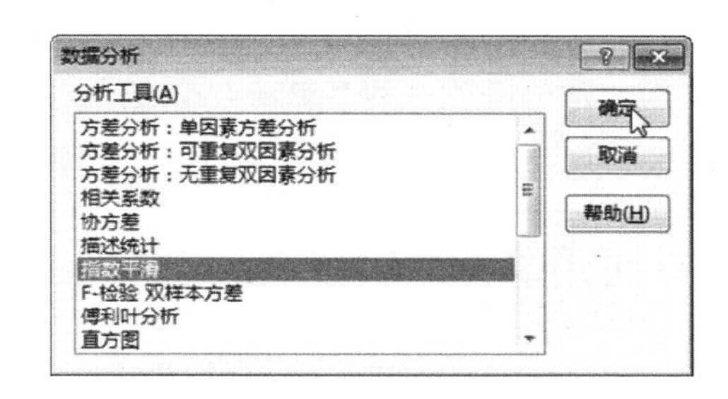

图 9-62　选择【指数平滑】选项

（2）在打开的【指数平滑】对话框中，设置指数平滑的各个选项，如图 9-63 所示。其中：

【输入区域】编辑框用于指定要分析的统计数据所在的单元格区域，这里输入 B1:B21；

【阻尼系数】设定为“0.6”；

选择【标志】复选框（本例指定的数据区域中包含了标志，所以要选择）；

在【输出区域】编辑框中选择 C2 单元格。

【图表输出】复选框用于设置在完成计算的同时是否自动绘制折线图，本例中选择了该复选框；

如果选择【标准误差】复选框，将计算并保留标准误差数据，可以在此基础上进一步分析，本例中未选择该复选框；

（3）单击【确定】按钮，得到预测结果如图 9-64 所示。

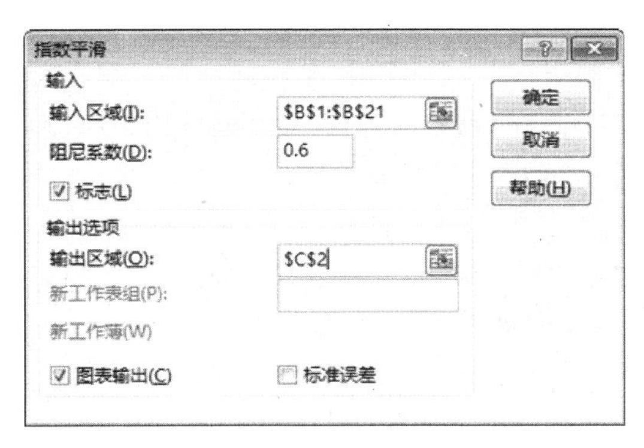

图 9-63　设置“指数平滑”对话框

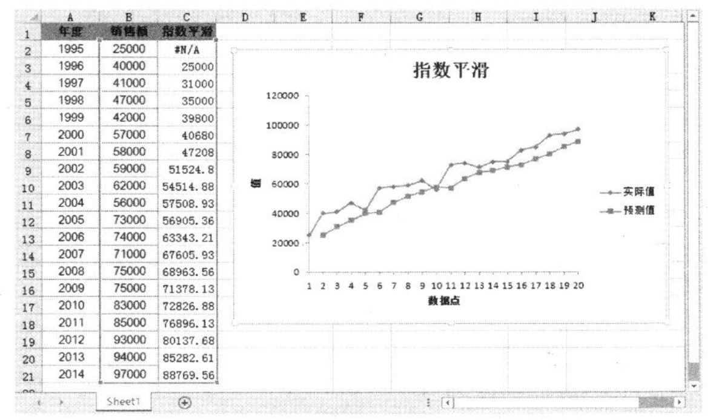

年度	销售额	指数平滑
1995	25000	#N/A
1996	40000	25000
1997	41000	31000
1998	47000	35000
1999	42000	39800
2000	57000	40680
2001	58000	47208
2002	59000	51524.8
2003	62000	54514.88
2004	56000	57508.93
2005	73000	56905.36
2006	74000	63343.21
2007	71000	67605.93
2008	75000	68963.56
2009	75000	71378.13
2010	83000	72826.88
2011	85000	76896.13
2012	93000	80137.68
2013	94000	85282.61
2014	97000	88769.56

图 9-64　销售预测结果

从指数平滑计算的结果可以看出，销售额数据有明显的线性增长趋势。因此可以在一次指数平滑的基础上进行二次指数平滑，然后再建立直线趋势的预测模型，方法与此类似，这里就不再赘述了。

3. 使用回归工具预测人口自然增长率

在实际分析中，某一个研究指标经常受到众多因素的影响和制约。例如商品销售量与商品的价格、质量以及消费者的消费能力等因素相关，再比如 GDP 与人均原煤产量、人均粮食产量和人均棉花产量等人均主要产品产量有关。在因果关系分析法中最常用的方法之一就是回归分析法。下面通过一个实例来说明 Excel 中的回归分析工具的使用方法。

【例 9-12】 使用回归分析预测人口自然增长率

如图 9-65 所示，为了研究影响中国人口自然增长的主要原因，分析全国人口增长规律，与猜测中国未来的增长趋势，我们使用回归分析工具分析“人口自然增长率”与“国民总收入”、“人均 GDP”以及“居民消费价格指数”3 个因素之间的关系。

	B	C	D	E	F
1	年份	国民总收入(亿元) X1	居民消费价格指数CPI(%) X2	人均GDP(元) X3	人口自然增长率(%) Y
2	1999	83024	-0.8	7159	9.14
3	2000	88479	-1.4	7858	8.18
4	2001	98000	0.4	8622	7.58
5	2002	108068	0.7	9298	6.98
6	2003	119096	-0.8	10542	6.45
7	2004	135174	1.2	12336	6.01
8	2005	159587	3.9	14040	5.87
9	2006	184089	1.8	16024	5.89
10	2007	213132	1.5	17535	5.38
11	2008	235367	1.7	19264	5.24
12	2009	277654	1.9	23695	5.45
13	2010	287601	1.5	26858	5.21
14	2011	311730	0.9	29586	5.13
15	2012	335859	1.9	33964	5.03
16	2013	359980	1.8	35269	4.89
17	2014	384110	1.7	38354	4.51
18					

Sheet1

图 9-65 待进行回归分析的原始数据

具体操作步骤如下。

（1）打开本章素材文件“回归分析.xlsx”，单击【数据】菜单中的【数据分析】命令，打开【数据分析】对话框，选择【回归】工具，单击【确定】按钮，如图 9-66 所示。

（2）在打开的【回归】对话框中设置回归分析的各个选项，如图 9-67 所示。其中：

【Y 值输入区域】用于指定要分析的因变量数据所在的单元格区域，这里输入 F1:F17；

【X 值输入区域】用于指定要分析的自变量数据所在的单元格区域，这里输入 C1:E17；

选择【标志】复选框（本例指定的数据区域中包含标志行，所以需要选择此复选框）；

【置信度】设置为“95”；

【输出选项】选择【新工作表组】；

为了进一步分析相应的结果，本例选择【残差】选项中所有的复选框。

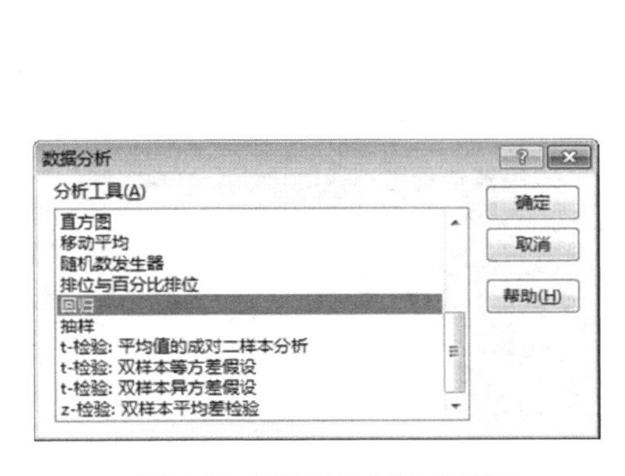

图 9-66 【数据分析】对话框

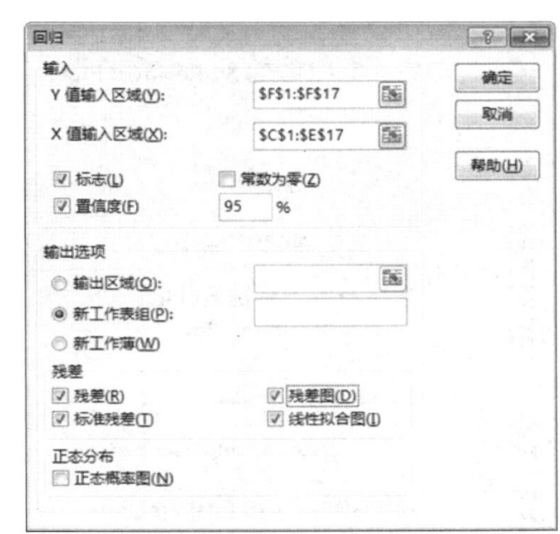

图 9-67 【回归】对话框

（3）单击【确定】按钮，将得到如图 9-68 和图 9-69 所示的计算结果。

在【回归统计】结果中给出了复相关系数 R、R^2、调整后的 R^2 等数据。可以看出该回归模型拟合优度较好。在【方差分析】结果中给出了 F 检验值为 21.5516995997183，说明回归效果显著。在最下方的回归模型区域给出了各回归系数的结果，其中自变量 X2 和 X3 的 t 检验不能通过显著性检验，因此还需要对模型进行修正。

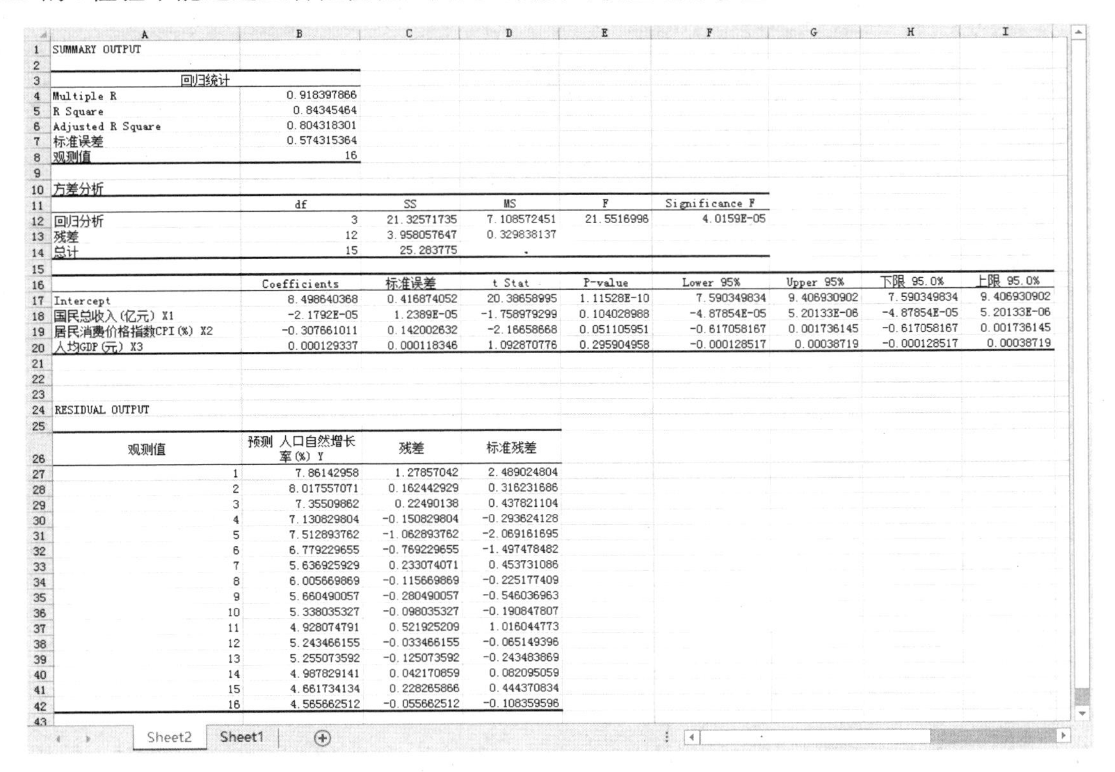

SUMMARY OUTPUT

回归统计	
Multiple R	0.918397866
R Square	0.84345464
Adjusted R Square	0.804318301
标准误差	0.574315364
观测值	16

方差分析

	df	SS	MS	F	Significance F
回归分析	3	21.32571735	7.108572451	21.5516996	4.0159E-05
残差	12	3.958057647	0.329838137		
总计	15	25.283775			

	Coefficients	标准误差	t Stat	P-value	Lower 95%	Upper 95%	下限 95.0%	上限 95.0%
Intercept	8.498640368	0.416874052	20.38658995	1.11528E-10	7.590349834	9.406930902	7.590349834	9.406930902
国民总收入(亿元) X1	-2.1792E-05	1.2389E-05	-1.758979299	0.104028988	-4.87854E-05	5.20133E-06	-4.87854E-05	5.20133E-06
居民消费价格指数CPI(%) X2	-0.307661011	0.142002632	-2.16658668	0.051105951	-0.617058167	0.001736145	-0.617058167	0.001736145
人均GDP(元) X3	0.000129337	0.000118346	1.092870776	0.295904958	-0.000128517	0.00038719	-0.000128517	0.00038719

RESIDUAL OUTPUT

观测值	预测 人口自然增长率(%) Y	残差	标准残差
1	7.86142958	1.27857042	2.489024804
2	8.017557071	0.162442929	0.316231686
3	7.35509862	0.22490138	0.437821104
4	7.130829804	-0.150829804	-0.293624128
5	7.512893762	-1.062893762	-2.069161695
6	6.779229655	-0.769229655	-1.497478482
7	5.636925929	0.233074071	0.453731086
8	6.005669869	-0.115669869	-0.225177409
9	5.660490057	-0.280490057	-0.546036963
10	5.338035327	-0.098035327	-0.190847807
11	4.928074791	0.521925209	1.016044773
12	5.243466155	-0.033466155	-0.065149396
13	5.255073592	-0.125073592	-0.243483869
14	4.987829141	0.042170859	0.082095059
15	4.661734134	0.228265866	0.444370834
16	4.565662512	-0.055662512	-0.108359596

Sheet2　Sheet1

图 9-68　回归分析结果表

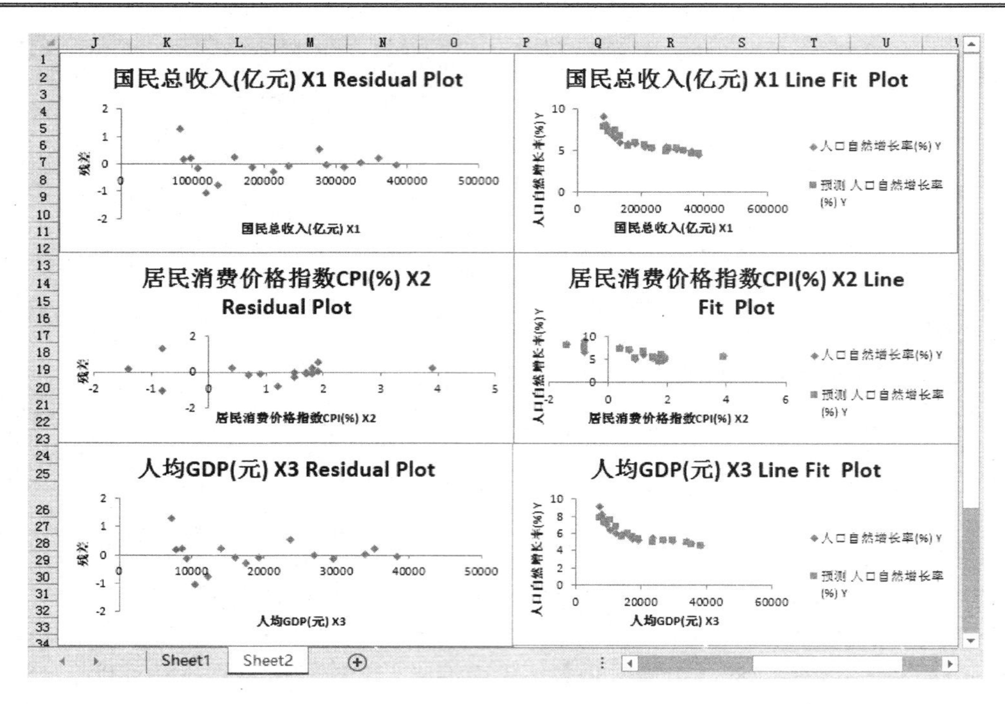

图 9-69　残差图和线性拟合图

下面应用【相关系数】工具考查自变量 X1、X2、X3 与因变量 Y 的相关程度，并检验 X1、X2 和 X3 三个自变量是否存在多重性共线性。具体操作步骤如下。

（1）单击【数据】菜单中的【数据分析】命令，打开【数据分析】对话框，选择【相关系数】工具，单击【确定】按钮。

（2）在打开的【相关系数】对话框中设置各个选项，如图 9-70 所示。其中：

【输入区域】设置为 C1:F17；

【输出选项】选择【新工作表组】。

（3）单击【确定】按钮，即可在新的工作表中建立分析模型，如图 9-71 所示。

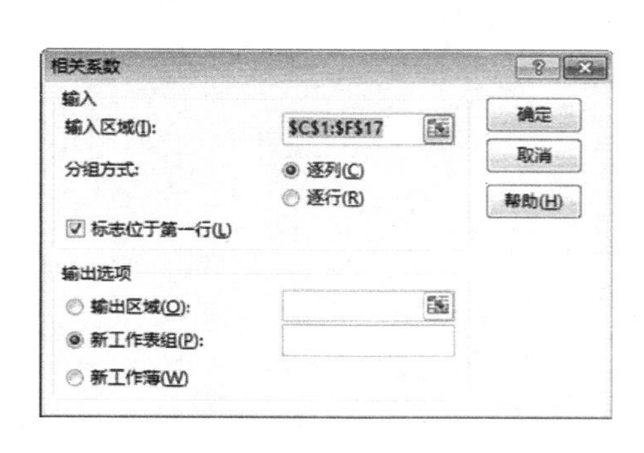

图 9-70　【相关系数】对话框

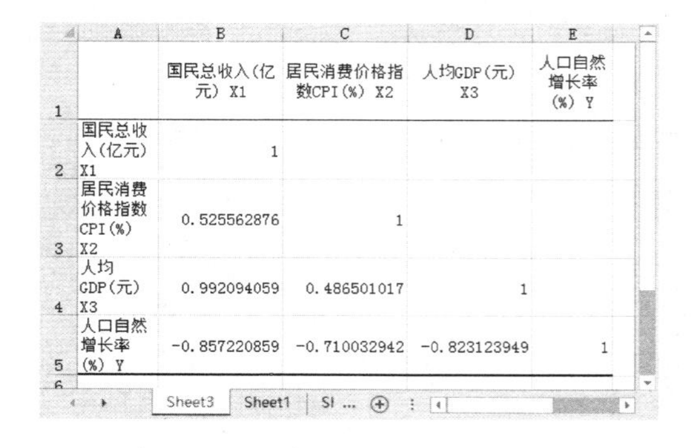

	国民总收入(亿元) X1	居民消费价格指数CPI(%) X2	人均GDP(元) X3	人口自然增长率(%) Y
国民总收入(亿元) X1	1			
居民消费价格指数CPI(%) X2	0.525562876	1		
人均GDP(元) X3	0.992094059	0.486501017	1	
人口自然增长率(%) Y	-0.857220859	-0.710032942	-0.823123949	1

图 9-71　相关系数分析结果

根据计算结果可以看出，自变量 X1、X2 和 X3 与因变量 Y 高度相关（存在负的相关系数），而且由分析结果还可以看出 X1、X2 和 X3 这三个自变量不存在多重性共线性。

因此可以利用图 9-68 所示的回归模型进行进一步分析。

根据图 9-68 可以得到回归方程：

Y=8.49864036812321+(-0.0000217920335279152)*X1+(-0.307661010909467)*X2+(0.000129336806102734)*X3

在工作表的 C19:E19 单元格中分别输入预先估计的 X1、X2 和 X3 的值，然后在 F19 单元格中输入下面的计算公式

=Sheet2!B17+Sheet2!B18*Sheet1!C19+Sheet2!B19*Sheet1!D19+Sheet2!B20*Sheet1!E19

即可对未来 2015 年的人口增长率进行预测，结果如图 9-72 所示。

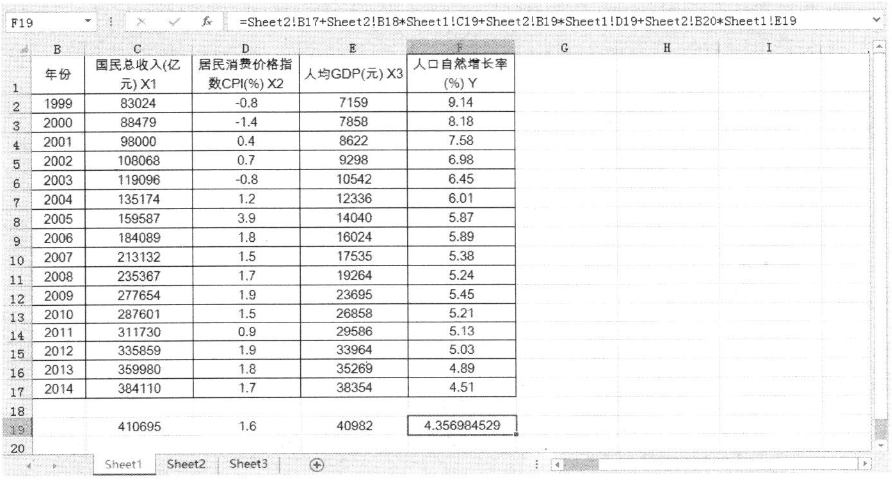

F19　=Sheet2!B17+Sheet2!B18*Sheet1!C19+Sheet2!B19*Sheet1!D19+Sheet2!B20*Sheet1!E19

	B	C	D	E	F
1	年份	国民总收入(亿元) X1	居民消费价格指数CPI(%) X2	人均GDP(元) X3	人口自然增长率(%) Y
2	1999	83024	-0.8	7159	9.14
3	2000	88479	-1.4	7858	8.18
4	2001	98000	0.4	8622	7.58
5	2002	108068	0.7	9298	6.98
6	2003	119096	-0.8	10542	6.45
7	2004	135174	1.2	12336	6.01
8	2005	159587	3.9	14040	5.87
9	2006	184089	1.8	16024	5.89
10	2007	213132	1.5	17535	5.38
11	2008	235367	1.7	19264	5.24
12	2009	277654	1.9	23695	5.45
13	2010	287601	1.5	26858	5.21
14	2011	311730	0.9	29586	5.13
15	2012	335859	1.9	33964	5.03
16	2013	359980	1.8	35269	4.89
17	2014	384110	1.7	38354	4.51
18					
19		410695	1.6	40982	4.356984529
20					

Sheet1　Sheet2　Sheet3

图 9-72　使用回归方程预测的结果

第 10 章　强大的数据透视表

Excel 的功能真的可以用博大精深来形容。特别是数据透视表功能，更被认为是 Excel 的精华所在。在工作中，如果需要分析相关的汇总值，尤其是在要合计较大的列表并对每个数字进行多种比较时，可以使用数据透视表。通过数据的透视可以方便地调整分类汇总的方式并按照用户指定的方式进行不同数据的展示。

通过对本章内容的学习，读者将掌握：

- 数据透视表的基本概念
- 创建数据透视表
- 编辑数据透视表
- 数据透视表的项目组合
- 创建数据透视图
- 创建复合范围的数据透视表

10.1　认识数据透视表

数据透视表是交互式报表，使用数据透视表可以快速分类汇总、比较大量的数据，并可以随时快速查看源数据的不同统计结果。它集数据汇总、排序、筛选等多种实用功能于一身，是 Excel 中最常用、功能最齐全的数据分析工具之一。合理地运用数据透视表，可以处理许多繁杂的数据统计分析问题。

10.1.1　数据透视表的定义

数据透视表是一种可以快速汇总、分析大量数据表格的交互式工具，可以进行某些计算，如求和与计数等。所进行的计算结果和数据的显示与数据透视表中的排列顺序有关。

之所以称为数据透视表，是因为用户可以动态地改变它们的版面布置，以便按照不同方式分析数据，也可以重新安排行标题、列标题和页字段。当改变版面布置时，数据透视表会立即按照新的布置重新计算数据；如果原始数据发生更改，则会更新数据透视表。

10.1.2　数据透视表专用术语

在使用数据透视表分析数据之前，首先来了解一些数据透视表的相关专业术语。

- 数据源：即创建数据透视表所需要的数据区域。
- 字段：是从源列表或数据库中字段衍生的数据的分类，包括列字段和行字段。例如“名称”字段可来自源数据列表中标记为“名称”的列。
- 项目：组成字段的成员。
- 组：一组项目的集合，可以自动生成也可以手动生成。
- 透视：通过改变一个或多个字段的位置来重新安排数据透视表。
- 筛选器：可以置入一个或多个字段，并可以根据这些字段进行数据的筛选。
- 汇总函数：是用来对数据字段中的值进行合并的函数类型。数据透视表通常为，包含数字的数据字段使用 SUM 函数，包含文本的数据字段使用 COUNT 函数。
- 刷新：是使用源列表或数据库的最新数据更新当前数据透视表的操作。例如，如果数据透视表基于数据库中的数据，刷新数据透视表将运行检索数据透视表数据的查询。
- 字段下拉列表：在字段下拉列表中显示可以选择的项。单击字段下拉按钮即可展开下拉列表并可从中选择要显示的项。

10.2　创建数据透视表

若要创建数据透视表，要求数据源必须是比较规则的数据，也只有比较大量的数据才能体现数据透视表的优势。例如：表格的第一行是字段名称，字段名称不能为空；数据记录中最好不要有空白单元格或合并单元格；每个字段中数据的数据类型必须是一致的（如“发货日期”字段下方的值既有日期型数据又有文本型数据，则无法按照“发货日期”字段进行汇总）。因此表格中的数据越规则，数据透视表使用起来就会越方便。

10.2.1　创建一个数据透视表

图 10-1 所示的数据列表是小家电各类产品在各个地区 2013～2014 年度销量统计表，下面将根据此表中的数据创建一张数据透视表，以显示按地区分类的不同销售人员所销售的各种产品的销售额汇总数据。

创建数据透视表的具体操作步骤如下。

（1）打开本章素材文件“创建销售数据透视表.xlsx”，单击数据表中的任意一个单元格，如 C5。在【插入】选项卡单击【表格】组中的【数据透视表】按钮，如图 10-2 所示。

（2）在弹出的【创建数据透视表】对话框中，已经默认选中了光标所处位置的整个连续数据区域，也可以在此对话框中重新选择想要分析的数据区域，或者使用外部数据源。

（3）在【选择放置数据透视表的位置】区域中，可以单击【新工作表】单选按钮在新的工作表中创建数据透视表，也可以单击【现有工作表】单选按钮将数据透视表放置在当前的工作表中。本例选择【新工作表】，如图 10-3 所示。

	A	B	C	D	E	F	G	H
1	销售地区	销售人员	品名	数量	单价¥	销售金额¥	销售年份	销售季度
2	北京	王静华	九阳豆浆机	76	399	30324	2014	1
3	北京	李丽丽	九阳榨汁机	43	369	15867	2013	1
4	北京	李丽丽	美的豆浆机	44	399	17556	2013	1
5	北京	王静华	美的豆浆机	35	399	13965	2014	1
6	北京	欧阳夏兰	美的搅拌机	59	169	9971	2013	1
7	北京	欧阳夏兰	美的搅拌机	5	169	845	2014	1
8	北京	张强	美的烤箱	52	899	46748	2014	1
9	北京	张强	美的烤箱	67	899	60233	2014	1
10	北京	李丽丽	九阳豆浆机	17	399	6783	2013	2
11	北京	欧阳夏兰	九阳豆浆机	12	399	4788	2014	2
12	北京	李丽丽	九阳榨汁机	69	369	25461	2013	2
13	北京	王静华	九阳榨汁机	44	369	16236	2014	2
14	北京	王静华	九阳榨汁机	92	369	33948	2014	2
15	北京	欧阳夏兰	美的豆浆机	95	399	37905	2013	2
16	北京	张强	美的烤箱	30	899	26970	2014	2
17	北京	欧阳夏兰	九阳豆浆机	68	399	27132	2014	3
18	北京	李丽丽	九阳榨汁机	94	369	34686	2013	3
19	北京	李丽丽	美的豆浆机	80	399	31920	2013	3
20	北京	欧阳夏兰	美的豆浆机	66	399	26334	2013	3
21	北京	王静华	美的豆浆机	82	399	32718	2014	3
22	北京	王静华	美的搅拌机	27	169	4563	2014	3
23	北京	张强	美的烤箱	26	899	23374	2014	3
24	北京	王静华	九阳豆浆机	77	399	30723	2014	4
25	北京	李丽丽	九阳榨汁机	57	369	21033	2013	4
26	北京	王静华	九阳榨汁机	28	369	10332	2014	4
27	北京	李丽丽	美的豆浆机	66	399	26334	2013	4
28	北京	欧阳夏兰	美的搅拌机	60	169	10140	2013	4

销售明细表

图 10-1　数据源表格

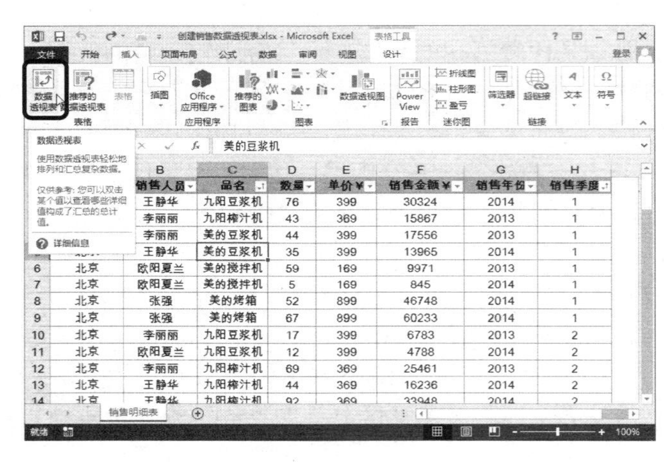

图 10-2　单击【数据透视表】按钮

创建数据透视表
请选择要分析的数据
选择一个表或区域(S)
表/区域(T)：表1
使用外部数据源(U)
选择连接(C)...
连接名称：
选择放置数据透视表的位置
新工作表(N)
现有工作表(E)
位置(L)：
选择是否想要分析多个表
将此数据添加到数据模型(M)
确定　取消

图 10-3　设置透视表选项

（4）单击【确定】按钮关闭对话框。此时 Excel 自动创建了一个空的数据透视表，同时，在窗口右侧有一个数据透视图字段的窗格，如图 10-4 所示。

（5）在【数据透视表字段】窗格中分别选择“销售地区”、“销售人员”和“销售金额¥”字段对应的复选框，它们将出现在窗格下方的【行】区域和【值】区域中，同时也被添加到数据透视表中，如图 10-5 所示。

（6）在【数据透视表字段】窗格中单击“品名”字段对应的复选框，并按住鼠标左键将其拖曳至【列】区域内，如图 10-6 所示。此时，“品名”字段也作为列字段出现在数据透视表中，最终完成的数据透视表，如图 10-7 所示。

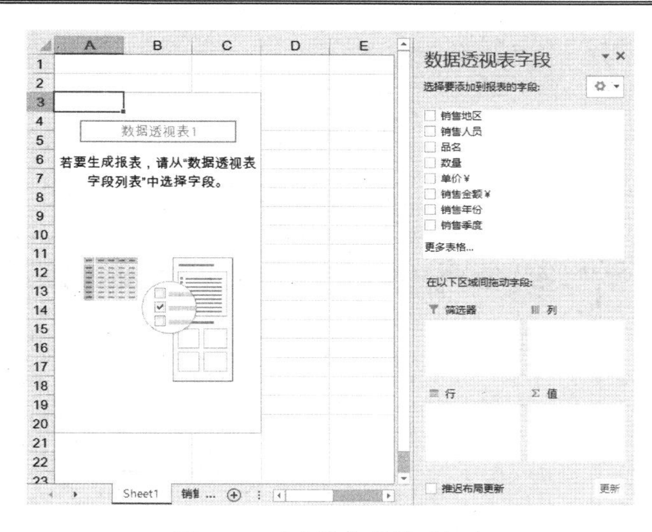

图 10-4　建立的空数据透视表

行标签	求和项:销售金额￥
⊟北京	687528
李丽丽	179640
欧阳夏兰	117115
王静华	172809
张强	217964
⊟杭州	277158
殷秀	189522
邹凯	87636
⊟南京	240331
赵毅	240331
⊟上海	381047
曹珊珊	168960
王明霞	212087
总计	1586064

图 10-5　向数据表中添加字段

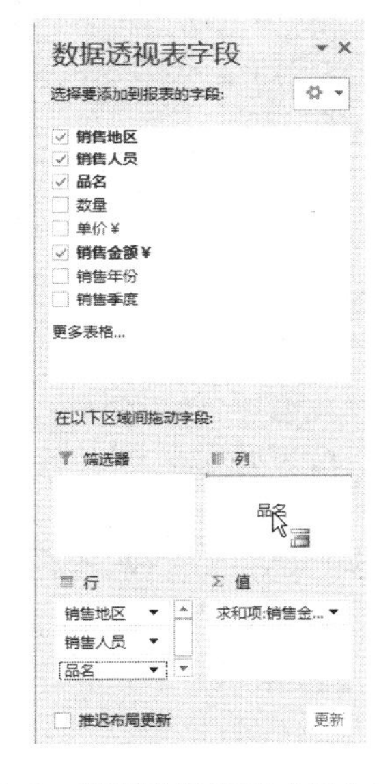

图 10-6　将字段拖曳至【列】区域中

求和项:销售金额￥	列标签					
行标签	九阳豆浆机	九阳榨汁机	美的豆浆机	美的搅拌机	美的烤箱	总计
⊟北京	99750	157563	186732	30420	213063	687528
李丽丽	6783	97047	75810			179640
欧阳夏兰	31920		64239	20956		117115
王静华	61047	60516	46683	4563		172809
张强				4901	213063	217964
⊟杭州		61992	55860	5577	153729	277158
殷秀		35793			153729	189522
邹凯		26199	55860	5577		87636
⊟南京	53067	11439	37506	16055	122264	240331
赵毅	53067	11439	37506	16055	122264	240331
⊟上海	15960	94833	100149	53235	116870	381047
曹珊珊		22140	7980	21970	116870	168960
王明霞	15960	72693	92169	31265		212087
总计	168777	325827	380247	105287	605926	1586064

图 10-7　完成的数据透视表

10.2.2 了解数据透视表结构

从结构上看，数据透视表分为 4 个部分，如图 10-8 所示。

销售年份	(全部)					
求和项:销售金额￥	列标签					
行标签	九阳豆浆机	九阳榨汁机	美的豆浆机	美的搅拌机	美的烤箱	总计
⊟北京	99750	157563	186732	30420	213063	687528
李丽丽	6783	97047	75810			179640
欧阳夏兰	31920		64239	20956		117115
王静华	61047	60516	46683	4563		172809
张强				4901	213063	217964
⊟杭州		61992	55860	5577	153729	277158
殷秀		35793			153729	189522
邹凯		26199	55860	5577		87636
⊟南京	53067	11439	37506	16055	122264	240331
赵毅	53067	11439	37506	16055	122264	240331
⊟上海	15960	94833	100149	53235	116870	381047
曹珊珊		22140	7980	21970	116870	168960
王明霞	15960	72693	92169	31265		212087
总计	168777	325827	380247	105287	605926	1586064

图 10-8 数据透视表结构

- 行区域：该区域中的按钮将作为数据透视表的行字段；
- 列区域：该区域中的按钮将作为数据透视表的列字段；
- 数值区域：该区域中的按钮将作为数据透视表显示汇总的数据；
- 报表筛选区域：该区域中的按钮将作为数据透视表的分页符。

10.2.3 数据透视表字段列表

在【数据透视表字段】窗口中可以清晰地反映了数据透视表的结构，通过它用户可以轻而易举地向数据透视表内添加、删除、移动字段，设置字段格式，甚至还可以不使用【数据透视表工具】和数据透视表本身便能对数据透视表中的字段进行排序和筛选。

1. 反映数据透视表结构

在【数据透视表字段】窗格中也能清晰地反映出数据透视表的结构，如图 10-9 所示。

2. 调出和关闭【数据透视表字段】窗格

调出【数据透视表字段】窗格有下列两种方法。

- 在数据透视表中的任意单元格上（如 B7）单击鼠标右键，在弹出的快捷菜单中选择【显示字段列表】命令，即可调出【数据透视表字段】窗格，如图 10-10 所示。
- 单击数据列表区域中任意一个单元格（如 B7），在【数据透视表工具】项下的【选项】选项卡中单击【字段列表】按钮，也可调出【数据透视表字段】窗格，如图 10-11 所示。

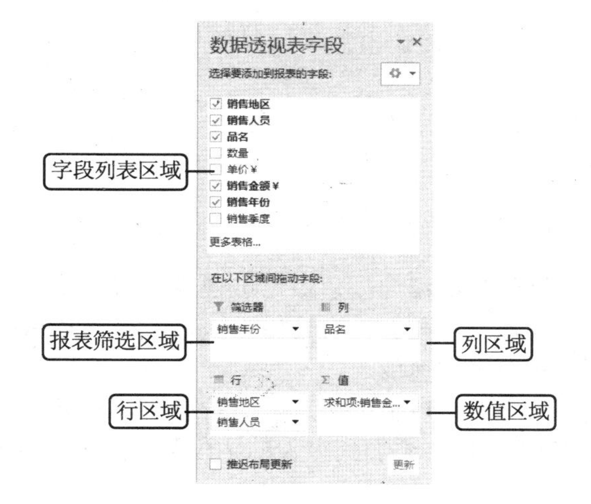

图 10-9　数据透视表结构

	A	B	C	D	E	F	G
1	销售年份	(全部)					
2							
3	求和项:销售金额￥	列标签					
4	行标签	九阳豆浆机	九阳榨汁机	美的豆浆机	美的搅拌机	美的烤箱	总计
5	⊟北京	99			30420	213063	687528
6	李丽丽	6					179640
7	欧阳夏兰	31920		64239	20956		117115
8	王静华	61		83	4563		172809
9	张强				4901	213063	217964
10	⊟杭州			60	5577	153729	277158
11	殷秀					153729	189522
12	邹凯			60	5577		87636
13	⊟南京	53		06	16055	122264	240331
14	赵毅	53		06	16055	122264	240331
15	⊟上海	15		49	53235	116870	381047
16	曹珊珊			80	21970	116870	168960
17	王明霞	15		69	31265		212087
18	总计	168		47	105287	605926	1586064

复制(C)
设置单元格格式(F)...
数字格式(T)...
刷新(R)
排序(S)
删除"求和项:销售金额￥"(V)
值汇总依据(M)
值显示方式(A)
显示详细信息(E)
值字段设置(N)...
数据透视表选项(O)...
显示字段列表(D)

图 10-10　打开“数据透视表字段列表”窗格

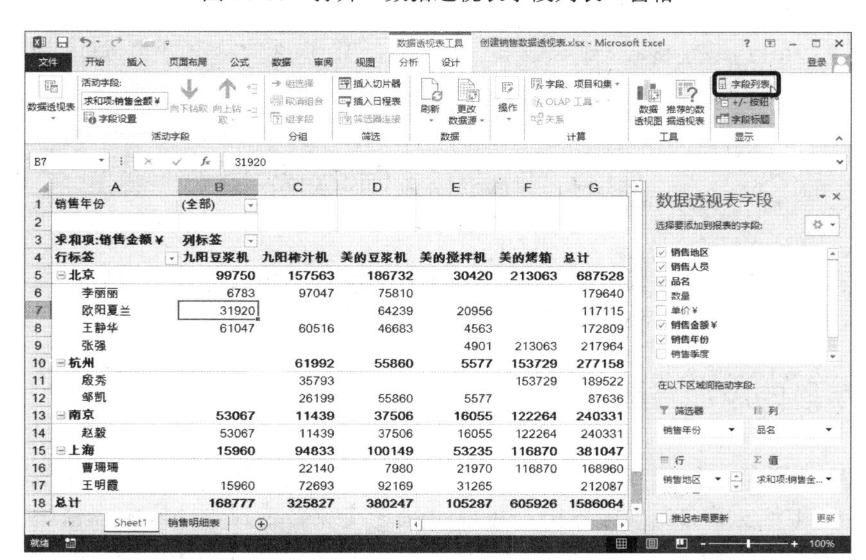

	A	B	C	D	E	F	G
1	销售年份	(全部)					
2							
3	求和项:销售金额￥	列标签					
4	行标签	九阳豆浆机	九阳榨汁机	美的豆浆机	美的搅拌机	美的烤箱	总计
5	⊟北京	99750	157563	186732	30420	213063	687528
6	李丽丽	6783	97047	75810			179640
7	欧阳夏兰	31920		64239	20956		117115
8	王静华	61047	60516	46683	4563		172809
9	张强				4901	213063	217964
10	⊟杭州		61992	55860	5577	153729	277158
11	殷秀		35793			153729	189522
12	邹凯		26199	55860	5577		87636
13	⊟南京	53067	11439	37506	16055	122264	240331
14	赵毅	53067	11439	37506	16055	122264	240331
15	⊟上海	15960	94833	100149	53235	116870	381047
16	曹珊珊		22140	7980	21970	116870	168960
17	王明霞	15960	72693	92169	31265		212087
18	总计	168777	325827	380247	105287	605926	1586064

图 10-11　打开“数据透视表字段列表”窗格

【数据透视表字段】窗格一旦被调出之后，只要单击数据透视表区域中任意一个单元格就会显示。

如果需要关闭【数据透视表字段】窗格，直接单击【数据透视表字段】窗格右上角的【×】按钮即可。

3. 在【数据透视表字段】窗格显示更多的字段

如果用户采用超大表格作为数据源创建数据透视表，那么数据透视表创建完成后，很多字段在【选择要添加到报表的字段】列表框内无法显示，只能靠拖动滚动条来选择要添加的字段，影响了用户创建报表的速度。

单击【选择要添加到报表的字段】列表框的下拉按钮，在下拉菜单中选择【字段节和区域节并排】命令即可展开【选择要添加到报表的字段】列表框内的所有字段，如图 10-12、图 10-13 所示。

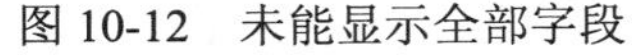

图 10-12　未能显示全部字段

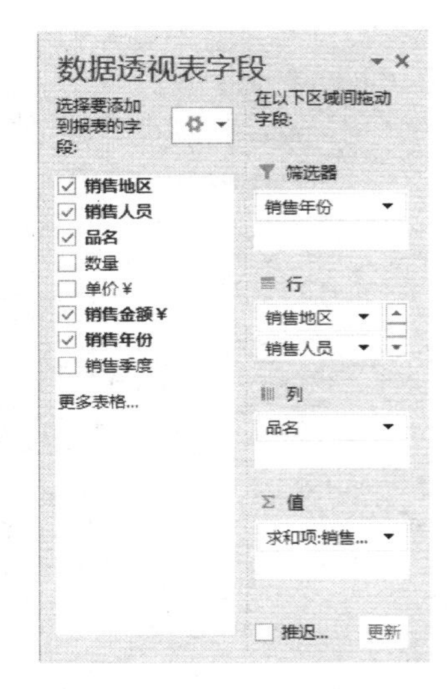

图 10-13　将所有字段节和区域节并排列出

10.3　编辑数据透视表

整理数据透视表的报表筛选区域字段可以从一定角度筛选数据的内容，而对数据透视表其他字段的整理，则可以满足用户对数据透视表格式上的需求。

10.3.1　字段的添加与删除

如图 10-14 所示，行标签为商品名称，列标签为数值。如果根据需要希望将每种商品的本月销售数量字段增加到列标签中，可以直接在【数据透视表字段】窗格中【选择要添加到报表的字段】列表框中 “本月数量”字段的复选框拖至【值】区域的位置，或者在该字段处点右键，选择【添加到值】的位置，或者直接选择“本月数量”字段对应的复选框即可。添加字段后的效果如图 10-15 所示。

行标签	求和项:网络销售	求和项:电话销售	求和项:商场销售
凯丰 KF-310A 支票打印机	878595	1182138	1044360
科密 WJD-COMET-A50点钞机	838770	667720	894950
科密 WJD-COMET-E581点钞机	471523	320366	272198
科密 小秘书T10碎纸机	467065	404406	509373
三木 SD9280碎纸机	417395	407023	492566
三木 SK9061 智能考勤机	330289	506171	480151
总计	3403637	3487824	3693598

图 10-14　添加字段前的数据透视表

行标签	求和项:网络销售	求和项:电话销售	求和项:商场销售	求和项:本月数量
凯丰 KF-310A 支票打印机	878595	1182138	1044360	2580
科密 WJD-COMET-A50点钞机	838770	667720	894950	2010
科密 WJD-COMET-E581点钞机	471523	320366	272198	1120
科密 小秘书T10碎纸机	467065	404406	509373	830
三木 SD9280碎纸机	417395	407023	492566	1000
三木 SK9061 智能考勤机	330289	506171	480151	1610
总计	3403637	3487824	3693598	9150

图 10-15　添加字段后的效果

如果希望删除透视表中的某一字段，可以通过以下两种方法操作：一种方法是直接将字段拖出列表区域，如图 10-16 所示；另一种方法是单击要删除的字段，选择【删除字段】命令，如图 10-17 所示。

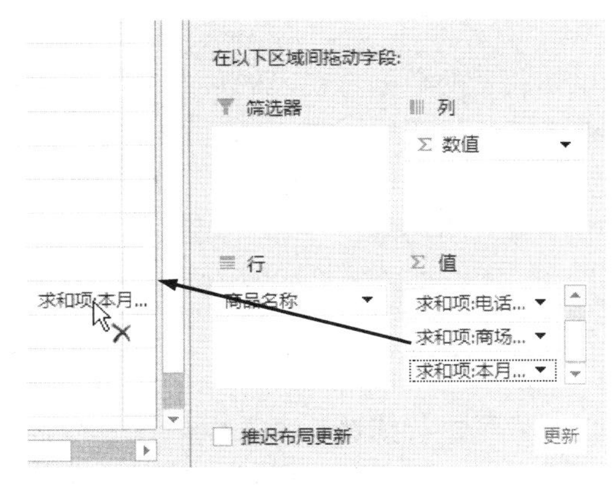

图 10-16　将字段拖出列表

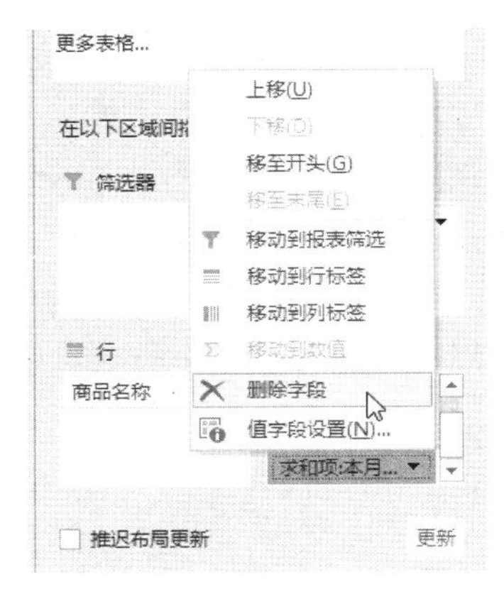

图 10-17　选择【删除字段】命令

10.3.2 重命名字段

当用户为数据区域添加字段后，系统都将字段名称默认修改为“求和项：……”或者“计数项：……”，这样就使得数据透视表的列宽加宽，影响数据表的整体布局，如图 10-15 所示。

如果想要将字段进行重命名，可以直接修改数据透视表中相应字段的名称。

单击数据透视表中的列标题单元格“求和项：本月数量”，输入新标题“数量”，按 Enter 键即可完成字段名称的修改。全部列标题修改后的效果如图 10-18 所示。

注意：数据透视表中的字段具有唯一性，也就是说每一个字段的名称均不可相同，创建数据透视表字段名称与数据源表头标题行的名称也不能相同，否则将会出现错误提示，如图 10-19 所示。

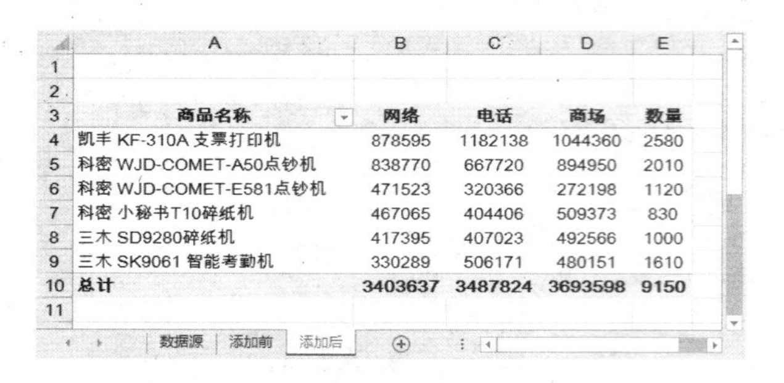

	A	B	C	D	E
1					
2					
3	商品名称	网络	电话	商场	数量
4	凯丰 KF-310A 支票打印机	878595	1182138	1044360	2580
5	科密 WJD-COMET-A50点钞机	838770	667720	894950	2010
6	科密 WJD-COMET-E581点钞机	471523	320366	272198	1120
7	科密 小秘书T10碎纸机	467065	404406	509373	830
8	三木 SD9280碎纸机	417395	407023	492566	1000
9	三木 SK9061 智能考勤机	330289	506171	480151	1610
10	总计	3403637	3487824	3693598	9150
11					

数据源 | 添加前 | 添加后

图 10-18 重命名字段后的效果

图 10-19 出现同名字段后弹出的错误提示

10.3.3 报表筛选字段的使用

当字段处于报表“筛选”区域中时，字段中的选项并不会像在其他三个区域上那样显示所有项，而会成为数据透视表的筛选条件。单击字段右侧的下拉按钮，选择需要的选项，即可筛选出需要的数据信息。

1. 利用筛选字段筛选

以筛选“业务员”字段为例，对于如图 10-20 所示的数据透视表的数据，如果希望能够分别筛选出每位业务员的数据，就可以将“业务员”字段拖至【筛选器】区域，接下来在【筛选器】区域就可以对报表实现筛选。比如，如果只希望显示业务员“霍强”的销量情况，可以单击【筛选器】区域中“（全部）”字段右边的下拉箭头，单击选择“霍强”项，然后单击【确定】按钮即可，如图 10-21 所示。筛选后的结果如图 10-22 所示。

2. 利用标签字段

除了利用筛选字段外，利用标签字段也可以对数据进行筛选。单击标签旁边的下拉按钮，就可以在弹出的下拉列表中进行相应的筛选操作，如图 10-23 所示。方法与前面章节相同，这里就不再赘述了。

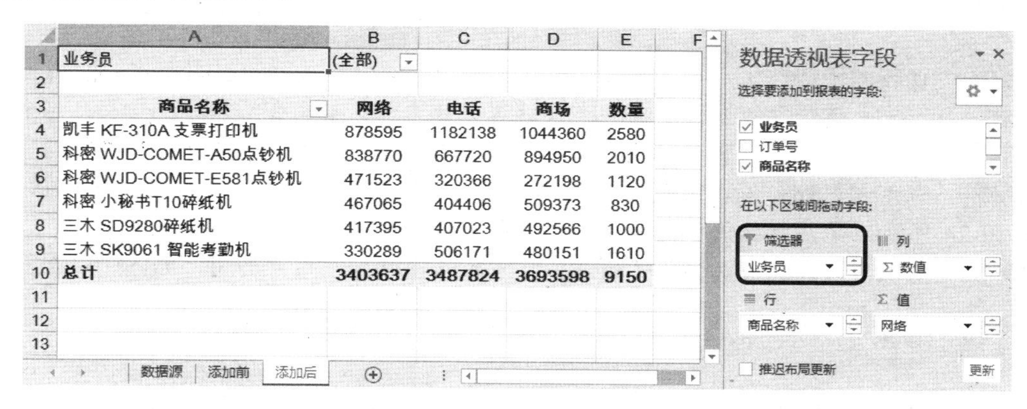

图 10-20　将字段拖至“筛选器”区域

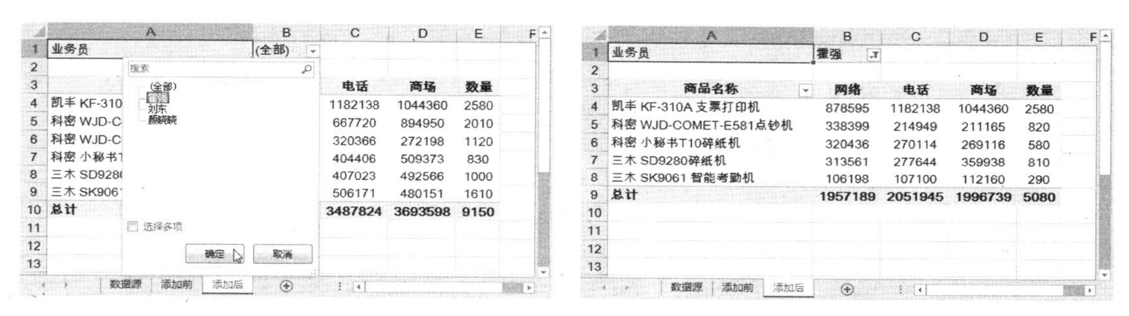

图 10-21　通过筛选器进行筛选　　　　　　图 10-22　筛选后效果

图 10-23　利用标签字段筛选

10.3.4 选择数据汇总方式

数据透视表的优势在于，可以很方便地从不同角度，对数据进行不同方式的汇总统计。默认情况下，数据透视表都是以求和的方式计算金额合计。其实在汇总方式中有一共有 11 种函数，包括求和、计数、数值计数、平均值、最大值、最小值、乘积、标准偏差、总体标准偏差、方差和总体方差。如果希望求某一字段的平均值，则可对汇总方式进行修改。如图 10-24 所示，单击要修改的求和项，然后选择【值字段设置】命令。在打开的【值字段设置】对话框中选择计算类型为【平均值】，单击【确定】按钮即可，如图 10-25 所示。

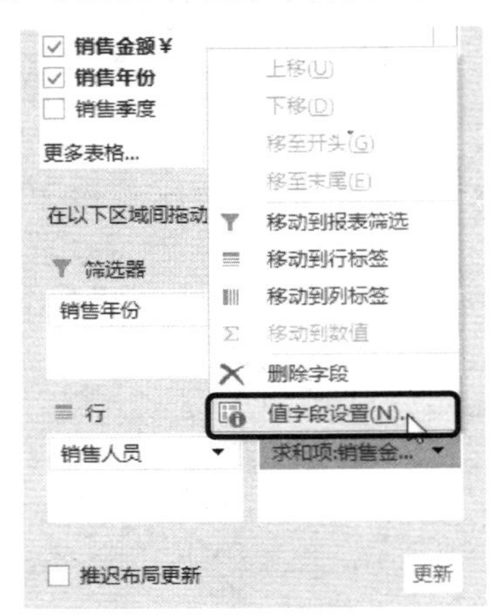

图 10-24 选择命令

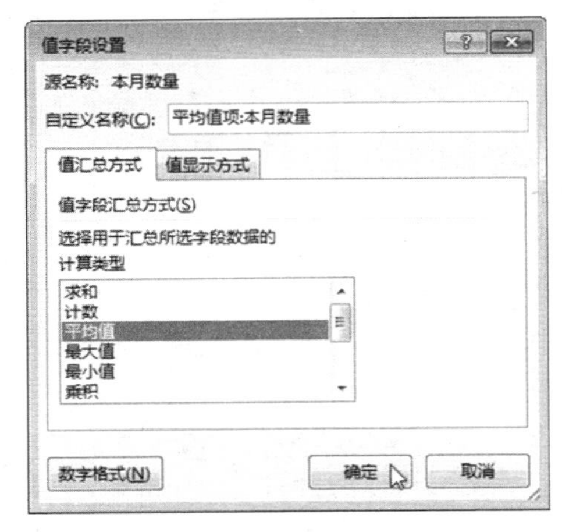

图 10-25 设置计算类型

也可以通过右击任意一个值字段单元格，单击快捷菜单中的【值字段设置】命令即可打开【值字段设置】对话框。或者直接在菜单中依次单击【值汇总方式】→【平均值】命令更改汇总方式，如图 10-26 所示。

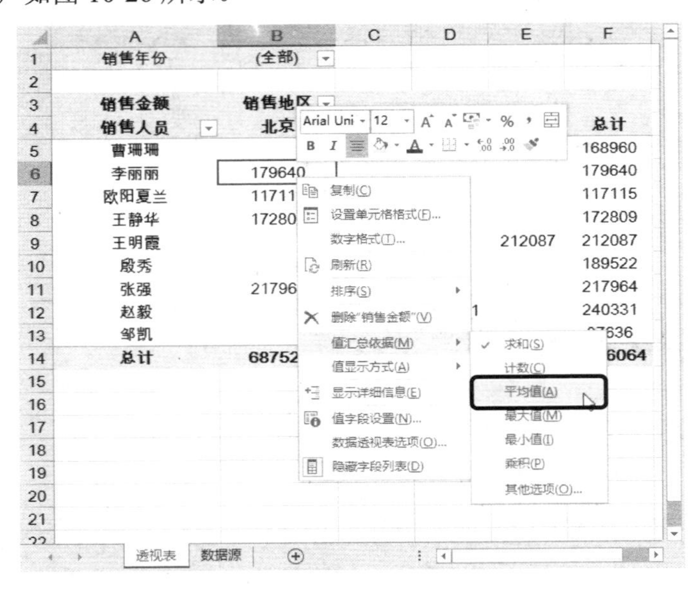

图 10-26 通过右键快捷菜单设置汇总方式

注意：如果将一些数值型字段拖动到【数】区域中时，汇总方式自动变为计数，那么就说明此字段中一定有文本型的数据，这就应该引起用户的注意，对其中的数值进行检查。哪怕只有一个单元格是文本型的数据，也会影响整个字段的计算方式。

10.3.5　改变数据透视表的值显示方式

改变数据透视表的值显示方式，可以对数据按照不同字段做相对比较。对于透视表中值的显示方式，除了默认计算的显示方式之外，还可以选择其他显示方式，如“父行汇总百分比”“父列汇总百分比”“父级汇总百分比”“百分比”和“按某一字段汇总”等。通过不同的百分比等显示方式，可以从不同的角度对数据透视图进行分析。设置值显示方式可以通过下面两种方式实现。

- 右击需要更改显示方式的字段区域，选择【值显示方式】命令，在其级联菜单项中选择一个合适的方式，如图 10-27 所示。
- 单击【值】字段中要设置的字段，选择【值字段设置】命令，在弹出的【值字段设置】对话框中选择【值显示方式】选项卡，然后在下拉列表中选择相应的值显示方式即可，如图 10-28 所示。

图 10-27　通过右键菜单选择

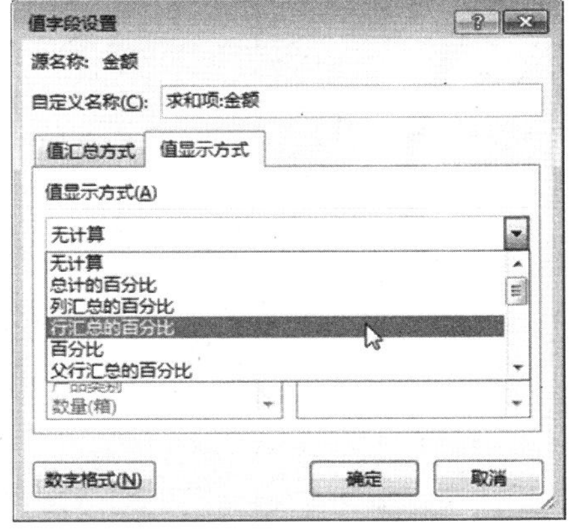

图 10-28　通过对话框选择

图 10-29～图 10-31 所示是几种不同的值百分比显示方式，每一种显示方式所展示的效果都是不相同。

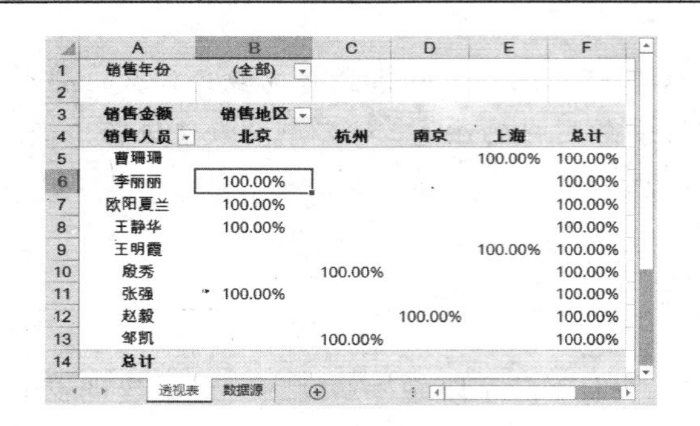

销售年份	(全部)				
销售金额	销售地区				
销售人员	北京	杭州	南京	上海	总计
曹珊珊				100.00%	100.00%
李丽丽	100.00%				100.00%
欧阳夏兰	100.00%				100.00%
王静华	100.00%				100.00%
王明霞				100.00%	100.00%
殷秀		100.00%			100.00%
张强	100.00%				100.00%
赵毅			100.00%		100.00%
邹凯		100.00%			100.00%
总计					

图 10-29　父级汇总的百分比

销售年份	(全部)				
销售金额	销售地区				
销售人员	北京	杭州	南京	上海	总计
曹珊珊	0.00%	0.00%	0.00%	44.34%	10.65%
李丽丽	26.13%	0.00%	0.00%	0.00%	11.33%
欧阳夏兰	17.03%	0.00%	0.00%	0.00%	7.38%
王静华	25.13%	0.00%	0.00%	0.00%	10.90%
王明霞	0.00%	0.00%	0.00%	55.66%	13.37%
殷秀	0.00%	68.38%	0.00%	0.00%	11.95%
张强	31.70%	0.00%	0.00%	0.00%	13.74%
赵毅	0.00%	0.00%	100.00%	0.00%	15.15%
邹凯	0.00%	31.62%	0.00%	0.00%	5.53%
总计	100.00%	100.00%	100.00%	100.00%	100.00%

图 10-30　父行汇总的百分比

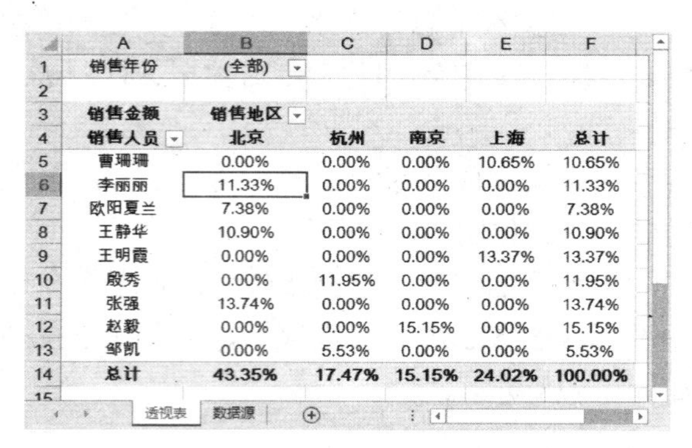

销售年份	(全部)				
销售金额	销售地区				
销售人员	北京	杭州	南京	上海	总计
曹珊珊	0.00%	0.00%	0.00%	10.65%	10.65%
李丽丽	11.33%	0.00%	0.00%	0.00%	11.33%
欧阳夏兰	7.38%	0.00%	0.00%	0.00%	7.38%
王静华	10.90%	0.00%	0.00%	0.00%	10.90%
王明霞	0.00%	0.00%	0.00%	13.37%	13.37%
殷秀	0.00%	11.95%	0.00%	0.00%	11.95%
张强	13.74%	0.00%	0.00%	0.00%	13.74%
赵毅	0.00%	0.00%	15.15%	0.00%	15.15%
邹凯	0.00%	5.53%	0.00%	0.00%	5.53%
总计	43.35%	17.47%	15.15%	24.02%	100.00%

图 10-31　总计的百分比

10.3.6　在数据透视表中增加新字段

在数据透视表创建完成后，数据表中的区域是不允许被手动修改或者移动的。如图 10-32 所示，如果希望向数据透视表添加一个新的字段“销售提成”，以计算销售人员应得的提成金额，按照“销售金额”的 6%进行计算。此时，就需要在数据透视表中增加一个新的字段。

销售人员	销售金额
曹珊珊	168960
李丽丽	179640
欧阳夏兰	117115
王静华	172809
王明霞	212087
殷秀	189522
张强	217964
赵毅	240331
邹凯	87636
总计	1586064

图 10-32　待增加字段的透视表

在数据透视表中增加新字段的具体操作步骤如下。

（1）打开本章素材文件“销售数据清单.xlsx”。单击数据透视表中任意一个单元格，如 B5。执行【分析】→【字段、项目和集】→【计算字段】命令，如图 10-33 所示。

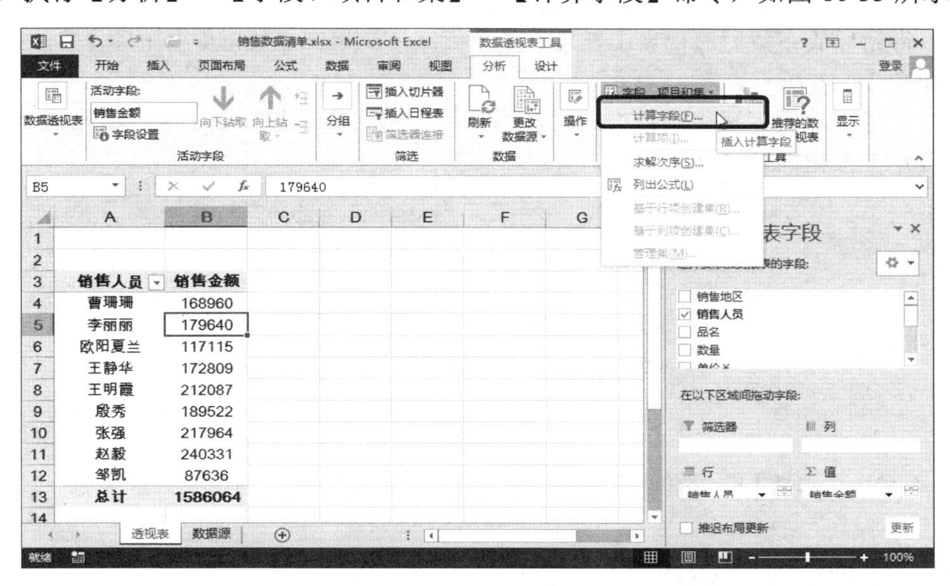

图 10-33　选择【计算字段】命令

（2）在弹出的【插入计算字段】对话框中，输入字段的名称“销售提成”，公式中输入“=销售金额￥*0.06”，如图 10-34 所示。

（3）单击【确定】按钮，即为数据透视表添加了“销售提成”字段，如图 10-35 所示。

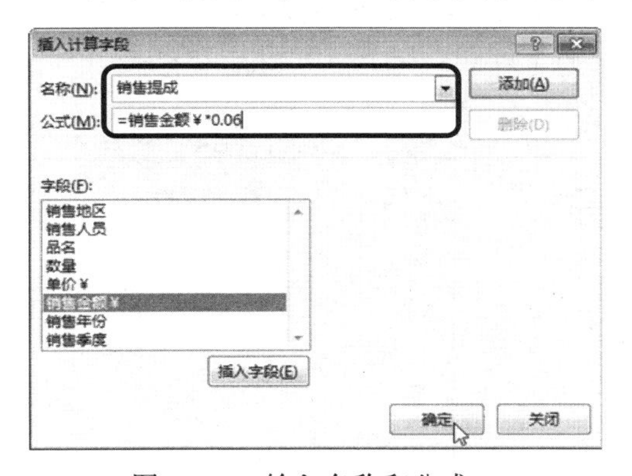

图 10-34　输入名称和公式

销售人员	销售金额	销售提成
曹珊珊	168960	10137.6
李丽丽	179640	10778.4
欧阳夏兰	117115	7026.9
王静华	172809	10368.54
王明霞	212087	12725.22
殷秀	189522	11371.32
张强	217964	13077.84
赵毅	240331	14419.86
邹凯	87636	5258.16
总计	1586064	95163.84

图 10-35　添加“销售提成”字段后的效果

10.3.7　数据透视表的刷新与数据源控制

通常情况下，当数据透视表创建后，对源数据进行了修改，数据透视表不会随之自动更新，需要用户手动刷新数据。更新数据透视表很容易实现，只要在源数据更改之后，切换到数据透视表中，将光标放在数据区域任意一个单元格中，然后单击【分析】选项卡【数据】组中的【刷新】按钮即可完成数据的更新。

如果源数据表中的数据范围发生改变，使用【刷新】功能是无法更改数据范围的，此时，可以通过手动更改数据透视表中的数据源范围来进行更改。

更改数据源范围的具体操作步骤如下。

（1）将光标放在数据透视表中任意一个单元格中，单击【数据】组中的【更改数据源】命令，如图 10-36 所示。

（2）在【更改数据透视表数据源】对话框中，重新在源数据表中选择数据区域，最后单击【确定】按钮即可，如图 10-37 所示。

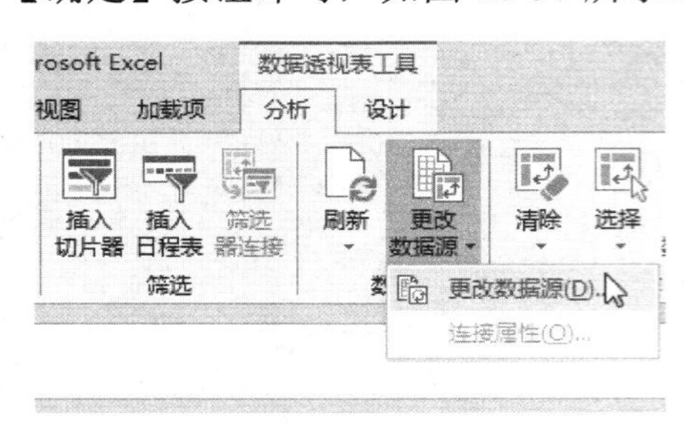

图 10-36　选择【更改数据源】命令

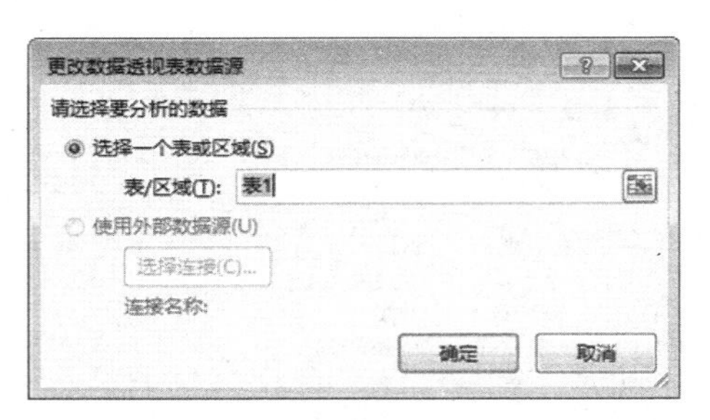

图 10-37　重新选择数据源区域

10.3.8　数据透视表排序

在数据透视表中仍然可以实现数据的排序操作。例如，要将销售金额按照“升序”进行排列，可以在需要自行排序操作的字段列表位置单击右键，在弹出的快捷菜单中选择【排序】命令，从级联菜单中选择【升序】命令即可，如图 10-38 所示。

如果希望排序的方向是从左到右，则可以选择【其他排序选项】命令，在打开的【按值排序】对话框中，选择排序方向为【从左到右】即可，如图 10-39 所示。

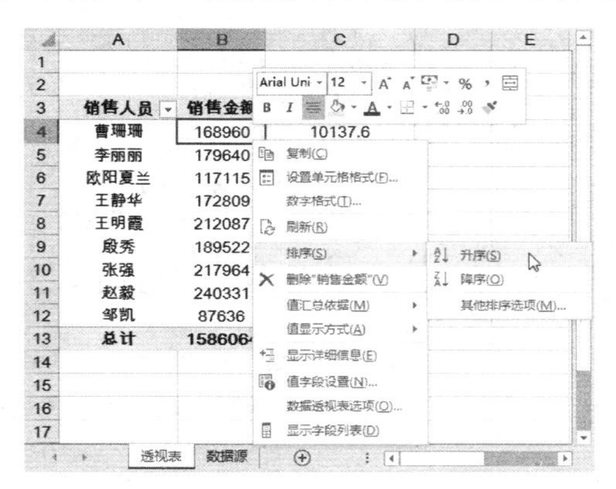

图 10-38　选择【排序】命令

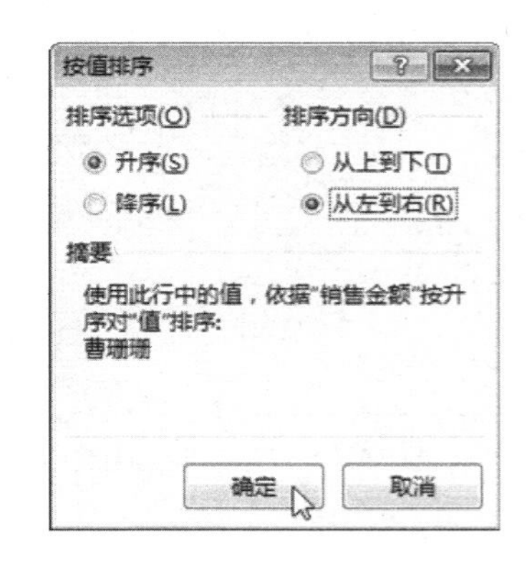

图 10-39　选择排序方向

10.3.9　切片的运用

Excel 2013 中提供的“切片器”功能，实际上就是以一种图形化的筛选方式。单独为数据透视表中的每一个字段创建一个选取器，它比下拉列表筛选按钮更加方便。下面简单介绍切片器的插入与使用方法。

如果希望在数据透视表中将某个字段添加到切片器，可以在该字段处单击右键，选择【添加为切片器】命令，如图 10-40 所示；也可以在【分析】菜单中选择【插入切片器】命令，在打开的【插入切片器】对话框中选择要插入的字段，然后单击【确定】按钮即可，如图 10-41 所示。

图 10-40　右键选择命令

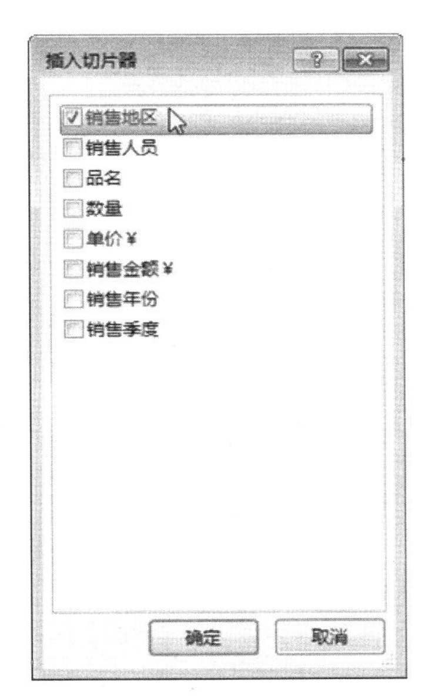

图 10-41　通过菜单插入切片器

如图 10-42 和图 10-43 所示为通过切片器查看 4 个销售地区和一个“上海”地区销售金额的两种不同的显示形式。通过单击切片器中的选项即可显示相对应的数据。

销售人员	销售金额	提成
曹珊珊	168960	10137.6
李丽丽	179640	10778.4
欧阳夏兰	117115	7026.9
王静华	172809	10368.54
王明霞	212087	12725.22
殷秀	189522	11371.32
张强	217964	13077.84
赵毅	240331	14419.86
邹凯	87636	5258.16
总计	1586064	95163.84

销售地区：北京　杭州　南京　上海

透视表　数据源

图 10-42　生成切片器

Excel 还支持多个切片器同时筛选数据。如果根据用户的需要生成多个切片器，以供用户对数据透视表中不同数据字段的筛选查看，可以在【插入切片器】对话框中选择多个字段选项，生成多个切换器，如图 10-41 所示。

如果需要将生成的切片器删除，可以在切片器内单击右键，在弹出的快捷菜单中选择【删除“××”】（“××”为右击的切片器名称，如此处的【删除“销售地区”】）命令即可删除该切片器，如图 10-44 所示。

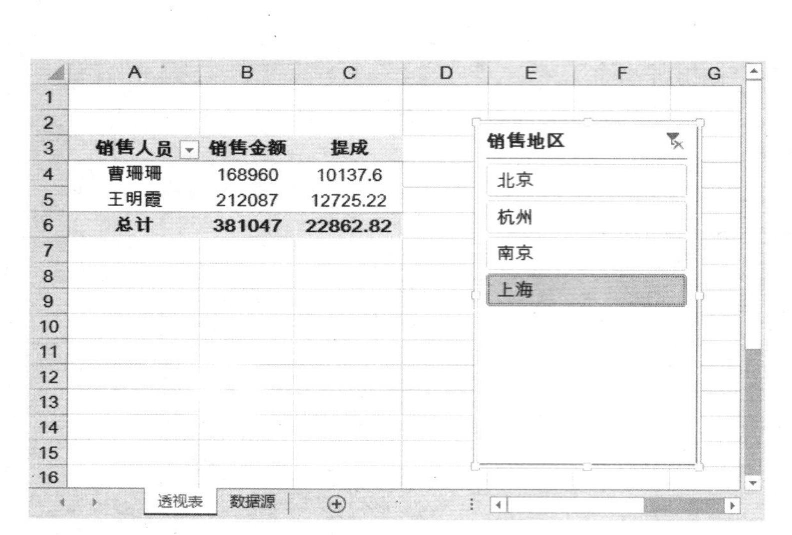

图 10-43　通过切片器筛选

图 10-44　删除切片器

10.4　数据透视表的项目组合

虽然数据透视表提供了常规的分类方法汇总分析数据，但是由于对数据分析的复杂性及多样性，透视表还提供了另一项十分有用的功能——“项目组合”，它通过对数字、日期、文本等不同数据类型采取多种组合的方式，以达到实际应用的适应性。

10.4.1　组合透视表的指定项

用户希望在如图 10-45 所示的数据透视表中，将“苏宁易购”、“京东商城”、“1 号店”“易迅网”的销售数据组合在一起，并称为“网络订单”。

组合透视表指定项的具体操作步骤如下。

（1）在数据透视表中选中“苏宁易购”、“京东商城”、“1 号店”、“易迅网”行标题所在单元格，即 A8:A11 单元格区域。

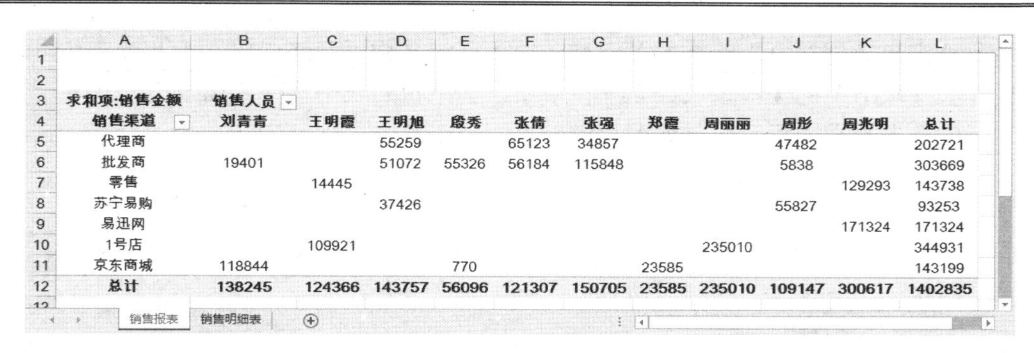

求和项:销售金额	销售人员										
销售渠道	刘青青	王明霞	王明旭	段秀	张倩	张强	郑霞	周丽丽	周彤	周兆明	总计
代理商			55259		65123	34857			47482		202721
批发商	19401		51072	55326	56184	115848			5838		303669
零售		14445								129293	143738
苏宁易购			37426						55827		93253
易迅网										171324	171324
1号店		109921						235010			344931
京东商城	118844			770			23585				143199
总计	138245	124366	143757	56096	121307	150705	23585	235010	109147	300617	1402835

图 10-45　组合前的数据透视表

（2）单击【数据透视表工具】中【分析】选项卡的【组选择】按钮，如图 10-46 所示。此时 Excel 将选中的项组合到新创建的“数据组 1”中，如图 10-47 所示。

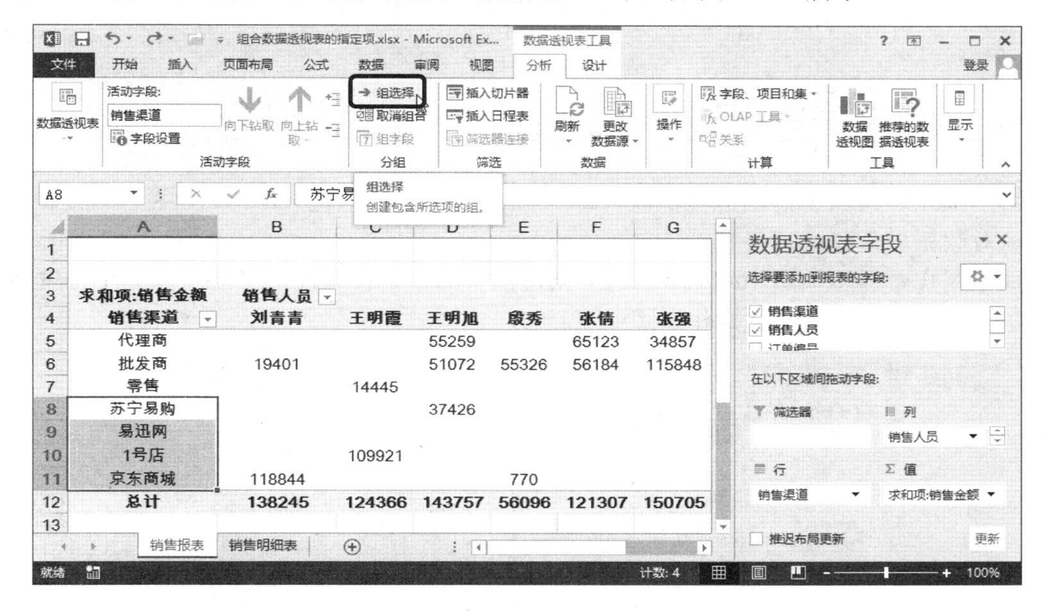

图 10-46　单击【组选择】按钮

求和项:销售金额	销售人员										
销售渠道	刘青青	王明霞	王明旭	段秀	张倩	张强	郑霞	周丽丽	周彤	周兆明	总计
⊟代理商											
代理商			55259		65123	34857			47482		202721
⊟批发商											
批发商	19401		51072	55326	56184	115848			5838		303669
⊟零售											
零售		14445								129293	143738
⊟数据组1											
苏宁易购			37426						55827		93253
易迅网										171324	171324
1号店		109921						235010			344931
京东商城	118844			770			23585				143199
总计	138245	124366	143757	56096	121307	150705	23585	235010	109147	300617	1402835

图 10-47　创建新的“数据组 1”

（3）单击“数据组 1”所在的单元格，输入新的名称“网络订单”。此时，还可以单击【设计】选项卡中的【报表布局】下拉按钮，在下拉列表中选择【以表格形式显示】选项，之后的数据透视表显示效果如图 10-48 所示。

	A	B	C	D	E	F	G	H	I	J	K	L	M
1													
2													
3	求和项:销售金额		销售人员										
4	销售渠道2	销售渠道	刘青青	王明霞	王明旭	殷秀	张倩	张强	郑霞	周丽丽	周彤	周兆明	总计
5	⊟代理商	代理商			55259		65123	34857			47482		202721
6	⊟批发商	批发商	19401		51072	55326	56184	115848			5838		303669
7	⊟零售	零售		14445								129293	143738
8	⊟网络订单	苏宁易购			37426						55827		93253
9		易迅网										171324	171324
10		1号店		109921						235010			344931
11		京东商城	118844			770			23585				143199
12	总计		138245	124366	143757	56096	121307	150705	23585	235010	109147	300617	1402835
13													
14													

销售报表　销售明细表

图 10-48　以表格形式显示数据透视表

10.4.2　组合数字项

对于数据透视表中的数值型字段，Excel 提供了自动组合功能，使用这一功能可以更方便地对数据进行分组。

如果用户希望将如图 10-49 所示的数据透视表的“销售季度”字段以每 2 个季度创建为一组。组合数字项的具体操作步骤如下。

	A	B	C	D	E	F	G	H	I	J
1										
2										
3	求和项:销售金额￥			品名						
4	销售人员	销售年份	销售季度	九阳豆浆机	九阳榨汁机	美的豆浆机	美的搅拌机	美的烤箱	总计	
5	⊟曹珊珊	⊟2014	1					107880	107880	
6			2			7980	15210		23190	
7			3		15498				15498	
8			4		6642		6760	8990	22392	
9		2014 汇总			22140	7980	21970	116870	168960	
10	曹珊珊 汇总				22140	7980	21970	116870	168960	
11	⊟李丽丽	⊟2013	1		15867	17556			33423	
12			2	6783	25461				32244	
13			3		34686	31920			66606	
14			4		21033	26334			47367	
15		2013 汇总		6783	97047	75810			179640	
16	李丽丽 汇总			6783	97047	75810			179640	
17	⊟欧阳夏兰	⊟2013	1				9971		9971	
18			2			37905			37905	
19			3			26334			26334	
20			4				10140		10140	
21		2013 汇总				64239	20111		84350	
22		⊟2014	1				845		845	
23			2	4788					4788	
24			3	27132					27132	

透视表　数据源

图 10-49　待组合数字项的数据透视表

（1）打开本章素材文件“组合数字项.xlsx”，单击数据透视表中的“销售季度”字段中任意一个单元格，如 C6 单元格，在【分析】选项卡的【分组】组中单击【组字段】命令，如图 10-50 所示。

（2）在弹出的【组合】对话框中，在【起始于】输入框中输入“1”，在【终止于】输入框中输入“4”，在【步长】输入框中输入“2”，如图 10-51 所示。

（3）单击【确定】按钮，完成数字项组合后的效果如图 10-52 所示。

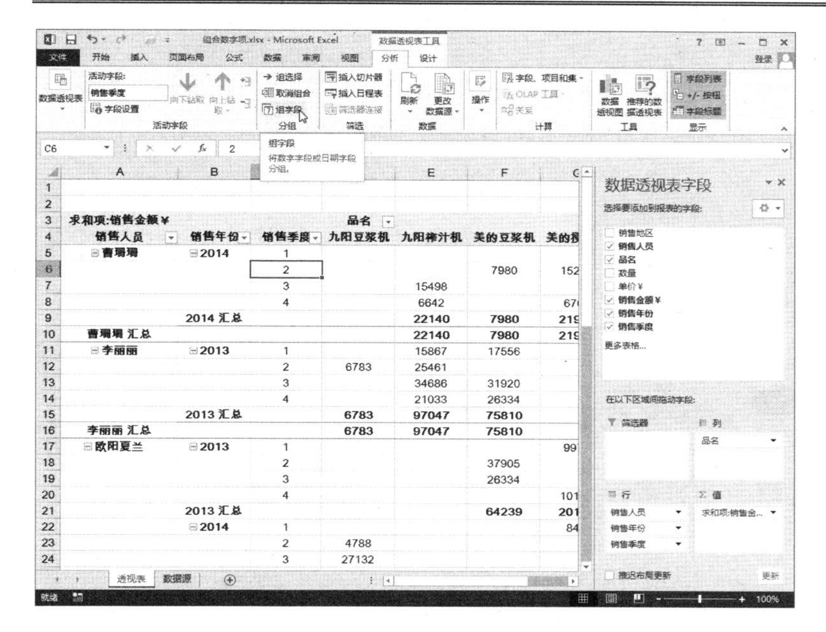

图 10-50　单击【组字段】按钮

图 10-51　设置【组合】对话框

求和项:销售金额¥			品名					
销售人员	销售年份	销售季度	九阳豆浆机	九阳榨汁机	美的豆浆机	美的搅拌机	美的烤箱	总计
曹珊珊	2014	1-2			7980	15210	107880	131070
		3-4		22140		6760	8990	37890
	2014 汇总			22140	7980	21970	116870	168960
曹珊珊 汇总				22140	7980	21970	116870	168960
李丽丽	2013	1-2	6783	41328	17556			65667
		3-4		55719	58254			113973
	2013 汇总		6783	97047	75810			179640
李丽丽 汇总			6783	97047	75810			179640
欧阳夏兰	2013	1-2			37905	9971		47876
		3-4			26334	10140		36474
	2013 汇总				64239	20111		84350
	2014	1-2	4788			845		5633
		3-4	27132					27132
	2014 汇总		31920			845		32765
欧阳夏兰 汇总			31920		64239	20956		117115
王静华	2014	1-2	30324	50184	13965			94473
		3-4	30723	10332	32718	4563		78336
	2014 汇总		61047	60516	46683	4563		172809
王静华 汇总			61047	60516	46683	4563		172809
王明霞	2014	1-2		44649	39102	28054		111805

图 10-52　组合后的数据透视表效果

10.4.3　组合日期和时间项

对于日期型数据，数据透视表提供了更多的组合选项，可以按秒、分、小时、日、月、季度、年等多种时间单位进行组合。

图 10-53 所示的数据透视表显示了按订单日期统计的报表，如果可以对日期项进行分组，则表格将变得意义更加明确，可读性更强。

对日期项进行分组的具体操作步骤如下。

（1）打开本章素材文件“组合日期和时间项.xlsx”，在数据透视表“订单日期”字段区域中单击鼠标右键，在弹出的快捷菜单中单击【创建组】命令，如图 10-54 所示。

销售金额	销售人员				
订单日期	李庆生	王茜	张媛媛	周晓彤	总计
2013/9/1				317.5	317.5
2013/9/2	365		43.6		408.6
2013/9/3	138		1950	365	2453
2013/9/4		438			438
2013/9/5			254		254
2013/9/6	317.5			43.6	361.1
2013/9/7		38.4			38.4
2013/9/8	755.5		1323		2078.5
2013/9/9			900		900
2013/9/10	608		98.4		706.4
2013/9/12	98.4				98.4
2013/9/13	65.6	177			242.6
2013/9/14	1669			44	1713
2013/9/15		1444.8		177	1621.8
2013/9/16	365	442.8		438	1245.8

图 10-53　按原始日期排列的数据透视表

图 10-54　右键快捷菜单

（2）在弹出的【组合】对话框中，保持起始和终止日期的默认设置，在【步长】列表框中同时选中【月】和【年】，如图 10-55 所示。

（3）单击【确定】按钮完成设置。组合后的效果如图 10-56 所示。

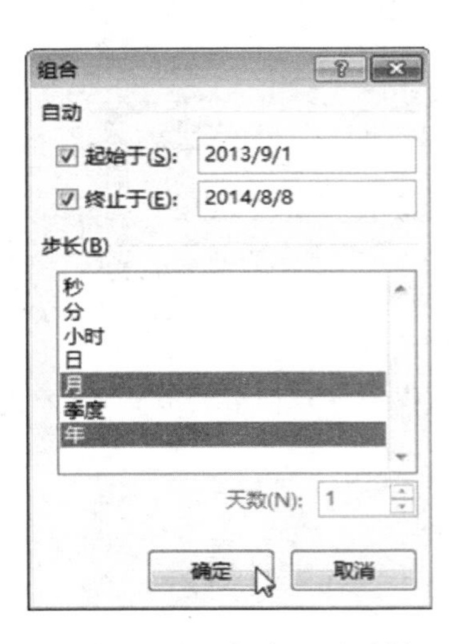

图 10-55　“组合”对话框

销售金额	销售人员				
订单日期	李庆生	王茜	张媛媛	周晓彤	总计
⊟2013年					
9月	11028.1	6337.2	5685.4	6042.1	29092.8
10月	7044.3	3121	2941.1	668.9	13775.3
11月	7113.3	3796.2	45465.3	6112.9	62487.7
12月	8788.9	30424.9	14659.5	5047	58920.3
⊟2014年					
1月	9263.2	3516.9	15253.2	2267.7	30301
2月	14837.4	4239.9	15936.7	4547.8	39561.8
3月	14622.1	9720.5	10908.1	1619.5	36870.2
4月	6288.1	2901.1	10672.1	11219.4	31080.7
5月	5755.7	5083.5	31276.1	7873.5	49988.8
6月	20262.5	8906.2	26255.6	5196.5	60620.8
7月	9044.8	3167.7	40441.7	1287.3	53941.5
8月	11545.4	11229.5	2743.4	1196	26714.3
总计	125593.8	92444.6	222238.2	53078.6	493355.2

图 10-56　按日期项组合后的数据透视表

10.4.4　取消项目组合

假如用户需要将已经创建好的组合取消，可以在这个组合上右击，在弹出的快捷菜单中选择【取消组合】命令，参见图 10-54 所示，即可完成取消项目组合操作，将字段恢复到组合前的状态。

10.4.5　处理“选定区域不能分组”的方法

在对数据透视表进行分组作业时，出现“选定区域不能分组”是很常见的问题。一般来说有以下原因。

1．组合字段数据类型不一致导致分组失败

- 待组合的字段中存在空白项。对于这种情形，用户要对数据源进行处理，将数据源中包含空白的记录删除或者将空白内容替换为“0”值；
- 分组字段数据中日期型数据或数值型数据与文本型的日期及数据混用。用户可以用 TYPE 函数对源数据进行测试，查出文本型的数据，将其修改为相应的数值型数据即可；
- 透视表引用数据源时，采取了整列引用方式。这种情况下会造成引用包括了数据源以外的大量空白区域而导致数据类型不一致问题。为解决这个问题，用户可以只对数据源进行引用或者通过自定义动态引用范围，避免对空白单元格的引用。

2．数据引用区域失效导致分组失败

当透视表的数据源表被删除或引用外部数据源不存在时，数据透视表引用区域会产生来源数据的路径和文件名称，只保留一个失效的数据引用区域，从而导致分组失败。此时，更改数据透视表中的数据源，重新划定数据透视表的数据区域即可。

10.5　创建数据透视图

数据透视图可以以图形的方式显示数据，使数据透视表更加生动，表现力更强，有助于数据透视表对数据的展示。数据透视图可以在创建数据透视表的同时创建，也可以在数据透视表的基础上创建透视图。

10.5.1　创建数据透视图

图 10-57 所示是一张已经创建完成的数据透视表，现在需要根据这张数据透视表创建数据透视图。

创建数据透视图的具体操作步骤如下。

（1）打开本章素材文件“数据透视图.xlsx”，单击数据透视表数据区域中任意一个单元格，如 C5，在【分析】选项卡中【工具】组中的【数据透视图】按钮，如图 10-58 所示。

	A	B	C	D	E	F
1	商品名称	(全部)				
2						
3	求和项:金额	列标签				
4	行标签	李庆生	王茜	张媛媛	周晓彤	总计
5	1月	9263.2	3516.9	15253.2	2267.7	30301
6	2月	14837.4	4239.9	15936.7	4547.8	39561.8
7	3月	14622.1	9720.5	10908.1	1619.5	36870.2
8	4月	6288.1	2901.1	10672.1	11219.4	31080.7
9	5月	5755.7	5083.5	31276.1	7873.5	49988.8
10	6月	20262.5	8906.2	26255.6	5196.5	60620.8
11	7月	9044.8	3167.7	40441.7	1287.3	53941.5
12	8月	11545.4	11229.5	2743.4	1196	26714.3
13	9月	11028.1	6337.2	5685.4	6042.1	29092.8
14	10月	7044.3	3121	2941.1	668.9	13775.3
15	11月	7113.3	3796.2	45465.3	6112.9	62487.7
16	12月	8788.9	30424.9	14659.5	5047	58920.3
17	总计	125593.8	92444.6	222238.2	53078.6	493355.2
18						

数据源 | 透视表

图 10-57 数据透视表

图 10-58 单击【数据透视图】按钮

（2）在弹出的【插入图表】对话框中，单击【折线图】选项卡，再单击“带数据标记的折线图”选项，如图 10-59 所示。

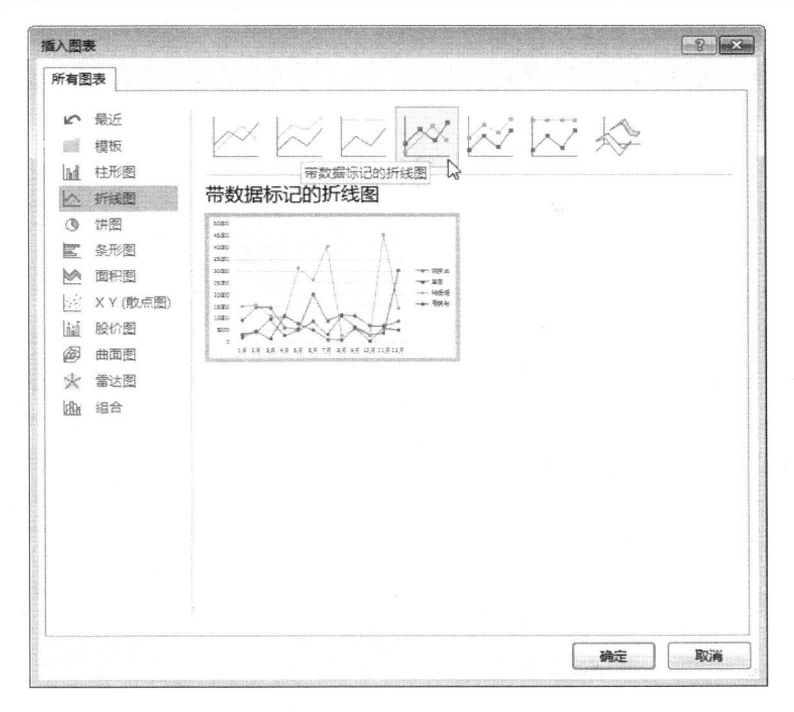

图 10-59　选择“带数据标记的折线图”选项

（3）单击【确定】按钮。此时创建的折线图将被插入到数据透视表工作表中，调整数据透视图的位置，效果如图 10-60 所示。

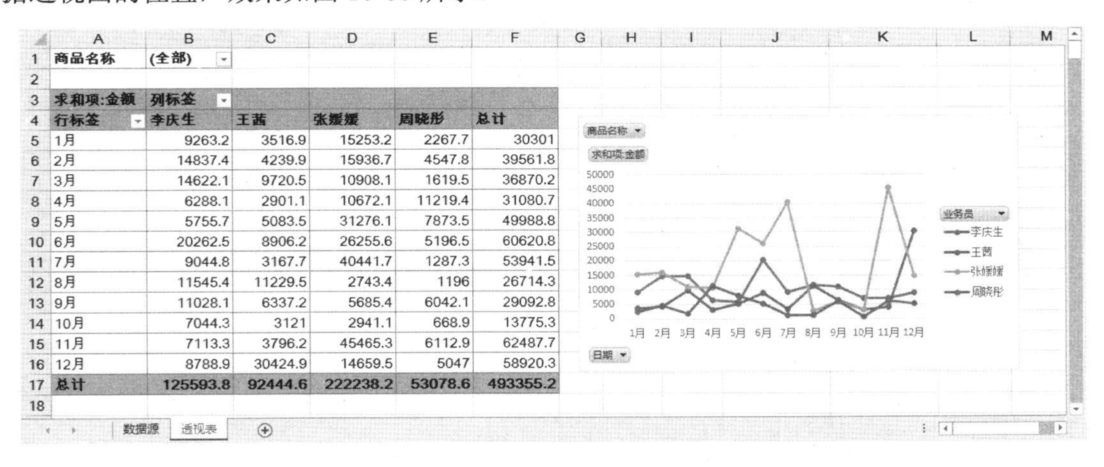

商品名称	(全部)				
求和项:金额	列标签				
行标签	李庆生	王茜	张嫒嫒	周晓彤	总计
1月	9263.2	3516.9	15253.2	2267.7	30301
2月	14837.4	4239.9	15936.7	4547.8	39561.8
3月	14622.1	9720.5	10908.1	1619.5	36870.2
4月	6288.1	2901.1	10672.1	11219.4	31080.7
5月	5755.7	5083.5	31276.1	7873.5	49988.8
6月	20262.5	8906.2	26255.6	5196.5	60620.8
7月	9044.8	3167.7	40441.7	1287.3	53941.5
8月	11545.4	11229.5	2743.4	1196	26714.3
9月	11028.1	6337.2	5685.4	6042.1	29092.8
10月	7044.3	3121	2941.1	668.9	13775.3
11月	7113.3	3796.2	45465.3	6112.9	62487.7
12月	8788.9	30424.9	14659.5	5047	58920.3
总计	125593.8	92444.6	222238.2	53078.6	493355.2

图 10-60　数据透视图

从数据透视图中可以清晰地看出每位销售人员的销售业绩在不同月份的变化情况，有助于管理者对员工全年销售情况的了解。

10.5.2　数据透视图中的术语

既然是图表，其中的术语当然与数据透视表不同。读者可以通过图 10-61，直观地了

解数据透视表中各组成部分的名称。

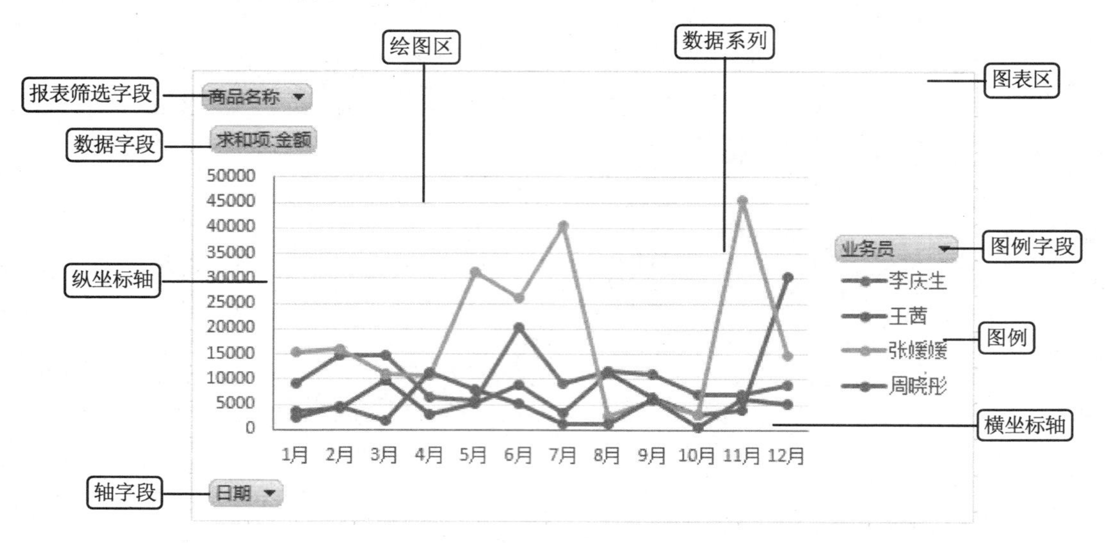

图 10-61　数据透视图的术语

10.5.3　数据透视图中的限制

虽然说数据透视图的功能非常实用，但是在 Excel 2013 中还是有一些限制的。了解如下这些限制条件将有助于用户更加顺畅地使用数据透视图功能。

- 不能使用某些特定图表类型，例如：散点图、股价图和气泡图。
- 在数据透视表中添加、删除计算字段或计算项后，添加的趋势线会消失。
- 无法直接调整数据标签、图表标题、坐标轴标题的大小，但是可以通过改变字体的大小间接地进行调整。

10.6　实例：创建复合范围的数据透视表

用户可以使用同一个工作簿中的多个工作表或者多个工作簿中的数据来创建数据透视表。不过前提条件是工作表中的数据结构完全相同。

【例 10-1】 创建单页字段的数据透视表

在使用多重区域创建透视表时可以指定字段页数，字段页数可以是单页，也可以是多页，下面来创建一个单页字段的数据透视表。

图 10-62 所示是位于同一张工作簿中的 3 张结构完全相同的工作表，分别是“1 月份”、“2 月份”和“3 月份”，这些工作表记录了某个公司各个部门的各项支出费用明细。现在需要根据这 3 个月的费用支出明细数据进行合并计算，并生成“季度汇总”数据透视表。

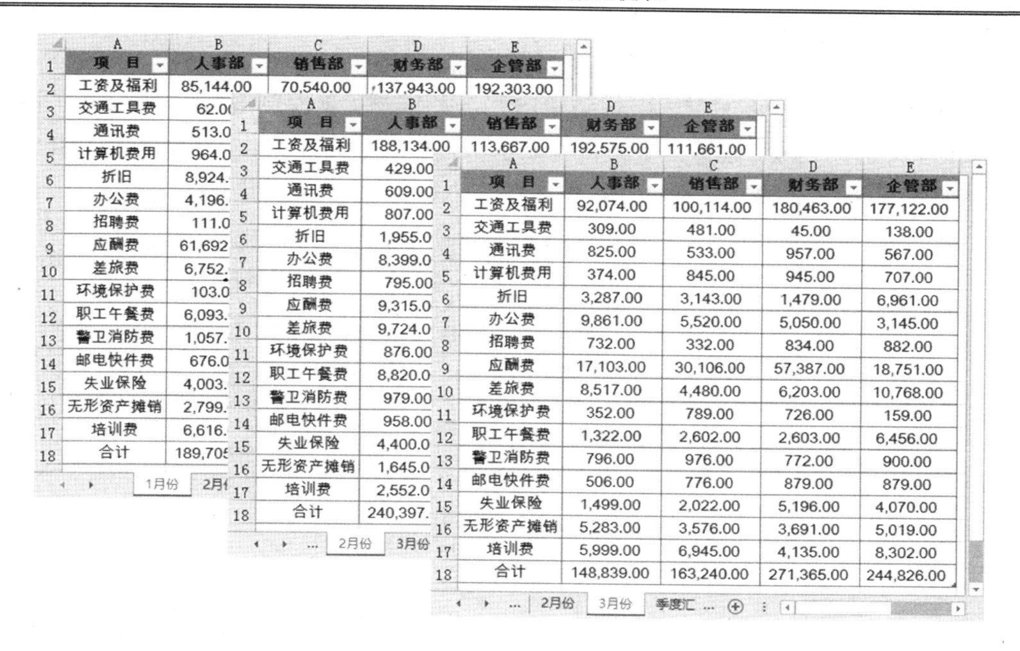

1月份（部分可见）：

	A	B	C	D	E
1	项　目	人事部	销售部	财务部	企管部
2	工资及福利	85,144.00	70,540.00	137,943.00	192,303.00
3	交通工具费	62.0			
4	通讯费	513.0			
5	计算机费用	964.0			
6	折旧	8,924.			
7	办公费	4,196.			
8	招聘费	111.0			
9	应酬费	61,692			
10	差旅费	6,752.			
11	环境保护费	103.0			
12	职工午餐费	6,093.			
13	警卫消防费	1,057.			
14	邮电快件费	676.0			
15	失业保险	4,003.			
16	无形资产摊销	2,799.			
17	培训费	6,616.			
18	合计	189,705			

2月份（部分可见）：

	A	B	C	D	E
1	项　目	人事部	销售部	财务部	企管部
2	工资及福利	188,134.00	113,667.00	192,575.00	111,661.00
3	交通工具费	429.00			
4	通讯费	609.00			
5	计算机费用	807.00			
6	折旧	1,955.0			
7	办公费	8,399.0			
8	招聘费	795.00			
9	应酬费	9,315.0			
10	差旅费	9,724.0			
11	环境保护费	876.00			
12	职工午餐费	8,820.0			
13	警卫消防费	979.00			
14	邮电快件费	958.00			
15	失业保险	4,400.0			
16	无形资产摊销	1,645.0			
17	培训费	2,552.0			
18	合计	240,397.			

3月份：

	A	B	C	D	E
1	项　目	人事部	销售部	财务部	企管部
2	工资及福利	92,074.00	100,114.00	180,463.00	177,122.00
3	交通工具费	309.00	481.00	45.00	138.00
4	通讯费	825.00	533.00	957.00	567.00
5	计算机费用	374.00	845.00	945.00	707.00
6	折旧	3,287.00	3,143.00	1,479.00	6,961.00
7	办公费	9,861.00	5,520.00	5,050.00	3,145.00
8	招聘费	732.00	332.00	834.00	882.00
9	应酬费	17,103.00	30,106.00	57,387.00	18,751.00
10	差旅费	8,517.00	4,480.00	6,203.00	10,768.00
11	环境保护费	352.00	789.00	726.00	159.00
12	职工午餐费	1,322.00	2,602.00	2,603.00	6,456.00
13	警卫消防费	796.00	976.00	772.00	900.00
14	邮电快件费	506.00	776.00	879.00	879.00
15	失业保险	1,499.00	2,022.00	5,196.00	4,070.00
16	无形资产摊销	5,283.00	3,576.00	3,691.00	5,019.00
17	培训费	5,999.00	6,945.00	4,135.00	8,302.00
18	合计	148,839.00	163,240.00	271,365.00	244,826.00

图 10-62　同一个工作簿中结构相同的 3 张工作表

创建单页字段数据透视表的具体操作步骤如下。

（1）打开本章素材文件“创建复合范围的数据透视表.xlsx”，依次按 Alt 键、D 键和 P 键，弹出【数据透视表和数据透视图向导——步骤 1（共 3 步）】对话框，选择【多重合并计算数据区域】单选按钮，如图 10-63 所示。

（2）单击【下一步】按钮弹出【数据透视表和数据透视图向导——步骤 2a（共 3 步）】对话框，选择【创建单页字段】单选按钮，如图 10-64 所示。

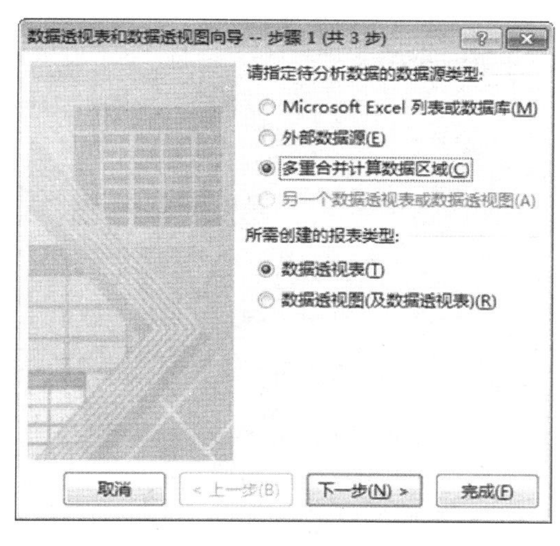

图 10-63　步骤 1

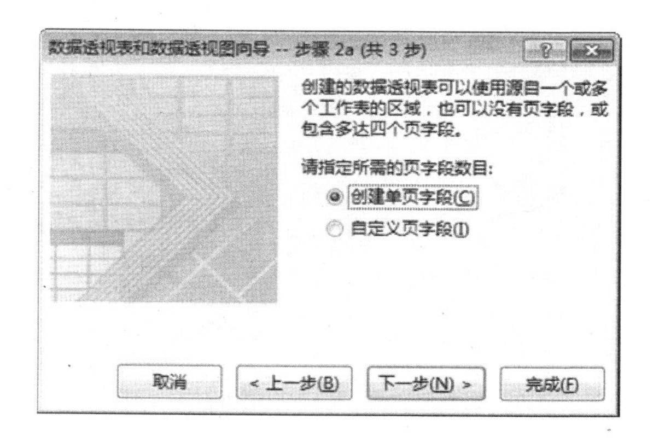

图 10-64　步骤 2a

（3）单击【下一步】按钮，弹出【数据透视表和数据透视图向导——步骤 2b（共 3 步）】

对话框，单击【选定区域】编辑框右侧的折叠按钮，如图 10-65 所示。单击工作表标签“1 月份”，然后选择“1 月份”工作表的 A1:E18 单元格区域。再次单击折叠按钮，如图 10-66 所示。此时，【选定区域】编辑框中将自动显示带合并的数据区域“'1 月份'!$A$1:$E$18”，单击【添加】按钮完成第一个带合并数据区域的添加，如图 10-67 所示。

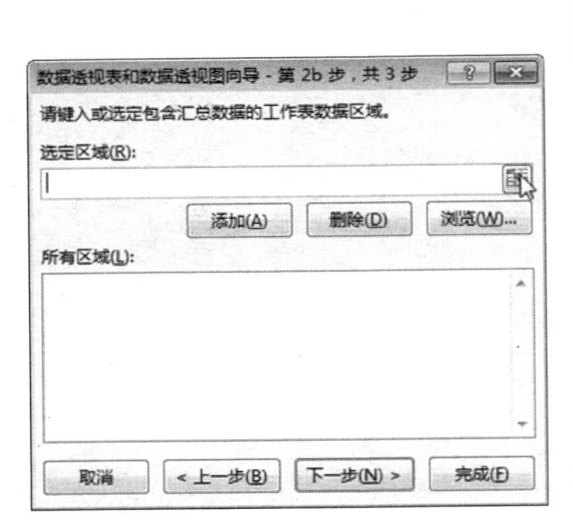

图 10-65 第 2b 步

项　目				管部
工资及福利	[illegible]	[illegible]	[illegible]	[illegible]303.00
交通工具费	62.00	269.00	440.00	150.00
通讯费	513.00	728.00	584.00	756.00
计算机费用	964.00	366.00	437.00	653.00
折旧	8,924.00	4,928.00	4,253.00	8,367.00
办公费	4,196.00	2,135.00	5,744.00	9,214.00
招聘费	111.00	409.00	635.00	699.00
应酬费	61,692.00	65,108.00	58,139.00	87,287.00
差旅费	6,752.00	10,702.00	8,206.00	5,236.00
环境保护费	103.00	203.00	845.00	425.00
职工午餐费	6,093.00	2,572.00	2,475.00	8,196.00
警卫消防费	1,057.00	702.00	988.00	1,071.00
邮电快件费	676.00	778.00	402.00	172.00
失业保险	4,003.00	2,473.00	2,020.00	1,127.00
无形资产摊销	2,799.00	4,971.00	5,132.00	3,899.00
培训费	6,616.00	4,390.00	9,966.00	9,107.00
合计	189,705.00	171,274.00	238,209.00	328,662.00

数据透视表和数据透视图向导 - 第 2b 步，共 3 步　'1月份'!$A$1:$E$18　1月份　2月份　3月份

图 10-66 选择数据区域

（4）重复步骤 3 中的操作步骤，将“2 月份”和“3 月份”工作表中的数据区域依次添加到“所有区域”列表框中，如图 10-68 所示。

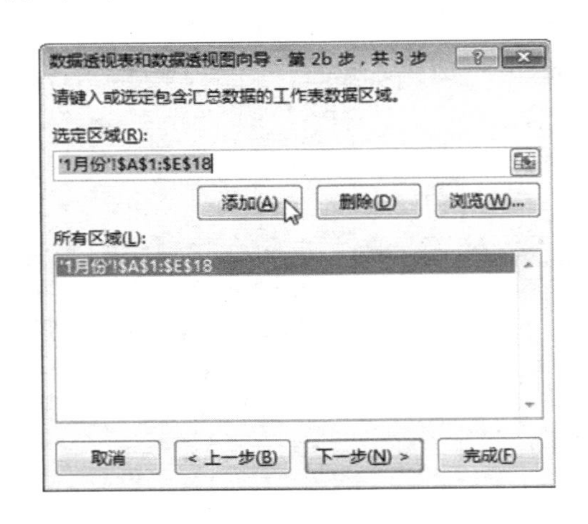

图 10-67 添加第一个数据区域

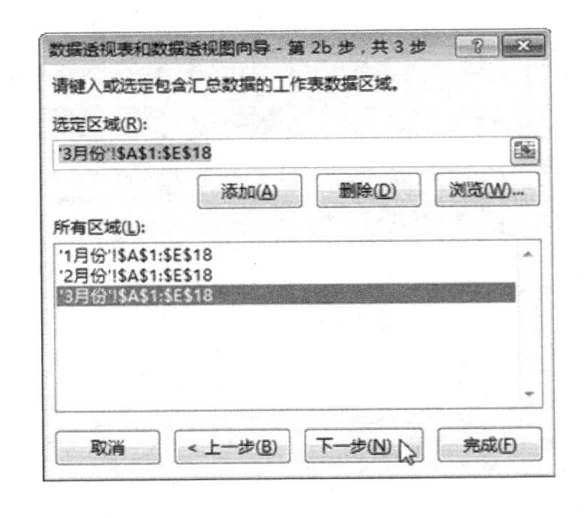

图 10-68 添加多个数据区域

（5）单击【下一步】按钮，在弹出的【数据透视表和数据透视图向导——步骤 3（共 3 步）】对话框中，指定数据透视表的创建位置“季度汇总！$A$3”，如图 10-69 所示。

（6）单击【完成】按钮。本例创建的数据透视表效果如图 10-70 所示。

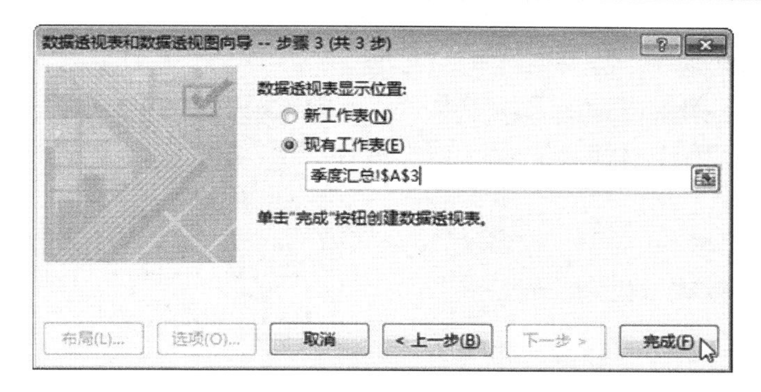

图 10-69　选择数据透视表显示位置

	A	B	C	D	E	F
1	页1	(全部)				
2						
3	求和项:值	列				
4	行	财务部	企管部	人事部	销售部	总计
5	办公费	18155	20654	22456	9420	70685
6	差旅费	19798	19249	24993	21757	85797
7	工资及福利	510981	481086	365352	284321	1641740
8	合计	820702	748029	578941	554274	2701946
9	环境保护费	1766	781	1331	1758	5636
10	计算机费用	2194	1614	2145	1620	7573
11	交通工具费	667	402	800	1309	3178
12	警卫消防费	2409	3053	2832	2737	11031
13	培训费	20836	21558	15167	12767	70328
14	失业保险	8446	9153	9902	8745	36246
15	通讯费	2535	2010	1947	2173	8665
16	无形资产摊销	11943	14255	9727	12211	48136
17	应酬费	196018	127387	88110	170798	582313
18	邮电快件费	1469	1637	2140	2254	7500
19	招聘费	1534	1994	1638	1091	6257
20	折旧	13034	21361	14166	10432	58993
21	职工午餐费	8917	21835	16235	10881	57868
22	总计	1641404	1496058	1157882	1108548	5403892

3月份　季度汇总

图 10-70　多重合并计算数据区域的数据透视表

【例 10-2】 创建自定义页字段的数据透视表

创建所谓的“自定义页字段”就是指事先为待合并的多重数据源命名，在将来创建好的数据透视表页字段的下拉列表中将会出现用户已经命名的选项。

下面以【例 10-1】中的 3 张数据表为例，并参考该例步骤介绍自定义字段数据透视表的具体操作步骤。

（1）首先打开【数据透视表和数据透视图向导——步骤 1（共 3 步）】对话框，选择【多重合并计算数据区域】单选按钮，单击【下一步】按钮。在弹出的【数据透视表和数据透视图向导——步骤 2a（共 3 步）】对话框中选择【自定义页字段】单选按钮。

（2）在弹出的【数据透视表和数据透视图向导——步骤 2b（共 3 步）】对话框中设置“页字段数目”为“1”，单击【选定区域】编辑框右侧的折叠按钮，选择工作表“1 月份”的 A1：E18 单元格区域，单击【添加】按钮完成第一个合并区域的添加。在【字段 1】下拉列表框中输入“1 月份”，如图 10-71 所示。

（3）重复添加步骤，将“2 月份”和“3 月份”工作表中的数据区域添加到【字段】

下拉列表中，分别命名为“2 月份”和“3 月份”，如图 10-72 所示。

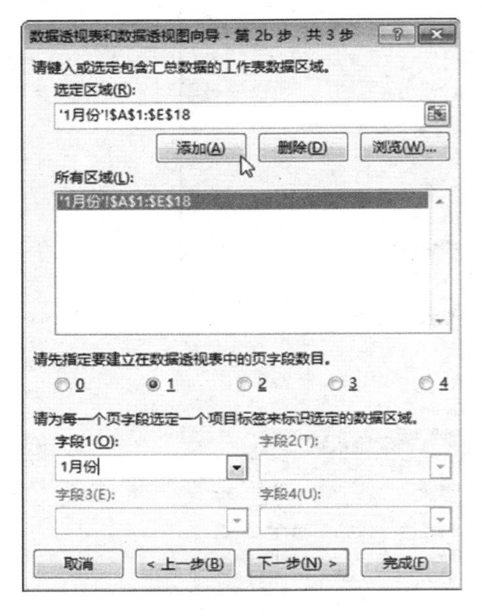

图 10-71　编辑自定义页字段

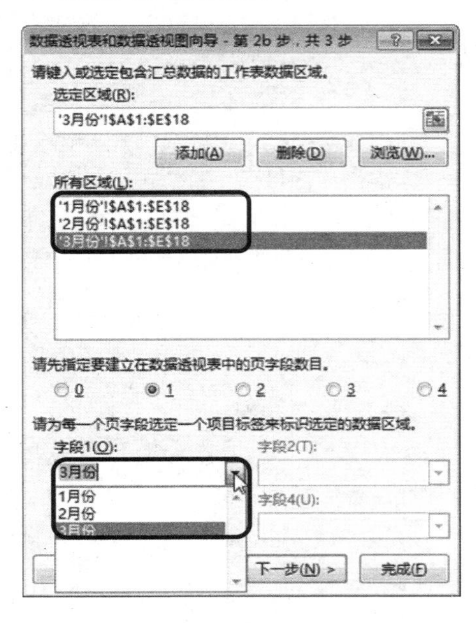

图 10-72　编辑多个自定义页字段

（4）单击【下一步】按钮，在弹出的【数据透视表和数据透视图向导——步骤 3（共 3 步）】对话框中指定数据透视表的创建位置“季度汇总！$A$3”，然后单击【完成】按钮。创建完成的数据透视表的页字段选项中将出现自定义的名称“1 月份”“2 月份”和“3 月份”，如图 10-73 所示。

图 10-73　自定义页字段多重合并计算数据区域的数据透视表

第 11 章　图表看数据——一目了然

我们生活的这个世界是丰富多彩的，几乎 90%以上的知识都来自于视觉。也许人们无法记住一连串的数字，以及它们之间的关系和趋势，但是可以很轻松地记住一幅图画或者一条曲线。因此，使用图表会使 Excel 编制的数据表更易于理解和交流。图表不仅能够更加生动地表现数据，还能够对数据进行对比分析，并且对数据的变化趋势进行预测，帮助决策者做出正确地判断。本章就来介绍有关图表的相关知识。

通过对本章内容的学习，读者将掌握：

- 图表的创建
- 图表的编辑
- 迷你图表的使用
- 不同类型图表的应用举例

11.1 创 建 图 表

图表具有很好的视觉效果，创建图表后，可以清晰地看到数据之间的差异。使用 Excel 的图表功能可以将工作表中枯燥的数据转化为简洁、直观的图表形式，更迅速有效地传递信息。

11.1.1 图表概述

1. 图表概念及其特点

图表是 Excel 中最常使用的功能之一，它可以将数据更加形象地展示给用户，将单调繁复的数据通过图表的形式展现出来。图表是图形化的数据，图形由点、线、面与数据匹配组合而成。一般情况下，用户使用 Excel 工作簿内的数据制作图表，生成的图表也会存放于当前工作表中。

图表具有以下几个特点。

- 形象直观。图表可以使用户一目了然地看清数据的大小、差异和变化趋势。
- 种类丰富。Excel 中的图表包括柱形图、折线图、饼图、条形图、面积图、XY 散点图、股价图、曲面图、圆环图、气泡图和雷达图。每种图表类型还包括多种子图表类型。
- 实时更新。这是指图表随着数据的变化而自动进行更新。
- 二维坐标。Excel 虽然提供了一些三维图表类型，但是从实际运用的角度来看，其实质仍是在二维平面坐标系下建立的图表。

2．图表的组成结构

认识图表的各个组成部分，对于正确选择图表元素和设置图表对象格式来说是非常重要的。图表由图表区、绘图区、标题、数据系列、图例和网格线等基本组成部分构成，如图 11-1 所示。此外，图表还可能包括数据表、模拟运算表和三维背景等在特定图表中显示的元素。

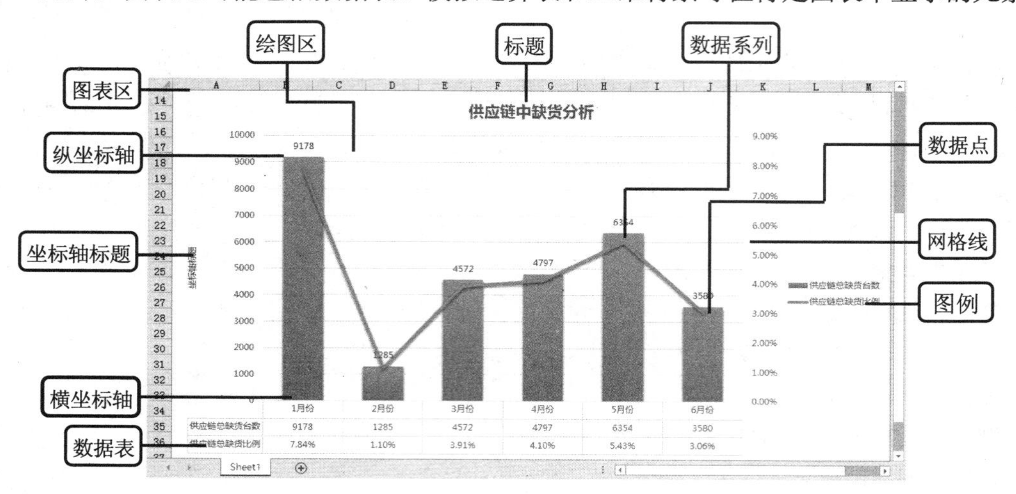

图 11-1　图表的组成

3．图表的类型

Excel 2013 中内置了 11 种图表类型，包括柱形图、条形图、折线图、饼图、XY 散点图、面积图、圆环图、雷达图、曲面图、气泡图和股价图。

（1）柱形图

如图 11-2 所示，柱形图由一系列垂直条组成，用来显示一段时间内数据的变化，或者显示不同项目之间的对比。例如不同产品季度或年销售量对比、在几个项目中不同部门的经费分配情况、每年各类资料的数目等。柱形图又分为簇状柱形图、堆积柱形图、百分比堆积柱形图和三维柱形图等。

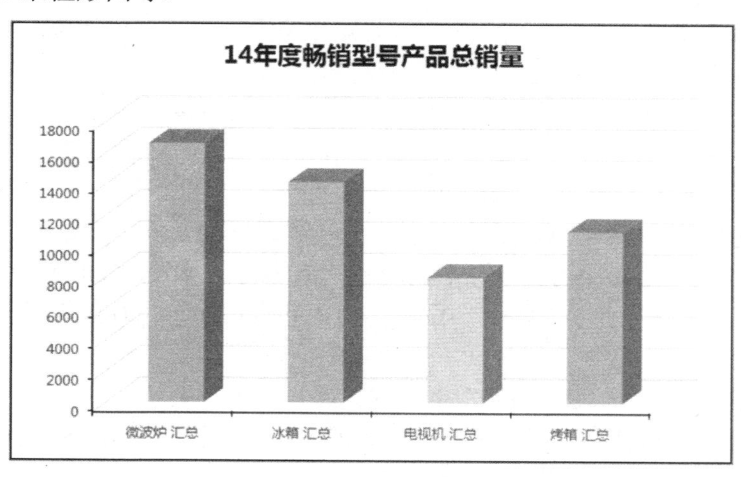

图 11-2　柱形图

（2）条形图

条形图与柱形图功能相同，同样用来显示各个项目之间的量的对比。条形图有簇状条形图、堆积条形图、百分比堆积条形图等，如图 11-3 所示。

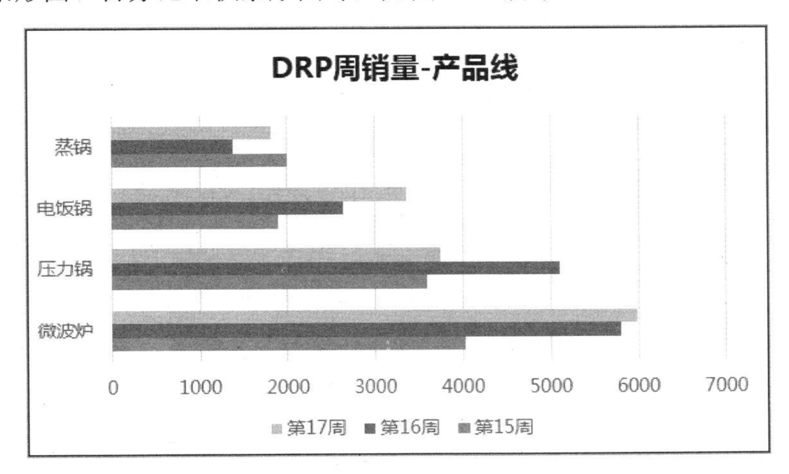

图 11-3　条形图

（3）折线图

折线图用来显示一段时间内的趋势。比如，数据在一段时间内是呈增长趋势的，在另一段时间内处于下降趋势，这种情况就可以通过折线图对未来作出预测，一般在工程上应用较多。该类型包括折线图、堆叠折线图、百分比堆叠折线图、三维折线图等类型，如图 11-4 所示。

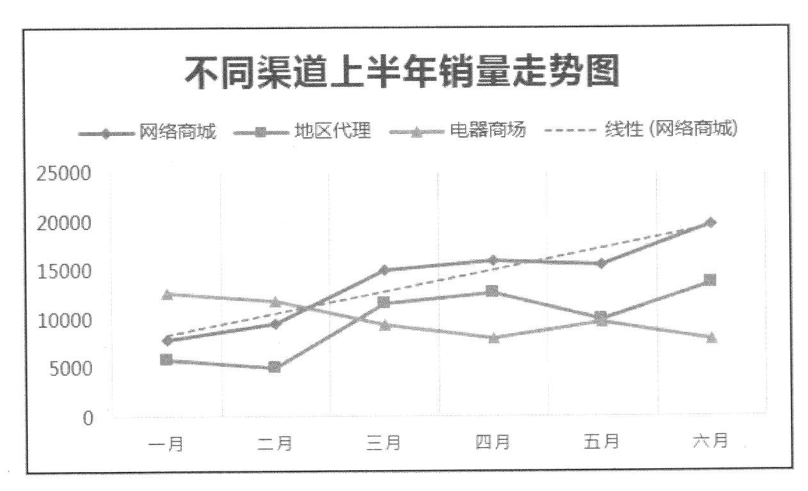

图 11-4　折线图

（4）饼图

饼图主要用于对比几个数据在其形成的总和中所占的百分比值。整个圆饼代表总和，每一个数用一个楔形或扇形薄片代表，如图 11-5 所示。饼图通常只显示一个数据系列。当用户希望强调数据中的某个重要元素时可以采用饼图。饼图具有饼图、分离型饼图、复合饼图、复合条饼图等类型。

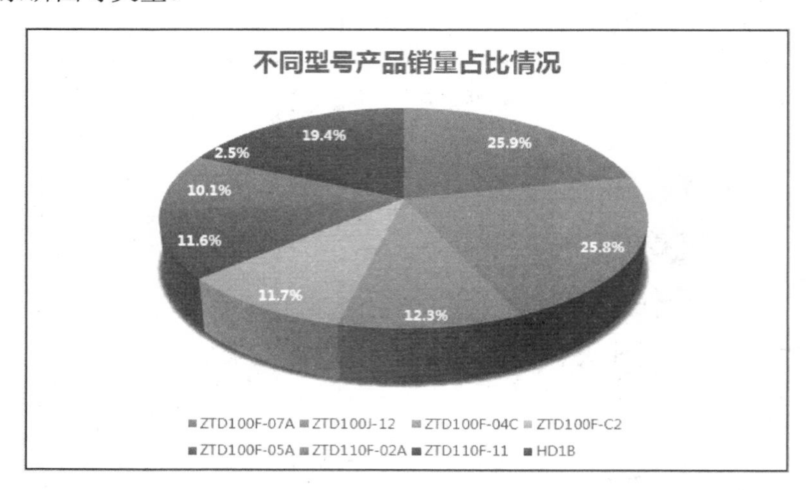

图 11-5　饼图

（5）XY 散点图

XY 散点图展示成对的数和它们所代表的趋势之间的关系。对于每一数对，其中一个数被绘制在 X 轴上，而另一个被绘制在 Y 轴上。过两点作轴垂线，相交处在图表上有一个标记。当大量的这种数对被绘制后，会出现一个图形如图 11-6 所示。散点图的重要作用是可以用来绘制函数曲线。从简单的三角函数、指数函数、对数函数到更复杂的混合型函数，都可以利用它来快速准确地绘制出曲线，所以在教学、科学计算中会经常用到。

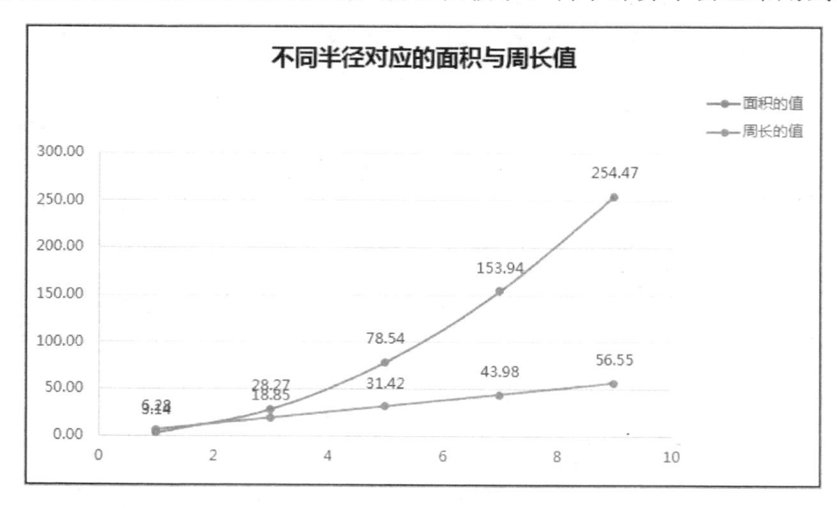

图 11-6　XY 散点图

（6）面积图

面积图用于显示一段时间内变动的幅值。面积图能表示单独各部分的变动，同时也表示总体的变化。该类型包括面积图、堆叠面积图、百分比堆叠面积图等类型，如图 11-7 所示。

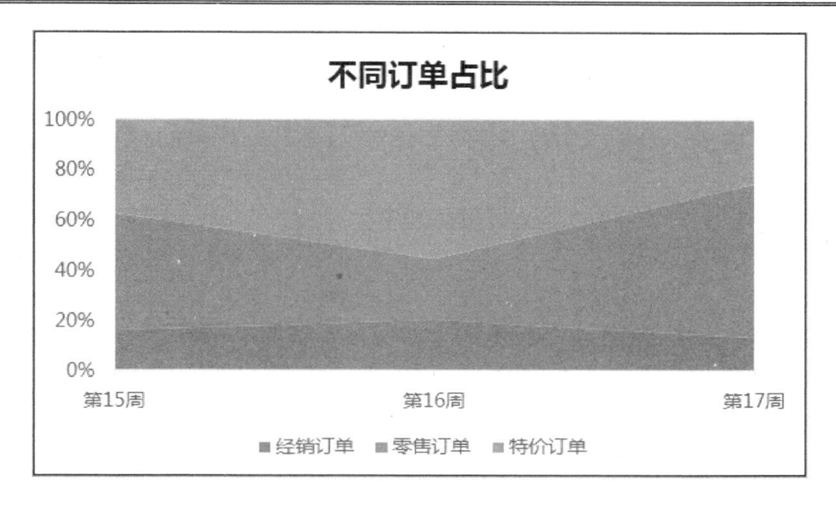

图 11-7　面积图

（7）雷达图

雷达图显示数据如何按中心点或其他指定的数据点变动，每个类别的坐标值从中心点辐射，来源于同一序列的数据与线条相连。用户可以采用雷达图来绘制几个内部关联的序列，很容易地得到可视化的对比，如图 11-8 所示。

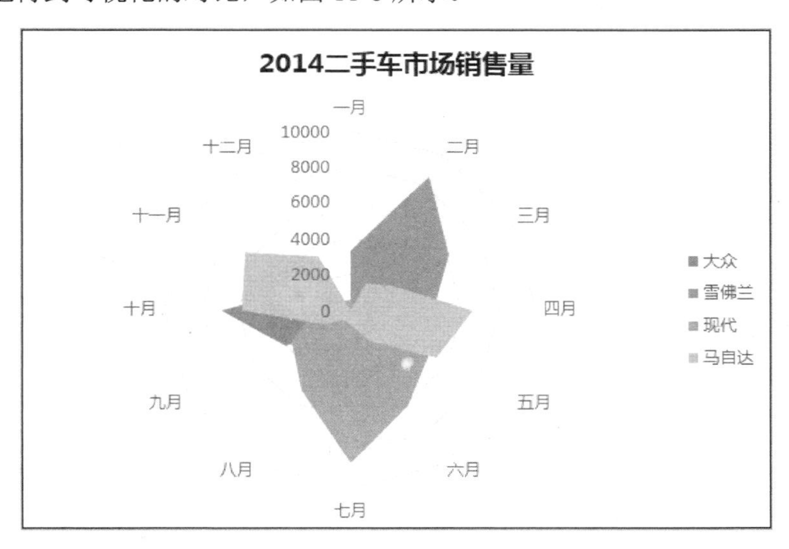

图 11-8　雷达图

（8）曲面图

曲面图显示的是连接一组数据点的三维曲面，如图 11-9 所示。在寻找两组数据的最优组合时，曲面图很有用。如同一张地质学的地图，曲面图中的颜色和图案表明具有相同范围的值的区域。与其他图表类型有所不同，曲面图中的颜色不用于区别“数据系列”，而是用来区别值的。

（9）气泡图

气泡所处的坐标值代表对应于 x 轴（水平轴）和 y 轴（垂直轴）的两个变量值，气泡的大小则表示数据系列中第 3 个变量的值，数值越大，气泡越大，如图 11-10 所示。气泡图可以用于分析更为复杂的数据关系，除两组数据之间的关系外，还可以对另一组相关指标的数值大小进行描述。气泡图包括 2 种子图表类型图，即气泡图和三维气泡图。

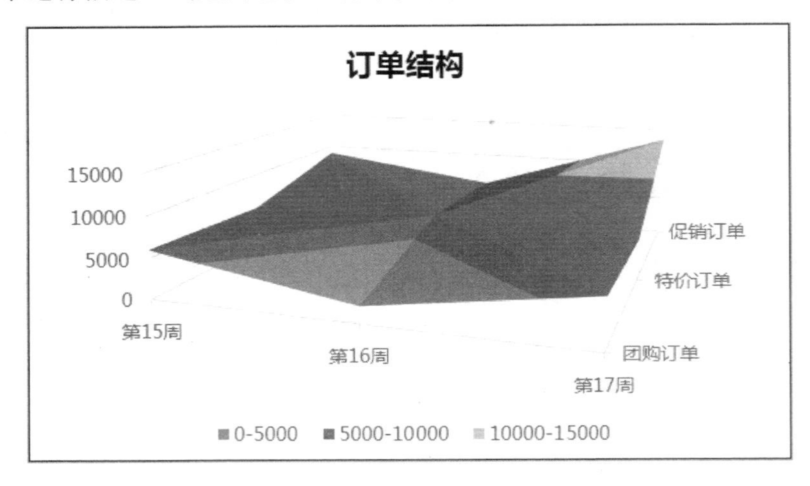

图 11-9　曲面图

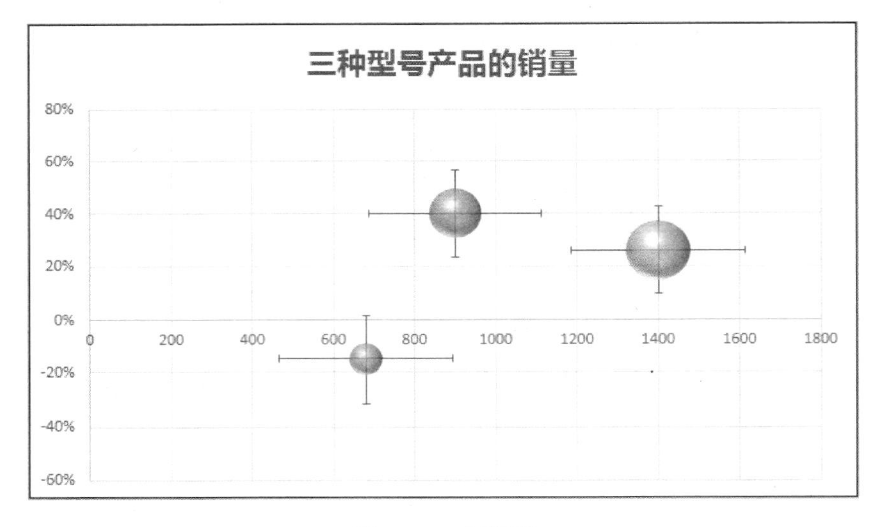

图 11-10　气泡图

（10）股价图

这种图表类型通常用于显示股票价格，但是也可以用于科学数据。它是具有三个数据序列的折线图，被用来显示一段给定时间内一支股标的最高价、最低价和收盘价。通过在最高、最低数据点之间画线形成垂直线条，而轴上的小刻度代表收盘价，如图 11-11 所示。股价图多用于金融、商贸等行业，用来描述商品价格、货币兑换率和温度、压力测量等，最适合对股价进行描述。

通常，每种类型的图表还包含多种子图表类型，用户可以根据实际需要选择不同类型的图表来显示数据。

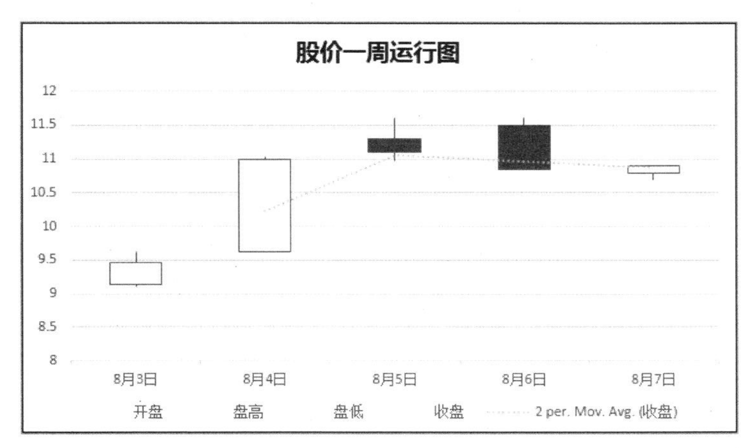

图 11-11　股价图

11.1.2　创建图表

创建图表的基础是数据，如果想要创建图表，就必须首先在工作表中输入准备创建图表的数据。图 11-12 所示是某企业各类产品的不同畅销型号截止到 12 月份的库存数据表。下面以此表格中的数据为基础，创建一个简单的簇状柱形图。

	A	B	C	D	E
1	截止到 12月 畅销型号库存情况				
2	产品线	型号	总部库存	分仓库存	在途数量
3	油烟机	JX05	282	1514	932
4	油烟机	EH12Q	335	1267	239
5	油烟机	EH16Q	716	1083	498
6	油烟机	SY09	591	881	348
7	油烟机	EH11D	427	805	268
8	油烟机	EH28Q	584	1124	285
9	灶具	HD1B	1312	1686	462
10	灶具	HL19	1314	1628	587
11	灶具	HD1G	1622	1739	509
12	灶具	FZ6G	1581	1790	525
13	灶具	FZ5B	974	1511	680
14	灶具	HL6B	1268	1704	553
15	灶具	HL6G	1447	1781	289
16	灶具	HLCB	504	1106	326
17	灶具	HL5G.S	327	956	183
18	灶具	HL8G	483	593	58
19	消毒柜	ZTD100J-12	169	710	159
20	消毒柜	ZTD100F-07A	357	715	287

Sheet1

图 11-12　某产业不同地区仓库发货量数据表

创建图表的具体操作步骤如下。

（1）打开本章素材文件“创建图表.xlsx”，选中数据表中的 B2:E8 单元格区域作为数据来源区域。

（2）在功能区上切换到【插入】选项卡，单击【图表】组中的【插入柱形图】按钮，在展开的图形选项列表中单击【二维柱形图】区域中的“簇状柱形图”选项即可，如图 11-13 所示。

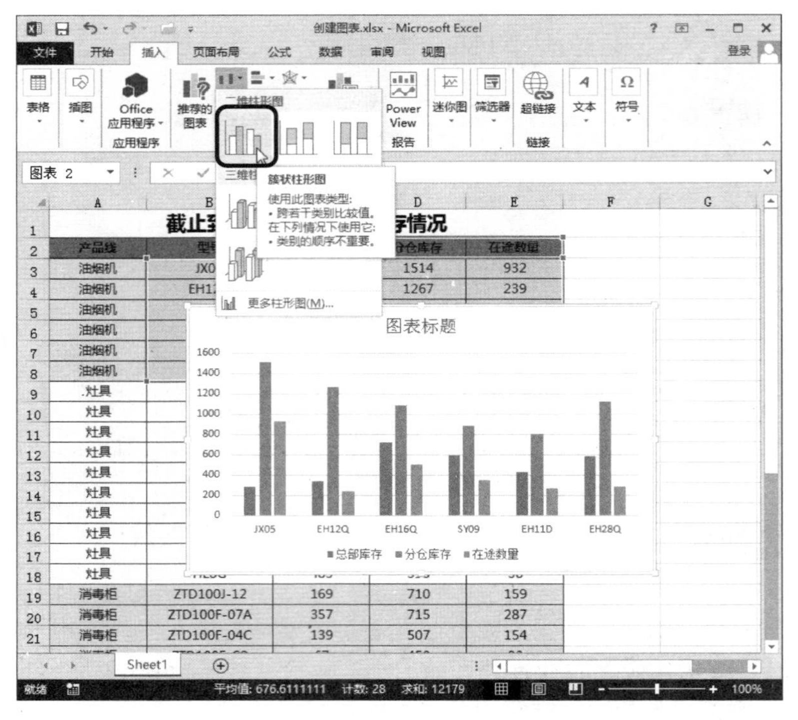

图 11-13　由功能区创建柱形图

（3）单击图表标题，将图表名称修改为“截止 12 月各种畅销型号库存情况”，效果如图 11-14 所示。

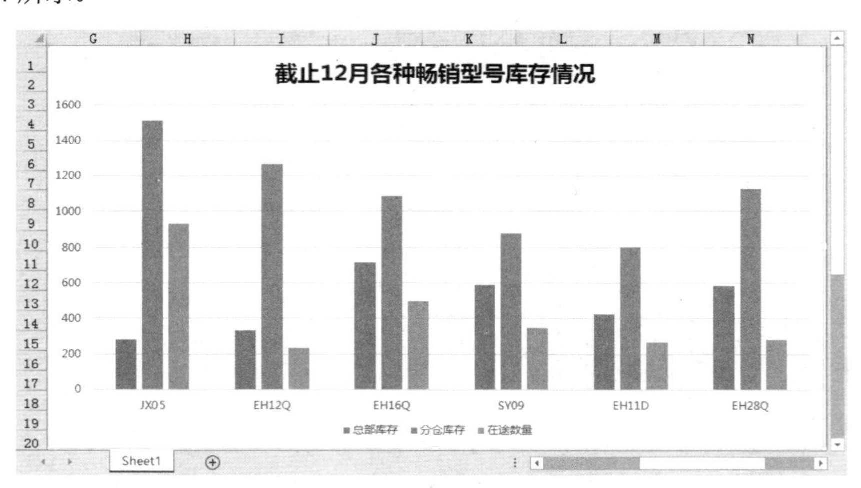

图 11-14　修改图表标题

11.1.3　更改图表类型

假如需要将已经创建完成的柱形图更改为折线图，可以在激活此图表的前提下，单击【插入】选项卡中【图表】组中的图表类型选项，重新选择图表类型即可。

此外，也可以通过【更改图表类型】对话框进行更改图表类型操作，具体步骤如下。

（1）选择当前的柱形图。

（2）在功能区中切换到【设计】选项卡，单击【类型】组中的【更改图表类型】按钮，如图 11-15 所示。

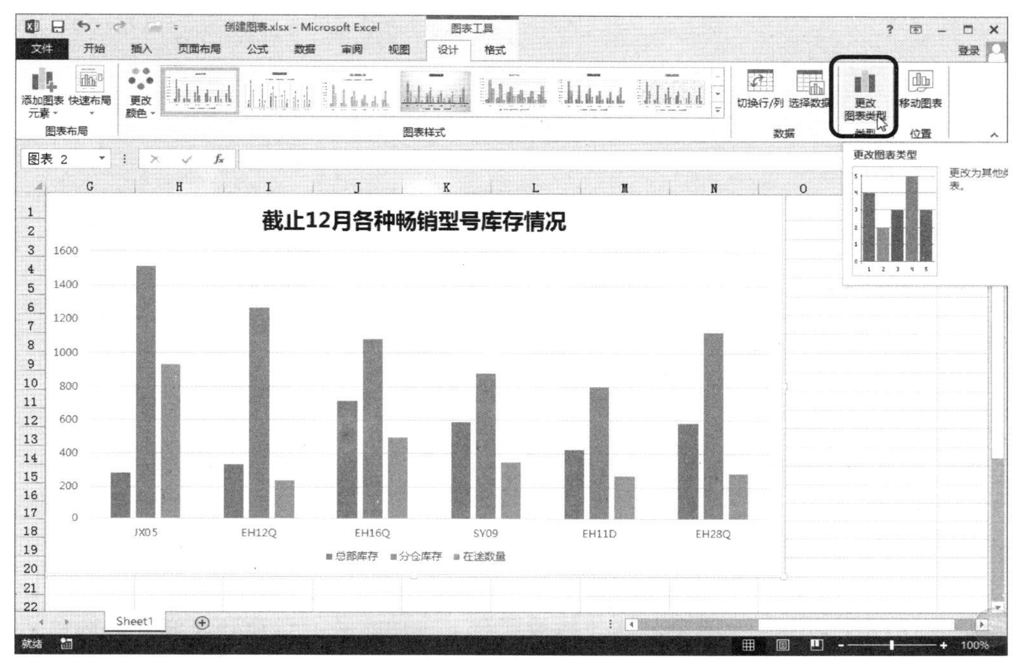

图 11-15　单击【更改图表类型】按钮

（3）在打开的【更改图表类型】对话框中，切换到【所有图表】选项卡，在其中选择需要的图表类型，然后单击【确定】按钮即可，如图 11-16 所示。

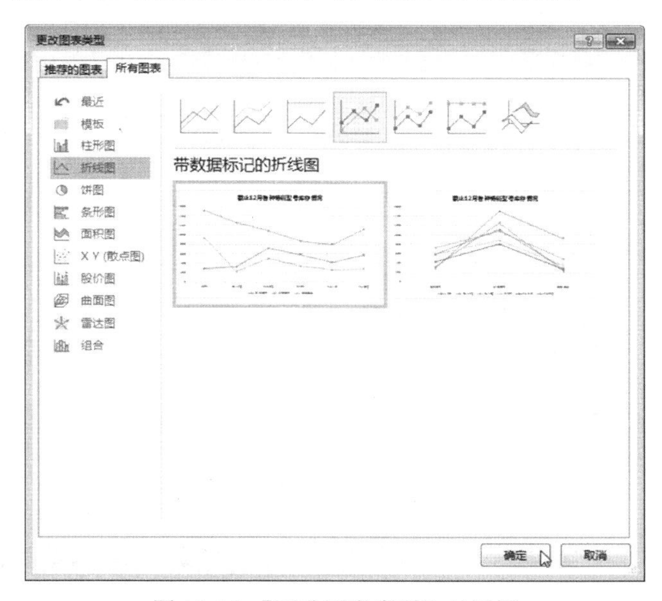

图 11-16　【更改图表类型】对话框

（4）更改后的图表如图 11-17 所示。

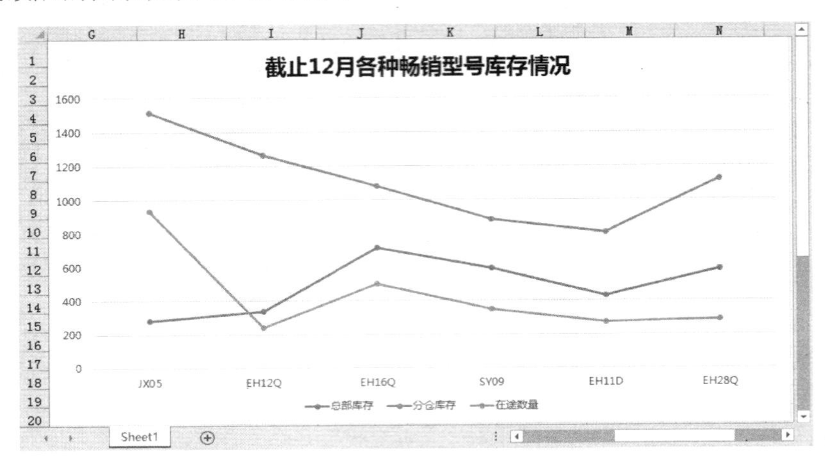

图 11-17　折线图

11.1.4　更改图表数据源

用户可以向已生成的图表中添加新的数据或者更改数据源。例如，要在图 11-18 所示的图表中只显示分仓库库存和在途数量。可以通过下面的操作来实现。

（1）沿用图 11-13 所示图表，修改其数据源。在功能区上切换到【设计】选项卡，单击【数据】组中的【选择数据】按钮，如图 11-18 所示。

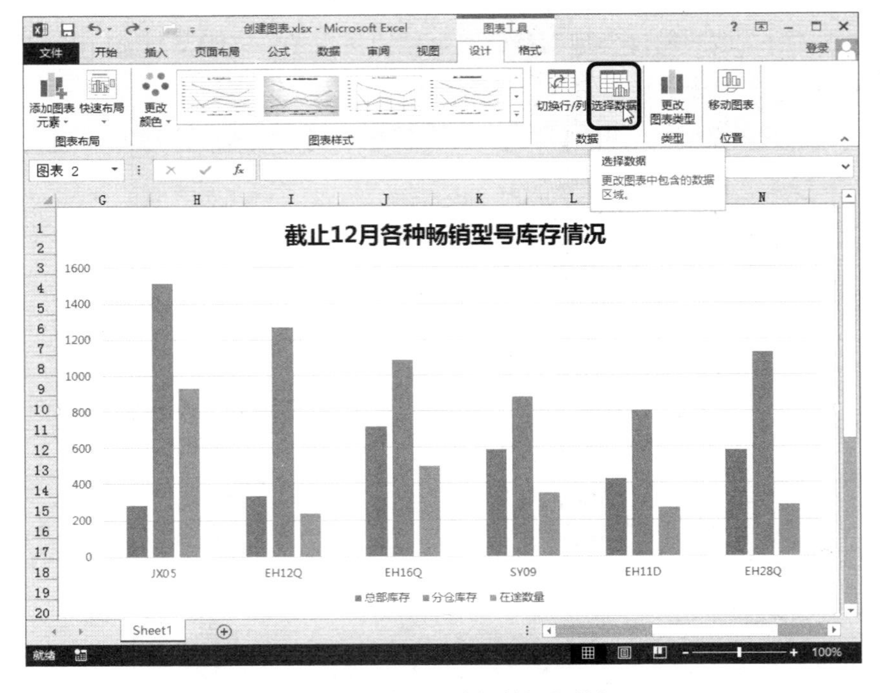

图 11-18　单击【选择数据】按钮

（2）在打开的【选择数据源】对话框左侧的组合框中，单击【添加】、【编辑】和【删除】按钮可以对图表中的图例项进行添加、编辑和删除；在右侧组合框中可以对水平轴标签进行编辑和设置。这里单击【总部库存】选项，然后单击【删除】按钮，如图 11-19 所示。

（3）如图 11-20 所示是删除【图例项（系列）】列表框中【总部库存】选项之后的效果，可以发现图中少了每组最左面一个柱形数据系列。

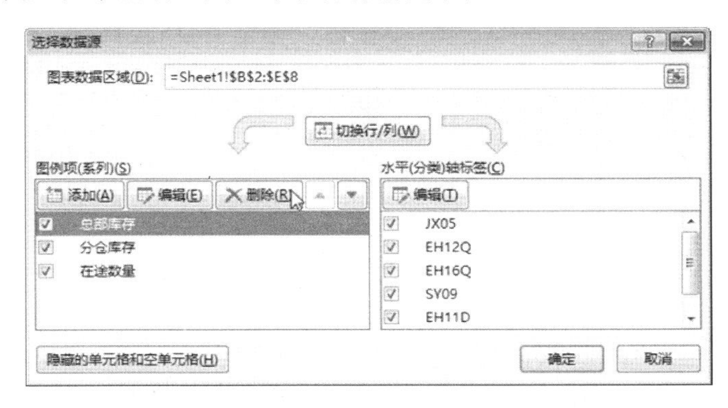

图 11-19　【选择数据源】对话框

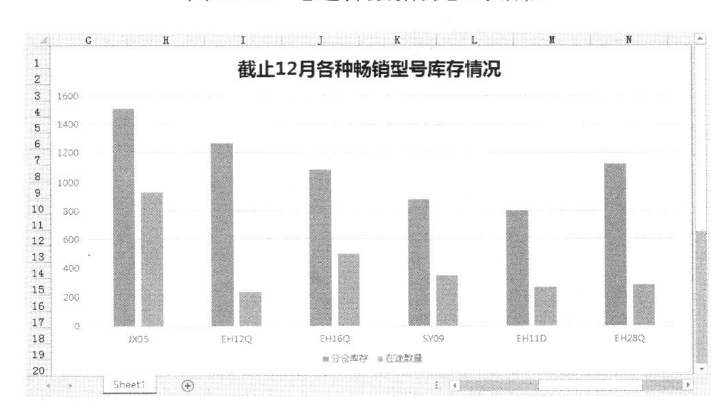

图 11-20　删除“数据系列”后的效果

11.1.5　改变图表位置与大小

1．改变图表位置

一般情况下，图表是以对象的方式嵌入在工作表中的，移动图表有以下几种方法。

- 使用鼠标拖动并放置在当前工作表中的任意一个位置。
- 使用【剪切】和【粘贴】命令可以在不同的工作表之间移动图表。
- 将图表移动到图表工作表中。选中图表，单击【设计】选项卡中的【移动图表】按钮，打开【移动图表】对话框，选择【新工作表】单选按钮，如图 11-21 所示。然后单击【确定】按钮，即可将图表移动到新工作表“Chart1”中，如图 11-22 所示。

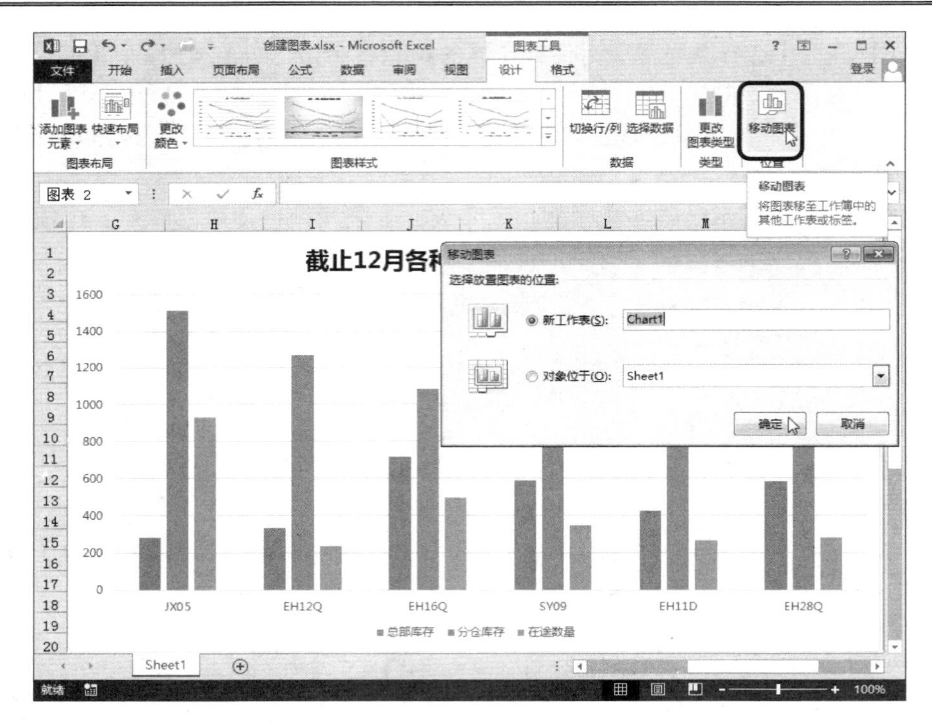

图 11-21　打开【移动图表】对话框

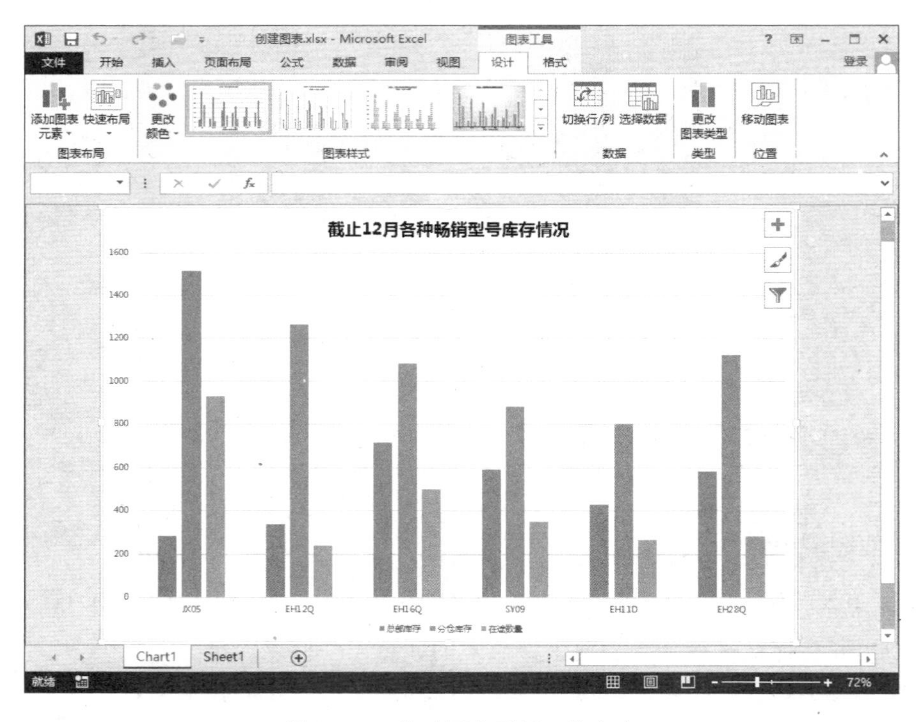

图 11-22　移动图表至新工作表中

提示： 用户还可以在选中图表的情况下，按 F11 键快速将图表移动到新建工作表“Chart1”中。

2．图表大小

在实际应用中，为了显示或者打印的需要，经常要调整图表的大小。调整图表大小的方法有下列几种。

- 选中图表，在图表的表框上会显示 8 个控制点，将光标定位到任意控制点上时，光标将变为双向箭头形状，按住鼠标左键拖动调整表框到适当大小，然后释放鼠标左键即可，如图 11-23 所示。

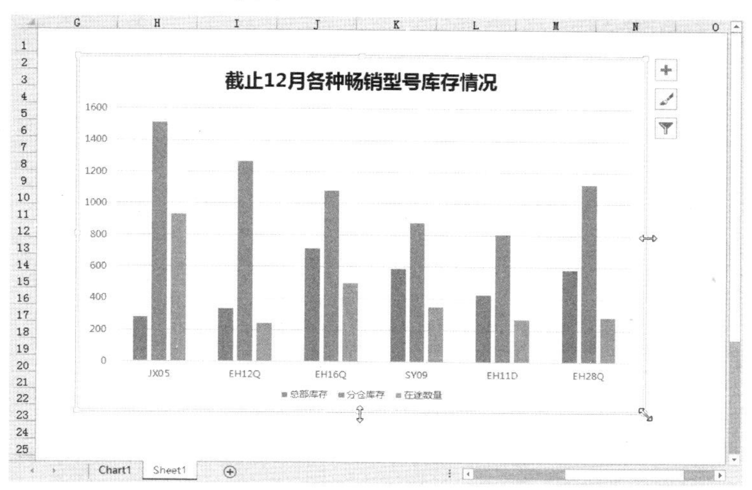

图 11-23　拖动控制点调整图表大小

- 选中图表，单击【格式】选项卡，在【大小】组的【形状高度】和【形状宽度】输入框中输入图表的尺寸，或者单击其微调按钮调整图表的大小，如图 11-24 所示。

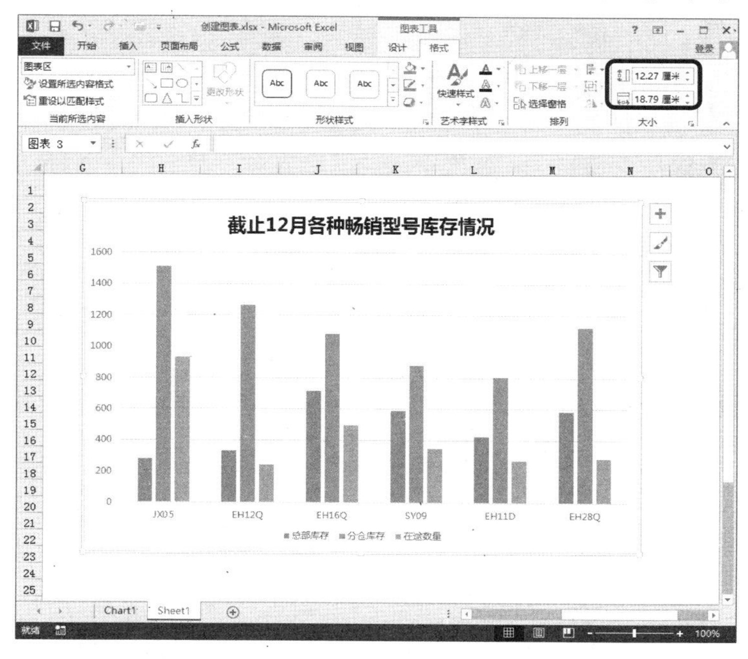

图 11-24　调整图表大小

11.2　图表快速美化

Excel 图表是一个很好的数据展示工具，在对数据进行直观展示的同时，如果能够使图表以更加漂亮的形式呈现，将会使图表更加生动。Excel 2013 提供了许多内置方案，用于快速地美化图表，在为用户提高工作效率的同时，也提高了工作质量。

11.2.1　快速布局图表

Excel 2013 为用户提供了各种图表元素组成布局方案，用户可以根据自己的需要在快速布局列表中找到适合的布局方案，直接应用该方案即可，省去了对每一项图表元素进行设置的过程。

选用快捷布局方案的方法是，选中图表，单击【设计】选项卡中的【快速布局】按钮，然后在展开的下拉列表中选择一种需要的布局方案即可，如图 11-25 所示。

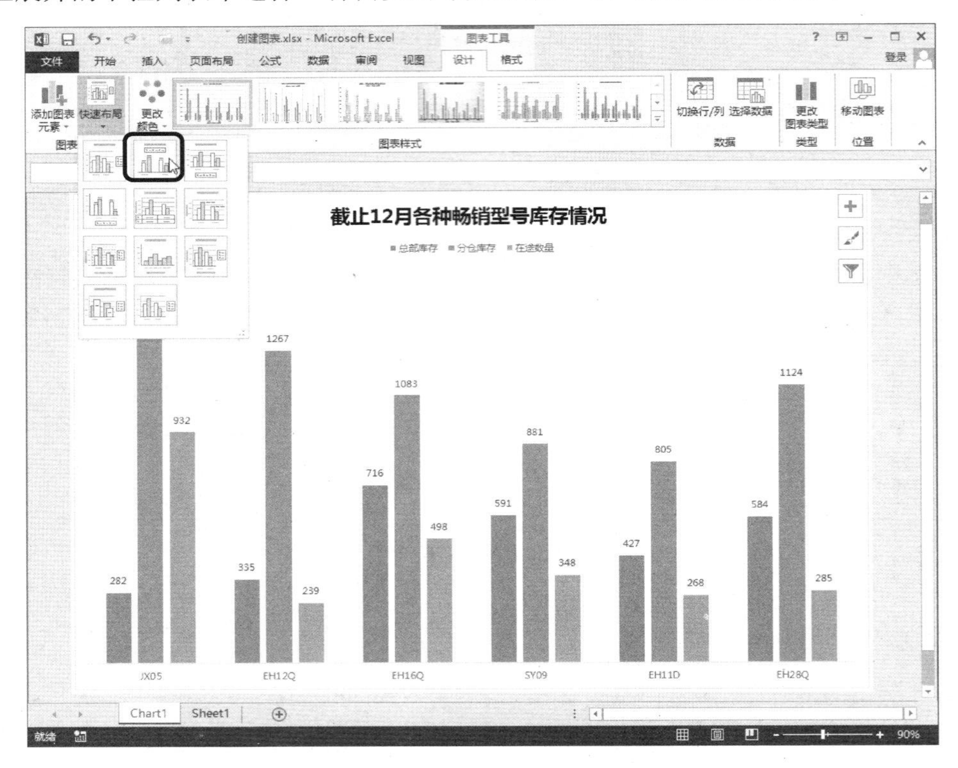

图 11-25　选择布局方案

11.2.2　更改颜色方案

Excel 2013 提供了一系列的颜色方案，直接单击其中的任意一组色彩方案，即可完成颜色方案的更改。

更改颜色方案的方法是，选择图表后，单击【设计】选项卡中的【更改颜色】命令，在下拉列表中选择相应的颜色方案即可，如图 11-26 所示。

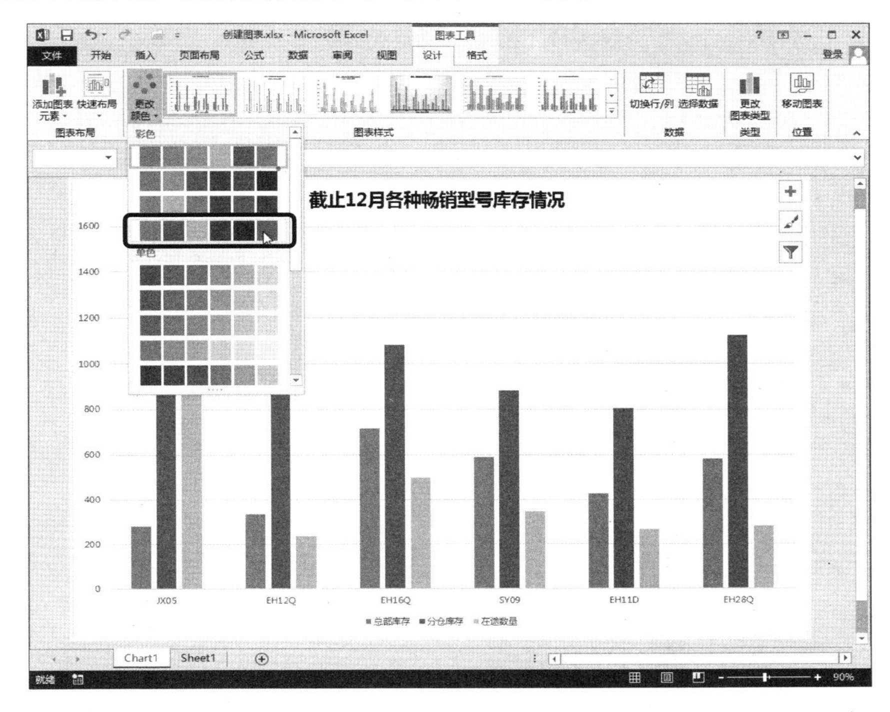

图 11-26　更改颜色方案

另外，在选中图表的情况下，还可以通过图表右上方会有三个小图标。单击第二个，即“图表样式”图标，切换至【颜色】面板，从面板中选择一种合适的颜色方案即可，如图 11-27 所示。

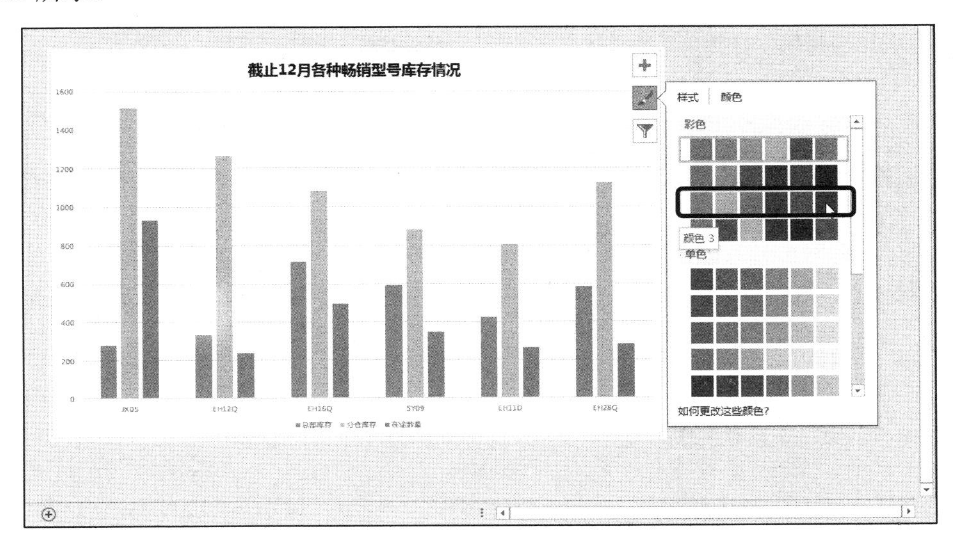

图 11-27　通过快捷按钮来改变颜色方案

11.2.3 套用图表样式

Excel 2013 在图表工具中提供了许多内置的图表样式，用户可以直接单击以应用选中的样式。

套用图表样式的方法是，选中图表，在功能区切换至【设计】选项卡，在【图表样式】组中单击选择一款喜欢的样式即可。单击图表样式库右侧的下拉按钮可以展开更多的图表样式可供用户选用，如图 11-28 所示。

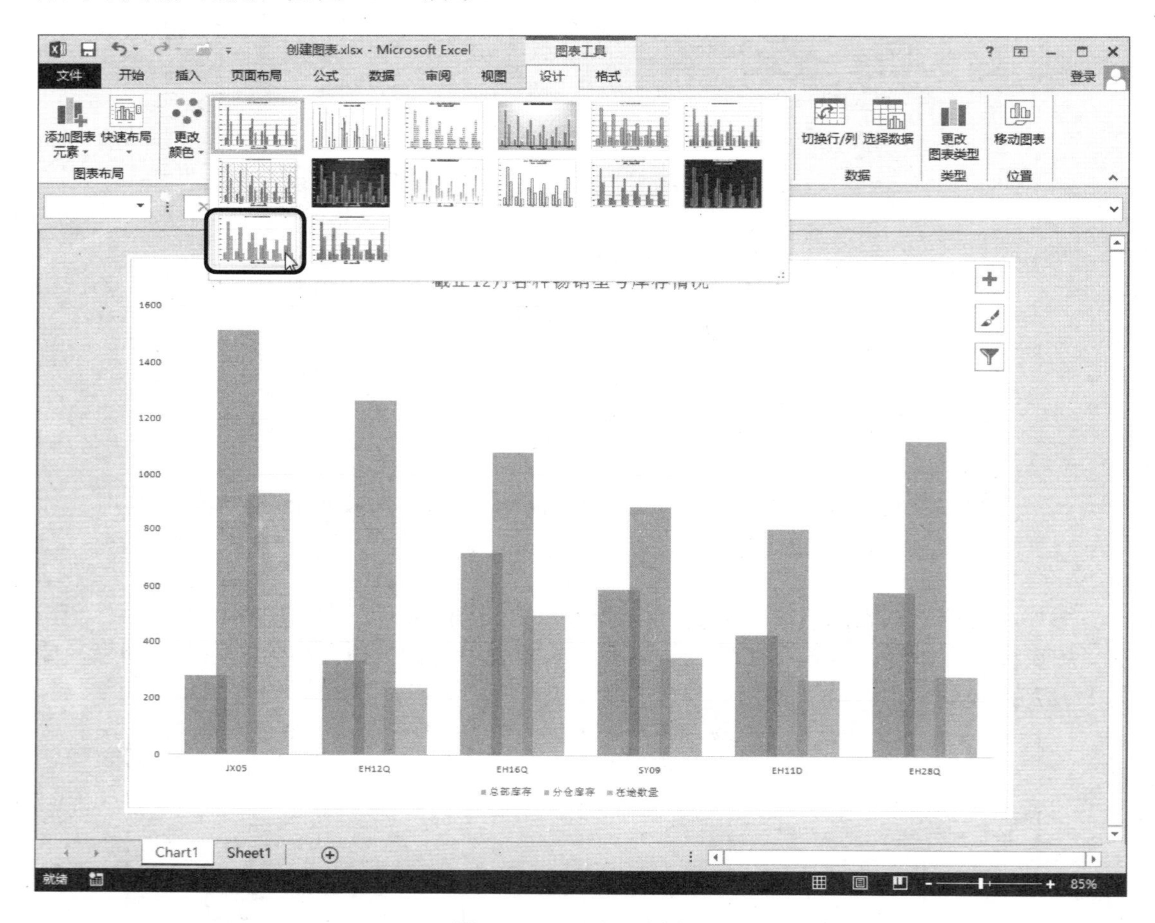

图 11-28 更改图表样式

图表样式也可以在选中图表的前提下，通过图表右上角的“图表样式”按钮来更改图表样式。

11.3 图表元素的编辑

如果对于 Excel 2013 提供的快速美化图表效果不是很满意，用户还可以根据自己的喜好或实际需要，对图表每一个组成元素进行设计和美化。如可以为图表添加图表元素，切换数据系列的行列显示，对图表的组成部分分别进行设置等。

11.3.1　添加图表元素

当创建图表后，可以向图表增加标题、数据标签、误差线、图例和趋势线等新的元素。本节将介绍添加图表元素的方法。

（1）沿用上例中的柱形图表，单击图表空白处，会在图表的右上角出现三个快捷按钮图标。

（2）单击“+”号按钮，可以看到一些图表元素复选项，用户可以根据需要选择这些元素。

（3）单击复选框右侧的扩展三角按钮，还可以在级联菜单中做进一步的设置。图 11-29 所示为向图表添加数据标签。

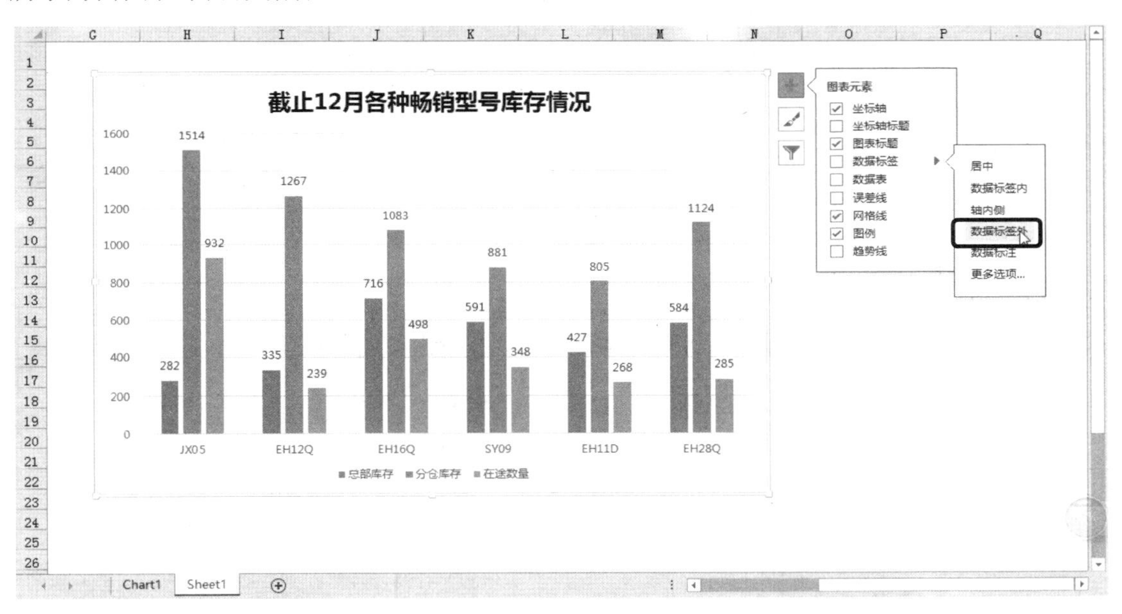

图 11-29　增加数据表元素

除此之外，还可以在选择图表的前提下，在功能区的【设计】选项卡中，通过执行【添加图表元素】命令来添加更多的元素。图 11-30 所示为通过该操作为图表添加图例项标示。当然，如果不需要某些元素，则可以取消对它的选取，或者直接在图表上选中该元素，按 Delete 键删除即可。

11.3.2　切换行与列

图表中，行与列系列的数据源是不同的，如果想在两者间进行切换，可以通过单击【设计】选项卡中的【切换行/列】按钮来完成系列的切换，如图 11-31 所示。

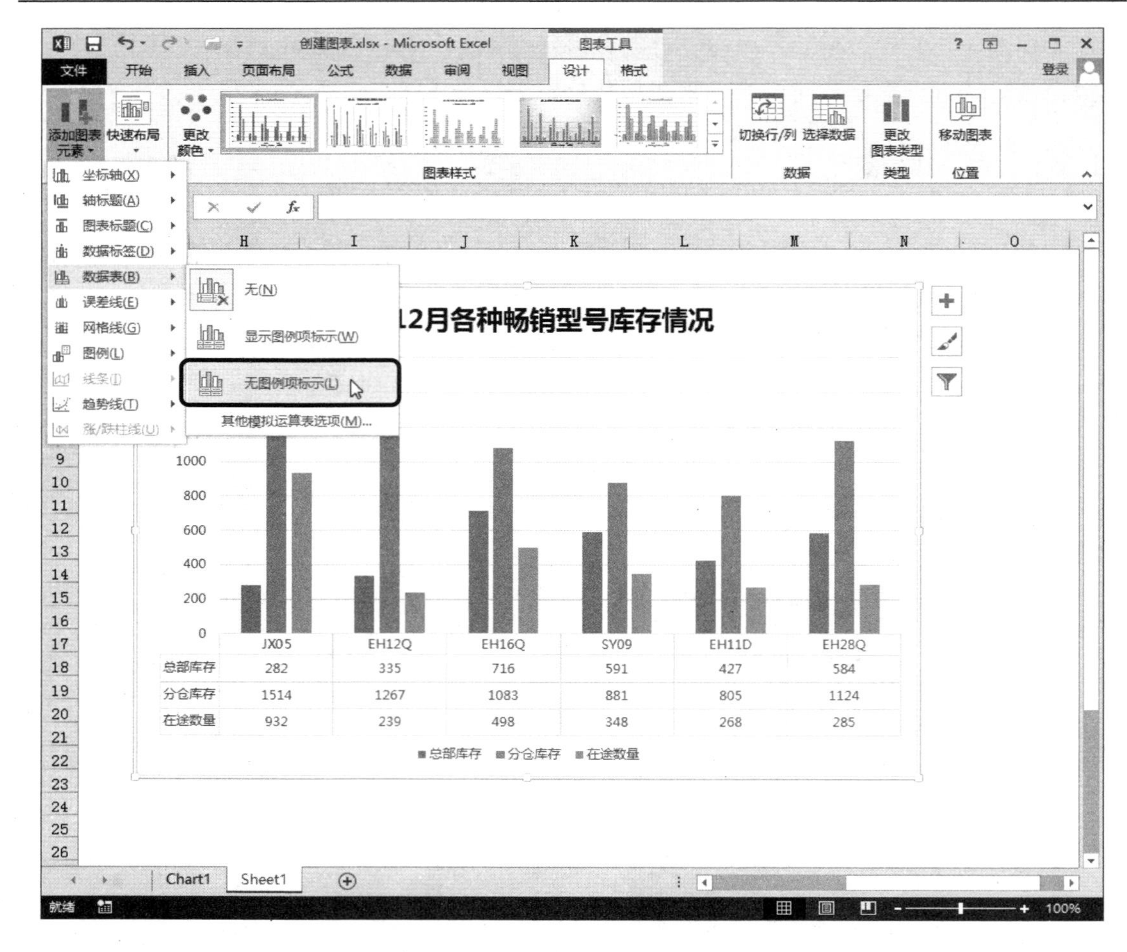

图 11-30 【添加图表元素】命令

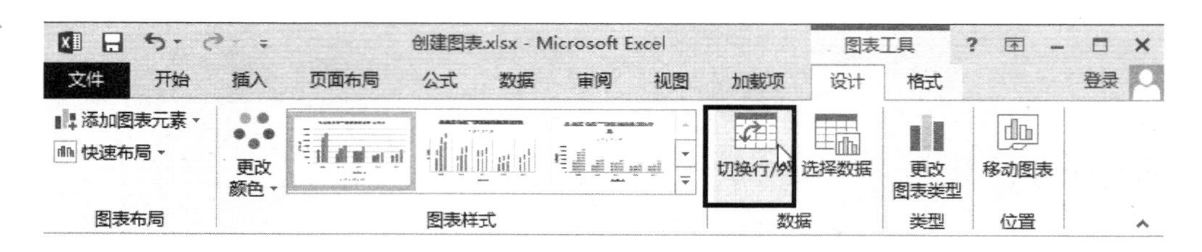

图 11-31 【切换行/列】按钮

也可以通过【选择数据源】对话框中的【切换行/列】按钮进行行与列的切换。

切换行/列前后的效果对比如图 11-32 所示。

11.3.3 设置标题格式

从构成元素本身的角度说，图表标题实际上是显示说明性文字的类文本框。在 Excel 2013 中，可以为图表标题文字设置字体效果，使表格更加醒目。

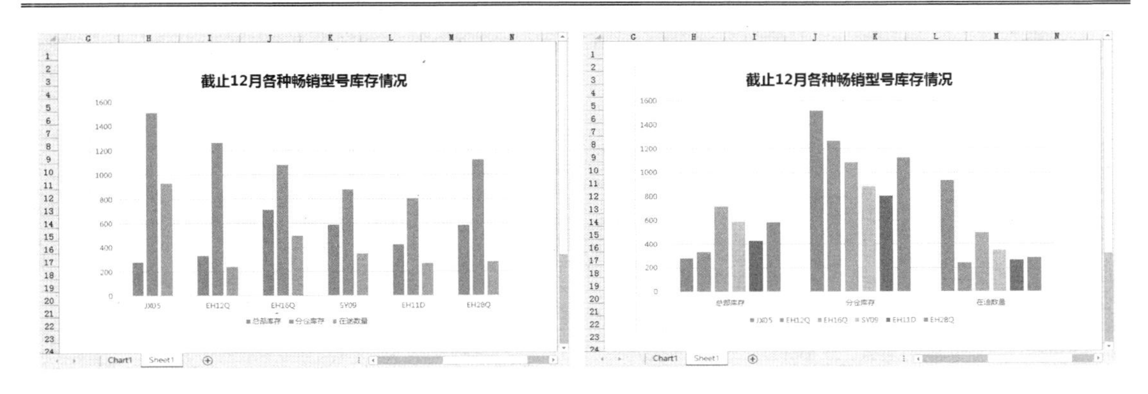

图 11-32　切换行列前后的效果对比

一般情况下，对图表中各个组成部分的格式设置，通常是在与每个组成部分相对应的“格式”任务窗格中进行的。该窗格通常显示在工作表窗口的右侧，如图 11-33 所示。“格式”任务窗格可以通过下列两种方法来打开。

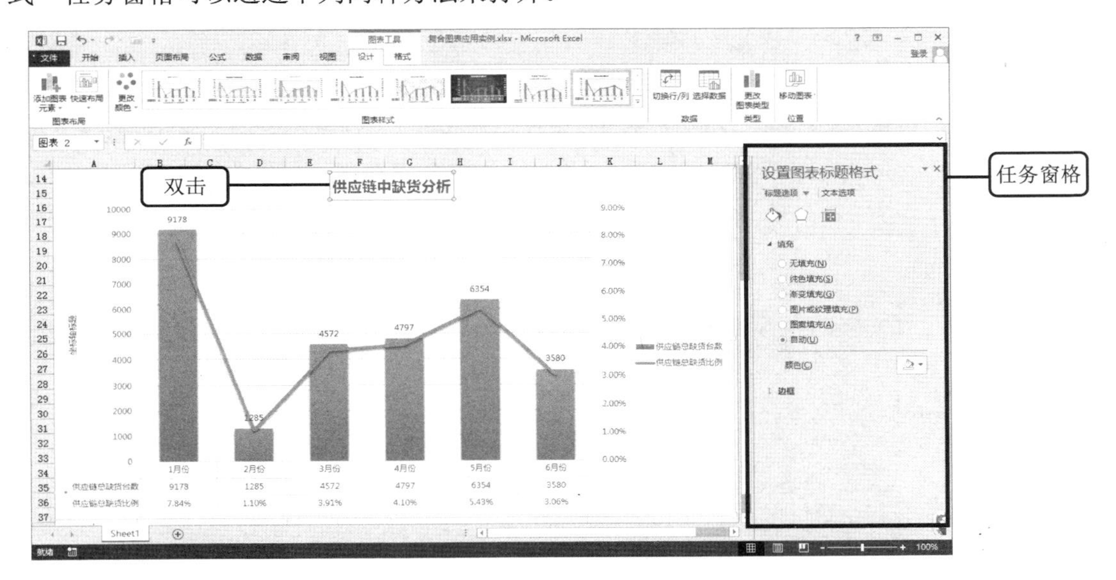

图 11-33　任务窗格在窗口中的位置

- 双击需要设置的图表元素，如图表标题，即可打开【设置图表标题格式】任务窗格。
- 选中图表标题，切换到【格式】选项卡，然后单击【设置所选内容】按钮，如图 11-34 所示。

在打开的任务窗格中，可以对所选内容设置填充效果、阴影、对齐方式以及边框等。图表中不同组成元素的格式设置选项基本相同。

下面详细地介绍一下【设置图表标题格式】任务窗格中的每个选项卡及其所包含的功能设置。

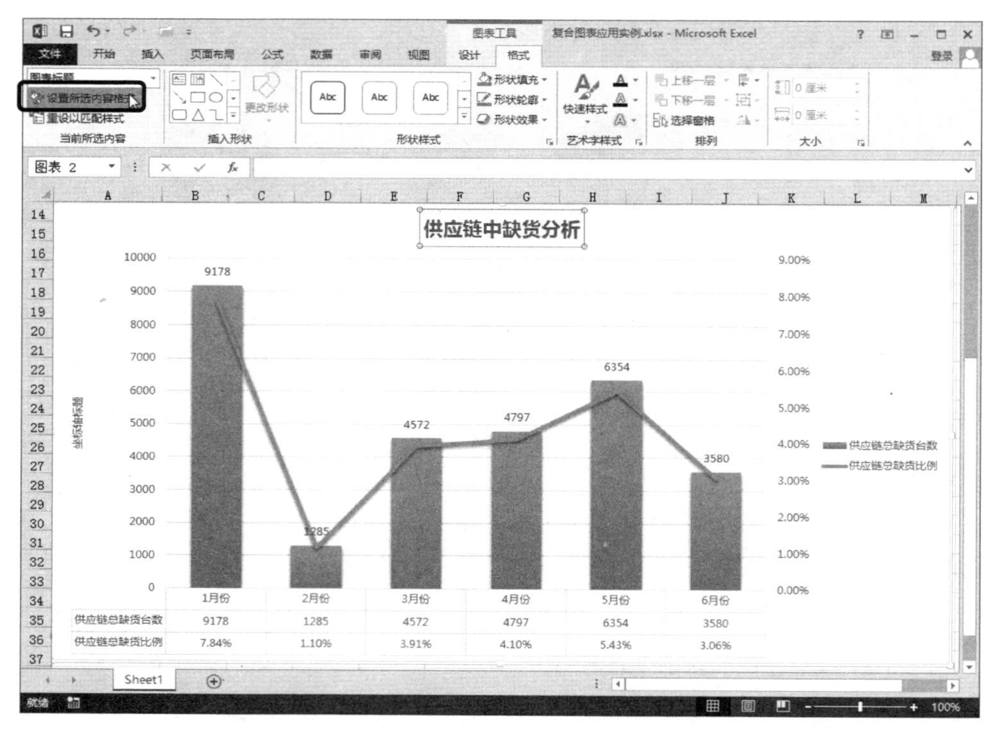

图 11-34　单击【设置所选内容格式】按钮

如图 11-35～图 11-38 所示，分别为【标题选项】选项卡中的“填充线条”子选项卡、“效果”子选项卡、“大小属性”子选项卡，以及【文本选项】选项卡。

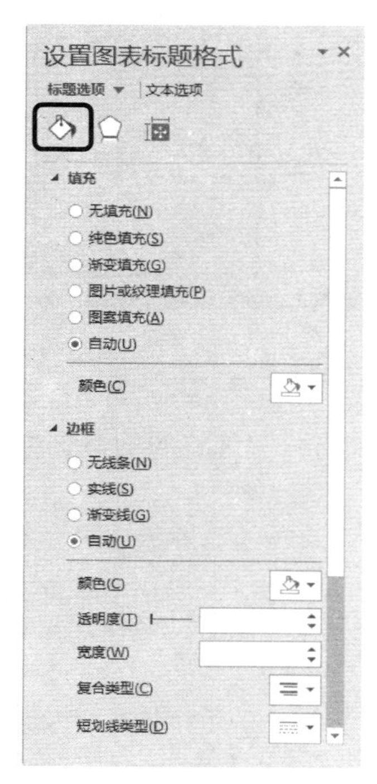

图 11-35　“填充线条”子选项卡

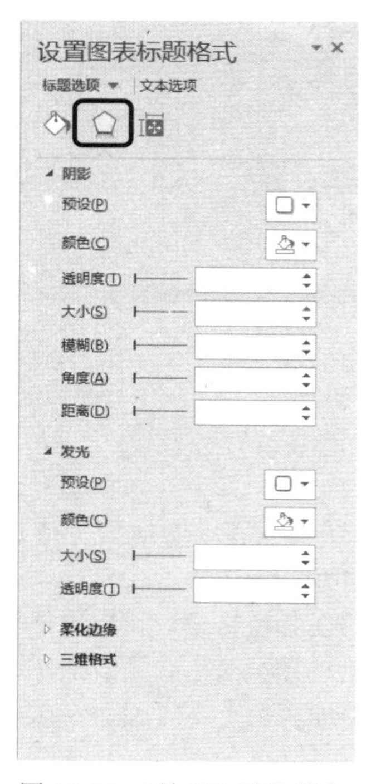

图 11-36　“效果”子选项卡

图 11-37 “大小属性”子选项卡

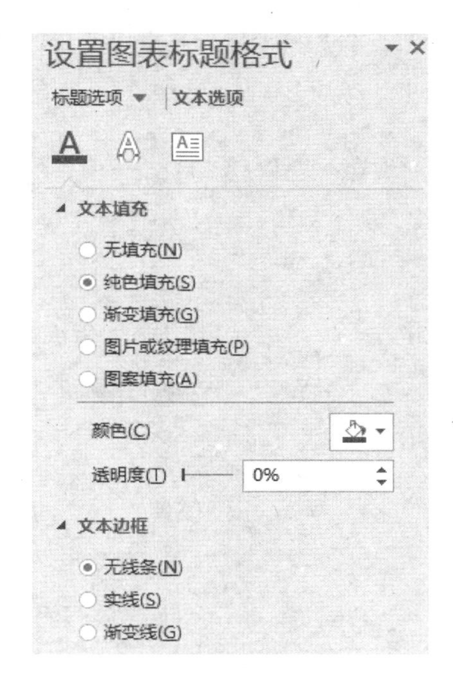

图 11-38 【文本选项】选项卡

- 在“填充线条”子选项卡中，用户可以为图表标题区域设置填充颜色和边框属性，例如将图表标题背景设置为黄色、宽度为 2.5 磅的蓝色边框。
- 在“效果”子选项卡中，可以设置图表标题区域的阴影以及发光等效果。
- 在“大小属性”子选项卡中，可以设置标题的竖排效果以及指定向任意角度旋转。
- 在【文本选项】选项卡中可以设置标题的字体、颜色、大小以及对齐方式等属性。

11.3.4　设置绘图区格式

绘图区是指图表区内显示图形的区域，即以两个坐标轴为边的长方形区域。选中绘图区时，将会显示绘图区的边框，可以拖动边框上的 8 个控制点调整绘图区的大小。

双击绘图区，在窗口的左侧将会显示【设置绘图区格式】任务窗格，如图 11-39 所示。

通过该任务窗格可以设置绘图区的填充、边框颜色、边框粗细、阴影、发光和柔化边缘以及三维格式等属性，改变绘图区的外观。

11.3.5　设置图表区格式

图表区是指图表的全部范围。Excel 默认的图表区格式是白色填充区域和 50%灰色细实线边框。双击图表区的空白区域，即可打开【设置图表区格式】任务窗格，如图 11-40 所示。

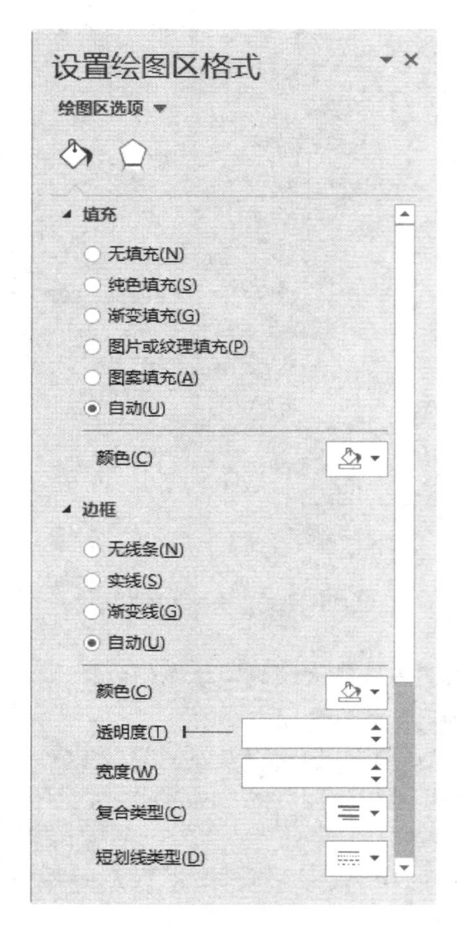

图 11-39 【设置绘图区格式】任务窗格

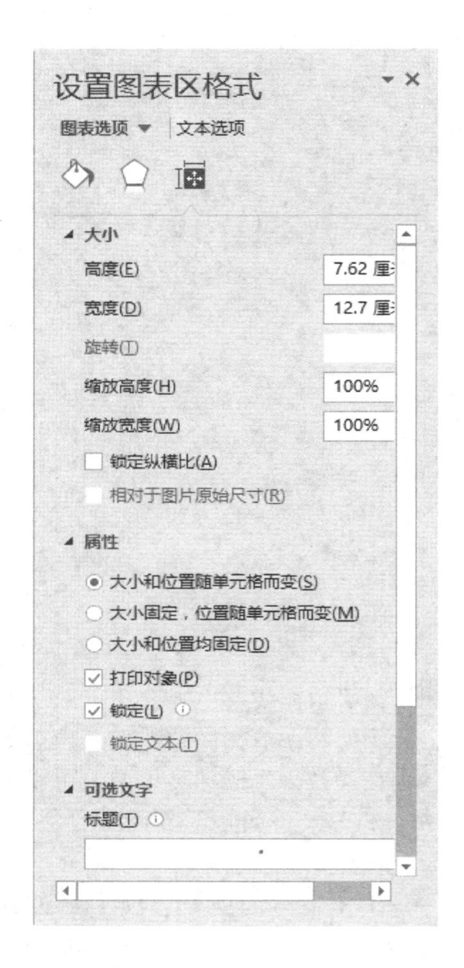

图 11-40 【设置图表区格式】任务窗格

在任务窗格中可以通过设置图表区的填充、边框颜色、边框样式、阴影、发光和柔化边缘、三维格式等属性，来改变图表的外观。还可以改变图表区的大小。当然还可以通过【文本选项】选项卡设置图表中文字的字体、大小和颜色等。

11.3.6 设置网络线格式

图表网格线的主要作用是在未显示数据标签的情况下，可以大致读出数据点对应的坐标刻度。坐标轴主要刻度线对应的是主要网格线，坐标轴次要刻度线对应的是次要网格线。

选中图表中的网格线，单击【格式】选项卡中的【设置所选内容格式】按钮（或双击网格线），打开【设置主要网格线格式】任务窗格，即可对网格线进行设置，如图 11-41 所示。

通过该任务窗格中的各种选项可以设置网格线的线条颜色、线型、阴影以及发光效果等属性。

11.3.7　设置坐标轴格式

坐标轴是组成绘图区边界的直线，次坐标轴必须要在两个（含）以上数据系列的图表，并且设置了使用次坐标轴后才会显示。绘图区下方的直线为 x 轴，上方的直线为次 x 轴。绘图区左侧的直线为 y 轴，右侧的直线为次 y 轴。

双击坐标轴即可打开【设置坐标轴格式】任务窗格，如图 11-42 所示。在该任务窗格中可以设置坐标轴的数值轴刻度、分类轴刻度、时间轴刻度以及序列轴刻度。还可以设置坐标轴直线的颜色、线型以及阴影效果等属性。

图 11-41　【设置主要网格线格式】任务窗格

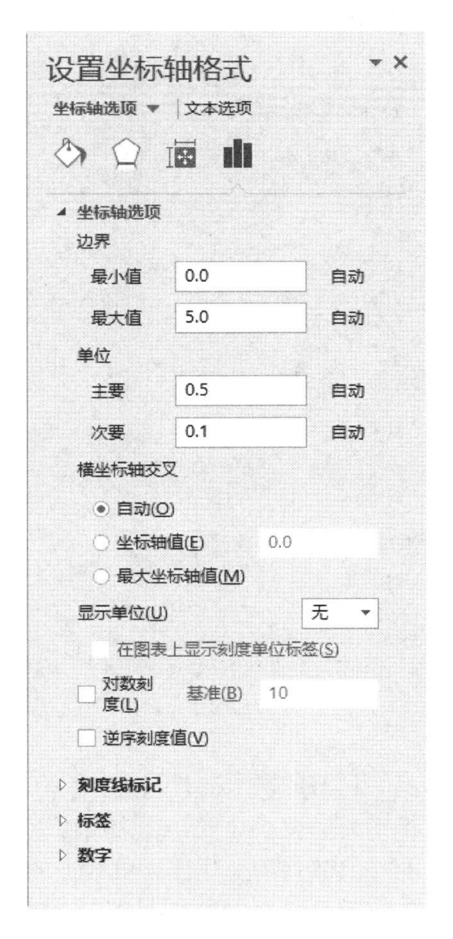

图 11-42　【设置坐标轴格式】任务窗格

11.3.8 设置数据系列格式

数据系列是绘图区中的一系列点、线、面的组合。一个数据系列引用工作表中的一行或一列数据。数据系列位于图表区和绘图区的上面。

双击数据系列，即可打开【设置数据系列格式】任务窗格，如图 11-43 所示。

11.3.9 设置图例格式

图例实际上是一个类文本框，用于显示数据系列指定的图案和文本说明。图例是由图例项组成的，每一个数据系列对应一个图例项。

双击图例，即可打开【设置图例格式】任务窗格，如图 11-44 所示。在【图例选项】选项卡中可以设置图例的位置、颜色、阴影等属性。在【文本选项】选项卡中设置文本部分的字体、颜色以及边框等属性。

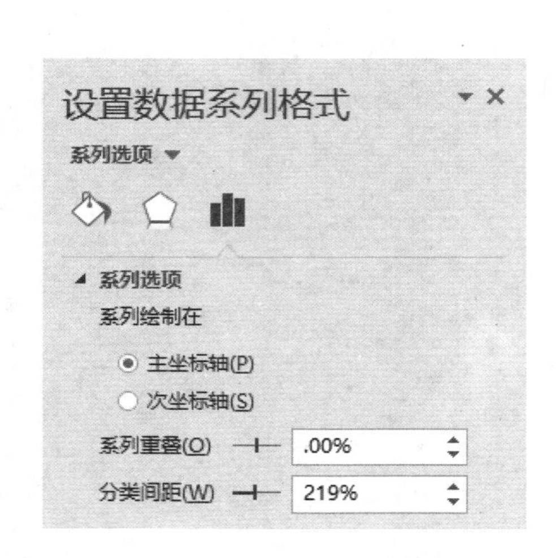

图 11-43 【设置数据系列格式】任务窗格

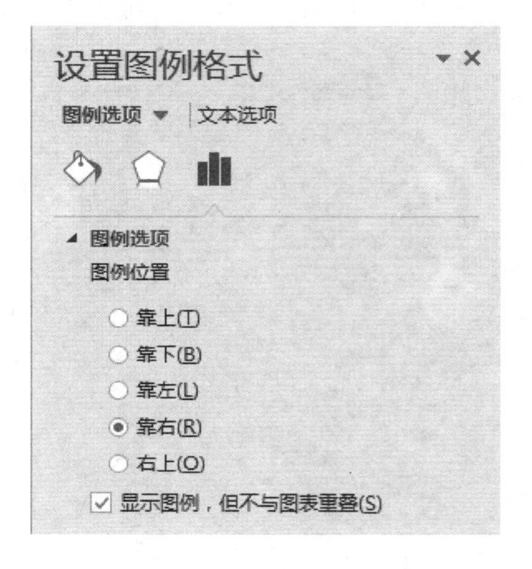

图 11-44 【设置图例格式】任务窗格

11.4 使用迷你图分析数据

除了正常的图表之外，Excel 2013 还提供了一个迷你图表的功能，这是 Excel 2010 版之后推出的一个新功能。迷你图可以简单地以图表的形式在一个单元格内显示出指定单元格内的一组数据的变化，提供数据的直观表示。但是它没有各类坐标、数据标志、网格线等元素，而且只有折线图、柱形图和盈亏图三个类型。由于迷你图占用的空间较小，可以方便地进行页面设置和打印。

11.4.1　创建迷你图

插入迷你图的方法非常简单，只要将光标放在要插入迷你图的单元格，然后单击【插入】选项卡【迷你图】组中的合适图形，如【折线图】，如图 11-45 所示。在打开的【创建迷你图】对话框中，设置正确的数据范围，单击【确定】按钮即可，如图 11-46 所示。

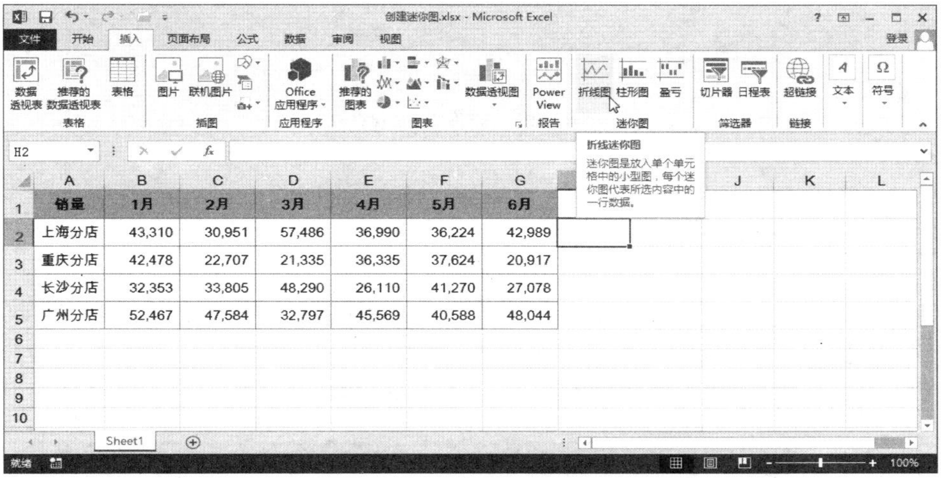

销量	1月	2月	3月	4月	5月	6月
上海分店	43,310	30,951	57,486	36,990	36,224	42,989
重庆分店	42,478	22,707	21,335	36,335	37,624	20,917
长沙分店	32,353	33,805	48,290	26,110	41,270	27,078
广州分店	52,467	47,584	32,797	45,569	40,588	48,044

图 11-45　选择迷你图类型

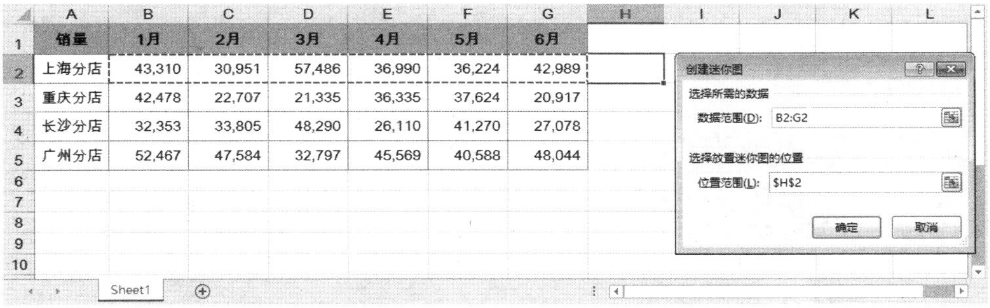

销量	1月	2月	3月	4月	5月	6月
上海分店	43,310	30,951	57,486	36,990	36,224	42,989
重庆分店	42,478	22,707	21,335	36,335	37,624	20,917
长沙分店	32,353	33,805	48,290	26,110	41,270	27,078
广州分店	52,467	47,584	32,797	45,569	40,588	48,044

图 11-46　设置数据范围

在单元格中插入迷你图表之后，效果如图 11-47 所示。此时，用户还可以像填充数据一样，对其他的数据区域进行图表填充，如图 11-48 所示。

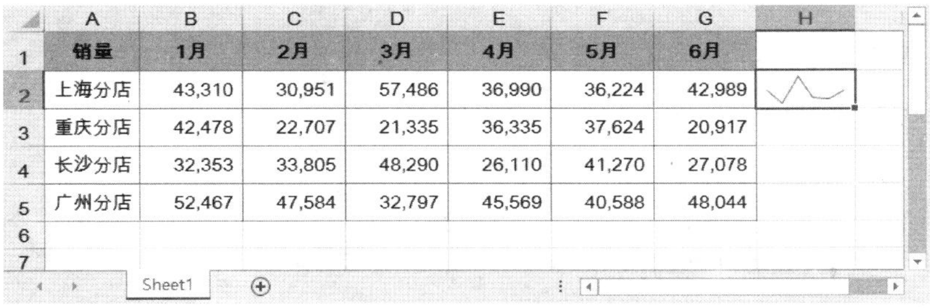

销量	1月	2月	3月	4月	5月	6月
上海分店	43,310	30,951	57,486	36,990	36,224	42,989
重庆分店	42,478	22,707	21,335	36,335	37,624	20,917
长沙分店	32,353	33,805	48,290	26,110	41,270	27,078
广州分店	52,467	47,584	32,797	45,569	40,588	48,044

图 11-47　插入迷你图

销量	1月	2月	3月	4月	5月	6月
上海分店	43,310	30,951	57,486	36,990	36,224	42,989
重庆分店	42,478	22,707	21,335	36,335	37,624	20,917
长沙分店	32,353	33,805	48,290	26,110	41,270	27,078
广州分店	52,467	47,584	32,797	45,569	40,588	48,044

图 11-48　迷你图的填充

11.4.2　更改迷你图类型

创建迷你图之后，还可以更改迷你图的类型。如要将图 11-48 中的“折线图”改为“柱形图”。可以选择需要更改图表类型的迷你图，然后在功能区中执行【迷你图工具】→【设计】→【柱形图】命令即可，如图 11-49 所示。（图 11-49 图例中迷你图均呈组合状态）。

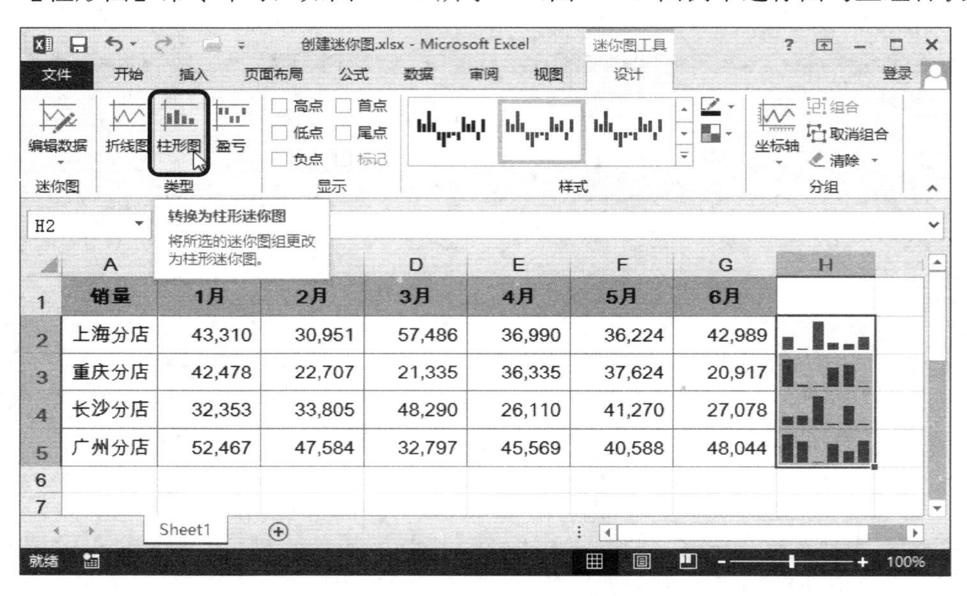

销量	1月	2月	3月	4月	5月	6月
上海分店	43,310	30,951	57,486	36,990	36,224	42,989
重庆分店	42,478	22,707	21,335	36,335	37,624	20,917
长沙分店	32,353	33,805	48,290	26,110	41,270	27,078
广州分店	52,467	47,584	32,797	45,569	40,588	48,044

图 11-49　更改迷你图类型

11.4.3　套用迷你图样式

迷你图提供了 36 种常用样式可供用户选择。选中需要更改样式的迷你图，单击【设计】选项卡【样式】组中的“其他样式”下拉按钮，如图 11-50 所示，在展开的样式列表库中单击选择需要的样式即可。

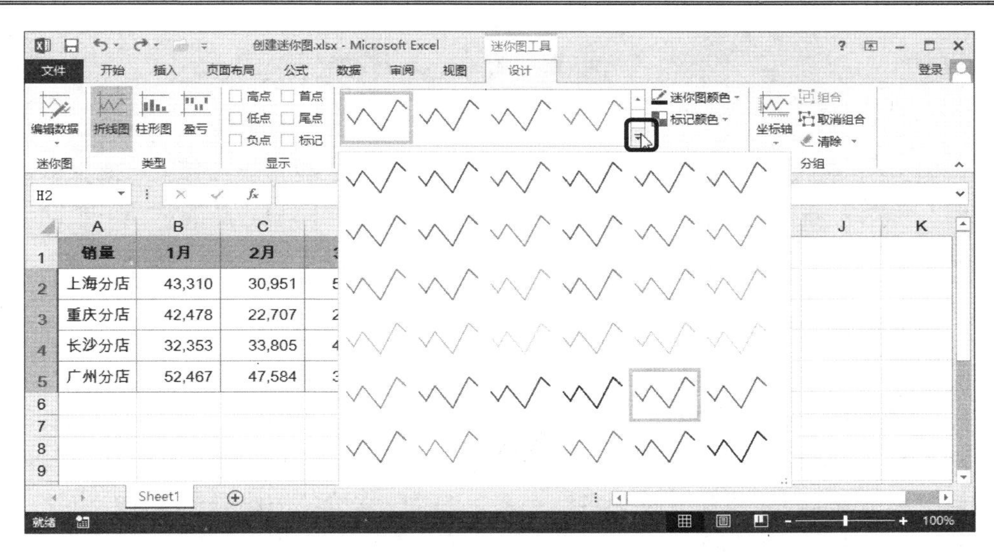

图 11-50　套用迷你图样式

11.4.4　修改迷你图及其标记颜色

迷你图表样式选择好之后，还可以进一步对迷你图进行细节上的点缀和修饰，如修改线条的颜色、添加标记以及修改标记的颜色等。选择迷你图所在的单元格，在【设计】选项卡【样式】组中，单击【标记颜色】下拉按钮，在下拉颜色面板中选择需要的颜色，比如“红色”，即可设置标记的颜色。然后选择【显示】组中的【高点】和【低点】复选框，即可添加标记，如图 11-51 所示。

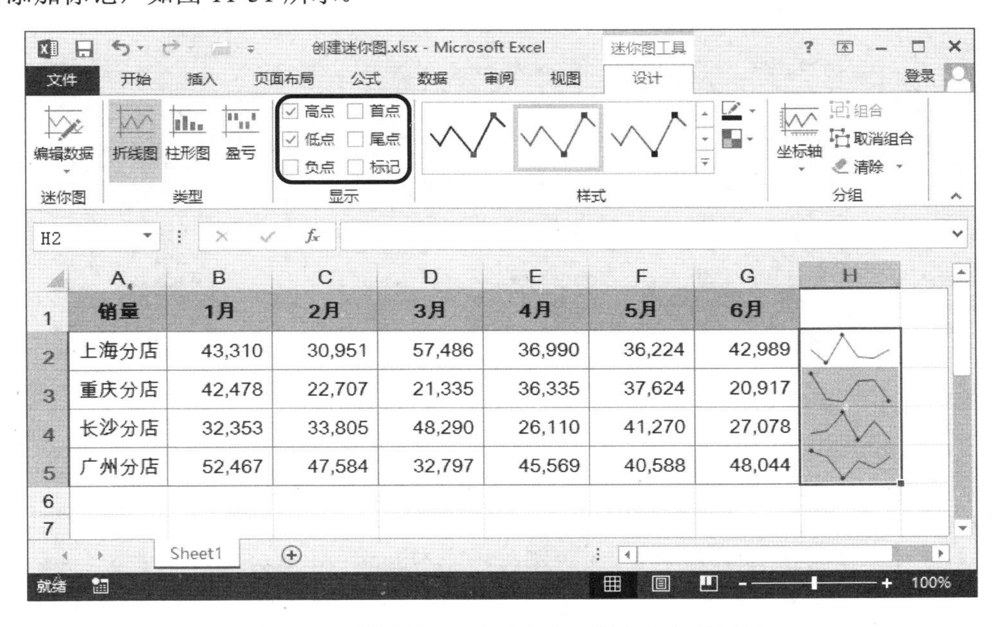

图 11-51　设置显示“高点”和“低点”红色标记

11.5　简单图表分析实例

在对图表的创建和设置的相关知识有一定了解之后，本节将通过几个实例来为读者进一步讲解有关图表分析的内容，以便加强读者对图表知识结构和功能的掌握，帮助读者在日常工作中应用合适的图表样式及类型来对工作表中的数据进行显示和分析。

11.5.1　饼图应用实例

饼图通常只有一个数据系列，它是将一个圆划分为若干个扇形，每个扇形代表数据系列中的一项数据值。扇形的大小表示相应数据项占该数据系列总和的比例值。饼图通常用来描述构成比例方面的信息。下面通过一个简单的实例来介绍三维饼图的制作方法。

【例 11-1】 制作“1 车间”不同型号的产品不合格率占比图表

图 11-52 所示为某环保公司对所生产的不同型号的环保产品所做的产品质量检验报告。根据每种型号产品的不合格率占整体不合格率的比例，制作一个三维饼图。

华晟环保设备制造有限公司产品质量检验报告表

填表日期：2014/7/11

产品名称	规格型号	生产数量	生产单位	抽检数量	不合格数	不合格率	评级
脉冲阀	LDF-60-100型	1,124	一车间第一生产线	650	11	1.69%	A级
脉冲阀	LEF-40-80型	1,051	一车间第一生产线	190	4	2.11%	B级
电磁脉冲放气阀	KXD-IV型	837	一车间第二生产线	260	24	9.23%	D级
电磁脉冲阀	DMF-Z-20型	955	一车间第二生产线	240	8	3.33%	B级
电磁脉冲阀	DMF-Z-40型	943	一车间第三生产线	110	9	8.18%	D级
电磁脉冲阀	DMF-Z-41型	1,200	一车间第三生产线	290	3	1.03%	A级
电磁脉冲阀	DMF-Z-53型	1,109	二车间第一生产线	170	2	1.18%	A级
电磁脉冲阀	DMF-Z-44型	1,983	二车间第一生产线	600	4	0.67%	A级
电磁脉冲阀	DMF-Z-25型	1,268	二车间第二生产线	360	8	2.22%	B级
电磁脉冲阀	DMF-Z-26型	890	二车间第三生产线	240	13	5.42%	D级
电磁阀	KXD-I型	859	三车间第一生产线	300	17	5.67%	D级
电磁阀	KXD-II型	998	三车间第一生产线	480	1	0.21%	A级
电磁阀	KXD-III型	513	三车间第二生产线	120	7	5.83%	D级
电磁阀	KXD-II型	782	三车间第三生产线	170	6	3.53%	C级
脉动阀	Qmf-98型	811	四车间第一生产线	180	11	6.11%	D级
脉动阀	Qmf-99型	1,111	四车间第一生产线	370	6	1.62%	A级
脉动阀	Qmf-100型	1,560	四车间第二生产线	530	31	5.85%	D级
脉冲控制仪	LMK-10型-30型	1,396	四车间第三生产线	510	12	2.35%	B级
多脉冲控制仪	ZNCC-III型	987	五车间第一生产线	270	22	8.15%	D级
低压控制柜	常规	913	五车间第一生产线	120	19	15.83%	D级
电控柜	PLC	1,409	五车间第二生产线	440	16	3.64%	C级

产品不合格率图表　质量检验报告表

图 11-52　创建饼形图的源数据列表

制作三维饼图的具体操作步骤如下。

（1）打开本章素材文件“饼图应用实例图表应用.xlsx”，筛选“一车间”产品数数据，如图 11-53 所示。选择 B3:B9 和 G3:G9 单元格区域，然后单击【插入】选项卡【图表】组中的【插入饼图或圆环图】按钮，插入一个三维饼图，如图 11-54 所示。

	A	B	C	D	E	F	G	H
1	华晟环保设备制造有限公司产品质量检验报告表							
2							填表日期：2014/7/11	
3	产品名称	规格型号	生产数量	生产单位	抽检数量	不合格数	不合格率	评级
4	脉冲阀	LDF-60-100型	1,124	一车间第一生产线	650	11	1.69%	A级
5	脉冲阀	LEF-40-80型	1,051	一车间第一生产线	190	4	2.11%	B级
6	电磁脉冲放气阀	KXD-IV型	837	一车间第二生产线	260	24	9.23%	D级
7	电磁脉冲阀	DMF-Z-20型	955	一车间第二生产线	240	8	3.33%	B级
8	电磁脉冲阀	DMF-Z-40型	943	一车间第三生产线	110	9	8.18%	D级
9	电磁脉冲阀	DMF-Z-41型	1,200	一车间第三生产线	290	3	1.03%	A级
25								
26								

产品不合格率图表　质量检验报告表

图 11-53　筛选创建饼图的源数据

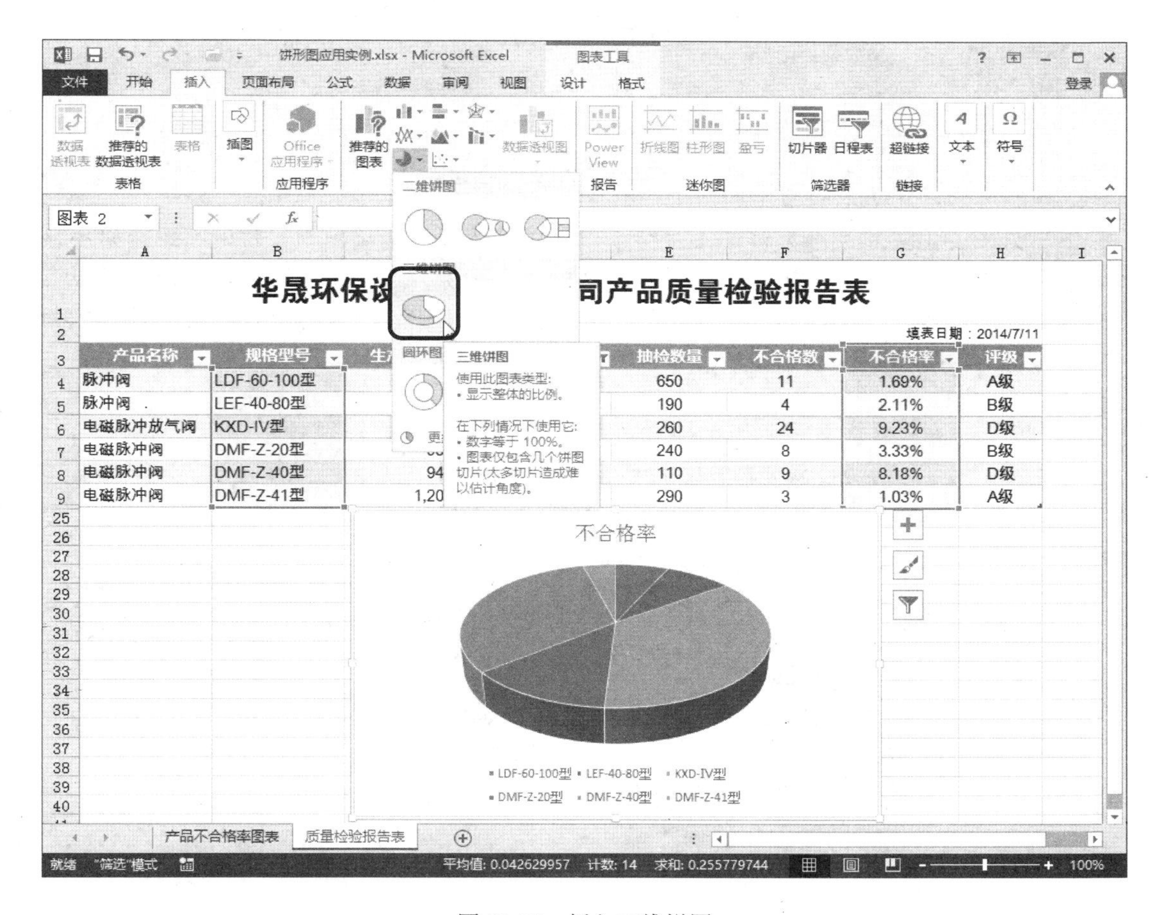

图 11-54　插入三维饼图

（2）选中图表，按 F11 键，将图表在新的工作表中显示。Excel 会将新工作表中的图表类型改为默认的柱形图。通过【更改图表类型】选项将其修改为“三维饼图”即可。将新工作表命名为“产品不合格率图表”。将图表标题名称修改为“产品不合格率分析”，并设置标题的字体格式，如图 11-55 所示。

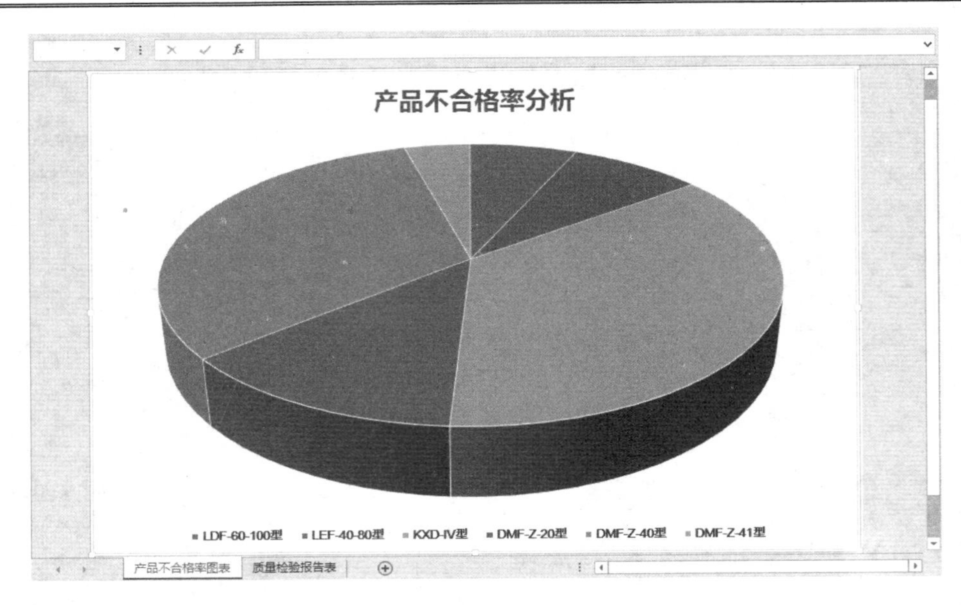

图 11-55　添加标题并设置字体格式

（3）为了突出显示某一型号的不合格率，可以将该型号分离出来。本例将不合格率最多的型号单独分离出来。双击饼图中最大的区域，并确保只选中了该区域，然后在【设置数据点格式】任务窗格中，切换至【系列选项】子选项卡中，将【点爆炸型】选项设置为“15%”，如图 11-56 所示。

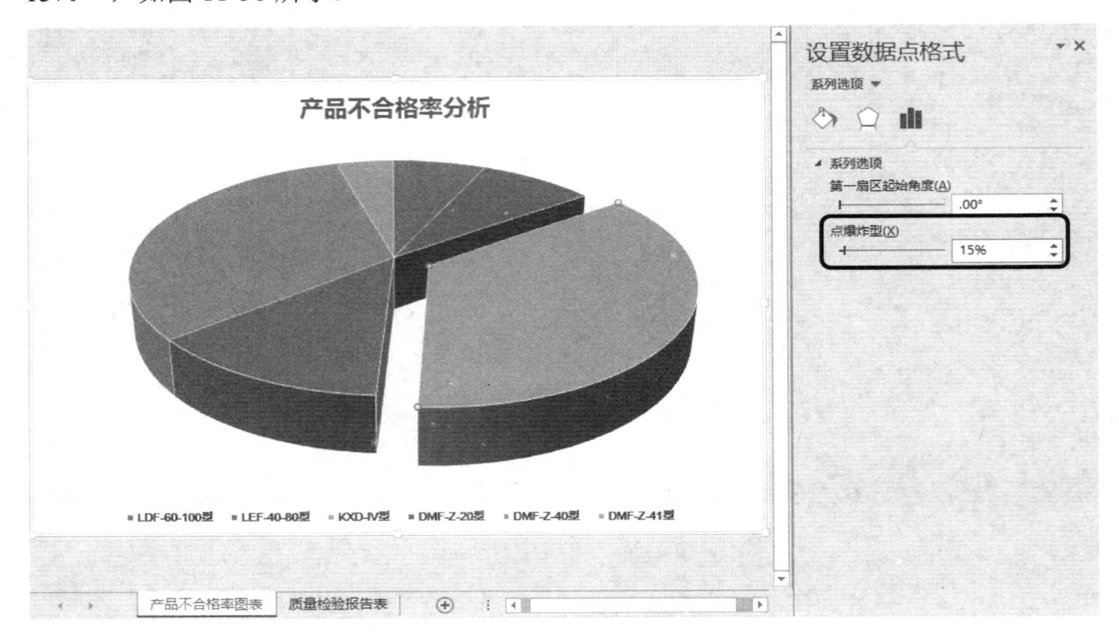

图 11-56　分离部分饼图区域

（4）右击分离出的区域，选择【添加数据标签】→【添加数据标注】命令，为该区域添加数据标注，如图 11-57 所示。

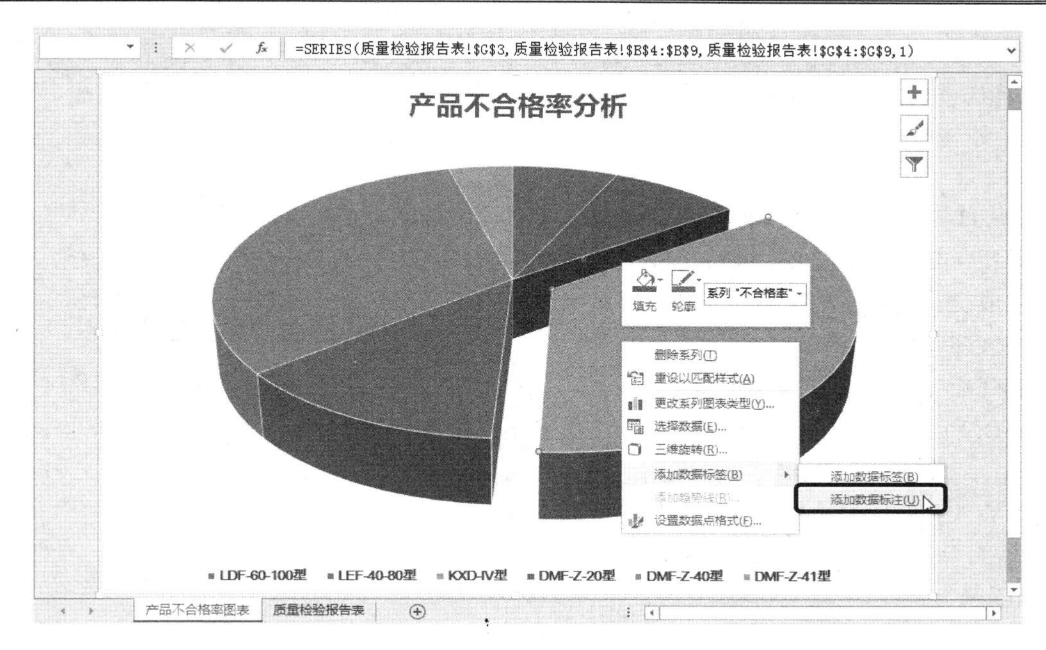

图 11-57　添加数据标注

（5）最后选中图表标题，在【设置图表标题格式】任务窗格的【文本选项】选项卡中，选择【文本效果】子选项卡，单击【映像】区域的【预设】下拉按钮，在下拉菜单中选择【半映像接触】选项，完成图表的制作。三维饼图的最终效果如图 11-58 所示。

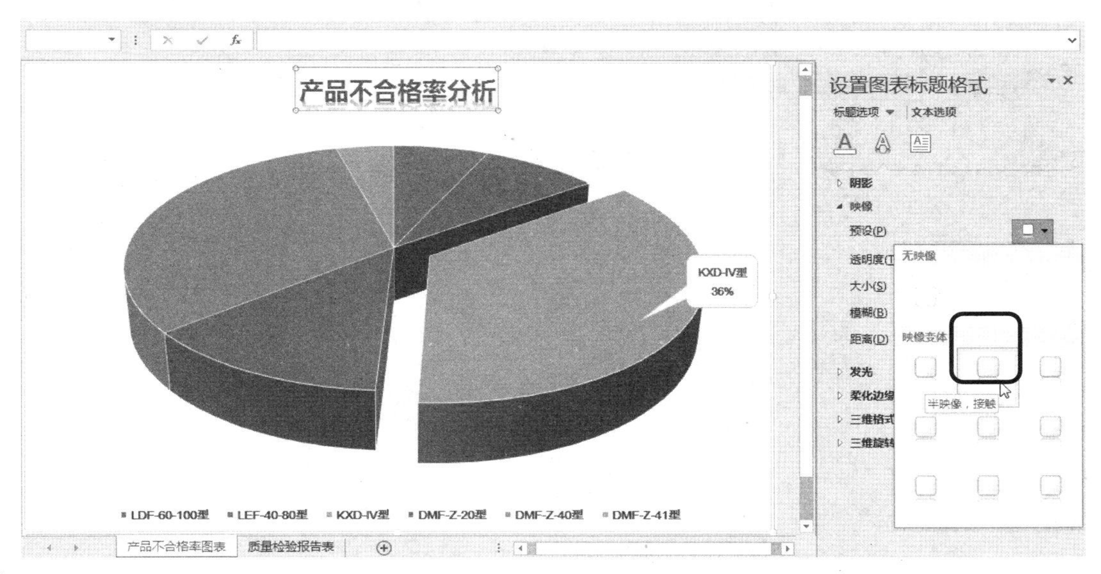

图 11-58　完成图表

11.5.2　折线图应用实例

折线图以点状图形为数据点，并由左向右，用直线将各点连接成为折线形状，折线的起伏可以反映出数据的变化趋势。折线图用一条或多条折线来绘制一组或多组数据。通过观察可以判断每一组数据的峰值和谷值，以及折线变化的方向、速率和周期等特征。对于多条折线，还可以通过观察各折线的变化趋势是否相近或相异，并说明一些问题，得出结论。

【例 11-2】 制作 2014 年城北楼市近 6 周周认购和成交量统计折线图

图 11-59 所示是 2014 年城北楼市近 6 周周认购和成交量的数据表，现在需要根据数据表中的数据创建一张折线图。

2014年城北楼市近6周周认购和成交量统计		
日期	周认购	成交量
7月6日	178	166
7月13日	120	94
7月20日	175	82
7月27日	245	131
8月3日	109	104
8月10日	84	105

图 11-59　创建折线图的源数据表

制作折线图的具体操作步骤如下。

（1）打开本章素材文件“折线图应用实例.xlsx”，选择其中的 A2:C8 单元格区域，然后通过【插入】选项卡【图表】组中的【插入折线图】按钮，插入一个带数据标记的折线图，如图 11-60 所示。

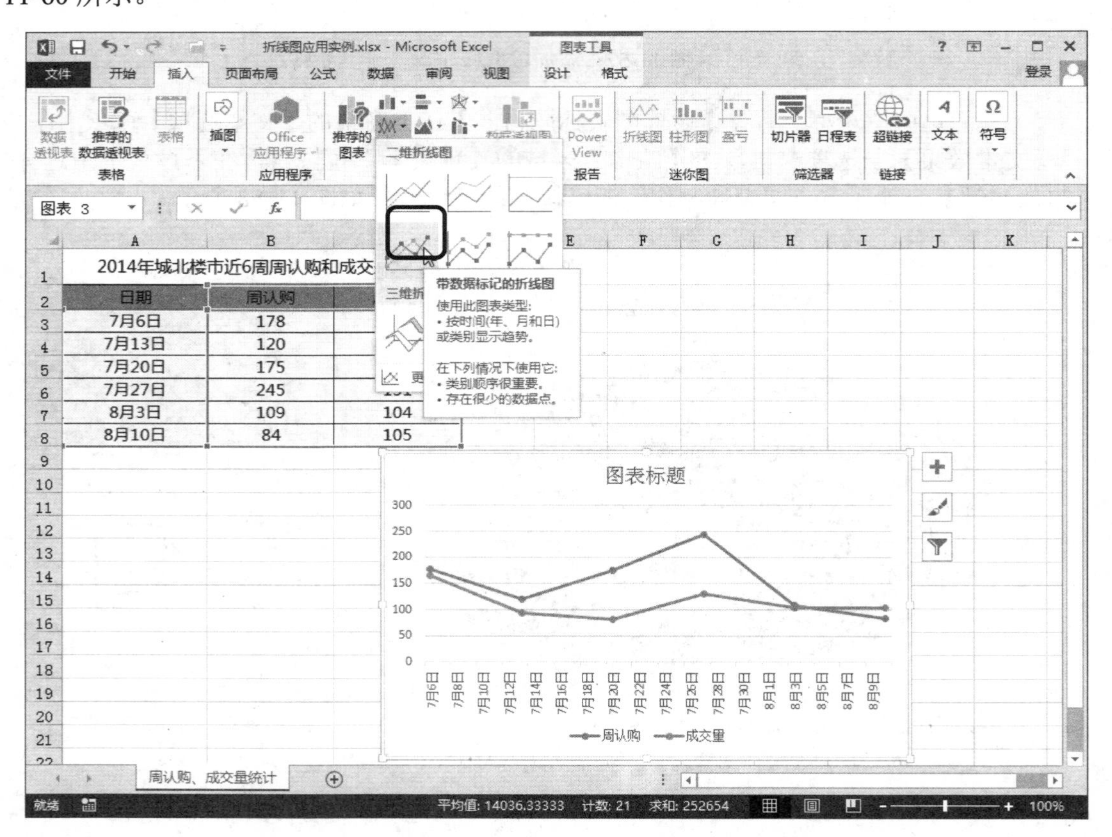

图 11-60　插入折线图

（2）修改图表标题为“2014 年城北楼市近 6 周周认购、成交量折线图”；设置字体为“微软雅黑”，设置颜色为“黑色”，适当调整图表的大小；通过【设置图例格式】任务窗格设置图例在靠上位置处显示，如图 11-61 所示。

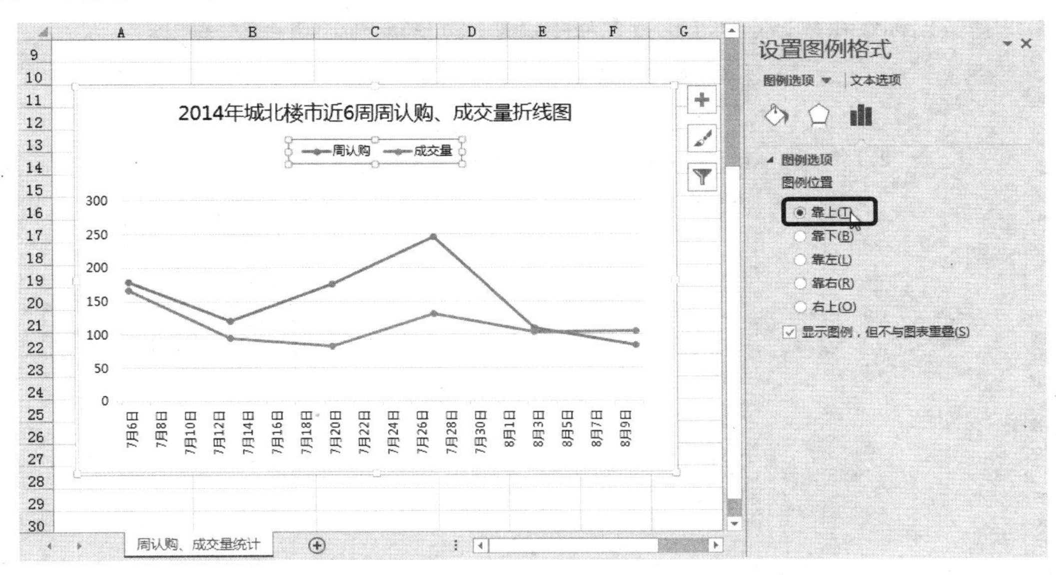

图 11-61　设置标题与图例等格式

（3）单击“成交量”数据系列，在【设置数据系列格式】任务窗格中选择“填充线条”子选项卡，单击【标记】选项，在【数据标记选项】区域中单击【内置】选项，设置【类型】为“正方形”，【大小】为“7”，如图 11-62 所示。用同样的方法设置“周认购”数据系列。

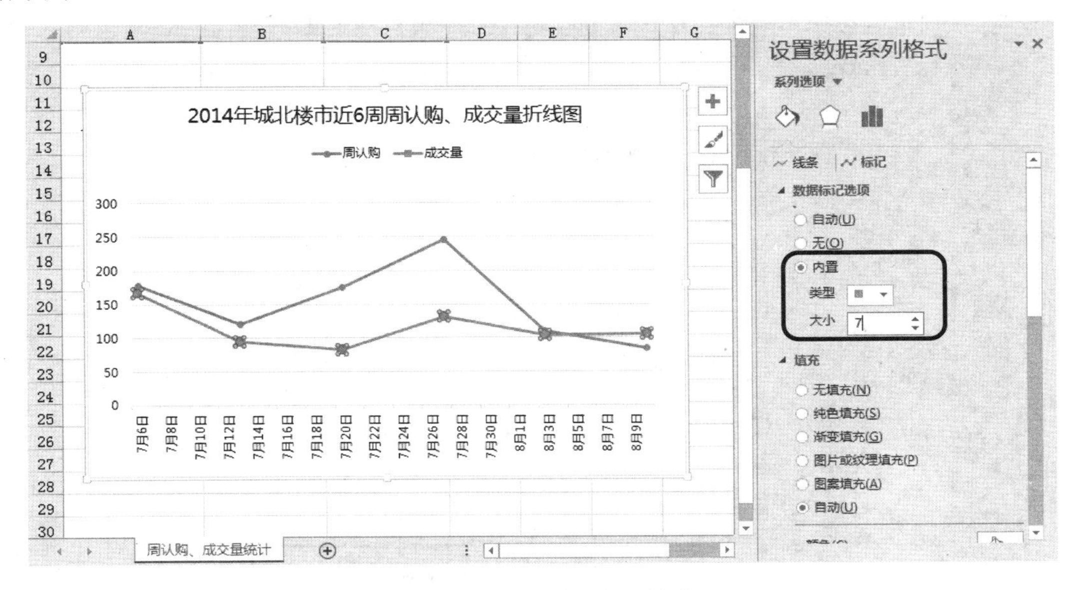

图 11-62　设置数据标记格式

（4）激活当前图表，单击图表右上角的“+”号按钮，可以看到列出了一些图表元素复选项，这里选择【数据标签】复选框。用户可以根据实际情况选择需要的元素。

（5）单击【数据标签】复选框的扩展三角按钮，还可以在级联菜单中做进一步地设置。这里选择数据标签在数据系列【上方】显示，如图 11-63 所示。

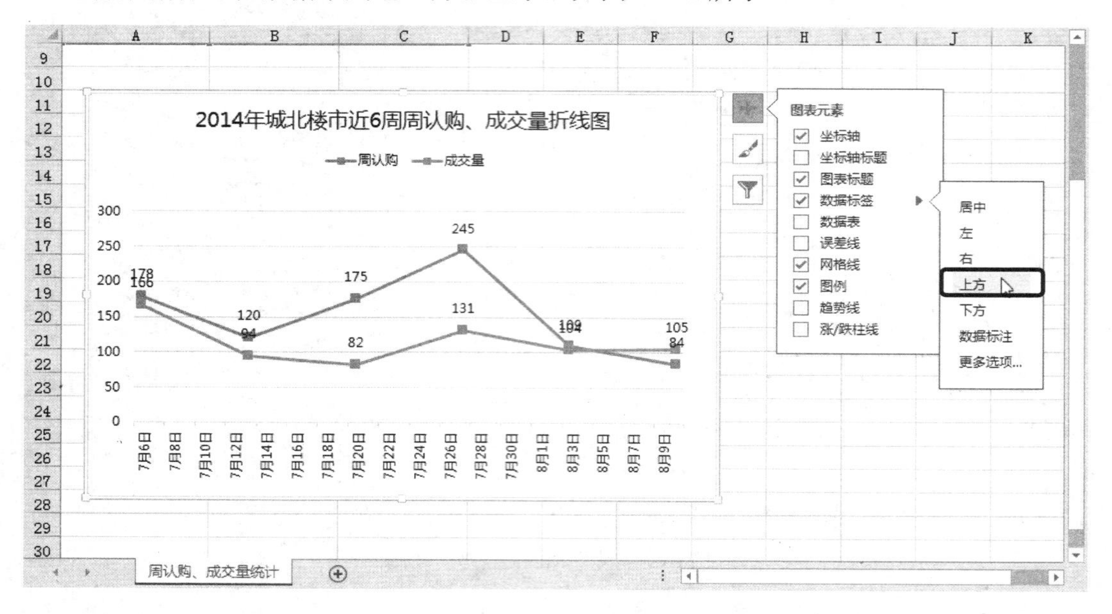

图 11-63　添加数据标签

（6）调整一下重叠显示的数据标签位置。

（7）接下来为折线图中“成交量”数据系列添加一条趋势线。首先右击“成交量”数据系列，在弹出的快捷菜单中选择【添加趋势线】选项，如图 11-64 所示。

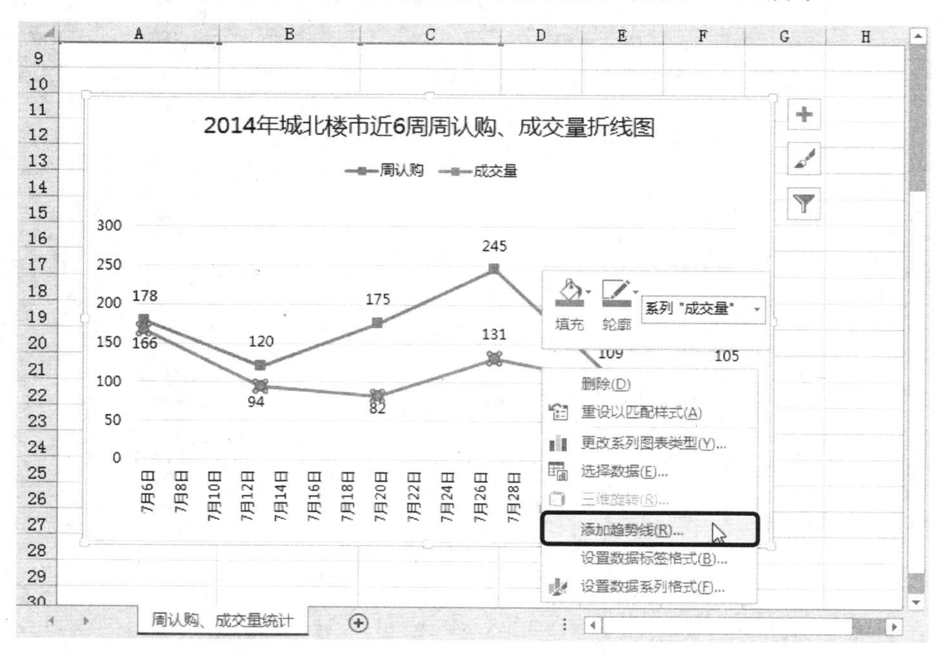

图 11-64　添加趋势线

（8）双击时间坐标轴，在【设置坐标轴格式】任务窗格中切换到【坐标轴选项】子选项卡，单击【坐标轴选项】展开选项区域，在【单位】区域【主要】输入框中修改代表天数的数字为“7”，如图 11-65 所示。

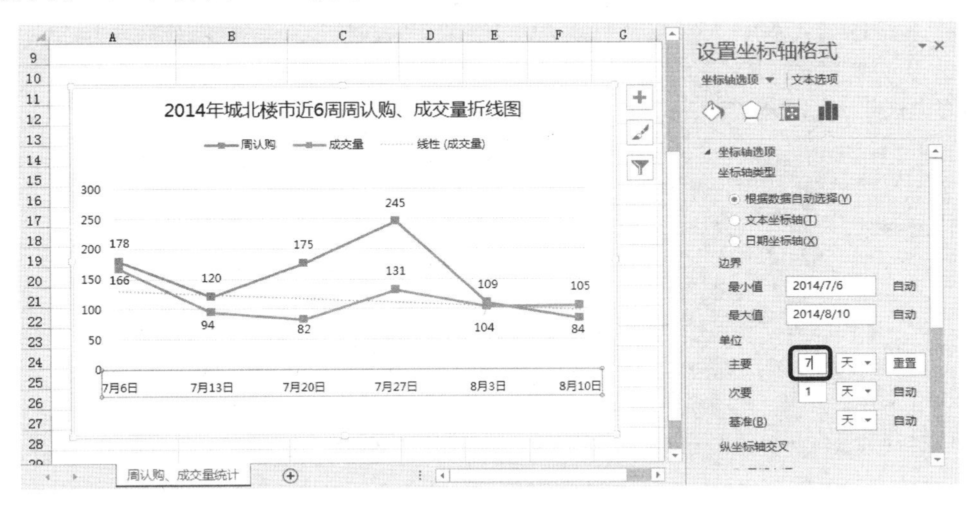

图 11-65　设置坐标轴格式

（9）最后选中图表，通过【设置图表区格式】任务窗格中的选项，为其标题设置阴影效果，完成图表的制作。折线图的最终效果如图 11-66 所示。

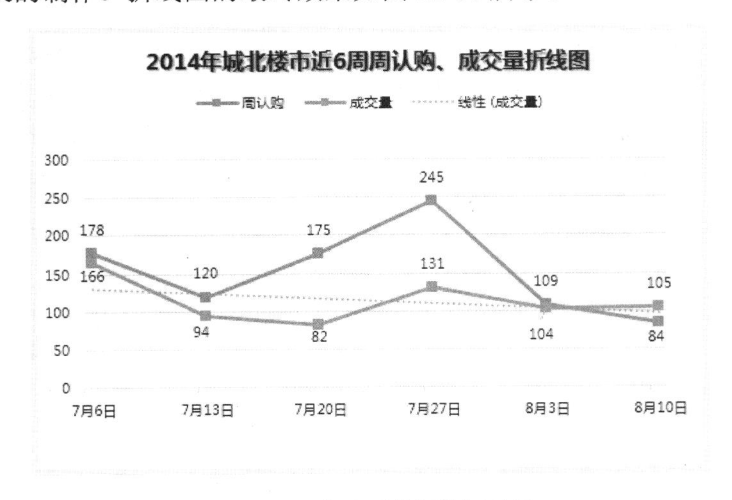

图 11-66　完成后的折线图效果

11.5.3　复合图表的设计与应用

复合图表指的是由不同图表类型的系列组成的图表，比如，可以让一个图表同时显示折线图和柱形图。创建一个复合图表可以在源数据的基础上直接创建，也可以在创建普通图表之后，将单个或多个的数据系列转变成其他图表类型。

【例 11-3】 创建柱形图与折线图复合图表

下面讲解直接创建柱形图与折线图的复合图表的具体步骤。

（1）打开本章素材文件“复合图表应用实例.xlsx”，按住 Ctrl 键选择数据表中的 A1:G1 单元格区域，A5:G5 单元格区域和 A10:G10 单元格区域，作为源数据区域。

（2）在功能区上切换到【插入】选项卡，单击【图表】组中的【插入组合图】按钮，在展开的图形选项列表中单击【创建自定义组合图】选项，如图 11-67 所示。

月份	1月份	2月份	3月份	4月份	5月份	6月份	7月份	8月份	9月份	10月份	11月份	12月份	合计
制造缺货台数	7993	861	2904	1861	881	1707	847	803	942	1610	2159	1962	24530
计划缺货台数	490	0	0	712	4848	838	70	6	0	154	178	1976	9272
物流缺货台数	695	424	1668	2224	625	1035	1142	154	0	20	0		7987
供应链总缺货台数	9178	1285	4572	4797	6354	3580	2059	963	942	1784	2337	3938	41789
要货总需求台数	124113	39272	76070	118851	104318	110165	114332	109604	158567	109695	117061	80923	1262971
制造缺货比例	6.83%	0.74%	2.48%	1.59%	0.75%	1.46%	0.72%	0.69%	0.80%	1.38%	1.84%	1.68%	1.94%
计划缺货比例	0.42%	0.00%	0.00%	0.61%	4.14%	0.72%	0.06%	0.01%	0.00%	0.13%	0.15%	1.69%	0.73%
物流缺货比例	0.59%	0.36%	1.42%	1.90%	0.53%	0.88%	0.98%	0.13%	0.00%	0.02%	0.00%	0.00%	0.63%
供应链总缺货比例	7.84%	1.10%	3.91%	4.10%	5.43%	3.06%	1.76%	0.82%	0.80%	1.52%	2.00%	4.87%	3.31%

图 11-67　选择【创建自定义组合图】选项

（3）在打开的【插入图表】对话框中，单击【为您的数据系列选择图表类型和轴】区域【供应链总缺货台数】右侧的【图表类型】下拉按钮，在下拉列表框中选择【簇状柱形图】，然后设置【供应链总缺货比例】的图表类型为【折线图】，如图 11-68 所示。

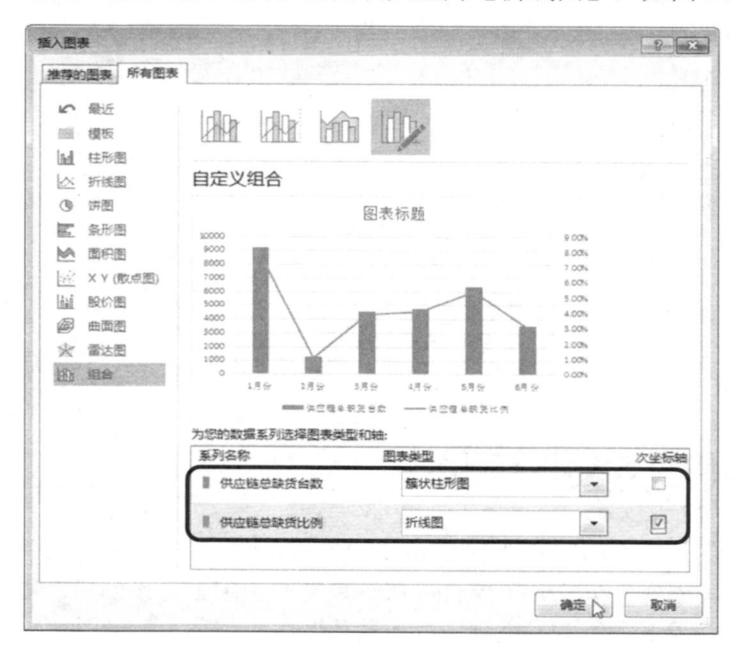

图 11-68　【插入图表】对话框

（4）单击【确定】按钮，即可在当前工作表中插入一张复合图表。修改图表标题，选择一款图表样式，如图 11-69 所示。

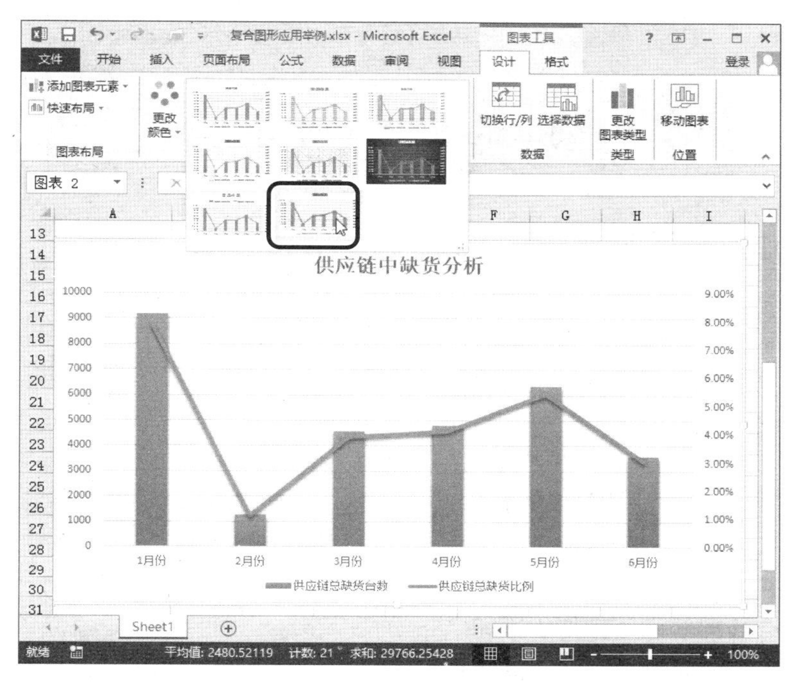

图 11-69　选择内置图表样式

（5）调整图表中的文本格式与图表大小。双击数据系列打开【设置数据系列格式】任务窗格，将【系列选项】中的【分类间距】设置为“100%”，即可完成复合图表的创建。本例最终效果如图 11-70 所示。

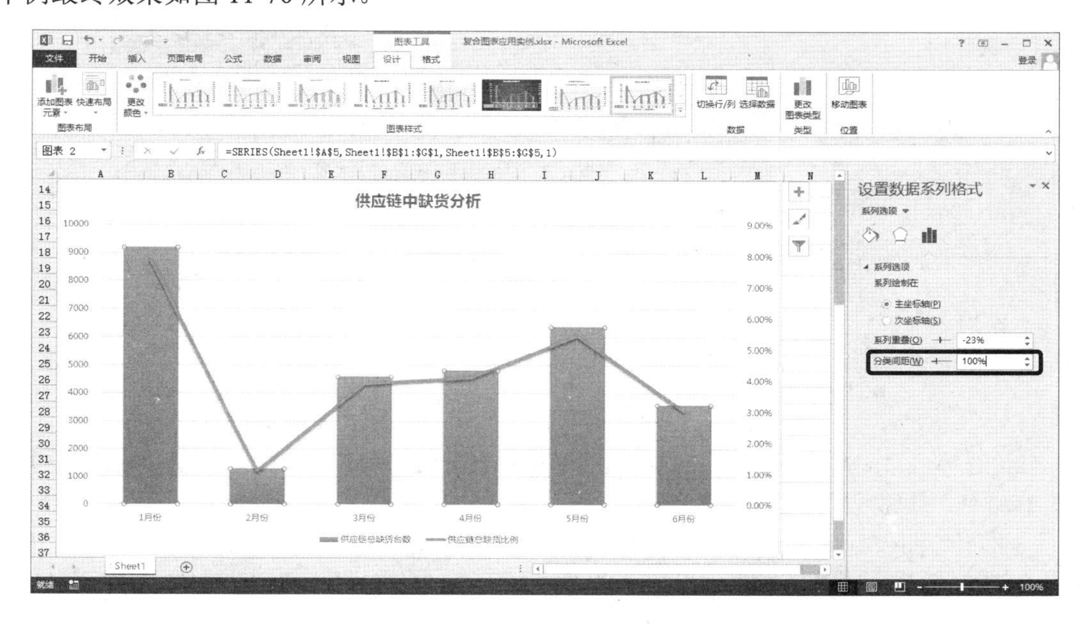

图 11-70　复合图表效果

提示： 如果要更改图表某一个数据系列的图表类型，可以在选中该数据系列之后，通过【插入】选项卡【图表】组中的各种插入图表类型的选项进行更改。由于篇幅限制，这里不再赘述了。

11.6 高级图表应用实例

11.6.1 制作双层圆环图

饼图中，一个坐标轴只能对应一个系列，而在圆环图中，一个坐标轴可以对应多个系列。下面通过一个简单的例子说明利用双层圆环图对多个数据系列进行相互补充说明的具体操作方法。

【例 11-4】 制作相互补充说明的双层圆环图

图 11-71 所示是某数码店当月的销售明细表，其中 A2:B7 是所有产品的销售金额表，D2:E7 区域是 U 盘的销售金额明细。利用这两张表格创建双层圆环图，且使两层圆环可以相互补充说明。

制作双层圆环图的具体操作步骤如下。

（1）打开本章素材文件“双层圆环图.xlsx”，在 A10:C19 单元格区域，根据图 11-71 中的数据表制作一张辅助表格。其中 C11:C14 属于合并区域，值等于 B11:B14 区域中数值的合计；B15:B19 属于合并区域，值等于 C15:C19 区域中数值的合计，如图 11-72 所示。

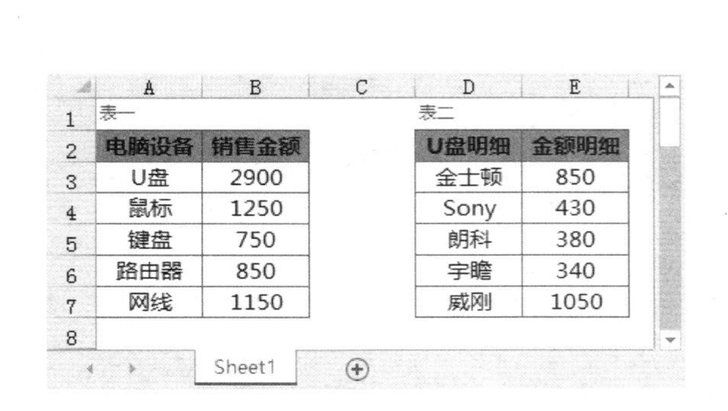

表一

电脑设备	销售金额
U盘	2900
鼠标	1250
键盘	750
路由器	850
网线	1150

表二

U盘明细	金额明细
金士顿	850
Sony	430
朗科	380
宇瞻	340
威刚	1050

图 11-71　销售数据表

辅助表

电脑设备	销售金额	U盘明细
鼠标	1250	4000
键盘	750	
路由器	850	
网线	1150	
金士顿	3050	850
Sony		430
朗科		380
宇瞻		340
威刚		1050

图 11-72　制作辅助表

（2）选择 A11:C19 单元格区域，在功能区中执行【插入】→【插入饼图或圆环图】→【圆环图】命令，生成圆环图，如图 11-73 所示。

（3）删除图表标题和图例，双击图表中任意数据系列，在【设置数据系列格式】任务窗格中切换至【系列选项】子选项卡，设置【圆环图内径大小】为“10%”，如图 11-74 所示。

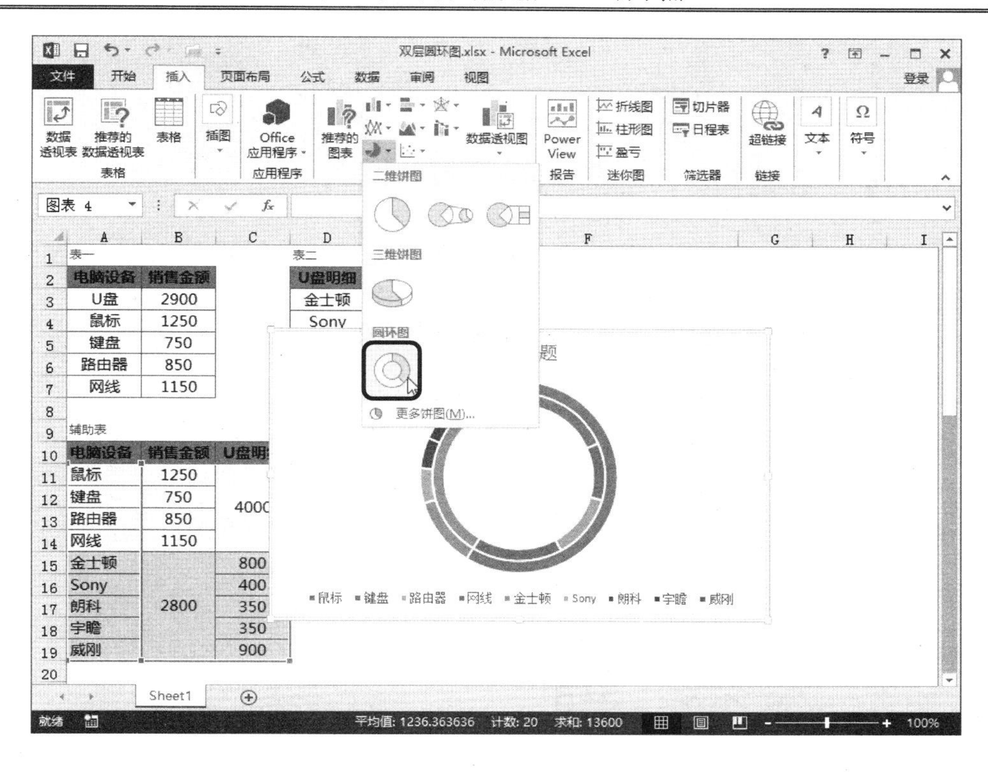

图 11-73　创建圆环图

（4）双击“销售金额”数据系列，在【设置数据系列格式】任务窗格的【填充线条】子选项卡中设置 “无填充”以及“蓝色—0.75 磅” 边框效果，如图 11-75 所示。然后使用同样方法设置内部圆环图中的“U 盘明细”数据系列“无填充”和“无边框”效果。

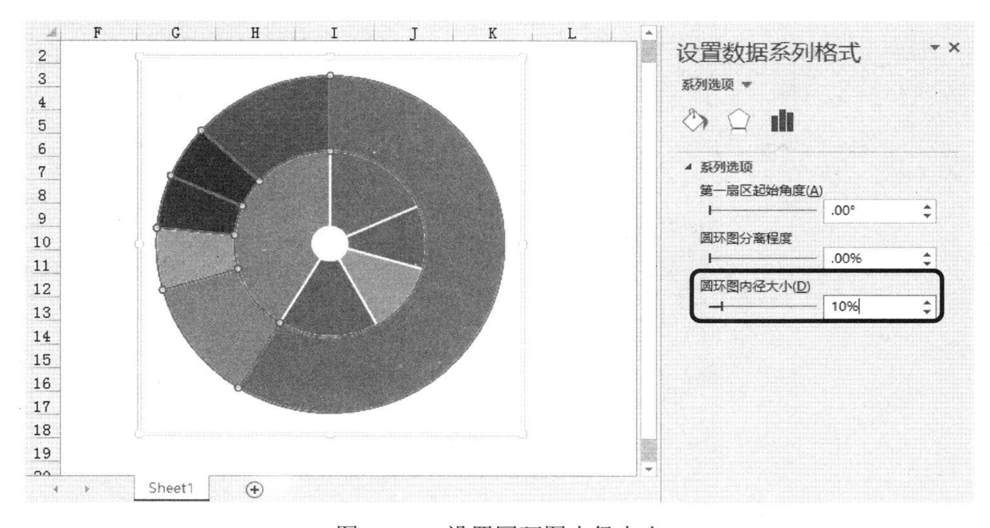

图 11-74　设置圆环图内径大小

（5）双击图表区，在【设置图表区格式】任务窗格中切换至【效果】选项卡，设置【阴影】为“右下斜偏移”，如图 11-76 所示。

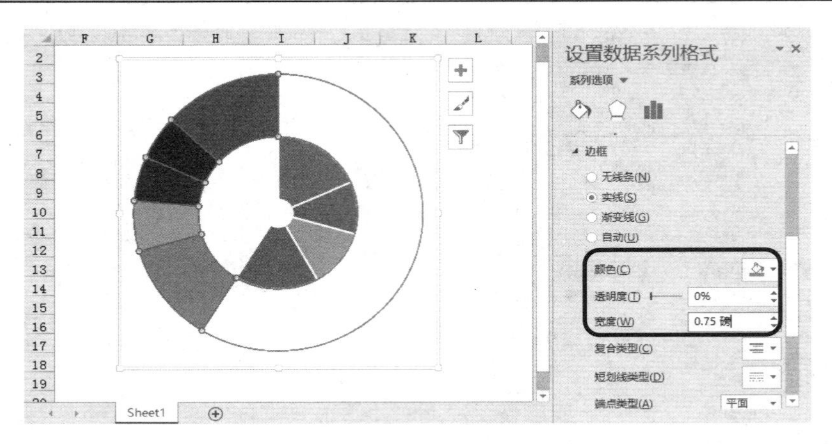

图 11-75　设置数据系列格式

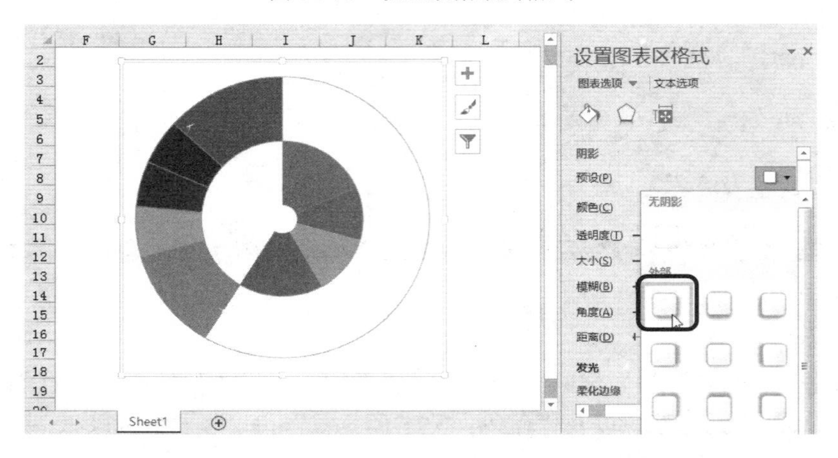

图 11-76　设置图表区格式

（6）单击图表右上角的“+”号按钮，单击【数据标签】复选项右侧的三角展开按钮，选择【数据标注】选项，如图 11-77 所示。

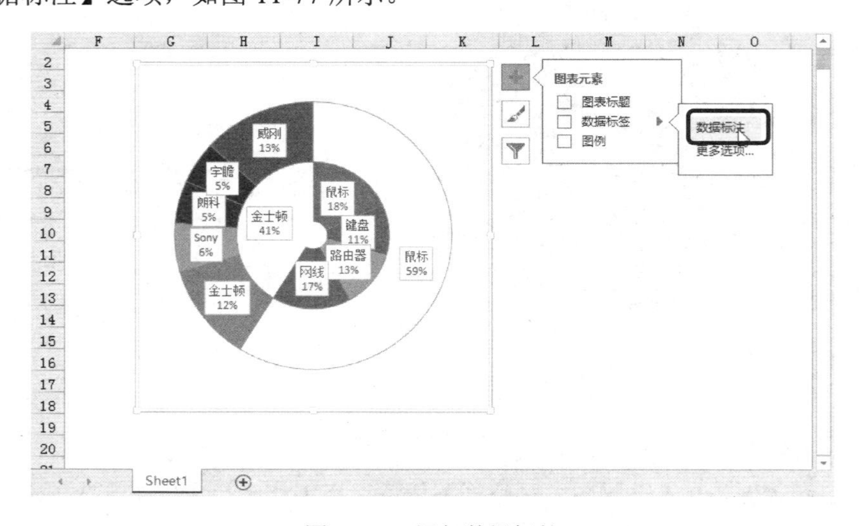

图 11-77　添加数据标签

（7）双击外层圆环中的数据标签，在【设置数据标签格式】任务窗格中切换至【标签选项】子选项卡，在【标签选项】区域中选择【值】复选项，设置【分隔符】为【（空格）】，如图 11-78 所示。接下来切换至【效果】子选项卡，设置【柔化边缘】为【2.5 磅】，如图 11-79 所示。使用同样方法对内层圆环的数据标签进行设置。

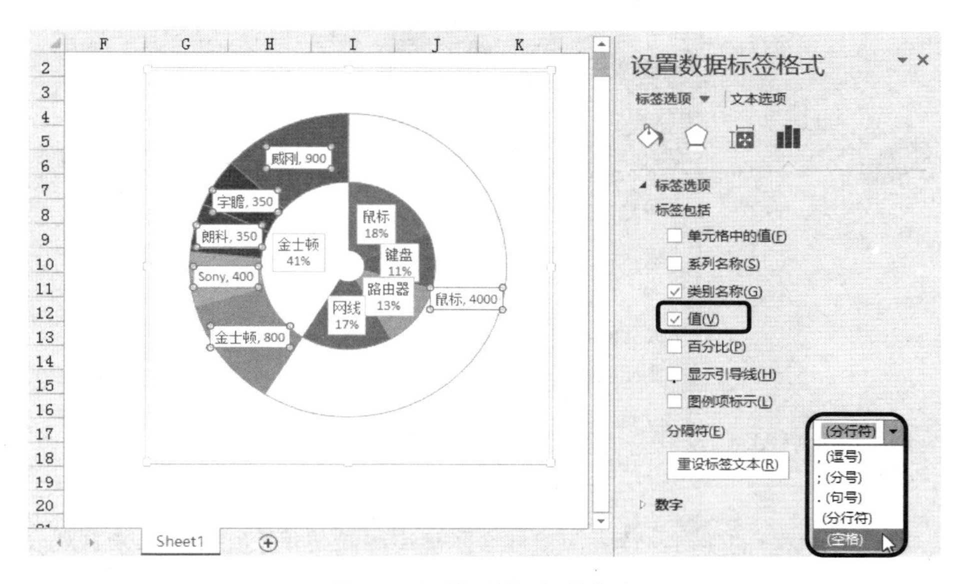

图 11-78　设置数据标签格式

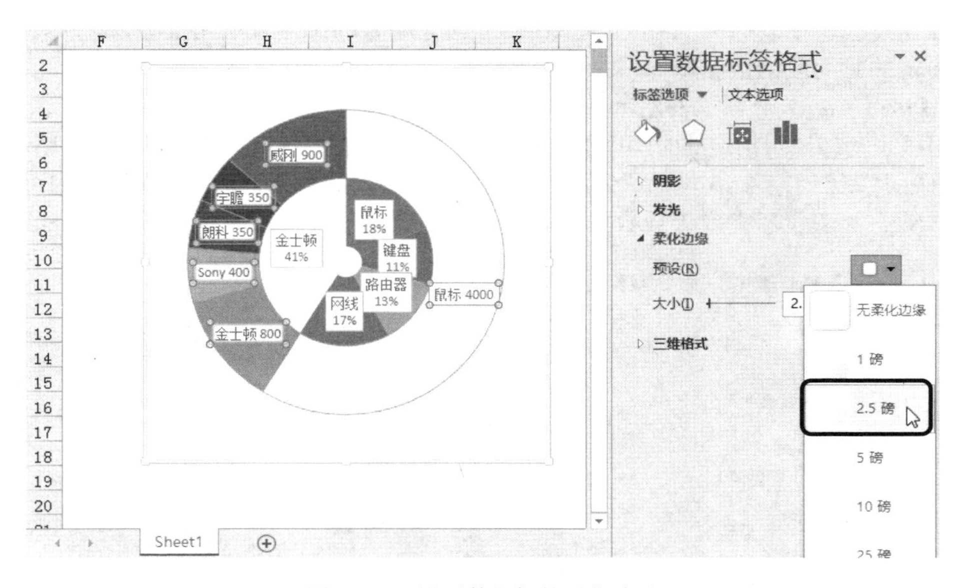

图 11-79　设置数据标签柔化边缘

（8）删除外层圆环中“鼠标 4000”数据标签，将内层圆环中“金士顿 2800”修改为“U 盘 2800”，并且将其他四个数据标签移动到外层圆环中。然后设置数据系列的阴影效果，图表最终效果如图 11-80 所示。

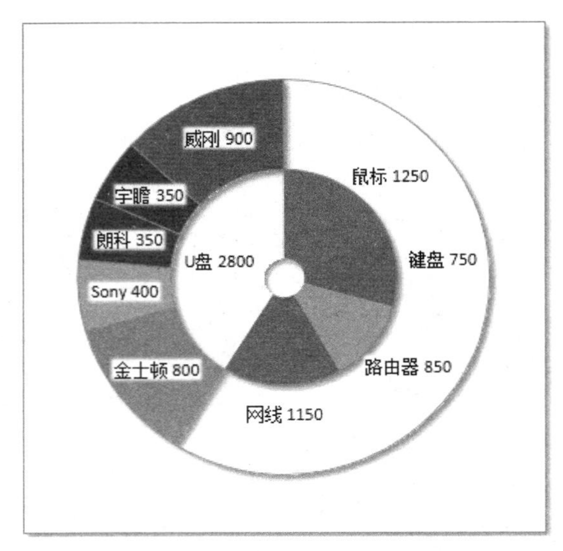

图 11-80　双层圆环图的最终效果

11.6.2　制作动态图表

相信通过前面章节的学习，读者应该体会到使用图表替代繁冗的数据来直观表达是最优选择。但是有时候数据系列过多，图表显示的数据系列就会过于拥挤，怎样避免这种情况呢？

下面通过编辑图表数据系列的 SERIES 公式并结合动态区域引用的方法，来动态显示用户所指定的时间段的数据。

【例 11-5】 制作动态图表显示指定天数的销售记录

使用图表动态显示指定的时间段的数据区域，所显示的信息将根据用户在单元格 E1 中输入的数值而定。比如输入“6”，那么图表将显示最近 6 天的数据记录，效果如图 11-81 所示。

制作动态图表显示指定天数数据的具体操作步骤如下。

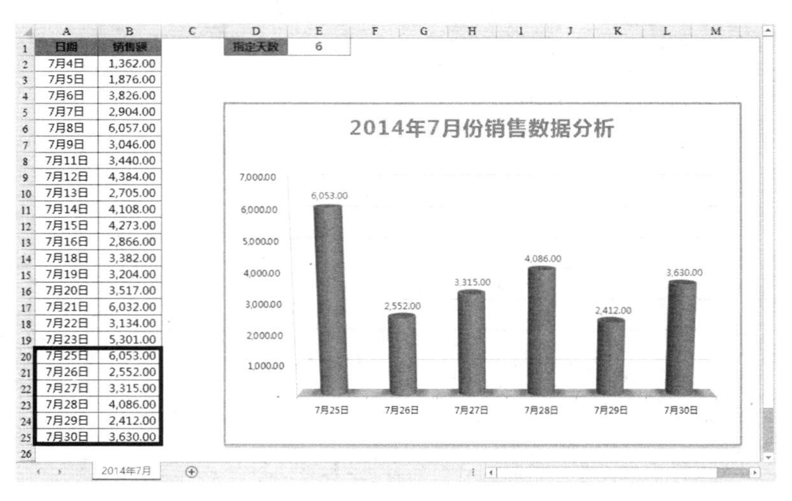

	A	B
1	日期	销售额
2	7月4日	1,362.00
3	7月5日	1,876.00
4	7月6日	3,826.00
5	7月7日	2,904.00
6	7月8日	6,057.00
7	7月9日	3,046.00
8	7月11日	3,440.00
9	7月12日	4,384.00
10	7月13日	2,705.00
11	7月14日	4,108.00
12	7月15日	4,273.00
13	7月16日	2,866.00
14	7月18日	3,382.00
15	7月19日	3,204.00
16	7月20日	3,517.00
17	7月21日	6,032.00
18	7月22日	3,134.00
19	7月23日	5,301.00
20	7月25日	6,053.00
21	7月26日	2,552.00
22	7月27日	3,315.00
23	7月28日	4,086.00
24	7月29日	2,412.00
25	7月30日	3,630.00

图 11-81　显示指定时间段的销售数据

（1）打开本章素材文件“动态图表应用实例.xlsx”，如图 11-82 所示。

（2）将单元格 E1 定义名称为“天数”。在【公式】选项卡中单击【定义名称】按钮，打开【新建名称】对话框；在【名称】输入框中输入“天数”，将【范围】设置为“2014 年 7 月”，然后单击【引用位置】编辑框右侧的折叠按钮，在工作表中选择单元格 E1，如图 11-83 所示。

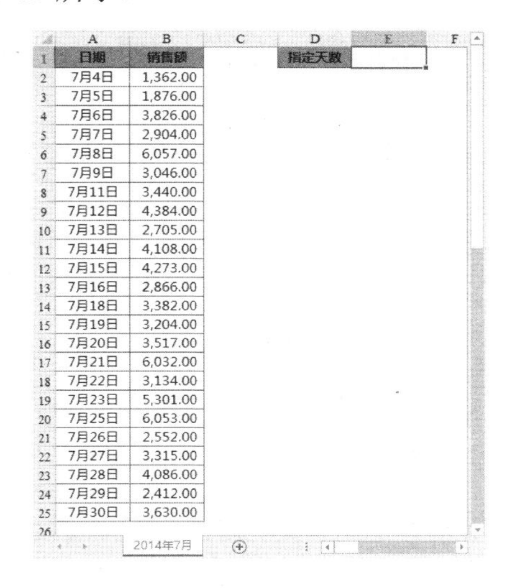

日期	销售额		指定天数	
7月4日	1,362.00			
7月5日	1,876.00			
7月6日	3,826.00			
7月7日	2,904.00			
7月8日	6,057.00			
7月9日	3,046.00			
7月11日	3,440.00			
7月12日	4,384.00			
7月13日	2,705.00			
7月14日	4,108.00			
7月15日	4,273.00			
7月16日	2,866.00			
7月18日	3,382.00			
7月19日	3,204.00			
7月20日	3,517.00			
7月21日	6,032.00			
7月22日	3,134.00			
7月23日	5,301.00			
7月25日	6,053.00			
7月26日	2,552.00			
7月27日	3,315.00			
7月28日	4,086.00			
7月29日	2,412.00			
7月30日	3,630.00			

图 11-82　基础数据

图 11-83　定义名称“天数”

（3）单击【确定】按钮，创建名称“天数”。然后再次打开【新建名称】对话框，在【名称】输入框中输入“日期”，将【范围】设置为“2014 年 7 月”，将下面的公式输入到【引用位置】编辑框中：

=OFFSET('2014 年 7 月'!$A$2,COUNTA('2014 年 7 月'!$A:$A)- '2014 年 7 月'!天数-1,0, '2014 年 7 月'!天数,1)

此时对话框如图 11-84 所示。

（4）单击【确定】按钮，创建名称“日期”。然后使用同样方法创建名称“销售额”，所不同的是，在【引用位置】编辑框中输入的公式为：

=OFFSET('2014 年 7 月'!$B$2, COUNTA('2014 年 7 月'!$B:$B)- '2014 年 7 月'!天数-1,0, '2014 年 7 月'!天数,1)”，如图 11-85 所示。

图 11-84　定义名称“日期”

图 11-85　定义名称“销售额”

（5）单击【确定】按钮，名称创建完成。单击 A1：B25 单元格区域中任意一个单元格，在功能区上依次单击【插入】→【柱形图】→【三维簇状柱形图】按钮，即可在当前工作表中创建一个三维簇状柱形图，效果如图 11-86 所示。

（6）适当调整图表的大小，图表标题修改为“2014 年 7 月份销售数据分析”，对图表进行美化，效果如图 11-87 所示。

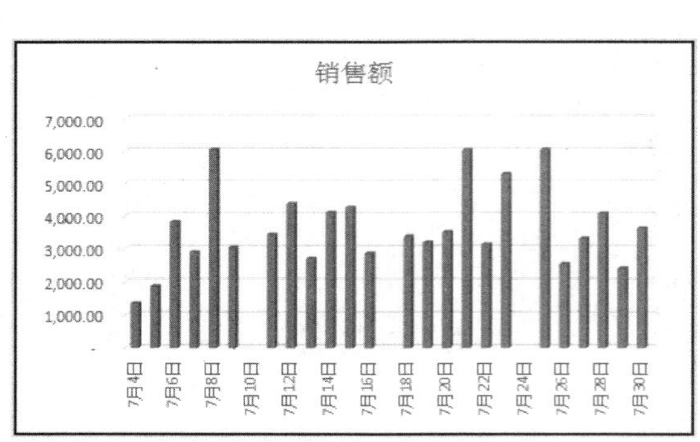

图 11-86　三维簇状柱形图

图 11-87　将图表进行美化

（7）单击 E1 单元格，输入一个表示要显示在图表中的销售记录数据系列个数的数字，如“6”。然后单击图表中任意一个数据系列，在编辑栏中可以看到如下所示的 SERIES 公式（参见图 11-88）。

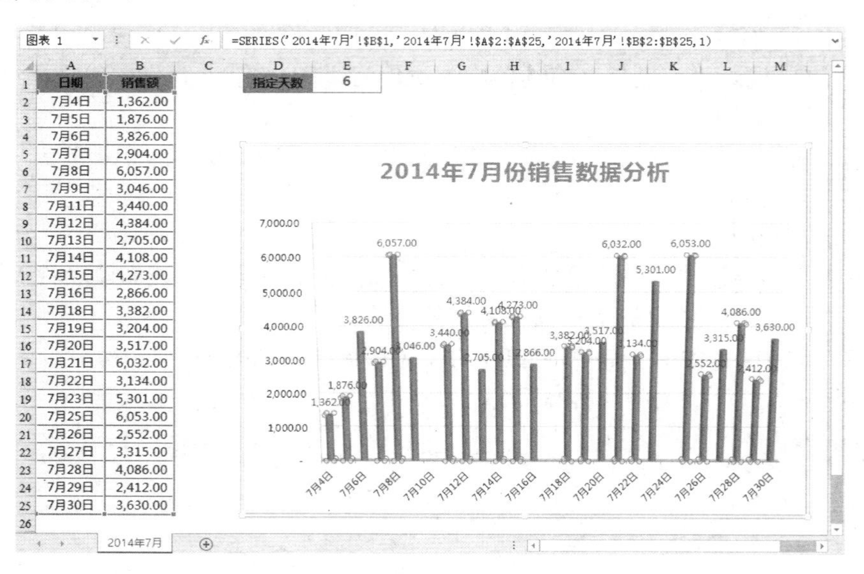

日期	销售额
7月4日	1,362.00
7月5日	1,876.00
7月6日	3,826.00
7月7日	2,904.00
7月8日	6,057.00
7月9日	3,046.00
7月11日	3,440.00
7月12日	4,384.00
7月13日	2,705.00
7月14日	4,108.00
7月15日	4,273.00
7月16日	2,866.00
7月18日	3,382.00
7月19日	3,204.00
7月20日	3,517.00
7月21日	6,032.00
7月22日	3,134.00
7月23日	5,301.00
7月25日	6,053.00
7月26日	2,552.00
7月27日	3,315.00
7月28日	4,086.00
7月29日	2,412.00
7月30日	3,630.00

图 11-88　原有的 SERIES 公式

=SERIES('2014 年 7 月'!$B$1,'2014 年 7 月'!$A$2:$A$25,'2014 年 7 月'!$B$2:$B$25,1)

（8）将上述公式加入之前定义的名称，修改为下面的形式，如图 11-89 所示。

=SERIES（'2014 年 7 月'!$B$1, '2014 年 7 月'!日期, '2014 年 7 月'!销售额,1）

（9）按 Enter 键，此时图表将只显示最近 6 天的销售数据系列。也可以在 E1 单元格中修改任意的代表指定天数的数字，例如“12”，用以确定显示最近销售数据系列的具体天数，如图 11-90 所示。

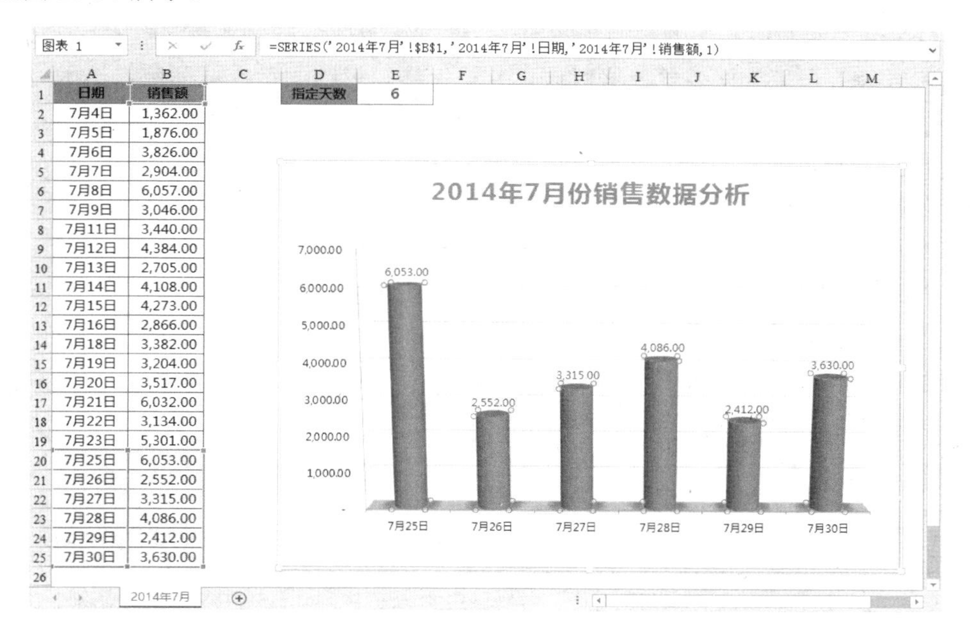

日期	销售额
7月4日	1,362.00
7月5日	1,876.00
7月6日	3,826.00
7月7日	2,904.00
7月8日	6,057.00
7月9日	3,046.00
7月11日	3,440.00
7月12日	4,384.00
7月13日	2,705.00
7月14日	4,108.00
7月15日	4,273.00
7月16日	2,866.00
7月18日	3,382.00
7月19日	3,204.00
7月20日	3,517.00
7月21日	6,032.00
7月22日	3,134.00
7月23日	5,301.00
7月25日	6,053.00
7月26日	2,552.00
7月27日	3,315.00
7月28日	4,086.00
7月29日	2,412.00
7月30日	3,630.00

图 11-89　修改后的 SERIES 公式

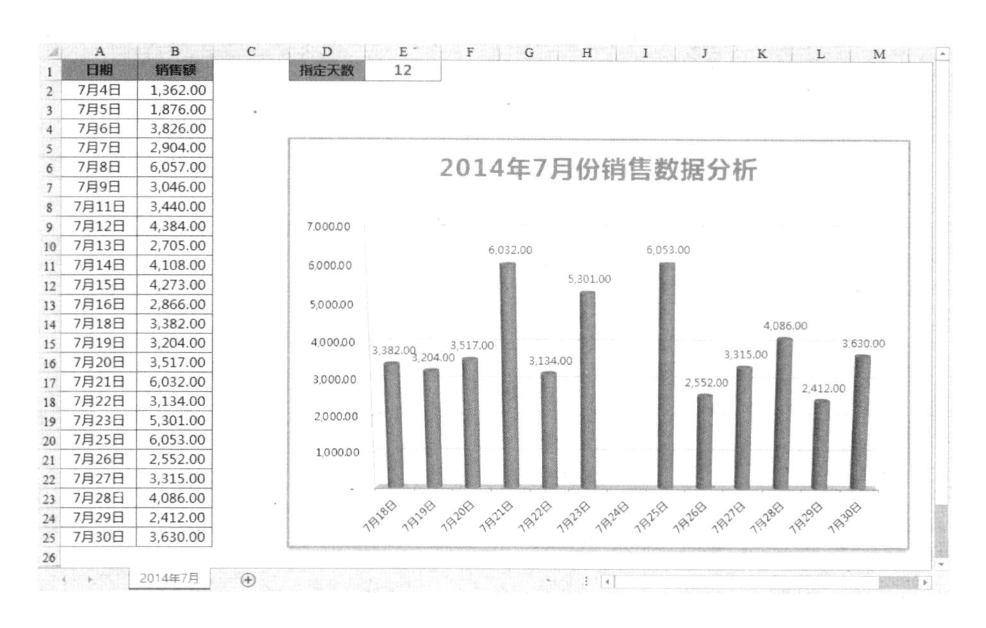

日期	销售额
7月4日	1,362.00
7月5日	1,876.00
7月6日	3,826.00
7月7日	2,904.00
7月8日	6,057.00
7月9日	3,046.00
7月11日	3,440.00
7月12日	4,384.00
7月13日	2,705.00
7月14日	4,108.00
7月15日	4,273.00
7月16日	2,866.00
7月18日	3,382.00
7月19日	3,204.00
7月20日	3,517.00
7月21日	6,032.00
7月22日	3,134.00
7月23日	5,301.00
7月25日	6,053.00
7月26日	2,552.00
7月27日	3,315.00
7月28日	4,086.00
7月29日	2,412.00
7月30日	3,630.00

图 11-90　显示近 12 天的销售数据

公式解析：

本例公式使用了三个函数，分别是 COUNTA 函数、OFFSET 函数和 SERIES 函数。其中 OFFSET 函数已经在第 4 章中介绍，这里重新回顾一下。

- COUNTA 函数用于统计参数表中非空值的单元格个数。它有 1 到 225 个参数。第 2 到 225 个参数是可选参数。
- OFFSET 函数以指定的引用为参照系，通过给定偏移量得到新的引用。返回的引用可以为一个单元格或单元格区域，并可以指定返回的行数或列数。该函数有五个参数，分别表示作为偏移量参照系的引用区域；相对于偏移量参照系的左上角单元格，上（下）偏移的行数；相对于偏移量参照系的左上角单元格，左（右）偏移的列数；所要返回的引用区域的行数；所要返回的引用区域的列数。最后两个参数是可选参数。
- SERIES 函数只能在图表中使用。当单击图表中的任意一个数据系列，公式会在工作表的编辑栏中显示。公式包含了五个参数：分别表示系列名称；分类标签；值；数据系列绘制到图表中的次序；气泡图中气泡的大小。

11.6.3 制作项目进度图

项目进度图是利用两个条形图实现的，其中一个条形图显示项目的进度计划，另一个条形图显示到指定日期的进度。

【例 11-6】 根据项目进度表制作项目进度图

根据如图 11-91 所示的项目进度表制作项目进度图，以便从计划中选取关键内容并予以密切关注。同时还可以从进度图中直观地知道有哪些任务，在什么时间段要做，而时间则提供更精确的时间段数据。

	A	B	C	D	E
1	项目分解	今天	执行时间	时长	结束时间
2	促销计划方案制定	7月12日	6月27日	2	6月29日
3	上级研究确定方案	7月12日	6月29日	1	6月30日
4	各方关系的前期协调	7月12日	6月30日	4	7月4日
5	促销宣传品的设计与印刷	7月12日	7月4日	3	7月7日
6	促销活动准备	7月12日	7月7日	7	7月14日
7	开工与现场执行	7月12日	7月14日	20	8月3日
8	促销成果评估总结	7月12日	8月3日	4	8月7日
9	善后工作的进行	7月12日	8月7日	2	8月9日
10					

Sheet1

图 11-91 项目进度表

制作项目进度图的具体操作步骤如下。

（1）打开本章素材文件“项目进度图.xlsx”，单击数据区域中的任意一个单元格。然后在功能区中执行【插入】→【插入条形图】→【堆积条形图】命令，在工作表中插入一张条形图，如图 11-92 所示。

（2）双击图表中的“今天”数据系列，在工作窗口右侧打开的【设置数据系列格式】任务窗格的【系列选项】子选项卡中设置【分类间距】为“0”，并选择【次坐标轴】单选按钮，如图 11-93 所示。

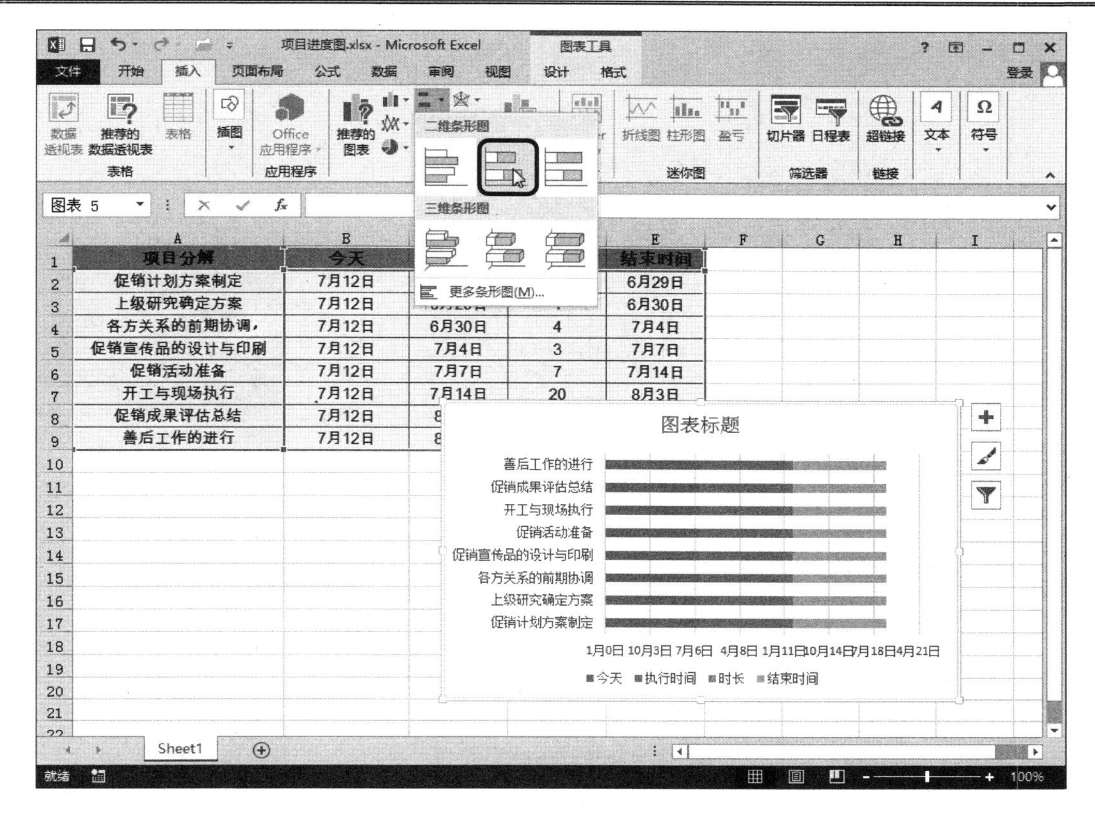

图 11-92　创建堆积条形图

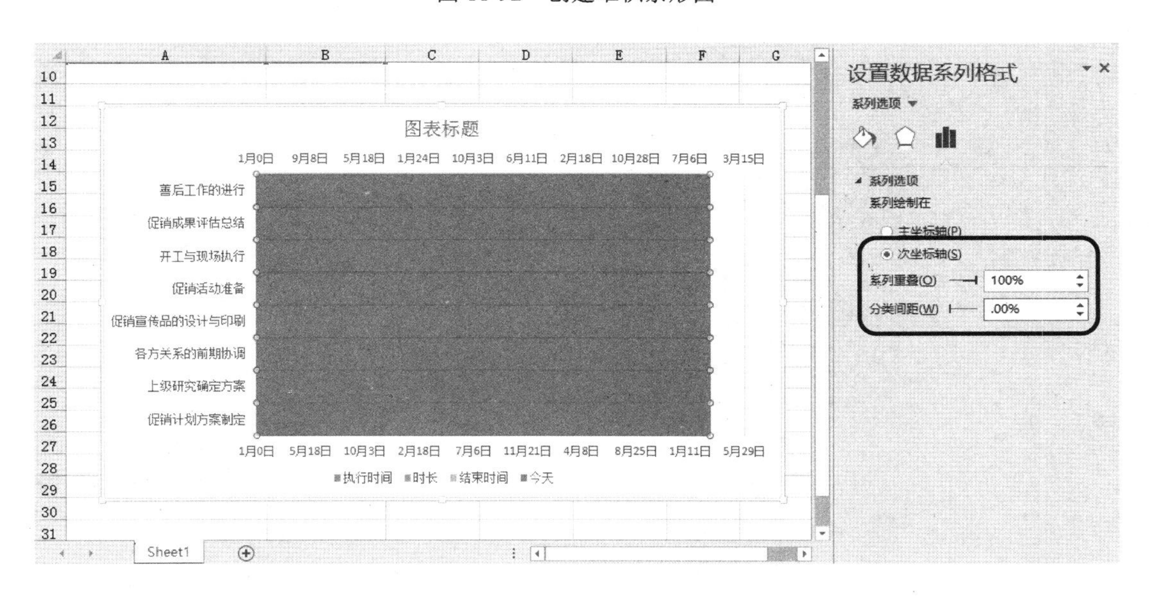

图 11-93　设置数据系列分类间距

（3）单击【填充线条】子选项卡，设置使用“纯色填充”和“60%”的透明度，如图 11-94 所示。

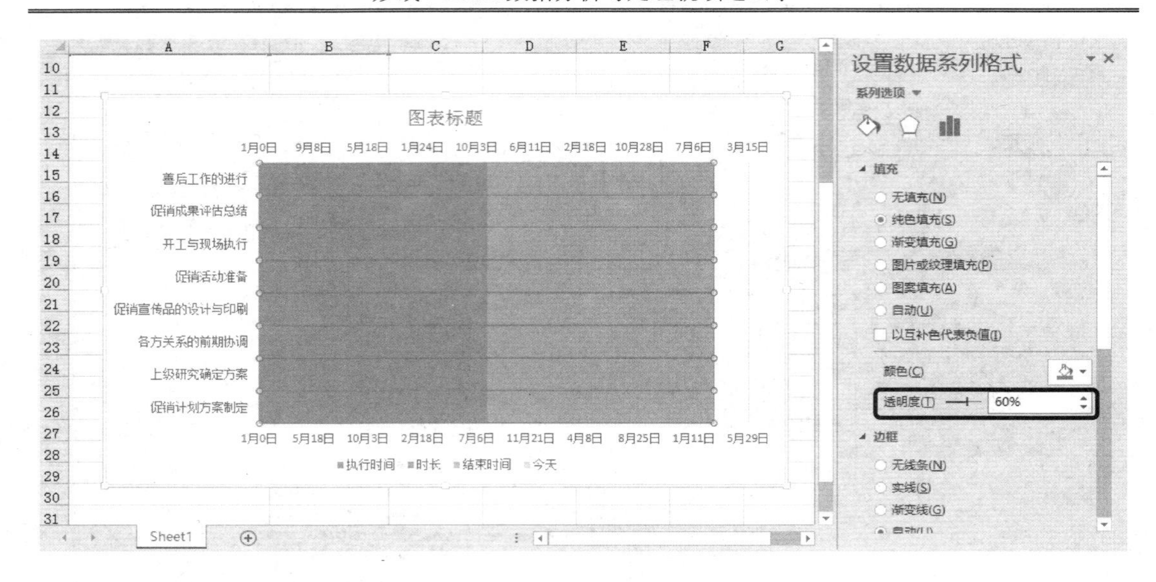

图 11-94　设置数据系列透明度

（4）双击水平坐标轴，在【设置坐标轴格式】任务窗格的【坐标轴选项】选项卡中，分别设置【最小值】为“41817.0”，【最大值】为“41860.0”，“主要单位”为“7”。并使用相同的方法设置另一水平轴的坐标轴最大值和最小值，以保证图表中日期的一致性。如图 11-95 所示。

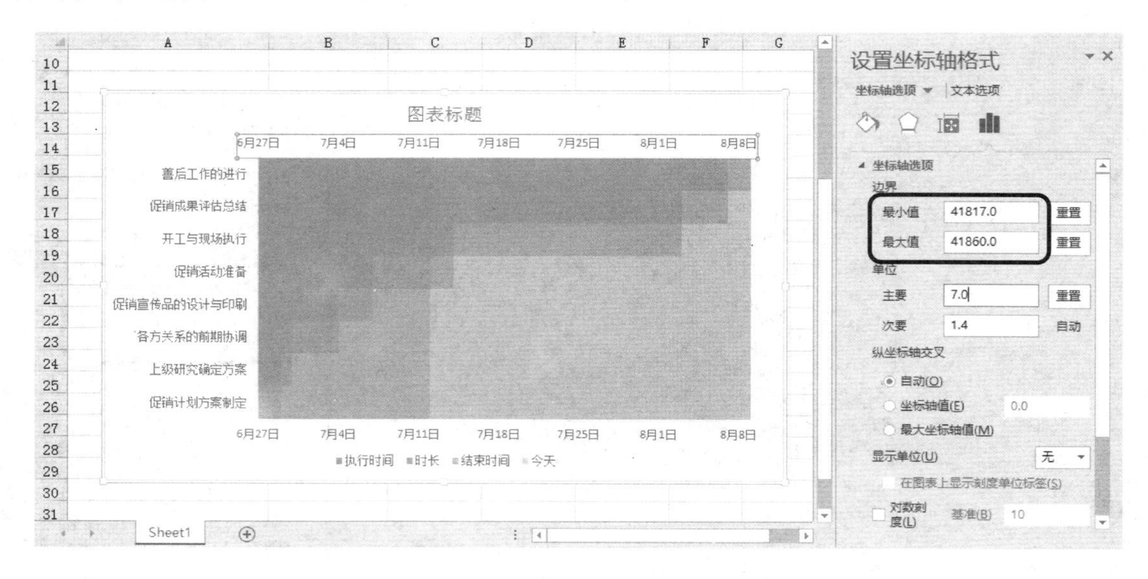

图 11-95　设置坐标轴格式

（5）双击图表中“执行时间”数据系列，在【设置数据系列格式】任务窗格的【填充线条】子选项卡中设置【无填充】和【无线条】，如图 11-96 所示。选择图表中的“结束时间”数据系列并删除。

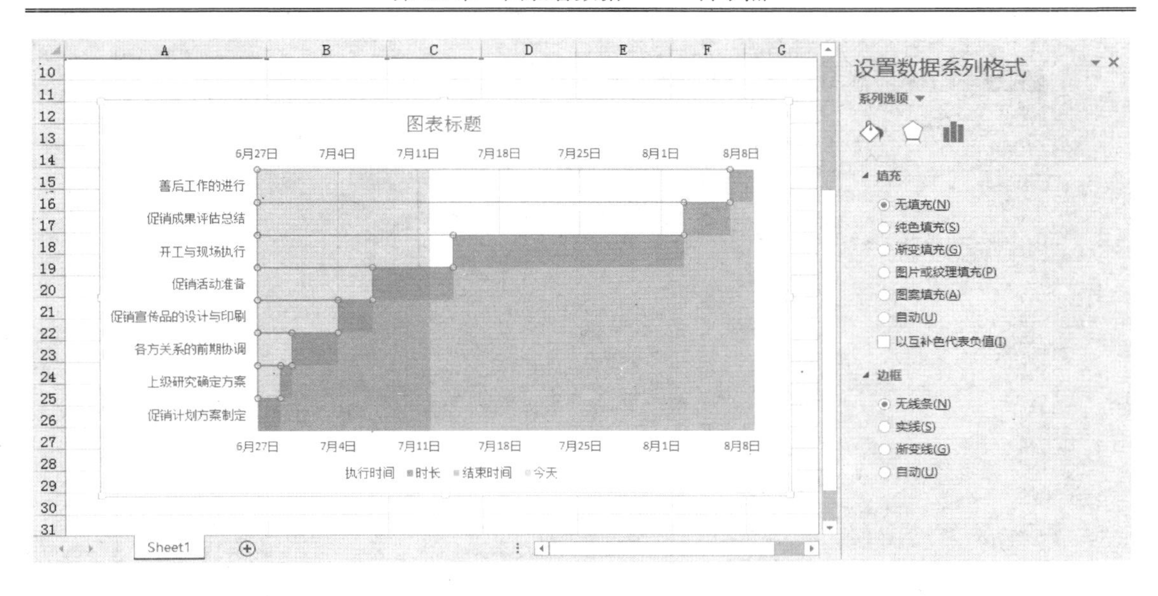

图 11-96　设置数据系列的填充效果

（6）双击图表中的垂直坐标轴，在【设置坐标轴格式】任务窗格的【坐标轴选项】子选项卡中选择【逆序类别】，设置【主要类型】为“外部”，如图 11-97 所示。

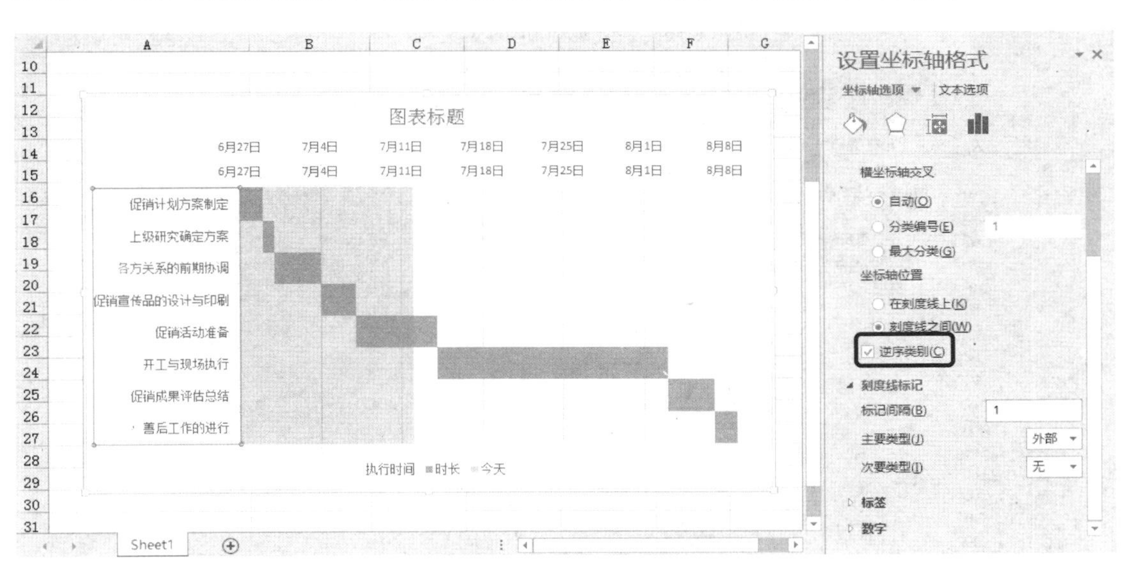

图 11-97　选择逆序类别显示

（7）添加图表标题并设置图表文本字体格式，删除次坐标轴水平轴标签以及图例项，在【图表工具】的【格式】选项卡中设置“时长”数据系列的三维效果以及颜色，如图 11-98 所示。

（8）适当调整图表，完成项目进度图的制作。本例最终效果如图 11-99 所示。

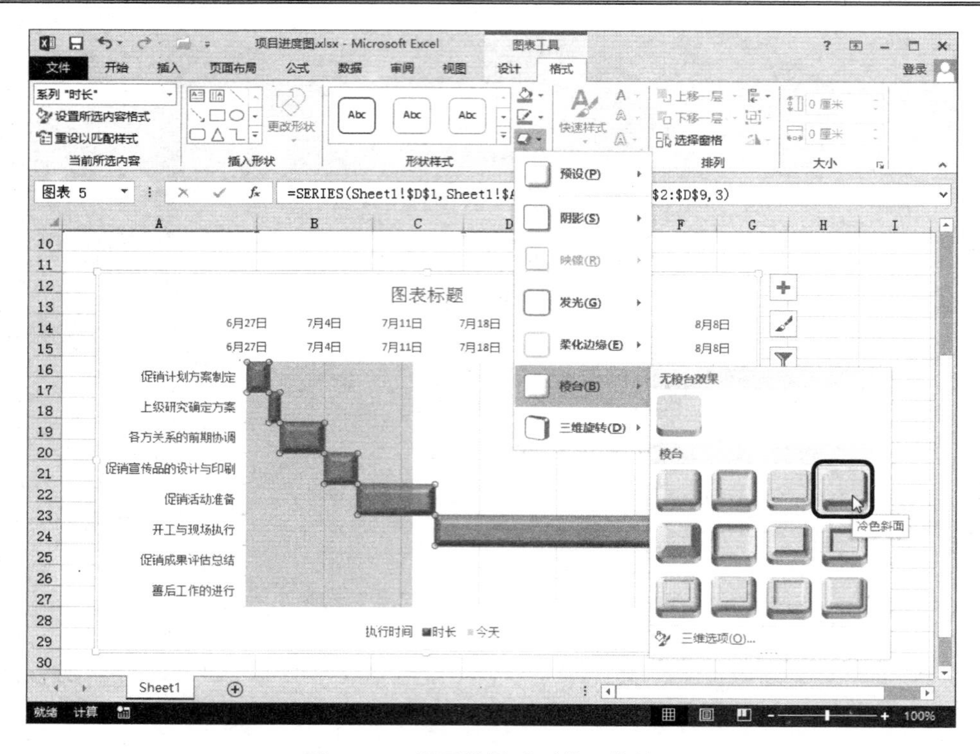

图 11-98　设置数据系列的三维效果

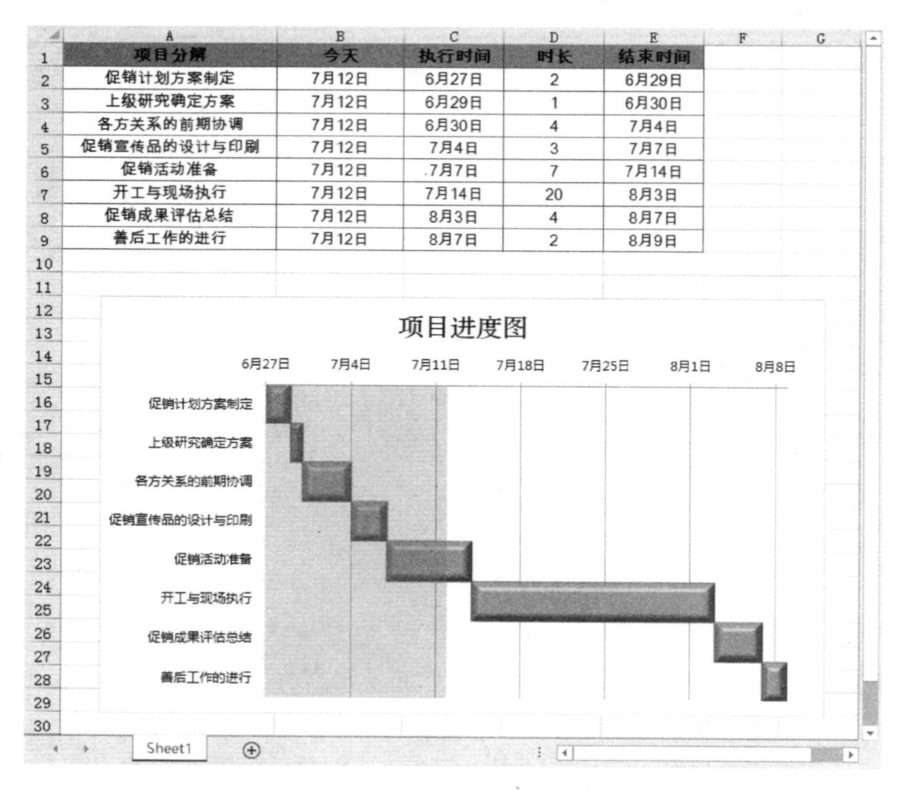

项目分解	今天	执行时间	时长	结束时间
促销计划方案制定	7月12日	6月27日	2	6月29日
上级研究确定方案	7月12日	6月29日	1	6月30日
各方关系的前期协调	7月12日	6月30日	4	7月4日
促销宣传品的设计与印刷	7月12日	7月4日	3	7月7日
促销活动准备	7月12日	7月7日	7	7月14日
开工与现场执行	7月12日	7月14日	20	8月3日
促销成果评估总结	7月12日	8月3日	4	8月7日
善后工作的进行	7月12日	8月7日	2	8月9日

图 11-99　最终效果

第12章　数组公式

对于希望精通Excel函数与公式的读者来说，数组运算和数组公式是必须跨越的门槛。通过前面章节的学习，读者已经对公式有了一定的认识。那么，什么是数组公式？它与普通公式的区别在哪里？本章就来认识数组公式，并学习利用数组公式来解决实际工作中的一些问题。

通过对本章内容的学习，读者将掌握：

- 理解数组、数组公式和数组运算
- 掌握数组的构建与填充
- 关于数组公式的一些高级应用

12.1　理解数组

12.1.1　Excel中数组的相关定义

在Excel函数与公式应用中，数组是指按一行、一列或多行多列的一组数据元素的集合。数据元素可以是数值、文本、日期、逻辑值和错误值。

数组的维度是指数组的行列方向，一行多列的数组为横向数组，一列多行的数组为纵向数组。多行多列的数组则同时拥有纵向和横向两个维度。

数组的维数是指数组中不同维度的个数。只有一行或一列在单一方向上延伸的数组，称为一维数组；多行多列同时拥有两个维度的数组称为二维数组。

数组的尺寸是以数组各行列上的元素个数来表示的。比如一行N列的一维横向数组，其尺寸表示为1×N；对于M行N列的二维数组，其各行或各列的元素个数必须相等，呈矩形排列，其尺寸表示为M×N。

12.1.2　Excel中数组的存在形式

1. 常量数组

在Excel函数与公式应用中，常量数组是指直接在公式中写入数组元素，并用大括号“{}”在首尾进行标识的字符串表达式。它不依赖于单元格区域，可以直接参与公式计算。

常量数组的组成元素只可为常量元素，绝不能是函数、公式或单元格引用。常量元素中不可以包含美元符号、逗号、圆括号和百分号。

一维纵向常量数组，即“行数组”的各元素用半角分号“;”间隔开来，例如：

={1;2;3;4;5}

表示尺寸为 5 行×1 列的数值型常量数组。

一维横向常量数组，即“列数组”的各元素用半角逗号“,”间隔开来，例如：

={"中国","江苏","南京"}

表示尺寸为 1 行×3 列的文本型常量数组。

其中，文本型常量元素必须使用半角双引号“""”将首尾标识出来。

二维常量数组的每一行上的元素用半角逗号“,”间隔开来，每一列的元素用半角分号“;”间隔开来，例如：

={1,3,5;#N/A,7,TRUE;"职务","2014-7-31","类别";#VALUE!,FALSE,9}

表示尺寸为 4 行×3 列的二维混合数据类型的数组，包含数值、文本、日期、逻辑值和错误值。

如果读者朋友对输入的过程感觉很繁琐，可以借助单元格引用来转换为常量数组。

例如当在单元格 A1:A6 中分别输入字符“1”，“3”，“5”，……“11”后，再在 B1 中输入“=A1:A6”，或者直接使用鼠标选中公式段中的 A1:A6 单元格区域，同时按 F9 键，Excel 会自动将单元格引用转换为常量数组，如图 12-1 所示。

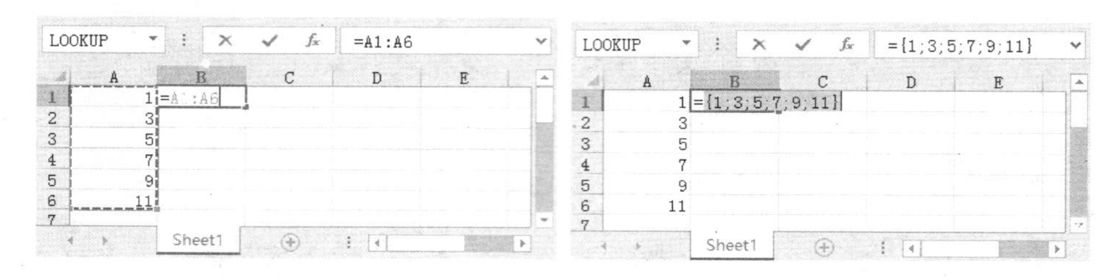

图 12-1　按 F9 键将单元格引用转换常量数组

2. 区域数组

如果在公式或函数参数中引用工作表的某个单元格区域，且函数参数不是单元格引用或区域类型（reference、ref 或 range），也不是向量（vector）时，Excel 会自动将该区域引用转换成由区域中各单元格的值构成的同维数同尺寸的数组，可称之为区域数组。

区域数组的维度和尺寸与常量数组完全一致，在公式运算中会自动将“区域引用”进行转换。这类区域数组也是用户在利用“公式求值”查看公式运算过程时常看到的。

3. 内存数组

内存数组是指某一公式通过计算，在内存中临时返回多个结果值构成的数组。而该公式的计算结果，不必存储到单元格区域中，便可作为一个整体直接嵌套入其他公式中继续参与计算。该公式本身则称为内存数组公式。

内存数组与区域数组的主要区别在于，区域数组通过引用而非通过公式计算获得，并且区域数组依赖于引用的单元格区域，而非独立存在于内存中。

某种意义上，常量数组也是一种存在于内存中的数组，同样不依赖于单元格区域，但它不是通过公式计算在内存中临时获取的，而是作为常量直接输入的。

可以用一句话概括内存数组的特点，即内存数组生于内存，存于内存。

4. 命名数组

命名数组是指使用命名公式，即名称，定义的一个常量数组、区域数组或内存数组。该名称可以在公式中作为数组来调用。在数据有效性（有效性序列除外）和条件格式的自定义公式中，不接受常量数组，但是可将其命名后，直接调用名称进行计算。

12.2　数组公式与数组运算

12.2.1　认识数组公式

数组公式是指可以在数组的一项或多项上执行多个计算的公式。也可以将数组视为一行值、一列值或多行值和多列值的组合。

数组公式可以返回多个结果，也可返回一个结果。例如，可以在单元格区域中创建数组公式，并使用数组公式计算列或行的小计。也可以将数组公式放入单个单元格中，然后计算单个量。包括多个单元格的数组公式称为多单元格公式，位于单个单元格中的数组公式称为单个单元格公式。

数组公式区别于普通公式，它以按 Shift+Ctrl+Enter 键来完成公式的输入，并且 Excel 会自动在编辑栏中给数组公式的首尾加上大括号“{}”。

所谓多项计算是指，对公式中有对应关系的数组元素同步执行相关计算，或在工作表的相应单元格区域中同时返回常量数组、区域数组、内存数组或命名数组中的多个元素。

其实在进行多项计算的时候，并不是必须以数组公式的形式来完成编辑。一些函数也可以使用数组，并返回单一结果，例如 SUMPRODUCT 函数、LOOKUP 函数以及 MULT 函数等。

12.2.2　多单元格联合数组公式

如果一个函数或公式返回多个结果值，并需要存在单元格区域中，那么可借助多单元格数组公式来实现。

【例 12-1】 多单元格数组公式计算销售额

根据如图 12-2 所示的已知商品单价和销售数量，计算每种商品的销售额。

使用多单元格数组公式计算销售额的具体操作步骤如下。

打开本章素材文件“多单元格数组公式.xlsx”，选择 F2:F12 单元格区域后，输入下面的数组公式，并按 Shift+Ctrl+Enter 键确认输入。

=D2:D12*E2:E12

数组公式输入完成后，Excel 将自动使用“{}”将其首尾括起来，如图 12-3 所示。

订单编号	商品名称	型号	单价	数量	销售额
50411203	三角直身全钢	700W	￥188.00	6	
50411204	三角电饭煲	CFXB40-3DZ 700W	￥148.00	1	
50411204	苏泊尔电饭煲	CFXB40YA9-70	￥369.00	2	
50411205	苏泊尔电饭煲	CFXB40FC10-85	￥499.00	1	
50411206	九阳电压力锅	JYY-40YYZ	￥698.00	1	
50411206	美的电饭锅	TH557	￥169.00	1	
50411207	美的电压力锅	PCJ505	￥339.00	1	
50411208	三角电饭锅	900W	￥ 47.00	6	
50411209	卡蒂亚饮水机	18-5A	￥288.00	1	
50411210	华生饮水机	506	￥198.00	6	
50411210	容声电压力锅	5L电脑	￥155.00	4	

多单元格数组公式

图 12-2　数据源

F2　{=D2:D12*E2:E12}

订单编号	商品名称	型号	单价	数量	销售额
50411203	三角直身全钢	700W	￥188.00	6	￥ 1,128.00
50411204	三角电饭煲	CFXB40-3DZ 700W	￥148.00	1	￥ 148.00
50411204	苏泊尔电饭煲	CFXB40YA9-70	￥369.00	2	￥ 738.00
50411205	苏泊尔电饭煲	CFXB40FC10-85	￥499.00	1	￥ 499.00
50411206	九阳电压力锅	JYY-40YYZ	￥698.00	1	￥ 698.00
50411206	美的电饭锅	TH557	￥169.00	1	￥ 169.00
50411207	美的电压力锅	PCJ505	￥339.00	1	￥ 339.00
50411208	三角电饭锅	900W	￥ 47.00	6	￥ 282.00
50411209	卡蒂亚饮水机	18-5A	￥288.00	1	￥ 288.00
50411210	华生饮水机	506	￥198.00	6	￥ 1,188.00
50411210	容声电压力锅	5L电脑	￥155.00	4	￥ 620.00

多单元格数组公式

图 12-3　多单元格数组公式

此公式将各种商品的销售数量分别乘以对应的单价，获得一个内存数组，然后将其写入指定的单元格区域中并显示出来。

上例只是为了更好地说明数组公式的用法，其实在日常生活中遇到类似的问题，使用普通公式来解决，可以提高 Excel 的运算效率。

比如在上例中选中 F2:F12 单元格区域并输入下面的公式，然后按 Ctrl+Enter 键即可。

=D2*E2

在很多时候，用户可以编写多种多单元格数组公式来进行运算。

【例 12-2】 使用多单元格数组公式计算最大值

图 12-4 列举了 3 组随机数据，下面使用公式分别从各列中取得最大值。

从系列数值生成一个水平数组				提取各系列最大值结果		
系列1	系列2	系列3		系列1	系列2	系列3
68	92	32	非内存数组			
8	59	42	内存数组			
2	20	18	内存数组			
10	59	21				
67	20	35				
81	91	64				
86	74	72				
82	50	3				

多单元格联合数组公式

图 12-4　数据源

使用公式取得各列最大值的具体操作步骤如下。

（1）打开本章素材文件“多单元格联合数组公式.xlsx”，在 E2:G2 单元格区域中输入下面的多单元格联合数组公式：

=MAX(INDEX($A$3:$C$10,,{1,2,3}))

由于 INDEX 函数的第 2、3 个参数都不支持数组元素来生成内存数组，因此该公式的结果只能放置于多单元格中才能显示。

（2）在 E3:G3 单元格区域中输入下面的公式，生成内存数组：

=CHOOSE({1,2,3},MAX($A$3:$A$10),MAX($B$3:$B$10),MAX($C$3:$C$10))

（3）在 E4:G4 单元格区域中输入公式：

=SUBTOTAL(4,OFFSET($A$3:$A$10,,{0,1,2}))

上面的公式均是通过按 Shift+Ctrl+Enter 键来确认输入的。本例计算结果如图 12-5 所示。

E3　{=MAX(INDEX($A$3:$C$10,,{1,2,3}))}

	A	B	C	D	E	F	G
1	从系列数值生成一个水平数组				提取各系列最大值结果		
2	系列1	系列2	系列3		系列1	系列2	系列3
3	68	92	32	非内存数组	86	92	72
4	8	59	42	内存数组	86	92	72
5	2	20	18	内存数组	86	92	72
6	10	59	21				
7	67	20	35				
8	81	91	64				
9	86	74	72				
10	82	50	3				

多单元格联合数组公式

图 12-5　多单元格联合数组公式

12.2.3　单个单元格数组公式

【例 12-3】 单个单元格数组公式

本例将沿用例【12-1】中的商品销售数据表。根据已知的利润率，使用数组公式完成对所有商品销售利润的统计工作，如图 12-6 所示。

	A	B	C	D	E	F
1	订单编号	商品名称	型号	单价	数量	销售额
2	50411203	三角直身全钢	700W	¥ 188.00	6	¥ 1,128.00
3	50411204	三角电饭煲	CFXB40-3DZ 700W	¥ 148.00	1	¥ 148.00
4	50411204	苏泊尔电饭煲	CFXB40YA9-70	¥ 369.00	2	¥ 738.00
5	50411205	苏泊尔电饭煲	CFXB40FC10-85	¥ 499.00	1	¥ 499.00
6	50411206	九阳电压力锅	JYY-40YYZ	¥ 698.00	1	¥ 698.00
7	50411206	美的电饭锅	TH557	¥ 169.00	1	¥ 169.00
8	50411207	美的电压力锅	PCJ505	¥ 339.00	1	¥ 339.00
9	50411208	三角电饭锅	900W	¥ 47.00	6	¥ 282.00
10	50411209	卡蒂亚饮水机	18-5A	¥ 288.00	1	¥ 288.00
11	50411210	华生饮水机	506	¥ 198.00	6	¥ 1,188.00
12	50411210	容声电压力锅	5L电脑	¥ 155.00	4	¥ 620.00
13						
14	利润率	13%				
15	销售利润合计					

多单元格数组公式

图 12-6　数据源

使用单个单元格数组公式计算的具体操作步骤如下。

沿用本章素材文件“多单元格数组公式.xlsx”，在 B15 单元格中输入下面的数组公式：

=SUM(D2:D12*E2:E12)*B14

此公式先在内存中执行运算，将每种商品的销售量和单价分别相乘，然后再将数组中的所有元素用 SUM 函数求和，得到销售总额，最后再与 B14 单元格中的利润率相乘，求得最终结果，如图 12-7 所示。

B15 {=SUM(D2:D12*E2:E12)*B14}

	A	B	C	D	E	F
1	订单编号	商品名称	型号	单价	数量	销售额
2	50411203	三角直身全钢	700W	¥ 188.00	6	¥ 1,128.00
3	50411204	三角电饭煲	CFXB40-3DZ 700W	¥ 148.00	1	¥ 148.00
4	50411204	苏泊尔电饭煲	CFXB40YA9-70	¥ 369.00	2	¥ 738.00
5	50411205	苏泊尔电饭煲	CFXB40FC10-85	¥ 499.00	1	¥ 499.00
6	50411206	九阳电压力锅	JYY-40YYZ	¥ 698.00	1	¥ 698.00
7	50411206	美的电饭锅	TH557	¥ 169.00	1	¥ 169.00
8	50411207	美的电压力锅	PCJ505	¥ 339.00	1	¥ 339.00
9	50411208	三角电饭锅	900W	¥ 47.00	6	¥ 282.00
10	50411209	卡蒂亚饮水机	18-5A	¥ 288.00	1	¥ 288.00
11	50411210	华生饮水机	506	¥ 198.00	6	¥ 1,188.00
12	50411210	容声电压力锅	5L电脑	¥ 155.00	4	¥ 620.00
13						
14	利润率	13%				
15	销售利润合计	¥ 792.61				

多单元格数组公式

图 12-7　单个单元格数组公式

12.2.4　数组公式的编辑

与之前的版本一样，在 Excel 2013 同样对多单元格数组公式有如下限制。

- 不能单独改变公式区域中某一部分单元格的内容。
- 不能单独移动公式区域中某一部分单元格。
- 不能单独删除公式区域中某一部分单元格。
- 不能在公式区域插入新的单元格。

但是，如果需要修改数据公式，可以通过下面的方法实现。

（1）选择公式区域，按 F2 键进入编辑模式，修改公式。

（2）修改公式内容后，按 Shift+Ctrl+Enter 键确认输入即可。

如果希望删除原有的多单元格数组公式，可以参考下面的操作步骤实现。

（1）选择任意一个多单元格数组公式单元格，按 F2 键进入编辑状态。

（2）删除该单元格公式内容后，按 Shift+Ctrl+Enter 键确认输入即可。

另外，还可以先按 Ctrl+/ 键，选择多单元格数组公式后，再按 Delete 键进行删除。

12.2.5　数组的运算

由于数组的构成元素包含数值、文本、逻辑值、错误值，因此数组继承着各类数据的运算特性（错误值除外），即数值型和逻辑型数组可以进行加法和乘法等常规的算术运算；

文本型数组可以进行连接符运算。

在运用数组进行运算时，Excel 有如下限制。

第一，对于相同维度（方向）的一维数组运算，要求数组的尺寸必须一致，否则运算结果的部分数据返回“#N/A”错误。

例如，在例【12-1】中所使用的公式如果被误输入为下面的数组公式：

=D2:D12*E2:E11

则公式返回的结果将会出现错误，在 F12 单元格中显示错误值“#N/A”，如图 12-8 所示。

F2　{=D2:D12*E2:E11}

	订单编号	商品名称	型号	单价	数量	销售额
2	50411203	三角直身全钢	700W	¥ 188.00	6	¥ 1,128.00
3	50411204	三角电饭煲	CFXB40-3DZ 700W	¥ 148.00	1	¥ 148.00
4	50411204	苏泊尔电饭煲	CFXB40YA9-70	¥ 369.00	2	¥ 738.00
5	50411205	苏泊尔电饭煲	CFXB40FC10-85	¥ 499.00	1	¥ 499.00
6	50411206	九阳电压力锅	JYY-40YYZ	¥ 698.00	1	¥ 698.00
7	50411206	美的电饭锅	TH557	¥ 169.00	1	¥ 169.00
8	50411207	美的电压力锅	PCJ505	¥ 339.00	1	¥ 339.00
9	50411208	三角电饭锅	900W	¥ 47.00	6	¥ 282.00
10	50411209	卡蒂亚饮水机	18-5A	¥ 288.00	1	¥ 288.00
11	50411210	华生饮水机	506	¥ 198.00	6	¥ 1,188.00
12	50411210	容声电压力锅	5L电脑	¥ 155.00	4	#N/A

多单元格数组公式

图 12-8　返回错误结果

以上是两个一维数组的乘法运算。下面将介绍两个一维数组的连接运算。

【例 12-4】 两个一维数组的连接运算

图 12-9 所示为员工信息表，现在希望根据部门和员工姓名这两个已知条件，在数据表中查询员工的身份证号。

	序号	部门	姓名	性别	身份证号	入职日期		查询	
2	1	财务部	周婷	女	210903199210039228	2014/2/11		部门	
3	2	销售部	孟瑶瑶	女	653101197202131525	2012/8/22		姓名	
4	3	企划部	李晓	男	500238198506115935	2008/9/17		身份证	
5	4	人事部	王玉莹	女	410703199906117243	2011/7/2			
6	5	产品部	汪正正	男	510221197412010219	2006/1/30			
7	6	研发部	刘烨欣	女	32092119880513122X	2010/5/4			
8	7	企划部	周强	男	65430199709076912	2009/6/15			
9	8	财务部	王丽娜	女	34150119790204688X	2003/8/8			
10	9	人事部	杨阳	男	410928197303248059	1996/11/30			
11	10	销售部	陈东升	男	431002199303089896	2014/5/2			

两个一维数组的连接运算

图 12-9　查询部门员工信息

使用两个一维数进行连接运算的具体操作步骤如下。

（1）打开本章素材文件“两个一维数组的连接运算.xlsx”，在与部门和姓名相对应的 I2:13 单元格区域中输入想要查询的员工的基本信息。

（2）在 I4 单元格中输入下面的数组公式：

=INDEX(E2:E11,MATCH(I2&I3,B2:B11&C2:C11,))

该公式将两个一维区域数组进行连接运算，如 B2:B11&C2:C11，最终生成同尺寸的一维数组，再利用 MATCH 函数进行定位判断，最终查询到指定员工的身份证号码。本例的查询效果如图 12-10 所示。

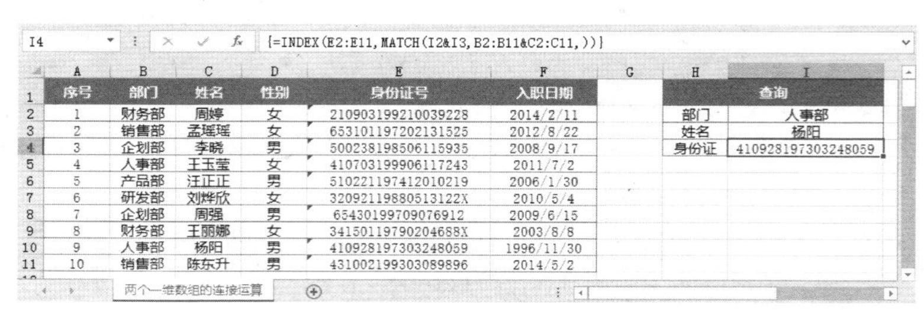

序号	部门	姓名	性别	身份证号	入职日期
1	财务部	周婷	女	210903199210039228	2014/2/11
2	销售部	孟瑶瑶	女	653101197202131525	2012/8/22
3	企划部	李晓	男	500238198506115935	2008/9/17
4	人事部	王玉莹	女	410703199906117243	2011/7/2
5	产品部	汪正正	男	510221197412010219	2006/1/30
6	研发部	刘烨欣	女	32092119880513122X	2010/5/4
7	企划部	周强	男	65430199709076912	2009/6/15
8	财务部	王丽娜	女	34150119790204688X	2003/8/8
9	人事部	杨阳	男	410928197303248059	1996/11/30
10	销售部	陈东升	男	431002199303089896	2014/5/2

查询	
部门	人事部
姓名	杨阳
身份证	410928197303248059

图 12-10　根据部门和姓名查询身份证信息

第二，对于不同维度的一维数组的运算，如 1 行 2 列的水平数组与 4 行 1 列的垂直数组，运算结果生成新的 4 行 2 列的数组。

【例 12-5】 使用两个一维数组构造二维数组

为如图 12-11 所示的工作表定义两个一维数组，分别为 A 和 B，现在需要将两个数组进行加法计算，生成一个新的二维数组。

名称定义如下：

A={0,1,2,3}

B={1,3,5}

使用两个一维数组构造二维数组的具体操作步骤如下。

（1）打开本章素材文件“使用两个一维数组构造二维数组.xlsx”。通过【公式】→【名称管理器】命令，为工作表中的两个一维数组进行命名。打开【名称管理器】对话框，新建两个一维命名数组，如图 12-11 所示。

（2）选中 C5:F7 单元格区域，并输入下面的数组公式：

=A+B

公式计算结果生成了 3 行 4 列的二维数组，如图 12-12 所示。

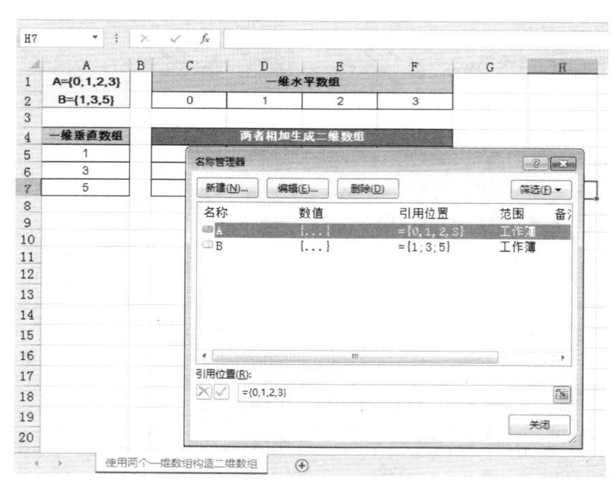

图 12-11　命名一维数组

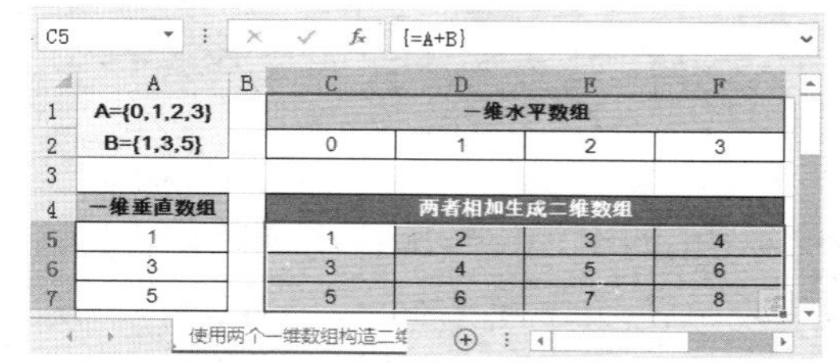

图 12-12　由两个一维数组构造出二维数组

第三，对于一维数组与二维数组的运算，一维数组与二维数组在相同维度上的元素个数必须相等，否则结果将包含错误值“#N/A”。

【例 12-6】 评估等级转换评分

如图 12-13 所示的工作表中，C3:E3 单元格区域为三种评估项目的评估系数，C4:E8

单元格区域为产品评估等级，G2:H5 单元格区域为优、良、中、差的每个等级相对应的分数。求各个产品的各项评估等级转换为数值后，与相应项目评估系数的乘积之和。

评估表			
评估项目	产品质量	包装效果	服务态度
产品	0.6	0.2	0.2
百雀羚乳液	优	良	优
温碧泉套装	良	中	良
安尚秀美白套装	优	良	优
水木萃白套装	中	优	中
梦迪莎化妆套装	良	中	良
肌肤之食美白套装	优	良	中
the face shop护肤品	中	优	良
素派化妆品套装	良	中	中
皙肤泉祛痘消印套装	优	中	良

评分规则	
优	10
良	8
中	6
差	4

综合评分=（评分*系数）之和

结果	
产品	综合评分
温碧泉套装	
水木萃白套装	
百雀羚乳液	

图 12-13　数据源

将各项评估等级转换为数值并参与公式计算的具体操作步骤如下。

打开本章素材文件“促销商品结果评估.xlsx”，在 H10:H12 单元格区域中输入下面的数组公式：

=SUM(C$3:E$3*SUMIF(G$2:G$5,C$4:E$8,H$2:H$5)*(B$4:B$8=G10))

按 Shift+Ctrl+Enter 键完成公式的输入，如图 12-14 所示。

H10　{=SUM(C$3:E$3*SUMIF(G$2:G$5,C$4:E$8,H$2:H$5)*(B$4:B$8=G10))}

评估表			
评估项目	产品质量	包装效果	服务态度
产品	0.6	0.2	0.2
百雀羚乳液	优	良	优
温碧泉套装	良	中	良
安尚秀美白套装	优	良	优
水木萃白套装	中	优	中
梦迪莎化妆套装	良	中	良
肌肤之食美白套装	优	良	中
the face shop护肤品	中	优	良
素派化妆品套装	良	中	中
皙肤泉祛痘消印套装	优	中	良

评分规则	
优	10
良	8
中	6
差	4

综合评分=（评分*系数）之和

结果	
产品	综合评分
温碧泉套装	7.6
水木萃白套装	6.8
百雀羚乳液	9.6

图 12-14　评估等级转换评分

公式中 C$3:E$3 是 1 行 3 列的一维数组，而 SUMIF(G$2:G$5,C$4:E$8,H$2:H$5)公式的结果为 5 行×3 列的二维数组，所得结果为每种产品对应的系数分。因为水平方向上的尺寸是相同的，所以两个数组的乘法运算所得到的结果为 5 行 3 列的二维数组。

B$4:B$8=G10 产品的比较结果为一维逻辑行数组，是 5 行 1 列，与上述二维数组相乘，即可得到查询结果。

第四，二维数组之间的运算，要求数组的尺寸必须完全一致，否则将返回包含错误值“#N/A”的结果。

该限制的产生原因可参考前面介绍的数组运算示例，这里不再赘述了。

12.2.6　数组的矩阵运算

在了解数组的矩阵运算之前，读者需先熟悉一下 MMULT 函数。

MMULT函数用于计算两个数组的矩阵乘积。结果矩阵的行数与第一个参数的行数相同，矩阵的列数与第二个参数的列数相同。公式必须以区域数组公式形式输入才可以返回全部结果。

注意：MMULT函数的第一个参数的列数必须与第二个参数的行数相同，即数组1（Array1）的列数必须与数组2（Array2）的行数相同，而且两个数组均只能包含数值。

【例12-7】 使用MMULT函数计算产品不同单价下的利润

图12-15所示工作表中的产品有两个单价，需要计算两个单价下的利润分别是多少。

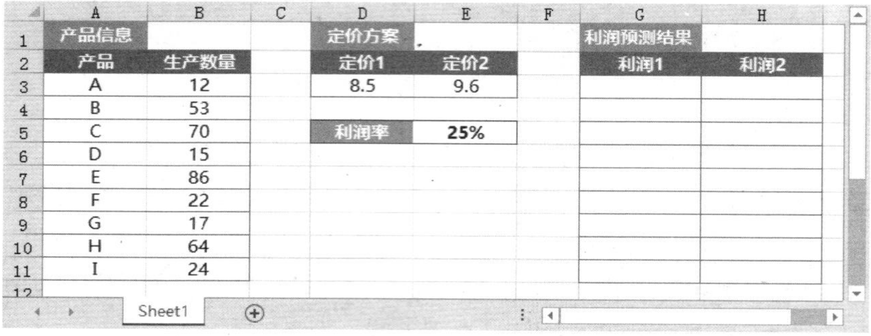

	A	B	C	D	E	F	G	H
1	产品信息			定价方案			利润预测结果	
2	产品	生产数量		定价1	定价2		利润1	利润2
3	A	12		8.5	9.6			
4	B	53						
5	C	70		利润率	25%			
6	D	15						
7	E	86						
8	F	22						
9	G	17						
10	H	64						
11	I	24						

Sheet1

图12-15　数据源

按不同单价计算利润的具体操作步骤如下。

打开本章素材文件“使用MMULT函数计算产品不同定价下的利润.xlsx”，选择G3:H11单元格区域，然后输入下面的数组公式：

=MMULT(B3:B11,D3:E3)*$E$5

按Shift+Ctrl+Enter键完成公式的输入。此时将在选中区域产生所有产品在两种定价下的利润，如图12-16所示。

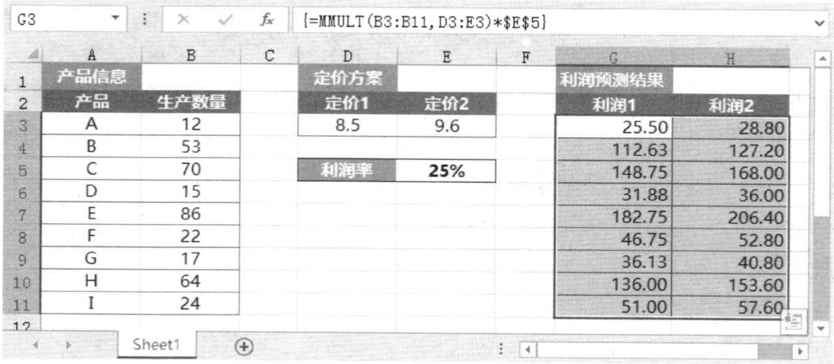

G3　{=MMULT(B3:B11,D3:E3)*$E$5}

	A	B	C	D	E	F	G	H
1	产品信息			定价方案			利润预测结果	
2	产品	生产数量		定价1	定价2		利润1	利润2
3	A	12		8.5	9.6		25.50	28.80
4	B	53					112.63	127.20
5	C	70		利润率	25%		148.75	168.00
6	D	15					31.88	36.00
7	E	86					182.75	206.40
8	F	22					46.75	52.80
9	G	17					36.13	40.80
10	H	64					136.00	153.60
11	I	24					51.00	57.60

Sheet1

图12-16　计算不同定价下的销售利润

B3:B11单元格区域为各产品的生产数量，是一个11行1列的数组，D3:E3单元格区域为一个1行2列的数组。利用MMULT函数将两个数组进行矩阵相乘，即可得到不同定价下的利润。

12.3　数组的构建及填充

在日常工作过程中，数组的构建在数组公式中的使用频率越来越高，比如在制作工资条的时候的循环序列、利用行函数结合 INDIRECT 函数生成的自然数序列等。如果读者对数组构建能够掌握，将对以后工作中运用数组公式很有帮助。

12.3.1　使用行/列函数生成数组

在数组运算中，经常会使用“自然数序列”来作为某些函数的参数，如 INDEX 函数的第 2 和第 3 个参数，OFFSET 函数除第 1 个参数以外的其他参数等。如果手动输入常量数组会比较麻烦，而且容易出错。此时利用 ROW/COLUMN 函数，结合 INDIRECT 函数来生成序列就显得非常方便实用。

【例 12-8】 利用函数生成水平序列和垂直序列

使用公式生成 1～10 的自然数水平序列和垂直序列，以及生成 A～Z 的 26 个大写英文字母，如图 12-17 所示。

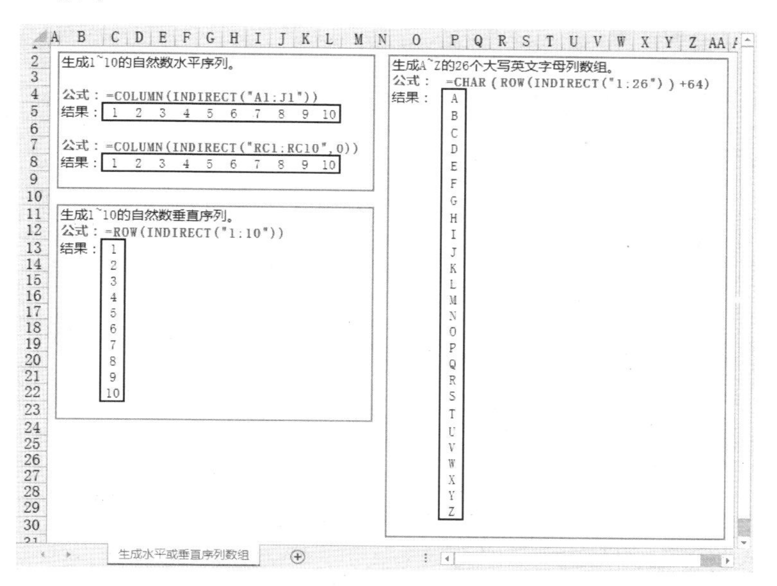

图 12-17　生成水平序列、垂直序列以及 26 个大写英文字母

生成 1～10 的自然数水平序列：

相应的公式如下。

=COLUMN(INDIRECT("A1:J1"))

或者

=COLUMN(INDIRECT("RC1:RC10",0))

生成 1～10 的自然数垂直序列：

相应的公式如下。

=ROW(INDIRECT("1:10"))

生成 A～Z 的 26 个大写英文字母列数组：

相应的公式如下。

=CHAR(ROW(INDIRECT("1:26"))+64)

公式中使用 INDIRECT 函数来生成引用，再利用 ROW 函数或 COLUMN 函数根据引用返回对应的行列号，从而得到相应的数据序列。

12.3.2 由一维数组生成二维数组

由一维数组可生成二维数组，还可由两列数据互换生成二维数组。

1. 一维区域转变二维数组

实际工作中经常会用到将一维数组变为二维数组的操作，下面通过一个实例来讲解实现方法。

【例 12-9】 构建二维数组制作学生排位表

图 12-18 所示为学生信息表，现在需要利用数组公式实现将 B 列的学生姓名按顺序排到 4 行 3 列的二维区域中。

	A	B	C	D	E	F
1	学号	姓名		排位表		
2	001	王晓乐				
3	002	周青				
4	003	刘瑶				
5	004	谷青阳				
6	005	张曦乔				
7	006	陈晨				
8	007	王东				
9	008	王希佳				
10	009	孙琴琴				
11	010	李明翰				
12	011	邹阳强				
13	012	李依馨				

Sheet1

图 12-18 数据源

构建二维数组进行姓名排序的具体操作步骤如下。

打开本章素材文件“构建二维数组制作学生排位表.xlsx”，选择 D2:F5 单元格区域，输入下面的数组公式：

=T(OFFSET($B$1,(ROW($A$1:$A$4)-1)*3+COLUMN($A$1:$C$1),0))

按 Shift+Ctrl+Enter 键完成公式的输入，效果如图 12-19 所示。

公式主要是利用 ROW 函数结合 COLUMN 函数分别生成{0,3,6,9}纵向数组和{1,2,3}横向数组，再利用数组运算的原理生成 4 行 3 列的二维数组。该结果作为 OFFSET 函数的引用参数，最终由 T 函数将返回的结果转换为文本型数据，显示在 D2:F5 单元格区域中。

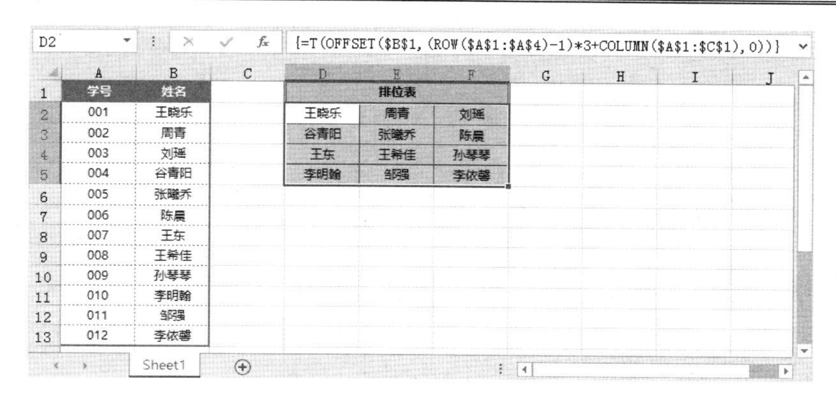

图 12-19　排位表

2. 两列数据互换生成二维数组

【例 12-10】 构建二维数组，使用 HLOOUP 函数完成纵向查找

图 12-20 所示的工作表中，奇数列是姓名，偶数列是分数。现需要查找最高成绩者的姓名。

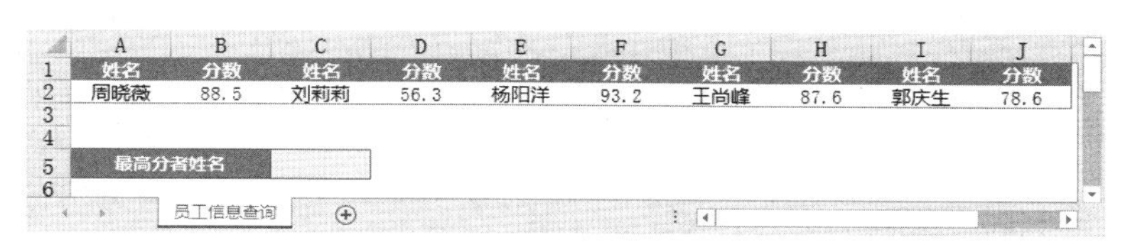

图 12-20　数据源

构建二维数组并查找最高成绩者姓名的具体操作步骤如下。

打开本章素材文件“构建二维数组使 HLOOKUP 完成纵向查找.xlsx”，在单元格 D4 中输入下面的数组公式：

=HLOOKUP(MAX(A2:J2),IF({1;0},B2:J2,A2:I2),2,0)

按 Shift+Ctrl+Enter 键完成公式的输入。公式将返回最高成绩者的姓名，如图 12-21 所示。

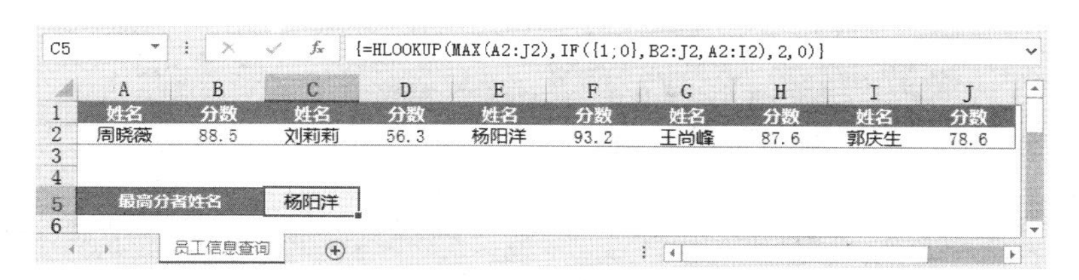

图 12-21　查找最高成绩者姓名

本例中先使用 MAX 函数返回第 2 行中最高成绩，然后使用 IF 函数将 B2:J2 和 A2:I2 单元格区域转换成一个二维内存数组。

HLOOKUP 函数则从该二维数组中的第 1 行查找最高成绩，找到后返回同一列中第 2 行的姓名。

注意：由于 HLOOKUP 函数只能纵向查找，所以本例中需要将 B2:J2 和 A2:I2 单元格区域转换成一个二维数组，且 B2:J2 在第 1 行，A2:I2 在第 2 行。所以需要使用半角逗号“,”间隔开来。

12.3.3 提取子数组

有时需要从一列数据中提取一部分数据进行进一步地数据处理。例如从产品明细表中提取指定的部分产品，从比赛成绩表中取得指定名次的参赛选手名字等。

【例 12-11】 根据销售业绩提取指定名次的员工姓名

如图 12-22 所示，在以总销售额进行降序排列后的数据表中，提取第 5～10 名的员工名单，并生成内存数组。

明昊电器有限公司13年上半年销售业绩统计表

编号	姓名	部门	一月份	二月份	三月份	四月份	五月份	六月份	总销售额		5~10名
HL-014	厉薇佳	销售(一)部	95,600	86,500	90,500	94,000	99,500	72,100	538,200		
TK-003	李凡彩	销售(三)部	84,500	84,500	84,500	95,000	72,000	95,500	516,000		
TK-005	程琴佳	销售(三)部	71,500	83,000	95,500	95,500	84,500	85,000	515,000		
HL-010	曲顺兴	销售(一)部	92,000	64,000	97,000	93,000	75,000	93,000	514,000		
HL-012	郑梦	销售(一)部	96,200	84,500	75,000	81,000	95,000	75,600	507,300		
HL-004	单成	销售(一)部	79,500	98,500	68,000	99,900	96,000	64,000	505,900		
HL-011	程晨群	销售(一)部	93,000	76,800	92,000	96,500	87,000	59,800	505,100		
HL-013	吉霞娜	销售(一)部	94,500	72,500	100,000	86,000	62,000	86,700	501,700		
TK-008	苏莉	销售(三)部	75,500	84,500	78,500	95,500	83,000	83,000	500,000		
TK-013	江凝柔	销售(三)部	94,000	95,500	95,500	60,500	84,500	67,000	497,000		
HL-015	范乔苑	销售(一)部	94,200	76,000	72,000	92,500	84,500	75,600	494,800		
TK-002	厉玉玫	销售(三)部	83,244	84,500	78,500	84,500	79,000	84,500	494,244		
TK-006	萧德风	销售(三)部	71,500	84,500	78,500	84,500	88,000	86,000	493,000		
FS-006	李芝黛	销售(二)部	68,900	62,833	95,000	94,000	78,000	90,000	488,733		
FS-009	厉兴泰	销售(二)部	71,747	78,400	62,000	84,000	95,500	95,000	486,647		
TK-007	孙哲国	销售(三)部	75,000	72,000	86,000	83,000	84,500	84,500	485,000		
FS-005	刘全发	销售(二)部	68,800	74,500	99,000	87,000	77,000	78,000	484,300		
TK-004	厉锦琴	销售(三)部	68,000	97,500	61,000	83,000	95,500	78,500	483,500		

图 12-22 数据源

提取指定名次的员工姓名的具体操作步骤如下。

（1）打开本章素材文件“提取销售业绩排名第 5～10 名的销售人员姓名.xlsx”，选中 L3:L8 单元格区域，在编辑栏中输入下面的数组公式：

```
=T(OFFSET($B$2,ROW(INDIRECT("5:10")),0))
```

按 Shift+Ctrl+Enter 键完成公式的输入，即可返回符合要求的员工名单，如图 12-23 所示。

L3 {=T(OFFSET($B$2,ROW(INDIRECT("5:10")),0))}

明昊电器有限公司13年上半年销售业绩统计表

编号	姓名	部门	一月份	二月份	三月份	四月份	五月份	六月份	总销售额		5~10名
HL-014	厉薇佳	销售(一)部	95,600	86,500	90,500	94,000	99,500	72,100	538,200		郑梦
TK-003	李凡彩	销售(三)部	84,500	84,500	84,500	95,000	72,000	95,500	516,000		单成
TK-005	程琴佳	销售(三)部	71,500	83,000	95,500	95,500	84,500	85,000	515,000		程晨群
HL-010	曲顺兴	销售(一)部	92,000	64,000	97,000	93,000	75,000	93,000	514,000		吉霞娜
HL-012	郑梦	销售(一)部	96,200	84,500	75,000	81,000	95,000	75,600	507,300		苏莉
HL-004	单成	销售(一)部	79,500	98,500	68,000	99,900	96,000	64,000	505,900		江凝柔
HL-011	程晨群	销售(一)部	93,000	76,800	92,000	96,500	87,000	59,800	505,100		
HL-013	吉霞娜	销售(一)部	94,500	72,500	100,000	86,000	62,000	86,700	501,700		
TK-008	苏莉	销售(三)部	75,500	84,500	78,500	95,500	83,000	83,000	500,000		
TK-013	江凝柔	销售(三)部	94,000	95,500	95,500	60,500	84,500	67,000	497,000		
HL-015	范乔苑	销售(一)部	94,200	76,000	72,000	92,500	84,500	75,600	494,800		
TK-002	厉玉玫	销售(三)部	83,244	84,500	78,500	84,500	79,000	84,500	494,244		
TK-006	萧德风	销售(三)部	71,500	84,500	78,500	84,500	88,000	86,000	493,000		
FS-006	李芝黛	销售(二)部	68,900	62,833	95,000	94,000	78,000	90,000	488,733		
FS-009	厉兴泰	销售(二)部	71,747	78,400	62,000	84,000	95,500	95,000	486,647		
TK-007	孙哲国	销售(三)部	75,000	72,000	86,000	83,000	84,500	84,500	485,000		
FS-005	刘全发	销售(二)部	68,800	74,500	99,000	87,000	77,000	78,000	484,300		
TK-004	厉锦琴	销售(三)部	68,000	97,500	61,000	83,000	95,500	78,500	483,500		

图 12-23 提取指定名次的员工姓名

本例中源数据为单列的文本数据，所以可以利用 OFFSET 函数结合 ROW 函数构建 5～10 名的自然数序列，即{5;6;7;8;9;10}。然后利用 OFFSET 函数将相应的文本数据提取出来，最后使用 T 函数将其转换为内存数组。

12.3.4　填充带空值的数组

某些存放在合并单元格中的数据，如果需要将合并单元格取消，并将其中的数据在取消后的单元格中填充，可通过以下方法进行。

【例 12-12】 利用数据表中的合并单元格区域填充数据

图 12-24 所示的销售数据明细表中，包含了一些合并单元格，现在需要将“地区”列中合并单元格的空单元格填入对应的地区名称。

填充空单元格对应的地区名称的具体操作步骤如下。

打开本章素材文件“将销售明细表中合并单元格填充地区名称.xlsx”，在 E2:E24 单元格区域中输入下面的数组公式：

=T(OFFSET($A$1,MATCH(ROW($A$2:$A$24),IF($A$2:$A$24<>"",ROW($A$2:$A$24))),))

	A	B	C	D	E
1	地区	销售人员	第一季度销售额		填充地区名称
2	北京	曲顺兴	7500		
3		郑梦	9828		
4		单成	4706		
5		程晨群	5400		
6		吉雨娜	9217		
7		范乔苑	8878		
8		李亮	5835		
9		邢纯思	9250		
10	上海	李芝黛	2336		
11		厉兴泰	1266		
12		刘全发	3527		
13		刘家	9054		
14		张融凡	5315		
15		牛红芸	2596		
16	杭州	苏莉	4208		
17		江凝柔	4726		
18		厉玉玟	6517		
19		萧德风	2666		
20		孙哲国	3583		
21		厉锦琴	6708		
22		刘翰震	8334		
23		李竹馥	1175		
24		厉涛	8676		
25	合计		131301		

Sheet1

图 12-24　数据源

按 Shift+Ctrl+Enter 键完成公式的输入，即可自动将空单元格填入地区名称，效果如图 12-25 所示。

E2　{=T(OFFSET($A$1,MATCH(ROW($A$2:$A$24),IF($A$2:$A$24<>"",ROW($A$2:$A$24))),))}

	A	B	C	D	E
1	地区	销售人员	第一季度销售额		填充地区名称
2	北京	曲顺兴	7500		北京
3		郑梦	9828		北京
4		单成	4706		北京
5		程晨群	5400		北京
6		吉雨娜	9217		北京
7		范乔苑	8878		北京
8		李亮	5835		北京
9		邢纯思	9250		北京
10	上海	李芝黛	2336		上海
11		厉兴泰	1266		上海
12		刘全发	3527		上海
13		刘家	9054		上海
14		张融凡	5315		上海
15		牛红芸	2596		上海
16	杭州	苏莉	4208		杭州
17		江凝柔	4726		杭州
18		厉玉玟	6517		杭州
19		萧德风	2666		杭州
20		孙哲国	3583		杭州
21		厉锦琴	6708		杭州
22		刘翰震	8334		杭州
23		李竹馥	1175		杭州
24		厉涛	8676		杭州
25	合计		131301		

Sheet1

图 12-25　填充地区名称

本例公式利用 IF 函数判断 A 列中的非空区域，返回行号，而空单元格则返回错误值“FALSE”。再根据序号返回对应的地区名称。

12.4 数组公式应用案例

12.4.1 多条件统计应用

在实际工作中，经常会遇到通过多个条件进行数据统计的问题，例如在人事管理中，统计符合指定工龄且暂无年终奖金的员工数量。

【例 12-13】 统计补考人数

图 12-26 所示是某大学机电系三个班级的考生成绩明细表，现在需要根据不同班级和科目统计需要补考的人数。

学号	姓名	性别	专业课程	班级	补考门数
003	蒋娣萍	女	自动控制系统及应用	一班	1
020	龙明子	男	电气控制与PLC应用	二班	1
012	厉琼桂	女	电子技术	一班	1
023	齐利	男	数控技术及应用	二班	0
005	王辉承	男	机械创新设计	三班	0
032	黄震伯	男	电子技术	一班	1
026	孟承雄	男	数控技术及应用	三班	1
044	余小	女	电子技术	三班	1
025	刘炎	男	机械创新设计	三班	0
038	王强达	男	电气控制与PLC应用	一班	0
040	马茗菲	女	数控技术及应用	二班	1
048	张卿惠	女	数控技术及应用	二班	1
050	厉豪子	男	电气控制与PLC应用	二班	1
035	张婷璐	女	电子技术	一班	1
043	阮云	女	数控技术及应用	三班	0
047	张河河	男	机械创新设计	一班	1
001	安妍颖	女	电气控制与PLC应用	二班	1
010	刘宜妍	女	数控技术及应用	二班	0
002	刘蕊秀	女	机械创新设计	一班	1
017	华思贞	女	自动控制系统及应用	三班	1
021	古枝	女	电气控制与PLC应用	三班	0
013	张坚彪	男	电子技术	一班	1
036	刘良彪	男	数控技术及应用	二班	1
011	慕菊舒	女	机械创新设计	二班	1

专业课程	班级	补考人数
自动控制系统及应用	一班	
电气控制与PLC应用	一班	
电子技术	一班	
数控技术及应用	一班	
机械创新设计	一班	
自动控制系统及应用	二班	
电气控制与PLC应用	二班	
电子技术	二班	
数控技术及应用	二班	
机械创新设计	二班	
自动控制系统及应用	三班	
电气控制与PLC应用	三班	
电子技术	三班	
数控技术及应用	三班	
机械创新设计	三班	

补考科目数量

图 12-26　数据源

统计补考人数的具体操作步骤如下。

（1）打开本章素材文件“统计需要补考的学生人数.xlsx”，在 J2 单元格中输入下面的数组公式：

```
=SUM(($D$2:$D$25=$H2)*($E$2:$E$25=$I2)*($F$2:$F$25))
```

按 Shift+Ctrl+Enter 键完成公式的输入，然后拖动 J2 单元格的填充柄将公式向下复制到 J16 单元格中，效果如图 12-27 所示。

本例公式使用了标准的统计方法，利用多条件比较判断的方式分别按班级和姓名进行过滤后，再进行数量的统计。可以发现，使用数组公式比之前使用的公式简单许多，连 IF 函数都不需要了。其实，公式中的“=”就类似于 IF 函数的使用效果。

{=SUM(($D$2:$D$25=$H2)*($E$2:$E$25=$I2)*$F$2:$F$25)}

学号	姓名	性别	专业课程	班级	补考门数
003	蒋娣萍	女	自动控制系统及应用	一班	1
020	龙明子	男	电气控制与PLC应用	二班	1
012	厉琼桂	女	电子技术	一班	1
023	齐利	男	数控技术及应用	二班	0
005	王辉承	男	机械创新设计	三班	0
032	黄震伯	男	电子技术	一班	1
026	孟承雄	男	数控技术及应用	三班	1
044	余小	女	电子技术	三班	1
025	刘炎	男	机械创新设计	三班	0
038	王强达	男	电气控制与PLC应用	一班	0
040	马茗菲	女	数控技术及应用	二班	1
048	张卿惠	女	数控技术及应用	二班	1
050	厉豪子	男	电气控制与PLC应用	二班	1
035	张婷璐	女	电子技术	一班	1
043	阮云	女	数控技术及应用	三班	0
047	张河河	男	机械创新设计	一班	1
001	安妍颖	女	电气控制与PLC应用	二班	1
010	刘宜妍	女	数控技术及应用	二班	0
002	刘蕊秀	女	机械创新设计	一班	1
017	华思贞	女	自动控制系统及应用	三班	1
021	古枝	女	电气控制与PLC应用	三班	0
013	张坚彪	男	电子技术	一班	1
036	刘良彪	男	数控技术及应用	二班	1
011	慕菊舒	女	机械创新设计	二班	1

专业课程	班级	补考人数
自动控制系统及应用	一班	1
电气控制与PLC应用	一班	0
电子技术	一班	4
数控技术及应用	一班	0
机械创新设计	一班	2
自动控制系统及应用	二班	0
电气控制与PLC应用	二班	3
电子技术	二班	0
数控技术及应用	二班	3
机械创新设计	二班	1
自动控制系统及应用	三班	1
电气控制与PLC应用	三班	0
电子技术	三班	1
数控技术及应用	三班	1
机械创新设计	三班	0

图 12-27　统计需要补考的人数

12.4.2　从一维区域数组取得不重复记录

利用数组公式可以在一维区域中提取不重复的记录，该功能在进行分类汇总等操作时尤其有用，下面通过一个实例来介绍该功能。

【例 12-14】 从商品销量统计表中提取不重复商品名称

图 12-28 展示了一份商品销量表，现在要求统计不同类别商品的总销量，以便计算不同商品带来的营业利润。

2014年第二季度销量明细表

员工编号	月份	姓名	产品名称	单价	数量	总销售额
003	4月份	周小青	电压力锅	699	107	¥ 74,793.00
003	5月份	周小青	电压力锅	699	88	¥ 61,512.00
003	6月份	周小青	煲汤煲	439	135	¥ 59,265.00
003	4月份	周小青	煲汤煲	446	65	¥ 28,990.00
003	4月份	周小青	电饭煲	693	146	¥ 101,178.00
003	5月份	周小青	电饭煲	693	120	¥ 83,160.00
003	6月份	周小青	电饭煲	693	147	¥ 101,871.00
052	4月份	王政齐	电冰箱	2369	65	¥ 153,985.00
052	5月份	王政齐	电冰箱	2369	102	¥ 241,638.00
052	6月份	王政齐	电冰箱	2369	123	¥ 291,387.00
052	4月份	王政齐	液晶电视	1999	65	¥ 129,935.00
052	5月份	王政齐	液晶电视	1999	72	¥ 143,928.00
052	6月份	王政齐	空调	3688	108	¥ 398,304.00
052	4月份	王政齐	空调	3688	113	¥ 416,744.00
052	5月份	王政齐	空调	3688	76	¥ 280,288.00

商品销量表

图 12-28　数据源

提取不重复商品名称并计算利润的具体操作步骤如下。

（1）打开本章素材文件“从产品销量统计表中提取唯一产品.xlsx”。首先提取不重复的商品记录，在 I3 单元格中输入下面的数组公式：

=OFFSET($D$2,SMALL(IF(MATCH($D$3:$D$17,$D$3:$D$17,0)=ROW($D$3:$D$17)-

2,ROW($D$3:$D$17)-2,65534),ROW(A1)),)

确认输入，并将公式向下复制到 I6 单元格中，如图 12-29 所示，取得所有商品的名称。

（2）在 J3 单元格中输入下面的公式：

=SUMIF(D3:D17,I3,G3:G17)

将公式向下复制到 J6 单元格中，即可得到与 I3:I6 单元格区域商品名称相对应的总销售额，如图 12-30 所示。

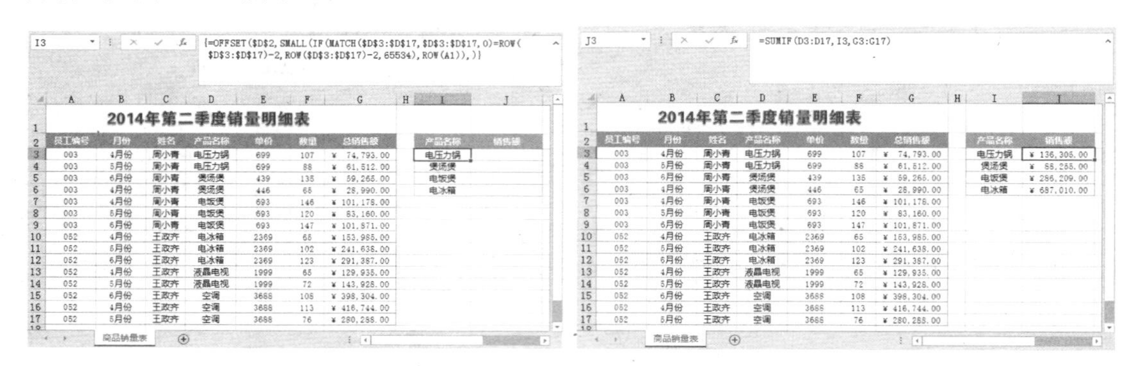

I3 {=OFFSET($D$2,SMALL(IF(MATCH($D$3:$D$17,$D$3:$D$17,0)=ROW($D$3:$D$17)-2,ROW($D$3:$D$17)-2,65534),ROW(A1)),)}

2014年第二季度销量明细表

员工编号	月份	姓名	产品名称	单价	数量	总销售额		产品名称	销售额
003	4月份	周小青	电压力锅	699	107	¥ 74,793.00		电压力锅	
003	5月份	周小青	电压力锅	699	88	¥ 61,512.00		煲汤煲	
003	6月份	周小青	煲汤煲	439	135	¥ 59,265.00		电饭煲	
003	4月份	周小青	煲汤煲	446	65	¥ 28,990.00		电冰箱	
003	4月份	周小青	电饭煲	693	146	¥ 101,178.00			
003	5月份	周小青	电饭煲	693	120	¥ 83,160.00			
003	6月份	周小青	电饭煲	693	147	¥ 101,871.00			
052	4月份	王政齐	电冰箱	2369	65	¥ 153,985.00			
052	5月份	王政齐	电冰箱	2369	102	¥ 241,638.00			
052	6月份	王政齐	电冰箱	2369	123	¥ 291,387.00			
052	4月份	王政齐	液晶电视	1999	65	¥ 129,935.00			
052	5月份	王政齐	液晶电视	1999	72	¥ 143,928.00			
052	6月份	王政齐	空调	3688	108	¥ 398,304.00			
052	4月份	王政齐	空调	3688	113	¥ 416,744.00			
052	5月份	王政齐	空调	3688	76	¥ 280,288.00			

商品销量表

图 12-29　提取不重复商品名称

J3 =SUMIF(D3:D17,I3,G3:G17)

2014年第二季度销量明细表

员工编号	月份	姓名	产品名称	单价	数量	总销售额		产品名称	销售额
003	4月份	周小青	电压力锅	699	107	¥ 74,793.00		电压力锅	¥ 136,305.00
003	5月份	周小青	电压力锅	699	88	¥ 61,512.00		煲汤煲	¥ 88,255.00
003	6月份	周小青	煲汤煲	439	135	¥ 59,265.00		电饭煲	¥ 286,209.00
003	4月份	周小青	煲汤煲	446	65	¥ 28,990.00		电冰箱	¥ 687,010.00
003	4月份	周小青	电饭煲	693	146	¥ 101,178.00			
003	5月份	周小青	电饭煲	693	120	¥ 83,160.00			
003	6月份	周小青	电饭煲	693	147	¥ 101,871.00			
052	4月份	王政齐	电冰箱	2369	65	¥ 153,985.00			
052	5月份	王政齐	电冰箱	2369	102	¥ 241,638.00			
052	6月份	王政齐	电冰箱	2369	123	¥ 291,387.00			
052	4月份	王政齐	液晶电视	1999	65	¥ 129,935.00			
052	5月份	王政齐	液晶电视	1999	72	¥ 143,928.00			
052	6月份	王政齐	空调	3688	108	¥ 398,304.00			
052	4月份	王政齐	空调	3688	113	¥ 416,744.00			
052	5月份	王政齐	空调	3688	76	¥ 280,288.00			

商品销量表

图 12-30　显示对应的销售额

12.4.3　依多条件提取唯一记录

下面讲述如何在数据表中提取与某一数据有关的所有信息。

【例 12-15】 从商量销量表中提取一名员工所销售的所有商品的名称

从如图 12-31 所示的商品销量表中，根据 J8 单元格中指定的员工姓名，筛选该员工销售的所有商品的名称。

2014年第二季度销量明细表

员工编号	月份	姓名	产品名称	单价	数量	总销售额			
003	4月份	周小青	电压力锅	699	107	¥ 74,793.00		产品名称	销售额
003	5月份	周小青	电压力锅	699	88	¥ 61,512.00		电压力锅	¥ 136,305.00
003	6月份	周小青	煲汤煲	439	135	¥ 59,265.00		煲汤煲	¥ 88,255.00
003	4月份	周小青	煲汤煲	446	65	¥ 28,990.00		电饭煲	¥ 286,209.00
003	4月份	周小青	电饭煲	693	146	¥ 101,178.00		电冰箱	¥ 687,010.00
003	5月份	周小青	电饭煲	693	120	¥ 83,160.00		提取条件	王政齐
003	6月份	周小青	电饭煲	693	147	¥ 101,871.00			
052	4月份	王政齐	电冰箱	2369	65	¥ 153,985.00			
052	5月份	王政齐	电冰箱	2369	102	¥ 241,638.00			
052	6月份	王政齐	电冰箱	2369	123	¥ 291,387.00			
052	4月份	王政齐	液晶电视	1999	65	¥ 129,935.00			
052	5月份	王政齐	液晶电视	1999	72	¥ 143,928.00		销售产品	
052	6月份	王政齐	空调	3688	108	¥ 398,304.00			
052	4月份	王政齐	空调	3688	113	¥ 416,744.00			
052	5月份	王政齐	空调	3688	76	¥ 280,288.00			

商品销量表

图 12-31　数据源

提取指定员工销售的所有商品的名称的具体操作步骤如下。

（1）沿用素材文件“从产品销量统计表中提取唯一产品.xlsx”，在 J10 单元格中输入下面的数组公式：

=INDEX(D:D,MATCH(0,COUNTIF(J$9:J9,$D$3:$D$18)+($C$3:$C$18<>$J$8)*($C$3:$C$18<>""),0)+2)&""

确认输入，并将公式向下复制到 J17 单元格中，如图 12-32 所示。得到指定员工销售的所有商品的名称。

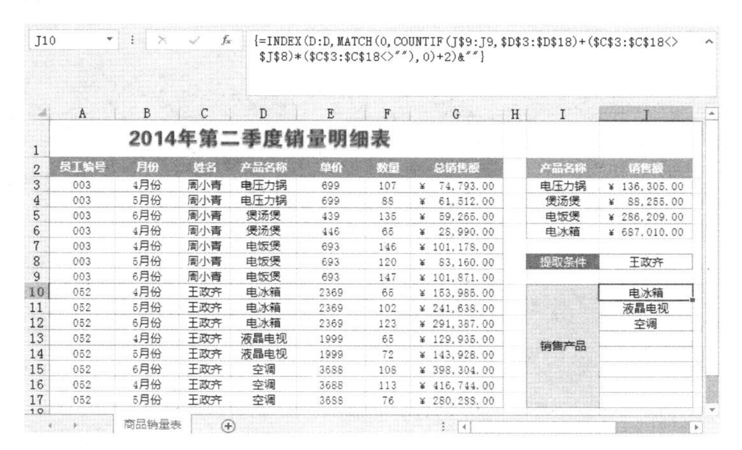

```
{=INDEX(D:D,MATCH(0,COUNTIF(J$9:J9,$D$3:$D$18)+($C$3:$C$18<>$J$8)*($C$3:$C$18<>""),0)+2)&""}
```

2014年第二季度销量明细表

员工编号	月份	姓名	产品名称	单价	数量	总销售额
003	4月份	周小青	电压力锅	699	107	¥ 74,793.00
003	5月份	周小青	电压力锅	699	88	¥ 61,512.00
003	6月份	周小青	煲汤煲	439	135	¥ 59,265.00
003	4月份	周小青	煲汤煲	446	65	¥ 28,990.00
003	4月份	周小青	电饭煲	693	146	¥ 101,178.00
003	5月份	周小青	电饭煲	693	120	¥ 83,160.00
003	6月份	周小青	电饭煲	693	147	¥ 101,871.00
052	4月份	王政齐	电冰箱	2369	65	¥ 153,985.00
052	5月份	王政齐	电冰箱	2369	102	¥ 241,638.00
052	6月份	王政齐	电冰箱	2369	123	¥ 291,387.00
052	4月份	王政齐	液晶电视	1999	65	¥ 129,935.00
052	5月份	王政齐	液晶电视	1999	72	¥ 143,928.00
052	6月份	王政齐	空调	3688	108	¥ 398,304.00
052	4月份	王政齐	空调	3688	113	¥ 416,744.00
052	5月份	王政齐	空调	3688	76	¥ 280,288.00

产品名称	销售额
电压力锅	¥ 136,305.00
煲汤煲	¥ 88,255.00
电饭煲	¥ 286,209.00
电冰箱	¥ 687,010.00

提取条件	王政齐
销售产品	电冰箱
	液晶电视
	空调

图 12-32　提取一名员工销售的所有商品的名称

12.4.4　快速实现中文排序

使用 SMALL 函数和 LARGE 函数可以对数据进行升、降序的排列，但如果用户希望对文本利用这两个函数来进行排序的话，过程可能会有些复杂。现在介绍另一个函数，即 COUNTIF 函数，使用它可以根据各个字符在系统字符集中内码值的大小来实现对文本数据的排序。

【例 12-16】 针对股票名称进行中文排序

图 12-33 所示为股票信息表。要求利用公式实现将股票名称按升序进行排列。

股票代码	股票名称	流通×股(××年,末期)(万股)	每股收益摊薄(××年,末期)(元)	每股收益摊薄(××年,第三季度)(元)	每股净资产(××年,末期)(元)	每股净资产(××年,第三季度)(元)	净资产收益率(××年,末期)(%)	净资产收益率(××年,第三季度)(%)	主营业务收入(××年,末期)(万元)	主营业务收入(××年,第三季度)(万元)	主营业务利润(××年,末期)(万元)	主营业务利润(××年,第三季度)(万元)	净利润(××年,末期)(万元)	净利润(××年,第三季度)(万元)
000989	九芝堂	5200.00	0.38	0.32	3.05	4.22	12.34	7.51	90513.09	63965.84	32979.00	23488.69	6292.09	4074.03
000999	三九医药	20000.00	0.00	0.16	0.00	3.61	0.00	4.49	0.00	176067.54	0.00	82728.34	0	12208.54
600062	双鹤药业	18586.62	0.00	0.31	0.00	3.22	0.00	9.77	0.00	277977.21	0.00	78985.83	0	13890.26
600079	人福科技	8348.60	0.13	0.10	3.29	3.29	4.03	2.94	55880.17	37995.32	20765.29	14485.62	1926.19	1404.05
600085	同仁堂	9961.66	0.00	0.60	0.00	4.36	0.00	13.87	0.00	55.00	0.00	64797.7	0	20042.39
600129	太极集团	7500.00	0.00	0.19	0.00	4.12	0.00	4.68	0.00	181906.09	0.00	57308.26	0	4864.25
600211	西藏药业	4500.00	0.00	0.05	0.00	3.34	0.00	1.37	0.00	4214.77	0.00	3552.42	0	560.41
600216	浙江医药	13214.72	0.00	0.04	0.00	1.37	0.00	2.87	0.00	85570.97	0.00	16958.19	0	1776.54
600222	竹林众生	3500.00	0.00	0.04	0.00	3.11	0.00	1.42	0.00	10450.69	0.00	4323.68	0	601.96
600226	升华拜克	9744.00	0.00	0.17	0.00	3.00	0.00	5.65	0.00	27191.23	0.00	7649.82	0	4581.8
600253	天方药业	12000.00	0.13	0.18	1.78	3.59	7.27	5.13	47987.04	36457.76	16175.36	11976.64	5447.64	3869.53
600267	海正药业	6400.00	0.00	0.10	0.00	3.17	0.00	3.26	0.00	54148.79	0.00	16733.77	0	2579.29

图 12-33　数据源

针对股票名称进行中文排序的具体操作步骤如下。

（1）打开本章素材文件“针对股票名称进行中文排序.xlsx”。为了便于操作，首先为股票数据区域定义名称“表 1”，公式如下：

=Sheet!$B$2:$P$13

（2）在 R2 单元格中输入数组公式：

```
=INDEX($C:$C,RIGHT(SMALL(COUNTIF(INDEX(Sheet1!$B$2:$P$13,,2),
"<="&INDEX(Sheet1!$B$2:$P$13,,2))*100000+ROW(Sheet1!$B$2:$P$13),ROW()-1),5))
```

按 Shift+Ctrl+Enter 键输入公式，并复制公式到 R13 单元格中，如图 12-34 所示。

```
{=INDEX($C:$C,RIGHT(SMALL(COUNTIF(INDEX(Sheet1!$B$2:$P$13,,2),"<="&INDEX(Sheet1!$B$2:$P$13,,2))*100000+ROW(Sheet1!$B$2:$P$13),ROW()-1),5))}
```

	净资产收益率(XX年,第三季度)(%)	主营业务收入(XX年,末期)(万元)	主营业务收入(XX年,第三季度)(万元)	主营业务利润(XX年,末期)(万元)	主营业务利润(XX年,第三季度)(万元)	净利润(XX年,末期)(万元)	净利润(XX年,第三季度)(万元)	股票名称中文排序
2	7.51	90513.09	63965.84	32979.00	23488.69	6292.09	4074.03	海正药业
3	4.49	0.00	176067.54	0.00	82728.34	0	12208.54	九 芝 堂
4	9.77	0.00	277977.21	0.00	78985.83	0	13890.26	人福科技
5	2.94	55880.17	37995.32	20765.29	14485.62	1926.19	1404.05	三九医药
6	13.87	0.00	55.00	0.00	64797.7	0	20042.39	升华拜克
7	4.68	0.00	181906.09	0.00	57308.26	0	4864.25	双鹤药业
8	1.37	0.00	4214.77	0.00	3552.42	0	560.41	太极集团
9	2.87	0.00	85570.97	0.00	16958.19	0	1776.54	天方药业
10	1.42	0.00	10450.69	0.00	4323.68	0	601.96	同 仁 堂
11	5.65	0.00	27191.23	0.00	7649.82	0	4581.8	西藏药业
12	5.13	47987.04	36457.76	16175.36	11976.64	5447.64	3869.53	浙江医药
13	3.26	0.00	54148.79	0.00	16733.77	0	2579.29	竹林众生

图 12-34 按中文排序

本例公式的重点在于，利用 COUNTIF 函数分别对股票名称列使用 ASCII 码进行大小比较，完成对其进行中文升序的排列。

12.4.5 总表拆分为分表

【例 12-17】 按产品类别实现总表拆分到分表

图 12-35 所示展示了一份产品销售明细表，其中包含了产品的所有类型、型号以及订单明细数据，同时还存在三个结构相同的工作表，即“电磁炉”“电饭锅”“微波炉”。现在需要根据这三种产品类型，将表格拆分到其他工作表中。

	产品编号	产品类型	品牌名称	产品型号	订单编号	业务员工号	分店	备注
2	TC810	电磁炉	九阳	JYC-21DS26	LSNB1102997713	TC013	虹口路	
3	TC059	电磁炉	九阳	JYC-21ES70	LWS11250035	TC071	长江路	
4	TC027	电磁炉	九阳	JYC-21CS3（X）	SKQ551029113	TC013	虹口路	
5	TC067	电磁炉	九阳	JYC-21CS10	60112039178	71	网络	网络订单
6	TC010	电磁炉	九阳	JYC-21CS5（X）	LJS2230114956	11	金川路	
7	TC017	电磁炉	美的	SK2108	SKQ551029113	13	虹口路	
8	TC111	电磁炉	美的	SK2115X	SJL10210603	13	金川路	
9	TC018	电磁炉	美的	SK2116X	SKQ551029113	11	虹口路	
10	TC107	电磁炉	三角	RC-2014E	LSN625011342	52	利民路	
11	TC068	电磁炉	三角	SH-18A	ZKL10269223	11	长江路	
12	TC037	电磁炉	三角	SH-18H	LIN120039214	71	利民路	
13	TC090	电磁炉	三角	SH-C20	LSNB1102997713	13	虹口路	
14	TC046	电磁炉	苏泊尔	SDHS48-210	LJS2230114956	11	金川路	返厂，延期发货
15	TC053	电磁炉	苏泊尔	SDHS40-210	SJL10210603	52	金川路	
16	TC003	电磁炉	苏泊尔	SDHS42-210	SKQ551029113	71	虹口路	
17	TC005	电饭锅	美的	FS507	LCB22504105	71	长江路	
18	TC074	电饭锅	美的	FZ4010	LSM201198106	11	虹口路	
19	TC058	电饭锅	美的	YN402D	LCN99102065	13	金川路	
20	TC069	电饭锅	三角	电暖锅1300W	SJL10210603	52	金川路	
21	TC080	电饭锅	三角	700wCFXB-18A(西施煲)	LWS11250035	11	长江路	
22	TC105	电饭锅	三角	500W(西施煲)	LCN99102065	52	金川路	备货不足，延期3天
23	TC054	电饭锅	三角	700W全钢18I	LWS11250035	52	长江路	
24	TC060	电饭锅	苏泊尔	CFXB40FC10-85	LSNB1102997713	13	虹口路	
25	TC019	电饭锅	苏泊尔	CFXB40YC9-70	SKQ551029113	13	虹口路	
26	TC104	电饭锅	苏泊尔	CFXB50A1-90	LCN99102065	52	金川路	
27	TC071	电饭锅	苏泊尔	CFXB50A2A-90	LSN625011342	11	利民路	
28	TC026	电饭锅	美林	18CM	LSNB1102997713	13	虹口路	
29	TC109	微波炉	美的	EG823MF4-NR1	LIN120039214	11	利民路	
30	TC038	微波炉	美的	EG923KF6-NS	SJL10210603	71	金川路	
31	TC007	微波炉	美的	EG923KX1-NRH1	LCB22504105	13	长江路	
32	TC052	微波炉	三洋	EM-2215MS1	LCB22504105	13	长江路	

产品明细 电磁炉 电饭锅 微波炉

图 12-35 数据源

根据产品类别拆分表格的具体操作步骤如下。

（1）打开本章素材文件“按产品类别实现总表拆分到分表.xlsx”。在“参评明细”工作表中，创建名称“ShtName”，公式如下：

=MID(CELL("FileName",!A1),FIND("]",CELL("FileName",产品明细!A1))+1,255)

用于取得当前工作表标签上的名称，如图 12-36 所示。

（2）切换到“电磁炉”工作表中，在 A2 单元格中输入下面的数组公式：

=IF(COUNTIF(产品明细!$B:$B,ShtName)<(ROW()-1),"",
INDEX(产品明细!$A:$A,SMALL(IF(产品明细!$A$2:$H$32=ShtName,
ROW(产品明细!$A$2:$H$32)),ROW()-1)))

按 Shift+Ctrl+Enter 键确认输入。将公式向下复制到 A16 单元格中，用于取得工作表“产品明细”A 列中满足产品类型“电磁炉”的设备编号。

图 12-36　创建命名公式

（3）列出所有满足条件的设备编号后，在 B2 单元格中输入下面的公式：

=IF($A2="","",VLOOKUP($A2,产品明细!$A$2:$H$32,COLUMN(),0))&""

将公式复制到 B2:H16 单元格区域中，得到所有符合条件的产品信息，如图 12-37 所示。

产品编号	产品类型	品牌名称	产品型号	订单编号	业务员工号	分店	备注
TC810	电磁炉	九阳	JYC-21DS26	LSNB1102997713	13	虹口路	
TC059	电磁炉	九阳	JYC-21ES70	LWS11250035	71	长江路	
TC027	电磁炉	九阳	JYC-21CS3（X）	SKQ551029113	13	虹口路	
TC067	电磁炉	九阳	JYC-21CS10	60112039178	71	网络	网络订单
TC010	电磁炉	九阳	JYC-21CS5（X）	LJS2230114956	11	金川路	
TC017	电磁炉	美的	SK2108	SKQ551029113	13	虹口路	
TC111	电磁炉	美的	SK2115X	SJL10210603	13	金川路	
TC018	电磁炉	美的	SK2116X	SKQ551029113	11	虹口路	
TC107	电磁炉	三角	RC-2014E	LSN625011342	52	利民路	
TC068	电磁炉	三角	SH-18A	ZKL10269223	11	长江路	
TC037	电磁炉	三角	SH-18H	LIN120039214	71	利民路	
TC090	电磁炉	三角	SH-C20	LSNB1102997713	13	虹口路	
TC046	电磁炉	苏泊尔	SDHS48-210	LJS2230114956	11	金川路	返厂，延期发货
TC053	电磁炉	苏泊尔	SDHS40-210	SJL10210603	52	金川路	
TC003	电磁炉	苏泊尔	SDHS42-210	SKQ551029113	71	虹口路	

产品明细　电磁炉　电饭锅　微波炉

产品编号	产品类型	品牌名称	产品型号	订单编号	业务员工号	分店	备注
TC008	电饭锅	美的	FS507	LCB22504105	71	长江路	
TC074	电饭锅	美的	FZ4010	LSM201198106	11	虹口路	
TC058	电饭锅	美的	YN402D	LCN99102065	13	金川路	
TC069	电饭锅	三角	电暖锅1300W	SJL10210603	52	金川路	
TC080	电饭锅	三角	700wCFXB-18A（西施煲）	LWS11250035	11	长江路	
TC105	电饭锅	三角	500W（西施煲）	LCN99102065	52	金川路	备货不足，延期3天
TC054	电饭锅	三角	700W全钢18I	LWS11250035	52	长江路	
TC060	电饭锅	苏泊尔	CFXB40FC10-85	LSNB1102997713	13	虹口路	
TC019	电饭锅	苏泊尔	CFXB40YC9-70	SKQ551029113	13	虹口路	
TC104	电饭锅	苏泊尔	CFXB50A1-90	LCN99102065	52	金川路	
TC071	电饭锅	苏泊尔	CFXB50A2A-90	LSN625011342	11	利民路	
TC026	电饭锅	英林	18CM	LSNB1102997713	13	虹口路	

产品明细　电磁炉　电饭锅　微波炉

产品编号	产品类型	品牌名称	产品型号	订单编号	业务员工号	分店	备注
TC109	微波炉	美的	EG823MF4-NR1	LIN120039214	11	利民路	
TC038	微波炉	美的	EG923KF6-NS	SJL10210603	71	金川路	
TC007	微波炉	美的	EG923KX1-NRH1	LCB22504105	13	长江路	
TC052	微波炉	三洋	EM-2215MS1	LCB22504105	13	长江路	

产品明细　电磁炉　电饭锅　微波炉

图 12-37　根据总表拆分后得到的所有分表

由于总表中的产品编号不重复，所以可以直接使用 VLOOKUP 函数返回其他数据信息。

图 12-37 中展示了所有分表的产品数据。对于“电饭锅”和“微波炉”两张数据表的制作，完全可以参照“电磁炉”分表数据的提取步骤，这里就不再赘述了。

第 13 章　数据分析实战案例

通过前面章节的学习，相信读者对 Excel 的功能一定有了较多的了解，同时也掌握了相关的技能。本章通过一系列的实际工作案例来对前面所学知识进行综合回顾。

13.1　分析企业财务活动和财务关系

企业在生产经营过程中客观存在的资金运动及其所体现的经济利益关系，就是财务活动和财务关系。做好企业的财务管理，对一个企业的发展有着不可替代的作用。本节将利用 Excel 2013，对于加强企业财务管理的问题，做一些简单的财务分析。

13.1.1　分析企业的资产构成

企业资产构成分析表由资产构成表和分析图表两部分构成，下面就举例来说明如何构建此表。

【例 13-1】 构建企业资产构成分析表

构建企业资产构成分析表的具体操作步骤如下。

（1）打开本章素材文件“A 企业资产构成.xlsx”，在数据表中输入基本数据，如图 13-1 所示。

（2）单击 B8 单元格并输入下面的公式，对 B3:B7 单元格区域求和，如图 13-2 所示。

=SUM(B3:B7)

	A	B
1	2014年年底A企业资产构成情况	
2	资产构成项目	金额
3	物业、厂房及设备净额	¥ 27,104,319,530.03
4	在建工程	¥ 3,105,475,859.30
5	其他非流动资产	¥ 2,608,960,144.79
6	现金及银行存款	¥ 1,224,716,402.43
7	其他流动资产	¥ 1,914,633,488.07
8	合计	

图 13-1　基本数据

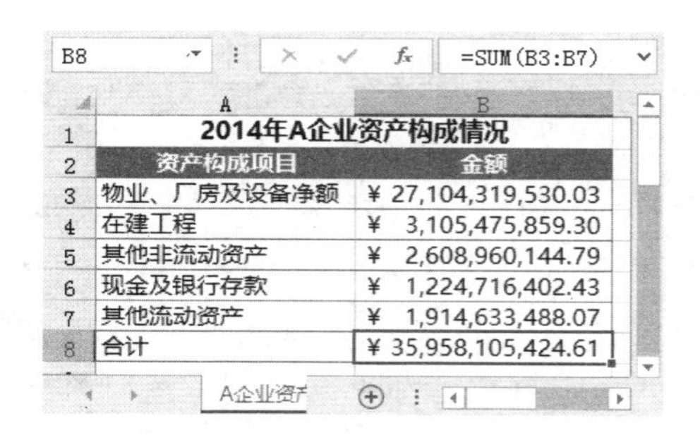

	A	B
1	2014年A企业资产构成情况	
2	资产构成项目	金额
3	物业、厂房及设备净额	¥ 27,104,319,530.03
4	在建工程	¥ 3,105,475,859.30
5	其他非流动资产	¥ 2,608,960,144.79
6	现金及银行存款	¥ 1,224,716,402.43
7	其他流动资产	¥ 1,914,633,488.07
8	合计	¥ 35,958,105,424.61

图 13-2　计算资产总额

（3）选中 A3:B7 单元格区域，在功能区上执行【插入】→【插入饼图或圆环图】→【三维饼图】命令，插入一张三维饼图。

（4）修改图表标题，文字的字体颜色等，为图表添加数据标签，并设置【百分比】显示。适当修饰图表外观，效果如图 13-3 所示。

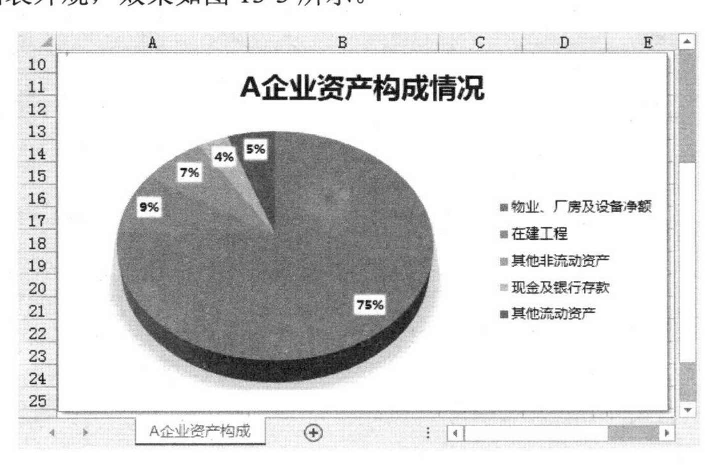

图 13-3　资产构成情况饼图

从图表中可以清晰地查看 A 企业所有资产的分配，其中 A 企业的物业、厂房及设备净额占中资产的 75%，另外在建工程也耗费了其余资产的大部分经费，约占总资产的 9%。

13.1.2　企业流动资产各个项目所占比重分析

下面通过一个实例来演示如何分析企业流动资产的各项比重。

【例 13-2】 制作企业流动资产项目比重分析表

制作流动资产各项目所占比重的分析表的具体操作步骤如下。

（1）打开本章素材文件“A 企业流动资产比重.xlsx”，在表格中输入基本数据，如图 13-4 所示。

A企业流动资产项目比重

项目	2013年末（亿元）	2014年末（亿元）	2013年末（%）	2014年末（%）
货币资金	201.56	96.48		
限制性存款	7.78	21.41		
短期投资	7.53	19.11		
有价证券	33.59	188.94		
应收账款	9.16	11.96		
存货	7.48	8.18		
其他流动资产	14.15	19.58		
合计				

A企业资产项目比重

图 13-4　输入基础数据

（2）在 B10 单元格中输入下面的公式对 B3:B9 单元格区域数据进行求和，并将公式向右复制到 C10 单元格中，如图 13-5 所示。

=SUM(B3:B9)

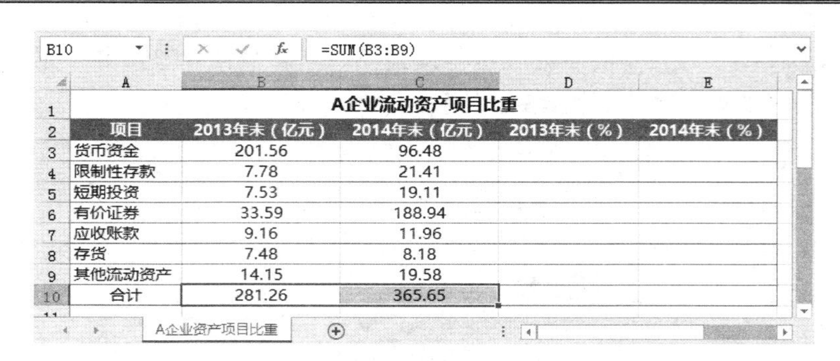

B10　=SUM(B3:B9)

A企业流动资产项目比重				
项目	2013年末（亿元）	2014年末（亿元）	2013年末（%）	2014年末（%）
货币资金	201.56	96.48		
限制性存款	7.78	21.41		
短期投资	7.53	19.11		
有价证券	33.59	188.94		
应收账款	9.16	11.96		
存货	7.48	8.18		
其他流动资产	14.15	19.58		
合计	281.26	365.65		

A企业资产项目比重

图 13-5　计算流动资产总额

（3）在 D3 单元格中输入下面的公式：

=B3/B$10

将公式复制到 D3:E10 单元格区域，如图 13-6 所示。

D3　=B3/B$10

A企业流动资产项目比重				
项目	2013年末（亿元）	2014年末（亿元）	2013年末（%）	2014年末（%）
货币资金	201.56	96.48	71.66%	26.39%
限制性存款	7.78	21.41	2.77%	5.85%
短期投资	7.53	19.11	2.68%	5.23%
有价证券	33.59	188.94	11.94%	51.67%
应收账款	9.16	11.96	3.26%	3.27%
存货	7.48	8.18	2.66%	2.24%
其他流动资产	14.15	19.58	5.03%	5.36%
合计	281.26	365.65	100%	100%

A企业资产项目比重

图 13-6　计算流动资产项目所占比重

（4）选择 A2:A9 和 D2:E9 单元格区域，在功能区上执行【插入】→【插入柱形图】→【三维百分比堆积柱形图】命令，添加数据标签和图表标题。适当修饰图表格式，效果如图 13-7 所示。

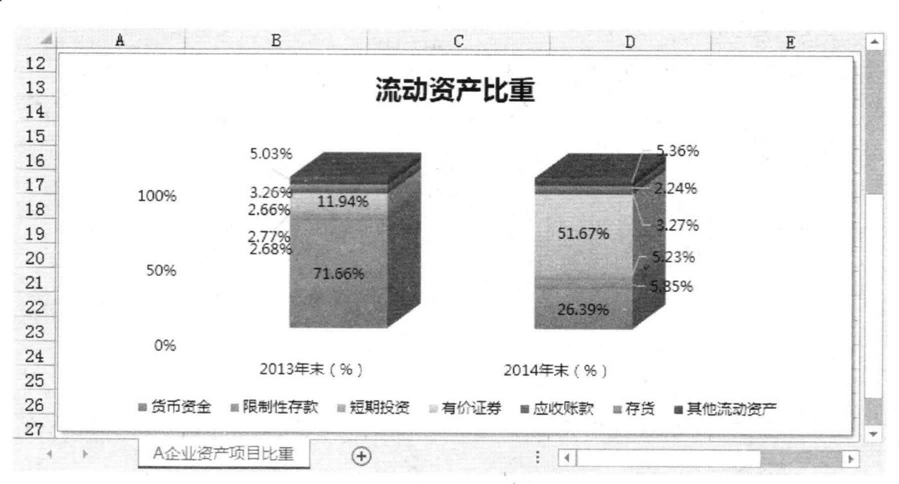

图 13-7　流动资产比重柱形图

13.1.3　企业负债的构成与分析

资产负债率是指公司年末的负债总额同资产总额的比率，表示公司总资产中有多少是通过负债方式筹集的。该指标是评价公司负债水平的综合指标，同时也是一项衡量公司利用债权人资金进行经营活动能力的指标，反映债权人发放贷款的安全程度。

【例 13-3】 制作 2013～2014 年年底我国整车上市企业资产及负债情况表

制作指定时间内整车上市企业资产及负债情况表的具体操作步骤如下。

（1）打开本章素材文件“2013～2014 年年底我国整车上市企业资产及负债情况.xlsx”，输入基础数据，如图 13-8 所示。

企业	总资产（亿元）		总负债（亿元）		资产负债比率	
	2014年	2013年	2014年	2013年	2014年	2013年
A企业	73.22	71.26	63.15	59.82		
J企业	114.64	86.59	93.72	65.07		
D企业	127.45	112.04	97.22	77.09		
G企业	98.21	56.92	70.90	36.10		
F企业	548.56	470.32	393.70	363.17		
R企业	60.87	53.85	43.60	45.54		
I企业	605.54	583.24	408.94	399.79		
S企业	40.16	38.24	26.73	23.35		
E企业	91.00	94.37	58.64	54.61		
Q企业	774.24	756.30	488.19	372.35		
L企业	403.63	368.90	247.25	222.71		
P企业	664.92	656.01	385.48	358.66		
N企业	47.97	38.69	25.94	22.06		
T企业	91.36	89.37	49.36	48.19		
B企业	370.80	324.44	194.42	194.08		
M企业	516.61	511.85	262.24	258.37		
O企业	1128.44	1079.84	570.57	568.47		
K企业	463.18	398.31	234.04	185.46		
C企业	713.27	668.32	301.31	280.93		
H企业	70.31	67.97	29.41	28.04		
合计						

图 13-8　输入基础数据

（2）在 B23 单元格中输入下面的公式：

=SUM(B3:B22)

将公式向右复制到 E23 单元格中，如图 13-9 所示。

（3）将 F3:G23 单元格区域设置为“百分比”格式，并在 F3 单元格中输入下面的公式：

=D3/B3

并将公式向右复制到 F3:G23 单元格区域中，计算所有企业的资产负债比率，结果如图 13-10 所示。

B23　=SUM(B3:B22)

企业	总资产（亿元）		总负债（亿元）		资产负债比率	
	2014年	2013年	2014年	2013年	2014年	2013年
A企业	73.22	71.26	63.15	59.82		
J企业	114.64	86.59	93.72	65.07		
D企业	127.45	112.04	97.22	77.09		
G企业	98.21	56.92	70.90	36.10		
F企业	548.56	470.32	393.70	363.17		
R企业	60.87	53.85	43.60	45.54		
I企业	605.54	583.24	408.94	399.79		
S企业	40.16	38.24	26.73	23.35		
E企业	91.00	94.37	58.64	54.61		
Q企业	774.24	756.30	488.19	372.35		
L企业	403.63	368.90	247.25	222.71		
P企业	664.92	656.01	385.48	358.66		
N企业	47.97	38.69	25.94	22.06		
T企业	91.36	89.37	49.36	48.19		
B企业	370.80	324.44	194.42	194.08		
M企业	516.61	511.85	262.24	258.37		
O企业	1128.44	1079.84	570.57	568.47		
K企业	463.18	398.31	234.04	185.46		
C企业	713.27	668.32	301.31	280.93		
H企业	70.31	67.97	29.41	28.04		
合计	7004.38	6526.83	4044.81	3663.86		

图 13-9　计算总资产和总负债之和

F3　=D3/B3

企业	总资产（亿元）		总负债（亿元）		资产负债比率	
	2014年	2013年	2014年	2013年	2014年	2013年
A企业	73.22	71.26	63.15	59.82	86.2%	83.9%
J企业	114.64	86.59	93.72	65.07	81.8%	75.1%
D企业	127.45	112.04	97.22	77.09	76.3%	68.8%
G企业	98.21	56.92	70.90	36.10	72.2%	63.4%
F企业	548.56	470.32	393.70	363.17	71.8%	77.2%
R企业	60.87	53.85	43.60	45.54	71.6%	84.6%
I企业	605.54	583.24	408.94	399.79	67.5%	68.5%
S企业	40.16	38.24	26.73	23.35	66.6%	61.1%
E企业	91.00	94.37	58.64	54.61	64.4%	57.9%
Q企业	774.24	756.30	488.19	372.35	63.1%	49.2%
L企业	403.63	368.90	247.25	222.71	61.3%	60.4%
P企业	664.92	656.01	385.48	358.66	58.0%	54.7%
N企业	47.97	38.69	25.94	22.06	54.1%	57.0%
T企业	91.36	89.37	49.36	48.19	54.0%	53.9%
B企业	370.80	324.44	194.42	194.08	52.4%	59.8%
M企业	516.61	511.85	262.24	258.37	50.8%	50.5%
O企业	1128.44	1079.84	570.57	568.47	50.6%	52.6%
K企业	463.18	398.31	234.04	185.46	50.5%	46.6%
C企业	713.27	668.32	301.31	280.93	42.2%	42.0%
H企业	70.31	67.97	29.41	28.04	41.8%	41.3%
合计	7004.38	6526.83	4044.81	3663.86	57.7%	56.1%

图 13-10　计算资产负债比率

从图 13-10 所示的数据表可以看出，我国 20 家整车上市企业资产合计 7004.38 亿元，负债合计 4044.81 亿元，平均资产负债率为 57.7%，较上年的 56.1%没有显著变化。不过也有少数企业的资产负债率较上年有较大变化。

还可以根据该表制作资产负债率排名图表，方便对各个企业的负债率进行比较。

首先要将需要创建图表的数据进行排序，以便创建出的图表数据系列更加规范。由于本例中数据已经比较规范，可以忽略此步骤。

（4）选择 A3:A22 和 F3:F22 单元格区域，在功能区上执行【插入】→【插入条形图】→【簇状条形图】命令，然后适当修饰图表格式，效果如图 13-11 所示。

图 13-11　资产负债率排名

从图 13-11 中可以了解到，A 企业在 2014 年年底的资产负债率排名是最高的，为 86.2%。其次是 J 企业、D 企业和 G 企业，其负债率分别为 81.8%、76.3%和 72.2%。

13.1.4　分析企业短期偿债能力

企业短期偿债能力一般是通过流动比率来进行衡量的。流动比率是流动资产对流动负债的比率，用来衡量企业流动资产在短期债务到期以前，可以变为现金用于偿还负债的能力。

计算公式为：流动比率=流动资产合计/流动负债合计×100%

一般说来，比率越高，说明企业资产的变现能力越强，短期偿债能力亦越强；反之则越弱。作为财务状况的重要指标，应当保持在一个适当的幅度。普遍观念认为，流动比率为“2”较为适宜。

【例 13-4】 制作 2013～2014 年年底我国整车上市企业流动比率情况表

制作企业的流动比率情况表的具体操作步骤如下。

（1）打开本章素材文件“2013~2014 年年底我国整车上市企业流动比率情况.xlsx”，输入基础数据，如图 13-12 所示。

企业	流动资产（亿元）		流动负债（亿元）		流动比率	
	2014年	2013年	2014年	2013年	2014年	2013年
A企业	365.65	281.26	182.34	136.82		
J企业	213.61	186.59	123.74	111.07		
D企业	145.64	112.04	87.07	77.09		
R企业	150.64	113.85	98.63	78.54		
G企业	98.35	56.92	70.90	58.10		
L企业	112.01	68.90	87.25	62.71		
H企业	116.51	87.97	91.38	78.04		
F企业	118.60	70.32	93.70	63.17		
E企业	115.68	94.37	92.41	74.61		
I企业	138.30	103.24	110.74	84.79		
O企业	98.10	79.84	80.57	68.47		
N企业	133.49	108.69	115.94	92.06		
B企业	135.94	124.44	124.84	114.08		
M企业	123.33	111.85	132.24	118.37		
S企业	87.16	68.24	93.73	75.35		
T企业	79.61	64.37	86.36	68.19		
K企业	110.51	98.31	122.04	105.46		
P企业	76.25	56.01	85.48	58.66		
C企业	78.20	68.32	91.31	80.93		
Q企业	60.24	56.30	88.19	72.35		
合计						

2013~14年年底我国整车上

图 13-12　输入基础数据

（2）在 B23 单元格中输入下面的公式：

=SUM(B3:B22)

将公式向右复制到 E23 单元格中，如图 13-13 所示。

（3）在 F3 单元格中输入下面的公式：

=B3/D3

将公式向右复制到 F3:G23 单元格区域中，计算所有企业的资产负债比率，结果如图 13-14 所示。

B23　=SUM(B3:B22)

企业	流动资产（亿元）		流动负债（亿元）		流动比率	
	2014年	2013年	2014年	2013年	2014年	2013年
A企业	365.65	281.26	182.34	136.82		
J企业	213.61	186.59	123.74	111.07		
D企业	145.64	112.04	87.07	77.09		
R企业	150.64	113.85	98.63	78.54		
G企业	98.35	56.92	70.90	58.10		
L企业	112.01	68.90	87.25	62.71		
H企业	116.51	87.97	91.38	78.04		
F企业	118.60	70.32	93.70	63.17		
E企业	115.68	94.37	92.41	74.61		
I企业	138.30	103.24	110.74	84.79		
O企业	98.10	79.84	80.57	68.47		
N企业	133.49	108.69	115.94	92.06		
B企业	135.94	124.44	124.84	114.08		
M企业	123.33	111.85	132.24	118.37		
S企业	87.16	68.24	93.73	75.35		
T企业	79.61	64.37	86.36	68.19		
K企业	110.51	98.31	122.04	105.46		
P企业	76.25	56.01	85.48	58.66		
C企业	78.20	68.32	91.31	80.93		
Q企业	60.24	56.30	88.19	72.35		
合计	2557.82	2011.83	2058.86	1678.86		

2013~14年年底我国整车上

图 13-13　计算流动资产和流动负债之和

F3　=B3/D3

企业	流动资产（亿元）		流动负债（亿元）		流动比率	
	2014年	2013年	2014年	2013年	2014年	2013年
A企业	365.65	281.26	182.34	136.82	2.01	2.06
J企业	213.61	186.59	123.74	111.07	1.73	1.68
D企业	145.64	112.04	87.07	77.09	1.67	1.45
R企业	150.64	113.85	98.63	78.54	1.53	1.45
G企业	98.35	56.92	70.90	58.10	1.39	0.98
L企业	112.01	68.90	87.25	62.71	1.28	1.10
H企业	116.51	87.97	91.38	78.04	1.28	1.13
F企业	118.60	70.32	93.70	63.17	1.27	1.11
E企业	115.68	94.37	92.41	74.61	1.25	1.26
I企业	138.30	103.24	110.74	84.79	1.25	1.22
O企业	98.10	79.84	80.57	68.47	1.22	1.17
N企业	133.49	108.69	115.94	92.06	1.15	1.18
B企业	135.94	124.44	124.84	114.08	1.09	1.09
M企业	123.33	111.85	132.24	118.37	0.93	0.94
S企业	87.16	68.24	93.73	75.35	0.93	0.91
T企业	79.61	64.37	86.36	68.19	0.92	0.94
K企业	110.51	98.31	122.04	105.46	0.91	0.93
P企业	76.25	56.01	85.48	58.66	0.89	0.95
C企业	78.20	68.32	91.31	80.93	0.86	0.84
Q企业	60.24	56.30	88.19	72.35	0.68	0.78
合计	2557.82	2011.83	2058.86	1678.86	1.24	1.20

2013~14年年底我国整车上

图 13-14　计算流动比率

由图 13-14 所示数据表中可以看出，2014 年年底整车上市企业平均流动比率为 1.24，低于传统观念中的适宜值。

下面来看一下各个企业的流动比率具体处于什么范围。

在统计的 20 家上市企业中，2013 和 2014 年年底流动比率在 2 以上的企业只有 A 企业一家，其 2014 年年底流动比率为 2.01，比起 2013 年年底的水平 2.06 略有下降。

除了 A 企业，2014 年年底流动比率在 1.5 以上的还有三家，分别是 J 企业、D 企业和 R 企业。其中，D 企业流动比率上升最快，由 2013 年年底的 1.45 上升到 1.67。

此外，还可以根据该表继续制作资产负债率排名图表，方便对各个企业的负债率进行比较。

首先要将需要创建图表的数据进行排序，以便创建出的图表数据系列更加规范。而由于本例数据比较规范，可以忽略此步骤。

（4）选择 A3:A22 和 F3:F22 单元格区域，在功能区上执行【插入】→【插入条形图】→【簇状条形图】命令，然后适当修饰图表格式，效果如图 13-15 所示。

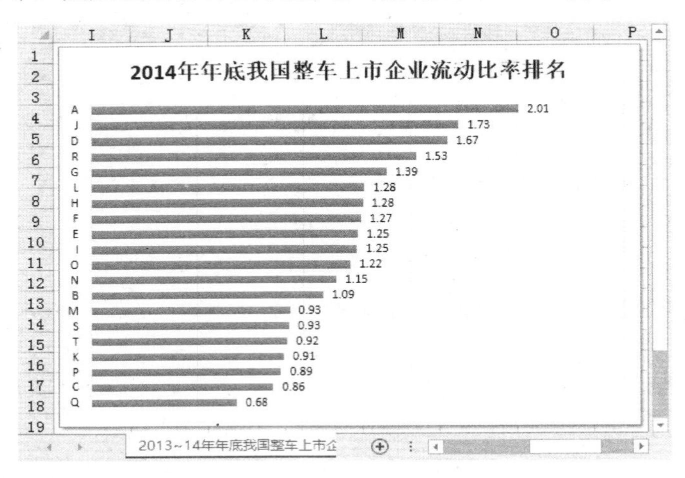

图 13-15　企业流动比率排名

从图 13-15 中可以看出，在 20 家企业中约有一半的企业流动比率在 1～1.5 之间。一般而言，流动比率不应小于“1”，这是企业风险忍耐的底线。在上述统计的 20 家整车上市企业中，有 7 家企业 2014 年年底流动比率小于 1，其中 Q 企业流动比率最低，为 0.68。

13.2　分析销售业绩

在企业经营活动过程中，对产品销售数据的统计与分析是一项非常重要的工作。通过销售数据的统计分析，使企业管理者可以随时对销售策略进行调整，以减少不必要资金的过多投入和最大限度的增加利润。

13.2.1　用 Excel 函数分析销售业绩

使用函数可以对商品销售进行排名、求平均数、前几名、后几名以及每个区间段数据的统计等。

【例 13-5】 使用公式对某企业销售业绩进行各种方式的统计分析

使用公式对销售业绩进行统计的具体操作步骤如下。

（1）首先，对如图 13-16 所示的销售业绩统计表中每位员工的销售业绩进行合计。打开本章素材文件“分析销售业绩.xlsx”，在 J3 单元格中输入下面的公式：

=SUM(D3:I3)

明昊电器有限公司13年上半年销售业绩统计表

编号	姓名	部门	一月份	二月份	三月份	四月份	五月份	六月份	总销售额	排名	百分比排名
HL-001	权磊晨	销售(一)部	62,500	78,800	85,500	92,500	82,500	68,800			
HL-002	谢勇学	销售(一)部	68,900	85,600	59,500	84,900	80,000	84,000			
HL-003	张伊璐	销售(一)部	71,500	58,600	86,500	89,800	74,800	85,500			
HL-004	单成	销售(一)部	79,500	98,500	68,000	99,900	96,000	64,000			
HL-005	邢纯思	销售(一)部	82,050	63,500	90,500	95,600	56,600	94,600			
HL-006	孙霞静	销售(一)部	82,500	74,600	81,000	89,600	96,500	53,800			
HL-007	翟爽	销售(一)部	80,900	71,000	91,200	84,500	84,500	49,800			
HL-008	李亮	销售(一)部	87,500	63,500	67,500	98,500	78,500	87,900			
HL-009	倪兴航	销售(一)部	84,500	86,500	78,900	72,600	59,800	85,000			
HL-010	曲顺兴	销售(一)部	92,000	64,000	97,000	93,000	75,000	93,000			
HL-011	程晨群	销售(一)部	93,000	76,800	92,000	96,500	87,000	59,800			
HL-012	郑梦	销售(一)部	96,200	84,500	75,000	81,000	95,000	75,600			
HL-013	吉丽娜	销售(一)部	94,500	72,500	100,000	86,000	62,000	86,700			
HL-014	厉薇佳	销售(一)部	95,600	86,500	90,500	94,000	99,500	72,100			
HL-015	范乔苑	销售(一)部	94,200	76,000	72,000	92,500	84,500	75,600			
FS-001	厉筠月	销售(二)部	56,000	77,500	85,000	83,000	74,500	74,500			
FS-002	刘顺富	销售(二)部	55,600	90,000	88,500	97,000	72,000	65,000			
FS-003	张朋	销售(二)部	60,500	99,500	92,000	63,150	79,500	65,500			
FS-004	刘家	销售(二)部	66,000	89,500	95,500	73,000	58,500	96,500			
FS-005	刘全发	销售(二)部	68,800	74,500	99,000	87,000	77,000	78,000			
FS-006	李芝黛	销售(二)部	68,900	62,833	95,000	94,000	78,000	90,000			
FS-007	柳红秦	销售(二)部	64,900	50,333	92,500	92,000	86,000	56,000			
FS-008	牛红芸	销售(二)部	71,200	68,500	84,500	75,000	87,000	83,000			
FS-009	厉兴泰	销售(二)部	71,747	78,400	62,000	84,000	95,500	95,000			
FS-010	沈滢璧	销售(二)部	73,184	59,000	78,500	66,000	61,000	78,000			
FS-011	耿丽馥	销售(二)部	74,621	63,500	94,500	100,000	68,150	62,000			
FS-012	孙蕊莺	销售(二)部	76,058	78,500	83,000	64,500	72,000	71,500			
FS-013	万倩琳	销售(二)部	77,495	95,500	77,000	73,000	57,000	79,600			
FS-014	张融凡	销售(二)部	84,500	95,500	70,000	86,000	83,000	58,600			

销售业绩　筛选指定销售人员的销售业绩

图 13-16　基础数据

将公式复制到 J46 单元格，计算每位员工上半年总的销售业绩，如图 13-17 所示。

（2）根据员工上半年的销售业绩进行排名，在 K3 单元格中输入公式：

=RANK(J3,J$3:J$46,0)

J3　=SUM(D3:I3)

明昊电器有限公司13年上半年销售业绩统计表

编号	姓名	部门	一月份	二月份	三月份	四月份	五月份	六月份	总销售额	排名	百分比排名
HL-001	权磊晨	销售(一)部	62,500	78,800	85,500	92,500	82,500	68,800	470,600		
HL-002	谢勇学	销售(一)部	68,900	85,600	59,500	84,900	80,000	84,000	462,900		
HL-003	张伊璐	销售(一)部	71,500	58,600	86,500	89,800	74,800	85,500	466,700		
HL-004	单成	销售(一)部	79,500	98,500	68,000	99,900	96,000	64,000	505,900		
HL-005	邢纯思	销售(一)部	82,050	63,500	90,500	95,600	56,600	94,600	482,850		
HL-006	孙霞静	销售(一)部	82,500	74,600	81,000	89,600	96,500	53,800	478,000		
HL-007	翟爽	销售(一)部	80,900	71,000	91,200	84,500	84,500	49,800	461,900		
HL-008	李亮	销售(一)部	87,500	63,500	67,500	98,500	78,500	87,900	483,400		
HL-009	倪兴航	销售(一)部	84,500	86,500	78,900	72,600	59,800	85,000	467,300		
HL-010	曲顺兴	销售(一)部	92,000	64,000	97,000	93,000	75,000	93,000	514,000		
HL-011	程晨群	销售(一)部	93,000	76,800	92,000	96,500	87,000	59,800	505,100		
HL-012	郑梦	销售(一)部	96,200	84,500	75,000	81,000	95,000	75,600	507,300		
HL-013	吉丽娜	销售(一)部	94,500	72,500	100,000	86,000	62,000	86,700	501,700		
HL-014	厉薇佳	销售(一)部	95,600	86,500	90,500	94,000	99,500	72,100	538,200		
HL-015	范乔苑	销售(一)部	94,200	76,000	72,000	92,500	84,500	75,600	494,800		
FS-001	厉筠月	销售(二)部	56,000	77,500	85,000	83,000	74,500	74,500	450,500		
FS-002	刘顺富	销售(二)部	55,600	90,000	88,500	97,000	72,000	65,000	468,100		
FS-003	张朋	销售(二)部	60,500	99,500	92,000	63,150	79,500	65,500	460,150		
FS-004	刘家	销售(二)部	66,000	89,500	95,500	73,000	58,500	96,500	479,000		
FS-005	刘全发	销售(二)部	68,800	74,500	99,000	87,000	77,000	78,000	484,300		
FS-006	李芝黛	销售(二)部	68,900	62,833	95,000	94,000	78,000	90,000	488,733		
FS-007	柳红秦	销售(二)部	64,900	50,333	92,500	92,000	86,000	56,000	441,733		
FS-008	牛红芸	销售(二)部	71,200	68,500	84,500	75,000	87,000	83,000	469,200		
FS-009	厉兴泰	销售(二)部	71,747	78,400	62,000	84,000	95,500	95,000	486,647		
FS-010	沈滢璧	销售(二)部	73,184	59,000	78,500	66,000	61,000	78,000	415,684		
FS-011	耿丽馥	销售(二)部	74,621	63,500	94,500	100,000	68,150	62,000	462,771		
FS-012	孙蕊莺	销售(二)部	76,058	78,500	83,000	64,500	72,000	71,500	445,558		
FS-013	万倩琳	销售(二)部	77,495	95,500	77,000	73,000	57,000	79,600	459,595		
FS-014	张融凡	销售(二)部	84,500	95,500	70,000	86,000	83,000	58,600	477,600		

销售业绩　筛选指定销售人员的销售业绩

图 13-17　计算结果

将公式复制到K46单元格，如图13-18所示。

K3 =RANK(J3,J$3:J$46,0)

	A	B	C	D	E	F	G	H	I	J	K	L
1	明昊电器有限公司13年上半年销售业绩统计表											
2	编号	姓名	部门	一月份	二月份	三月份	四月份	五月份	六月份	总销售额	排名	百分比排名
3	HL-001	权磊晨	销售(一)部	62,500	78,800	85,500	92,500	82,500	68,800	470,600	25	
4	HL-002	谢勇学	销售(一)部	68,900	85,600	59,500	84,900	80,000	84,000	462,900	33	
5	HL-003	张伊璐	销售(一)部	71,500	58,600	86,500	89,800	74,800	85,500	466,700	31	
6	HL-004	单成	销售(一)部	79,500	98,500	68,000	99,900	96,000	64,000	505,900	6	
7	HL-005	邢纯思	销售(一)部	82,050	63,500	90,500	95,600	56,600	94,600	482,850	20	
8	HL-006	孙薇静	销售(一)部	82,500	74,600	81,000	89,600	96,500	53,800	478,000	23	
9	HL-007	翟爽	销售(一)部	80,900	71,000	91,200	84,500	84,500	49,800	461,900	35	
10	HL-008	李亮	销售(一)部	87,500	63,500	67,500	98,500	78,500	87,900	483,400	19	
11	HL-009	倪兴航	销售(一)部	84,500	86,500	78,900	72,600	59,800	85,000	467,300	30	
12	HL-010	曲顺兴	销售(一)部	92,000	64,000	97,000	93,000	75,000	93,000	514,000	4	
13	HL-011	程晨群	销售(一)部	93,000	76,800	92,000	96,500	87,000	59,800	505,100	7	
14	HL-012	郑梦	销售(一)部	96,200	84,500	75,000	81,000	95,000	75,600	507,300	5	
15	HL-013	吉薇娜	销售(一)部	94,500	72,500	100,000	86,000	62,000	86,700	501,700	8	
16	HL-014	厉薇佳	销售(一)部	95,600	86,500	90,500	94,000	99,500	72,100	538,200	1	
17	HL-015	范乔苑	销售(一)部	94,200	76,000	72,000	92,500	84,500	75,600	494,800	11	
18	FS-001	厉筠月	销售(二)部	56,000	77,500	85,000	83,000	74,500	74,500	450,500	39	
19	FS-002	刘顺富	销售(二)部	55,600	90,000	88,500	97,000	72,000	65,000	468,100	29	
20	FS-003	张朋	销售(二)部	60,500	99,500	92,000	63,150	79,500	65,500	460,150	36	
21	FS-004	刘家	销售(二)部	66,000	89,500	95,500	73,000	58,500	96,500	479,000	21	
22	FS-005	刘全发	销售(二)部	68,800	74,500	99,000	87,000	77,000	78,000	484,300	17	
23	FS-006	李芝黛	销售(二)部	68,900	62,833	95,000	94,000	78,000	90,000	488,733	14	
24	FS-007	柳红秦	销售(二)部	64,900	50,333	92,500	92,000	86,000	56,000	441,733	42	
25	FS-008	牛红芸	销售(二)部	71,200	68,500	84,500	75,000	87,000	83,000	469,200	26	
26	FS-009	厉兴泰	销售(二)部	71,747	78,400	62,000	84,000	95,500	95,000	486,647	15	
27	FS-010	沈滢璧	销售(二)部	73,184	59,000	78,500	66,000	61,000	78,000	415,684	44	
28	FS-011	耿丽馥	销售(二)部	74,621	63,500	94,500	100,000	68,150	62,000	462,771	34	
29	FS-012	孙蕊莓	销售(二)部	76,058	78,500	83,000	64,500	72,000	71,500	445,558	40	
30	FS-013	万倩琳	销售(二)部	77,495	95,500	77,000	73,000	57,000	79,600	459,595	37	
31	FS-014	张融凡	销售(二)部	84,500	95,500	70,000	86,000	83,000	58,600	477,600	24	

销售业绩 筛选指定销售人员的销售业绩

图13-18　对销售业绩进行排名

（3）根据员工上半年的销售业绩进行百分比排名，在L3单元格中输入公式：

=PERCENTRANK(J$3:J$46,J3,2)

将公式复制到L46单元格，如图13-19所示。

L3 =PERCENTRANK(J$3:J$46,J3,2)

	A	B	C	D	E	F	G	H	I	J	K	L
1	明昊电器有限公司13年上半年销售业绩统计表											
2	编号	姓名	部门	一月份	二月份	三月份	四月份	五月份	六月份	总销售额	排名	百分比排名
3	HL-001	权磊晨	销售(一)部	62,500	78,800	85,500	92,500	82,500	68,800	470,600	25	44%
4	HL-002	谢勇学	销售(一)部	68,900	85,600	59,500	84,900	80,000	84,000	462,900	33	25%
5	HL-003	张伊璐	销售(一)部	71,500	58,600	86,500	89,800	74,800	85,500	466,700	31	30%
6	HL-004	单成	销售(一)部	79,500	98,500	68,000	99,900	96,000	64,000	505,900	6	88%
7	HL-005	邢纯思	销售(一)部	82,050	63,500	90,500	95,600	56,600	94,600	482,850	20	55%
8	HL-006	孙薇静	销售(一)部	82,500	74,600	81,000	89,600	96,500	53,800	478,000	23	48%
9	HL-007	翟爽	销售(一)部	80,900	71,000	91,200	84,500	84,500	49,800	461,900	35	20%
10	HL-008	李亮	销售(一)部	87,500	63,500	67,500	98,500	78,500	87,900	483,400	19	58%
11	HL-009	倪兴航	销售(一)部	84,500	86,500	78,900	72,600	59,800	85,000	467,300	30	32%
12	HL-010	曲顺兴	销售(一)部	92,000	64,000	97,000	93,000	75,000	93,000	514,000	4	93%
13	HL-011	程晨群	销售(一)部	93,000	76,800	92,000	96,500	87,000	59,800	505,100	7	86%
14	HL-012	郑梦	销售(一)部	96,200	84,500	75,000	81,000	95,000	75,600	507,300	5	90%
15	HL-013	吉薇娜	销售(一)部	94,500	72,500	100,000	86,000	62,000	86,700	501,700	8	83%
16	HL-014	厉薇佳	销售(一)部	95,600	86,500	90,500	94,000	99,500	72,100	538,200	1	100%
17	HL-015	范乔苑	销售(一)部	94,200	76,000	72,000	92,500	84,500	75,600	494,800	11	76%
18	FS-001	厉筠月	销售(二)部	56,000	77,500	85,000	83,000	74,500	74,500	450,500	39	11%
19	FS-002	刘顺富	销售(二)部	55,600	90,000	88,500	97,000	72,000	65,000	468,100	29	34%
20	FS-003	张朋	销售(二)部	60,500	99,500	92,000	63,150	79,500	65,500	460,150	36	18%
21	FS-004	刘家	销售(二)部	66,000	89,500	95,500	73,000	58,500	96,500	479,000	21	51%
22	FS-005	刘全发	销售(二)部	68,800	74,500	99,000	87,000	77,000	78,000	484,300	17	62%
23	FS-006	李芝黛	销售(二)部	68,900	62,833	95,000	94,000	78,000	90,000	488,733	14	69%
24	FS-007	柳红秦	销售(二)部	64,900	50,333	92,500	92,000	86,000	56,000	441,733	42	4%
25	FS-008	牛红芸	销售(二)部	71,200	68,500	84,500	75,000	87,000	83,000	469,200	26	41%
26	FS-009	厉兴泰	销售(二)部	71,747	78,400	62,000	84,000	95,500	95,000	486,647	15	67%
27	FS-010	沈滢璧	销售(二)部	73,184	59,000	78,500	66,000	61,000	78,000	415,684	44	0%
28	FS-011	耿丽馥	销售(二)部	74,621	63,500	94,500	100,000	68,150	62,000	462,771	34	23%
29	FS-012	孙蕊莓	销售(二)部	76,058	78,500	83,000	64,500	72,000	71,500	445,558	40	9%
30	FS-013	万倩琳	销售(二)部	77,495	95,500	77,000	73,000	57,000	79,600	459,595	37	16%
31	FS-014	张融凡	销售(二)部	84,500	95,500	70,000	86,000	83,000	58,600	477,600	24	46%

销售业绩 筛选指定销售人员的销售业绩

图13-19　百分比排名

除了对上面的表格进行简单的排名统计，还可以对销售业绩进行求每月销售平均额、优秀率、销售前三名、后三名以及中值等统计和分析。

（4）在 O3:O13 单元格区域从上至下分别输入下列公式：

=AVERAGE(D3:D46)
=COUNTIF(D3:D46,">=80000")/COUNTA(D3:D46)
=COUNTIF(D3:D46,">=60000")/COUNTA(D3:D46)
=MAX(D3:D46)
=LARGE(D3:D46,2)
=LARGE(D3:D46,3)
=MIN(D3:D46)
=SMALL(D3:D46,2)
=SMALL(D3:D46,3)
=MEDIAN(D3:D46)
=MODE(D3:D46)

输入结果如图 13-20 所示。

	N	O	P	Q	R	S	T
2		一月份	二月份	三月份	四月份	五月份	六月份
3	平均销售额	=AVERAGE(D3:D46)					
4	优秀率	=COUNTIF(D3:D46,">=80000")/COUNTA(D3:D46)					
5	达标率	=COUNTIF(D3:D46,">=60000")/COUNTA(D3:D46)					
6	前三名	=MAX(D3:D46)					
7		=LARGE(D3:D46,2)					
8		=LARGE(D3:D46,3)					
9	后三名	=MIN(D3:D46)					
10		=SMALL(D3:D46,2)					
11		=SMALL(D3:D46,3)					
12	中值	=MEDIAN(D3:D46)					
13	众数	=MODE(D3:D46)					

销售业绩　筛选指定销售人员的销售业绩　按类别汇总销售业绩

图 13-20　输入公式

（5）然后将所有公式横向复制到 T 列中，求得计算结果，如图 13-21 所示。

	N	O	P	Q	R	S	T
2		一月份	二月份	三月份	四月份	五月份	六月份
3	平均销售额	77,570	78,727	82,911	83,944	78,883	76,109
4	优秀率	40.9%	47.7%	61.4%	75.0%	50.0%	38.6%
5	达标率	93.2%	93.2%	95.5%	97.7%	90.9%	86.4%
6	前三名	96,500	99,500	100,000	100,000	99,500	96,500
7		96,200	98,500	99,000	99,900	96,500	95,500
8		95,600	97,500	97,000	98,500	96,000	95,000
9	后三名	55,600	50,333	57,000	59,000	56,600	49,800
10		56,000	58,600	59,500	60,500	57,000	53,800
11		59,000	59,000	61,000	63,150	58,500	56,000
12	中值	77,998	78,650	84,500	84,500	79,750	78,000
13	众数	71,500	84,500	78,500	84,500	84,500	85,000

销售业绩　筛选指定销售人员的销售业 ...

图 13-21　计算结果

通过使用数组公式还可以对销售部门人均销售业绩进行统计。

（6）在 O16 单元格中输入数组公式：

=SUM(IF($C$3:$C$46=$N16,1)"

将公式向下复制到 O18 单元格中，如图 13-22 所示。

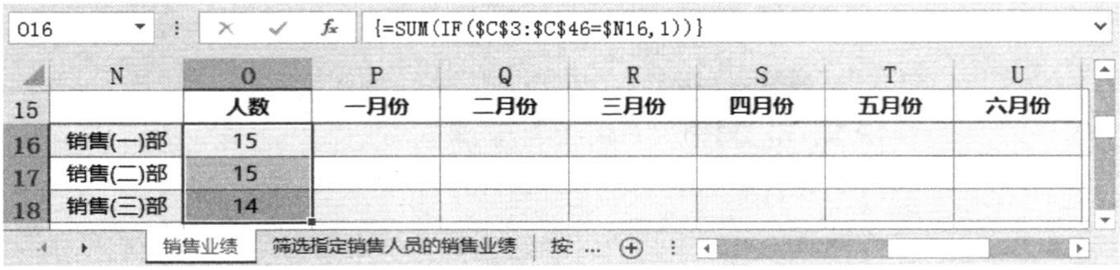

O16 {=SUM(IF($C$3:$C$46=$N16,1))}

	N	O	P	Q	R	S	T	U
15		人数	一月份	二月份	三月份	四月份	五月份	六月份
16	销售(一)部	15						
17	销售(二)部	15						
18	销售(三)部	14						

销售业绩 筛选指定销售人员的销售业绩 按 ...

图 13-22　计算人数

（7）在 P16 单元格中输入数组公式：

=SUM(IF($C$3:$C$46=$N16,D$3:D$46))/$O16

将公式复制到 P16:U18 单元格区域中，如图 13-23 所示。

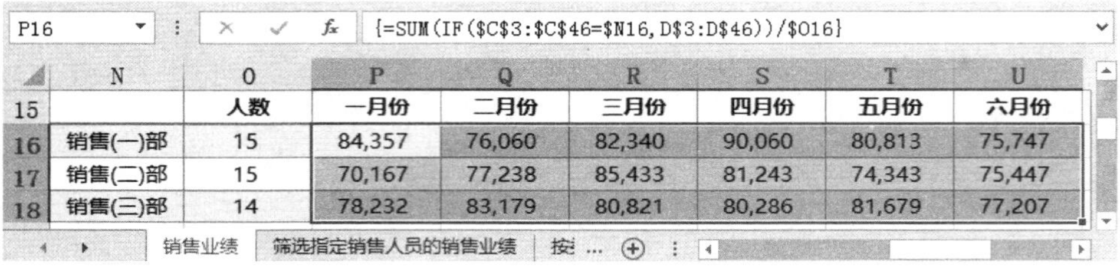

P16 {=SUM(IF($C$3:$C$46=$N16,D$3:D$46))/$O16}

	N	O	P	Q	R	S	T	U
15		人数	一月份	二月份	三月份	四月份	五月份	六月份
16	销售(一)部	15	84,357	76,060	82,340	90,060	80,813	75,747
17	销售(二)部	15	70,167	77,238	85,433	81,243	74,343	75,447
18	销售(三)部	14	78,232	83,179	80,821	80,286	81,679	77,207

销售业绩 筛选指定销售人员的销售业绩 按 ...

图 13-23　计算部门人均销售业绩

（8）还可以根据用户设定的不同销售业绩分段的人数分别进行统计。首先，在 P21:P25 单元格区域中从上至下分别输入公式：

=COUNTIF(D3:D46,"<60000")

=COUNTIF(D3:D46,">=60000")-COUNTIF(D3:D46,">=70000")

=COUNTIF(D3:D46,">=70000")-COUNTIF(D3:D46,">=80000")

=COUNTIF(D3:D46,">=80000")-COUNTIF(D3:D46,">=90000")

=COUNTIF(D3:D46,">=90000")

输入结果如图 13-24 所示。

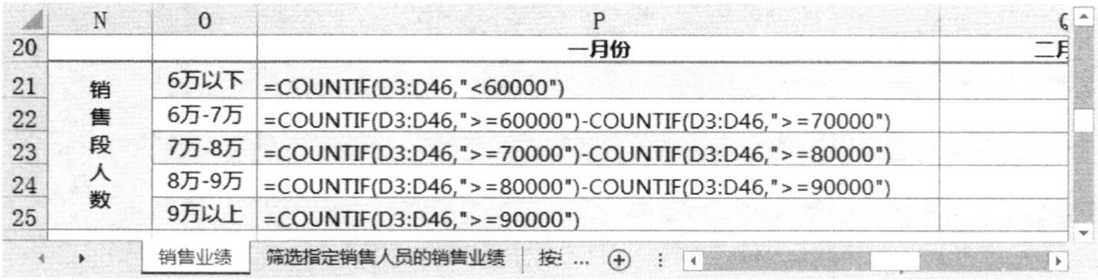

	N	O	P	Q
20			一月份	二月
21	销售段人数	6万以下	=COUNTIF(D3:D46,"<60000")	
22		6万-7万	=COUNTIF(D3:D46,">=60000")-COUNTIF(D3:D46,">=70000")	
23		7万-8万	=COUNTIF(D3:D46,">=70000")-COUNTIF(D3:D46,">=80000")	
24		8万-9万	=COUNTIF(D3:D46,">=80000")-COUNTIF(D3:D46,">=90000")	
25		9万以上	=COUNTIF(D3:D46,">=90000")	

销售业绩 筛选指定销售人员的销售业绩 按 ...

图 13-24　输入计算公式

（9）将公式向右复制到其他单元格中，得到计算结果如图 13-25 所示。

	N	O	P	Q	R	S	T	U
20			一月份	二月份	三月份	四月份	五月份	六月份
21	销售段人数	6万以下	3	3	2	1	4	6
22		6万-7万	8	7	4	6	5	8
23		7万-8万	15	13	11	4	13	13
24		8万-9万	10	14	12	18	16	11
25		9万以上	8	7	15	15	6	6

销售业绩　筛选指定销售人员的销售l ...

图 13-25　计算结果

公式解析：

本例使用的函数比较多，下面一一讲解每种函数的用法。

- MAX 函数用于求范围内的最大值。
- RANK 函数用于返回一个数字在一组数字中的排位。数字的排位是其大小与列表中其他值的比值。它包含三个参数，分别表示要进行排位的数字；要在其中排位的数字列表，可以是数组或单元格区域；表示排位的方式，以一个数字表示。
- PERCENTRANK 函数用于以垂直数组的形式返回数值在某个区域内出现的频率。它包含了两个参数，分别表示要统计出现频率的单元格区域或数组；用于对第一个参数中的数值进行分组的单元格区域或数组，相当于设置多个区间的上下限。
- COUNTIF 函数用于计算区域中符合给定条件的单元格个数。它有 2 个参数，第一个参数表示要计数的单元格区域；第二个参数表示进行判断的条件，形式可以是数字、文本或表达式，其用法可参考本书第 4.6.6 节内容。
- COUNTA 函数用于统计参数列表中非空值的单元格个数，它只忽略空单元格。
- LARGE 函数用于计算参数表中第 k 个最大值。它有两个参数，分别表示要返回第 k 个最大值的数组或单元格区域和表示返回值在数组或单元格区域中的位置。如果 k 为 1，则返回最大值，如果 k 为 2，则返回第 2 个最大值。
- SMALL 函数用于计算参数表中第 k 个最小值，它有两个参数，第一参数是包含查找目标的数组或单元格区域；第二参数表示目标数据在数组或区域中从小到大的排列位置。
- MIN 函数用于计算参数列表中的最小值。它有 1 到 255 个参数，第 2 到 255 个参数是可选参数。
- MEDIAN 函数用于计算中间值。它有 1 到 255 个参数，第 2 到 255 个参数是可选参数。
- MODE 函数用于返回某一数组或数据区域中出现频率最多的数值。它有 1 到 255 个参数，第 2 到 255 个参数是可选参数。

13.2.2　筛选指定销售部门的销售数据

【例 13-6】利用 Excel 筛选功能将**【例 13-5】**中制作的数据表“销售(三)部”销售额在

5 万元以上的销售情况筛选出来。

筛选指定部门的销售数据的具体操作步骤如下。

（1）将“销售业绩”工作表复制到新工作表中，并命名为“筛选指定销售人员的销售业绩”。选择销售数据表格区域任意一个单元格，本例中为 A2:L46 单元格区域。单击【数据】选项卡【排序和筛选】组中的【筛选】按钮，即可进入筛选状态。

（2）单击列标题“部门”的下拉按钮，打开如图 13-26 所示的筛选列表。如果需要查看“销售(三)部”的销售情况，那么可以先取消【全选】复选框的选择，然后选择【销售(三)部】复选框即可。

（3）单击【确定】按钮，从数据表中筛选出销售(三)部的销售情况。

图 13-26　筛选列表

（4）在此基础上还可以查看总销售额在 50 万元以上的销售数据。单击列标题“总销售额”下拉按钮，在展开的下拉菜单中依次单击【数据筛选】→【大于或等于】命令，如图 13-27 所示，打开【自定义自动筛选方式】对话框。

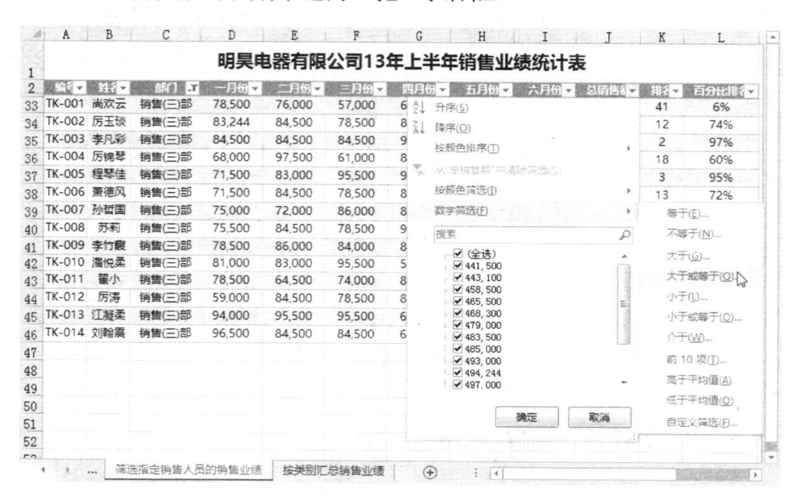

图 13-27　筛选 50 万元以上数据

（5）在该对话框中的【大于或等于】右侧输入框中输入“500000”，如图 13-28 所示。

（6）单击【确定】按钮，筛选结果如图 13-29 所示。

图 13-28　【自定义自动筛选方式】对话框

	A	B	C	D	E	F	G	H	I	J	K	L
1	明昊电器有限公司13年上半年销售业绩统计表											
2	编号	姓名	部门	一月份	二月份	三月份	四月份	五月份	六月份	总销售额	排名	百分比排名
35	TK-003	李凡彩	销售(三)部	84,500	84,500	84,500	95,000	72,000	95,500	516,000	2	97%
37	TK-005	程琴佳	销售(三)部	71,500	83,000	95,500	95,500	84,500	85,000	515,000	3	95%
40	TK-008	苏莉	销售(三)部	75,500	84,500	78,500	95,500	83,000	83,000	500,000	9	81%
47												

图 13-29　筛选结果

13.2.3　按部门对销售业绩进行分类汇总

利用 Excel 的分类汇总功能可以将大型表格中不同类别的销售额数据进行分门别类地汇总，这样可以在表格中创建新的数据组并显示每一级别的数据组汇总结果。

【例 13-7】 使用分类汇总功能可以对每个销售部门的总销售额进行快速统计

使用分类汇总功能进行统计的具体操作步骤如下。

（1）将“销售业绩”工作表复制到新工作表中，并命名为“按照部门进行分类汇总”。单击数据中任意一个单元格，在功能区中依次单击【数据】→【分类汇总】命令，打开【分类汇总】对话框。然后设置【分类字段】为“部门”，【选定汇总项】列表框中选择“总销售额”。

（2）单击【确定】按钮，即可得到各个部门的总销售额之和，在数据表底部还显示了所有部门的总销售额之和，如图 13-30 所示。

通过图 13-30 中的数据表汇总结构，可以查看上半年部门的销售业绩对比。之后根据汇总结果制作一张部门销售业绩对比图。

（3）单击工作表左侧的【2】按钮，将分类明细数据折叠，只显示部门汇总数据，如图 13-31 所示。

	A	B	C	D	E	F	G	H	I	J	K	L
1	明昊电器有限公司13年上半年销售业绩统计表											
2	编号	姓名	部门	一月份	二月份	三月份	四月份	五月份	六月份	总销售额	排名	百分比排名
3	HL-001	权巍昌	销售(一)部	62,500	78,800	85,500	92,500	82,500	68,800	470,600	27	42%
4	HL-002	谢秀学	销售(一)部	68,900	85,600	59,500	84,900	80,000	84,000	462,900	35	24%
5	HL-003	张伊璐	销售(一)部	71,500	58,600	86,500	89,800	74,800	85,500	466,700	33	28%
6	HL-004	单成	销售(一)部	79,500	98,500	68,000	99,900	96,000	64,000	505,900	8	84%
7	HL-005	邢纯思	销售(一)部	82,050	63,500	90,500	95,600	56,600	94,600	482,850	22	53%
8	HL-006	孙国静	销售(一)部	82,500	74,600	81,000	89,600	96,500	53,800	478,000	25	46%
9	HL-007	董亮	销售(一)部	80,900	71,000	91,200	84,500	84,500	49,800	461,900	37	20%
10	HL-008	李亮	销售(一)部	87,500	63,500	67,500	98,500	78,500	87,900	483,400	21	55%
11	HL-009	倪兴航	销售(一)部	84,500	86,500	78,900	72,600	59,800	85,000	467,300	32	31%
12	HL-010	苗顺兴	销售(一)部	92,000	64,000	97,000	93,000	75,000	93,000	514,000	6	88%
13	HL-011	程昌辉	销售(一)部	93,000	76,800	92,000	96,500	87,000	59,800	505,100	9	82%
14	HL-012	郑梦	销售(一)部	96,200	84,500	75,000	81,000	95,000	75,600	507,300	7	86%
15	HL-013	吉丽娜	销售(一)部	94,500	72,500	100,000	86,000	62,000	86,700	501,700	10	80%
16	HL-014	厉德佳	销售(一)部	95,600	86,500	90,500	94,000	99,500	72,100	538,200	3	95%
17	HL-015	范萍莺	销售(一)部	94,200	76,000	72,000	92,500	84,500	75,600	494,800	13	73%
18			销售(一)部 汇总							7,340,650		
19	FS-001	厉筠月	销售(二)部	56,000	77,500	85,000	83,000	74,500	74,500	450,500	41	11%
20	FS-002	刘顺富	销售(二)部	55,600	90,000	88,500	97,000	72,000	65,000	468,100	31	33%
21	FS-003	张明	销售(二)部	60,500	99,500	92,000	63,150	79,500	65,500	460,150	38	17%
22	FS-004	刘家	销售(二)部	66,000	89,500	95,500	73,000	58,500	96,500	479,000	23	48%
23	FS-005	刘金发	销售(二)部	68,800	74,500	99,000	87,000	77,000	78,000	484,300	19	60%
24	FS-006	李芝霖	销售(二)部	68,900	62,833	95,000	94,000	78,000	90,000	488,733	16	66%
25	FS-007	柳红余	销售(二)部	64,900	50,333	92,500	92,000	86,000	56,000	441,733	44	4%
26	FS-008	牛红霞	销售(二)部	71,200	68,500	84,500	75,000	87,000	83,000	469,200	28	40%
27	FS-009	厉兴森	销售(二)部	71,747	78,400	62,000	84,000	95,500	95,000	486,647	17	64%
28	FS-010	沈慧敏	销售(二)部	73,184	59,000	78,500	66,000	61,000	78,000	415,684	46	0%
29	FS-011	耿丽霞	销售(二)部	74,621	63,500	94,500	100,000	68,150	62,000	462,771	36	22%
30	FS-012	孙鹤芳	销售(二)部	76,058	78,500	83,000	64,500	72,000	71,500	445,558	42	8%
31	FS-013	万倩琳	销售(二)部	77,495	95,500	77,000	73,000	57,000	79,600	459,595	39	15%
32	FS-014	张超凡	销售(二)部	84,500	95,500	70,000	86,000	83,000	58,600	477,600	26	44%
33	FS-015	刘诗韵	销售(二)部	83,000	75,500	84,500	81,000	66,000	78,500	468,500	29	37%
34			销售(二)部 汇总							6,958,071		
35	TK-001	尚欢云	销售(三)部	78,500	76,000	57,000	67,500	84,500	79,600	443,100	43	6%
36	TK-002	厉玉琼	销售(三)部	83,244	84,500	78,500	84,500	79,000	84,500	494,244	14	71%
37	TK-003	李凡彬	销售(三)部	84,500	84,500	84,500	95,000	72,000	95,500	516,000	4	93%
38	TK-004	厉锦菲	销售(三)部	68,000	97,500	61,000	83,000	95,500	78,500	483,500	20	57%
39	TK-005	程玲佳	销售(三)部	71,500	83,000	95,500	95,500	84,500	85,000	515,000	5	91%
40	TK-006	宗梅风	销售(三)部	71,500	84,500	78,500	84,500	88,000	86,000	493,000	15	68%
41	TK-007	孙哲国	销售(三)部	75,000	72,000	86,000	83,000	84,500	84,500	485,000	18	62%
42	TK-008	苏莉	销售(三)部	75,500	84,500	78,500	95,500	83,000	83,000	500,000	11	77%
43	TK-009	李竹霞	销售(三)部	78,500	86,000	84,000	81,000	78,500	60,300	468,300	30	35%
44	TK-010	潘悦晨	销售(三)部	81,000	83,000	95,500	59,000	81,000	59,000	458,500	40	13%
45	TK-011	童小	销售(三)部	78,500	64,500	74,000	84,500	64,000	76,000	441,500	45	2%
46	TK-012	厉涛	销售(三)部	59,000	84,500	78,500	84,500	86,000	73,000	465,500	34	26%
47	TK-013	江燕晨	销售(三)部	94,000	95,500	95,500	60,500	84,500	67,000	497,000	12	75%
48	TK-014	刘婉霞	销售(三)部	96,500	84,500	84,500	66,000	78,500	69,000	479,000	23	48%
49			销售(三)部 汇总							6,739,644		
50			总计							21,038,365		

销售业绩　筛选指定销售…

图 13-30　统计结果

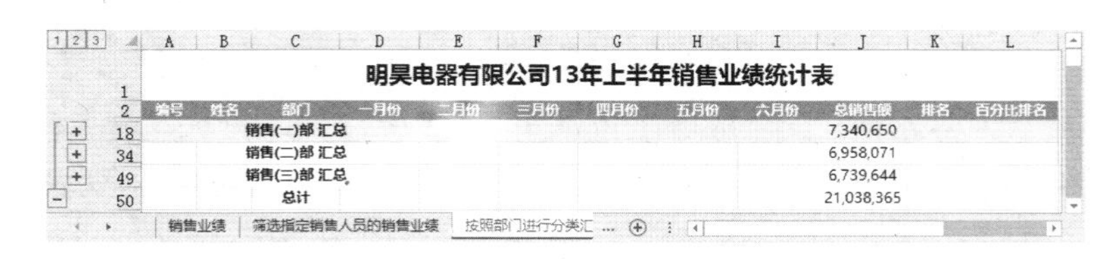

	A	B	C	D	E	F	G	H	I	J	K	L
1	明昊电器有限公司13年上半年销售业绩统计表											
2	编号	姓名	部门	一月份	二月份	三月份	四月份	五月份	六月份	总销售额	排名	百分比排名
18			销售(一)部 汇总							7,340,650		
34			销售(二)部 汇总							6,958,071		
49			销售(三)部 汇总							6,739,644		
50			总计							21,038,365		

销售业绩　筛选指定销售人员的销售业绩　按照部门进行分类汇…

图 13-31　只显示部门汇总数据

（4）选择 C18:C49 和 J18:C49 单元格区域，在功能区上执行【插入】→【插入柱形图】→【三维簇状柱形图】命令，插入一张柱形图。修改图表标题，修饰图表格式，最终效果如图 13-32 所示。

从图 13-32 所示的柱形图可以看出“销售(一)部”总的销售业绩在所有部门中是最好的。

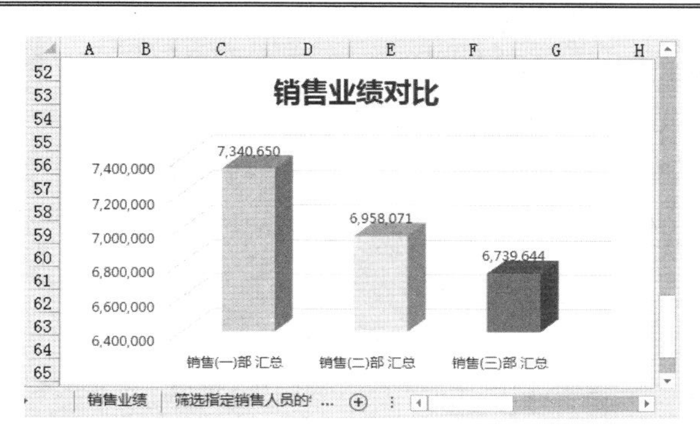

图 13-32　销售业绩对比图

13.2.4　用数据透视表法制作销售报表

下面讲述如何利用数据透视表来制作销售报表，并生成数据透视图。

【例 13-8】　制作第一季度销售报表

根据“销售业绩”工作表中的数据源通过数据透视表法制作一张第一季度销售业绩报表。

使用数据透视表制作销售报表的具体操作步骤如下。

（1）沿用上例中的“分析销售业绩”，切换至“销售业绩”工作表中，单击数据源区域中任意一个单元格，然后在功能区上依次单击【插入】→【数据透视表】命令，打开【创建数据透视表】对话框，直接单击【确定】按钮，即可在新的工作表中创建一个空白的数据透视表。

（2）在右侧窗格中对字段进行下列设置：将“姓名”字段拖动到【行】列表框中；将“一月份”“二月份”和“三月份”字段拖动到【值】列表框中；右击“部门”字段，在快捷菜单中选择【添加为切片器】选项，如图 13-33 所示。

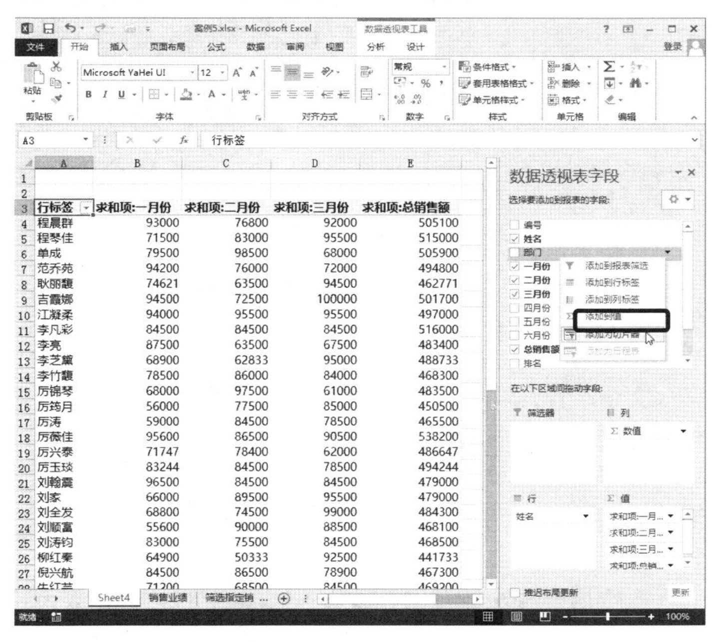

图 13-33　添加数据透视表字段

（3）单击【分析】选项卡中【字段、项目和集】按钮，在下拉列表中选择【插入字段】命令，添加计算字段“第一季度合计”将“一月份”“二月份”和“三月份”的销售业绩汇总，并将透视表中数据标签重新命名，如图 13-34 所示。

（4）根据创建完成的透视表，单击【分析】选项卡中【数据透视图】按钮，创建一张组合图表，如图 13-35 所示。

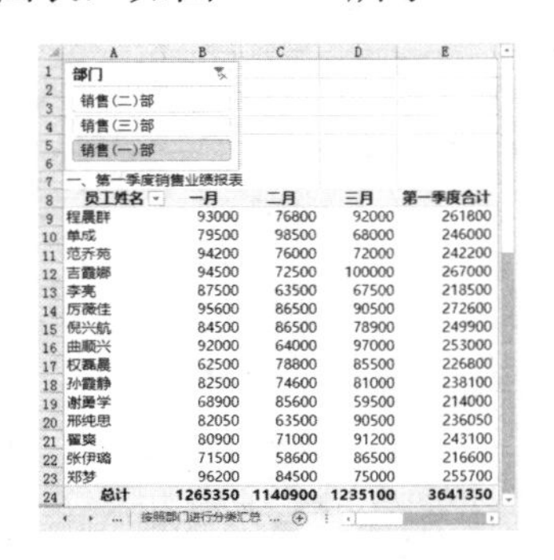

部门：销售(二)部　销售(三)部　销售(一)部

一、第一季度销售业绩报表

员工姓名	一月	二月	三月	第一季度合计
程晨群	93000	76800	92000	261800
单成	79500	98500	68000	246000
范乔苑	94200	76000	72000	242200
吉霞娜	94500	72500	100000	267000
李亮	87500	63500	67500	218500
厉薇佳	95600	86500	90500	272600
倪兴航	84500	86500	78900	249900
曲顺兴	92000	64000	97000	253000
权磊晨	62500	78800	85500	226800
孙霞静	82500	74600	81000	238100
谢勇学	68900	85600	59500	214000
邢纯思	82050	63500	90500	236050
翟爽	80900	71000	91200	243100
张伊璐	71500	58600	86500	216600
郑梦	96200	84500	75000	255700
总计	1265350	1140900	1235100	3641350

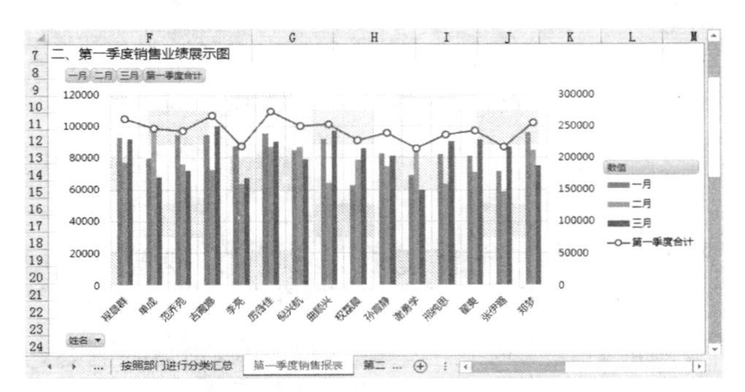

图 13-34　添加字段并设置数据透视表格式　　　　图 13-35　制作第一季度销售业绩展示图

同样地，可以制作该企业员工第二季度的销售报表，效果如图 13-36 和 13-37 所示。制作方法与前面一样，就不赘述了。

部门：销售(二)部　销售(三)部　销售(一)部

一、第二季度销售业绩报表

员工姓名	四月	五月	六月	第二季度合计
程晨群	96500	87000	59800	243300
单成	99900	96000	64000	259900
范乔苑	92500	84500	75600	252600
吉霞娜	86000	62000	86700	234700
李亮	98500	78500	87900	264900
厉薇佳	94000	99500	72100	265600
倪兴航	72600	59800	85000	217400
曲顺兴	93000	75000	93000	261000
权磊晨	92500	82500	68800	243800
孙霞静	89600	96500	53800	239900
谢勇学	84900	80000	84000	248900
邢纯思	95600	56600	94600	246800
翟爽	84500	84500	49800	218800
张伊璐	89800	74800	85500	250100
郑梦	81000	95000	75600	251600
总计	1350900	1212200	1136200	3699300

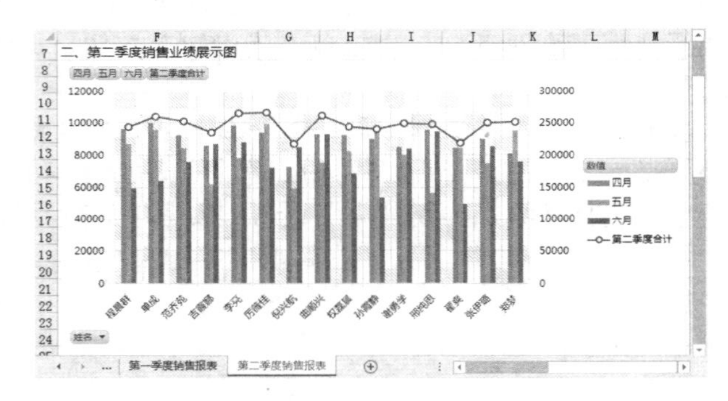

图 13-36　第二季度数据透视表　　　　图 13-37　第二季度数据透视图

13.3　分析生产与销售报表

本节将介绍一些大型生产与销售报表及其相关数据的分析，以便读者从整体上对市场营销有一个比较完整的概念并能熟练地创建报表。

13.3.1　销售收入、成本、费用、税金年度分析表

销售收入、成本、费用、税金年度分析表是由数据表和分析图表两部分构成的。下面举例说明如何构建此表。

【例 13-9】 构建销售收入、成本、费用、税金年度分析表

构建销售收入、成本、费用、税金年度分析表的具体操作步骤如下。

（1）打开本章素材文件“销售收入、成本、费用、税金年度分析表.xlsx”，建立如图 13-38 所示的数据表。

（2）选中 F3 单元格，输入公式：

=IF(B3=0,IF(C3=0,0,"出错"),IF(C3=0,"出错",C3/B3))

按 Enter 键后，将公式填充复制到 F4:F5 单元格区域，结果如图 13-39 所示。

销售收入、成本、费用、税金分析表

月份	销售收入	销售成本	销售费用	销售税金	销售成本率	销售费用率	销售税金率
1	8000	5400	426.44	146.90			
2	6800	4100	365.80	384.89			
3	6600	3500	237.95	424.03			
4	6200	4600	106.64	325.79			
5	9100	5900	38.06	200.82			
6	9600	6400	119.52	102.34			
7	7200	4300	193.86	167.15			
8	6900	2400	388.27	89.07			
9	7100	3500	136.42	431.20			
10	5600	2200	249.93	296.64			
11	6500	3200	158.61	147.25			
12	7300	2900	36.33	375.82			
合计							

本年销售收入、成本、费用、税金年度分析表　上年销售收入、成本、…

图 13-38　数据表

F3　=IF(B3=0,IF(C3=0,0,"出错"),IF(C3=0,"出错",C3/B3))

销售收入、成本、费用、税金分析表

月份	销售收入	销售成本	销售费用	销售税金	销售成本率	销售费用率	销售税金率
1	8000	5400	426.44	146.90	67.50%		
2	6800	4100	365.80	384.89	60.29%		
3	6600	3500	237.95	424.03	53.03%		
4	6200	4600	106.64	325.79	74.19%		
5	9100	5900	38.06	200.82	64.84%		
6	9600	6400	119.52	102.34	66.67%		
7	7200	4300	193.86	167.15	59.72%		
8	6900	2400	388.27	89.07	34.78%		
9	7100	3500	136.42	431.20	49.30%		
10	5600	2200	249.93	296.64	39.29%		
11	6500	3200	158.61	147.25	49.23%		
12	7300	2900	36.33	375.82	39.73%		
合计					0.00%		

图 13-39　计算销售成本率

（3）选中 G3 单元格，输入公式：

=IF(B3=0,0,D3/B3)

按 Enter 键，然后将公式填充复制到 G4:G15 单元格区域，结果如图 13-40 所示。

（4）选中 H3 单元格，输入公式：

=IF(B3=0,0,E3/B3)

按 Enter 键后，将公式填充复制到 H4:H15 单元格区域，结果如图 13-41 所示。

G3　=IF(B3=0,0,D3/B3)

销售收入、成本、费用、税金分析表

月份	销售收入	销售成本	销售费用	销售税金	销售成本率	销售费用率	销售税金率
1	8000	5400	426.44	146.90	67.50%	5.33%	
2	6800	4100	365.80	384.89	60.29%	5.38%	
3	6600	3500	237.95	424.03	53.03%	3.61%	
4	6200	4600	106.64	325.79	74.19%	1.72%	
5	9100	5900	38.06	200.82	64.84%	0.42%	
6	9600	6400	119.52	102.34	66.67%	1.25%	
7	7200	4300	193.86	167.15	59.72%	2.69%	
8	6900	2400	388.27	89.07	34.78%	5.63%	
9	7100	3500	136.42	431.20	49.30%	1.92%	
10	5600	2200	249.93	296.64	39.29%	4.46%	
11	6500	3200	158.61	147.25	49.23%	2.44%	
12	7300	2900	36.33	375.82	39.73%	0.50%	
合计					0.00%	0.00%	

图 13-40　计算销售费用率

H3　=IF(B3=0,0,E3/B3)

销售收入、成本、费用、税金分析表

月份	销售收入	销售成本	销售费用	销售税金	销售成本率	销售费用率	销售税金率
1	8000	5400	426.44	146.90	67.50%	5.33%	1.84%
2	6800	4100	365.80	384.89	60.29%	5.38%	5.66%
3	6600	3500	237.95	424.03	53.03%	3.61%	6.42%
4	6200	4600	106.64	325.79	74.19%	1.72%	5.25%
5	9100	5900	38.06	200.82	64.84%	0.42%	2.21%
6	9600	6400	119.52	102.34	66.67%	1.25%	1.07%
7	7200	4300	193.86	167.15	59.72%	2.69%	2.32%
8	6900	2400	388.27	89.07	34.78%	5.63%	1.29%
9	7100	3500	136.42	431.20	49.30%	1.92%	6.07%
10	5600	2200	249.93	296.64	39.29%	4.46%	5.30%
11	6500	3200	158.61	147.25	49.23%	2.44%	2.27%
12	7300	2900	36.33	375.82	39.73%	0.50%	5.15%
合计					0.00%	0.00%	0.00%

图 13-41　计算销售税金率

（5）选中 A15 单元格，输入“合计”，然后选中 B15 单元格，输入公式：

=SUM(B3:B14)

将公式填充复制到 C15:E15，结果如图 13-42 所示。

（6）选中 B2:C14 单元格区域，单击【插入】→【折线图】→【带数据标记的折线图】命令项，即可插入如图 13-43 所示的图形。

E15 =SUM(E3:E14)

销售收入、成本、费用、税金分析表							
月份	销售收入	销售成本	销售费用	销售税金	销售成本率	销售费用率	销售税金率
1	8000	5400	426.44	146.90	67.50%	5.33%	1.84%
2	6800	4100	365.80	384.89	60.29%	5.38%	5.66%
3	6600	3500	237.95	424.03	53.03%	3.61%	6.42%
4	6200	4600	106.64	325.79	74.19%	1.72%	5.25%
5	9100	5900	38.06	200.82	64.84%	0.42%	2.21%
6	9600	6400	119.52	102.34	66.67%	1.25%	1.07%
7	7200	4300	193.86	167.15	59.72%	2.69%	2.32%
8	6900	2400	388.27	89.07	34.78%	5.63%	1.29%
9	7100	3500	136.42	431.20	49.30%	1.92%	6.07%
10	5600	2200	249.93	296.64	39.29%	4.46%	5.30%
11	6500	3200	158.61	147.25	49.23%	2.44%	2.27%
12	7300	2900	36.33	375.82	39.73%	0.50%	5.15%
合计	86900	48400	2457.83	3091.9	55.70%	2.83%	3.56%

本年销售收入、成本、费用、税金年度分析表　上年销售收入、成本、...

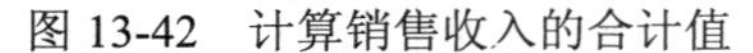

图 13-42　计算销售收入的合计值

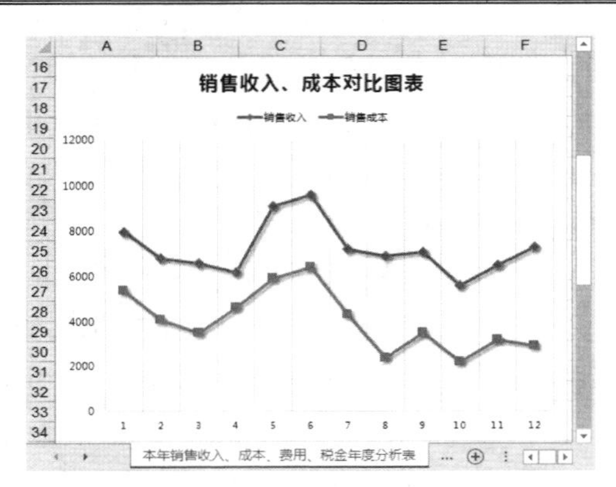

图 13-43　销售收入、成本对比图表

（7）选中 A35 单元格，输入“回归函数为：”，然后选中 B35 和 C35 单元格，输入公式：

=LINEST(C3:C14,B3:B14)

按 Enter 键后，结果如图 13-44 所示。

（8）选中 B36 单元格，输入公式：

=CONCATENATE("Y=",TEXT(B35,"0.0000"),"X+",TEXT(C35,"0.0000"))

按 Enter 键确认输入，即可得到收入与成本的线性表达式，如图 13-45 所示。

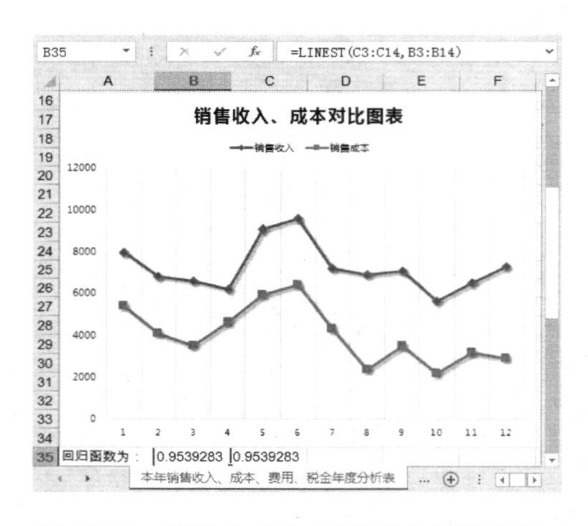

图 13-44　使用 LINEST 函数进行回归分析

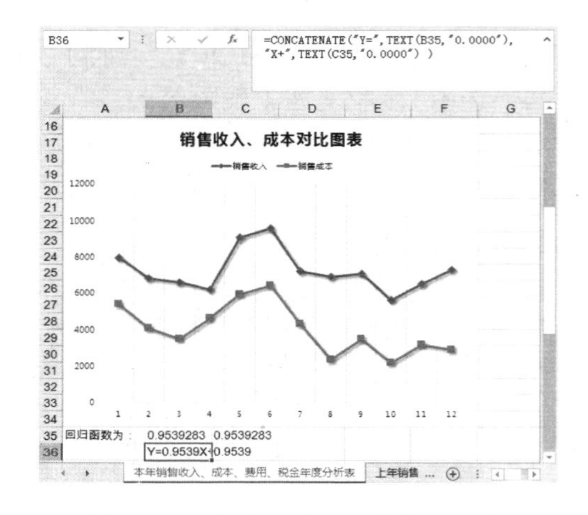

图 13-45　收入与成本的线性表达式

（9）选中 B37 单元格，输入公式：

=CONCATENATE("r=",TEXT(CORREL(B3:B14,C3:C14),"0.0000"))

按 Enter 键确认输入，即可得到相关系数，以便判断收入与成本是否相关，如图 13-46 所示。

（10）选中 C37 单元格，输入公式：

=IF(CORREL(B3:B14,C3:C14)<0.5,"异常","")

按 Enter 键确认输入，结果如图 13-47 所示。

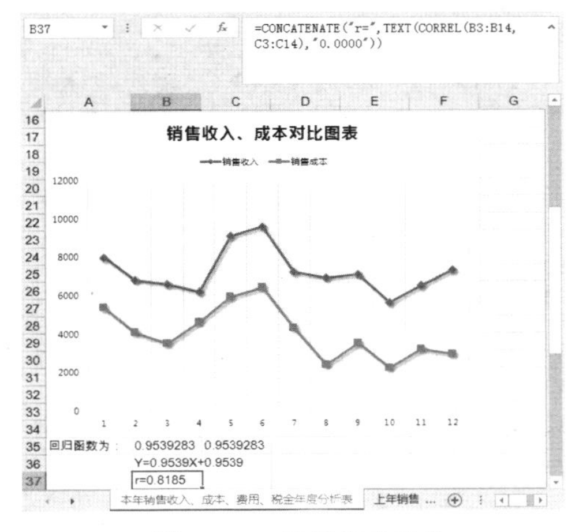

图 13-46　计算相关系数

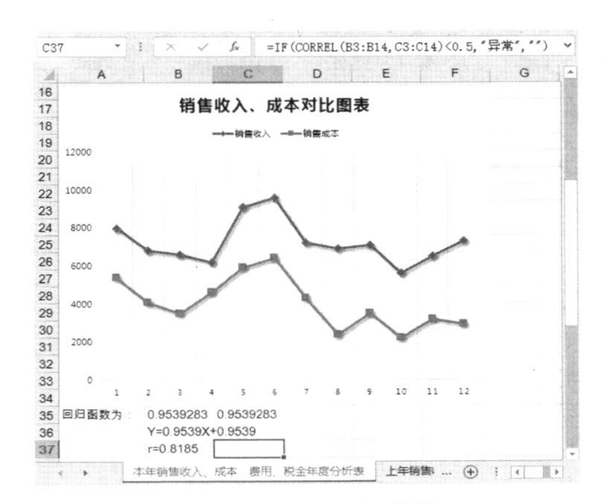

图 13-47　判断相关性

此外，用户还可以建立销售成本率变化折线图，它将反映成本率在一段时期内的变化情况。

（11）选中 F2:F14 单元格区域，单击【插入】→【折线图】→【带数据标记的折线图】命令项，即可插入如图 13-48 所示的折线图。

（12）选中 A54 单元格，输入“平均值：”，然后选中 B54 单元格，输入公式：

=AVERAGE(F3:F14)

按 Enter 键确认输入，结果如图 13-49 所示。

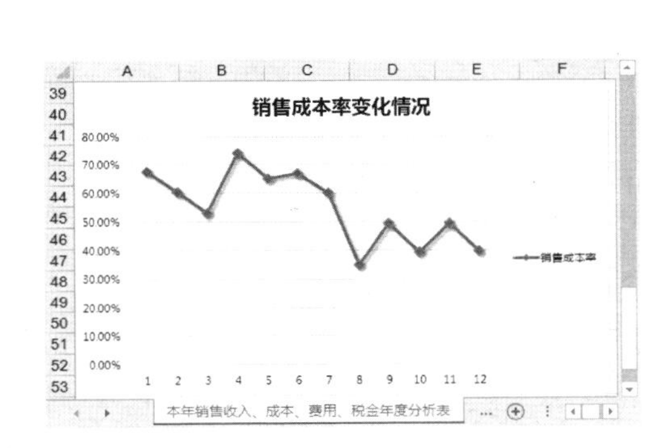

图 13-48　销售成本率变化情况折线图

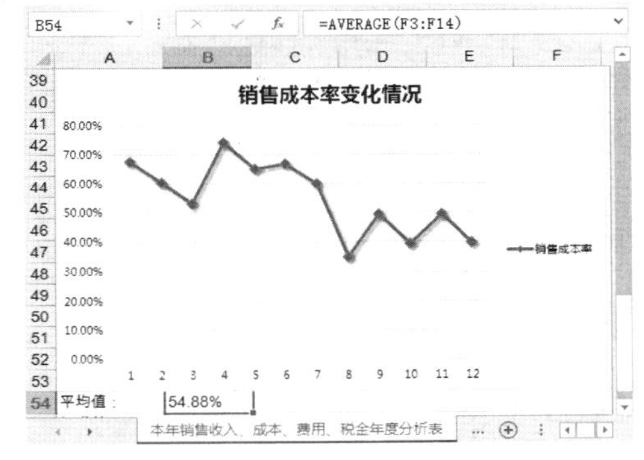

图 13-49 计算销售成本率的平均值

（13）选中 A55 单元格，输入“标准差：”，然后再选中 B55 单元格，输入公式：

=SQRT((DEVSQ(F3:F14))/12)

按 Enter 键确认输入，结果如图 13-50 所示。

对于其他收入与费用、收入与税金以及销售费用率和销售税金率的相关图表和分析数据都可以按照上述方式得到。

13.3.2　销售收入、成本汇总表的构建与分析

下面将讲述按不同产品将销售收入和成本进行年度汇总，并对其进行分析的方法。

【例 13-10】 制作不同产品销售收入、成本汇总表

制作销售收入、成本汇总表的具体操作步骤如下。

（1）打开本章素材文件“销售收入、成本汇总表的构建与分析.xlsx”，输入基本数据，如图 13-51 所示。

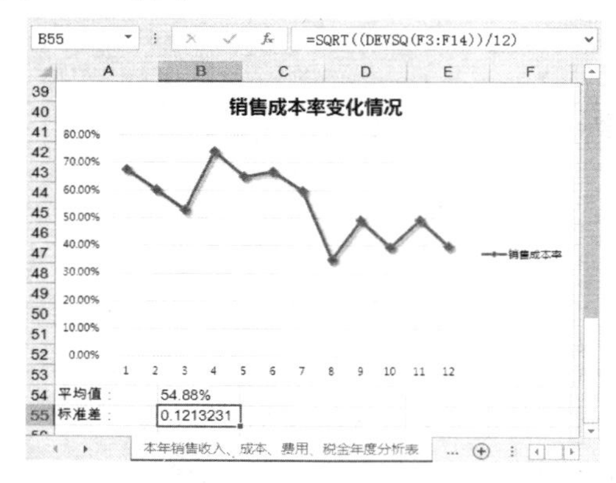

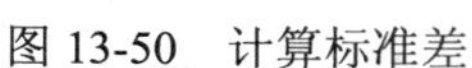
图 13-50　计算标准差

名称	上年销售情况					
	销售收入	销售成本	销售数量	销售单价	单位成本	销售成本率
产品A	3070.67	2094.99	49			
产品B	5635.12	4677.39	95			
产品C	4663.56	3498.15	36			
产品D	7730.99	6726.29	42			
产品E	4558.05	3407.82	67			
产品F	5184.46	4036.76	63			
产品G	4004.50	2885.69	84			
产品H	7905.53	6741	84			
产品I	6809.60	5747.17	20			
产品J	929.67	425.3	76			
产品K	1465.61	427.63	79			
产品L	986.22	562.68	100			
产品M	7043.90	6076.22	83			
产品N	7616.99	6574.37	20			
合计						

图 13-51　上年销售情况汇总表

（2）选中 E3 单元格，输入公式：

=IF(D3=0,0,B3/D3)

按 Enter 键后，将公式填充复制到 E4:E17 单元格区域，得到销售单价，结果如图 13-52 所示。

（3）选中 F3 单元格，输入公式：

=IF(D3=0,0,C3/D3)

按 Enter 键后，将公式填充复制到 F4:F17 单元格区域中，得到单位成本，结果如图 13-53 所示。

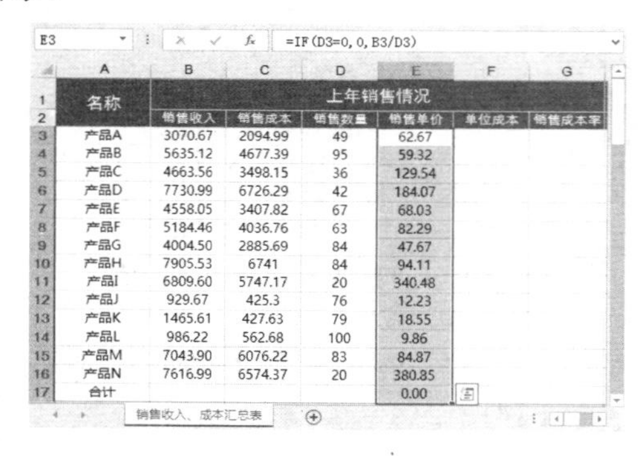

E3　=IF(D3=0,0,B3/D3)

名称	上年销售情况					
	销售收入	销售成本	销售数量	销售单价	单位成本	销售成本率
产品A	3070.67	2094.99	49	62.67		
产品B	5635.12	4677.39	95	59.32		
产品C	4663.56	3498.15	36	129.54		
产品D	7730.99	6726.29	42	184.07		
产品E	4558.05	3407.82	67	68.03		
产品F	5184.46	4036.76	63	82.29		
产品G	4004.50	2885.69	84	47.67		
产品H	7905.53	6741	84	94.11		
产品I	6809.60	5747.17	20	340.48		
产品J	929.67	425.3	76	12.23		
产品K	1465.61	427.63	79	18.55		
产品L	986.22	562.68	100	9.86		
产品M	7043.90	6076.22	83	84.87		
产品N	7616.99	6574.37	20	380.85		
合计				0.00		

图 13-52　计算销售单价

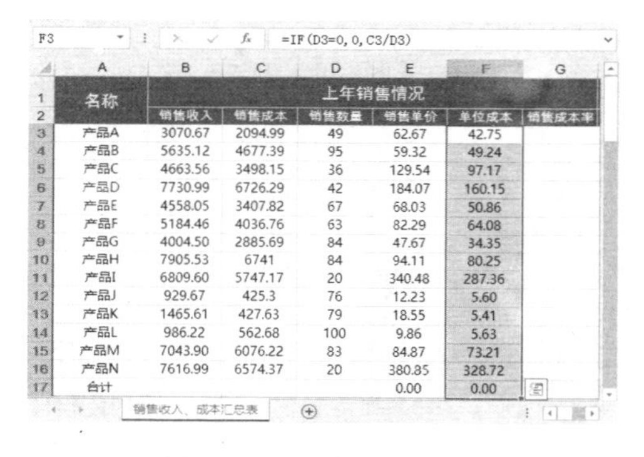

F3　=IF(D3=0,0,C3/D3)

名称	上年销售情况					
	销售收入	销售成本	销售数量	销售单价	单位成本	销售成本率
产品A	3070.67	2094.99	49	62.67	42.75	
产品B	5635.12	4677.39	95	59.32	49.24	
产品C	4663.56	3498.15	36	129.54	97.17	
产品D	7730.99	6726.29	42	184.07	160.15	
产品E	4558.05	3407.82	67	68.03	50.86	
产品F	5184.46	4036.76	63	82.29	64.08	
产品G	4004.50	2885.69	84	47.67	34.35	
产品H	7905.53	6741	84	94.11	80.25	
产品I	6809.60	5747.17	20	340.48	287.36	
产品J	929.67	425.3	76	12.23	5.60	
产品K	1465.61	427.63	79	18.55	5.41	
产品L	986.22	562.68	100	9.86	5.63	
产品M	7043.90	6076.22	83	84.87	73.21	
产品N	7616.99	6574.37	20	380.85	328.72	
合计				0.00	0.00	

图 13-53　计算单位成本

（4）选中 G3 单元格，输入公式：

=IF(B3=0,0,C3/B3)

按 Enter 键后，将公式填充复制到 G4:G17 单元格区域中，得出销售成本率，结果如图 13-54 所示。

（5）选中 B17 单元格，输入公式：

=SUM(B3:B16)

按 Enter 键后，将公式填充复制到 C17:D17 单元格区域，计算出销售收入、销售成本以及销售数量的总和，结果如图 13-55 所示。

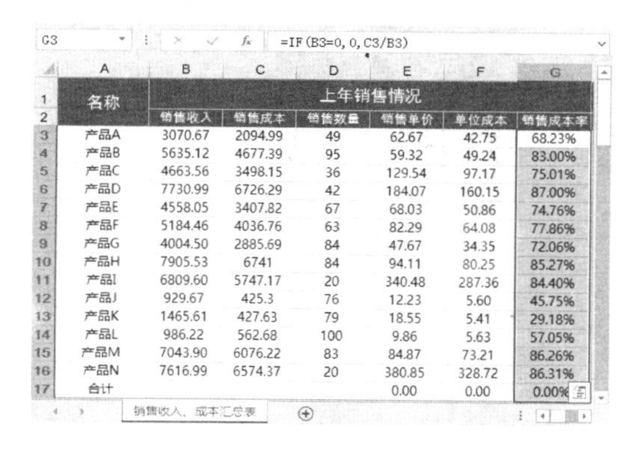

G3　=IF(B3=0,0,C3/B3)

名称	上年销售情况					
	销售收入	销售成本	销售数量	销售单价	单位成本	销售成本率
产品A	3070.67	2094.99	49	62.67	42.75	68.23%
产品B	5635.12	4677.39	95	59.32	49.24	83.00%
产品C	4663.56	3498.15	36	129.54	97.17	75.01%
产品D	7730.99	6726.29	42	184.07	160.15	87.00%
产品E	4558.05	3407.82	67	68.03	50.86	74.76%
产品F	5184.46	4036.76	63	82.29	64.08	77.86%
产品G	4004.50	2885.69	84	47.67	34.35	72.06%
产品H	7905.53	6741	84	94.11	80.25	85.27%
产品I	6809.60	5747.17	20	340.48	287.36	84.40%
产品J	929.67	425.3	76	12.23	5.60	45.75%
产品K	1465.61	427.63	79	18.55	5.41	29.18%
产品L	986.22	562.68	100	9.86	5.63	57.05%
产品M	7043.90	6076.22	83	84.87	73.21	86.26%
产品N	7616.99	6574.37	20	380.85	328.72	86.31%
合计				0.00	0.00	0.00%

销售收入、成本汇总表

图 13-54　计算销售单价

B17　=SUM(B3:B16)

名称	上年销售情况					
	销售收入	销售成本	销售数量	销售单价	单位成本	销售成本率
产品A	3070.67	2094.99	49	62.67	42.75	68.23%
产品B	5635.12	4677.39	95	59.32	49.24	83.00%
产品C	4663.56	3498.15	36	129.54	97.17	75.01%
产品D	7730.99	6726.29	42	184.07	160.15	87.00%
产品E	4558.05	3407.82	67	68.03	50.86	74.76%
产品F	5184.46	4036.76	63	82.29	64.08	77.86%
产品G	4004.50	2885.69	84	47.67	34.35	72.06%
产品H	7905.53	6741	84	94.11	80.25	85.27%
产品I	6809.60	5747.17	20	340.48	287.36	84.40%
产品J	929.67	425.3	76	12.23	5.60	45.75%
产品K	1465.61	427.63	79	18.55	5.41	29.18%
产品L	986.22	562.68	100	9.86	5.63	57.05%
产品M	7043.90	6076.22	83	84.87	73.21	86.26%
产品N	7616.99	6574.37	20	380.85	328.72	86.31%
合计	67604.87	53881.46	898	5.28	60.00	79.70%

销售收入、成本汇总表

图 13-55　计算产品合计值

（6）接下来制作上一年销售收入结构图，选中 A3:B16 单元格区域，在功能区上执行【插入】→【插入饼图或圆环图】→【饼图】命令，即可插入饼图，然后对其格式进行相应的调整，如图 13-56 所示。

（7）选中 A3:A16 单元格区域和 C3:C16 单元格区域，用同样的方法生产销售收入的结构图，如图 13-57 所示。

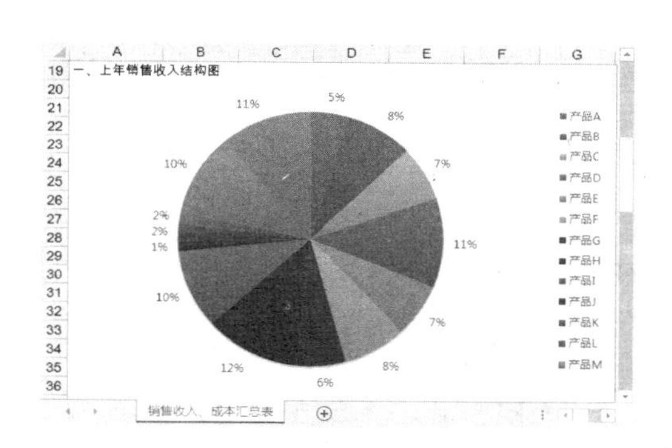

图 13-56　上年产品销售收入结构图

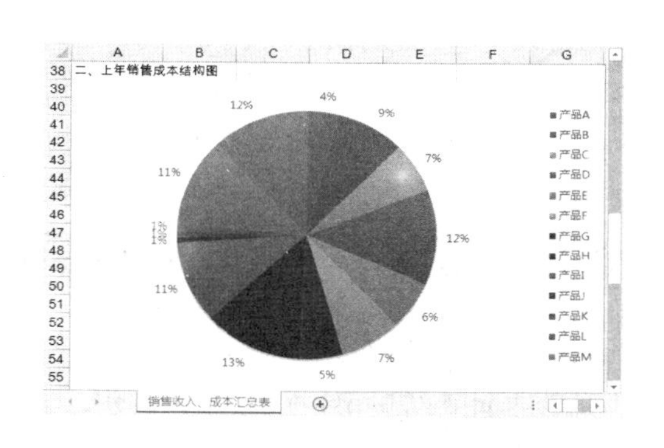

图 13-57　上年产品销售成本结构图

（8）输入本年数据，如图 13-58 所示。

（9）然后制作成本销售收入结构图，选中 A3:A16 和 H3:H16 单元格区域，然后在功能区上执行【插入】→【插入饼图或圆环图】→【饼图】命令，即可插入饼图，然后对其格式进行调整，结果如图 13-59 所示。

（10）然后制作本年销售成本结构图，选中 A3:A16 和 I3:I16 单元格区域，然后插入饼图并进行格式调整，结果如图 13-60 所示。

（11）接下来制作产品销售收入对比图，选中 A3:B16 和 H3:H16 单元格区域，然后单击【插入】→【柱形图】→【簇状柱形图】命令项，然后进行格式调整，结果如图 13-61 所示。

	H	I	J	K	L	M
1	本年销售情况					
2	销售收入	销售成本	销售数量	销售单价	单位成本	销售成本率
3	4984.70	2690.42	172	28.98	15.64	53.97%
4	4495.33	3530.8	109	41.24	32.39	78.54%
5	5744.41	2795.83	120	47.87	23.30	48.67%
6	8879.42	5784.81	191	46.49	30.29	65.15%
7	6344.95	4491.4	201	31.57	22.35	70.79%
8	6680.89	3361.01	128	52.19	26.26	50.31%
9	5124.75	854.9	138	37.14	6.19	16.68%
10	4676.70	2170.2	220	21.26	9.86	46.40%
11	8830.33	5404.37	95	92.95	56.89	61.20%
12	5598.00	3519.02	201	27.85	17.51	62.86%
13	4161.76	2616.14	145	28.70	18.04	62.86%
14	4985.37	2205.98	118	42.25	18.69	44.25%
15	7055.20	4519.93	125	56.44	36.16	64.07%
16	9338.30	4450.34	129	72.39	34.50	47.66%
17	86900.11	48395.15	2092	41.54	23.13	55.69%

销售收入、成本汇总表

图 13-58　输入本年数据

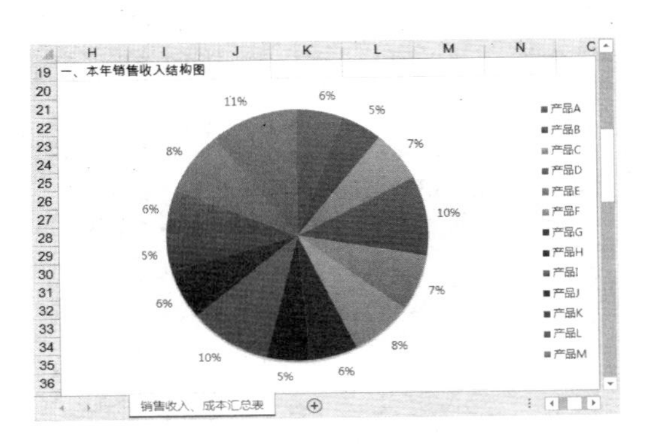

图 13-59　本年销售收入结构图

利用同样的方法可以建立其余项目的分析图和对比图，这里不再赘述了。

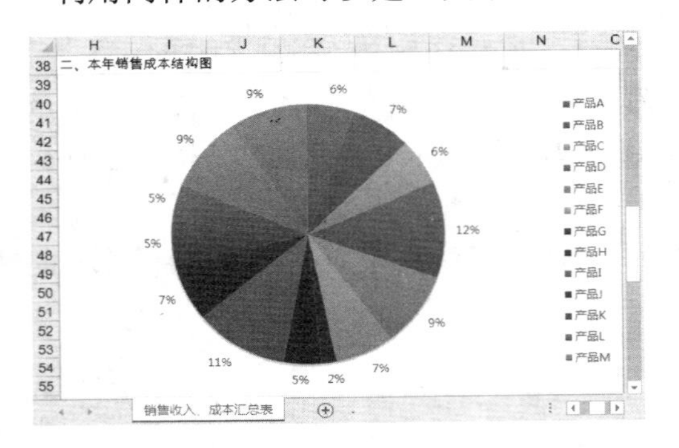

图 13-60　本年销售成本结构图

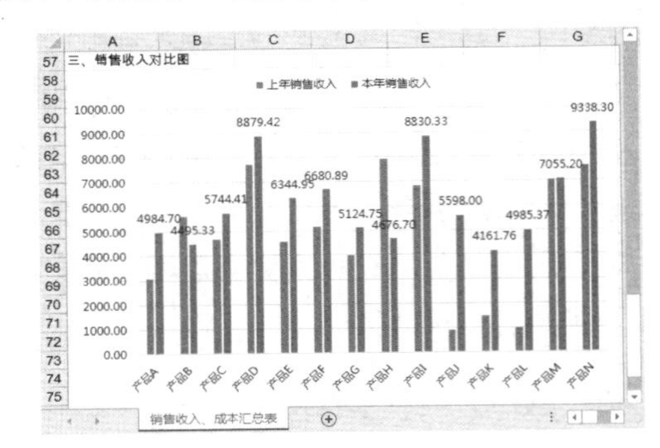

图 13-61　产品销售收入对比图

13.3.3　销售收入、成本、费用、税金年度对比表

【例 13-11】 制作销售收入、成本、费用、税金年度对比表

利用前面的结果用户可以制作销售收入、成本、费用、税金年度对比表。

制作年度对比表的具体操作步骤如下。

（1）打开本章素材文件 “销售收入、成本、费用、税金年度对比表.xlsx”，建立如图 13-62 所示的年度对比表。

	A	B	C	D	E
1	月份	上年	本年	增减金额	增减比率
2	销售收入				
3	销售成本				
4	销售费用				
5	销售税金				
6	销售成本率				
7	销售费用率				
8	销售税金率				

销售收入、成本、费用、税金年度

图 13-62　建立年度对比表

（2）选中 B2 单元格，输入公式：

='[销售收入、成本、费用、税金年度分析表.xlsx]上年销售收入、成本、费用、税金年度分析表 '!$B$15

按 Enter 键确认输入，得到上年销售收入，如图 13-63 所示。

（3）选中 C2 单元格，输入公式：

=[销售收入、成本、费用、税金年度分析表.xlsx]本年销售收入、成本、费用、税金年度分析表!$B$15”

按 Enter 键确定输入，得到本年销售收入，如图 13-64 所示。

（4）选中 D2 单元格，输入公式：

=C2-B2

按 Enter 键确认输入，得到增减金额，如图 13-65 所示。

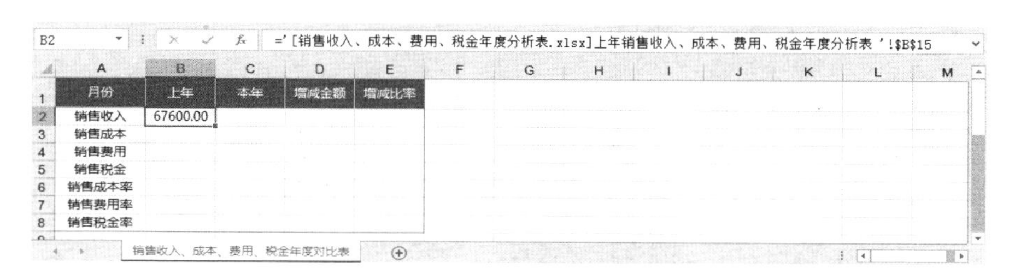

图 13-63　计算上年的销售收入

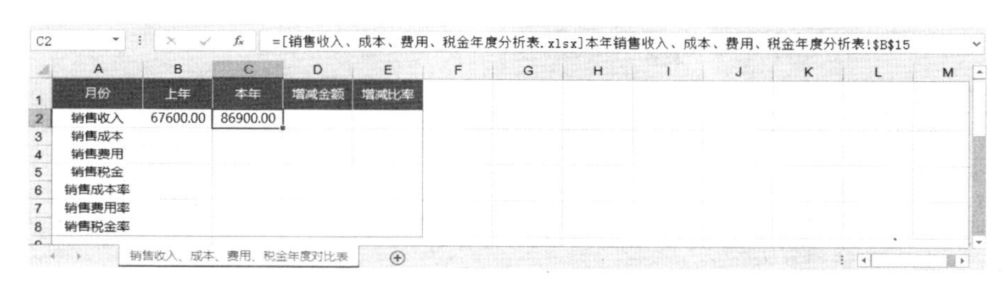

图 13-64　计算本年销售收入

（5）选中 E2 单元格，输入公式：

=IF(B2=0,0,D2/B2)

按 Enter 键确认输入，得到增减比率，如图 13-66 所示。

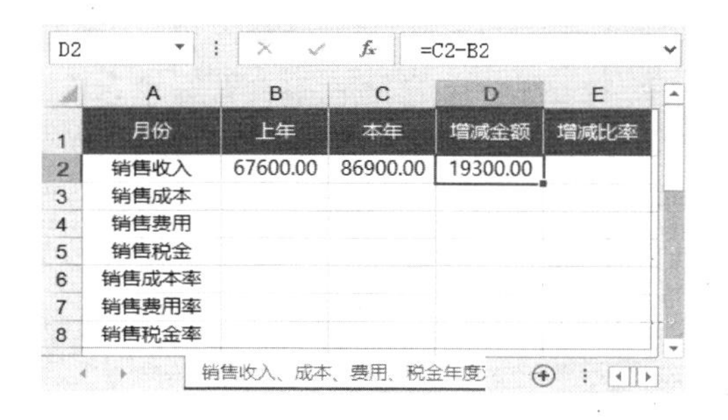

图 13-65　计算增减金额

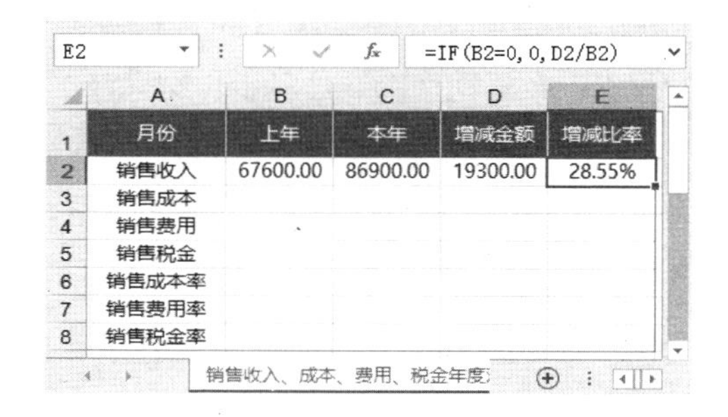

图 13-66　计算增减比率

（6）其他项目采用类似的计算方法可得出相应结果，这里不再赘述，其公式如图 13-67

所示。

（7）选中 A2:C5 单元格区域，单击【插入】→【柱形图】→【簇状柱形图】命令项，可插入柱形图。对柱形图的格式调整后，结果如图 13-68 所示。

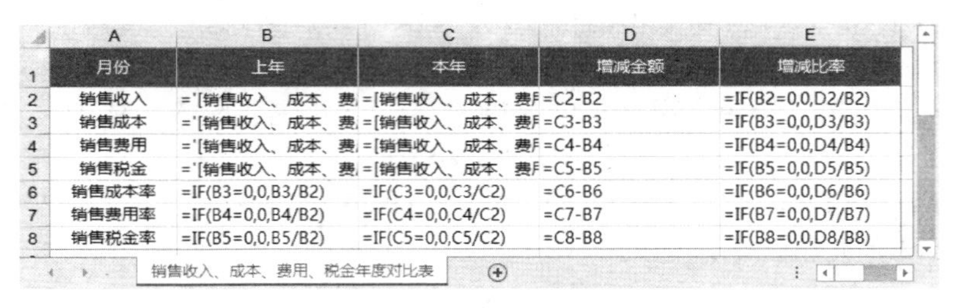

月份	上年	本年	增减金额	增减比率
销售收入	='[销售收入、成本、费	=[销售收入、成本、费	=C2-B2	=IF(B2=0,0,D2/B2)
销售成本	='[销售收入、成本、费	=[销售收入、成本、费	=C3-B3	=IF(B3=0,0,D3/B3)
销售费用	='[销售收入、成本、费	=[销售收入、成本、费	=C4-B4	=IF(B4=0,0,D4/B4)
销售税金	='[销售收入、成本、费	=[销售收入、成本、费	=C5-B5	=IF(B5=0,0,D5/B5)
销售成本率	=IF(B3=0,0,B3/B2)	=IF(C3=0,0,C3/C2)	=C6-B6	=IF(B6=0,0,D6/B6)
销售费用率	=IF(B4=0,0,B4/B2)	=IF(C4=0,0,C4/C2)	=C7-B7	=IF(B7=0,0,D7/B7)
销售税金率	=IF(B5=0,0,B5/B2)	=IF(C5=0,0,C5/C2)	=C8-B8	=IF(B8=0,0,D8/B8)

销售收入、成本、费用、税金年度对比表

图 13-67 显示计算公式

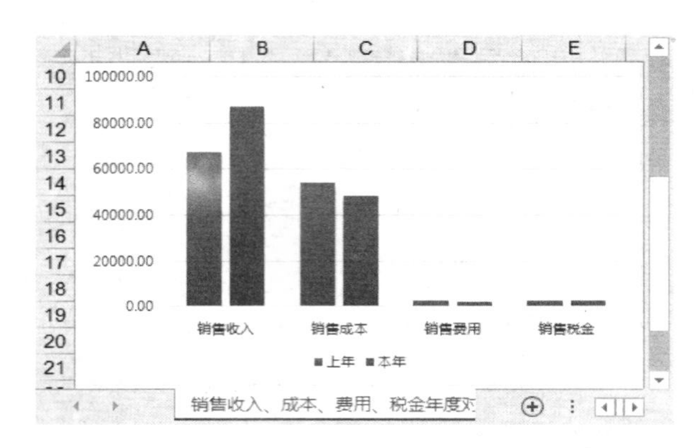

图 13-68 年度销售成本、收入、费用、税金的柱形图

13.3.4 用 Excel 函数分析产品成本

企业在分析成本时至少是对一个季度或是一年的数据进行分析，下面以一个简单的例子讲解产品成本分析表的制作方法。

【例 13-12】 制作产品成本分析表

根据图 13-69 所示的 A 产品的基础数据，通过公式对 A 产品各种项目的成本进行分析。

产品名称	项目	1月	2月	3月	4月	5月	6月	7月	8月	9月	10月	11月	12月	合计
产品A	期初数	6000												
	直接材料	3000	4000	2200	4000	6000	7000	8000	3000	4000	6000	2500	2600	
	直接人工	2200	1600	1400	1600	2900	4100	5600	2900	2600	3200	2600	1800	
	制作费用	1200	1600	1100	1100	1500	2500	3000	1600	1500	800	1200	900	
	其他	1100	1560	1600	1100	1300	1600	1100	1700	1500	2000	1800	1600	
	合计													
	本期转出	6000	4500	3000	4500	10000	12000	15000	12000	10000	5000	2500	4000	
	转出数量	240	90	120	300	160	200	240	240	300	200	90	260	
	单位成本													
	期末数													
	直接材料比率													
	直接人工比率													
	制作费用比率													
	其他比率													
	合计													

产品A成本分析

图 13-69 基础数据

分析产品成本的具体操作步骤如下。

（1）打开本章素材文件“分析产品成本.xlsx”，选中 C7 单元格，输入 1 月份 A 产品生产成本的计算公式：

=SUM(C3:C6)

拖动填充柄复制公式直到 N7 单元格，计算所有月份 A 产品的生产成本，如图 13-70 所示。

（2）选中 C10 单元格，输入 1 月份 A 产品单位成本的计算公式：

=IF(C9=0,"",C8/C9)

拖动填充柄复制公式直到 O10 单元格，计算所有月份 A 产品的单位成本，如图 13-71 所示。

C7　=SUM(C3:C6)

产品名称	项目	1月	2月	3月	4月	5月	6月	7月	8月	9月	10月	11月	12月	合计
产品A	期初数	6000												
	直接材料	3000	4000	2200	4000	6000	7000	8000	3000	4000	6000	2500	2600	
	直接人工	2200	1600	1400	1600	2900	4100	5600	2900	2600	3200	2600	1800	
	制作费用	1200	1600	1100	1100	1500	2500	3000	1600	1500	800	1200	900	
	其他	1100	1560	1600	1100	1300	1600	1100	1700	1500	2000	1800	1600	
	合计	7500	8760	6300	7800	11700	15200	17700	9200	9600	12000	8100	6900	
	本期转出	6000	4500	3000	4500	10000	12000	15000	12000	10000	5000	2500	4000	
	转出数量	240	90	120	300	160	200	240	240	300	200	90	260	
	单位成本													
	期末数													
	直接材料比率													
	直接人工比率													
	制作费用比率													
	其他比率													
	合计													

产品A成本分析

图 13-70　计算所有月份生产成本

C10　=IF(C9=0,"",C8/C9)

产品名称	项目	1月	2月	3月	4月	5月	6月	7月	8月	9月	10月	11月	12月	合计
产品A	期初数	6000												
	直接材料	3000	4000	2200	4000	6000	7000	8000	3000	4000	6000	2500	2600	
	直接人工	2200	1600	1400	1600	2900	4100	5600	2900	2600	3200	2600	1800	
	制作费用	1200	1600	1100	1100	1500	2500	3000	1600	1500	800	1200	900	
	其他	1100	1560	1600	1100	1300	1600	1100	1700	1500	2000	1800	1600	
	合计	7500	8760	6300	7800	11700	15200	17700	9200	9600	12000	8100	6900	
	本期转出	6000	4500	3000	4500	10000	12000	15000	12000	10000	5000	2500	4000	
	转出数量	240	90	120	300	160	200	240	240	300	200	90	260	
	单位成本	25	50	25	15	62.5	60	62.5	50	33.33333	25	27.77778	15.38462	
	期末数													
	直接材料比率													
	直接人工比率													
	制作费用比率													
	其他比率													
	合计													

产品A成本分析

图 13-71　计算单位成本公式

（3）选中 C11 单元格，输入 1 月份 A 产品期末数的计算公式：

=C2+C7−C8

拖动填充柄复制公式到 O11 单元格，计算所有月份 A 产品的期末数，如图 13-72 所示。其公式含义：期末数＝期初数＋本期数－转出数。

C11　=C2+C7-C8

产品名称	项目	1月	2月	3月	4月	5月	6月	7月	8月	9月	10月	11月	12月	合计
产品A	期初数	6000												
	直接材料	3000	4000	2200	4000	6000	7000	8000	3000	4000	6000	2500	2600	
	直接人工	2200	1600	1400	1600	2900	4100	5600	2900	2600	3200	2600	1800	
	制作费用	1200	1600	1100	1100	1500	2500	3000	1600	1500	800	1200	900	
	其他	1100	1560	1600	1100	1300	1600	1100	1700	1500	2000	1800	1600	
	合计	7500	8760	6300	7800	11700	15200	17700	9200	9600	12000	8100	6900	
	本期转出	6000	4500	3000	4500	10000	12000	15000	12000	10000	5000	2500	4000	
	转出数量	240	90	120	300	160	200	240	240	300	200	90	260	
	单位成本	25	50	25	15	62.5	60	62.5	50	33.33333	25	27.77778	15.38462	
	期末数	7500	4260	3300	3300	1700	3200	2700	-2800	-400	7000	5600	2900	0
	直接材料比率													
	直接人工比率													
	制作费用比率													
	其他比率													
	合计													

产品A成本分析

图 13-72　输入期末数公式

（4）将 C12:O16 单元格属性设置为“百分比”格式。

（5）选中 C12 单元格，输入 1 月份 A 产品直接材料比率的计算公式：

=IF(C$7=0,0,C3/C$7)

将公式复制到 C12:015 单元格区域，计算 A 产品在 12 个月中所有项目的比率，如图 13-73 所示。

C12 =IF(C$7=0,0,C3/C$7)

产品名称	项目	1月	2月	3月	4月	5月	6月	7月	8月	9月	10月	11月	12月	合计
产品A	期初数	6000												
	直接材料	3000	4000	2200	4000	6000	7000	8000	3000	4000	6000	2500	2600	
	直接人工	2200	1600	1400	1600	2900	4100	5600	2900	2600	3200	2600	1800	
	制作费用	1200	1600	1100	1100	1500	2500	3000	1600	1500	800	1200	900	
	其他	1100	1560	1600	1100	1300	1600	1100	1700	1500	2000	1800	1600	
	合计	7500	8760	6300	7800	11700	15200	17700	9200	9600	12000	8100	6900	
	本期转出	6000	4500	3000	4500	10000	12000	15000	12000	10000	5000	2500	4000	
	转出数量	240	90	120	300	160	200	240	240	300	200	90	260	
	单位成本	25	50	'25	15	62.5	60	62.5	50	33.33333	25	27.77778	15.38462	
	期末数	7500	4260	3300	3300	1700	3200	2700	-2800	-400	7000	5600	2900	0
	直接材料比率	40.0%	45.7%	34.9%	51.3%	51.3%	46.1%	45.2%	32.6%	41.7%	50.0%	30.9%	37.7%	0.0%
	直接人工比率	29.3%	18.3%	22.2%	20.5%	24.8%	27.0%	31.6%	31.5%	27.1%	26.7%	32.1%	26.1%	0.0%
	制作费用比率	16.0%	18.3%	17.5%	14.1%	12.8%	16.4%	16.9%	17.4%	15.6%	6.7%	14.8%	13.0%	0.0%
	其他比率	14.7%	17.8%	25.4%	14.1%	11.1%	10.5%	6.2%	18.5%	15.6%	16.7%	22.2%	23.2%	0.0%
	合计													

产品A成本分析

图 13-73　输入计算比率公式

（6）选中 D2 单元格，输入 2 月份 A 产品期初数的计算公式：

=C11

拖动填充柄复制公式到 N2 单元格，计算所有月份 A 产品的期初数。

（7）选中 O2 单元格，输入 A 产品本年中合计期初数的计算公式：

=C2

（8）选中 O3 单元格，输入 A 产品直接材料合计的计算公式：

=SUM(C3:N3)

拖动序列填充柄向下复制公式直到 O9 单元格，计算 A 产品其他选项的合计值，如图 13-74 所示。

O3 =SUM(C3:N3)

产品名称	项目	1月	2月	3月	4月	5月	6月	7月	8月	9月	10月	11月	12月	合计
产品A	期初数	6000	7500	11760	15060	18360	20060	23260	25960	23160	22760	29760	35360	6000
	直接材料	3000	4000	2200	4000	6000	7000	8000	3000	4000	6000	2500	2600	52300
	直接人工	2200	1600	1400	1600	2900	4100	5600	2900	2600	3200	2600	1800	32500
	制作费用	1200	1600	1100	1100	1500	2500	3000	1600	1500	800	1200	900	18000
	其他	1100	1560	1600	1100	1300	1600	1100	1700	1500	2000	1800	1600	17960
	合计	7500	8760	6300	7800	11700	15200	17700	9200	9600	12000	8100	6900	120760
	本期转出	6000	4500	3000	4500	10000	12000	15000	12000	10000	5000	2500	4000	88500
	转出数量	240	90	120	300	160	200	240	240	300	200	90	260	2440
	单位成本	25	50	25	15	62.5	60	62.5	50	33.33333	25	27.77778	15.38462	36.270
	期末数	7500	11760	15060	18360	20060	23260	25960	23160	22760	29760	35360	38260	38260
	直接材料比率	40.0%	45.7%	34.9%	51.3%	51.3%	46.1%	45.2%	32.6%	41.7%	50.0%	30.9%	37.7%	43.3%
	直接人工比率	29.3%	18.3%	22.2%	20.5%	24.8%	27.0%	31.6%	31.5%	27.1%	26.7%	32.1%	26.1%	26.9%
	制作费用比率	16.0%	18.3%	17.5%	14.1%	12.8%	16.4%	16.9%	17.4%	15.6%	6.7%	14.8%	13.0%	14.9%
	其他比率	14.7%	17.8%	25.4%	14.1%	11.1%	10.5%	6.2%	18.5%	15.6%	16.7%	22.2%	23.2%	14.9%
	合计													

产品A成本分析

图 13-74　计算合计值

（9）在 C16 单元格中输入公式：

=SUM(C12:C15)

计算每月合计值。A 产品的成本分析表制作完成，效果如图 13-75 所示。

成本分析表创建完成后，可以通过此表格查看各个产品成本的分配情况，但不是很清晰明了。如果想更直观方便地了解，可以在数据表的基础上创建适当类型的图表。

下面根据本例中的产品成本分析表来制作图表，进行数据结构的比较分析。

C16 =SUM(C12:C15)

产品名称	项目	1月	2月	3月	4月	5月	6月	7月	8月	9月	10月	11月	12月	合计
产品A	期初数	6000	7500	11760	15060	18360	20060	23260	25960	23160	22760	29760	35360	6000
	直接材料	3000	4000	2200	4000	6000	7000	8000	3000	4000	6000	2500	2600	52300
	直接人工	2200	1600	1400	1600	2900	4100	5600	2900	2600	3200	2600	1800	32500
	制作费用	1200	1600	1100	1100	1500	2500	3000	1600	1500	800	1200	900	18000
	其他	1100	1560	1600	1100	1300	1600	1100	1700	1500	2000	1800	1600	17960
	合计	7500	8760	6300	7800	11700	15200	17700	9200	9600	12000	8100	6900	120760
	本期转出	6000	4500	3000	4500	10000	12000	15000	12000	10000	5000	2500	4000	88500
	转出数量	240	90	120	300	160	200	240	240	300	200	90	260	2440
	单位成本	25	50	25	15	62.5	60	62.5	50	33.33333	25	27.77778	15.38462	36.27049
	期末数	7500	11760	15060	18360	20060	23260	25960	23160	22760	29760	35360	38260	38260
	直接材料比率	40.0%	45.7%	34.9%	51.3%	51.3%	46.1%	45.2%	32.6%	41.7%	50.0%	30.9%	37.7%	43.3%
	直接人工比率	29.3%	18.3%	22.2%	20.5%	24.8%	27.0%	31.6%	31.5%	27.1%	26.7%	32.1%	26.1%	26.9%
	制作费用比率	16.0%	18.3%	17.5%	14.1%	12.8%	16.4%	16.9%	17.4%	15.6%	6.7%	14.8%	13.0%	14.9%
	其他比率	14.7%	17.8%	25.4%	14.1%	11.1%	10.5%	6.2%	18.5%	15.6%	16.7%	22.2%	23.2%	14.9%
	合计	100%	100%	100%	100%	100%	100%	100%	100%	100%	100%	100%	100%	100%

产品A成本分析

图 13-75　成品分析表最终结果

（10）在“产品 A 成本分析”工作表中选择 B1:N1，B12:N15 单元格区域，在功能区上执行【插入】→【插入折线图】→【带数据标记的折线图】命令，即可在工作表区域自动插入一张折线图，从中可看出成本费用波动情况，如图 13-76 所示。

（11）选择 B1:N1,B9:N120 单元格区域，用同样的方法，创建“完工数量与单位成本变动”图表，效果如图 13-77 所示。

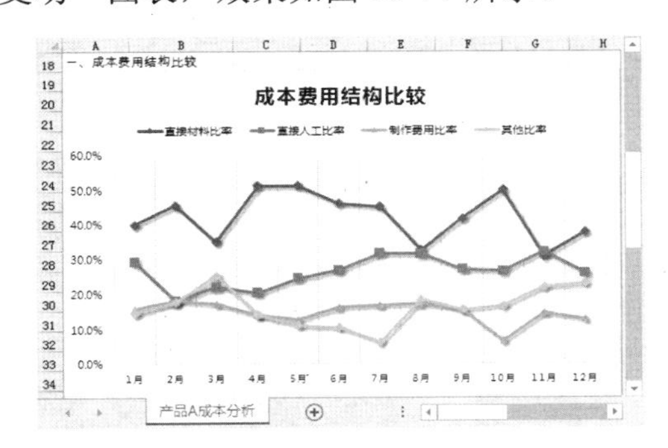

图 13-76　成本费用结构比较

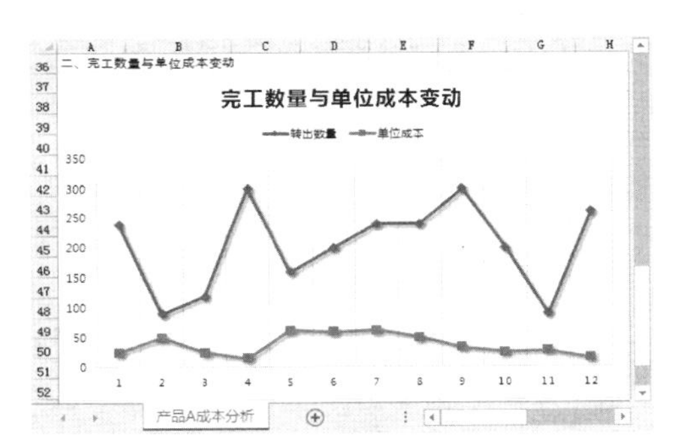

图 13-77　完工数量与单位成本变动

从图 13-77 中可以清晰地查看完工数量与单位成本变化关系。随着完工数量增多，单位成本会变低。

（12）还可以根据产品成本分析表制作柱形图，进行每个月总成本费用的分析。选定 C1:N1,C7:N7 单元格区域，在功能区上执行【插入】→【插入柱形图】→【簇状柱形图】命令，在工作表区域自动插入一张柱形图，如图 13-78 所示。

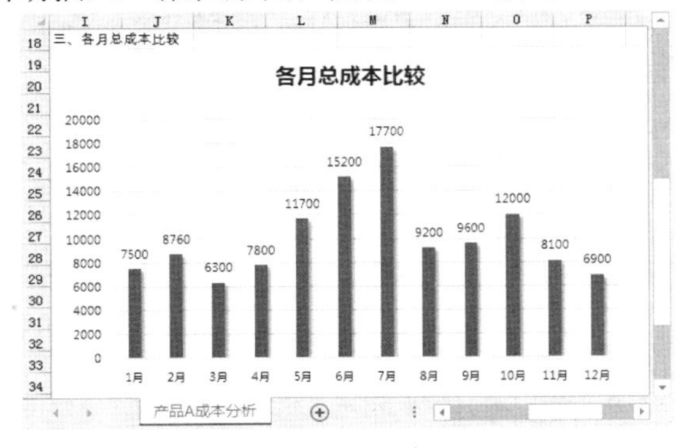

图 13-78　每个月总成本费用分析